Lange — Darwins Erbe im Umbau

Axel Lange

Darwins Erbe im Umbau

Die Säulen der Erweiterten
Synthese in der Evolutionstheorie

Königshausen & Neumann

Bibliografische Information der Deutschen Nationalbibliothek

Die Deutsche Nationalbibliothek verzeichnet diese Publikation in der Deutschen Nationalbibliografie; detaillierte bibliografische Daten sind im Internet über http://dnb.d-nb.de abrufbar.

© Verlag Königshausen & Neumann GmbH, Würzburg 2012
Gedruckt auf säurefreiem, alterungsbeständigem Papier
Umschlag: skh-softics / coverart
Umschlagabbildung vorne: Lemonia Lange
Umschlagabbildung hinten: Takashi Miura
Autorkontakt: axel-lange@web.de
Satz und Layout: Computus Druck Satz & Verlag, 55595 Gutenberg
Bindung: Zinn – Die Buchbinder GmbH, Kleinlüder
Alle Rechte vorbehalten
Dieses Werk, einschließlich aller seiner Teile, ist urheberrechtlich geschützt. Jede Verwertung außerhalb der engen Grenzen des Urheberrechtsgesetzes ist ohne Zustimmung des Verlages unzulässig und strafbar. Das gilt insbesondere für Vervielfältigungen, Übersetzungen, Mikroverfilmungen und die Einspeicherung und Verarbeitung in elektronischen Systemen.
Printed in Germany
ISBN 978-3-8260-4813-5
www.koenigshausen-neumann.de
www.buchhandel.de
www.buchkatalog.de

Für Simon.

*Das Leben bietet unendlich viel.
Was immer versucht, dich zu begeistern,
halt es fest, es kann dein Leben
verändern. Danke für deine große Geduld.*

Die Überwindung des Denkens von externer Bestimmung durch natürliche Selektion, der Veränderungen in kleinsten graduellen Schritten und der Idee des Genzentrismus, sind generelle Kennzeichen der Erweiterten Synthese in der Evolutionstheorie

Massimo Pigliucci / Gerd B. Müller

Inhalt

Einleitung 11

A Der Hausbau – Darwin und die Synthetische Evolutionstheorie 15
  1 Der Anfang vor 150 Jahren 15
  2 Synthetische Evolutionstheorie – die Außenschau 28
  3 Natürliche Selektion – Sammelbecken für alle Fragen 38
  4 Extreme der Evolution – Explosion und Stillstand 54
  5 Die Evolution der Kooperation – von Ameisen und Menschen 69
  6 Fortschritt und Mensch in der Evolution 79
  7 Michael Lynchs Plädoyer gegen die neodarwinistische Anpassung . 98

**B Der Ausbau – Wege zu einer Erweiterten Synthese
in der Evolutionstheorie** 107
  8 Die Synthetische Evolutionstheorie in Erklärungsnot 107
  9 Waddingtons Epigenetik – Neue Sicht auf Entwicklung
    und Evolution 114
  10 EvoDevo – Das Entstehen einer neuen Forschungsdisziplin 133
  11 Die Theorie der erleichterten Variation von Kirschner/Gerhart . 151
  12 Gerd B. Müller – Wie entsteht morphologisch Neues? 163
  13 Wallace Arthur und die Inklusive Synthese 179
  14 Sean B. Carroll gibt Einblicke in die Bauanleitung 187
  15 Marie Jane West-Eberhard – Gene führen nicht, sie folgen 195
  16 Das Altenberg-Projekt – Evolutionsbiologen definieren sich neu 212
  17 Komplexität, virtuelle Embryonen und globale Datenbanken –
    Vision und Realität 218
  18 Überstrapazierter Zufall 234
  19 David Sloan Wilson und die russischen Puppen 240
  20 Kultur ist Biologie: Richerson/Boyd über kulturelle Evolution . 253
  21 John Odling-Smee – Nischenkonstruktion 277
  22 Systemübergänge 282

**C Der Unterbau – Die Evolutionstheorie aus Sicht
moderner Wissenschaftstheorie** 301
  23 Struktur, Einheit und Pluralismus in der Evolutionstheorie 301
  24 300 Jahre Reduktionismus – 50 Jahre Denken in
    komplexen Systemen 307
  25 Die pluralistische Zukunft der Evolutionstheorie 325

D Der Schlüssel 335
  26 Synthese und Erweiterte Synthese 335

Inhalt

Gegenüberstellung Synthese — Erweiterte Synthese 343

Glossar 355

Literatur- und Quellenverzeichnis 389
    Literatur 389
    Fachzeitschriften 394
    Internet 395
    Internet-Portale und ausgewählte Seiten 399
    Videos im Internet 400
    Bildverzeichnis 400

Sach- und Personenindex 405

Boxen

Box 1	Charles Darwin	22
Box 2	Über Arten und Diskontinuitäten	24
Box 3	Was wusste Mendel wirklich über Vererbung?	33
Box 4	Lactosetoleranz: Wie schnell ist Evolution?	42
Box 5	Die Kambrische Explosion	62
Box 6	Konservierung von Körperbauplänen – ein Paradox?	145
Box 7	Mutation und Variation aus heutiger Sicht	155
Box 8	Lamarcks Geist	161
Box 9	Missing Link – Tiktaalik – Fisch mit Ellbogen	203
Box 10	Künstliches Leben – Synthetische Biologie	277

Einleitung

Er ist ein Star an seinem 200. Geburtstag. 2009 finden sich fast 50 Millionen Einträge in Google zu ihm, gerade mal 29 Millionen zu Einstein. Im Dezember 2011 sind es schon 150 Millionen. Rund 60 Bücher rund um Darwin und seine Theorie erscheinen 2009 neu auf dem deutschen Buchmarkt. Die Autoren lobpreisen sein Hauptwerk als eines, wenn nicht das Buch mit der größten Umwälzung im Denken der Menschheit. Sie singen das hohe Lied über Darwin. Nur wenig Kritik. Aber kommt ihm, kommt der später entstandenen neodarwinistischen Evolutionstheorie heute wirklich noch umfassender Geltungsanspruch zu? In diesem Buch lernen Sie Forscher kennen, die neue Wege gehen. Es wirft Licht auf die rasante wissenschaftliche Evolution der Evolutionstheorie bis zu ihrem aktuellen, modernen Stand im Jahr 2012.

Ich will mich nicht einreihen in die Liste derer, die immer neue Fakten und Beispiele für die Evolution anführen und beziehe nicht Stellung zur kreationistischen Bewegung; das gehört nicht in die Wissenschaft. Evolution ist Tatsache. Hier geht es darum, wie Evolution aus heutiger Sicht funktioniert. Schritt für Schritt werden Sie erfahren, wie der Organismus sich aktiv und kreativ im Neugestalten zeigt und dass er über ein inhärentes Potenzial für Selbstorganisation und evolutive Veränderung verfügt. Das hat den Hauch von Revolution und es sprengt die neodarwinistische Welt. Was hat diese Sicht noch mit dem Standardmodell gemeinsam? Sie gewinnen auf spannende Weise einen Einblick in das heutige Wissen und lernen faszinierende Wissenschaftler kennen. Sie nennen sich die *Altenberg-16*, Evolutionsforscher aus der ganzen Welt, deren Beruf es ist, über den Tellerrand hinaus zu denken.

Weder Charles Darwin noch den Neodarwinisten der 30er und 40er Jahre des letzten Jahrhunderts waren kausale Ursachen der Evolution bekannt. Jedenfalls nicht da, wo es darum geht, die Entstehung von evolutionären Innovationen, von Form und Komplexität zu erklären. Damals waren weder die Vererbung im Detail bekannt, noch war es die DNA oder konkrete Gene. Dieses Buch zeigt den Wandel der Evolutionstheorie von einer weitgehend populationsstatistisch und daher eher deskriptiv geprägten Wissenschaft zu einer heute kausal-mechanistischen Theorie. Kausal-mechanistisch deswegen, weil man heute die genetischen und epigenetischen Gestaltungsprozesse im Embryo analysieren kann. Dabei wird das Schwergewicht natürliche Selektion als der bis dahin primäre Motor der Evolution zurückgedrängt. Wo Neues, wo Form entsteht in der Evolution, da ist primär der Organismus am Werk, weniger natürliche Selektion und noch weniger der Zufall. Das ist im Kern das Neue an der Theorie der *Extended Synthesis*, wie sie genannt wird oder auch die Erweiterte Synthese in der Evolutionstheorie.

Die Wissenschaft der Evolutionstheorie ist dabei, sich von ihrem methodischen Fundament des starren Reduktionismus zu befreien. Komplexität wird die Grundlage. Die Wissenschaft macht die notwendigen Schritte der Anerkennung, dass Evolution ein nicht auf lineare Ursache-Wirkungsketten zu vereinfachendes

Einleitung

Phänomen ist. Hier liegt die Herausforderung für eine wirklich neue Zukunft der Evolutionstheorie, die Chance für einen echten Paradigmenwechsel: der Übergang zur Komplexität als Prinzip.

Auch hat die Erweiterte Synthese mit der Hinwendung zu einem kausal-mechanistischen Erklärungsanspruch einen strukturellen Shift erfahren. Sie sieht Evolution von einer neuen Seite in einem jetzt viel komplexeren Szenario, dennoch aber mit in Beispielen konkret benennbaren Ursache-Wirkungszusammenhängen. So wird sie auch in ihren Erklärungsinhalten mehr als eine bloße Erweiterung der Synthetischen Theorie. Sie ist zu einem beachtlichen Teil ein Umbau, allerdings ein offener Umbau, der die Synthese und Darwins eigene, viel offenere Sicht integriert, wo sie gute Aussagen leisten können: nämlich bei der Erklärung evolutionären Wandels, weniger aber beim Erklären des Entstehens von Neuem, von Form und Komplexität in der Evolution. Das hat gefehlt. Die Zukunft wird bewerten, ob dieser Umbau eine Erweiterung ist wie die *Altenberg-16* es heute sehen wollen oder vielleicht doch ein Paradigmenwechsel, eine Revolution der Evolutionstheorie, methodisch und inhaltlich.

Anfang 2012, im Jahr drei nach Darwins großem Jubiläum, gibt es kein deutschsprachiges Buch auf dem Markt, das die modernen Gedanken der Erweiterten Synthese umfassend darstellt. Hier ist es.

Das Buch hat vier Teile. Teil A führt Sie in die darwinistische Welt. Mit Darwins eigenen Worten tauchen Sie ein in die Zeit vor einhundertfünfzig Jahren, als die Evolutionstheorie entstand. Es folgt der große, aber auch einseitige und unvollständige Wurf der Synthese in der Evolutionstheorie der 30er und 40er Jahre des 20. Jahrhunderts, das Standardmodell.

Teil B leitet mit Fragen, die Darwin und der Neodarwinismus nicht beantworten können, über zu dem neuen Denken der Erweiterten Synthese in der Evolutionstheorie. Forscher aus der ganzen Welt haben massive Probleme, die Entstehung körperlicher Form in der Natur allein durch natürliche Selektion zu erklären. Ein Gesichtspunkt rückt seit Anfang der achtziger Jahre daher wieder in den Mittelpunkt der Diskussion; er ist Jahrzehnte lang verdrängt worden, aber immer im Untergrund präsent gewesen: die embryonale Entwicklung. Sie hat fundamentale Bedeutung für die Evolution. Hier spielt heute die Musik. EvoDevo findet neue Evolutionsfaktoren und Mechanismen, erklärt wie sich der Organismus selbst von innen heraus organisiert, wie er Evolution in Gang bringen kann und Formen schafft – faszinierende Erkenntnisse über die Entwicklung des Lebens und unserer eigenen Herkunft, Dinge von denen noch vor 25 Jahren kaum jemand eine Ahnung hatte. Sie erfahren in diesem Teil des Buches aber auch die weiteren tragenden Säulen der Erweiterten Synthese: die Theorien der *Multilevel Selektion* und der *Nischenkonstruktion*. Sie erleben wie die hochgespielte Bedeutung des Genoms relativiert wird und wie die Zellen und die Umwelt als wichtige Mitspieler der Evolution auftreten. Sie lernen verstehen, wie erste multizellulare Lebewesen überhaupt entstehen und evolvieren konnten und noch einiges Interessante mehr.

Teil C beleuchtet die sich wandelnde Methodik in der Evolutionstheorie und erhellt die neue Grundlage der Komplexität. Im letzten Teil D stelle ich die Posi-

Einleitung

tionen des Standardmodells der Evolutionstheorie und der Erweiterten Synthese noch einmal Punkt für Punkt gegenüber.

Professor Gerd B. Müller, meinem Dissertationsbetreuer an der Universität Wien, danke ich von ganzem Herzen. Er ist diesem Projekt vom ersten Tag an spontan offen gegenüber gestanden. Ohne ihn wäre das Buch nie zustande gekommen. Für mich als einen Seiteneinsteiger in die Community ist es jedes Mal ein Erlebnis, mit ihm über EvoDevo zu diskutieren. Immer macht er mich auf Neuheiten aufmerksam, die EvoDevo für die moderne Evolutionstheorie ins Spiel bringt. Seine Vorsicht und Exaktheit, Themen der Evolution anzugehen und zu Papier zu bringen, beeindrucken mich tief.

Professor Hans Leo Nemeschkal danke ich für viele Gespräche, die alle länger wurden als geplant. Professor Alan Love fand die Zeit für einen langen, gemeinsamen Abendspaziergang an der Isar; manches ist mir an diesem Tag über Innovationen klarer geworden. Professor Eörs Szathmáry danke ich für sein Interesse und für die wertvollen Hinweise zur Bedeutung von Systemübergängen. Professor Albrecht von Müller hat mir mit dem Zugang zur Parmenides Foundation die Tür zu einem großen geistigen Raum und zu tollen Menschen geöffnet. Mein Freund Ralf Lassas hat in langen abendlichen Diskussionen manche theoretischen Aspekte der Evolution angezweifelt, und ich musste dagegen halten. Dabei gab es nie Langeweile. Andreas Guggenbichler hat mich als erster Mensch in tollen Diskussionen auf die zunehmende Bedeutung der Epigenetik hingewiesen. Mein Bruder Guido ist mir ein wunderbarer Lehrer darin, schwierige Dinge genauer zu hinterfragen und so klarer zu sehen.

Meine Kinder haben alle ihren Beitrag an diesem Buch: Olivia hat mir den Schlüssel zur Universität Wien und zu dieser wundervollen Stadt in die Hand gegeben. Lemonia hat die lebendigen Fotos meiner beiden Schildkröten und besonders das Foto des neugierigen Taklos auf dem Buchumschlag hergezaubert, und Simon hat mehr Geduld darin bewiesen, auf viele Stunden mit mir als Vater zu verzichten, als ich mir vorzustellen gewagt hätte. – Diese Menschen stehen im Mittelpunkt meines Lebens und haben mir die Freude an der Fertigstellung dieses Buches mindestens verzehnfacht.

A. Lange, Oberhaching im Mai 2012

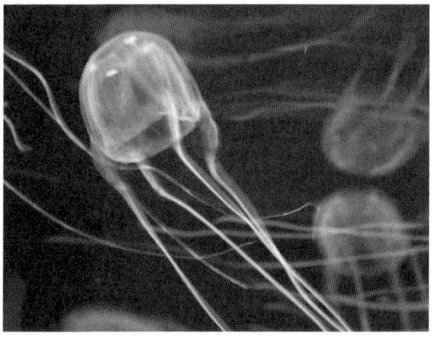

A Der Hausbau – Darwin und die Synthetische Evolutionstheorie

> *Wir werden nicht ablassen vom Erforschen,*
> *und am Ende all unseres Forschens*
> *dahin zurückkehren, wo wir aufbrachen,*
> *und diesen Ort ganz neu entdecken.*
>
> T. S. Elliot

Von Darwin zum Neodarwinismus, der Synthetischen Evolutionstheorie. Ein großes, stabiles Haus entsteht. Es hält Jahrzehnte Wind und Wetter stand. Die Synthese ist das in der Öffentlichkeit bis heute anerkannte Standard-Evolutionsmodell.

1 Der Anfang vor 150 Jahren

Er ist nicht der Erste, der feststellt, dass sich keine zwei Individuen einer Art gleichen, nicht der Erste, der beobachtet, dass viele Arten ausgestorben sind. Er ist nicht der Erste, dem die Selektion in der Natur auffällt und auch nicht der Erste, der schließt, dass Lebensformen Transformationen durchlaufen. Was denn dann hat ihn so berühmt gemacht?

Zunächst eine knappe Zusammenfassung aus heutiger Sicht auf die wesentlichen Aussagen in Darwins Theorie: Die Evolutionstheorie Darwins besagt, dass Evolution ein langfristiger, fortschreitender Prozess der Veränderung von Organismen ist. Die Individuen einer Population unterscheiden sich durch geringe erbliche Variationen. Durch natürliche Auslese werden diejenigen Veränderungen, die ihren Träger besser an eine sich ebenfalls verändernde Umwelt anpassen, häufiger an die nächste Generation weitergegeben. Individuen, die auf diese Weise durch die natürliche Selektion bevorzugt sind und mehr Nachkommen zeugen können, sind

Abb. 1.1 Anpassung
Anpassung ist das Ergebnis natürlicher Selektion. Anpassung ist nicht die Reaktion des Organismus auf sich ändernde Umweltbedingungen, sondern die Reaktion einer Population auf vorhandene, unterschiedliche Eigenschaften der Individuen, mit Umweltveränderungen umzugehen. Auch umfasst Anpassung viel mehr als die äußerliche Mimese wie in Abb. 3.1 oder dieser hier.

biologisch fitter. Fitness ist die relative Fähigkeit der Reproduktion eines Individuums im Vergleich zu anderen.

Alle heutigen Arten stammen laut Darwin von gemeinsamen Vorfahren ab. Das ist die Quintessenz einer jahrzehntelangen Beobachtungs- und Denkarbeit Charles Darwins. Geht man von der Tatsache von Evolution als gesichert aus, bleibt zu fragen (Wuketits 2005, S. 26f. u. S. 40):
- Wie verläuft/verlief die Evolution allgemeinen oder in bestimmten Organismengruppen? Das führt zur Rekonstruktion von Verwandtschaftsverhältnissen (Stammbäumen). Aber auch die Überlegung, ob das Ganze „schnell" oder „langsam", kontinuierlich oder in Sprüngen zu sehen ist, führt zu heftigem Wissenschaftsstreit.
- Welche Mechanismen, Triebkräfte oder Motoren liegen der Evolution zugrunde? Wodurch genau kommt es zu Veränderungen? Gibt es hier strenge Gesetzmäßigkeiten (Schemata) oder wenigstens Regelmäßigkeiten?

Hierauf will Darwin Antwort geben. Er soll also selbst sprechen. Der Leser darf den Absatz auch überspringen. Er soll aber zeigen, wie Darwin sich vor 150 Jahren der Sache genähert hat.

Man hat später in Darwins Ideen gleich mehrere Theorien gesehen, die nicht wirklich als ein homogenes Ganzes diskutiert werden, sondern als einzelne Teiltheorien, nämlich:
- die Theorie der gemeinsamen Abstammung allen Lebens von einfachen Organismen. Das ist eine sehr mutige These zu Darwins Zeit. Sie erweist sich erst sehr viel später als richtig, im Grunde erst seit es möglich ist, genetische Stammbäume zu erstellen, die identische Gene etwa im menschlichen Organismus und in dem einer Maus und damit die Verwandtschaft dieser Organismen offen legen.
- die Theorie des Gradualismus, also der kleinsten Variationen beim Übergang von einer Generation zur nächsten.
- die auf den britischen Ökonomen Thomas Malthus (1766–1834) gestützte Theorie des begrenzten Wachstums des Nahrungsangebots bei dem gleichzeitigen Bestreben aller Arten, mehr Nachkommen hervorzubringen als überleben können.
- die Idee, dass die natürliche Selektion der Hauptfaktor für die Evolution bzw. die Entstehung der Arten darstellt.

> Wenn viele Nachkommen sterben müssen und wenn die Individuen einer biologischen Art sich unterscheiden, werden im Durchschnitt (also statistisch gesehen, aber nicht in jedem Einzelfall) eher die diejenigen Individuen überleben, deren Abweichungen sich für die veränderliche Umwelt am besten eignen (Gould 1999, S. 170).

1 Der Anfang vor 150 Jahren

Seine Theorie, wie sie erstmals der Öffentlichkeit vorgestellt wird

In einem Brief an den amerikanischen Botaniker Asa Gray aus dem Jahr 1857[1], zwei Jahre vor der Veröffentlichung der *Entstehung der Arten*, fasst Darwin seine Theorie zusammen.[2] Dieser Brief ist gleichzeitig ein Dokument, mit dem Darwins Gedanken zusammen mit denen von Alfred Russel Wallace 1858 erstmals öffentlich vorgestellt werden, und zwar auf einer Versammlung der Linnean Society. Diese Präsentation kommt auf Anregung von Darwins Freund Charles Lyell zustande[3].

> Ich glaube, es läßt sich zeigen, daß bei der natürlichen Selektion (der Titel meines Buches) eine so unfehlbare Kraft am Werk ist, daß ausschließlich zum Besten eines jeden organischen Wesens selektiert wird (B u. C). […] Man bedenke nur, daß jedes Wesen (selbst ein Elefant) in der Lage ist, sich so dramatisch zu vermehren,, daß in wenigen oder höchstens ein paar hundert Jahren die Erdoberfläche nicht mehr imstande wäre, die Nachkommen eines einzigen Paares zu fassen (1). […] Nur wenige dieser Jahr für Jahr Geborenen leben lange genug, um sich fortpflanzen zu können (2 u. 3). Was für ein geringfügiger Unterschied bestimmt da oft, wer überlebt und wer untergeht! (6)
>
> Nehmen wir nun das Beispiel eines Landes, in dem sich eine Veränderung vollzieht. Diese wird dazu führen, daß einige seiner Bewohner geringfügig variieren[4], nicht etwa, daß ich glaube, die meisten Lebewesen variierten zu allen Zeiten genug, um die Selektion wirksam werden zu lassen (4 u. 5). Einige der Bewohner werden ausgerottet; und die Übriggebliebenen werden der wechselseitigen Einwirkung einer anderen Gruppe von Bewohnern ausgesetzt sein, was, wie ich glaube, für das Überleben jedes Wesens weitaus bedeutsamer ist als das Klima allein (A). Bedenkt man, mit was für unendlich vielfältigsten Methoden lebende Wesen sich im Kampf gegen andere Organismen Nahrung beschaffen (A), zu bestimmten Zeiten ihres Lebens Gefahren entgehen (A), ihre Eier oder Samen verbreiten &c &c., so habe ich keinen Zweifel, daß im Lauf von Millionen Generationen gelegentlich Individuen einer Spezies mit einer geringfügigen Variation geboren werden, die für irgendeinen Teil ihres Lebenshaushalts vorteilhaft ist (4,5,6). Diese Individuen haben eine bessere Chance zu überleben und ihren neuen, geringfügig abweichenden Körperbau weiterzugeben; und die Modifikation kann durch die kumulative Tätigkeit der natürlichen Selektion (B) allmählich bis zu vorteilhaftem Ausmaß gesteigert werden. Die so gebildete Varietät wird

---

1 Brief an den US-amerikanischen Botaniker Asa Gray von 1857, einer von zwei oder drei Menschen, die Darwin vor der Veröffentlichung über sein Denken eingeweiht hat (Voss 2008, S. 340ff.).
2 Zum besseren Verständnis sind in Klammern Bezüge zur Übersicht in Abb. 1.2 hergestellt.
3 Darwin 2009, S. 117ff.
4 Natürlich darf diese Aussage nicht ursächlich gesehen werden. Veränderungen in der Natur sind für Darwin nicht die Causa für Variationen bei der Vererbung.

entweder neben ihrer elterlichen Form existieren oder diese verdrängen, was häufiger der Fall ist. [...]

Bei dieser Theorie wird man auf vielerlei Schwierigkeiten stoßen. Viele dieser Schwieirgkeiten können, glaube ich, zufriedenstellend gelöst werden. *Natura non facit saltum* löst einige der naheliegenden Probleme. Das geringe Tempo der Veränderung und die Tatsache, daß nur sehr wenige Individuen jeweils gleichzeitig einer Veränderung unterworfen sind, löst andere, die extreme Unvollständigkeit unserer geologischen Daten wieder andere.

Das ist, glaube ich, der Ursprung der Klassifikationen und Verwandtschaften organischer Wesen zu allen Zeiten; denn organische Wesen *scheinen* sich immer weiter zu verzweigen – wie die Äste eines Baumes von einem gemeinsamen Stamm, wobei die gut gedeihenden Zweige die weniger kräftigen zerstören; (C) die toten und abgestorbenen Zweige repräsentieren, grob gesprochen, die ausgestorbenen Gattungen und Familien.

Abbildung 1.2 folgt E. Mayr (Fischer/Wiegandt 2003, S. 24f.), ergänzt durch die nicht unwesentliche 6. Beobachtung. Eine weitere wichtige Annahme Darwins und die seines Freundes und Geologen Charles Lyell ist, dass die Erde wesentlich älter sein muss als die bis dahin angenommenen 6000 Jahre. Wäre das nicht der Fall, würde die Zeit für das Evolutionsgeschehen nicht ausreichen.

Das sind Überzeugungen ganz unterschiedlicher Gewissheitsgrade (Dupré 2009, S. 22). Einige werden uns in diesem Buch noch öfter begegnen.

Variation und Selektion stehen sich gegenüber. Die beiden sind die wohl wichtigsten Säulen in Darwins Werk. Entweder der Variation oder der Selektion oder beiden muss die Gestaltungskraft zukommen, die Darwin braucht, um die Evolution in der Artenwelt zu erklären.

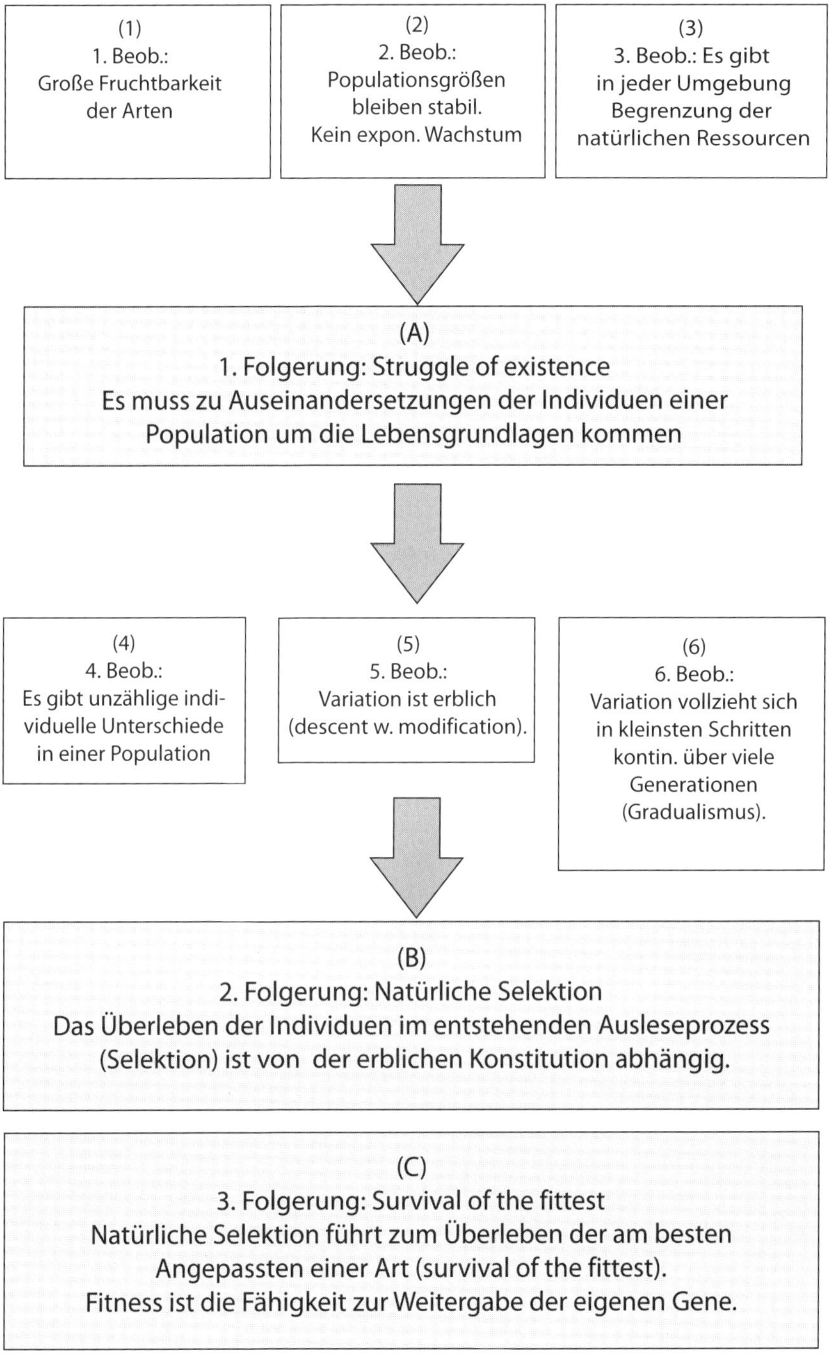

1 Der Anfang vor 150 Jahren

(1) 1. Beob.: Große Fruchtbarkeit der Arten

(2) 2. Beob.: Populationsgrößen bleiben stabil. Kein expon. Wachstum

(3) 3. Beob.: Es gibt in jeder Umgebung Begrenzung der natürlichen Ressourcen

⬇

(A) 1. Folgerung: Struggle of existence
Es muss zu Auseinandersetzungen der Individuen einer Population um die Lebensgrundlagen kommen

⬇

(4) 4. Beob.: Es gibt unzählige individuelle Unterschiede in einer Population

(5) 5. Beob.: Variation ist erblich (descent w. modification).

(6) 6. Beob.: Variation vollzieht sich in kleinsten Schritten kontin. über viele Generationen (Gradualismus).

⬇

(B) 2. Folgerung: Natürliche Selektion
Das Überleben der Individuen im entstehenden Ausleseprozess (Selektion) ist von der erblichen Konstitution abhängig.

(C) 3. Folgerung: Survival of the fittest
Natürliche Selektion führt zum Überleben der am besten Angepassten einer Art (survival of the fittest).
Fitness ist die Fähigkeit zur Weitergabe der eigenen Gene.

Abb. 1.2 Darwins Theorie der natürlichen Selektion in *Die Entstehung der Arten*

A Der Hausbau – Darwin und die Synthetische Evolutionstheorie

Variationen in kleinster Form

Variaton ist für Darwin nicht der Form- und Gestaltgeber, etwa für eine komplexe Gestalt, wie sie im Mensch und in jedem Tier erscheint. Über die Entstehung der Variation wird nichts gesagt bei Darwin, außer dass Variation stets sehr klein, nicht wahrnehmbar klein ist von Generation zu Generation. Viele solcher kleinen Variationen sollen sich im steten Wechselspiel mit der natürlichen Selektion zu einer sichtbaren Variation kumulieren. Wissenschaftler haben sich früher daran gestoßen, dass das einem Szenario gleichkommen würde, bei dem man die Einzelteile eines Flugzeugs nur oft genug zusammenwürfeln muss, bis sie sich von allein richtig zusammengesetzt wiederfänden und das Flugzeug fliegen kann.

Kein Darwinist hat jedoch jemals behauptet, die Bausteine eines Lebewesens würden im Kartenspiel immer wieder so lange komplett neu gemischt, bis alles passt. Darwin selbst sagt schon, *dass es ebenso unwahrscheinlich scheint, dass irgendein Teil auf einmal in seiner ganzen Vollkommenheit erschienen sei, wie dass ein Mensch irgendeine zusammengesetzte Maschine sogleich in vollkommenem Zustand erfunden habe* (Darwin 1872, S. 76).

Abb. 1.3 Down-House – Charles Darwins Wohnsitz

1 Der Anfang vor 150 Jahren

Es ist offensichtlich anders gemeint: Angenommen, etwas „funktioniert", respektive lebt in einer anfangs einfachen Form. Man weiß heute noch immer nicht genau, wie das Leben in der Urform ausgesehen haben mag. Aber es gab wohl eine oder mehrere solcher Urformen und sie hat sich Millionen Mal verändert im Generationenstrom, aber jeweils nur sehr geringfügig.[5] Alle auch noch so geringfügig modifizierten Organismen müssen sich dann immer wieder in der Natur neu bewähren oder sie sterben, wie die allermeisten, aus.

Natürliche Selektion ist Gestaltung im Nachhinein

Darwin richtet seine Konzentration nicht so sehr auf Vererbung und Variation, darüber weiß er noch nichts Genaues, sondern viel stärker auf die andere Säule. Er wendet seine Aufmerksamkeit auf das zweite Prinzip seiner Theorie, auf die Selektion. Kann die Selektion die gestalterische Rolle übernehmen? Kann sie Ordnung bringen in das „Wirrwarr" ungerichteter Veränderungen?

> *Darwin weiß nicht, wie Variation entsteht.*
> *Er nimmt sie als durch die Vererbung gegeben*
> *und als sehr klein an.*

Darwin ist äußerst vorsichtig mit jedem Statement, das er abgibt. Bevor er den Eindruck vermittelt, er sei sich einer Sache sicher, sammelt er Dutzende Indizien, die eine These stützen sollen. Man hat sogar von einem Faktenoverkill gesprochen. Da ist er wahrhaft empirisch wissenschaftlich und genau. Die natürliche Selektion ist für ihn der eigentliche Motor für das, was die Variation allein nicht leisten kann. Der Selektion kommt eine ungeheure Bedeutung zu, so groß, dass Darwin in seiner sechsten und letzten Auflage der *Entstehung der Arten*[6] (sie erscheint 1872, 13 Jahre nach der ersten) das Feuer, das er entfacht hat, nicht weiter schüren will und darlegt, dass in der Selektion und der Natur selbst natürlich nicht eine personifizierte Kraft gesehen werden dürfe und dass hier kein aktives, schöpferisches, planendes Etwas wirkt.

Wie kann dann so viel Skepsis um die Macht der natürlichen Selektion entstehen? Skepsis, dass die Selektion komplexes Leben bauen kann? Nun Darwin ist vielleicht nicht so glücklich mit seiner Begriffswahl, ohne ihm zu nahe zu treten, aber unglücklicher ist die deutsche Übersetzung[7]. Der Übersetzer J. Victor Carus spricht von *natürlicher Zuchtwahl*. Also *Zucht* und *Wahl*. Wer züchtet? Wer wählt? Da drängt sich den Lesern natürlich etwas auf. Schon deswegen weil Darwin diese

---

5 Darwin spricht von *Millionen von Generationen* (Voss 2008, S. 243).
6 Der Originaltitel heißt im Englischen: *On the Origin of Species by Means of Natural Selection, or the Preservation of Favoured Races in the Struggle for Life*, in der deutschen Übersetzung damals: *Über die Entstehung der Arten durch natürliche Zuchtwahl oder die Erhaltung der begünstigten Rassen im Kampfe um's Dasein*.
7 Ernst Mayr bezeichnet ebenfalls den Begriff Selektion als unglücklich (Sentker/Wigger 2008, S. 42), *da diese nahe legt, dass etwas in der Natur bewusst auswählt*.

A Der Hausbau – Darwin und die Synthetische Evolutionstheorie

Box 1 – Charles Darwin

Charles Darwin

Charles Darwin (1809–1882) begründete mit seinem Werk *Die Entstehung der Arten* die Evolutionstheorie. Er war nicht der Erste, der sich Gedanken über Evolution machte, aber derjenige, der dem Evolutionsgedanken zum Durchbruch verhalf und ihn durch eine Vielzahl von Belegen untermauerte. Anfang des 19. Jahrhunderts war Evolution ein sehr unpopuläres Thema in England. Lamarcks Evolutionsidee hatte im Frankreich der Revolutionszeit unter anderem deshalb Zustimmung gefunden, weil sie die Autorität der Kirche und die des Königs infrage stellte. In England fürchtete man ähnliche Entwicklungen. Der Londoner Zoologieprofessor Robert Grant verlor seinen Lehrstuhl, weil er Lamarcks Gesetze der Entwicklungsgeschichte öffentlich vertreten hatte. Robert Chambers Buch *Natürliche Geschichte der Schöpfung des Weltalls, der Erde und der auf ihr befindlichen Organismen* (S. 19) löste einen Skandal aus. Wegen dieser Stimmung hielt sich Darwin so lange wie möglich zurück. 1858 veröffentlichte Alfred Wallace unabhängig von Darwin seine Vorstellungen von einer natürlichen Auslese. Dies war für Darwin der Anstoß sein Buch endlich herauszubringen.

Charles Darwin

Fernrohr von Bord der *Beagle*

AUFZEICHNUNGEN
Darwin war ein guter Beobachter und machte sorgfältige naturkundliche Aufzeichnungen. Neben den Beobachtungen schrieb er auch seine Überlegungen zu deren wissenschaftlicher Bedeutung auf.

Darwins Kompass

Eines von Darwins Notizbüchern

Die *Beagle*

Auf Einladung von Kapitän Fitzroy segelte Darwin von 1831 bis 1836 als Naturforscher an Bord der *Beagle* um die Welt. In Südamerika und auf den Galàpagos-Inseln verblüfften ihn viele Eigentümlichkeiten der Pflanzen- und der Tierwelt. Später erkannte er sie als Ergebnisse der Evolution.

ZURÜCKHALTUNG
Weder zu Beginn seiner Reise auf der *Beagle* noch an deren Ende war Darwin ein Evolutionist. Erst in den Jahren danach nahm dieser Gedanke allmählich Gestalt an. Darwin vertrat seine Theorie undogmatisch und wog die Argumente seiner Gegner sorgfältig ab. So gewann er die Achtung und die Unterstützung vieler Naturforscher, sogar einiger, die ihn anfangs abgelehnt hatten.

LANDGANG
Darwin hatte auf der Reise Lyells Buch *Geologie oder Entwicklungsgeschichte der Erde und ihrer Bewohner* bei sich. Darin führt Lyell aus, dass die geologischen Merkmale der Erde durch langsam wirkende Kräfte entstanden sind, die auch heute noch aktiv sind (Aktualitätsprinzip). Darwin verbrachte viel Zeit an Land und seine geologischen Untersuchungen bestätigten Lyells Theorie.

Einwohner von Feuerland begrüßen die *Beagle*.

1 Der Anfang vor 150 Jahren

natürliche Zuchtwahl (*variation under nature*), die sein Werk über große Passagen bestimmt, am Beginn des Buches von der *Zuchtwahl vom Menschen* ableitet (Darwin 1872, S. 31) (*variation under domestication*). Gemeint ist hier: *durch* den Menschen, nicht *des* Menschen. An anderer Stelle steht dafür meist auch im deutschen *Domestikation*. Heute sagen wir *Züchtung*. Bei der Züchtung von Haustieren oder Nutztieren ist eben ein Mitgestalter, ein Planer vorhanden, der Mensch. Sei es, dass er sich darauf beschränkt, welches Tier oder welche Pflanze für die Züchtung verwendet wird und welche(s) nicht oder dass er konkrete Ideen mitbringt, welche Eigenschaften eines Tieres oder einer Pflanze gezüchtet werden soll: eine Kuh, die maximal Milch gibt zum Beispiel oder eine rote Rose ohne Stacheln. Vorher exakt bestimmen, was genau am Ende raus kommt, das aber kann damals auch ein Züchter nicht. Nicht, bevor mit Gregor Mendel eine transparentere Sicht auf die Vererbung entsteht und dann auch nur statistisch. In der Natur gibt es diesen Gestalter oder Planer aber nicht. Die Natur muss selbst in diese Rolle schlüpfen. Das kann sie aber doch nicht, wenn die natürliche Selektion, wie man später die Kernaussage Darwins nennt, immer nur *im Nachhinein* bestätigt.

> Wer weiterhin das Wort Selektion gebraucht, und das sind wohl die meisten Evolutionsbiologen, sollte nie vergessen, dass es in Wirklichkeit nicht zufällige Eliminierung meint und dass es in der Natur keine selektive Kraft gibt. [...] Wir gebrauchen diesen Begriff einfach nur für die Summe nachteiliger Umstände, die zur Eliminierung mancher Individuen führen,

drückt es Mayr treffend aus (Sentker/Wigger 2008,42). Damit ist der menschliche Geist aber bis heute oft überfordert. Zufall – als solcher wird die nicht genauer erklärbare Variation später stets attributiert – und Selektion, diese zwei Prinzipien können ihm nicht ersetzen, was davor allein in Gottes Hand gelegt war.

Individuen passen sich nicht an

Eine wichtige Anmerkung sei am Ende dieses Kapitels hinzugefügt, die helfen soll, eine Fehlinterpretation der Evolutionstheorie auszuräumen, ein Fehler, dem man immer wieder begegnet.

Variation wird oft mit Anpassungen vermengt und als Antwort auf Änderungen der Umweltbedingungen dargestellt. Das ist falsch. So läuft die Denkkette Darwins *nicht*. Aus darwinscher Sicht sind Variationen stets zuerst da. Sie werden bei einer Änderung der Umweltbedingungen begünstigt oder eben mit den Individuen ausgelöscht. Begünstigt wird der Organismus, der im Hinblick auf Fitness besser ist. Fitness ist dabei die Fähigkeit eines Organismus, seine Gene weiter zu geben und mehr Nachkommen zu erzeugen als andere, weniger fitte Individuen der Art. Immer aber beginnt der Evolutionsprozess bei Darwin und seinen Schülern mit der Variation und *nicht* mit Veränderung der Umwelt wie Abb. 1.2 auch

Box 2 – Über Arten und Diskontinuitäten

Was ist eigentlich eine Art? Ist das eine einfache oder schwierige Frage? Menschen brauchen Klarheit. Klarheit bekommt man durch Begriffe und Abgrenzungen, man nennt das auch Diskontinuitäten. Also definiert man eine Art zum Beispiel als Population von Lebewesen, deren Individuen sich untereinander fortpflanzen können.

Richard Dawkins macht jedoch in seinem neuesten Buch (Dawkins 2008, S. 430ff) mit Bezug auf Ernst Mayr wunderbar transparent, worin das Problem besteht. Wann ist ein Mensch im Mutterlaib ein Mensch? Nach drei Monaten? Früher? Später? Wann ist ein Mensch erwachsen? Mit 21? Mit 18? Man erkennt, hier hat man Festlegungen benötigt und hat sie einfach getroffen. Kein Mensch kann wirklich sagen, wann wir erwachsen sind. Aber für bestimmte Zwecke müssen wir eben Kategorien, „Schubladen", haben.

Stellen wir uns mal das Bild vor, das Dawkins an die Hand gibt. Ein Mann kann eine fiktive Zeitreise machen 1000 Jahre zurück, und er würde sich mit einer Partnerin aus der Vergangenheit verbinden und Kinder zeugen. Das sollte funktionieren. Sein Kind reist nun wieder 1000 Jahre zurück, sucht eine(n) Partner(-in) und zeugt Kinder. Wie lange funktioniert das? 1 Million Jahre, 10 oder mehr? Der Evolutionsforscher geht davon aus, dass solche Reisen bis zum Anfang des Lebens unternommen werden können. Immer könnte in der Regel ein Individuum bei einem 1000-Jahre Sprung in die Vergangenheit mit einem Vertreter von dort Nachkommen zeugen, also auch mit dem Homo Ergaster, ja selbst mit dem Fisch aus dem Devon. Aber das Individuum, das heute lebt könnte, wenn es mit der Zeitmaschine von H. G. Wells *direkt* in die ferne Vergangenheit springt, eben keine Nachkommen zeugen. Wo hört der Mensch auf Mensch zu sein, wenn wir in die Vergangenheit reisen? Das *muss* definiert werden. Es gilt aber dann nur auf dem Papier. In Wirklichkeit könnte man nämlich – wären alle Vertreter der Vergangenheit bis zum Fisch im Devon hier und heute unter uns – überhaupt keine Abgrenzung vornehmen, weil niemand mehr einen Hund von einer Katze unterscheiden könnte, auch kein Biologe!

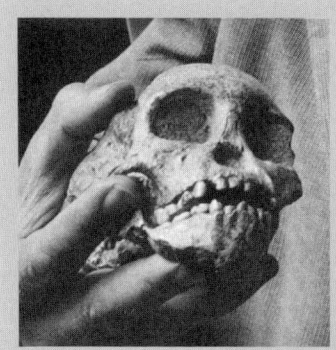

Kind von Taung

Ein 1924 in Südafrika gefundene Schädel, genannt das *Kind von Taung*, ist mehr als 2 Millionen Jahre alt. Er hält die Wissenschaft Jahrzehnte in der Frage gefangen, ob es sich um einen frühen Menschen (Australopithecus africanus) oder einen Affen handelt. Die Ähnlichkeit zum Homo sapiens ist zurückzuführen auf das frühkindliche Alter. Bei einem erwachsenen Individuum wären die Unterschiede größer (Palmer 2010, S. 7). 1936 findet Robert Broom auch einen erwachsenen Australopithecus (Mrs. Plesi). Die Art wird in der Folge als Vierbeiner eingestuft (Palmer 2010, S. 85).

1 Der Anfang vor 150 Jahren

Nicht anders verhält es sich bei dem 2003 auf der indonesischen Insel Flores gemachten Fund: Handelt es sich um ein Exemplar einer krankhaft veränderten Population kleinwüchsiger Homo sapiens oder um eine Inselverzwergung von Homo erectus? Taxonomen sind sich bis heute uneins.[8] Erst seit kurzem setzt sich die Ansicht durch, dass *Hobbit*, wie er auch genannt wird, eine Urmenschenart darstellt (Palmer 2010, S. 124).

Trotzdem gilt aus dem Gesagten der Satz: *Die evolutionäre Kontinuität mit allen anderen Lebensformen bedeutet nicht, dass es keine Merkmale der ausschließlich menschlichen Existenz geben kann, die sich ziemlich radikal von allem anderen unterscheiden, was sich außerhalb der menschlichen Sphäre finden lässt* (Dupré 2009, S. 84). Die Betonung liegt hier natürlich auf *heute* finden lässt.

Darwin sagt: Wir stammen von einem gemeinsamen Vorfahren ab. Der Weg dorthin oder von dort zu uns ist der Weg kontinuierlicher, unscheinbarer Änderungen. Für Darwin sind Arten artifizielle Zusammenstellungen. Verlässt man sein Bild gradualistischer Änderungen zugunsten einer Evolution des unterbrochenen Gleichgewichts, wie Eldredge und Gould das tun (Kap. 4), dann sind gleich

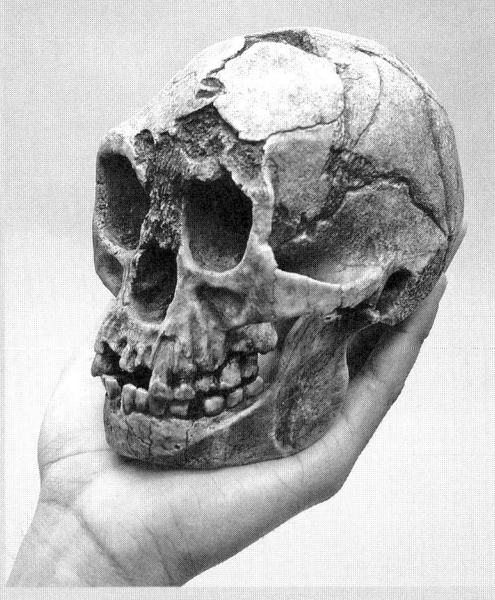

Mensch von Flores (*Homo floresiensis*)

bleibende Arten über lange geologische Zeiträume als real existierend auch leichter vorstellbar. Das gilt auch für EvoDevo, wo man ebenfalls Diskontinuitäten bei der Artenbildung kennt.

Die Klassifizierung der Lebewesen, wie sie Carl von Linné (1707–1778) erstmals vorgenommen hat, kann als willkürlich oder natürlich gesehen werden. Hier scheiden sich die Geister. Dass die Tzeltal-Indianer im mexikanischen Hochland hunderte von Arten taxonomisch so klassifizieren wie Linné, spricht für letzteres, für Arten als Einheiten der Morphologie der Natur. (Gould 1989, S. 215ff.). – Für Buddha gab es keine Diskontinuitäten in der Welt. Für Plato schon. Aber das ist eine andere Geschichte[9].

---

8 Das Foto zeigt eine Nachbildung.
9 Zur Unterscheidung zwischen Essenzialismus und Nominalismus siehe Poppers schöne Darstellung in Popper 2003, S. 24ff.

deutlich zeigt.[10] Wenn im darwinistischen Sinn von von Anpassung gesprochen wird, ist immer Anpassung der Population gemeint und nicht die Anpassung von individuellen Organismen, denn in der Population setzen sich die Individuen mit den für eine Umweltänderung vorteilhaften Genen im Generationenverlauf statistisch durch.

Gemäß darwinistischer Theorie passen sich nicht Individuen an veränderte Umweltbedingungen an sondern Populationen. Axel Meyer, deutscher Evolutionsbiologe an der Universität Konstanz, drückt das so aus:

> Anpassungen sind nicht Adaptationen zu aktuell herrschenden Umweltbedingungen, sondern die Summe der Anpassungen aller Vorfahren in den vorherigen Generationen. Folgende Annahme ist daher zu einfach gedacht: Wenn sich die Umgebung ändert, muss sich eine Art durch Veränderungen ihrer Individuen anpassen, weil sie ansonsten aussterben würde. Nützliche Mutationen ereignen sich nicht häufiger, nur weil eine neue Selektionsrichtung, beispielsweise ein verändertes Klima, sie bevorteilen würde. Nur wenn eine genetische Variation schon in einigen Individuen der Population vorhanden ist, wird auch eine Veränderung der Häufigkeit ihres Auftretens in der gesamten Art stattfinden können (Meyer 2007).

Dasselbe meint Richard Lewontin, einer der großen Evolutionsbiologen des 20. Jahrhunderts, wenn er sagt (als Video auf der Homepage von Mark Ridley, Oxford):

> Das ganze Konzept einer Anpassung ist die Feststellung, dass es ein bereits bestehendes Problem gibt und ein Organismus löst es, indem er sich an dieses Problem anpasst. Zum Beispiel sind Flossen eine Anpassung für das Schwimmen. Wir sagen also: Schwimmen war das Problem, bevor der Fisch Flossen hatte. Wenn wir auf diese Weise auf die Evolution schauen, dann ist Schwimmen auch ein Problem für Bäume! Natürliche Selektion verursacht keine Anpassung an Aufgaben, die von der Natur gestellt werden. Natürliche Selektion meint die Verbesserung in der Art, in der Organismen mit der Welt interagieren, wenn sie bereits begonnen haben, so zu interagieren.

Dem jungen Italiener Salvador Luria (1912–1991) gelingt es 1943 in einem spektakulären, noch heute als Meilenstein der Genetik gesehenen Versuch mit E. coli-Kolonien nachzuweisen, dass Darwin recht hat mit seiner Hypothese, zuerst seien per Vererbung spontane Mutationen da, und dann erst können Populationen mit den mutierten Organismen auf veränderte Selektionsbedingungen wie etwa Stressfaktoren reagieren und nicht umgekehrt, wie die Anhänger Lamarcks damals

---

10   Ich verwende den Begriff Mutation oft synonym mit Variation. Streng genommen ist zu unterscheiden zwischen *genetischer Mutation* und *phänotypischer Variation*. Letztere wird aus neodarwinistischer Sicht durch die erstere erzeugt. Die Selektion setzt nach dieser Unterscheidung auf der Variation auf, also auf veränderten morphologischen, physiologischen oder Verhaltensmerkmalen.

1 Der Anfang vor 150 Jahren

mit Nachdruck behaupteten (Zimmer 2008, S. 70). Variationen geschehen demnach völlig unabhängig von Selektionsbedingungen. Luria erhält 1969 zusammen mit Max Delbrück (1906–1981), beide in den USA forschend, den Nobelpreis für das nach ihnen benannte Luria-Delbrück-Experiment.

Wie die moderne Evolutionsforschung diesen Mechanismus dennoch überwinden kann und tatsächlich auch umgekehrte Wirkungsweisen sieht, werden wir im zweiten Teil des Buchs sehen, indem es ausführlich um das Entstehen organismischer Form geht.

* * *

2 Synthetische Evolutionstheorie – die Außenschau

Stellen wir uns einmal in die Reihe der großen Wissenschaftler, die Darwins Gedanken aufgreifen, seine Theorie mit den Erkenntnissen des 20. Jahrhunderts untermauern. Sie tun das von verschiedenen Seiten. Da sind zu aller erst die Populationsgenetiker; sie führen die Diskussion mit mathematischer Stringenz an. Dann die Genetiker; sie können nur Wirkungen von Genen behandeln, ohne mit den modernen Techniken der Genanalyse von heute Gene selbst zu erkennen. Ferner die klassischen Biologen und Zoologen, Botaniker und Paläontologen. Warum heißt dieses Kapitel aber Außenschau, wenn die Genetiker mit ins Boot genommen werden? Dominierender Part der Synthese ist nicht die Genetik sondern die statistische Populationsgenetik. Gene sind im Detail noch gar nicht bekannt, auch nicht die DNA. *Noch bis 1927 war man uneins, ob die von Mendel beschriebenen Merkmale, die später Gene genannt wurden, eine physikalische oder theoretische Einheit darstellen* (Werner-Felmayer 2007, S. 65). Die Gene werden in der Synthese als abstrakte Größen verwendet, deren Sequenzverhalten wird in der Population mit statistisch-mathematischen Verfahren analysiert. Davon wird noch oft zu sprechen sein. Einige der wichtigsten Architekten, die aus Darwins und Mendels Gebäude die Synthetische Evolutionstheorie formen, werden im Folgenden vorgestellt.

> *Für die Synthese gibt es keinen Mechanismus, der von der Umwelt über die Körperzellen auf die Veränderung der Keimzellen und damit auf die DNA vererbbar wirken kann (neodarwinistisches Dogma).*

Die Architekten

Die Positionen liegen zunächst weit auseinander. *Noch Anfang der 1930er Jahre schien die Spaltung zwischen Genetikern, Paläontologen und Systematikern unüberbrückbar* schreibt Thomas Junker (Junker 2001, S. 477).

Erwähnt werden müssen: Der Deutsche August Weismann (1834–1914) ist ein Vorläufer der neuen Bewegung. Er entdeckt als erster die Bedeutung der Sexualität in der Evolution. Sexualität schafft eine enorme Variationsverbreiterung bei der Vererbung. Das geschieht mit heutigen Worten dadurch, dass das Kind von jedem Elternteil nur einen haploiden, also nur einen von ursprünglich zwei DNA-Strängen erbt. Auf dem vom Kind neu erstellten diploiden (kompletten) DNA-Strang wird dann erst für jedes Gen festgelegt, welches aktiv ist, das vom Vater oder das von der Mutter. Wir sagen ja: Er oder sie hat dies von der Mutter und das vom Vater. Diese Einsicht in das sexuelle Wirken lässt Weismann fundamentalen Einblick geben in die Antriebskräfte des Artenwandels. *Weismann-Barriere* nennt man die Hürde für Eigenschaften des Körperplasmas, in die Keimbahn zu gelangen, denn Körperzellen und Keimzellen entwickeln sich getrennt.

2 Synthetische Evolutionstheorie – die Außenschau

Es kann also keinen Weg von der einmal ausdifferenzierten Körperzelle zurück zur Keimzelle geben. Diese Sicht ist elementar für fast einhundert Jahre. Heute bezeichnet man sie auch als *neodarwinistisches Dogma*. Wir werden in diesem Buch erkennen, in welche Sackgasse dies den Darwinismus führt.

Thomas Hunt Morgan US-Amerikaner. Entdeckt, dass Gene auf den Chromosomen liegen. 1933 erhält er den Nobelpreis für Medizin.

Sewall Wright. US-Amerikaner. Evolutionstheoretiker und Genetiker. Mit seinem Namen sind Grundlagen der Populationsgenetik für die Evolutionstheorie ebenso verbunden wie Erkenntnisse zur genetischen Drift und der adaptiven Landschaft.

Ronald A. Fisher Brite. Bedeutender Statistiker. Er stellt die Evolutionstheorie auf ihr populationsgenetisches Fundament und dominiert damit das Denken der Synthese.

Thomas Hunt Morgan (1866–1945), Amerikaner, erkennt, dass die mendelschen Erbfaktoren (Gene) auf bestimmten, im Zellkern lokalisierten, anfärbbaren Strukturen (den Chromosomen) linear angeordnet sind und dass es bei der sexuellen Reproduktion u. a. zu einem Chromosomen-Stückaustausch kommt. Er erhält 1933 den Nobelpreis für Medizin. Morgan ist einer der Begründer der experimentellen Biologie. Er gehört zu den einflussreichsten Biologen weit über seine Zeit hinaus.

Der britische Zoologe Julian Huxley (1887–1975); sein berühmtes Buch *Evolution – The Modern Synthesis* (1942) gibt dem Theoriegebäude seinen Namen. Es ist die Verbindung aus Darwins Außenschau, jetzt basierend auf der Populationsgenetik und einer gewissen, aber noch sehr rudimentären, genetischen Innenschau. Huxley begründet das Fachgebiet Evolutionsbiologie.

Abb. 2.1 Das Buch von Julian Huxley, dem Enkel des Darwin-Promotors Thomas H. Huxley und Bruder des Schriftstellers Aldous Huxley. *Evolution – The Modern Synthesis* gibt einer Wissenschaftsepoche ihren Namen.

A Der Hausbau – Darwin und die Synthetische Evolutionstheorie

Der Amerikaner Sewall Wright (1889–1988), der sich maßgeblich mit der Gendrift beschäftigt und auch die *adaptive Landschaft* einführt (Kap. 18). Der Engländer, Mathematiker und Statistiker Ronald Aylmer Fisher (1890–1962). Er hat essenziellen Anteil an der Synthese, indem er statistische Verfahren in die Populationsgenetik einbringt.

Es geht keineswegs immer friedlich her zwischen den Wissenschaftlern. Zunächst herrscht ein anhaltender Streit darüber, ob die mendelsche Lehre (Box 3) mit Darwin vereinbar ist. Mendels eigenes Beispiel der Erbsen zeigt diskrete Merkmale und steht lange im Widerspruch zu Darwins kontinuierlichem Denken. Erst als in Thomas Morgans Schule entdeckt wird, dass bei Drosophila kleinste Merkmalsveränderungen mit Mendels Mechanismen verträglich sind, wird der Weg offen für *die Überlegung, dass die Evolution durch beständige selektive Summierung solcher Gene in Populationen zustande kommt und diese in ihrer Vielzahl den allmählichen Wandel der Arten im Sinne Darwins bewirken* (Beurton 2001b, S. 153). Ferner streiten Fisher und Wright vehement darüber, ob die natürliche Selektion oder die Gendrift der wichtigere Evolutionsfaktor sei. Dieser Streit geht später zugunsten der Selektion aus.

Die nächste Generation wird dominiert von zwei Namen: erstens der Russisch-Amerikaner Theodosius Dobzhansky (1900–1975); als Naturforscher und zugleich Genetiker verfasst er den Klassiker *Genetics and the Origin of Species* (1937), ein epochales Werk, das die Brücke zwischen den bis dahin unvereinbaren Lehren der Naturforscher und Genetiker schafft und ihn zum Urvater der Synthetischen Theorie der biologischen Evolution macht. Mit dem einen, tausendmal zitierten Satz wird er weltbekannt: *In der Biologie macht nichts Sinn, es sei denn, es wird im Licht der Evolution gesehen.*

Als zweiter ist der Deutsch-Amerikaner Ernst Mayr (1904–2005) zu nennen: Er trägt wesentlich dazu bei, dass wir heute verstehen, unter welchen Bedingungen in der Natur neue Arten bevorzugt entstehen, etwa durch die Isolation

Theodosius Dobzhansky
Gebürtiger Russe, in den USA lehrend. Er hat maßgeblichen Einfluss bei der Vereinigung der Genetik mit der Evolutionsbiologie.

Ernst Mayr
Geboren in Kempten, aber schon 1931 in die USA gewechselt. Er gilt als einer der einflussreichsten Naturforscher des 20. Jahrhunderts.

kleiner Populationen (*allopatrische Artentstehung*). Mayr ist so etwas wie der Darwin des 20. Jahrhunderts – kein Evolutionsbuch, in dem er nicht genannt ist. Mehr als 850 Publikationen veröffentlicht er in seinem hundertjährigen Leben.

Dobzhansky und Mayr verkörpern in der Synthese neben der Dominanz der Populationgenetiker das Gegengewicht der Naturalisten. Dobzhansky betont laut Beurton *immer die Mannigfaltigkeit alles genetischen und ökologischen Geschehens in natürlichen Populationen* (Beurton 2001b, S. 154). Mit Mannigfaltigkeit ist hier zum Beispiel gemeint, dass keineswegs von vornherein Einigkeit darüber herrscht, ob Evolution kontinuierlich oder in größeren Schritten verläuft oder ob die Mechanismen von Mikro- und Makroevolution dieselben sind.

> *Die Synthetische Evolutionstheorie ist das heutige, auf Darwin und Mendel basierende Standardmodell der Evolutionstheorie.*

Noch zwei Männer sind zu nennen, die auf den ersten Blick nichts mit Evolution zu tun haben, die 1953 aber die vielleicht wichtigste Entdeckung des Jahrhunderts machen: James Watson und Francis Crick. Sie entdecken die DNA und fügen in Bescheidenheit hinzu, dass es sich hier um eine kopierbare Struktur handelt, die der Träger des Erbmaterials sein könnte. Sie geben den Evolutionsbiologen das Material, dem Fahrzeug die Räder.

Nur wenige Jahre später wird in einem spektakulären Versuch am 15. Mai 1961 der genetische Code durch den fast in Vergessenheit geratenen Deutschen Heinrich Matthaei (*1929) entschlüsselt. Er entdeckt die Regel, wie Gene Aminosäuren herstellen, die Bausteine der Proteine, aus denen wir und alle Lebewesen gemacht sind. Dass es derselbe genetische Code für *alles* Leben auf der Erde ist, wird zum mächtigen Beweis für die Existenz der Evolution und für die Abstammung des Lebens dieses Planeten von einer sehr frühen Urform.

Heinrich Matthaei, Entdecker des genetischen Codes und späterer Direktor des Max-Planck Instituts Göttingen. Seine Entdeckung wurde von einigen als das wichtigste Experiment des Jahrhunderts bezeichnet. Er wurde jedoch nicht annähernd so bekannt wie Watson und Crick.

Nicht vergessen werden darf George Ledyard Stebbins (1906–2000). Er hat seinen Beitrag zur Synthese von der Botanikseite her geleistet. Schließlich wird unter deutschen Architekten oft Bernhard Rensch (1900–1990) genannt. Rensch ist sehr fortschrittsgläubig, setzt unter Anderem wichtige Impulse für die Biogeografie. Was den Weg der Evolution angeht, sucht er nach Regeln, die in der Biologie eine Höherentwicklung naturgesetzlich belegen – eine Sicht, die heute noch nicht vollständig aus unserem Denken entfernt ist.

A Der Hausbau – Darwin und die Synthetische Evolutionstheorie

Die Bewegung heißt, wie schon gesagt, die *Synthetische Evolutionstheorie, the Modern Synthesis* oder einfach *Synthesis* oder *Synthese*. Manche sprechen auch vom *Standardmodell* der Evolution. Viel später spricht man in diesem Zusammenhang von den Neodarwinisten, obwohl diese Bezeichnung schon vergeben war für Forscher um August Weismann, die um die Jahrhundertwende Darwin wieder aus der Fast-Vergessenheit holten. Die Forscher der Synthetischen Theorie wollen belegen: Leben evolviert durch Mutation und Variation bei der Vererbung und durch natürliche Selektion mit der Auswahl der am besten angepassten einer Art.

Das Ganze wird mathematisch auf der Ebene der Population, nicht des Individuums dargestellt. Gene sind in diesem Zusammenhang für die Populationsgenetik nichts anderes als ein großer Topf abstrakter Entitäten. Ron Amundson fasst die Synthese in seinem kenntnisreichen Werk *The Changing Role of Embryo in Evolutionary Thought* (2005, S. 165 – Bezug auf Reif et al. 2000) in fünf konzeptionellen Komponenten so zusammen:

- Mutationen
- Selektion als die primäre richtunggebende Kraft, weitgehend beschränkt auf Individualebene
- Rekombination in sexuell reproduzierenden Populationen
- Isolation – verschiedene Mechanismen, die den Genfluss verhindern und
- Drift abhängig von der effektiven Populationsgröße[11]

Diese Punkte werden wir behandeln.

Die Dominanz der Populationsgenetik

Die Gesamtbetrachtung der Synthese ist zunächst populationsgenetisch. Werner Callebaut (2010, S. 450) formuliert es so: Die Moderne Synthese wird typischerweise so beschrieben, dass sie sich um um einen *Kern* herum entwickelt hat, den darwinschen oder den populationsgenetischen. So kann man sich vorstellen, dass der Kern eher fundamental ist, während andere Teile des Ganzen nur peripher und speziell sind. Die Synthese bedient sich mathematisch statistischer Verfahren, fasst Mutationsraten, Selektionsfaktoren, Populationsgrößen und Genpool als numerische Größen auf und folgert daraus das Evolutionsgeschehen. Sie erklärt Evolution aus Populationssicht als Verteilung von Genen in einem Pool. Danach evolvieren in den mathematischen Formeln Populationen. Einblick in das genetische Material, wie wir es heute haben, ist nicht möglich. Die Synthese ist daher außerstande, die Evolution auf Individualebene zu analysieren. Das Material dafür liegt einfach nicht vor. Wir werden später sehen, wie die Perspektive sich in den Folgejahrzehnten zwangsläufig wandelt und erweitert. Zu den Populationsgenetikern fügen sich die Betrachtungen von Ernst Mayr hinzu, der als „echter" Biolo-

---

11 Zu Genetischer Drift und Genpool vgl. Kap. 3.

Box 3 – Was wusste Mendel wirklich über Vererbung?

Die mendelschen Regeln sind Stoff für's Biologiebuch. Wir könnten hier aufführen, was ein dominantes Gen ist oder ein repressives. Wir wollen stattdessen fragen, wie die Wissenschaft Mendel heute sieht. Für Darwin ist Vererbung eine *black box*, deren Inhalt er nicht kennt. Er geht zur Zeit der *Entstehung der Arten* sogar von falschen Vererbungsideen aus, was heute weniger bekannt ist. Damals stellt man sich nämlich die Verschmelzung von Erbeinheiten wie das Mischen zweier Flüssigkeiten vor. Darwin erkennt, dass dadurch gute Merkmale von Generation zu Generation „verdünnt" werden müssten, wodurch der Selektion ihr Ansatzpunkt entzogen würde. Für seine Evolutionstheorie ist das genau genommen ein k.o.

Noch zu Lebzeiten Darwins löst ein anderer die kniffligen Probleme, der österreichische Mönch Gregor Mendel. Auch er weiß noch nicht, welches die Merkmalseinheiten für die Vererbung (Gene) sind. Er benennt sie mit Buchstaben. Erst 1909 prägt William Bateson Begriff und Disziplin *Genetik* und der Däne Willhelm Johannsen im gleichen Jahr zum ersten Mal den Jahrhundertbegriff *Gen*.

Mendel wird zugeschrieben, er habe mit unendlich geduldigem Studien erarbeitet und erkannt, dass sich elterliche Merkmale unabhängig voneinander vererben. Bei Nachkommen kann man, sagt er, wenn die Anzahl der untersuchten Erbeinheiten groß genug ist, vorhersagen, in welchem Verhältnis welche Merkmale bei ihnen auftreten. – Es heißt, das Werk Mendels liege auf Darwins Schreibtisch. Er sieht sich das Buch nie an. Die Seiten bleiben angeblich unaufgeschnitten …

Was nun glaubt Mendel selbst zu erkennen? Ahnt er, die Vererbungslehre zu revolutionieren oder verfasst er nur in bescheidenem Bewusstsein eine statistische Auswertung über die Vererbung von Erbsenmerkmalen? Wissenschaftshistoriker haben sich Mendels Aufsatz nochmal angesehen (Müller-Wille/Rheinberger 2009, S. 33ff., i. f. MWR). Er enthält nichts, sagen sie, das darauf hinweist, dass er wusste, welche Lawine er in Bewegung setzen würde. Im Gegenteil: *Er bezeichnet seine Experimente als „Detailversuche", die der Lösung einer speziellen Aufgabe dienen sollten* (MWR, S. 36). Wodurch sich Mendel allerdings von seinen Kollegen absetzt, ist die erstmals konsequente Reduzierungsmethode, indem er nur reinrassige Erbsen mit nur wenigen, klar definierbaren Merkmalen benutzt. Die Erbsen werden zudem in zweijährigen Vorversuchen kalibriert, d. h. Mendel will sich ihrer Reinerbigkeit ganz sicher sein. Dieser *Mut zur extremen Reduktion des Versuchsaufbaus* (MWR, S. 40) darf ihm mindestens ebenso zugeschrieben werden, wie die Ergebnisse, die er mit ihr erzeugt. Mendels Experimentiersystem für die Untersuchung der Vererbung besaß ein enormes Potenzial (MWR, S. 43).

Funktioniert Vererbung aber so, wie Mendel sie beschreibt? Komplexes Leben hat unzählige Merkmale. *Mendel war sich darüber im klaren, dass die von ihm nachgewiesenen Regeln keineswegs für alle Merkmale bei allen Arten galten* (MWR, S. 41). Und was ist mit der Tatsache, dass sich diskrete Merkmale überhaupt vererben und dass sie nicht „verschwimmen", wie es nach Darwins Vorstellung hätte sein müssen? In diesem Punkt ist sich Mendel gar nicht so sicher, wenn er schreibt, dass „die Ausgleichung der widerstrebenden Elemente" in der befruchteten *Zelle vorübergehend sei und letztlich „nicht über das Leben der Hybridpflanze hinausreiche"* (MWR, S. 35).

ge die Entstehung der Arten zum Beispiel durch Isolation erklärt (Kap. 4). Ferner belegen Paläontologen den Evolutionsverlauf und auch Vererbungsfachleute tragen ihren Teil bei und machen so erst das Ganze zum Modell der Synthese.

Die Natürliche Selektion kann empirisch belegt werden

Die Synthetische Evolutionstheorie ist bis dahin ein in sich schlüssiges Modell. Es hat Kraft, da die alte Theorie von Darwin aus neuen Sichtweisen heraus, der Sicht von Populationsgenetikern, Biologen, Genetikern, in vielen Aspekten bestätigt wird. Das Meiste scheint klar, scheint erklärbar, und zwar aus einer Außenschau, bezogen auf die Selektion, wie jetzt auch aus einer gewissen Innenschau, bezogen auf die Entdeckungen der jungen Biologen, Paläontologen, Zell- und Genforscher, hauptsächlich aber aus einer Schau auf der Ebene der Populationen. Alles läuft auf dasselbe Ergebnis hinaus. Dabei tritt Variation in der Vererbung auf, das lässt sich bald sogar empirisch zeigen. Prozesse, für die Darwin Millionen Jahre veranschlagt, können bald bei Bakterien künstlich beschleunigt werden. An Organismen wie dem HIV-Virus kann man heute belegen, wie es sich in wenigen Generationen, in nur wenigen Jahren, an veränderte äußere Gegebenheiten anpasst und wie das Virus in ständig mutierender Form überlebt.

Ein viel erstaunlicheres Wesen ist das Darmbakterium E. coli. Es lebt im Darm des Menschen und sämtlicher Säugetiere. Denkt man vorschnell, ein Darmbakterium sei ein simples Lebewesen, so muss man sich eines besseren belehren lassen, liest man Carl Zimmers Buch (Zimmer 2009). Das E. coli, wie wir es heute kennen, ist ein Evolutionsprodukt von hunderten von Millionen Jahren. Es wird mit den schwierigsten Herausforderungen fertig. Noch kein Medikament hat es in die Knie gezwungen, auch kein Antibiotikum. Bei Stress kann es blitzschnell seine Mutationsrate tausendfach erhöhen und dafür sorgen, dass per beschleunigter Mutation ein Abwehrgen oder eine Kombination solcher Gene gefunden wird, die mit dem Angriff fertig werden, sprich, die es resistent machen. Das E. coli kommt allein im menschlichen Körper in so vielen mutierten Stämmen vor, dass die Summe aller seiner Gene die Zahl unserer eigenen Gene übertrifft. Doch langsam. So genau können die Architekten der Synthese selbst noch nicht schauen und erkennen. Zunächst ist unbestritten: Die Synthese scheint den Sieg davon zu tragen. Das riesige Gebäude, das Darwin geschaffen hat und das nach ihm ein Dutzend moderner Wissenschaftler aus der ganzen Welt vervollständigen – es scheint stabil, mit wenigen Prinzipien erklärbar. Die Betonung liegt auf *scheint*. Ob wir es mit wirklich kausaler Erklärung zu tun haben, werden wir später in Teil B genauer prüfen.

2 Synthetische Evolutionstheorie – die Außenschau

Das Auge

Ein paar Grundsatzfragen bleiben lange Zeit offen. Das Auge zum Beispiel. Wie kann die Natur ein dermaßen kompliziertes Gebilde zustande bringen? Darwin sagt selbst, dass er sich nicht erklären kann, wie das Auge entstanden ist.

> Die Annahme, dass sogar das Auge mit allen seinen unnachahmlichen Vorrichtungen, um den Fokus den mannigfaltigen Entfernungen anzupassen, verschiedene Lichtmengen zuzulassen und die sphärische und chromatische Abweichung zu verbessern, nur durch natürliche Zuchtwahl zu dem geworden sei, was es ist, scheint, ich will es offen gestehen, im höchsten möglichen Grad absurd zu sein (Darwin 1872, S. 220).

Wo liegt das Problem? Es liegt darin, dass das Auge offensichtlich aus Komponenten besteht, die zumindest den Eindruck erwecken, als hätten sie ursprünglich unabhängig voneinander entstehen müssen: *Eine Linse, um Bilder zu erzeugen, eine Netzhaut mit Fotorezeptoren, um Bilder zu empfangen, und lange Nerven, um Signale von der Netzhaut an bestimmte Hirnregionen weiterzuleiten* (Kirschner/Gerhart 2007, S. 16), sie können erst im „perfekten" Zusammenspiel die Sehfunktion ausüben. Für sich allein kann keines von ihnen einen Nutzen haben. Woher soll die Linse „wissen", dass sie eine Iris braucht zum korrekten Belichten? Am Beispiel Auge haben sich vor Jahren wissenschaftliche Fronten gebildet. Das Auge ist immer wieder herangezogen worden, um der Evolutionstheorie ihre Grenzen zu zeigen. Das Entstehen des Linsenauges durch Evolution ist heute jedoch gut erklärbar. Darwin hätte Freude daran, wie seine Schüler das herleiten (Krukonis 2008, S. 328). Man kann heute sagen, dass das Auge kein Organ ist, das erst in perfekt ausgebautem Zustand funktioniert. Es gibt auch bei heute lebenden Organismen Zwischenstufen (Nautilus) mit unvollkommenen Augen, die dennoch funktionieren.

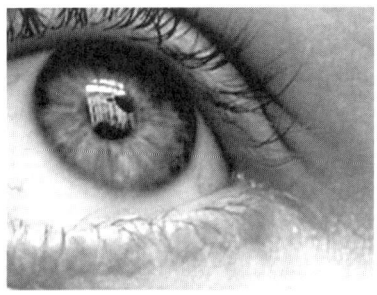

Abb. 2.1 Linsenauge

Das Auge ist nach E. Mayr in der Evolution 40mal oder häufiger unabhängig entwickelt worden. Man nennt das konvergente Entwicklung im Gegensatz zu homologer Entwicklung, wenn es einen gemeinsamen Vorfahren mit diesem Merkmal gibt. Heute weiß man zwar, dass unterschiedliche Augen dieselben Hoxgene verwenden, also so gesehen homologe Herkunft haben können. Deswegen kann die Konstruktion von Linsenaugen verschiedener Arten wie etwa Tintenfische oder Menschen dennoch unterschiedlich, also konvergent sein.

Tatsächlich hat Darwin selbst nicht gezweifelt, dass dieses so annähernd perfekte Organ mit der Evolution irgendwann erklärbar sein wird. Denn so oft das obige Zitat auch immer wieder hergenommen wird, wenn es darum geht, Darwins Zweifel an seiner eigenen Theorie zu belegen. Er hat eben gleich anschließend auch das gesagt (Darwin 1872, S. 220):

A Der Hausbau – Darwin und die Synthetische Evolutionstheorie

> Die Vernunft sagt mir, dass wenn zahlreiche Abstufungen von einem unvollkommenem und einfachen bis zu einem vollkommen und zusammengesetzten Auge, die alle nützlich für ihren Besitzer sind, nachgewiesen werden können, was sicher der Fall ist, – wenn ferner das Auge auch nur im geringsten Grad variiert und seine Abänderungen erblich sind, was gleichfalls sicher der Fall ist, – und wenn solche Abänderungen eines Organs je nützlich für ein Tier sind, dessen äußere Lebensbedingungen sich ändern: Dann dürfen die Schwierigkeiten der Annahme, dass ein vollkommenes und zusammengesetztes Auge durch natürliche Zuchtwahl gebildet werden könne, wie unübersteiglich sie auch für unsere Einbildungskraft scheinen mag, doch die Theorie nicht völlig umstürzen.

Über den Erklärungswert der Selektion

Was noch viel mehr in die Diskussion rückt, ist die Überlegung, ob die Synthetische Theorie tatsächlich einen Erklärungsansatz liefert für die Entstehung der Arten, speziell für die Entstehung von Form und Komplexität. Ist hier nicht vielmehr in erster Linie eine statistische Korrelation aufgedeckt worden zwischen Variation und natürlicher Selektion? Statistische Korrelationen erklären aber keine wirklichen Ursache-Wirkungszusammenhänge, wie man vom Beispiel des Rückgangs der Störche in Mitteleuropa und dem gleichzeitigen Rückgang der Geburtenzahl weiß. Das Beispiel soll ausdrücken: Augenscheinliche Zusammenhänge oder Parallelitäten bedeuten nicht per se, dass stets auch ein Ursache-Wirkungszusammenhang vorliegt. Die neuere Forschung will daher ergründen, wie hoch der Erklärungsgehalt von natürlicher Selektion und wie hoch der von Konstruktion und Selbstorganisation ist. Wir werden das im Teil B aufgreifen.

Genotyp – Phänotyp

Bevor wir aber weitergehen, müssen zwei zentrale Begriffe und ihre Beziehung zueinander näher erläutert werden. Sie ziehen sich wie ein roter Faden durch die Evolutionstheorie: der Genotyp und der Phänotyp. Ich verwende das Glossar von Ernst Mayr (Mayr 2005) zur Erläuterung: Der Genotyp ist *die Gesamtheit der Gene eines Individuums*. Der Phänotyp ist die *Gesamtheit aller erkennbaren Merkmale eines Individuums während seiner Entwicklung und nach Abschluss mit allen Eigenschaften von Anatomie, Physiologie, Biochemie, und Verhalten*. Der Leser wird sich ohne diese beiden Begriffe der Evolutionstheorie nicht nähern können.

> *Für die Synthetische Theorie definiert der Genotyp oder das Genom eindeutig den Phänotyp.*

Für die Synthese gilt ein Grundsatz bis heute: Das Genom oder der Genotyp enthält den Bauplan für die Konstruktion des Phänotyps. Im Genom sind also sämtliche Informationen zur Ausführung des Phänotyps enthalten. Ein bestimmtes phänotypisches Merkmal lässt sich jeweils durch ein oder mehrere Gene exakt bestimmen. Der Genotyp definiert eindeutig den Phänotyp. Wir werden im Verlauf des Buches an vielen Stellen sehen, dass neben dem neodarwinistischen Dogma der Unbeeinflussbarkeit der DNA durch die Umwelt genau in dieser Genotyp-Phänotyp-Determiniertheit der größte Kritikpunkte für die jüngere Evolutionsbiologie liegt.

* * *

3 Natürliche Selektion – Sammelbecken für alle Fragen

Sie ist der Mittelpunkt von Darwins Idee und Werk. Variation muss er hinnehmen, da kann er nicht näher hineinschauen. Die Selektion glaubt er dagegen überall in der Natur ableiten zu können. Aber beobachten kann man Selektion nicht da draußen. Nirgendwo. – So denkt man lange. Verständlich, man redet hier über geologische Zeiträume. Doch da hat sich vieles geändert.

Abb. 3.1 „Perfekte" Tarnung:
Eine gute Tarnung ist überlebenswichtig, vor allem wenn eine Art eher langsam ist in einer Umwelt mit schnelleren Feinden. In der Regel passt eine Art ihre Körperfarbe an die Umgebung an, das ist das leichteste Prinzip. In diesem Fall hier hat der Fetzenfisch Körperformauswüchse wie die von Pflanzen angenommen. Sogar an seinem Kopf sind pflanzenartige Enden zu sehen.

Was ist die natürliche Selektion?

Was ist die natürliche Selektion? Stellen wir das etwas genauer dar. Jede Population weist aufgrund der genannten Variation innerhalb gewisser Grenzen eine Vielfalt im Erbmaterial und damit auch im Erscheinungsbild der einzelnen Individuen auf. Somit ist die Wahrscheinlichkeit der Individuen, in ihrer Umwelt erfolgreich zu überleben, nicht gleich verteilt. Manche Individuen besitzen aufgrund ihres Erbgutes eine erhöhte Überlebenswahrscheinlichkeit und somit eine höhere Wahrscheinlichkeit, sich zu vermehren.

3 Natürliche Selektion – Sammelbecken für alle Fragen

Dieses Ungleichgewicht bildet die Voraussetzung für den natürlichen Auslesevorgang. Der Auswahlschritt erfolgt zwangsläufig, d. h. ohne ein vorher geplantes Ziel, und ist dennoch in der Lage, besser angepasste Individuen hervorzubringen. Der überlebende Teil dieser Generation ist statistisch gesehen besser an die Umwelt angepasst gewesen und kann sein Erbgut an die folgende Generation besser weitergeben. Durch diesen schrittweisen Prozess werden Eigenschaften ausgewählt, die einer Population das erfolgreichere Überleben sichern. Im Verlauf von Generationen führt dieser Vorgang zu einer fortwährenden allmählichen Abänderung des Erbguts und infolge dessen des Erscheinungsbildes. Man erkennt nach genügend langer Zeit die Entstehung neuer Arten. Das ist die klassische, neodarwinistische Sichtweise.

> *Darwin und die Synthetische Evolutionstheorie erklären die Entstehung der Arten durch die natürliche Selektion und damit auf nicht biologischem Weg.*

Selektion zum Anschauen I – Guppies

Wie gut kann der Biologe heute die Selektion empirisch belegen? Ein Beispiel: Heute finden Forscher Spezies, und das nicht nur bei Mikroorganismen, bei denen man zusehen kann, wie die Selektion wirkt. John Endler hat das bei Guppies untersucht (Endler 1980). Er geht dabei wie folgt vor. Ziel seiner Untersuchung ist zu erfahren, wie sich die Punktierung bei Guppies, von der man weiß, dass sie stark genetisch kontrolliert wird, verändert, wenn Umgebung bzw. Feindbild modifiziert werden (*Artificial Selection in the Lab*).

Im ersten Experiment (Abb. 3.2) sieht man oben die Guppies unterschiedlich grob punktiert in natürlicher Umgebung mit Feind und grobem Untergrund im linken Bild. Im rechten Bild ist der Untergrund feinsandig. Also mehr ebenfarbig. Nach ca. 15 Generationen haben sich die Guppies links wie rechts unten durch natürliche Selektion stark an ihre Umgebung angepasst. Die Adaptation ist also das Ergebnis des Wirkens natürlicher Selektion.

Im zweiten Versuch (Abb. 3.3) lässt Endler den Feind weg. Das Ergebnis überrascht: Jetzt dominiert die sexuelle Selektion[12] und präferiert Guppymännchen, die sich gut vom Untergrund abheben können und damit für die Weibchen attraktiver sind.

---

12 Sexuelle Selektion wird hier nicht näher behandelt, ist aber schon bei Darwin zu finden. Sie ist eine Unterform der natürlichen Selektion.

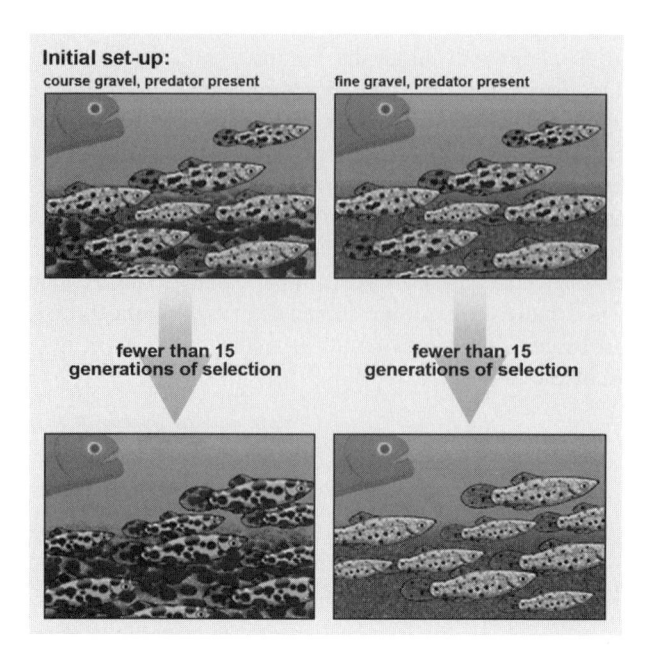

A Der Hausbau – Darwin und die Synthetische Evolutionstheorie

Abb. 3.2 Endlers Selektionsversuch – Guppies mit Feind

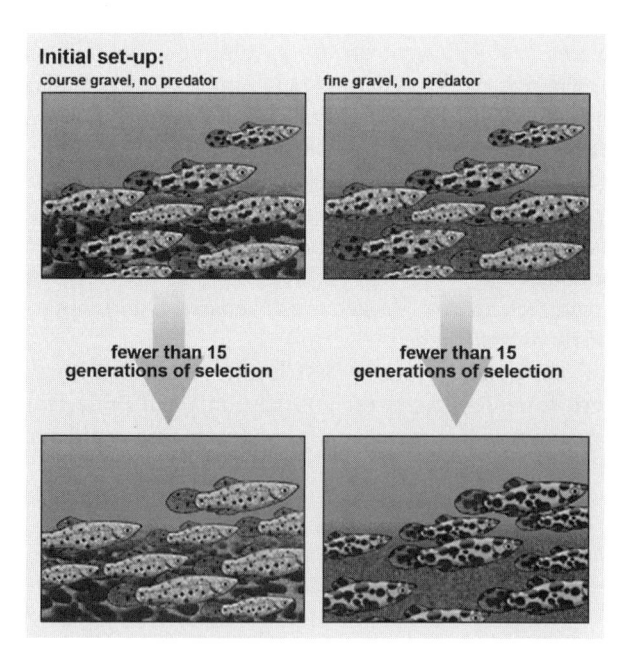

Abb. 3.3 Endlers Selektionsversuch – Guppies ohne Feind

3 Natürliche Selektion – Sammelbecken für alle Fragen

> *Heute kann die Wirkung der Selektion an lebenden Arten nicht nur bei Mikroorganismen beobachtet werden.*

Am Experiment Endlers ist Kritik geübt worden. Man bezweifelt etwa, dass das Anpassungsergebnis in der Wildnis genau so aussehen kann. Schließlich hat Endler eine sehr kleine, nicht realistische Population ausgewählt. Viele Einflussfaktoren in der Natur bleiben unberücksichtigt.

Diese Art von Selektion und Anpassung, also Änderung von Farbmustern oder Pigmentierung, eignet sich dennoch sehr gut, um die Wirkungsweise der Selektion zu demonstrieren. Sie ist aber nicht das primäre Thema, um das es in diesem Buch geht. Wir wollen im Hauptteil B stärker der Frage nachgehen, wie man heute das Entstehen komplexer organismischer Form besser deuten kann. Dazu passt eher das folgende Beispiel beobachtbarer Evolution:

Selektion zum Anschauen II – Darwinfinken

Dass Evolution im Zeitraffer beobachtet werden kann, und zwar nicht bei Mikroorganismen sondern bei Wirbeltieren, das haben das Forscherpaar Rosemary und Peter Grant gezeigt, die sich 33 Jahre lang mit den Darwin-Finkenarten auf den Galapagos-Inseln beschäftigt haben (NZ 2006). Die beiden Forscher konnten in ihrem einzigartigen Lebenswerk *evolutionäre Anpassungen einer Wirbeltier-Population an sich verändernde Umweltbedingungen dokumentieren; das hatte zuvor als unmöglich gegolten*, sagt Rosemary Grant. Und das innerhalb einer einzigen Finken-Generation. Ablesen lässt sich die Artbildung natürlich an der DNA und äußerlich an der sehr variablen Schnabelgröße und -form der Vögel. Die Schnäbel in einer Population entwickeln sich manchmal schnell auseinander, wenn sich zwei Arten, die sich auf einer Insel das Nahrungsangebot teilen müssen, auf große bzw. kleine Samenkörner spezialisieren.[13] Evolution ist also durchaus beobachtbar. Dass ein solcher Umbau des Finken-Schnabels sehr modern mit EvoDevo erklärt werden kann, darauf kommen wir in Kapitel 11 zurück.

Wer sich nicht anpassen kann, ist aus dem Spiel. Selektion kann so auch gesehen werden als *Elimination unvorteilhafter Individuen*[14] statt des von Darwin auf Herbert Spencers Vorschlag übernommenen *Survival of the Fittest*, was sich als so elend folgenschwer erwies.[15]

---

13 Der Grund, dass die Artbildung in diesem Fall so schnell abläuft, liegt in wieder auftretender Artmischung zuvor bereits getrennter Arten (Introregression).
14 Nach Alfred Russel Wallace, Zeitgenosse Darwins.
15 Darwin hat diesen Begriff von H. Spencer in der 5. Ausgabe der *Entstehung der Arten* übernommen. Darwin meinte damit nicht primär das Ergebnis eines Kampfes Individuum gegen Individuum, wie es später vielfach und auch ideologisch fehlgedeutet und ausgenutzt wurde.

Box 4 – Lactosetoleranz: Wie schnell ist Evolution?

Wer Darwin liest, muss an einem Punkt immer wieder stutzig werden: Wie kann sich eine einzelne Mutation in einer großen Population durchsetzen? Die überwältigende Zahl der Mitglieder der Population, die diese Änderung nicht hat, wird dafür sorgen, dass alles bleibt wie es ist. Und falls doch, falls sich die Mutation doch irgendwie verbreitet, dann muss es Äonen dauern, bis sich die Genmutation eines einzelnen Individuums in einer großen Population durchsetzen und ausbreiten kann – wenn überhaupt …

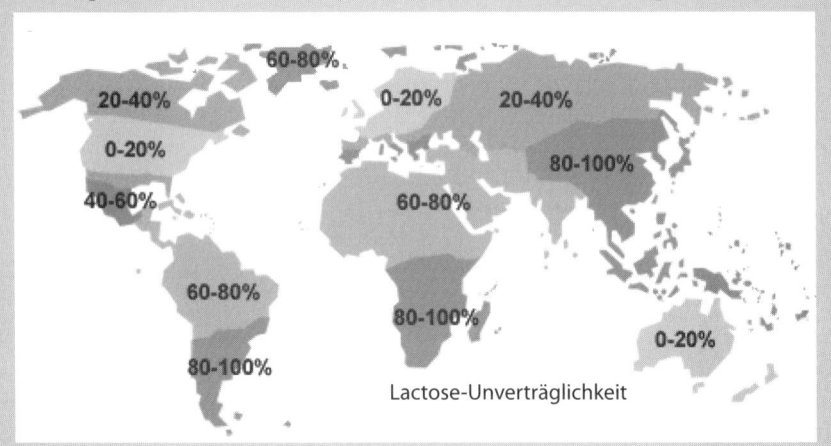

Lactose-Unverträglichkeit

Es gibt kaum ein anschaulicheres Beispiel als die erlernte Milchverträglichkeit beim Mensch. Sie belegt, was die Selektionstheorie behauptet. Jedes Säugetier und damit auch wir Menschen sind genetisch so angelegt, dass nach Beendigung der Stillphase die Verträglichkeit der Muttermilch abnimmt. Dies geschieht dadurch, dass ein bestimmtes Enzym, es heißt Lactase, das von einem bestimmten Gen, dem Lactase-Gen, produziert wird, nunmehr nur noch vermindert auftritt. Der Milchzucker, genannt Lactose, kann dann nicht mehr umgewandelt werden. Die Milch schmeckt vielleicht noch, aber unangenehme Beschwerden lassen lieber Abstand nehmen. So ist das in Millionen Jahren der Normalfall für die Säugetiere und uns Menschen. Junge Tiere sollen irgendwann lernen, sich selbst zu ernähren.

2007 legt Joachim Burger, Uni Mainz, eine Studie vor, wonach analysierte Menschenskelette der Jung- und Mittelsteinzeit (7800–7200 v. Chr.) durchweg noch Lactoseintoleranz aufwiesen. Ein 1500 Jahre altes Skelett dagegen besitzt schon diese genetische Veränderung. Dieser Mensch kann Lactose verdauen. Zwei Dinge sind bemerkenswert dabei: Erstens der Zeitraum von 7000 v. Chr. bis heute ist evolutionsgeschichtlich ein Katzensprung, gerade mal um die 400 Generationen. Zweitens hat sich diese Veränderung in genau der Zeit vollzogen, als sich Ackerbau und Viehzucht in Europa ausgebreitet haben. Man darf annehmen, dass überwiegend die Teile der damaligen Bevölkerung, die Viehwirtschaft gefördert haben, auch die Mutation der Lactoseverträglichkeit besaßen.

Kann sich so eine unscheinbare genetische Veränderung ausbreiten? Sie kann. Ein Blick auf die Weltkarte zeigt, dass heute die Mehrheit der Menschen auf der Nordhalbkugel lactosetolerant sind. Die Mehrzahl verträgt überwiegend Milch. Eine ursprünglich unnatürliche genetische Veränderung hat sich auf ganzen Kontinenten durchgesetzt – in ein paar hundert Generationen. Man darf annehmen, dass es sich hier um einen selektiven Vorteil handelt, der den Kuhmilchtrinkern zugute kommt. Es ist aber nach Lynch (Kap. 10) ebenso möglich, dass das Ganze ohne Selektion abläuft (s. dazu auch Abb. 3.4).

3 Natürliche Selektion – Sammelbecken für alle Fragen

Wie wirkt Selektion in der Zeit?

Wenn Arten sich verändern, gibt es nach Darwin „Ursachen" dafür in der Umwelt. Diese „Ursachen" müssen Druck auf die Population ausüben, Druck, der zu Anpassung zwingt. Diesen Druck, den Selektionsdruck, geben die Biologen mit dem Selektionsfaktor an. Er sagt, was Darwin meint: Wie schnell kann die Selektion Änderungen in der Population durchsetzen? Wenn ein Individuum 100 Nachkommen hervorbringen kann, ein anderes aber 101, dann ist der Selektionsfaktor 0,01 für das zweite Individuum (Abb. 3.4). Also plus 1 Prozent = 1 % komparativer Vorteil eines Individuums in einer Population, das scheint nicht viel. Ist es aber doch. Jetzt sehen wir, was die Zeit zustande bringt. Es bleibt immer Zeit für selektive Anpassungsprozesse in der Natur – sehr viel Zeit, eine Million, zehn Millionen, hundert Millionen Jahre, wenn nötig. Vor langen Zeiträumen kapituliert die menschliche Vorstellung, aber nicht die Evolution.

Bleiben wir beim Beispiel: 1 Prozent Fitnessvorteil (vorteilhafte Gene), dann sind – man nehme einen Taschenrechner mit Zinseszinsfunktion – nach 1000 Generationen statt anfänglich 1 Prozent jetzt 80 Prozent der gesamten Population zugunsten dieses Fitnessvorteils variiert (Abb. 3.4 A). Also 80 Prozent mit besagtem kleinen, anfänglichen Fitnessvorteil beherrschen die Art jetzt. Beträgt der Selektionsquotient statt 1 jedoch 10 Prozent, sind nur noch weniger als 50 Generationen nötig, um die vorteilhafteren Varianten in der Population im gleichen Umfang durchzusetzen (Abb. 3.4 B).

Das gleiche gilt auch für negative Selektionsfaktoren (nachteilige Mutationen). Wie man leicht nachvollziehen kann, haben unscheinbare Variationen mit einem kleinen Selektionsfaktor bzw. geringem Selektionsdruck dennoch in erdgeschichtlich gesehen kurzen Zeitspannen eine große Wirkung. Selektion setzt Veränderungen immer durch, konsequent, entweder langsamer oder schneller –, entweder zum Guten oder zum Schlechten, aber immer konsequent (Carroll 2008, S. 48ff.).

Die Kernfrage ist: *Kann die auf kleinen Abweichungen einwirkende natürliche Selektion sich tatsächlich so summieren, dass daraus alle Lebensformen mit ihrer höchst unterschiedlichen Komplexität entstehen?* (Carroll 2008, S. 199). Die Antwort der Synthetischen Evolutionstheorie: Sie kann. Antwort der Darwinismus-Kritiker (wir kommen dahin): Nein, das ist nicht möglich!

Überschätzung des Selektionsdrucks

Die Selektion ist kein generierendes Phänomen (um nicht Kraft zu sagen), sie ist immer „nur" ein Überwachungs- besser noch: ein Beseitigungsmechanismus. Was durch ihre „Maschen" schlüpft, ist angepasst an die Verhältnisse, die die Selektion vorgibt. Steigt klimatisch etwa die Durchschnittstemperatur, werden diejenigen Individuen durch die Selektion bevorzugt, die die geeigneten Variationen für den Temperaturanstieg bereits mitbringen. Mit anderen Worten: Diese Individuen

A Der Hausbau – Darwin und die Synthetische Evolutionstheorie

sind fitter als andere. Die Zahl ihrer Nachkommen ist größer als die der weniger fitten Individuen. Die Population passt sich durch stetige Vererbung der besser geeigneten Variationen sukzessive an die Temperaturveränderung an.

A

B

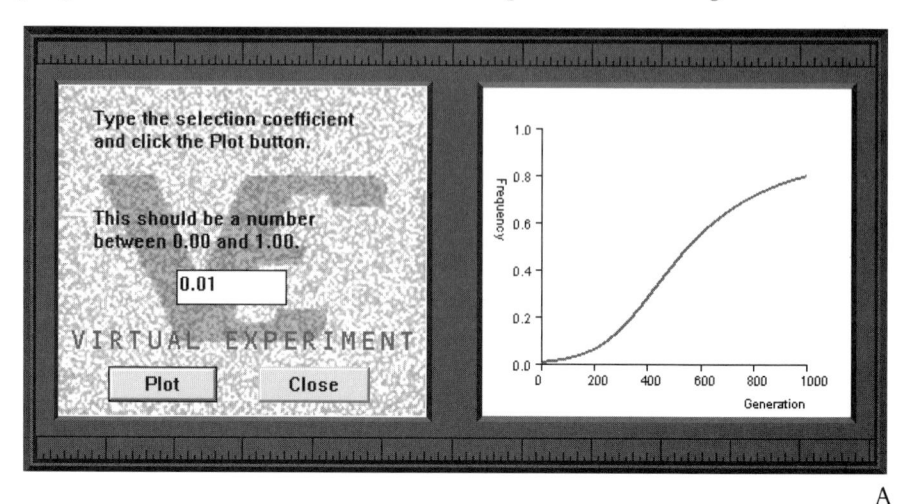

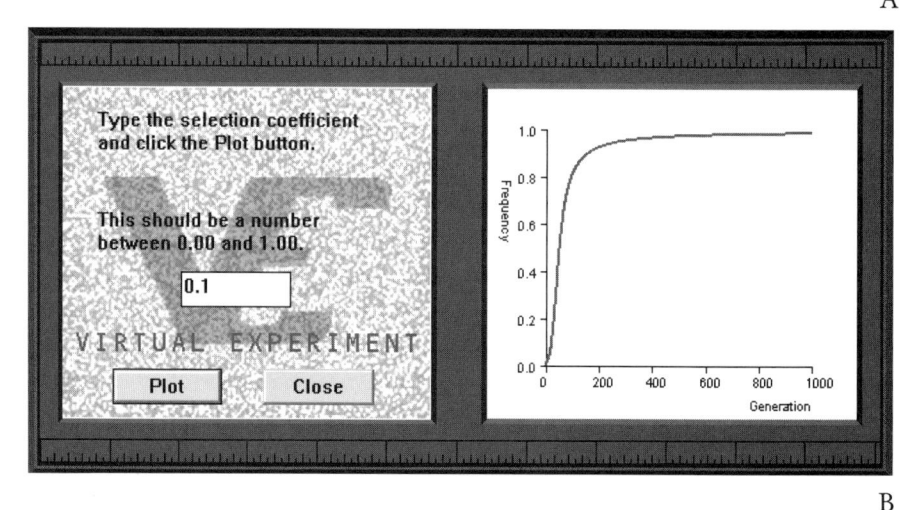

Abb. 3.4 Die Wirkung der Selektion in der Zeit.
Auf der Homepage des Evolutionsbiologen Mark Ridley (Oxford) findet man ein Programm zum Download. Es liefert Plots für die Veränderung der Genfrequenz in einer Population je nach Größe des Selektionsquotienten, den man links einsetzt. Die Kurven zeigen also, wie schnell sich vorteilhafte Variationen in einer Population durchsetzen können, je nachdem wie stark Selektion wirkt. Man sagt: Die Population passt sich an. Der Selektionskoeffizient wird von J.B.S. Haldane in die Evolutionstheorie eingeführt.

Selektion kann nicht „vorausdenken". Hat sie eine schädliche Mutation beseitigt oder sogar: Hat sie etwas Nützliches beseitigt, das nur im Moment nicht brauchbar ist, kann sie es nicht ohne weiteres rückgängig machen (Carroll 2008, S. 140). Sie kann Funktionen auch nicht aufrecht erhalten, etwa die Augen der Nacktmulle. *Use it or lose it* formuliert Carroll das Prinzip kompromisslos. Was verloren ist ist verloren – quasi eine Einbahnstraße. Schließlich sind 99 Prozent aller Lebewesen auf unserem Planeten ausgestorben. Ausführungen wie die von Carroll werden vom Freiburger Antidarwinisten Jürgen Bauer bestritten. Nach seiner Sicht liegt ein permanenter Selektionsdruck in der Natur *nicht* vor. Es kann auch ohne Selektionsdruck zu Veränderungen der Arten kommen. Solche Veränderungen sind dann keine Anpassungen. Wie das?

Der Punkt in Darwins Schule ist, dass angenommen wird, jede Veränderung einer Art ergäbe sich durch Selektionsdruck. Selektionsdruck liege also immer vor. Nicht gesehen wird hier, dass es neben den schädlichen und letalen, also tödlichen und förderlichen, viele neutrale Mutationen bei der Vererbung gibt. Neutral heißt, dass sie keine Veränderung der Fitness des Individuums zur Folge haben. Die Mutation/Variation ist also hinsichtlich der Selektion neutral. Die Selektion hat quasi keinen Angriffspunkt. Veränderungen dieser Art sind rein zufallsbedingt. *Und jede Änderung, die eher durch Zufallsfaktoren als durch* Selektion herbeigeführt wird, ist keine Adaptation (Krukonis 2008, S. 79). Warum sollten sich solche Veränderungen nicht durchsetzen in einer Population? Sie setzen sich durch. Eben *weil* sie neutral sind für die Fitness. Für die Forscher kann es auf dieser Grundlage oft sehr schwierig sein, Veränderungen als Anpassungen zu belegen, denn oft liegt eben gar keine Anpassung vor, und oft liegt sogar beides vor, Anpassung und neutrale Mutation. Das ist im Nachhinein schwer auseinander zu halten. (Mehr zu Evolution ohne Selektionswirkung in Kap. 7).

Buntbarsche im Viktoriasee

Bekanntes Beispiel für Veränderungen, von denen man annimmt, dass sie nicht zwingend ausschließlich durch Selektionsdruck entstanden sind, sind die mehr als 500 Arten von Buntbarschen im Viktoriasee in Ostafrika. In allen Süßwasserseen und -flüssen Europas gibt es nicht mehr als 200 Fischarten (Meyer 2007, S. 74). *Die Barsche im Viktoriasee sind in weniger als 100.000 Jahren entstanden.* Wenn natürliche Stressoren hier nicht vorliegen, die zu einer so hohen Anpassung und Artenvielfalt geführt haben, dann sind uns die Darwinisten für diese Artenbildung vor unseren Augen eine Erklärung schuldig.[16] Aber wer kann schon mit Sicherheit sagen, wodurch die vielfältige Artenbildung hier tatsächlich vorangetrieben wird?

Was Meyer aber festgestellt hat, ist, dass dieser für uns Menschen so homogen aussehende riesige See in Wirklichkeit unzählige Habitate für die Barsche hat.

---

16 Ein anderes Beispiel: In Südchina hat die Jagd auf Elefantenstoßzähne dazu geführt, dass der Anteil an Elefanten steigt, die ganz ohne Stoßzähne geboren werden. Ein Merkmal, das ein Tier unter normalen Umständen benachteiligt, erweist sich plötzlich als Vorteil (Natur & Kosmos 2/2009, S. 34). Anzumerken ist dazu: Hier handelt es sich um ein erhebliches Mutationsmerkmal und um extrem wenige Generationen.

A Der Hausbau – Darwin und die Synthetische Evolutionstheorie

Ära	Periode	Epoche	vor Mio. Jahren	Pflanzen- und Tierleben
Das Präkambrium reicht bis zur Entstehung der Erde vor 4,6 Milliarden Jahren zurück. Das Alter der Milchstraße wird heute auf 10 Mrd. und das des Universums auf 13,4 Mrd. Jahre. geschätzt.				Beginn des Lebens (RNA) vor ca. 4 Mrd., älteste Spuren vor ca. 3,8 Mrd. Jahren. Erstes DNA –Protein vor 3,6 Mrd. Jahren. Erstes Leben an Land vor 2,6 Mrd. Jahren. Sauerstoffanreicherung durch Algen (Photosynthese) vor 2,3 Mrd. Jahren. Erste Eukaryoten vor 1,5 Mrd. Jahren. Erste Grünalgen vor 750 Mio. Jahren
Paläozoikum (Erdaltertum)	Kambrium	Cambria: lat. für Wales, Gegend erster kambrischer Gesteine	542–488,3	Kambrische Explosion: Viele Fossilien. Leitfossilien sind Trilobiten (70% der Arten). Graptolithen, primitive Schalentiere, Korallen, Krustentiere, etc.
	Ordovizium	Nach dem Gebiet der Ordovices; Gegend erster ordovizer Gesteine	488,3–443,7	Erste Vertebraten (kieferlose Fische). Leitfossilien sind Graptolithen. Echinodermen und Brachiopoden breiten sich aus.
			M a s s e n a u s s t e r b e n (etwa 50% der Arten)	
	Silur	Nach Silures (keltischer Volksstamm); Gegend silurer Gesteine	443,7–416	Riesige Panzerfische. Erste Land-/Sumpfpflanzen. Große Seeskorpione.
	Devon	Benannt nach der Grafschaft Devon im Südwesten Englands	416–359,2	Leitfossilien sind Ammoniten (bis Kreide). Zeitalter der Fische (Knochen- und Knorpelfische). Entwicklung der Amphibien. Zunahme von Landpflanzen.
	Karbon	Benannt nach der Kohle Carbo, die sich in dieser Zeit bildet	359,2–299	Zunahme der Amphibien. Erste Reptilien, Bärlappgewächse, Farne, Schachtelhalme in kohlebildenden Sümpfen. Geflügelte Insekten
	Perm	nach einem Distrikt im Uralgebirge	299–251	Zunahme hochentwickelter Reptilien. Amphibien verlieren an Bedeutung. Aussterben der Trilobiten. Primitive Koniferen. Rieseninsekten.

3 Natürliche Selektion – Sammelbecken für alle Fragen

Ära	Periode	Epoche	vor Mio. Jahren	Pflanzen- und Tierleben
Mesozoikum (Erdmittelalter)			Massensterben (etwa 50% der Tierarten und 95% der Meerestiere)	
	Trias	Gesteine dieser Periode werden in drei getrennte Schichten eingeteilt.	251–199,6	Erste Dinosaurier (Allosaurus) und große Meeresreptilien. Haie und Rochen. Erste Säugetiere. Viele Ammoniten. Ausbreitung von Koniferen, üppige Wälder. Massensterben vor 208 Mio. Jahren: etwa 35% der Tierarten und frühe Saurier.
	Jura	nach dem gleichnamigen Schweizer Gebirge	199,6–145,5	Dinosaurier beherrschen das Land. Fliegende Reptilien. Erste Vögel. Archaeopteryx. Viele Ammoniten. Einige kleine Säugetiere
	Kreide	Kreide ist ein sehr häufiges Gestein dieser Periode (z.B. englische Kanalküste).	145,5–65,6	Leitfossilien: Belemniten Dinosaurier und viele andere Reptilien sterben am Ende der Periode aus. Ammoniten verschwinden. Erste Blütenpflanzen.
			Massensterben	Ende für Saurier und für 40-85% der Tierarten. Säugetiere, Schildkröten, Schlangen, Krokodile, Echsen und Vögel überleben. Die vollständige Erholung dauert mindestens 2,5 Mio. Jahre.

A Der Hausbau – Darwin und die Synthetische Evolutionstheorie

Ära	Periode	Epoche	vor Mio. Jahren	Pflanzen- und Tierleben
Känozoikum oder Neozoikum (Erdneuzeit)	Tertiär (nicht mehr gebräuchlich)	Paläogen	65,6–22,3	Rasche Evolution von Säugetieren Eigenartige Säugetiere, Pferde und Elefanten. Pflanzen meist neuzeitlicher Art. – Erste Affen. Viele neuzeitliche Säugetiere entwickeln sich. Radiation von Blütenpflanzen 
		Neogen	22,3–2,588	Viele Affen in Afrika. Säugetierherden weiden auf sich ausbreitenden Grasflächen. – Auftauchen von Primaten. Große Säugetiere sterben bei zunehmender Kälte aus.  
	Quartär	Pleistozän	2,588–0,0117	Eiszeit auf der nördlichen Halbkugel. Behaarte Säugetiere überleben die Kälte 
		Holozän (rezent)	0,0117–jetzt	Australopitheziden in Afrika ab 7 Mio. Jahren Homo habilis vor 2,4–1,6 Mio. Jahren Mensch verlässt Afrika vor 1,8 Mio. Jahren Homo erectus vor 1,9 Mio. Jahren Erster Homo sapiens vor 200–100 000 Jahren Auswanderung Homo sapiens aus Afrika vor 65 000 Jahren oder früher Neandertaler in Europa bis 27 000 Jahren Cro-Magnon-Mensch vor 40 000 Jahren 2 Mio. bekannte (10–30 Mio. geschätzte) rezente Arten auf der Erde, darunter ca.: 1 Mio. Insektenarten 58 000 Wirbeltierarten 10 350 Vogelarten 5 500 Säugetierarten 356 Primatenarten (Stand 2001) 

Abb. 3.5 Erdzeitalter.

3 Natürliche Selektion – Sammelbecken für alle Fragen

Viele Spezies leben jeweils in nur einem Riff, in einer eigenen abgeschlossenen Mikrowelt, die sie nicht verlassen. Das fördert die Artenbildung, wie noch erklärt wird (Kap. 4).

Ebenso widerspricht Bauer Carrolls Statement *use it or lose it*. Er führt an, allerdings auf Genebene und nicht auf Merkmalsebene, dass es nicht so ist, dass nicht benötigte Genabschnitte verloren gehen, sondern dass sie eben über extrem lange Zeiträume erhalten bleiben, dass es also Mechanismen im Organismus gibt, die ungewollte Mutation unterdrücken (Bauer 2009, S. 123f.). Eine mutige Hypothese. Gerd B. Müller schließlich stellt in Frage, ob man überhaupt wissen kann, wofür ein phänotypisches Merkmal da ist, wenn man danach fragt, ob es gebraucht wird oder nicht.[17]

Es ist viel Kritik geübt worden an der Kernthese der Synthetischen Theorie, dass *jede* Variation Gegenstand der Selektion wird. Das schließt einen Selektionsfaktor von 0 aus. Die Forschung sieht das heute nicht mehr unbedingt so (Gould/Lewontin 1979). Variationen können sich in einer Population auch ohne den Filter der Selektion durchsetzen (Kap. 7).

Nicht jede einzelne Variation wird selektiert.

Wirklich große Erklärungsnot tritt auf, wenn die Selektion dazu verwendet wird, das Entstehen von qualitativ Neuem in der Evolution, das Entstehen von Organismen und von Komplexität zu erklären. Der Vertreter der Synthetischen Theorie, der sich darauf beschränkt, mit Variation und Selektion zu arbeiten, muss sich bewusst sein, dass er gleich zwei negative Größen für die Lebensgeschichte verantwortlich macht: Erstens das nicht näher begründete Vorhandensein von Variation und zweitens die aus Sicht des Organismus extern bestimmte Selektion. Gerd B. Müller macht deutlich (Müller 2003, S. 51):

> Selektion hat kein innovatives Potenzial: Sie eliminiert oder bewahrt was existiert. Die generierenden und ordnenden Aspekte morphologischer Evolution liegen damit außerhalb der Evolutionstheorie.

Das Zitat sagt eindeutig: Darwin erklärt nicht die Entstehung von Arten, nicht da, wo es um Erklärung der Konstruktion von Form, um ihre Ordnung und Komplexität geht. In Teil B befassen wir uns ausführlich damit, wie Variationen im Phänotyp überhaupt entstehen und welche Rolle der Selektion und der Umwelt dabei zufällt.

---

17 Anmerkung auf dem Symposium *Limits of Adaptation* an der Universität Wien am 4. Mai 2010.

A Der Hausbau – Darwin und die Synthetische Evolutionstheorie

Genetische Drift

Die Gendrift kommt zwar erst später zur Synthese dazu. Sie ist aber ein wichtiger Faktor der Populationsgenetik, und damit der Hauptdisziplin der Synthese.

| Original-Population | Flaschenhals-Effekt | Überlebende Population |

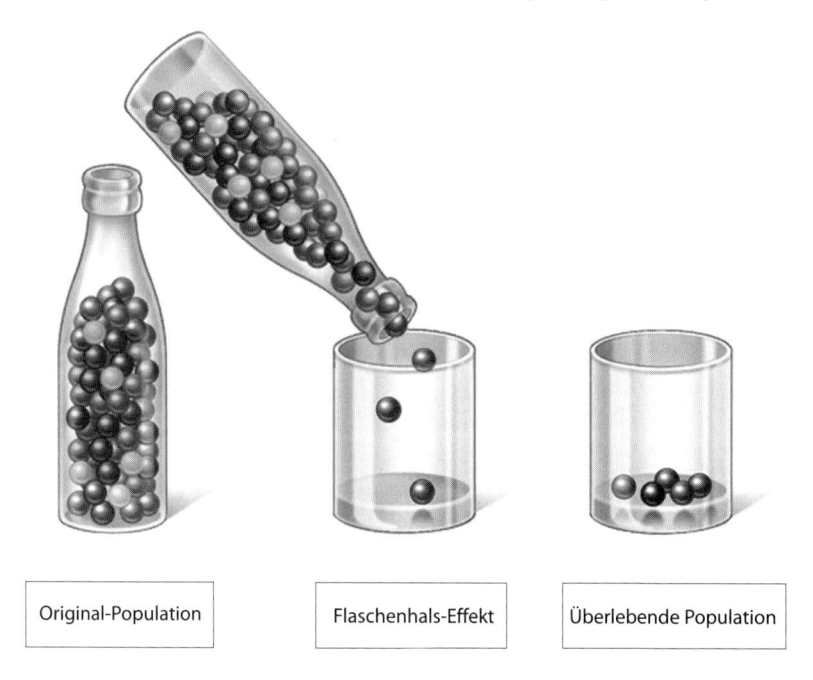

Abb. 3.6 Gendrift – Flaschenhalseffekt

Das Beispiel demonstriert die Veränderung der genetischen Vielfalt einer Population durch genetische Drift. Wird eine Population durch ein Erdbeben, Hochwasser oder anderes Naturereignis dezimiert, ist die Genverteilung in der Population danach nicht mehr so wie vorher (weiße Kugeln im rechten Becher). Im Gegensatz zur natürlichen Selektion ist Gendrift immer zufällig, funktioniert aber in der Regel nur bei kleinen Populationen.

Wir haben gesehen, dass es aus Sicht der Synthese zwei Hauptmechanismen gibt: die zufallsbedingte Variation und die natürliche Selektion. Letztere ist nicht zufallsbedingt. Selektion ist gerichtet. Das kann man sich so vorstellen, dass etwa ein länger anhaltender, klimatischer Kälteeinbruch die Population dahin verändert, dass die Individuen einer Art besser überleben, deren genetisches Repertoire das notwendige Material enthält, um mit dem Kälteschock fertig zu werden. Diese Individuen werden durch die Selektion bevorzugt. Es gibt aber einen, maßgeblichen Evolutionsfaktor, der ohne Gerichtetheit wirkt, das ist die Gendrift. Was muss man sich darunter vorstellen?

Wirft man eine Münze 1000 mal, erhält man wahrscheinlich ziemlich genau 500 mal Kopf und 500 mal Zahl. Nimmt man 100 Münzversuche und wirft jeweils 10 mal, erhält man oft als Ergebnis Kopf/Zahl = 5:5, 4:6 und 6:4, aber man er-

3 Natürliche Selektion – Sammelbecken für alle Fragen

hält ebenfalls 7:3, 8:2 und gelegentlich sogar 0:10 und 10:0. Je kleiner die Probe, desto größer die Wahrscheinlichkeit zur Abweichung vom erwarteten 50:50 Verhältnis. Nicht anders verhält es sich in der Evolution beim Wirken der Gendrift.

Gegeben ein beliebiges Zufallsereignis in der Natur, ein Erdbeben, eine Überschwemmung zum Beispiel. Solche Ereignisse können dazu führen, dass sich die Genfrequenz[18], also die Verteilung der vorhandenen Genkopien in einer Population, einseitig ändert, in einem Verhältnis also, das abweicht von dem Verhältnis, das vor dem Ereignis in der Population existiert hat. So etwas kommt immer wieder vor. Ein Vulkanausbruch kann eine Population, sagen wir einer bestimmten Insektenart, im Umfeld dieses Ereignisses stark dezimieren. Der Evolutionsbiologe sagt: Der Genpool dieser Population wird verkleinert. Wenn aber 90, 95 oder 98 % der Individuen einer Population auf einen Schlag sterben, dann ist es nicht nur leicht möglich sondern sogar sehr wahrscheinlich (siehe Münzwurf bei kleiner Wurfzahl), dass:

- unter den überlebenden nicht im gleichen Anteil Individuen mit den durch die Selektion bisher favorisierten Genen sind, bzw. dass
- nicht mehr alle zuvor vorhandenen Allele überhaupt noch erhalten sind, und wenn doch, dann in anderem Verhältnis. Man sagt auch, dass
- in der Restpopulation eine andere Genfrequenz als vor dem Ereignis herrscht.

Genau das ist Gendrift. Wie wir gesehen haben, ist sie rein zufällig: Jede Abweichung der Genfrequenz nach dem Ereignis von der vor dem Ereignis ist zufällig. Die Selektion hat keinen Einfluss. Vielmehr sind das zufällige Ereignis (Vulkanausbruch, Überschwemmung etc.) und die zufällige Gendrift die Einflüsse bzw. die hier wirkenden Evolutionsfaktoren (Krukonis 2008, S. 85ff.).

Vernichtet eine Überschwemmung, um im Beispiel zu bleiben, nur einen kleinen Teil einer Population, dann wird sich in der Regel nicht viel ändern in der Genfrequenz. Ganz anders bei annähernder Auslöschung einer ganzen Population. Die Population ist ja vor der Überschwemmung durch die Selektionskräfte mehr oder weniger gut angepasst an die Umwelt. Denn so wie sie existiert, ist sie das Ergebnis sehr langfristiger Anpassungsprozesse. Die Population besitzt vor dem Naturereignis und damit vor der Drift eine natürliche, hohe Genfrequenz oder genetische Vielfalt.

Dann der „Bang". Die überlebenden der Art müssen ab sofort mit dem, was ihr verkleinerter Genpool übrig lässt, zurechtkommen, nämlich mit einer stark verringerten Genfrequenz oder genetischer Variabilität. Die Wissenschaft spricht hier von einem *Flaschenhalseffekt*, englisch auch *Foundereffekt*, da er typischerweise in Gründerpopulationen auftritt. Wir haben es mit einer starken genetischen Verarmung zu tun. Aus dem verengten Genpool kann sich die Art regenerieren oder sie kann aussterben. Wenn sie es schafft, sich zu regenerieren, dann ist al-

---

18 Genauer: die Allelfrequenz. Ein Allel ist eine spezifische Ausprägung eines Gens bei einem Individuum.

A Der Hausbau – Darwin und die Synthetische Evolutionstheorie

lerdings in der verbleibenden Genverteilung dieser Art nichts, wie es vorher war. Denn die Vielfalt der Genfrequenz, die der Art guten Schutz vor Krankheiten oder unterschiedlichen selektiven Kräften mitgegeben hat, die nach dem Naturereignis ja wieder auftreten können, sie ist nicht mehr vorhanden. Man kann sagen, die Art muss in der Natur mit weniger Genmaterial zurechtkommen als vorher.

Abb. 3.7 Der Gepard – Resultat eines Flaschenhalseffekts
Da man beim Geparden Hautverpflanzungen ohne Abstoßungsreaktionen vornehmen kann, und zwar bei Tieren, die tausende Kilometer entfernt geboren sind, schließt man, dass diese Art durch einen Flaschenhals gegangen ist, das heißt kurz vor dem Aussterben war. Das muss sich vor ca. 10 000 Jahren ereignet haben und würde bedeuten, dass die heutigen Geparden nur von wenigen Individuen abstammen

Der Gepard ist in vorgeschichtlicher Zeit durch einen so extrem engen genetischen Flaschenhals gegangen. Ohne dass es zu Abstoßungsreaktionen kommt, kann Gewebe von einem Geparden auf einen anderen übertragen werden, der tausende Kilometer entfernt geboren ist. Das ist sonst nur bei eineiigen Zwillingen möglich.

Auch Homo sapiens ist nach Meinung von Fachleuten vor etwa 74 000 Jahren in der Folge eines gewaltigen Vulkanausbruchs auf Sumatra durch einen Flaschenhals gegangen. Die Supereruption des Toba mit nachfolgender extremer, bis zu 1000 Jahre anhaltender Kälteperiode hat möglicherweise nur wenige tausend Individuen auf der Erde überleben lassen. Man liest das an der im Hinblick auf die Gesamtentwicklungszeit des Menschen geringen genetischen Vielfalt der Mitochondrien-DNA ab. Zwar zeigt das Grönlandeis heftige Störungen, die genau in diese Zeit fallen, dennoch müsste diese Theorie durch archäologische und paläanthropologische Funde besser abgesichert werden.

3 Natürliche Selektion – Sammelbecken für alle Fragen

Eine extrem verringerte Genfrequenz ist auch der Grund, warum es nicht möglich ist, dass sich ein letztes verbleibendes Pärchen einer Art wieder nachhaltig vermehrt, etwa das letzte Pärchen einer Galapagos-Schildkrötenart, das durch den Menschen vor dem Aussterben beschützt werden soll. Die Chancen, dass das gelingt, sind quasi Null, denn die genetische Variationsbreite von nur zwei lebenden Exemplaren ist so gering, dass die Chancen auf Anpassung minimal sind. In der Natur dagegen ist oft zu beobachten, dass heute lebende Arten von ein paar Dutzend oder einigen hundert Tieren abstammen, die vor Jahrzehnten oder wenigen Jahrhunderten einen engen Flaschenhals gebildet haben. Arten die durch einen solchen Flaschenhals hindurch sind oder gerade dabei sind, hindurchzugehen, sind zum Beispiel der Alpensteinbock, der kalifornischen Condor, der Wisent oder auch die letzte verbliebene Rasse von Wildpferden in Deutschland, das Dülmener Pferd in Westfalen. Bei allen gilt: Zukunft in hohem Grad ungewiss.

> *Genetische Drift ist immer die Folge eines zufälligen Naturereignisses, etwa eines Erdbebens oder einer Überschwemmung. Die anschließende Veränderung der Genverteilung in der verbleibenden Population ist somit ebenfalls zufällig.*

Genetische Drift wird in der Theorie heute in der Regel als ein zusätzlicher Effekt neben der natürlichen Selektion eher am Rande beschrieben. Darunter werden *alle Prozesse subsumiert, die eine nichtselektiv bedingte Veränderung von Genhäufigkeiten in Populationen bewirken* (Beurton, 2001a). Sewall Wright selbst sieht die genetische Drift damals elementarer. Für ihn ist Adaptation allein durch die natürliche Selektion nicht darstellbar, müsste doch, wenn vorteilhafte Allele einmal ausgebildet sind, *die Sexualität in der jeweils nächsten Generation genau so sicher wieder zur Neuaufspaltung der Allele und damit zur Vernichtung der vorteilhaften Genkombinationen* führen, *noch bevor die Selektion greifen kann* (Beurton, 2001a).

Nach Wright braucht daher die Evolution notwendig einen starken, nicht adaptiven Faktor, der die Adaptation in der Population erst ermöglicht (Beurton 2001a). Der Streit zwischen Wright und Fisher über die Bedeutung der genetischen Drift hält Jahre an. Als zwingend notwendiger Faktor ist die genetische Drift in der Synthese heute nicht erhalten geblieben.

※ ※ ※

4 Extreme der Evolution – Explosion und Stillstand

Variation ist eine Sache. Erhaltung des Bewährten ist eine andere Sache. Die Erklärung der Integrität des Genoms ist in der Forschung heute neben der Frage nach den Mechanismen der Veränderung ebenfalls wichtig geworden. Die klassische Theorie der Synthese ist für viele in bestimmten Punkten erweiterungsbedürftig. Während sich die Evolutionsbiologen früher mit Veränderungsstrategien beschäftigt haben, beschäftigen sie sich heute auch mit den Konservierungsstrategien. *So wurde und wird den Axiomen des Darwinismus mit den Argumenten begegnet, Ordnung könne in der biologischen Evolution nur durch die Intervention lenkender und regelnder Instanzen zustande gekommen sein* (n. Wieser 1998, S. 95).

Die Selbstorganisation biologischer Systeme ist das Thema. *Lebensprozesse und deren Evolution sind nur möglich, wenn Innovationen auf dem Boden bewährter Problemlösungen aufbauen, wenn die Zufälligkeit elementarer Ereignisse auf jeder Stufe der Organisation unter Kontrolle gehalten werden kann* (Wieser 1998, S. 101). Die Integrität des Genoms muss in der Evolution erhalten bleiben.

Balance zwischen Veränderung und Bewahrung

Mehr noch, die Frage ist: Wie kann ein Gleichgewicht zwischen erforderlicher Innovation und notwendiger Konservierung des Traditionierten gefunden werden? Das biologische System muss sich dahingehend organisieren, dass auf der einen Seite Einschränkungen durch Entwicklungszwänge, sogenannte Constraints, nicht zu groß werden mit der Folge zu geringer oder zu langsamer Anpassungen, auf der anderen Seite aber stets ausreichend Boden für Neues vorhanden ist, um Veränderungen zu erproben. Zur Erzeugung von Vielfältigkeit des Genoms werden in der Literatur genannt:

- Erfindung von Sexualität und Tod (Prokaryoten sind nicht sterblich!)
- Rekombination (bewährte, genetische „Legosteine" für multiple Zwecke)
- epigenetische Prozesse und Entwicklung des nicht genetisch vollständig determinierten Phänotyps

Zur Erhaltung der Stabilität des Genoms werden unter vielen anderen die folgenden Mechanismen genannt:

- Sexualität zur Säuberung der Genoms vor schädlichen Mutationen
- epigenetische Prozesse, *Gene stehen unter dem Kommando der* Zelle (Bauer 2009, S. 44), hauptsächlich:
- Mechanismen zur Kontrolle u. Reparatur bei DNA-Replikation (sie erreichen eine Kopiergenauigkeit von 1 Fehler/1Mrd. Basen; Campbell/Reece 2006, S. 347)

4 Extreme der Evolution – Explosion und Stillstand

Hier entstehen also auf den ersten Blick paradoxe Situationen: Constraints werden benötigt und sind gleichzeitig nicht erwünscht. Woher kommt die Vielfalt, wenn Gene hoch konserviert sind?

Stephen Jay Gould.
Einer der großen Evolutionsforscher des 20. Jahrhunderts. Er stirbt 2002 mit 60 Jahren. Von faszinierendem Intellekt und umfassender Bildung stets dabei, über den Tellerrand der Synthese hinauszudenken. Gould ist erklärter Gegner von allzu konsequentem Adaptionismus und lehnt so auch Dawkins ab. Jede einzelne seiner Veröffentlichungen ist eine Provokation zum Umdenken. In den USA ist er populär und wurde in den „Simpsons" parodiert.

Nun hat man sich vorzustellen, dass das Gleichgewicht, das hier angesprochen ist, ein dynamisches Gleichgewicht sein muss. In Abhängigkeit exogener Einflussfaktoren, etwa einer starken Klimaänderung oder Umweltkatastrophen, verschieben sich die Einflussgrößen vom Gleichgewicht weg, die Constraints brechen auf und es kann zu Entwicklungsschüben mit großer Variabilität[19] kommen, so zum Beispiel die bekannte kambrische Explosion vor ca. 540 Millionen Jahren, bei der das komplette Programm der Körperbaupläne entstand. Das sind die ca. 30 Baupläne in der Tierwelt, die bis in die Gegenwart erhalten sind. Der evolutionäre Wandel danach war vergleichsweise bescheiden. Also liegt weder im Sinne der Synthetischen Theorie Zufall vor, was Intensität und Zeitpunkte wesentlicher Erneuerungen in der Evolution angeht, noch führt die Selektion die Regie über deren Verlauf. – Vielleicht läuft es auch so:

> Genome verändern sich gemäß eigenen in ihnen selbst angelegten Prozeduren. Alle Genome – dies gehört zu den wichtigsten Erkenntnissen der Genforschung der letzten Jahre – enthalten Elemente, die einen Umbau des eigenen Genoms bewirken können (McClintock, zit. n. Bauer 2009, S. 25)

Wir werden das vertiefen. Schauen wir uns aber zunächst das andere Extrem an, den Stillstand.

---

19   Die Stasisvertreter stellen auch das Gegenteil fest in der Eiszeitphasen.

A Der Hausbau – Darwin und die Synthetische Evolutionstheorie

Evolution verläuft ungleichmäßig

Einer der sich schon sehr früh daran gestoßen hat, dass Evolution gleichmäßig ablaufen muss, ist der amerikanische Zoologe und Paläontologe George Gaylord Simpson (1902–1984). Er zählt zu den Mitbegründern der Synthetischen Evolutionstheorie und ist einer der einflussreichsten Paläontologen im 20. Jahrhundert. Wenn Simpson an dieser Stelle als Gegenspieler der Synthese angeführt wird, so ist nicht zu vergessen, dass er zunächst zeigt, dass *sich die paläontologischen Phänomene in Übereinstimmung mit den Ergebnissen der Genetik und der Selektionstheorie erklären* lassen (Junker 2001, S. 471). Für die paläontologische Zunft, deren Vertreter bis dahin überwiegend vom Vorhandensein von Saltationen und Makromutationen überzeugt sind (Junker 2001, S. 488), ist dieses Denken ein Paradigmenwechsel und verlässt eingefahrene Pfade. Eine eigene makroevolutionäre Theorie ist nicht notwendig, so Simpsons Fazit.

George Gaylord Simpson, einer der namhaften US-Paläontologen des 20. Jahrhunderts, Mitgestalter der New Synthesis.

Doch bringt Simpson Neues ein: Sein Schwerpunkt ist das Thema Evolutionsraten, also die Evolutionsgeschwindigkeiten, das Tempo evolutionärer Änderungen. Dabei führt Simpson das Konzept der Quantenevolution in die Diskussion ein.

Unter Quantenevolution versteht Simpson den relativ schnellen Wechsel einer Population, die sich im Ungleichgewicht mit ihrer Umwelt befindet, in ein neues Gleichgewicht. Die Quantenevolution soll der dominierende Prozess beim Entstehen von taxonomischen Einheiten höheren Ranges (Familien, Ordnungen, Klassen) sein. Während die Organismen sich in anderen Evolutionsprozessen stets im Gleichgewicht befinden, geht dieses Gleichgewicht in Phasen der Quantenevolution verloren. In den zeitlichen Intervallen zwischen zwei Gleichgewichtszuständen ist das System instabil und es kann nicht lange existieren, ohne entweder in seinen alten Zustand zurück zu fallen (eine seltene Möglichkeit), auszusterben (das häufigste Resultat) oder aber ein neues Gleichgewicht zu gewinnen.

> Die Genetik kann zeigen, was mit hundert Ratten über zehn Jahre und in einfachen Bedingungen passiert, aber nicht, was mit einer Milliarde Ratten in zehn Millionen Jahren und unter wechselnden Umweltbedingungen geschieht. (G.G. Simpson[20]).

---

20   Zit. aus: Junker 2001, S. 479.

4 Extreme der Evolution – Explosion und Stillstand

Das Intervall zwischen zwei Gleichgewichtszuständen nennt Simpson in Anlehnung an den Quantenbegriff der Physik „Quantum". In Phasen der Quanten-Evolution vollzieht eine Population gewissermaßen einen Sprung ins Blaue. Aus einer inadaptiven Situation bewegt sie sich in eine neue ökologische Lage, an die sie – mit viel Glück – präadaptiert ist und in der sie unter hohem Selektionsdruck ein neues Gleichgewicht erreicht (T. Junker 2003, S. 366[21]).

Simpsons Vorstoß aus dem Jahr 1944 in seinem viel beachteten Buch *Tempo and Mode in Evolution* ist so einer der ersten gegen Darwins gradualistisches Denken, das aber noch lange die Szene beherrscht. Bis zwei Wissenschaftler sich melden und dieses Denken verwerfen – zwei junge Wissenschaftler, deren Schrift – ein Aufsatz von 33 Seiten im Jahr 1972 –, zwei Jahrzehnte lang gewaltige Wogen aufwirft (Eldredge/Gould 1972). Worum geht es?

Ein Aufsatz von 1972 mit Brisanz

Die Idee für den Aufsatz von Stephen J. Gould und dem Paläontologen Niles Eldredge (die beiden haben gerade zusammen ihr Paläontologie-Studium absolviert) steht im krassen Widerspruch zur Evolutionsaussage in ihrem Kern (Evolution existiert, Neues entsteht ständig) und dem unvollständigen Bild, das sich den Paläontologen im Fossilbild eröffnet, nämlich mit vielen Lücken und den fehlenden Übergangsformen (Missing Links, Box 9).

Niles Eldredge

Kein Problem – melden die Darwinisten jahrzehntelang einstimmig: Die fossilen Funde *müssen* unvollständig sein, da nur ein sehr geringer Bruchteil der Lebewesen überhaupt fossiliert und von diesem geringen Prozentsatz nochmals der größte Teil durch geologische Kräfte, Erosion etc. verloren geht. Was wir finden, ist nur die Stichprobe einer Stichprobe des tatsächlichen vergangenen Lebens auf der Erde. Aus diesen Gründen, aber auch wegen der geologisch langen Versetztheit der Fun-

---

21 Simpson lässt sein Konzept der Quantenevolution später wieder fallen (s. Junker 2001, S. 483).

A Der Hausbau – Darwin und die Synthetische Evolutionstheorie

de, müssen morphologische Brüche in der Fossilwelt überall existieren. Die Chance, ideale, lange Sequenzen, also kontinuierliche Formen einer evolvierenden Art, tatsächlich zu finden, sind nicht groß. Bei Schalentieren etwa, die stets in Massen auftreten, findet man leichter nahtlose Evolutionspfade. Aber bei großen Tieren sieht das nicht so gut aus. Die Funde müssen zwangsläufig, so die Darwinisten, ausgeprägte Arten repräsentieren, man spricht auch von Diskontinuitäten (Box 2).

So gesehen vermisst man keine Missing Links. Man hat kein Abbild des Evolutionsgeschehens im fossilen Fundbild, nur ein paar Blitzlichter längst vergangener Zeiten. Aber es passen noch zwei andere Beobachtungen nicht so recht zur Evolutionstheorie: zum einen, wie soll sich Evolution mit den Fossilfunden vertragen, die über extrem lange Zeiträume *gar keine* Veränderung zeigen? Iguanodon, eine bekannte, damals global verbreitete Dinosaurierspezies aus der Kreide, gab es länger als 40 Millionen Jahre auf der Erde. Heute lebende Schildkröten haben in kaum veränderter Form 200 Millionen Jahre Geschichte. Selbst in der vergleichsweise kurzen Evolutionsgeschichte des Menschen mit zwei oder drei Millionen Jahren erkennt man überall Stasis, bis wieder eine neue, andere Menschenart auftaucht. Wie kann das erklärt werden, wenn Mutation, die Kopierfehler bei der Vererbung, und die natürliche Selektion auf lange Sicht gesehen immer am Werk sind? Dann *muss* doch Veränderung auftreten. Tatsächlich macht das, was die Wissenschaft *Stasis* nennt, einem erklärten Darwinisten wie Richard Dawkins keinerlei Mühe. Wenn sich eine Art nicht verändert, gleichgültig wie lange, dann befindet sie sich in der adaptiven Landschaft eben auf einem Gipfel. *Jede* Mutation wird dort durch die Selektion beseitigt (Abb. 18.1). An dieser Stelle kann man nicht umhin, manchmal einen Zweifel zu äußern an der grundsätzlichen Überprüfbarkeit der Selektionstheorie. Wenn sie ein Sammelbecken für *jedes* evolutionäre Phänomen sein soll, dann ist sie angreifbar.

Die zweite Beobachtung, die sich neben der Stasis ebenfalls an der Evolutionstheorie reibt, ist, dass neue Arten geradezu blitzartig als „fertige" Arten im Fossilbild erscheinen. Sie sind plötzlich da. Der Fachmann spricht von *sudden appearance*. Dafür wird sogar die Evolution des Pferdes als Beispiel herangezogen. Aber ist nicht gerade beim Pferd wunderbar nachgewiesen, wie es schrittweise evolviert ist? (Abb. 6.2) Doch wir reden über einen Zeitraum von 60 Millionen Jahren. In so langer Zeit sind 8 oder 10 Entwicklungsstufen nicht unbedingt viel. So gesehen belegt das Beispiel auch das Gegenteil, nämlich die plötzliche Herausbildung „fertiger" Arten. Wie man unschwer in Abb. 6.2 erkennt, fehlen auch hier deutliche Zwischenstufen. So ändert sich der Fuß in der Abbildung diskontinuierlich, von vier Zehen über drei und zwei zu einem, dem Huf.

Ernst Mayrs Erklärung der Speziation

Wie gehen Eldredge und Gould an das brisante Thema heran? Dazu ist es zuerst notwendig, noch ein paar weitere Jahre zurückzuschauen, auf die Zeit um 1950. Damals legt Ernst Mayr seine Theorie der Speziation (Artbildung) vor, der Versuch einer detaillierteren Erläuterung, wie es auf darwinistischem Weg zur Entstehung neuer Arten überhaupt kommen kann. Auf Mayrs Theorie setzen dann Eldredge/Gould auf.

Der Kern von Mayrs Aussage: Artbildung entsteht hauptsächlich, wenn wenige Mitglieder einer Art isoliert werden (Erdbeben, Inselbesiedlungen, Entstehen des Grand Canyon, der Beringstraße, die Eiszeiten und viele andere Ursachen). Der Genfluss innerhalb der Population wird unterbrochen. Ohne die Isolation muss man von einer recht großen Bevölkerungsgruppe ausgehen, deren Individuen sich untereinander kreuzen (d. h. großer Genfluss). Die Population ist so groß, dass Variabilität und Genpool unverändert bleiben. Theoretiker sprechen vom *Hardy-Weinberg-Gleichgewicht*. Evolution findet theoretisch nicht statt. In einem solchen Fall könnten also auch vorteilhafte Variationen nicht wirklich selektiert und angehäuft werden. So wird heute oft von der Spezies Mensch behauptet, sie könne vermutlich nicht mehr signifikant mutieren.

Durch Kreuzungen in einem sehr großen Genpool fällt die Wahrscheinlichkeit für den Erhalt einer Mutation rapide. Beispielsweise beträgt sie vereinfacht betrachtet in der vierten Folgegeneration nur noch 6%. In einem entsprechend großen Genpool würden Mutationen also mehr oder weniger verschwinden.[22] In einer kleinen, isolierten Bevölkerung jedoch könnten sich Mutationen besser verbreiten. Die meisten Isolationsbevölkerungen werden im Sinne Darwins infolge unvorteilhafter Mutationen aussterben und verschwinden oder werden durch sich verändernde Umstände wieder der Ursprungsbevölkerung zugeführt und vermischen sich wieder mit dieser. Einige wenige Gruppen jedoch erfahren Mutationen, die sich unter bestimmten Umständen als vorteilhaft erweisen und so eine neue Art entstehen lassen, die besser an jene Umstände angepasst ist (Mayr 2005, S. 216 ff.). Gene verbreiten sich in diesem Fall schneller in der Minipopulation, sie „versickern" weniger als in der Großpopulation. Der Zeitraum für das Entstehen einer neuen Art nach diesem Schema erscheint im geologischen Zeitmaßstab sehr kurz. Phasen der Stabilität werden abgelöst von „plötzlichem" Wandel. Das ist der Prozess der *allopatrischen Artbildung* (engl. *allopatric speciation*). Allopatrisch meint „an einem anderen Ort", bezieht sich also auf die lokale Isolation.

Wie steht es mit dem empirischen Nachweis dieser darwinistischen Erweiterung? Antwort: Nicht gut. Sagt doch die Theorie, dass hier kleine Gruppen an ausgegrenzten Stellen existieren müssen, die man aber nicht ohne weiteres im Fossilbild findet. Die Galapagos-Inseln sind ein schönes Beispiel, bei dem die allopatrische Artbildung greift. Die großen Landschildkröten, Echsen, Vögel gehören alle zu endemischen Arten, die auf dem Festland nicht vorhanden sind. Darüber hinaus ist es bei den berühmten Darwin-Finkenarten auf den Galapagos-Inseln zu einer so genannten *adaptiven Radiation* gekommen. Davon spricht man dann, wenn in relativ kurzer Zeit aus einer Stammart viele neue Arten entstehen, wobei diese Arten sich auf Grund von Umweltgegebenheiten auseinander entwickeln.

---

22 Dies deckt sich allerdings nicht mit den Aussagen in Kap. 7. und Abb. 3.4. Lynch beschreibt Allelfixationen gänzlich unabhängig von der Populationsgröße.

A Der Hausbau – Darwin und die Synthetische Evolutionstheorie

Heute gelten die Gedanken Mayrs zur Artentstehung im darwinistischen Kreis als weitgehend anerkannt.

Unterbrochenes Gleichgewicht

Jetzt Eldredge/Gould. *Punctated Equilibria: An alternative to phyletic gradualism* nennen sie nicht intuitiv verständlich ihren schon erwähnten Artikel, der Staub aufwirbelt.[23] Eldredge und Gould bauen auf Ernst Mayrs Theorie der Isolation auf. Zwei neue Behauptungen betreten 1972 die Bühne und werden heftig diskutiert und kritisiert. Erstens: Die allermeisten Arten entstehen im Zusammenhang mit Isolation durch punktuelle Artneubildung und nicht durch marginale, morphologische Veränderungen auf der ganzen Breite bestehender Arten. Punktuell meint dabei „in relativ kurzer Zeit", und das ist erdgeschichtlich zu verstehen. Zweitens: Die meisten so hervorgegangenen Arten haben für lange Zeiträume Bestand, Ruhephasen. Sie verändern sich also nicht mehr stark. Das ist die zentrale Aussage zur Stasis, die in den Mittelpunkt der Diskussion rückt.

Zwei wichtige Konsequenzen ziehen Eldredge/Gould unmittelbar aus ihren Aussagen (Eldredge/Gould 1972, S. 96):
1. In jeder Sektion mit Vorfahrenspezies sollte das Fossilbild der nachfolgenden Arten einen abrupten morphologischen Bruch zeigen, also eine prägnante Unterscheidung der Abstammungsart und der neuen Art. Und weiter: Weil Speziation vor allem in kleinen Populationen auftritt, die kleine Gebiete weit entfernt vom Zentrum der Vorkommen ihrer Vorfahren besetzen, werden wir nur selten den natürlichen Vorgang [der Speziation d.V.] im fossilen Abbild entdecken.
2. Viele Brüche im fossilen Abbild sind real, drücken aus wie Evolution verläuft und sind nicht ein Fragment eines unperfekten Dokuments.

Gould fasst 1980 seine Anschauung nochmals sehr schön zusammen:

> Nach meiner Lesart vollzog sich die Geschichte des Lebens in einer Reihe gleichbleibender Zustände, die in selteneren Intervallen durch größere Ereignisse unterbrochen worden sind, welche mit großer Geschwindigkeit eintraten und dazu beitrugen, den nächsten Gleichgewichtszustand herzustellen. Prokaryoten beherrschten die Erde für 3 Milliarden Jahre vor der explosionsartigen Ausdehnung des Lebens im Kambrium, als innerhalb von zehn Millionen Jahren die meisten größeren Arten vielzelliger Lebewesen auftraten. Etwa 375 Millionen Jahre später starb innerhalb weniger Millionen Jahre ungefähr die Hälfte der Familien der Wirbellosen aus. Die Geschichte der Erde läßt sich als eine Reihe von gelegentlichen Pulsschlägen darstellen, die stabile Systeme aus einem Gleichgewichtszustand in den nächsten trieben (1980/89, S. 236).

---

23 Eine Kurzfassung (in dt. Sprache): *Die episodische Natur und evolutionäre Veränderungen* in Gould 1989.

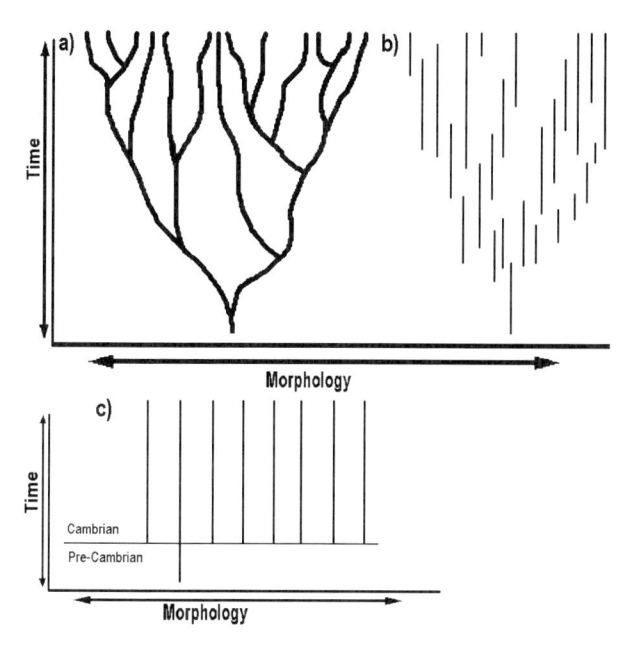

4 Extreme der Evolution – Explosion und Stillstand

Abb. 4.1 Gradualismus versus Punktualismus
Die vertikalen Achsen dieser Darstellung bilden die Zeit, die horizontalen Achsen morphologische Veränderungen ab. a): klassische, darwinistische Sichtweise mit kontinuierlicher, gradueller Artbildung. b): abrupte, punktuelle Artneubildung wie von Eldredge/Gould als *Unterbrochenes Gleichgewicht* beschrieben, gefolgt von jeweils langen Ruhephasen (*Stasis*).

In den Fossilien existiert also gar kein Übergang, es gibt ihn nicht, während bis dahin angenommen wird, man könne die graduellen Übergänge nur deswegen nicht finden, weil sie durchaus vorhanden waren, aber nicht fossiliert sind. Das ist die fundamentale Konsequenz und Abweichung zur traditionellen Sicht. Evolution sieht „plötzlich", hundert Jahre nach Darwin, und der erst vor wenigen Jahrzehnten so einvernehmlich auf weltweiten Wissenschaftskonferenzen geschmiedeten *Modern Synthesis* anders aus als bisher. Ganz anders als bei Darwin. Abb. 4.1 zeigt, wie man sich das vorzustellen hat.

Wichtig ist, dass Eldredge/Gould bei der angenommenen „schnellen" Speziation zulassen, dass hier, wenn auch nicht makroevolutionäre Mechanismen im Sinne von Saltationismus, so doch Diskontinuitäten im Spiel sind. Solche sind unter Darwinisten verrufen. Eldredge/Gould sehen sich, was den Wandel selbst angeht, zwar gänzlich auf Darwins Pfaden der Variation und Adaptation, nicht jedoch im Punkt der Kontinuität/Diskontinuität der Veränderungen. So steht Gould in späteren Aufsätzen dafür ein, dass Darwins Selektionstheorie gar nicht zwingend voraussetzt, dass evolutionäre Veränderungen *im allgemeinen langsam, stetig, allmählich und unablässig vor sich gehen*, obwohl Darwin selbst, wie Gould sagt, mit Vehemenz daran festgehalten hat. Gould formuliert das 1980 so (Gould 1980/89, S. 197):

Box 5 – Die Kambrische Explosion

Das Kambrium ist eine alte, tief liegende Gesteinsschicht. Der Abschnitt reicht 542–488 Millionen Jahre zurück. Lange Zeit ist es für Paläontologen die älteste Schicht, in der Tier- und Pflanzenfunde gemacht werden, deshalb früher auch *Erdaltertum* benannt. Das ist überholt. Man findet in viel älteren präkambrischen Schichten (u.a. in Australien) ebenfalls Fossilien. Was das Kambrium im stratigrafischen System auszeichnet, ist nicht so sehr seine Menge an Fossilien als deren Vielfalt.

Der Beginn des Kambriums ist gekennzeichnet durch die *Kambrische Explosion*, bei der in einem erdgeschichtlich recht kurzen Zeitraum sehr viele mehrzellige Tiergruppen entstehen bzw. im Fossilbericht erscheinen, deren grundsätzliche Baupläne sich großteils bis heute erhalten haben. Der Beginn des Kambriums markiert somit für die Entwicklung der Tierwelt jenen großen geologischen Abschnitt, in dem sich das Leben, so wie wir es heute kennen, entwickelt.

Im Spätsommer 1909, 50 Jahre nach Darwins Erstveröffentlichung der *Entstehung der Arten*, macht der Kanadier Charles D. Walcott, Paläontologe, eine fulminante Entdeckung. Unterwegs in den Rockys gleitet das Pferd seiner Frau aus. Beim Absteigen fällt Walcott eine Schieferplatte auf mit seltsamen Fossilien. Er kehrt nach dem Winter zurück, erkundet den 2400 m hohen Berg fast bis zum Gipfel, wo er die frei liegende Schieferformation erblickt, die als Burgess-Schiefer berühmt und ein Mekka der Paläontologen wird. Mehr als 10 000 Funde und über 140 Arten sammelt Walcott bis 1925, ohne letztlich die Funde richtig zu werten und sich ihrer Einmaligkeit bewusst zu sein (Bryson 2003, S. 409ff.).

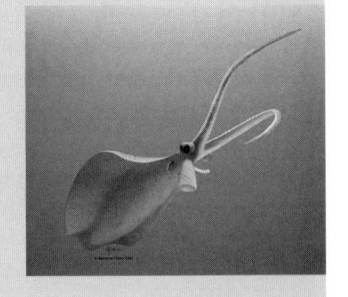

Kopffüßler oder Wirbeltier? Er hat Eigenschaften von beiden und ist als Weichtier eine der nicht so populären Gattungen des Kambriums. Der 5-7 cm große *Nectocaris pteryx* verwirrt die Paläontologen Jahrzehnte lang. Erst 2010 wird das bereits 1930 erstmals im Burgess-Schiefer gefundene Tier als basaler Kopffüßler bestimmt und verlängert damit deren Linie um 30 Millionen Jahre zurück.

4 Extreme der Evolution – Explosion und Stillstand

Die Fossilfunde mit ihren abrupten Übergängen bieten keine Anhaltspunkte für allmähliche Veränderungen, und das Prinzip der natürlichen Selektion setzt solche nicht voraus. Denn eine Selektion kann sich rasch vollziehen. Doch die unnötige Verbindung, die Darwin zwischen beiden herstellt, wird zu einem zentralen Grundsatz der synthetischen Theorie des Neodarwinismus[24].

Abb. 4.2 Salamander – 20 Millionen Jahre genetische Diversität bei gleichzeitiger morphologischer Stasis

Salamander sind Arten mit der größten DNA in der Tierwelt. Ihr Genom hat rund 30 Milliarden Basenpaare. Damit ist es 10mal größer als das des Menschen. Deswegen hat es aber nicht auch zehnmal mehr Gene. Die Salamander-DNA hat jedoch die größte Mutationsrate. Eigentlich darf es bei einer so großen genetischen Mutationsrate gar kein Verbleib auf einem Hügel in der adaptiven Landschaft geben (Abb. 18.1). Die gibt es aber dennoch. Evolution kann die Kräfte der Veränderung und die der Kohäsion balancieren.

Die Konsequenzen des Punktualismus

Die Konsequenzen der neuen Sichtweise werden erst nach und nach deutlich.
- Adaptive Prozesse, die auf jede noch so unbedeutende Mutation „allgegenwärtig" einwirken, verlieren an Bedeutung. Sie werden mitunter als *just so stories* abgelehnt. Man spricht daher beim Punktualismus auch von *nonadaptionism*.
- Die zufällige Gendrift bekommt wieder mehr Gewicht.
- Evolution ist unvorhersehbar, sie würde sich nicht zweimal gleich entwickeln, könnte man die Zeit zurückdrehen.

---

24 West-Eberhard sieht im Gegensatz zu Gould sehr wohl einen zwingenden Grund Darwins für kleine Veränderungsschritte, da für sie die Selektion relativ gesehen um so unbedeutender wird, je größer die Diskontinuitäten sind (West-Eberhard 2003,11 und dort in Kap. 18 Abschnitt 3). Vgl. hier: Kap. 15.

A Der Hausbau – Darwin und die Synthetische Evolutionstheorie

> *Die Theorie des Unterbrochenen Gleichgewichts kann darwinistisch erklären, warum es so wenige Übergangsformen (missing links) gibt.*

Heute ist der Punktualismus durchaus anerkannt. Die Gemüter haben sich wieder beruhigt. Dass die Sprünge im fossilen Abbild vorhanden sind, ist zu einer Wahrheit geworden, mit der Darwinisten umgehen müssen. Die Evolution kennt Kontinuität und Diskontinuität. Philip Gingerich schreibt hierzu (Gingerich 2006):

> Wir wissen, dass sich manche Arten im Zeitverlauf nicht sehr verändern. Andere zeigen Veränderungen, mache werden größer oder kleiner usw. Wir sehen Abstammungslinien plötzlich im Fossilbild auftreten – solche die wir nicht erklären können – während wir in anderen Fällen, zum Beispiel bei den frühen Primaten, in der Lage sind, aufeinander folgende Arten im Zeitverlauf zu verfolgen. Es gibt also viele unterschiedliche Muster in der Mikroevolution.

Man kann die Dinge auch so sehen, dass das *punctuated equilibrium* prinzipiell kompatibel ist mit Darwins Mechanismen der Variation und Selektion. Ein Vertreter dieser Sichtweise ist Richard Dawkins (Broyles 1997). Nach Dawkins haben Eldredge und Gould überhaupt nichts Neues gesagt. Alle ihre Aussagen und Implikationen seien in Darwins Theorie berücksichtigt. Wandel geschieht demnach durch den Variation-Selektion-Zirkel. Darwin selbst hat die Bedeutung von Isolationen in der *Entstehung der Arten* angesprochen und er hat ebenso die Möglichkeit in Betracht gezogen, dass es lange Stasis ohne Änderungen geben kann. Die Unterstellung, Darwin hätte grundsätzlich von einem gleichmäßigen Evolutionsgeschehen geredet, ist nach Dawkins eine weitere falsche Annahme durch Eldredge/Gould. Tatsächlich fasziniert in Darwins Werk immer wieder, wie viele Wege er zu denken im Stande ist. Darwins Sichtweise ist in vielem offener und selbstkritischer als die seiner Nachfolger. Schreibt er doch (Darwin 1872, S. 437):

> Endlich ist es, obschon jede Art zahlreiche Übergangsstufen durchlaufen haben muss, wahrscheinlich, dass die Zeiträume, während deren eine jede der Modifikationen unterlag, zwar zahlreich und nach Jahren gemessen lang, aber mit den Perioden verglichen, in denen sie unverändert geblieben sind, kurz gewesen sind.

Was bleibt dann überhaupt übrig? Ein heißer Ballon? – Es ist mehr. Mayr und Eldredge/Gould haben sehr wohl Stasis und Speziation in ein neues Licht gerückt. Die Annahmen, die sie beim Gradualismus machen, sind durchaus vorher die herrschende Meinung im synthetischen Zirkel gewesen. Heute noch wird Evolution unter Nichtwissenschaftlern gemeinhin als stetiger, gradueller Prozess gesehen und als solcher auch mit Darwins Namen verbunden.

> *Die Evolution kennt beides: kontinuierlichen Wandel und lang anhaltenden Stillstand.*

4 Extreme der Evolution – Explosion und Stillstand

Peter Douglas Ward, US-Professor für Geowissenschaften und Spezialist auf dem Gebiet des Aussterbens, macht in seinem Artikel *Das Phänomen der lebenden Fossilien* (Sentker/Wigger 2008, S. 16) eine runde Zusammenfassung der Entdeckungen und Ideen von Eldredge/Gould:

> Das Ausmaß an morphologischer Wandlung in einer Stammesreihe hängt also von der Zahl der Speziationsvorgänge ab. Wenn eine Gruppe zwischen ihrem ersten und letzten Auftreten sehr starke morphologische Veränderungen aufweist, muss die Gruppe auch zahlreiche Speziationsvorgänge durchgemacht haben. Ist jedoch seit Erscheinen der Ahnenform nur geringe oder keine Abwandlung erkennbar, war die Gruppe keiner solchen Evolution unterworfen. Die Beziehung ist damit klar: Lebende Fossilien, also Arten, die sehr lange unverändert weitergelebt haben, gehören aus irgendeinem Grund zu Abstammungen, die kaum jemals Speziation durchgemacht haben. [...] Wenn wir diese Gedanken weiter verfolgen, ändert sich die Fragestellung, unter der wir die lebenden Fossilien zu betrachten haben: Wir fragen uns nicht länger nur, warum diese sich in so langer Zeit hindurch nicht verändert haben, sondern warum sie so lange keine Speziation durchgemacht haben.

Heutige Sichten zum Punktualismus

Wenn Richard Dawkins in seinem Buch *Geschichten vom Ursprung des Lebens* (2008), einem Werk mit 930 Seiten und einem Schlagwortverzeichnis mit über 2000 Begriffen, *Stasis* überhaupt nicht aufführt, dann ist ihm das anzukreiden. Das ist keine objektive Berichterstattung über Evolution und es ist nicht auf der Höhe der Zeit.

Die neue Unterscheidung hat also Bedeutung. Broyles betont allerdings auch, dass eine qualitative wissenschaftliche echte Neuerung nur dann bei Eldredge/Gould vorliegen würde, wenn sie Aussagen machen könnten, ob es einen Mechanismus gibt, der die Stasis aufrecht erhält (Broyles 1997).

> Damit unterbrochenes Gleichgewicht eine neue oder revolutionäre Theorie darstellen kann, muss es etwas aussagen, das Darwin nicht als möglich erkannte. Unterbrochenes Gleichgewicht erfüllt diese Bedingung nur, wenn es einen aktiven Mechanismus für die Stasis beinhaltet, einen Mechanismus, mit dem eine Art, die Selektionsdruck ausgesetzt war und auch eine kleine Populationsgröße überstanden hat, „trägen" Widerstand entwickelt und nicht evolviert.

Ein solcher Mechanismus ist laut Broyles bei Eldredge/Gould nicht zu finden. Niles Eldredge liefert ihn allerdings später nach mit der *Theorie* des *Habitat Tracking* (Eldredge et al. 2005). Diese Sicht hebt sich markant ab von beherrschendem Adaptationsdenken. Eldredge und auch der namhafte Brite John Maynard Smith (1920–2004) postulieren, dass Populationen bei Änderungen in ihrer Umgebung eher neue Habitate aufsuchen als sich evolutionär anzupassen:

> Statt sofortiger adaptiver Änderung durch natürliche Selektion veranlassen Umweltveränderungen die Organismen, vertraute Habitate aufzusuchen, an die sie schon angepasst sind. Mit anderen Worten „habitat tracking" ist die am ehesten zu erwartende biologische Reaktion auf Umweltänderungen. Sie wird heute als zwangsläufige Reaktion verstanden (Eldredge 2000).

Das ist eine interessante These, die obwohl relativ neu, vielfach empirisch und auch im Fossilbild gut belegt werden kann. So gab es in den letzten 1,65 Millionen Jahre vier große Erkaltungen auf der Nordhalbkugel. Diese hätten – folgt man Darwin – große Selektionskräfte darstellen müssen und damit auch Artensterben erwarten lassen. Es sind aber überraschenderweise kaum oder gar keine Arten ausgestorben sondern sie sind migriert (Eldredge 2000).

Das Thema Stasis erweist sich auf dem neuesten Forschungsstand äußerst vielschichtig. Es scheint, dass viele Faktoren zusammenkommen müssen, damit Stasis aufrecht erhalten werden kann. Die Wissenschaftler haben sich dabei auch intensiv damit beschäftigt, welche Chancen Gründerpopulationen überhaupt haben, in vorhandene Population einzudringen, sie abzulösen und sich so selbst in der Breite auszudehnen. Die Hürden dafür sind sehr hoch (Eldredge et al. 2005), sonst würde keine Stasis in der Vielfalt existieren. Auf Sicht der letzten 500 Millionen Jahre jedenfalls existiert Stasis in der Biosphäre. Daneben entsteht evolutionärer Wandel meist in Verbindung mit Speziation isolierter Populationen. Das, so vermerkt Eldredge (2000), ist so von Dobzhansky und Mayr nicht vorausgesagt worden, obwohl die Idee der Speziation von ihnen kam.

Von Belang für die Argumentation von Eldredge/Gould im Aufsatz von 1972 ist der unterstellte Zeitraum für die Speziation, also der Prozess des *punctuated equilibrium*. Es werden Zeitspannen von 10 000 bis 1 Million Jahren angegeben[25]. Spricht man wie Gould im Einzelfall von 50 000 Jahren, wäre es nicht wirklich erklärbar, wie selbst eine unglaublich hohe Mutationsrate von $1\%/loc$[26] oder größer einen ausreichend großen morphologischen *burst* bewerkstelligen kann (Luskin 2004). Auch die 5–10 Millionen Jahre, die für die kambrische Explosion (Box 5) veranschlagt werden, bleiben ein Wimpernschlag in erdgeschichtlicher Zeit, für viele zu kurz, um einen so eminenten Bruch in der Biosphäre mit Variation-Selektion befriedigend erklären zu können, gleichgültig ob gradualistisch gedacht oder punktualistisch: Das erdgeschichtlich annähernd gleichzeitige Entstehen von mehr als 30 Tierstämmen in der kambrischen Explosion ist und bleibt eine große Challenge für die Evolutionsbiologen, mit der sie sich wohl noch Jahrzehnte auseinandersetzen müssen.

Eine höchst interessante Untersuchung hat jüngst der Amerikaner Gene Hunt vorgenommen. Er hat sich zur Aufgabe gemacht, an Hand von 250 Beobachtungsreihen phänotypischer Veränderungen daraufhin zu analysieren, welche Evolutionsformen tatsächlich vorkommen. (Hunt 2007). Er steigt damit in die

---

25 Später nennt Gould *hunderte, ja tausende von Jahren* (Gould 1989, S. 193).
26 D.h. ein bestimmtes Allel ändert sich pro Generation mit der Wahrscheinlichkeit von 1%.

4 Extreme der Evolution – Explosion und Stillstand

von Eldredge und Gould eröffnete Diskussion unmittelbar empirisch ein. Verglichen werden:
- Gerichteter Wandel (z. B. durch Klimaänderung)
- Zufällige Änderungen
- Stasis.

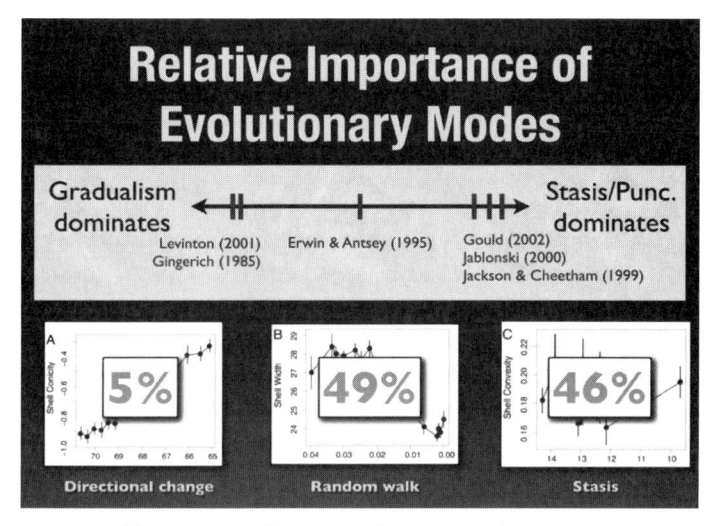

Abb. 4.3 Empirische Untersuchung von Evolutionsarten
Aufwändige, aktuelle Zeitreihenversuche, durchgeführt vom Smithonian Institute, USA, zeigen Häufigkeit der unterschiedlichen Evolutionsarten. Zufallsdrift (Mitte) und Stasis (rechts) werden als vorherrschend ausgewiesen. Mit anderen Worten eine Bestätigung für Eldredge/Gould und eine weitgehende Absage an die viel gepriesene Adaptation. Die Studie an Muscheln und Schnecken ist nicht übertragbar auf komplexere Taxa.

Hunt verwendet verschiedene Formparameter, bei einer Schnecke etwa Kegelform, Krümmung und Dicke der Schale. Veränderungen der Größe werden nicht betrachtet, da dieser Parameter zu labil ist, also von kurzfristigen Umgebungsbedingungen abhängig ist. Hunt sichert seine Ergebnisse mit mathematisch-statistischen Verfahren ab[27], die er exakt erläutert. Natürlich ist das Ergebnis nicht übertragbar auf alle Arten und stellt nicht zwingend eine allgemeingültige Erkenntnis dar. Dennoch ist die Untersuchung in dieser Art von besonderem Wert.

Das Ergebnis der Studie von Hunt (Abb. 4.3) sagt, dass gerichtete Evolution sehr selten, nämlich bei nur höchstens 5 % der ausgewerteten Zeitreihen vorkommt und zwar überwiegend in Plankton-Organismen. In der fossilen Welt ist gerichtete Evolution wegen ihrer kurzfristigen Wirkungsweise kein Thema. Der überwiegende Teil der Evolutionsformen sind Zufallsänderungen und Stasis, die natürlich statistisch genau definiert und beschrieben sein müssen, was Hunt aber wie betont exakt macht. Dabei erwähnt er durchaus auch, dass Zuordnungen zur

---

27 Maximum-Likelihood-Methode.

einen oder anderen Evolutionsform oft nicht leicht möglich sind. Zusammenfassend schließt Hunt:

> Der Mangel an Zeitreihendaten, der am besten im Modell des Gerichteten Wandels (directional change) beschrieben ist, unterstützt eine der zentralen Behauptungen von Punctuated Equlibria, nämlich dass graduelle und gerichtete Transformationen im Fossilbild selten beobachtet werden.

Welches Modell auch immer korrekt sein mag – viele Evolutionsforscher glauben zur Zeit, dass beide Typen des gerichteten Wandels wirksam sind, schließt Peter Douglas Ward (Sentker/Wigger 2008, S. 23).

* * *

5 Die Evolution der Kooperation – von Ameisen und Menschen

Für Darwin ist das Individuum das Objekt der Selektion. Ein Auszug aus seinem Hauptwerk belegt das:

> Natürliche Zuchtwahl wirkt ausschließlich durch Erhaltung und Häufung solcher Abweichungen, welche dem Geschöpf, das sie betroffen, unter den organischen und unorganischen Bedingungen des Lebens, welchen es in allen Perioden des Lebens ausgesetzt ist, nützlich sind (Darwin 1872, S. 160).

William Donald Hamilton
Brite, geboren in Kairo. Ein Darwinist durch und durch. Er studiert Biologie in Cambridge aber seine Dissertation schreibt er 1968 an der London School of Economics. Dort bringt er, angeregt vom Kosten-Nutzen-Denken der Ökonomen, Darwin in ein mathematisches Gesetz der inklusiven Fitness und macht erhebliches Aufsehen damit. Heute wissen wir, dass seine Verwandtschaftsselektion fast nur bei Insekten zutrifft, dort aber umso ausgeprägter.

Allerdings hat Darwin die Gruppenselektion durchaus erkannt, was fast nirgendwo erwähnt wird: *Zuchtwahl (ist) ebenso auf die Familie als auf die Individuen anwendbar* (Darwin, 1872, S. 330). Und ebenso: *Es ist auch bei den geselligen Insekten Zuchtwahl auf die Familie und nicht auf das Individuum zur Erreichung eines nützlichen Ziels angewendet worden.*

Darüber wird Jahrzehnte lang diskutiert und heftig gestritten. Manche, wie Richard Dawkins, sehen den Angriffspunkt der Selektion sogar auf der Ebene eines einzelnen Gens, das in „egoistischem Eigeninteresse" für sein Überleben kämpft. Als Ersatz für die Selektion auf Individualebene hat das keine Zustimmung gefunden.[28]

Im Brennpunkt der Evolutionswissenschaft steht heute neben dem Wettbewerb, wie ihn Dawkins sieht, auch die Kooperation der Teile eines Organismus. *Im Falle hoch integrierter Systeme, wie etwa des vielzelligen Organismus, fungiert das gesamte System als dominierende Einheit der Selektion* (Wieser 1998, S. 554).

---

28 Zur Anwendbarkeit und Überschätzung des Konzepts vom egoistischen Gen (*selfish gene*) siehe z. B. Arthur 2004, S. 76f.

A Der Hausbau – Darwin und die Synthetische Evolutionstheorie

Das Altruismusproblem

Was gibt ein Individuum auf, wenn es nicht mehr Einheit für die Selektion ist? Was gewinnt das Individuum dadurch? Gewinnt es überhaupt etwas? Sehen wir zum Beispiel einen Ameisen- oder Bienenstaat. Das einzelne Insekt „ist wenig" im Vergleich zum ganzen Staat mit bis zu 20 Millionen Bewohnern.

> Die sozialen Systeme im engeren Sinne verdanken ihre Evolution den Vorteilen, die sich – im Vergleich zur völlig autonomen Lebensweise – aus der Kooperation zwischen Individuen einer Fortpflanzungsgemeinschaft ergeben können. Diese Vorteile liegen vor allem in der Verbesserung der Ressourcennutzung, in der Absicherung und Erweiterung von Territorien sowie in der Erhöhung der Überlebenschancen der Nachkommen (Wieser 1998, S. 551).

Abb. 5.1 Bienenkönigin – Hochzeit
Die jungfräuliche Königin paart sich mit einem Dutzend Drohnen. Deren Sperma deponiert sie in einem eigens dafür vorgesehenen Organ so lange, bis sie es benötigt. Die überwiegende Zahl der Individuen in einem Insektenstaat erzeugt keine Nachkommen. Warum das in der Evolution so sein kann, weiß man erst seit ein paar Jahrzehnten.

Hier wird der Autonomieverzicht angesprochen. Das meint, dass das Individuum seine ursprüngliche Lebensweise und seine persönliche Fitnessoptimierung aufgibt, also Nachteile in Kauf nimmt zugunsten der Einordnung in das Gesamtsystem, zugunsten eines altruistischen Verhaltens also. Dabei gelten strenge Regeln und hierarchische Ordnung, um dem Ganzen zur Wirkung zu verhelfen. Wieser spricht von *massiven Zwängen zur Stärkung der Kohäsion des Systems* (Wieser 1998, S. 554). Der totale Verzicht der arbeitenden Bienen oder Ameisen auf Fortpflanzung mag aus menschlicher Sicht die auffallendste Einschränkung an Autonomie sein, die es gibt. Sie wird epigenetisch hergestellt, wie Emma Young erläutert (Young, 2008):

5 Die Evolution der Kooperation – von Ameisen und Menschen

> Alle weiblichen Honigbienen entwickeln sich aus genetisch identischen Larven, aber aus denen die mit königlichem Gelee gefüttert werden, werden fruchtbare Königinnen. Der Rest ist verdammt dazu, als sterile Arbeiter zu leben. […] Ein australisches Team in Canberra zeigte, dass hierfür epigenetische Mechanismen verantwortlich sind.

Es ist also nicht genetisch determiniert, ob eine weibliche Biene eine Königin wird oder nicht. Jede weibliche Biene kann Königin oder eine Arbeiterbiene werden. *Die endgültige Form basiert nicht auf Unterschieden auf der Ebene der DNA-Sequenz sondern auf Unterschieden wie diese Gene exprimiert werden* (Krukonis 2008, S. 222). Die Expression, die für die Heranbildung einer Königin erforderlich ist, ist abhängig von der Ernährung im frühen Stadium. Die Königin wird also von ihrem Volk biologisch zur Königin gemacht.

Schauen wir auf die Arbeiterkasten bei den Hautflüglern. Jahrzehntelang war der Verzicht auf Reproduktion in der Evolution nicht erklärbar, nicht von Neodarwinisten. Solches altruistische Verhalten wird sogar bei Säugetieren beobachtet, zum Beispiel dann, wenn das Zurücktreten des Einzelnen in einer Gruppe in Notzeiten dem Überleben der ganzen Gruppe hilft. Die persönliche Fitnessoptimierung ist hier also untergeordnet. Mit diesem Verhaltensmuster hat Darwin erhebliche Mühe. Kooperatives Verhalten ist ihm in der Evolution fremd, ja widersprüchlich.

Ebenso die Synthese. Ihre klare Linie heißt: *Die Vorteile einer Gruppenselektion können die Vorteile individueller Selektion nicht übertreffen* schreibt Wright 1948, und *das Wohl der Art ist keine Erklärung* schreibt Fisher 1958.

Inklusive Fitness – Evolution in einer Gleichung

Ein Wissenschaftler sorgt vor einigen Jahrzehnten für neuen Schwung in der Altruismusdiskussion, der Engländer William Donald Hamilton (1936–2000). Die oben gestellte Frage ist: Warum existiert Altruismus überhaupt? Und die Antwort (nach Wieser) ist, dass die Population insgesamt oder der Insektenstaat einen Vorteil erhält durch dieses Verhalten, der Einzelne aber nicht. Hamilton begründet das anders. Nehmen wir den Fall der Verwandtschaftsselektion, englisch *kin selection*.

Kin selection wird so definiert: Ein Individuum kann den Erfolg seiner Gene steigern, indem es seinen nächsten Verwandten hilft, denn diese besitzen einen Teil der Gene ebenfalls. Das ist zum einen dann möglich, wenn ein Individuum keine Nachkommen erzeugen kann. Es ist aber auch möglich, wenn das Individuum auf eigene Nachkommen verzichtet, nur um seinen engsten Verwandten zu helfen, Nachkommen zu bekommen und groß zu ziehen, oder aber: eigene Nachkommen und Hilfe bei Verwandten zur Erzeugung von Nachkommen. Ein Parade-Exempel für Altruismus.

A Der Hausbau – Darwin und die Synthetische Evolutionstheorie

Abb. 5.2 Soziale Erdmännchen
Erdmännchen sind unter den Säugetieren die Vorzeigeart für *cooperative breeding*. Sie kooperieren besser als viele Menschen. Manche spendieren einen Teil oder ihr ganzes Leben damit, anderen bei der Brutpflege zu helfen und verzichten dabei auf eigene Nachkommen.

Hier die Begründung, warum das genetisch unter Kosten-Nutzen-Betrachtung funktioniert (Krukonis 2008, S. 169): Nehmen wir zur Verdeutlichung ein extremes Beispiel: Ein Individuum verzichtet auf ein Kind. Stattdessen hilft es seinen Geschwistern dabei, dass drei Neffen/Nichten auf die Welt kommen können, die ohne seine Hilfe nicht entstehen könnten. Es wird behauptet (Hamilton), das sei unter Evolutionsgesichtspunkten vorteilhafter als selbst einen eigenen Nachkommen zu zeugen. Rechnen wir: Ein eigenes Kind hat 50% der Gene des Individuums, von dem wir ausgehen. Jeder Neffe/Nichte besitzt 25% der Gene desselben Individuums, drei Neffen/Nichten also 75% der originären Gene. Es ist eine einfache Kosten-Nutzen-Rechnung: Der Verzicht auf das eigene Kind ist kein so hoher Preis wie der alternative Vorteil bei der Hilfe der Erzeugung von drei Neffen/Nichten.

Die Theorie der inklusiven Fitness oder Verwandtenselektion löst ein großes Problem des Darwinismus, der bis dahin den Verzicht auf eigene Nachkommen nicht erklären kann.

Nach der Theorie der *Kin Selection*, die auf Hamilton zurückgeht, nimmt Altruismus mit dem Verwandtschaftsgrad zu. Hamilton formuliert eine Regel, nach der Altruismus zwischen Verwandten vorhergesagt werden kann. Danach kann vereinfacht gesagt werden, dass enge Verwandte bei jeder Art von Hilfe mehr bevorzugt werden als entferntere Verwandte. Ausgedrückt durch die Hamilton-Regel liest sich das genannte Beispiel zunächst in der Form:

$$C < R \times B.$$

5 Die Evolution der Kooperation – von Ameisen und Menschen

Hierbei sind C die Kosten für den Verzicht auf Nachkommen, R der Verwandtschaftsgrad zwischen dem Ausgangsindividuum und dem Verwandten und B der Nutzen für den begünstigten Verwandten. Wenn die Regel erfüllt ist, sind die Voraussetzungen für *Kin selection* gegeben. In unserem Beispiel gilt:

$$1 < 0{,}5 \times 3$$

(1 = Verzicht auf 1 eigenes Kind, 0,5 = Verwandtschaft zum begünstigtem Geschwister, 3 = Anzahl Kinder, die beim Geschwister gezeugt werden müssen, um die Regel in diesem Fall zu erfüllen, also den Nutzen größer zu machen als den Verzicht).

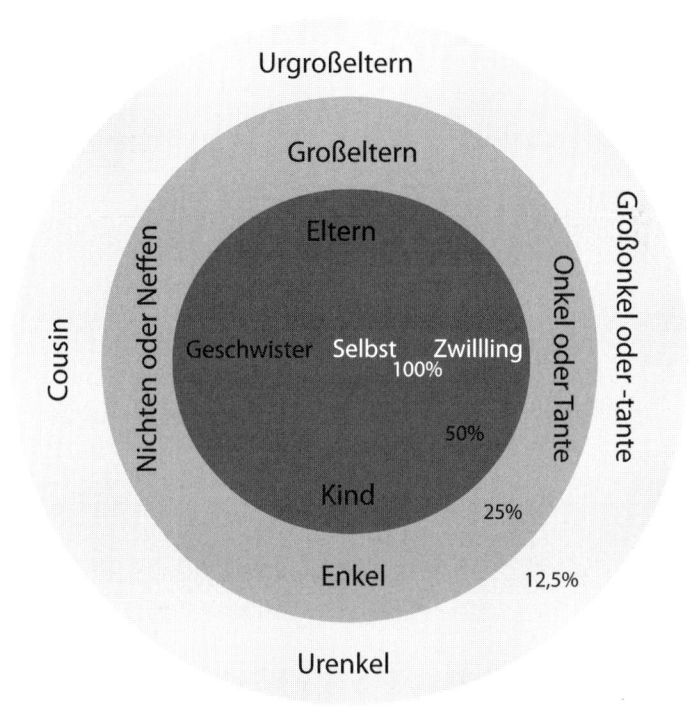

Abb. 5.3 Verwandtschaftsgrade
Verwandtschaftsgrade sind im Eltern-Kind-Verhältnis eindeutig, in allen anderen Beziehungen auf wahrscheinlichkeitstheoretischer Grundlage, also statistisch zu sehen. Das heißt zum Beispiel, dass ein Individuum von seinen 4 Großeltern statistisch je 25 % der Gene besitzt. Tatsächlich kann das aber abweichen. So besitzt ein Individuum von einem entfernten direkten Vorfahren, sagen wir der 22. Generation, statistisch gar keine Gene mehr. Die Wahrscheinlichkeit ist dann nur noch ein Viermillionstel. Dennoch können sich Gene von noch entfernteren Vorfahren in lebenden Individuen wieder finden. Gene gehen verschlungene Wege. Jedes Gen eines Menschen von heute hat Vorfahren aus uralter Zeit, auch aus Zeiten, als wir längst noch keine Menschen waren.[29]

---

29 Siehe hierzu Dawkins 2008, S. 64ff.

A Der Hausbau – Darwin und die Synthetische Evolutionstheorie

Das Individuum handelt nicht nur zum Wohl der Population, indem es Verwandten hilft, es handelt auch zu seinem eigenen Vorteil. Man spricht, wenn man die eigene Fitness zusammen mit der Fitness seiner Verwandten erklärt, von *Inklusiver Fitness*. Altruismus liegt dem äußeren Verhaltensbild nach vor bei der Erklärung auf der Ebene der Genselektion, nicht aber, wenn eben die *inklusive Fitness* für den Erhalt der Art verwendet wird. Somit – und das ist die überragende Leistung von Hamilton – ist diese Form von Altruismus sehr wohl vereinbar mit der Synthese, obwohl deren Vertreter (Wright, Fisher, Mayr u. a.) keine Lösung für dieses Dilemma finden konnten.

Beispiele für Verwandtschaftsselektion

Beispiele für Altruismus in der Tierwelt gibt es genügend, nicht nur bei Insektenstaaten. Bei Erdhörnchen und Präriehunden wird beobachtet, dass Individuen Warnrufe abgeben, die die Aufmerksamkeit von Feinden auf sich lenken. Die Warnrufe sind lauter, wenn sich Verwandte in der Umgebung befinden, die geschützt werden sollen. Der Warner reduziert hier mit dem Alarmruf seine Chancen auf Reproduktionserfolg (Fitness), aber gleichzeitig erhöht er als Altruist seine inklusive Fitness, weil Bedürfnis nach Schutz und Erhalt der Nachkommenschaft der Verwandten das persönliche Risiko übersteigen.

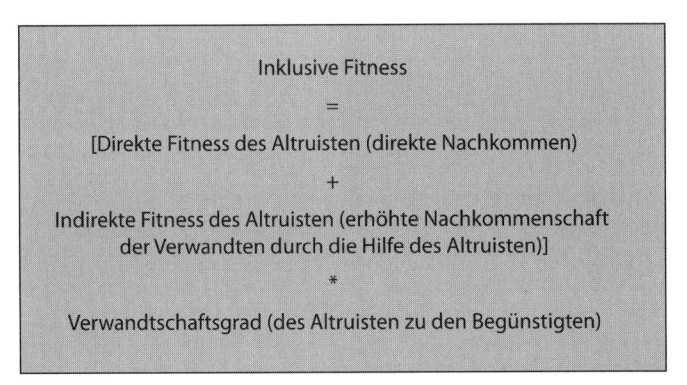

$$\text{Inklusive Fitness} = [\text{Direkte Fitness des Altruisten (direkte Nachkommen)} + \text{Indirekte Fitness des Altruisten (erhöhte Nachkommenschaft der Verwandten durch die Hilfe des Altruisten)}] * \text{Verwandtschaftsgrad (des Altruisten zu den Begünstigten)}$$

Abb. 5.4 Inklusive Fitness

Ein schönes Beispiel in der Vogelwelt ist das *cooperative breeding*, das heißt Eltern haben Junge, die mithelfen, andere Junge groß zuziehen. Stare in der afrikanischen Savanne sind unter diesen Arten, die der Amerikaner Dustin Rubenstein untersucht hat (Science News, 2007). Insgesamt kennt man ca. 300 der rund 9000 Vogelarten, die dieses Verhalten praktizieren. Rubenstein hat alle Starenarten in Afrika unter die Lupe genommen. Dabei hat er festgestellt, dass die Stare, die in der Savanne leben, sich anders verhalten als Arten in Wäldern oder anderswo. Die Savanne bringt unvorhersehbare Bedingungen mit bei der Regenmenge und damit im Nahrungsangebot. Das ist der Grund, warum die Stare Anpassungsmechanismen entwickeln mussten – man achte auf die Ursache-Wirkungskette in der Evolution! –, besser gesagt, warum die Selektion Verhaltensarten begünstigt hat, die es erlauben, mit diesen unvorhersehbar wechselnden Bedingungen zurecht zu kommen. Kooperation bei der Brutpflege und Verschieben der Nachkommenschaft auf später ist hier die Erfolg bringende Strategie der Vögel. Rubenstein stellt Stammbäume der afrikanischen Starenarten auf und kann nachweisen, dass das Verhalten nicht nur eine einzige evolutionäre Herkunft im Stammbaum der Stare hat, sondern, *wir fanden, dass kooperatives Brüten und Habitat sich im Stammbaum in derselben Richtung an denselben Punkten schnell änderte. So haben wir ein viel aussagefähigeres statistisches Argument, dass diese Faktoren korreliert sind.* Das altruistische, kooperative Verhalten der Vögel hilft ihnen in Jahren großer Dürre aber ebenso *in guten Jahren mit viel Regen. Helfer bringen ausreichend Extrafutter zum Nest und erlauben so den kooperativ brütenden Arten länger zu brüten und mehr Junge aufzuziehen als die nicht-kooperativen.*

Es hat mehr als hundert Jahre gedauert, bis die Biologen, unter ihnen maßgeblich Hamilton, solches Verhalten erklären konnten. Darwin hat es wohl viele schlaflose Nächte gekostet, wenn er noch in seiner 6. Ausgabe der Entstehung der Arten schreibt:

> *Die Geschlechtslosen […] können doch, weil sie steril sind, ihre eigentümliche Beschaffenheit nicht selbst durch Fortpflanzung weiter übertragen* (Darwin 1872, S. 328),

will sagen: Sie können auf diesem Weg weder durch kumulative Selektion und *Survival of the Fittest* entstanden sein noch können sie in den Folgegenerationen zum Erhalt ihrer Art mit der Sterilität vorteilhaft beitragen. Wie sollten sie auch, wenn sie steril sind? Aber Darwin hätte seine Freude, dass diese außergewöhnliche Hürde für seine Theorie heute in seinem Sinn erklärt werden kann. Man spricht in diesem Zusammenhang von eusozialen Systemen. Sehen wir genauer, was *eusoziale Systeme* ausmacht:

1. Mehr Tiere als nur die Mutter beteiligen sich an der kooperativen Brutpflege
2. Es gibt sterile Kasten, im maximalen altruistischen Fall sind sämtliche weiblichen Individuen bis auf die Königin unfruchtbar.
3. Generationen überlappen sich. Pflege von Geschwistern ist möglich.

Bert Hölldobler (2007) definiert eusoziale Systeme als Sorge einer mehr oder weniger sterilen Arbeiterkaste für die Nachkommen einer fruchtbaren Kaste. Im Extremfall herrscht vollständiger Verzicht auf persönliche Reproduktion. Die direkte (persönliche Fitness) dieser Individuen ist Null. Die indirekte Verwandtschafts-Fitness durch die Hilfe des Altruisten ist sehr groß.

Wir haben oben den Verzicht auf Fruchtbarkeit zum Wohl des gesamten Staates als extreme Form des Altruismus bezeichnet. Jetzt kann man es mit den Augen der Genforscher aber auch anders sehen: Jede einzelne Wespe, Ameise, Biene verhält sich streng darwinistisch, indem sie für die Weitergabe ihrer Gene sorgt, nur eben auf dem Umweg über eine Schwester oder eine Königin-Schwester (Krukonis 2008, S. 179). Jedes Tier optimiert seine eigene Fitness, die definiert ist als die Fähigkeit, seine Gene an die nächste Generation weiter zu geben, direkt oder indirekt. Das Konzept der Gesamtfitness von Hamilton benötigt so gesehen keine altruistische Sehweise.

Natürliche Selektion kann auf verschiedenen Klaviaturen spielen: auf Genebene, auf Zell- oder Organebene, der Individualebene oder auf Gruppenebene. Man spricht daher auch von der *Multilevel Selektionstheorie*, verbunden mit dem Namen des amerikanischen Forschers David Sloan Wilson (Kap. 19). Die Selektion auf Individualebene ist die wichtigste. Individualselektion tritt immer auf, wenn Selektion im Spiel ist (Krukonis 2008, S. 171), aber nur zusammen mit den anderen Formen ist Evolution erklärbar.[30]

Die Spieltheorie beschreibt Kooperation in der Evolution

Hamilton hat wie nur wenige andere Geschichte gemacht in der Evolutionstheorie. Seine Ideen sind neuerdings eingeflossen in spieltheoretische Modelle. Hier hat sich der Österreicher Martin Nowak, Mathematiker und Biologe an der Harvard University, einen Namen gemacht. Nowak zielt auf Kooperation ab. Ohne Kooperation geht nichts, weder auf Genomebene, Zellebene noch auf Individualebene. Und im letzteren Fall ist das keineswegs beschränkt auf Insektenstaaten. Menschen zählen nach Nowak zu den äußerst kooperativen Arten. Kooperation ist überlebenswichtig. Nowak erläutert das auch vor dem Hintergrund der drohenden Klimakatastrophe. Abgebildet wird das Ganze in glasklaren einfachen Gleichungen, ähnlich wie bei Hamilton. Die zentralen Begriffe sind bei Nowak die *direkte* und die *indirekte Reziprozität*. Das meint folgendes: Direkte Reziprozität hat die Grundhaltung: *Ich helfe dir, wenn du mir hilfst (Tit-for-tat)*. Das ist eine bestimmte Form der Kooperation, und zwar eine außerordentlich stabile. Die indirekte Reziprozität hat die Grundhaltung: *Ich helfe dir, irgend jemand wird mir helfen*. Dieses letztere Denkschema macht laut Nowak uns Menschen erst zu Menschen. Indirekte Reziprozität brachte laut Nowak im Selektionsdruck die menschliche Sprache ebenso hervor wie soziale Intelligenz[31].

> *Evolution ist nicht nur Wettbewerb, sondern auch Kooperation auf vielen Ebenen, etwa zwischen Genen, Zellen, Organen und auch Individuen.*

---

30 Mit Anwendungsgrenzen der inklusiven Fitness befasst sich Matthijs van Vaelen in mehreren Studien (2006, 2009, 2011).

31 Die Ausführungen über Martin Nowak sind einem Vortrag von ihm mit dem Titel *Evolution of Cooperation* entnommen, den er am 25. November 2009 am neu eröffneten *Institute of Science and Technology Austria (ISTA)* in Klosterneuburg bei Wien gehalten hat.

5 Die Evolution der Kooperation – von Ameisen und Menschen

So beeindruckend klar die Ausführungen von Novak sind, man darf nicht übersehen, dass es sich hier, wie bei Hamilton auch, um eine Form von konsequentem Reduktionismus handelt. Man kann diese Theorie gut als Rahmenbedingungen interpretieren, unter denen Evolution möglich ist. Sie erklären aber nicht diejenigen Problemfelder, die von vielen Evolutionsbiologen schon bei der Synthese vermisst werden: Wie entstehen Arten? Insbesondere: Wie entsteht Form? In Kap. 7 stelle ich vor, wie das Thema Evolution aus dem Blickwinkel verschiedener Organisationsebenen angegangen wird. Dort wird deutlich, dass man von einer bestimmten Organisations- oder Erklärungsebene[32] ausgehend nicht zwingend Inhalte einer anderen Ebene darstellen kann. Das gilt auch für die Spieltheorie.

Sind Ameisen dem Menschen in der Evolution überlegen?

Wolfgang Wieser führt an,

> dass Insektenstaaten ein außergewöhnliches Erfolgsmodell der Evolution sind. In den rund 100 Millionen Jahren ihres Vorkommens auf der Erde scheint noch keine einzige Familie oder höhere taxonomische Einheit sozialer Insekten ausgestorben zu sein (1998, S. 462). Stabile Systemzustände, wie sie Insektenstaaten erreichen, sind für individuale Gemeinschaften der Wirbeltiere eine Illusion (1998, S. 496).

Wieser fährt fort und schließt über den Menschen im Vergleich zu den Staaten bildenden Insekten,

> dass statt dessen Interessenkonflikte zwischen den Teilen des Systems sowie zwischen diesen und dem Gesamtsystem eine grundsätzliche Dynamik erzeugen und dass diese durch Kontrollmaßnahmen in ein labiles Gleichgewicht gezwungen werden kann, in dem sich zentrifugale und zentripetale Kräfte vorübergehend die Waage halten (1998, S. 496).

Auch Julian Huxley äußert sich in seinem berühmten Werk *Evolution - The Modern Synthesis* zu den evolutionären Zukunftschancen des Menschen: *Mit den gegebenen menschlichen Gesellschaftsformen müssen wir jede Hoffnung aufgeben, altruistische Instinkte wie die sozialer Insekten zu entwickeln. Genauer gesagt ist es unmöglich, so lange unsere Gesellschaft an ihren gegenwärtigen Reproduktionspraktiken festhält* (1942/2010, S. 573). Aber vielleicht übernehmen wir ja einmal – so Huxley – ein System, das Sex, Liebe und Reproduktion trennt, um wirkliche Kasten erzeugen zu können, in denen wenigstens einigen Individuen mit den Fähigkeiten von Altruismus und Gemeinschaftssinn ausgestattet sind (S. 573). Die Zukunft des Menschen, schreibt er weiter, *ist abhängig, wie stark die zwischenmenschliche Kooperation anwächst und den Wettbewerb zwischen den Menschen überwiegt* (S. 674).

---

32 Zur Aussagefähigkeit von Erklärungsebenen in der Komplexitätstheorie s. z.B. Solé/Goodwin 2000, S. 25.

A Der Hausbau – Darwin und die Synthetische Evolutionstheorie

Konrad Lorenz sagt dasselbe, wird aber noch deutlicher in seinem wenig Hoffnung verheißendem Buch *Der Abbau des Menschlichen* (1988, S. 335):

> Begriffliches Denken und Wortsprache haben ein Wachstum des menschlichen Wissens, Könnens und Wollens, mit anderen Worten, des menschlichen Geistes bewirkt, dessen exponentiell zunehmende Geschwindigkeit den Geist tatsächlich zum „Widersacher" der Seele werden lässt. Der menschliche Geist schafft Verhältnisse, denen die natürliche Veranlagung des Menschen nicht mehr gewachsen ist.

Und Lorenz geht noch weiter und sagt (S. 455), *der menschliche Geist hat ein System geschaffen, dessen Komplikationen zu überblicken seine eigene Komplexität nicht ausreicht*. Das ist ein wenig hoffnungsvolles Bild, das Lorenz aus der eigenen Verarbeitung seiner evolutionären Entwicklungstheorie folgert.[33]

> *Ob die Evolution des menschlichen Gehirns ein erfolgreicher adaptiver Prozess im Sinn der Arterhaltung ist, wird von manchen Forschern als offen gesehen.*

Mit anderen Worten heißt das: Der Mensch ist mit seiner hohen Individualität, die er durch die explosionsartige Entwicklung des Gehirns errungen hat, nicht trotz sondern wegen dieses Gutes mit grundsätzlichen Überlebensproblemen konfrontiert, auf dem Planeten Erde in Frieden und Eintracht mit sich, seinen Artgenossen und mit der Natur zu leben. Kein anderes Lebewesen hat diesen Zwiespalt so stark. Kooperation ist möglich, aber der Konflikt bis hin zu Krieg ist vorprogrammiert. Noch deutlicher: Die Evolution des Gehirns und der Individualität, also das was seit der Renaissance und der Aufklärung zu den wertvollsten Attributen der Menschheit zählt, birgt biologisch das Potenzial zur Auslöschung ihrer, – unserer Art.

✳ ✳ ✳

---

33 Zur wachsenden Technikabhängigkeit unserer Gesellschaft und zur Abnabelung des modernen Menschen von der Natur, wie Konrad Lorenz es vor mehr als 30 Jahren beschreibt, bedarf es keiner Belege mehr. Dennoch möchte ich einen solchen geben: Einige chinesische Ingenieure besuchten vor kurzem Deutschland. Sie arbeiten in ihrer Heimat am 3-Schluchten-Staudamm-Projekt und kommen alle aus uns unbekannten Millionen-Städten. Sie sind zu Besuch bei Voith in Heidenheim, die Turbinen für die Wasserkraftwerke des chinesischen Megaprojekts liefern. Auf der Fahrt vom Flughafen Stuttgart über die Schwäbische Alb bleiben die Chinesen atemlos vor Bewunderung der Waldlandschaft in Deutschland. Der Fahrer muss anhalten. Keiner von ihnen hat jemals zuvor einen echten Wald gesehen.

6 Fortschritt und Mensch in der Evolution

Seit jeher wird kontrovers diskutiert, ob es in der Evolution Fortschritt gibt oder nicht. Darwin ist sehr vorsichtig mit Worten wie „höher" und „niedriger" in der Skala des Lebens. Zwei Dinge müssen auseinander gehalten werden: Erstens nach welchem Kriterium klassifiziert Darwin die Lebewesen und zweitens wie verwendet er die beiden vergleichenden Begriffe? Was die Klassifizierung angeht so ist Darwins Absicht in der *Entstehung der Arten* unzweifelhaft. Er widmet dieser Frage ein ausführliches Kapitel, das vierzehnte. Daneben gibt es eine Abbildung der Skala des Lebens in Kapitel 4. Darwin will eine natürliche, objektive Klassifizierung. Das einzige Kriterium, das dafür in Frage kommt, ist die Abstammung der Lebewesen von früheren Formen, also eine genealogische Skala (Darwin 1872, S. 499 u. S. 507). Er siedelt die frühesten Lebensformen unten und die späteren oben an (S. 152f.). Darwin setzt keine konkreten Arten- oder Familiennamen in seine Abbildung ein sondern bezeichnet sie mit Buchstaben und Zahlen. Die Erstellung eines konkreten genealogischen Stammbaums überlässt er anderen.

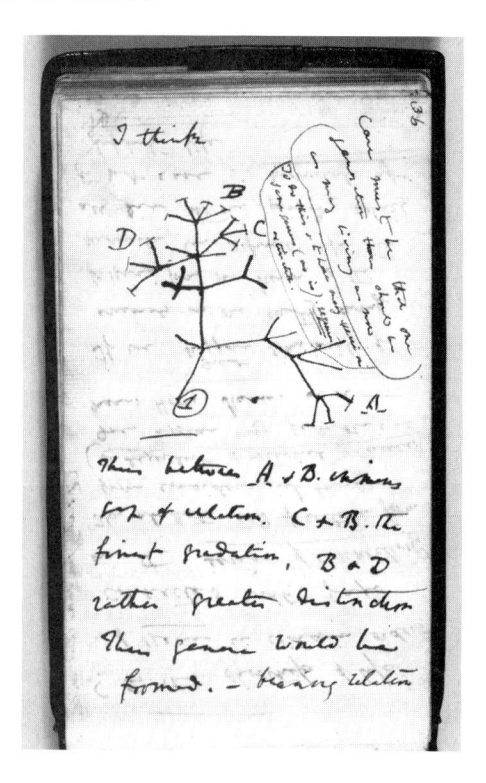

Abb. 6.1 Skizze aus Darwins Notebook. Titel: I think
Während Darwin hier einen in viele Richtungen sich verzweigenden Busch von Abstammungslinien zeichnet, dominieren lange Zeit Darstellungen, die den Menschen als das am höchsten entwickelte Wesen an der Spitze eines Baumes abbilden.

Zu der zweiten Frage, wie in Darwins Gesamtwerk „höher" und „niedriger" verwendet wird, kann man sich auf das oben Gesagte beziehen. Höher ist dann nicht „fortschrittlicher" oder „intelligenter" oder „moralischer", sondern einfach „entfernter verwandt" mit dem Anfang des Lebens. So gesehen sind die Komparativa keine subjektiven Werturteile. Nun hat man Darwins Werk aber von allen Seiten analysiert und dabei entdeckt, dass er mit den Begriffen nicht immer sensibel umgeht. Sagt er an einer Stelle in seinen Notizen (Darwin online[34]): *Es ist absurd, von einem Tier als höher oder niedriger zu sprechen. Wir betrachten die, deren intellektuelle Fähigkeiten am meisten entwickelt sind als die höchsten. Eine Biene würde*

---

34 Dawins First Evolutionary Notebook (Ausg. Paul H. Barrett, 1960) S. 259.

zweifellos die Instinkte […] – Hier fehlen leider zwei Seiten in seinem Manuskript. Er will aber wohl ausdrücken, dass eine Biene zweifellos ihre eigenen Instinkte als Kriterium verwenden würde und sich aus ihrer Sicht dann vielleicht höher oder ebenso hoch in der Skala wiederfände wie der Mensch. Mit diesem Bild könnten wir uns heute gut anfreunden, wenn wir als Menschen neben unserer Technikfähigkeit auch zunehmend an unsere begrenzte Fähigkeit denken, mit dem Planeten auf dem wir leben, verantwortungsvoll umzugehen oder wenn neben unseren so genannten intellektuellen Fähigkeiten, immer mehr unglaubliche Entdeckungen aus der Tierwelt bekannt werden, sei es die Kommunikationsfähigkeit der Wale, die mütterliche Fürsorge von Elefanten und vieler anderer Tiere oder die kooperative Verantwortung von Erdmännchen. Letztlich ist es gleichgültig, welches Kriterium hergenommen wird für eine Fortschritts- bzw. Wertebetrachtung. Ob „Intellekt", „Moral", „Leidensfähigkeit" oder „Liebe", immer bleiben es subjektive Maßstäbe. Das will sagen: Kein Wissenschaftler könnte objektiv begründen, warum der eine dem anderen zu bevorzugen wäre, um damit eine Klassifizierung in der Tierwelt vorzunehmen.

Mit dem Bild Mensch-Biene kollidieren allerdings einige andere Aussagen, in denen Darwin sehr wohl wertend wird, etwa am Schluss der *Abstammung des Menschen* (Darwin, 1871/2009, S. 261):

> Es ist begreiflich, dass der Mensch einen gewissen Stolz empfindet darüber, daß er sich, wenn auch nicht durch seine eigenen Anstrengungen, auf den Gipfel der organischen Stufenleiter erhoben hat; und die Tatsache, daß er sich so erhoben hat, anstatt von Anfang an dorthin gestellt zu sein, mag ihm die Hoffnung auf eine noch höhere Stellung in einer fernen Zukunft erwecken.

Diese und ähnliche Aussagen hat man Darwin durchaus als unwissenschaftlich zum Vorwurf gemacht.

Ernst Haeckels Darstellung ist wenig dienlich

Einer der ersten, der sich im Gefolge Darwins daran macht, einen Stammbaum des Lebens aufzustellen, ist Ernst Haeckel (1834–1919). Haeckel trägt entschieden dazu bei, dass in der Evolution ein Fortschritt erkannt werden soll. Er hat die Lebewesen in Stammbaum- oder Leiterstruktur geordnet und will diese Ordnung streng nach Naturgesetzen verstanden wissen.[35] Stellt er in einem Diagramm die Linien der Pflanzen, Protisten und Tiere nebeneinander, so zeigt er in einem zwei-

---

35 *Die Aufgabe der organischen Morphologie ist mithin die Erkenntniss und die Erklärung dieser Formenverhältnisse, d.h. die Zurückführuug ihrer Erscheinung auf bestimmte Naturgesetze* (Haeckel 1866, Erstes Capitel).

ten Diagramm, der *Abstammung des Menschen*, diesen ganz oben, als „Krone".[36]
In dem philosophisch ausgerichteten Werk Haeckels finden sich Sätze wie etwa[37]:

> Die Zusammensetzung des ganzen Organismus, wie sie bei den Wirbeltieren, den meisten Gliedertieren stattfindet, bekundet einen bedeutenden Fortschritt in der Organisation und wir können daher allgemein diese Organismen als höher und vollkommener bezeichnen, im Vergleich zu jenen, bei denen das physiologische Individuum selbst nur den Wert eines Segments erreicht, wie bei den niederen Würmern etc.

Solche Aussagen implizieren Wertungen und gehen über die von Haeckel beanspruchte Ableitung aus Naturgesetzen deutlich hinaus. Das hat zu großen Missverständnissen geführt.

> Haeckels Darstellung impliziert die eindeutige Ausrichtung vom Einfachen zum Komplexen und drängt damit die Wertung auf vom Niederen zum Höheren. Was immer die Idee sein soll, es ist polarisierend aufgegriffen worden und es wird heute anders gesehen (Wieser 1998, S. 310f.).

Es kann hier kein annähernd vollständiges Bild des Fortschrittsdenkens in der Geschichte der Evolutionstheorie wiedergegeben werden. Viele bekannte Wissenschaftler sind irgend einer Form des Fortschrittsglaubens erlegen, darunter auch Bernhard Rensch mit seinen so genannten *Gesetzen der Höherentwicklung* (Wuketits 1995) Die Überzeugung, dass Evolution eine immanente Zwangsläufigkeit zum Fortschritt besitzt, ist ein Mythos, schreibt Wuketits (1995).

Werner-Felmayer fasst die missliche Lage, die daraus entstanden ist, zusammen: *Das Bild, die Natur sei eine Stufenleiter vom Unbelebten zum Belebten, vom Niederen zum Höheren, vom Primitiven zum Vollkommenen, war stets eine mächtige, mehrere Wissenschaften prägende Metapher* (2007, S. 57)

Julian Huxleys Fortschrittsdefinition

Aus dem Kreis der Synthetischen Evolutionstheorie äußerst sich Julian Huxley, einer ihrer maßgebenden Integratoren, 1942 ausführlich zu den Themen Trend und Fortschritt in der Evolution (Huxley 1942/2010)[38]. Für Huxley hat Fortschritt weniger mit „höheren" oder „niederen" Arten zu tun. Auch will er den Begriff Fortschritt streng unterschieden wissen von Spezialisierung. Er schreibt (S. 562 u. S. 567):

---

36 Haeckel, Antrhopogenie 1874.
37 In modernes deutsch abgeändert v. Verf. u. gekürzt. Orig.: Haeckel Generelle Morphologie der Organismen, 1866; URL: http://www.archive.org/stream/generellemorphol01haec/generellemorphol01haec_djvu.txt.
38 Auch G. G. Simpson befasst sich mit Sinn und Fortschritt der Evolution, s dazu: Junker 2001, S. 483ff.

> Spezialisierung ist eine Verbesserung in der Effizienz einer Adaptation für eine bestimmte Lebensart. Fortschritt ist eine Verbesserung der Effizienz des Lebens generell. Letzterer ist ein Allround-Vorteil, ersterer ein einseitiger Vorteil.

Er definiert im folgenden Fortschritt darin bestehend, dass *eine erhöhte Kontrolle über bzw. Unabhängigkeit von der Umwelt* erreicht wird (S. 564). So betrachtet ist biologischer oder evolutionärer Fortschritt für Huxley ein *biologischer Term mit einer objektiven Basis.* Menschlicher Fortschritt ist demgegenüber etwas anderes. Er hat *Wertinhalte und Effizienzinhalte, subjektive und objektive Kriterien* (S. 567). Huxley folgert aus dieser Sichtweise (S. 568): *Wenn die natürliche Selektion für Adaptation und für lang anhaltende Trends der Spezialisierung stehen kann, dann kann sie auch Fortschritt erzeugen.* Huxley stellt den Menschen gegenüber dem Affen als fortschrittlicher dar, da der Mensch größerer Macht hat, die Natur zu kontrollieren und auch in größerer Unabhängigkeit von seiner Umgebung lebt (S. 565). Als Beispiele für biologischen Fortschritt nennt Huxley ferner die Kombination von Zellen zur Erzeugung multizellularer Individuen, die Entwicklung des Kopfes, der Lungen, der Warmblütigkeit und der Intelligenz der Sprache (S. 568). Stets haben solche Entwicklungen zu einer Dominanz der jeweiligen Arten geführt und zu einem Ausbruch an Wandel (S. 572). Damit meint er, dass in der Folge solcher fortschrittlichen Neuerungen jeweils eine große adaptive Radiation aufgetreten ist. Gleichzeitig betont Huxley, dass jeglicher evolutionäre Fortschritt, obwohl ein biologischer Fakt, dennoch von partikulärer und begrenzter Natur ist (S. 569).

Die rote Königin oder:
Man kann rennen, so schnell man will und bleibt doch stehen

Eine restriktivere Linie fährt der amerikanische Evolutionsforscher Leigh van Valen (*1935): Arten evolvieren nicht, um immer besser gegen Aussterben gerüstet oder adaptiert zu sein. Schildkröten, die 200 Millionen Jahre mit den Widrigkeiten auf der Erde zurecht gekommen sind, haben deswegen keine höhere Wahrscheinlichkeit als eine andere Tierfamilie, in Zukunft besser oder länger zu überleben, was man intuitiv vielleicht erwarten würde. Bekannt geworden ist in diesem Zusammenhang van Valens *Rote-Königin-Hypothese*. (Die Bezeichnung ist eine Anlehnung an ein Märchen von Lewis Carroll.) Sie sagt aus, dass Arten, gleich wie gut oder erfolgreich sie adaptiert sind, doch immer nur für das jeweils aktuelle Umweltszenario gerüstet bleiben, mehr nicht (Solé/Goodwin 2000, S. 54). Van Valens *ökologisches Artenkonzept* sagt, eine Leistungssteigerung einer Art führt in der Regel zu Nachteilen für eine andere Art. Diese muss folglich ebenfalls eine evolutionäre Leistungssteigerung durchführen, um ihre Stellung behalten zu können. Diese Dynamik kann zu einem evolutionären „Hochrüsten" führen, aus dem keine Art einen Vorteil zieht. Also relativ zur Umgebung gesehen: kein Fortschritt.

6 Fortschritt und Mensch in der Evolution

Gould negiert den Fortschritt in der Evolution radikal

Eine moderne Anschauung von Trend und Fortschritt mit Berufung auf Darwin hat Stephen J. Gould. Der 2004 gestorbene streitbare Harvard-Professor hat ein ganzes Buch dem Fehlurteil des Fortschritts in der Evolution gewidmet (Gould 1999). Gould hat sich maßgeblich für eine Korrektur des Bildes vom Menschen als Krone der Schöpfung ausgesprochen.

In Abbildung 6.2 erhält man den gewünschten Eindruck, dass die Evolution des Pferdes in einer zwangsläufigen fast geraden Linie (Pfeil) vom mehrzehigen Tier über die Verkümmerung der Außenzehen hin zum einhufigen Pferdefuß führt. Schaut man in Google-Bilder unter „horse evolution", findet man Dutzende solcher Darstellungen, auch analoge, über die Evolution des Menschen. Sie geben aber nicht wieder, wie Evolution wirklich verläuft. Huxley schreibt noch 1942:

> Wenn die Evolution einmal begonnen hat, sich in eine gegebene Richtung zu bewegen, dann wird sie eher in derselben Richtung weiter gehen als in einer anderen und zwar so lange, wic der Vorteil nicht das Limit überschreitet, ab dem ein weiterer Wandel besser ist (Huxley 1942/2010, S. 499).[39]

Gould sieht das nicht zwingend so. Die Evolution des Pferdes hat nämlich immer wieder verschiedene Wege eingeschlagen (Radiation), die teilweise erhebliche Ausbreitung auf den Kontinenten erfahren haben, aber irgendwann ausgestorben sind. Eine der vielen Linien, *ein Zweig einer früheren üppigen Krone, ein winziger Rest der früheren üppigen Fülle* (Gould 1999, S. 88), hat sich bis heute beibehalten oder durchgeschlungen und nur mit Hilfe des Menschen eine globale Ausbreitung erlangt. Als ein höchster Punkt oder gar ein Endpunkt darf das aber nicht gesehen werden.

> Wenn wir der üblichen bildlichen Darstellung folgen und den Weg vom Hyracotherium zu Equus als gerade Linie darstellen, fahren wir mit der Dampfwalze über ein Gelände von faszinierender Komplexität (Gould 1999, S. 86).

Was Gould zum Ausdruck bringen will, ist: Der Stammbaum des Lebens *zeigt in manchen Bereichen eher Büsche, unübersichtliches Gestrüpp also und weniger klar abgegrenzte Verzweigungen* (Werner-Felmayer 2007, S. 63). Liest man aktuelle Berichte zur Herkunft des Menschen, stößt man stets genau auf diese Problematik.

Angesichts der Zahl bestehender dreizehiger Formen halten manche Forscher fest: Es gibt nicht den Trend zu Einzehigkeit. Ebenso kann man einen eindeutigen Trend der Größenzunahme des Pferdes in Frage stellen. Die Evolutionsgeschichte des Menschen unterliegt lange ähnlich falschen Vorstellungen bemerkt Sentker (Sentker/Wigger 2008, S. 159):

> Noch in den 60er Jahren herrschte die Vorstellung, ein gebeugter, geistig umnachteter Vorfahre habe Stufe für Stufe die Leiter der Evolution erklom-

---

39 Die Theorie von Waddington (Kap. 9) bestätigt durchaus diese Sichtweise Huxleys.

A Der Hausbau – Darwin und die Synthetische Evolutionstheorie

men, um als begabter und begnadeter Mensch in der Gegenwart zu enden. Das ist immer noch das Märchen, in dem ein Frosch zum Prinzen geküsst wird.

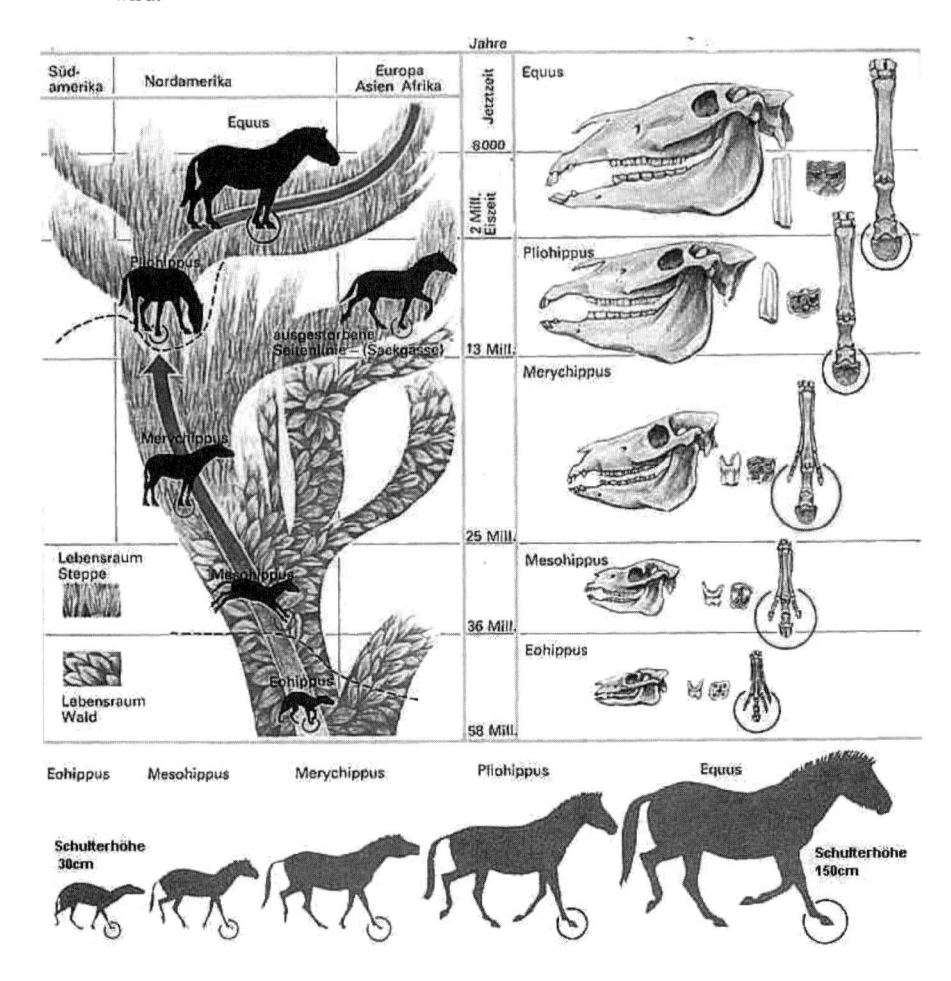

Abb. 6.2 Entwicklungslinie des Pferdes – Wie Evolution verläuft und wie nicht
Diese Darstellung ist auf der rechten Hälfte eindeutig retrospektiv, d.h. nach rückwärts betrachtet. In dieser Art sind unzählige Darstellungen des 19. und 20. Jahrhunderts. Auch auf der linken Seite sind überwiegend die wenigen Arten abgebildet, die zu der heutigen geführt haben. So lässt sich aber nicht erkennen, wie die Evolution tatsächlich verlaufen ist. Bei Gould (Gould 1999, S. 91) ist stärker als hier das Miozän (23–5 Mio. Jahre) eigens mit 30 Arten dargestellt, was erst die wahre Komplexität der Evolution des Pferdes zeigt. Evolution geht viele Wege. Die allerwenigsten kommen in der Gegenwart an. Keine ist fortschrittlicher als eine andere. Die Darstellung gibt auch keine gesicherte Auskunft, ob die Evolution des Pferdes kontinuierlich (graduell) oder diskontinuierlich (punktuell) verläuft.

6 Fortschritt und Mensch in der Evolution

Doch die Vorstellung einer linearen Abstammung ist nur schwer auszurotten schreibt Sentker weiter. *Dabei weist immer mehr darauf hin, dass wir es bei der Stammesgeschichte der Menschheit nicht mit einem beständigen Fortschritt zu tun haben [...] sondern mit einzelnen Evolutionsereignissen, die ein unübersichtliches Geflecht von Entwicklungswegen bilden.*

Denselben Gedanken fasst der Paläobiologe Friedemann Schrenk zur Herkunft des modernen Menschen (Schrenk 2006, S. 57): *Es gab und gibt nicht das eine „missing link", sondern viel wahrscheinlicher ist eine Verflechtung unterschiedlicher geografischer Varianten der ersten aufrechtgehenden Vormenschen in Zeit und Raum entlang der Grenzen des tropischen Regenwaldes.*

Jüngst äußerst sich Schrenk in einem Interview in *Spektrum der Wissenschaft* zur Herkunft des Menschen noch pointierter: *Alle Stammbäume des Menschen sind Schall und Rauch. Unserer Rekonstruktionen sind gelenkte Fantasie.* (SdW 09/2010, S. 68).

Es ist eindeutig: Es gibt diverse, aber nicht im voraus festgelegte Richtungen in der Evolution, etwa das Auftreten der Wirbeltiere, der Insekten, der Vögel. Bei diesen Richtungsverläufen ist auch oft eine Zunahme der Komplexität vorhanden. Es ist gewiss richtig, dass in der Gesamtbilanz der Evolution eine Komplexitätszunahme zu Buche schlägt. Schimpansen sind viel komplexer als Schnabeltiere, diese wiederum viel komplexer als Regenwürmer, welche in ihrer Komplexität die Bakterien weit übersteigen. Das bedeutet aber eben nicht, dass alle Organismen eine Höherentwicklung durchmachen. Sonst müssten ja auch die Bakterien längst ein völlig anderes Entwicklungsniveau erreicht haben als ihre präkambrischen Vorfahren (Wuketits 2005, S. 52).

Wie kontrovers die Diskussion noch vor wenigen Jahrzehnten geführt wurde, zeigt eine Aussage von Konrad Lorenz, wenn er 1973 dazu schreibt: *Der Selektionsdruck [...] ist so allgegenwärtig, daß er sehr wohl hinreichen könnte, um die allgemeine Richtung des Evolutionsgeschehens von „niedrigeren" zu „höheren" Zuständen hin zu erklären* (Lorenz 1973, S. 45).

Will man aber die Frage nach Fortschritt beantworten, muss man, wie es etwa Huxley getan hat, definieren, was man unter Fortschritt versteht. Carroll sagt dazu: *Die heutigen Arten sind nicht besser ausgerüstet als ihre Vorfahren, sie sind meist nur anders* (2008, S. 144). Wieser drückt es so aus (1998, S. 312f.):

> Betrachtet man Überlebensfähigkeit als das einzige relevante Kriterium für evolutionären Erfolg dann sind Archaebakterien und andere prokaryotische Zellen, die bei weitem erfolgreichsten Lebewesen, denn sie hatten Gelegenheit, ihre Erfolge auf der Erde zumindest zwei Milliarden Jahre länger unter Beweis zu stellen als eukaryotische Zellen, Pilze, Pflanzen oder Tiere. [...] Betrachtet man jedoch eine spezifische biologische *Funktion*, dann ist sehr wohl zulässig, von einer zunehmenden Perfektionierung von Leistungskriterien (also von „Fortschritt", wenn wir diesen so definieren) zu sprechen. So gibt es evolutionäre Sequenzen von langsam und unbeholfen zu pfeilschnell und ausdauernd schwimmenden Fischen, von Insektenarten mit loser Sozialstruktur zu solchen, die in perfekt organisierten Sozialstaaten leben, und es gibt eine Serie von Primatengehirnen, in denen die Fähigkeit,

A Der Hausbau – Darwin und die Synthetische Evolutionstheorie

Informationen zu verarbeiten und zu produzieren, progressiv zunahm. Entlang dieser Wege des Fortschritts sind jedoch alte Nischen erhalten geblieben und haben sich neue eröffnet, in denen andere Lebensformen ihre Tauglichkeit beweisen und separate Evolutionen in Gang setzen konnten. In den fraktalen Räumen der Biosphäre gibt es ausreichend Lebensraum für träge Schwimmer, solitäre Insekten und dumme Primaten. Es gibt keine der Evolution inhärente Bestimmung zu Fortschritt.

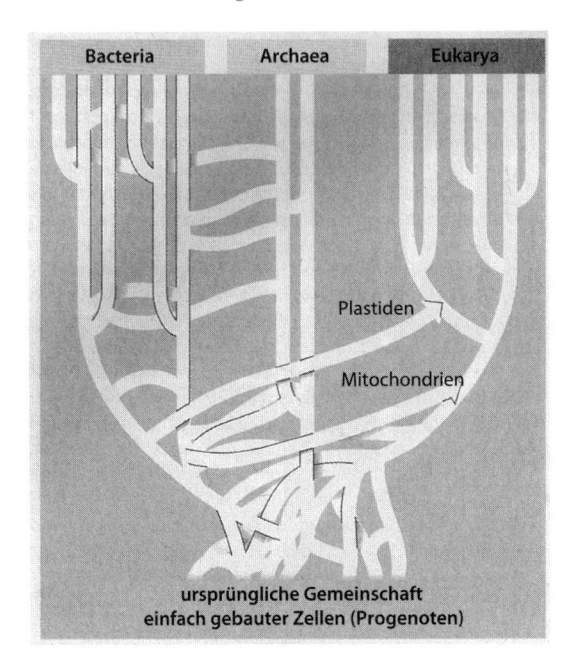

Abb. 6.3 Vernetze Evolution
Hat Gould recht, dann ist das klassische Bild von Stammbäumen revidierungsbedürftig. Linien können sich wieder vereinigen. Der Fachmann spricht von retikulater Evolution. Die nicht abreißende Diskussion in den Medien über den Homo sapiens, der sich mit dem Neandertaler vereinigt hat und uns Gene von letzterem beschert, hat durch die Forschungsergebnisse des schwedischen Paläogenetikers Svante Pääbo erst jüngst frische Nahrung erhalten. Eine Grafik in dieser Art wird zuerst von Doolittle 1999 vorgestellt.

Die Welt musste nicht so werden, wie sie ist

Stephen J. Gould ist 1989 noch viel weiter gegangen als zuvor dargestellt. Nicht nur gibt es aus seiner Sicht keinen Fortschritt irgend einer Art in der Evolution. Nicht nur wehrt er sich dagegen, die Begriffe Evolution und Fortschritt synonym zu verwenden. Er macht in einem Buch *Zufall Mensch: Das Wunder des Lebens als Spiel der Natur* (1991) klar, dass die letzten 500 Millionen Jahre auch ganz anders hätten verlaufen können, ja dass sie mit Bestimmtheit jedes mal ganz anders verlaufen würden, hätten wir die Chance, das Leben auf einem Bandgerät zurückzuspulen und erneut ablaufen zu lassen.

6 Fortschritt und Mensch in der Evolution

Der Paläontologe Gould hat sich die kambrische Explosion sehr genau angesehen im Burgess-Schiefer (Box 5). Dabei ist ihm wie keinem zuvor aufgefallen: Von den vielen Bauplänen des Kambriums, die wie ein Burst entstanden sind, haben es nur ein paar wenige zu einer adaptiven Radiation geschafft. Die, die so erfolgreich überlebt haben, haben aber nicht aus Fitnessgründen und als Folge von Adaptation überlebt, sondern aus Zufall. Hier ist der eine Kern von Goulds Gedanken: Nicht Fitness und damit Adaptation dirigieren den großen Verlauf sondern der Zufall der Ereignisse[40]. Der Zufall bestimmt für Gould das makroevolutive, langfristige Geschehen in denkbar starkem Maß mit: Temperaturschwankungen sind demnach genau so ein nicht vorhersehbares Ereignis wie ein Meteoriteneinschlag. Die ausschlaggebende Ursächlichkeit und Richtungsbestimmung in der Entwicklung der Arten sucht er nicht mehr im durchgehend wirksamen Selektions-Adaptationsreglement der Natur, sondern im Einwirken des Unberechenbaren, dessen was er Ereignis nennt oder Kontingenz. Die zweite Kernaussage von Gould besagt: Wenn laut der genannten These Kontingenz gegenüber Konvergenz vorherrscht und viele Arten deswegen aussterben, dann ist der Rahmen für den Verlauf des Lebens restriktiv eingeschränkt, einfach weil viele alternative Formen unabhängig von Fitness aussterben. Die Kontingenz legt somit die Eckpfeiler des Lebens fest. Man kann das als externe Constraints bezeichnen.

> *Die Entwicklung des Lebens auf der Erde*
> *würde immer anders verlaufen, könnten wir*
> *das Band wiederholt zurückspulen.*
>
> *S. J. Gould*

Daneben gibt es unzählige interne Constraints, das sind evolutive Hürden, die durch vorhandene Baupläne, etwa das Skelett oder die Lungen usw., vorgegeben sind. Sie können nicht adaptiv nach Belieben verändert werden. Hierauf werden wir an späterer Stelle in Teil B ausführlicher zurückkommen. Zusammen mit diesen entwicklungsseitigen Constraints, lässt sich zusammenfassen (Powell 2008, S. 36): *In der Summe gelangt man durch die Kombinierung von fitnessunabhängigem Überleben höherer Taxonomien mit der Trägheit der Entwicklungsconstraints direkt zu der radikalen Kontingenztheorie.*

Es geht in der Diskussion nicht um die Erklärung der Entstehung bestimmter Arten oder Taxa. Nicht darum, wann, warum und wo diese auftauchen konnten. *Die Frage ist vielmehr, ob es biologische Formen gibt, die – so wie ihre kosmologischen Analogien – einen großen Raum kontrafaktischer Invarianz einnehmen (S. 44)*, die also auch hätten eintreten müssen (Invarianz), wenn die Ereignisse anders gewesen wären (kontrafaktisch). Solche biologische Formen können als Beispiele die Flossen der Fische sein, die Zweibeinigkeit oder die Intelligenz, wie sie dem Mensch eigen ist.

Dass der Mensch jedoch entstehen konnte, hat in der Konsequenz für Gould keinerlei Vorbestimmung. Es gibt keinen zwangsläufigen evolutiven Weg dahin.

---

40 Gould spricht nicht von mathematischem, stochastischen Zufall.

A Der Hausbau – Darwin und die Synthetische Evolutionstheorie

Im Gegenteil, Gould sagt: Hätte das Kambrium nur einen geringfügig anderen Verlauf genommen, wäre also unser frühester Wirbeltiervorfahre nicht unter den Glücklichen gewesen, die überlebt haben, es hätte weder die Vielfalt der Chordatiere noch den Menschen auf dem Globus gegeben[41]. Wer für Kontingenz eintritt, steht dafür, dass Kontingenz und Voraussagefähigkeit der Evolution sich widersprechen, ebenso Kontingenz und Wiederholbarkeit oder Determiniertheit oder auch Fortschritt.

Die Gegenthese: Das Leben ist Programm

Der Brite Simon Conway Morris (*1951) nimmt die Gegenposition ein. Und er adressiert geradewegs Gould im Titel seines jüngsten Buches von 2008[42]: *Jenseits des Zufalls*. Conway Morris ist ebenfalls Paläontologe; auch er hat den Burgess-Schiefer des Kambrium studiert. Im Interview mit der ZEIT bringt er seine Theorie auf den Punkt: *Meiner Meinung nach war der Mensch bereits mit dem Urknall angelegt. Während der ersten Millisekunde dieser Welt. Unsere Entstehung ist alles andere als ein Zufall* (Die ZEIT 2004).

Wie will man dann aber die Folge der Ereignisse globalen Ausmaßes erklären, etwa den Meteoriteneinschlag an der Trias-Kreide-Grenze? Oder Folgen der Eiszeit und anderer Vorkommnisse? Sie können doch nicht irrelevant für den Verlauf des Lebens geblieben sein. Conway Morris sieht es genau so. Solche Ereignisse haben nach seiner Sicht keinen grundsätzlichen, allenfalls einen aufschiebenden Einfluss auf den Weg des Lebens. Letztlich ist für Conway Morris Kontingenz jeder Art vernachlässigbar. Flossen von Fischen mussten entstehen, wenn Wasser existiert. Das Auge musste entstehen. Diese und viele andere Merkmale sind auf einem Planeten mit der Physik des unseren nach Conway Morris unvermeidbar zwingend – ein Ergebnis von ähnlichen funktionalen Zwängen (Conway Morris 2003, S. 131).

Dass so viele wichtige Zweige im Kambrium ausgestorben sind, wie Gould es konstatiert, sieht man heute anders, so Conway Morris. Früher oder später musste die Evolution zwangsläufig bei einer intelligenten Spezies ankommen.

---

41 Gould sieht *Pikaia* als das erste, noch schädellose Wirbeltier. Heute kennt man frühere Vorfahren aus anderen Linien.

42 Conway Morris hat seine Theorie erstmals 1998 vorgestellt in: *The Crucible of Creation: The Burgess Shale and the Rise of Animals*. Oxford.

Vielleicht dauert alles „etwas länger" auf anderen Planeten. Aber die *Entwicklung zu Komplexität und Intelligenz ist Programm* (Die ZEIT 2004).

> *Meiner Meinung nach war der Mensch bereits mit dem Urknall angelegt.* S. Conway Morris

Conway Morris ist mithin als strenger Adaptionist einzuordnen. Alles Leben, so ist seine Behauptung, läuft auf immer wieder konvergente oder analoge Entwicklungen hinaus, die die Natur vorgibt. Genauer: *Konvergenz weist auf die Realitäten der evolutionären Anpassung hin, die durch Selektion getrieben wird* (Conway Morris 2003, S. 131) Je mehr Konvergenz, also ähnliche unabhängig entstandene Lösungen, in der Evolution für gleiche Problemstellungen, gefunden werden können, desto mehr sieht der Adaptionist darin Bestätigungen seiner Theorie. Das Leben entwickelt sich stabil, weil die Natur den Rahmen dafür bereitstellt. Die Richtung, die das Leben nimmt, ist demnach auch zu einem bestimmten Grad voraussagbar, da sie unvermeidlich den adaptiven Regeln folgt. Viele Wege führen zu gleichen Endpunkten. Dass das Linsenauge oder die Flugfähigkeit mehrmals unabhängig, also konvergent, entwickelt wurden, liegt demnach auf der Linie dieser Theorie.

Mögliche Kritik an seiner Theorie nimmt Conway Morris gleich selbst vorweg. Sie entsteht bevorzugt da, wo man vermeintlich einzigartige evolutionäre Weichenstellungen zu sehen glaubt, so genannte *Schlüsselinnovationen:* Und die gibt es bei der Diskussion der Menschwerdung mehrfach. Der Mensch treibt Landwirtschaft, gebraucht Werkzeuge und besitzt Intelligenz (S. 139). Kann eine Theorie der Konvergenz erklären, wie die Evolution auch ohne diese spezifisch menschlichen Eigenschaften dennoch ganz ähnliche Wege eingeschlagen hätte?

Zur Entwertung des Arguments „Landwirtschaft" verweist Conway Morris auf das Beispiel der Blattschneiderameisen, die die abgeschnittenen Blattteile nicht fressen, sondern sie mit Zwischenlagern in ihren Bau bringen, wo sie als Beet dienen für eine ausgefeilte Pilzbefarmung. Die Plantage wird von den Tieren peinlich in Ordnung gehalten. Zu den Tätigkeiten der Ameisen gehören Vernichtung von Unkraut, der Einsatz von stickstoffhaltigem Dünger, Herbiziden und Antibiotika. Die Ernte ist reich an Zucker und anderen Produkten (S. 141). Auf die Benutzung von Werkzeugen muss nicht näher eingegangen werden. An anderer Stelle in diesem Buch zeige ich Beispiele auf, die zahlreich sind in der Tierwelt, nicht nur bei Primaten, auch bei Vögeln und anderen Tieren. Bleibt die Intelligenz, unser menschliches „höchstes Gut". Auch hierzu findet Conway Morris zahlreiche Beispiele *konvergierender Gehirne* und Beispiele tierischer Intelligenz ohne zu versäumen, darauf hinzuweisen, dass der Mensch noch immer geneigt ist, die Fähigkeiten der Tiere zu unterschätzen (S. 145).

Bleibt zu fragen, was man gegen Conway Morris' Theorie ins Feld führen kann. Ist es doch verwunderlich genug, dass es in einer so zentralen Frage wie der erdgeschichtlichen Entwicklung des Lebens zwei diametrale Meinungen gibt, die nebeneinander existieren. Was den Menschen angeht, den Conway Morris ausdrücklich in den Mittelpunkt seiner Erläuterungen stellt, ist es vielleicht die

Summierung seiner wenn nicht einzigartigen, so doch besonderen Eigenschaften, die seine evolutionäre Stellung ausmachen. Vielleicht macht also die Konstellation mehrerer gleichzeitiger (kontingenter) Merkmale das Besondere der Spezies Mensch aus. So sieht jedenfalls die moderne Anthropologie den Menschen in der Familie der Primaten. Darauf geht Conway Morris nicht ausdrücklich ein. Wie die Wissenschaft bei der Erforschung der Funktion der Gene lernen musste, dass es auf deren vielfältige Kombination und nicht auf die pure Zahl ankommt, könnte man sich auch bei den Eigenschaften von Lebewesen vorstellen, dass bestimmte wichtige Kombinationen doch nicht so ohne weiteres und nicht so oft konvergent erreichbar sind.

Eine offene Diskussion

Zum Thema Makroevolution liegen also zwei sehr kontroverse Theorien vor. Sie führen zu gänzlich unterschiedlichen Konsequenzen. Die Diskussion hierüber ist nicht abgeschlossen. Eine starke Strömung von Biologen unterstützt heute den Konvergenzgedanken. Eine durchgängige Adaptation mit Vorhandensein umfassender Konvergenz nachzuweisen, bedarf aber Anstrengungen, die bisher noch nicht ausreichend gemacht wurden. Es müsste nachgewiesen werden, dass die Entwicklungspfade von augenscheinlich konvergenten Merkmalen tatsächlich verschieden sind. Sind diese hingegen entwicklungsseitig homolog, also von verwandter Herkunft, dann werden natürliche Selektion und Adaptation als Ursachen für die Ähnlichkeiten in den Hintergrund gedrängt.

Russell Powell hat seine Dissertation zu diesem Thema verfasst und sich intensiv mit den kontroversen Fragen um Kontingenz und Konvergenz auseinandergesetzt. Er plädiert dafür, einen empirisch überprüfbaren Begriff zu verwenden, der es erlaubt, unabhängige Konvergenz abzugrenzen von solchen Erscheinungen, die nahe gemeinsame Entwicklungspfade haben. Solche Konvergenz bezeichnet er mit *Parallelität* (Powell 2008, S. 49f). So verstandene Parallelität ist mehr als bloße Analogie. Lässt sich belegen, dass makroevolutionäre Merkmale überwiegend parallel entstanden sind und weniger konvergent, wäre das ein Beleg gegen die Konvergenztheorie und damit gegen überwiegend vorherrschende Adaptation in der Entwicklung des Lebens, auch gegen die Wiederholbarkeit elementarer Formen. Zu beantworten ist diese Frage nicht leicht.

Spricht auf der anderen Seite eher mehr für Kontingenz? Auch hier müsste tiefer analysiert werden. Powell stellt fest, dass es beim Umgang mit dem Begriff Kontingenz leicht zu Platituden kommen kann (S. 40), wenn es vereinfacht heißt: „*Einige* Änderungen in den Anfangsbedingungen führen zu *einigen* Änderungen im Endergebnis." Welches sind die Anfangsbedingungen? Was heißt geringfügig anders? Drei Grad Temperaturunterschied oder fünf? Gegen welche Norm verläuft die Entwicklung dann anders? Lässt sich das bestimmen? (S. 46) Das alles sind in der erforderlichen repräsentativen Breite empirisch nur sehr schwer zu beantwortende Fragen.

6 Fortschritt und Mensch in der Evolution

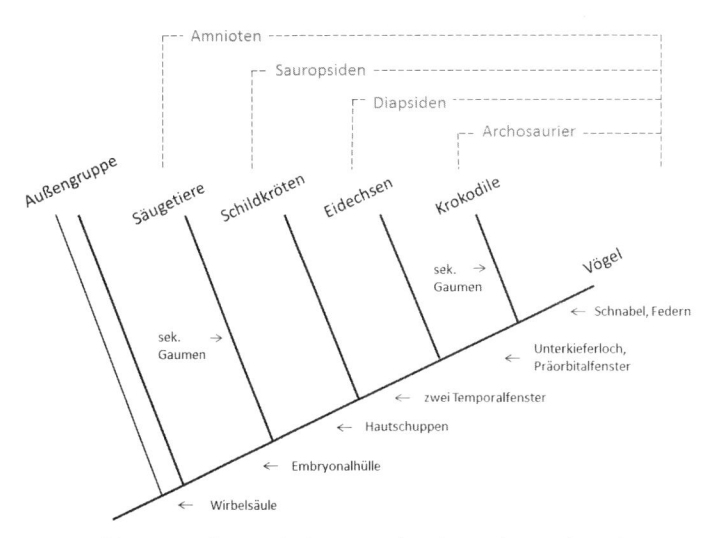

Abb. 6.4 Moderner phylogenetischer Stammbaum des Lebens
Diese Grafik zeigt in Opposition zur vorigen und zu den Stammbäumen Haeckels die *genetischen* Abstammungslinien mit angenommenen gemeinsamen Vorfahren und phänotypischen Neuheiten (Pfeile), ab denen alle nachfolgenden Arten ein bestimmtes gemeinsames Merkmal aufweisen. Das kann wie hier ein phänotypisches Merkmal sein (Wirbelsäule, Embryonalhülle, Hautschuppen etc.). Moderne Bäume basieren immer öfter auf kompletten Genomsequenzierungen, die Verwandtschaftsgrade gelegentlich in neues Licht stellen. Fortschritte sind aus einem solchen Kladogramm nicht ablesbar.

Die zukünftige Forschung wird wohl wie so oft beim Aufeinanderprallen kontroverser Theorien herauskristallisieren, dass an beiden Standpunkten etwas Wahres ist, sobald man mit mehr Bestimmtheit vorgeht. Die „Wahrheit" liegt dann wohl irgendwo zwischen den beiden extremen Polen von Gould und Conway Morris.

Leben ist nicht perfekt

Aus dem bisher Gesagten deutet einiges darauf hin, dass Evolution nicht perfekt ist. In manchen Fällen entstehen sogar nutzlose Dinge wie etwa Brustwarzen der Männer. Wenn der Mutationsaufwand dafür gering ist und die Selektionskräfte schwach bzw. in Bezug auf die Variation neutral sind, kann so ein funktionsloses Element bestehen bleiben. Die Populationsgenetik kann ebenfalls erklären, wie sich neutrale Mutationen durchsetzen (fixieren) können, ohne von der Selektion beseitigt zu werden (Kap. 7). Perfektion gibt es nicht in der Evolution. Auch wenn uns manche Arten wie die Pinguine von geradezu fantastischer Angepasstheit erscheinen, so ist doch alles Lebende gerade nur gut genug bis etwas Besseres kommt oder die äußeren Bedingungen sich ändern. George Gaylord Simpson, von dem gleich noch ausführlicher die Rede sein wird, bringt die Evolution des Menschen so auf den Punkt: Der Mensch ist das Produkt eines ziellosen und natürlichen Prozesses, der ihn nicht im Sinne hatte.

A Der Hausbau – Darwin und die Synthetische Evolutionstheorie

Mayr sagt das mit anderen Worten so: *Kein Lebewesen ist vollkommen. [...] Wie schon Darwin deutlich machte, muss jeder Organismus nur so gut sein, dass er erfolgreich mit seinen derzeitigen Konkurrenten in Wettbewerb treten kann* (Mayr 2005, S. 245). Nicht Fitnessmaximierung, sondern Fitnessoptimierung in der adaptiven Landschaft, nicht Perfektion, sondern situative Adaptation sind gefragt.

Am besten man stellt sich einen Organismus, ob Pinguin, Mensch oder Insekt, als Multifunktionssystem vor. Jeder Organismus ist bei aller Optimierung auch ein Kompromiss, der mit sehr verschiedenen Herausforderungen klarkommen muss. Thomas Junker spricht von *Designkompromissen* (2009, S. 152). Er schreibt mit Bezug auf Ernst Mayr:

> Charles Darwin hatte [...] behauptet, dass sich Eigenschaften nur dann auf Dauer in der Evolution durchsetzen, wenn sie nützlich sind. In der Realität wird dies aber aus einer Reihe von Gründen nur sehr unvollkommen erreicht. So bleibt nach einer Veränderung der Umwelt oft nicht genügend Zeit oder die geeigneten Mutationen treten nicht auf, so dass die natürliche Auslese nicht ihre volle Wirkung entfalten kann. Auch sind Vorteile in einer Hinsicht oft mit Nachteilen in einer anderen Hinsicht verbunden – größere Kraft beispielsweise erfordert auch einen höheren Energiebedarf. Dies ist kein spezielles Problem von Organismen, sondern es tritt auch bei der Konstruktion anderer Maschinen auf. So ist ein Sportwagen ideal, um mit hoher Geschwindigkeit auf der Autobahn zu fahren, aber ungeeignet, einen Umzug zu bewältigen. Müssen mehrere solcher Zwecke gleichzeitig erfüllt werden, und bei Lebewesen ist dies der Normalfall, dann kommt es zu Designkompromissen. Die Merkmale sind dann in Bezug auf eine einzelne Aufgabe nicht perfekt, können aber unterschiedlichen Designanforderungen gerecht werden.

Evolution wandert auch auf Pfaden weit weg von Perfektion. So kann man neuerdings lesen, dass bei Diabetes-1 das Immunsystem sich unter anderem deswegen gegen die eigenen Insulin produzierenden Zellen richten kann, weil es ihm möglicherweise evolutionsbedingt an Abwehraufgaben „mangelt". Im Evolutionsverlauf war das Immunsystem stets „beschäftigt", sich wegen der mangelnden Hygiene und Antibiotika um die Abwehr der Fremdkörper zu kümmern. Diese Aufgabe entfällt heute ein gutes Stück, worauf „es sich andere sucht". Die feine Unterscheidung zwischen fremd und eigen, gesund und krank gelingt ihm nicht mehr zuverlässig: Bei Autoimmunerkrankungen wie Diabetes-1, greift das Immunsystem daher die eigenen gesunden Betazellen der Pankreas an (Burda 2005, S. 190).

Seit die Wissenschaft ein solches Angreifer-Verteidiger-System unter Evolutionsgesichtspunkten sieht, bekommt sie auch neues Verständnis für die Balance, die ein Organismus an der Stelle aufbringen muss: Viele Erreger → starke Abwehrmaßnahmen → hoher Selektionsdruck auf die Erreger → hohe Adaptation der Erreger an den Organismus. Gleichzeitig hoher Selektionsdruck auf das Immunsystem → Adaptation des Immunsystems → Koevolution/Symbiose. Der Millionen Jahren anhaltende Selektionsdruck zu Abwehrleistungen auf das Immunsystem bleibt natürlich bestehen, wenn die Erreger innerhalb ein bis zwei Generationen plötzlich ausbleiben.[43]

Abb. 6.5 Perfekt oder gerade gut genug?
Von 9000 Vogelarten (pro Jahr werden ca. 3 neue Arten entdeckt) sind nur etwa 150 auf und im Wasser lebende Vögel. Von diesen sind die Pinguine am besten an das nasse Element angepasst, können unter den widrigsten Umständen leben. Sie tauchen bis 500 Meter tief, sind unter Wasser bis zu 40 km schnell. Ihre Jungen ziehen sie in der Partnerschaft gemeinsam groß. Der Strömungswiderstand eines Pinguins im Wasser beträgt 0.03 – der eines Porsches circa 0,3. Autodesigner können über die Mühen berichten, die notwendig sind, den C_w-Wert eines Modells um Marginalien zu verbessern. Dennoch: Arten wie dieser Pinguin oder andere sind nicht perfekt. Sie müssen gerade so gut angepasst sein, dass sie in ihrer Umwelt überleben können.

Viele Gründe gibt es dafür, dass Perfektion in der lebenden Natur nicht auftritt Campbell/Reece 2006, S. 541f). Zwei einleuchtende sind:

- *Historische Einschränkungen:* Die Evolution muss das verwenden, was da ist, also das, was die Selektion unzähliger vorausgegangener Generationen ihr anbietet. *Die Evolution kann nicht die Anatomie dieser Ahnen über Bord werfen und jede innovative Struktur von Grund auf neu schaffen. Die Maschine wird quasi bei laufendem Motor umgebaut.*
- *Kompromisse*: Bleiben wir beim Pinguin: Seine unglaublichen Fähigkeiten im Wasser kann er nicht auch auf dem Land umsetzen. Da wirkt er plump. Den-

---

43 Diese sehr saloppe Schilderung ist natürlich mit Vorsicht zu genießen. Die wissenschaftlichen Untersuchungen zur Entstehung von Diabetes Typ 1 lassen ein diversifiziertes Bild mit vielen ineinander spielenden Faktoren entstehen, darunter auch exogene. Mindestens 20 Gene sind identifiziert, die in irgend einer Form beteiligt sind an der Entgleisung des Immunsystems.

noch kommt er damit klar. Gegenseitige Hilfe in der Population und in der Partnerschaft sind dafür bei ihm groß geschrieben, um mit den Widrigkeiten in Kälte und Eis fertig zu werden. Raubtierfeinde, etwa Eisbären, hat er an Land nicht. Also reicht ihm die Kompromiss-Bauweise aus.

> *Auch wenn es manchmal so aussieht: Kein Lebewesen ist vollkommen. Jeder Organismus muss nur so gut sein, dass er erfolgreich mit seinen derzeitigen Konkurrenten in Wettbewerb treten kann.* E. Mayr

> *Ergänzend im Hinblick auf Ernährung und Umweltbedingungen: Arten müssen mindestens gerade gut genug sein, um nicht auszusterben.*

Abb. 6.6 Fehlkonstruktion?
Die heutigen Elefanten könnten als Fehlkonstruktion gesehen werden. Sie müssen grausam verhungern, da im Alter das tägliche Kauen den Zahnschmelz oft völlig abnutzt. Haben die Tiere in diesem Stadium aber ihre biologische Aufgabe erfüllt, und leisten sie auch keine Unterstützung mehr bei der Aufzucht verwandter Jungtiere, so spielt es für die Evolution keine Rolle, woran sie letztlich sterben. Beim Mensch wird eine ähnliche Evolution diskutiert, wonach sich Gendefekte, die erst im Alter auftreten, passiv kumulieren und die spätere Lebensphase immer mehr belasten (Burda 2005, S. 65). Die Evolution optimiert nur für die Fitness, so die darwinsche Theorie. Man hat daraus abgeleitet: Lebewesen sind einzig dazu da, sich fortzupflanzen. Moderne Philosophie geht da weiter und sieht die Zwecke der Wesen auch als ein biologisches Phänomen und eine physikalische Macht, die Materie zu ordnen vermag (Weber 2008, S. 76).

6 Fortschritt und Mensch in der Evolution

Dancing with ghosts – Anpassung kann sehr langsam sein

David Sloan Wilson (Kap. 19) sieht das Thema der mangelnden Perfektion bzw. Vorstellungen von Fortschritt noch aus einer anderen Sicht. Für ihn kann die Selektion es oft nicht fertig bringen, dass Anpassungen gerade dann vorhanden sind, wenn sie benötigt werden. Es kommt zu Synchronisationsproblemen. Typisch ist, dass Adaptationen nicht schnell genug herbeigeführt werden können, wenn sich zum Beispiel die Umweltbedingungen ändern (Wilson 2007, S. 52). Baby-Meeresschildkröten wandern vom Sand auf dem schnellsten Weg ins Wasser. Was nicht so bekannt ist, ist, dass Lichtreflektionen auf den Wellen ihnen nachts den Weg dorthin weisen. Kommt es zu immer größerer Verbauung an den Stränden, orientieren sich die Schildkröten an den Lichtern der Häuser und laufen in die Irre. Evolutionäre Anpassung auf diese abrupte Veränderung funktioniert nicht – leider. *Dancing with ghost*s nennt Wilson das Phänomen. Die Tiere sind an Lichter angepasst, aber es sind die falschen Lichter, es sind Geister, die sie täuschen. Die Tiere müssten eine völlig andere Anpassungsform entwickeln, um ins vorerst rettende Wasser zu kommen.

> Auch unsere Essgewohnheiten sind ein *Dancing with ghosts.* [...] Unsere Lust auf Fett, Zucker und Salz macht großen Sinn in einer Welt, in der diese Substanzen lang anhaltend knapp sind. Wenn aber heute an jeder Ecke ein Fastfood-Restaurant errichtet wird, dann agieren wir mit Bedürfnissen aus unserer Geschichte, als Fett noch eine überlebenswichtige Substanz war und wir bringen uns selbst um. Heute aber täuscht uns unser Körper. Wir wissen, da ist ein Problem, aber das heißt alles andere als dass wir es lösen können, indem wir einfach unsere Gehirn einschalten. Unser so genanntes rationales Denken hat einfach nicht die Kontrolle über den Rest unseres Denkens und unseren Körper (Wilson 2007, S. 55).

Das Leben auf der Erde, das sagen uns diese Beispiele, ist von Perfektion weit entfernt und von Fortschritt wohl auch. Evolutionsgeschichten, die mit Begriffen wie Perfektion und mit perfekter Anpassung an die Umwelt hantieren, sind Märchen. Die Selektion benötigt viel Zeit und Anpassungen sind manchmal nicht synchron mit ihrer Umgebung, so kann man es vorsichtig ausdrücken.

Gerade die allgegenwärtige natürliche Selektion, wie sie in der Synthese vorherrschend gesehen wird, lässt die Vorstellung zu, das die Evolution sich in Richtung auf optimale Anpassungen bewegt. Demnach gilt: *Ein Organismus ist atomisiert in „Merkmale", und diese Merkmale werden als strukturell optimal designed gesehehen durch die natürliche Selektion* (Gould/Lewontin 1979, S. 585). Dem sind Gould/Lewontin aber schon früh entgegen getreten mit ihrem berühmten Artikel von 1979, in dem sie massiv bezweifeln, dass Anpassungen stets auf Einzel-Merkmalsebene auftreten. Die beiden Wissenschaftler bestreiten, dass das so abläuft und treten dafür ein, *Organismen als integrierte Einheiten zu sehen, nicht als Ansammlungen diskreter Eigenschaften*, die dann jede für sich optimiert bzw. perfektioniert werden können (Gould/Lewontin 1979, S. 585). Das klingt glaubwürdig.

A Der Hausbau – Darwin und die Synthetische Evolutionstheorie

Wir erleben das täglich bei technischen Produkten. Da kann eine Digitalkamera durchaus die Markt beherrschende Position einnehmen, ohne dass deswegen alle ihre Features die besten sind. Oder der Marktführer für Frischmilch in Tüten liefert die begehrte Milch in einer Verpackung, bei der man noch zur Schere greifen muss, während andere schon einen praktischen, wieder verschließbaren Klipp haben; dennoch ist vielleicht die Milch mit der schlechteren Lasche eine Zeitlang die erfolgreichere.

Letztlich muss die Selektion aber auf Organismen einwirken können, bei denen *wenigstens einige Entwicklungspfade unabhängig von anderen variiert werden können* (Callebaut in CRG 2005 m. Bez. auf Bonner 1989). Wenn quasi-unabhängige Gen-Netzwerke nicht existieren würden, käme es nicht zu adaptiver Evolution. Jede vorteilhafte Mutation würde im „Dschungel" eines alles mit allem verbundenen oder alles von allem abhängigen Netzwerkes zunichte gemacht. *Das Phänomen der Adaptation ist aber real. Daher existieren auch quasi-unabhängige Gen-Netzwerke* (Callebaut in CRG 2005, S. 41). Ergänzend kann man sagen: Es existieren auch quasi-unabhängige epigenetische Entwicklungspfade und Module. Wir kommen auf die Bedeutung von Modulen in Kap. 15 zurück.

Herbert A. Simon drückt das so aus, wobei er vermeidet, von Gennetzwerken zu sprechen:

> Natürliche Selektion muss von dem glücklichen Umstand abhängig sein können, dass simultane, gleichzeitig vorteilhafte Veränderungen in verschiedenen Teilen die Gesamtfitness verbessern. Die Wahrscheinlichkeit dieser Koordination von Ereignissen sinkt mit dem Umfang der Interdependenz des Designs der Teile (Simon in CRG 2005, Vorw.).

Die Diskussion über Art und Umfang der Adaptation in der Evolution hält bis heute an. Sie wird differenzierter geführt als früher. Dabei darf die Sicht von Gould/Lewontin nicht außen vor bleiben, dass nicht jedes einzelne Merkmal eines Organismus adaptiert wird. Andererseits sind aber auch nicht alle Merkmale hinsichtlich ihrer Variation voneinander abhängig. Die Wahrheit liegt irgendwo in der Mitte, zwischen „Alle Merkmale sind angepasst" und „Alles ist voneinander abhängig und damit nicht adaptionsfähig".

Zusammenfassend lässt sich festhalten: Der Fortschritt in der Evolution wird sehr kontrovers diskutiert und die Stellung des Menschen auf der fragwürdigen Leiter kann nicht kritisch genug überdacht werden.

> Man ist geneigt, dort, wo eine Komplexitätszunahme auch empirisch tatsächlich feststellbar ist, vorschnell auf einen universellen evolutiven Fortschritt zu schließen, womit aber doch nur alte Vorurteile und in die Evolution projizierte Erwartungen befriedigt werden (Wuketits 1995).

Da passt die Aussage von Ernst Mayr, wenn er klarstellt: *Die Evolution besitzt keinen eingebauten Mechanismus, der ‚notwendig' Fortschritt erzeugt* (zit. n. Wuketits 1995). Die Synthetische Theorie kann gar keine andere Schlussfolgerung ziehen, sind doch die Mechanismen, die sie zur Erklärung zur Verfügung stellt, die natürliche Selektion, die Drift und sexuelle Rekombination. Diese Evolutionsfaktoren liefern aber keine Idee eines Fortschritts, das gilt besonders deswegen, weil Variationen erklärtermaßen gänzlich unabhängig von der natürliche Selektion auftreten und in diesem Sinn als zufällig gesehen werden.

> *Die Evolution besitzt keinen eingebauten Mechanismus, der notwendig Fortschritt erzeugt.*
> *E. Mayr*

Und was den Menschen angeht, schließt Werner-Felmayer mit dem bedenkenswerten Satz:

> Der Mensch sieht sich noch immer als etwas Besonderes außerhalb der Natur, oder daneben, oder darüber, niemals jedoch sieht er sich darin oder gar darunter, und oft ist ihm diese Natur dann am liebsten, wenn er sie in einem bunten Universum oder gar im Zoo gut bewahrt aus sicherer Entfernung betrachten kann (2007, S. 48).

* * *

7 Michael Lynchs Plädoyer gegen die neodarwinistische Anpassung

Dieses Kapitel verlangt vom Leser einiges an mathematisch-statistischer Vorkenntnis. Zum Verstehen des Teils B muss man sich aber nicht hier durcharbeiten.

Ist Evolution ein überwiegend adaptiver oder ein überwiegend nicht-adaptiver Prozess? Braucht es überhaupt die natürliche Selektion? Das sind eminente Streitfragen, um die es geht. Darwin oder nicht Darwin? Für Darwin ist die natürliche Selektion der Treibstoff der Evolution. Und Selektion ist adaptiv. Sie begünstigt nach Darwin bestimmte Varianten, formuliert es Lynch.

Ich will hier die Sicht verstärkt ins Spiel bringen, die schon für die Synthese im Mittelpunkt stand, die Sicht der Populationsgenetik. Die Populationsgenetik ist nicht als die Disziplin bekannt, die den Neodarwinismus weiter erneuern will. Sie erforscht durch Mutation und Selektion verursachte Veränderungen von Genhäufigkeiten im Genpool von Populationen. Nicht Individuen evolvieren nach dieser Sicht sondern die Populationen. Einige Variationen werden in der gesamten Population häufiger, andere seltener.

Die Populationsgenetik ist also *der* wichtige Pfeiler der Synthetischen Evolutionstheorie. Wichtige Vertreter wurden schon genannt: die Engländer Ronald A. Fisher und J. B. S. Haldane sowie der Amerikaner Sewall Wright, der die Gendrift ins Spiel gebracht hat. Ohne diese Männer wäre die Synthese nicht zustande gekommen. Muss auch eine erweiterte Evolutionstheorie mit den Erkenntnissen der Populationsgenetik in Einklang stehen? Das sollte sie schon. Geht EvoDevo, wie wir sehen werden, eher vom individuellen Entwicklungsweg an das Thema heran, so tut Populationsgenetik das von der Population her. Kongruente widerspruchsfreie Aussagen sollten aber von beiden Seiten möglich und erstrebenswert sein.

Unter den Populationgenetikern ist Michael Lynch (*1951), Indiana Universität Bloomington USA, ein führender Vertreter. Und er ist in seiner eigenen Disziplin ein echter Querdenker. Lynch verdeutlicht: Mit der Offenlegung hun-

Michael Lynch
Ein nicht unumstrittener moderner Populationsgenetiker, der die Synthese mit ihrer eigenen Kerndisziplin ad absurdum führen will. Nach seinen Schlussfolgerung ist die natürliche Selektion nicht der treibende Faktor für Anpassungen.

7 Michael Lynchs Plädoyer gegen die neodarwinistische Anpassung

derter von Genomen und der immer einfacheren, schnelleren Sequenzierung weiterer Genome erhält die Wissenschaft einen Riesenfundus an empirischem Material, das auszuwerten gerade mal begonnen wird. In seinem aktuellen Buch *On the Origins of Genome Architecture,* an dem Lynch, wie er sagt, 6 Jahre gearbeitet hat, liefert er eine mächtige Fülle an statistischer Auswertung über die Beziehungen der Genome vieler Lebewesen. Er kommt auf dieser Basis zu Aussagen, die die Evolutionsforschung aus seiner Sicht in ein neues Licht rücken.[44] Laut Lynch, und das ist Standardwissen, gibt es insgesamt 4 Prozesse, die die Evolution bestimmen (Lynch [o.J.], S. 8604[45]):

- Selektion (natürliche und als eine Unterform die sexuelle)
- Mutation (Quelle von Variation, auf der die Selektion aufsetzen kann)
- Genrekombination (gruppiert Mutation innerhalb u. bzw. zwischen Chromosomen)
- Gendrift

Die Selektion ist ein gerichteter Faktor, so zu verstehen, dass etwa eine Temperatursenkung bewirkt, dass vorzugsweise Organismen überleben, die damit zurechtkommen. Selektion ist der dominierende Evolutionsfaktor für Darwin und für die meisten Biologen bis heute. Die natürliche Selektion ist ferner auch ein nicht-biologischer Faktor, ist also außerhalb der Organismen. Richard Dawkins erklärt alles in der Evolution über sie und hat damit für Lynch großen Schaden angerichtet. Denn so sagt er, mehr Menschen haben wohl Dawkins gelesen als Darwin. Die weiteren drei Kräfte sind von nicht-adaptiver Natur, in dem Sinne, dass sie keine Funktion der Fitness von Individuen sind. Oder anders:. Sie führen nicht zu besserer Fitness. Alle drei Kräfte sind stochastischer Natur.

Was gibt den Evolutionsbiologen der Synthese Anlass zur Behauptung, dass die natürliche Selektion gerichtet ist und langsam zunehmend komplexere Strukturen, neue Organe und neue Arten hervorbringt? Aus welchem Tatbestand oder Vorgang kann das empirisch abgeleitet werden, fragt Lynch. Was ist überhaupt der Vorteil von mehrzelligen Strukturen? Warum sind sie entstanden? Lynch sagt, sowohl im Artenreichtum als auch in der Zahl an Individuen sind die Prokaryoten den Eukaryoten weit überlegen, da könne man sich nur wundern, wie schwach die natürliche Selektion die Evolution organischer Komplexität unterstützt hat. Im Gegenteil. Multizellulare Spezies zeigen reduzierte Populationsgrößen, reduzierte Rekombinationsraten und erhöhte schädliche Mutationsraten. All das verringert die Wirkung der Selektion. Also ein klarer Angriff gegen Dawkins (Lynch [o.J.], S. 8600).

Logisch drängt sich auf: Wenn die Selektion nicht leisten kann, was man von ihr behauptet, können es dann die anderen drei Kräfte leisten? Können sie – wir

---

44 Einen Kurzabriss des umfangreichen und schwer zu lesenden Werks gibt dieser leider auch nicht einfachere Artikel Lynchs: *The frailty of adaptive hypotheses for the origins of organismal complexity* (o. J.).

45 Näheres zu Gerichtetheit und Trends s. Kap. 6.

A Der Hausbau – Darwin und die Synthetische Evolutionstheorie

haben gerade gehört sie sind stochastischer Natur – komplexe Evolution fördern? Darauf will Lynch hinaus. Er will, und das sagt er wiederholt, dass die nichtadaptiven Prozesse auf populationsgenetischer Ebene mit den adaptiven Prozessen integriert werden, die auf höheren Ebenen wie Zelle, Entwicklung, Phänotyp ablaufen. Es darf keine Einbahnstraße geben, die Theorie muss in beide Richtungen schlüssig sein. Weil die Kräfte der Mutation, Rekombination und genetischer Drift heute für verschiedene Arten quantifizierbar sind, gibt es keine Rechtfertigung mehr für blind veranlasste Vermutungen über adaptive Szenarien, ohne dass man zuvor die Wahrscheinlichkeit nicht-adaptiver Prozesse untersucht hat (Lynch [o.J.], S. 8603). *Die Tendenz der DNA, mutationsseitig Riskantes zu akkumulieren, hängt von zwei Dingen ab: der Populationsgröße und der Mutationsrate. Letztere legt die Hürde für Ausschweifung der DNA fest, während die erste die Fähigkeit der natürlichen Selektion bestimmt, ihre Wirkung zu verdichten* (Lynch 2007, S. 40). Kleine Populationsgrößen und geringe Mutationsraten animieren unabhängig voneinander die Zunahme der Genomkomplexität (Lynch 2007, S. 42).

Die Populationsgenetik ist ein mathematisch-statistisch operierender Wissenschaftszweig. Sie zeigt Beziehungen (Korrelationen) auf. So müsste sie darstellen können, dass zum Beispiel beim Mensch der prozentuale Anteil kopierter Genabschnitte höher ist, wenn man damit vom Genom her die Evolution und höhere Komplexität des Menschen erklären will. Wenn sich aber der Unterschied auf Genexpressionsebene etwa beim Splicing abspielt, findet der Populationsgenetiker natürlich keine Indizien dafür, sofern er sich nur auf Genomvergleiche beschränkt. In diesem Fall arbeiten dieselben Gene nur anders zusammen.

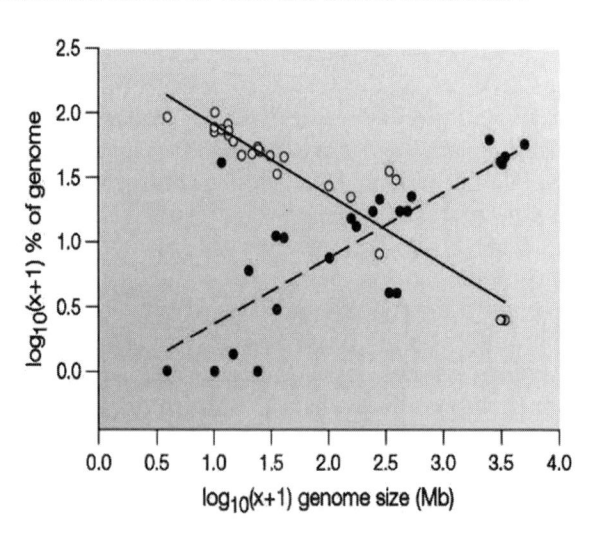

Abb. 7.1 Abnahme der Genzahl und Zunahme der Transposons bei wachsender Genomgröße. Bei zunehmender Genomgröße in Eukaryoten wird der Anteil an Genen in der DNA kleiner (weiße Kreise). Umgekehrt nimmt der Anteil von Transposons in der DNA mit zunehmender Genomgröße zu (schwarze Kreise).

7 Michael Lynchs Plädoyer gegen die neodarwinistische Anpassung

Tatsächlich findet sich in der vergleichenden Gensequenzierung die Aussage, wonach sich der prozentuale Anteil sämtlicher mobiler Elemente (Transposons) in Genomen vollständig sequenzierter Organismen mit zunehmender Genomgröße erhöht (Abb. 7.1). Beispiel (nicht i.d. Grafik): In einem sequenzierten Genom der Größe 100Mb (100 Megabasen =100 000 Basenpaare) finden sich etwa 1 Prozent Transposons, in Genomen mit 1 Million Mb (1 Mrd. Basenpaare, Mensch ca. 3,2 Mrd. Basenpaare) finden sich um die 10 Prozent Transposons (Lynch 2007, S. 178).

Das Beispiel zeigt, dass sich die Architektur von Lebewesen mit höherer Komplexität dahingehend ändert, dass das Genom einen höheren Teil beweglicher Elemente verwendet, was ihm vielfältigere Möglichkeiten in der Proteinsynthese eröffnet. Dabei kann der prozentuale Anteil proteincodierender Genomabschnitte im Verhältnis zur Genomgröße bei zunehmender Genomgröße durchaus konstant bleiben oder sogar abnehmen, wie Abb. 7.2 widerspiegelt, was sich zunächst widersprüchlich anhört.

Das Beispiel mit den Relationen zwischen Genomgröße, Transposons und codierenden Anteilen bei verschiedenen Lebewesen ist deswegen angeführt, weil es demonstrieren soll, dass mit statistischen Methoden zwar Auffälligkeiten deutlich gemacht, nicht aber ohne weiteres ihre kausalen Ursachen gefunden werden können.

Kommen wir auf den Punkt, an dem Lynch gelegen ist. Er will belegen, dass die von ihm angeführten nicht-adaptiven Kräfte Mutation, Rekombination und Gendrift – also weniger die Selektion – positive Veränderungen in den Genomen einer Population durchsetzen. Das ist Kernaussage in Lynchs Werk. Auf eine exakte mathematische Herleitung wird hier verzichtet.

Angenommen, es sind 2 alternative Allele (Allel=Ausprägungsform eines Gens) an einem Ort im Genom mit der Mutationsrate a → A. Sie ist m mal der Mutationsrate des anderen Allels A → a. Die x-Achse in Abb. 7.3 ist dann das Verhältnis der beiden Mutationen (positive/negative Mutation). Die y-Achse soll darstellen, wie groß die Wahrscheinlichkeit ist, dass sich die gewünschte Mutation in der Population durchsetzt. Dies wird für unterschiedliche Populationsgrößen N_g und unterschiedliche Selektionsfaktoren s angegeben. Dabei kommt es in der Grafik auf das Produkt der Anzahl Gene N_g (mal 2 wegen des diploiden Charakters der Genome) und der Selektionsrate s an.

Schauen wir uns die durchgezogene untere Kurve an. Sie ist die interessanteste, denn sie steht für $N_g*s=0$, d.h. also bei Populationsgröße > 0 für einen Selektionsfaktor 0. Populationsgröße und Selektionsfaktor haben keinen Einfluss. Das gilt auch bei einer sehr großen Population, so lange der Selektionsfaktor 0 ist. Was kann man jetzt auf der y-Achse ablesen? Man erkennt, dass sich trotz der Neutralität in der Selektion das positive Allel langfristig durchsetzen kann. Zum Beispiel liest man sogar für für m=1 (d.h. keine Tendenz zu einer gewünschten Mutation, da die unerwünschte gleich groß ist), dass die Fixierungswahrscheinlichkeit in der Population dennoch 0,5 zugunsten der förderlichen Mutation ist.

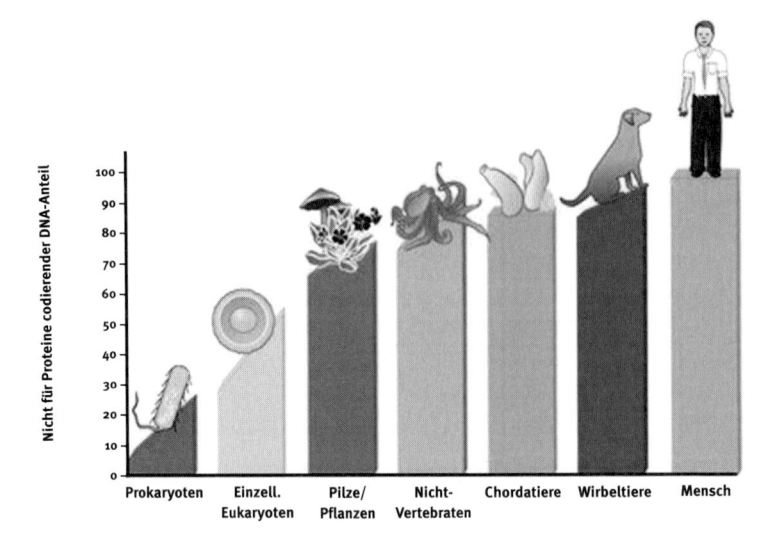

A Der Hausbau – Darwin und die Synthetische Evolutionstheorie

Abb. 7.2 Anteil nicht codierender DNA im Genom verschiedener Organismen
Organismen mit größerer DNA (in aufsteigender Richtung nach rechts) haben mehr nicht codierende bzw. weniger codierende Anteile, was man nicht vermutet. Denkt man doch eher, dass etwa für Säugetiere wesentlich mehr Gene erforderlich sind. Da einzelne Gene aber nicht für bestimmte Merkmale stehen, kommt es unter anderem auf die Kombination exprimierter Gene an.

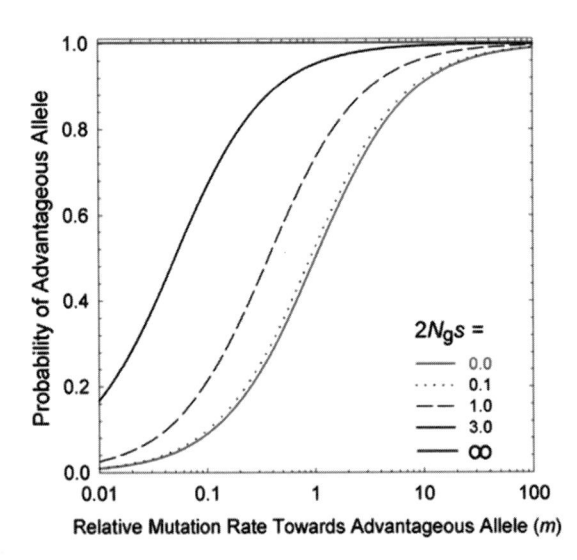

Abb. 7.3 Langfristige Durchsetzungswahrscheinlichkeit positiver Mutationen in Abhängigkeit vom Selektionsfaktor s, der Populationsgröße Ng und dem Verhältnis von Mutationsraten m. Eine vorteilhafte Mutation kann sich in der großen Population durchsetzen und zwar ohne Beitrag der Selektion und ohne genetische Drift. Das ist ein populationsgenetischer Umbruch im neodarwinistischen Denken.

7 Michael Lynchs Plädoyer gegen die neodarwinistische Anpassung

Die Langfristwahrscheinlichkeit, dass ein Allel, das sich an einem biallelen Lokus befindet, für die Selektion von Vorteil ist, bei gegebenem selektivem Vorteil s, einer effektiven Zahl von Genkopien N_g, und einer Mutationsrate zugunsten des vorteilhaften Allels m mal derjenigen in die entgegengesetzte Richtung. Die durchgezogene untere Kurve ($2N_g s = 0.0$) zeigt Neutralität, während die horizontale Linie am oberen Rand ($2N_g s = \infty$) für eine effektiv unendliche Population steht, für die die genetische Drift eine vernachlässigbare Größe ist.

Mit anderen Worten: Ohne Zutun der Selektion (↔ Darwin, Synthese) und ohne Einfluss der Populationsgröße, also ohne Gendrift (sie ist eine Funktion der Populationsgröße) setzt sich eine für den Organismus förderliche Mutation durch. Das ist für die Synthese nicht vorstellbar.

Was sagt der Raum zwischen beiden unterbrochenen mittleren Kurven? Hier ist vorgegeben: $2N_g^* s \ll 1$, aber $\gg 0$. Das bedeutet: die Selektion ist schwach (Selektionsfaktor s deutlich kleiner 1) und/oder die Population ist klein. In diesem Fall wird die Durchsetzungswahrscheinlichkeit einer Mutation in der Population allein bestimmt durch die Mutationsrichtung (m)!

> *Ohne Mitwirkung der Selektion kann sich eine vorteilhafte Mutation in der Population durchsetzen.* M. Lynch

Das Beispiel belegt, dass die Populationsgenetik zu eindrucksvollen Ergebnissen kommt, dass sie ein Mitspracherecht hat. So möchte Lynch es gerne sehen. „Angekommen" ist die Evolutionstheorie aber hier nicht, da Lynch und andere Populationsgenetiker es gänzlich ablehnen, dass EvoDevo in der Lage sei, neue Mechanismen der Evolution auf embryonaler Ebene einzuführen. Lynch schließt sein Werk:

> Nach einem Jahrhundert evolutionstheoretischer Arbeit ist es ein rationaler Schluss, dass die vier großen Themen [Selektion, Mutation, Rekombination und Gendrift d.V.] alle fundamentalen Kräfte der Evolution umfassen.

Und er geht so weit zu sagen:

> Wichtige biologische Merkmale wie Komplexität, Modularität und Evolvierbarkeit, die alle aktueller Gegenstand beträchtlicher Spekulation sind, sind vielleicht nicht mehr als indirekte Nebenprodukte nicht-adaptiver Prozesse auf unteren Organisationsebenen (Lynch [o.J.], S. 8597).

Das will Lynch als Erkenntnis gegen die Synthetische Evolutionstheorie sehen. Aber was hat er nun Neues gesagt? Doch nur, dass die natürliche Selektion unter Umständen ein geringeres Gewicht bekommen kann. Aber dabei bleibt er strikt bei den oben genannten vier Themen der Synthetischen Theorie. Neue Themen, neue Evolutionsfaktoren, fügt er der Evolutionstheorie keine hinzu. Das neodarwinistische Parkett verlässt Lynch so gesehen nicht. Wenn Evolution ohne Zutun der Selektion funktionieren kann, wie entsteht dann aber morphologische

A Der Hausbau – Darwin und die Synthetische Evolutionstheorie

Form, etwa ein Schildkrötenpanzer oder eine Vogelfeder? Darauf gibt Lynch keine Antwort. Andere tun das, wie wir noch ausführlich sehen werden.

Interessant an Lynchs Analyse ist auf jeden Fall, dass er herausgearbeitet hat, dass Selektion lange nicht immer und überall wirkt, gar nicht wirken muss. Daraus den Schluss zu ziehen, dass aus seiner populationsgenetischen Sicht die Prozesse auf der Individualebene zu Nebeneffekten degradiert werden können, das stellt eine große Überschätzung seiner eigenen Disziplin dar. Ich will versuchen zu verdeutlichen, warum er darüber nichts Verwertbares sagen kann.

In der Biologie und im speziellen in der Evolutionstheorie bewegen sich die Erklärungen auf verschiedenen Organisationsebenen. Verwenden wir das Bild eines Flugzeugs. Ein modernes Flugzeug kann aus unterschiedlichen Perspektiven erklärt werden (Uncommon Descent 2007). Da gibt es die atomare Ebene, also die der Materialbeschaffenheit, dann eine aerodynamische Ebene, eine Ebene der Navigation, der Kontrollsysteme und weitere Ebenen. Es leuchtet schnell ein, dass die Flugeigenschaften der Maschine nicht auf der Ebene der atomaren Strukturen, also durch einen Molekularphysiker erklärt werden können. Der Physiker kann aber behaupten, er könne alles über das Flugzeug erklären, denn es stehe zweifelsfrei fest, dass dieses aus nichts anderem als aus Atomen und Molekülen bestehe. So lange er sich auf diese Behauptung zurückzieht, kann ihm keiner kontern. Wenn jemand mit Aerodynamik kommt, bleibt er dabei, dass das Flugzeug aus Atomen besteht und nichts anderem. Er unterscheidet da nicht.

> *Die Populationsgenetik kann keine Ursachen für das Entstehen organismischer Form liefern, ähnlich wie ein Molekularphysiker nicht die Flugeigenschaften eines Flugzeuges erklären kann.* M. Pigliucci

Genau das kann man Lynch vorhalten (Pigliucci 2008c): Er unterscheidet nicht, dass es in der Evolutionstheorie eben solche unterschiedlichen Organisationsebenen gibt. Lynch argumentiert auf der populationsgenetischen Genverteilungsebene. Aus dieser Sicht kann aber zum Beispiel die phänotypische Ebene nicht ausreichend erklärt werden. Wenn Lynch behauptet, seine Disziplin impliziere das Entstehen von Form, impliziere die Entdeckungen von EvoDevo, dann begeht er einen Systemfehler. Ein Fehler, der gleichbedeutend damit ist, wenn ein Physiker die Flugeigenschaften eines Flugzeugs, seine Navigationsfähigkeiten, seine Kommunikationssysteme erschöpfend erklärt sieht mit der Beschreibung seiner atomaren Zusammensetzung. Er würde nur immer darauf beharren: Ob die Maschine fliegen kann oder nicht, ob sie kommunizieren kann oder nicht, muss sich ableiten lassen aus der Tatsache, dass sie aus Atomen und nur aus Atomen besteht. Damit wäre für ihn klar, dass kein anderer einen Beitrag hierfür leisten kann.

Wie Pigliucci deutlich gemacht hat, ist der Begriff *Organisationsebene* also fundamental, um den generellen Anspruch der Populationsgenetiker zurückzuweisen, dass ihre Disziplin das Phänomen Evolution umfassend erklären kann und keine ergänzenden Theorien dafür erforderlich sind. Selbst wenn es korrekt ist,

7 Michael Lynchs Plädoyer gegen die neodarwinistische Anpassung

was die Populationsgenetik mit mathematischen Formulierungen beiträgt, so beschreibt sie damit aber allenfalls *notwendige* Rahmenbedingungen und Korrelationen aber keine *hinreichenden* kausalen Mechanismen der Evolution, zum Beispiel auf der Entwicklungsebene.

Im Anschluss an dieses Kapitel wird der Leser erkennen können, warum andere Betrachtungen ihre Existenzberechtigung haben und notwendig sind. Mit Lynchs Werk hat die Populationsgenetik ihren Höhepunkt überschritten. Längst ist aus einem ganz anderen Blickwinkel Neues in den Mittelpunkt der Diskussion gerückt.

EvoDevo und die *Erweiterte Synthese* beginnen da zu fragen, wo Lynch aufhört: Wie lässt sich bei der Evolution organismischer Form phänotypische Variation erklären? Wodurch kommt sie zustande? Das ist der Stoff des nächsten Abschnitts.

※ ※ ※

B Der Ausbau – Wege zu einer *Erweiterten Synthese* in der Evolutionstheorie

> *Es wäre wirklich seltsam zu glauben, alles in der lebendigen Welt sei das Produkt der Evolution mit Ausnahme einer einzigen Sache – dem Prozess der Erzeugung neuer Variationen.*
> Eva Jablonka/Marion Lamb

Lauter und drängender werden die Fragen zum neodarwinistischen Modell in den 90er Jahren. Man vermisst zu erfahren, wie organismischer Strukturen entstehen, eine Hand, ein Kopf, eine Vogelfeder. Und man kritisiert, dass vererbbare Umwelteinflüsse auf das Genom abgelehnt werden. Vor allem aber habe die Synthese die Entwicklungsbiologie vernachlässigt oder hatte sie nur keine Möglichkeiten dazu? Es geht also in diesem Abschnitt, dem Hauptteil dieses Buches, primär darum, wie morphologische Form entsteht, und wie sie sich ändert und damit um Darwins eigentliches Anliegen, wie Arten entstehen. Am Ende dieses Abschnitts machen wir einen Ausflug in die Evolution von Kultur. Viele Themen der aktuellen Evolutionsforschung müssen aber außen vor bleiben, etwa die Frage nach der Evolvierbarkeit (*evolvability*), Fragen zur Evolution von Verhalten oder andere.

8 Die Synthetische Evolutionstheorie in Erklärungsnot

Sie ist eine eindrucksvolle Sache, die darwinistische Idee. Natürlich nur, wenn man sich von Darwin nicht provozieren lässt, den „täglichen" Kampf ums Überleben zu ernst zu nehmen. Aber kann sie wirklich das Wesentliche für den Bau organismischer Form erklären? Ist es so wie Mayr noch 2001 schreibt:

> Von Proteinen kann keine genetische Information auf Nucleinsäuren übergehen. [...] Das darwinistische Evolutionsmodell [...] erklärt zufriedenstellend alle Phänomene des entwicklungsgeschichtlichen Wandels auf der Ebene der biologischen Arten und insbesondere alle Anpassungen (Mayr 2005, S. 197).

Ich will schrittweise vorgehen und zeigen, dass es nicht nur so ist, wie Mayr sagt. Erst nach der Mitte des 20. Jahrhunderts entdeckt man Mechanismen und Fähigkeiten des sich entwickelnden Organismus, die weit über zufällige Mutation hinaus gehen.

Nach wie vor gibt es heute auf der einen Seite eine große Gruppe konsequenter Synthese-Vertreter, streng auf der Linie von Variation-Natürliche-Selektion-Adaptation. Zu Ihnen gehören neben den in Kapitel zwei genannten Forschern lebende Wissenschaftler wie vor allem Richard Dawkins (Oxford) und viele andere.

B Der Ausbau – Wege zu einer Erweiterten Synthese in der Evolutionstheorie

Drei Sichtweisen zeichnen diese Gruppe von darwintreuen Forschern aus (nach Bauer 2009, S. 15):

- Biologische Veränderungen, denen Spezies unterworfen sind, treten ausschließlich *langsam* und *kontinuierlich* auf (Gradualismus).
- Das Prinzip der Selektion begünstigt nur solche (zufälligen) Veränderungen von Organismen, die der effektiven Fortpflanzung dienen. Diesbezüglich besteht ein fortwährender „Selektionsdruck".
- Veränderungen, die in bestehenden Arten entlang der Evolution auftreten und potenziell zum Entstehen neuer Spezies führen, unterliegen der Herkunft nach dem *Zufallsprinzip*.

Ein Beispiel aus der aktuellen Literatur: In seinem neuesten im Januar 2009 erschienen Buch *Tatsache Evolution* bemüht Kutschera eine Gesamtschau aus Darwins Gedanken, aus geologisch/tektonischen Fakten sowie Symbiosegedanken der eukaryotischen Zellentstehung, letztere aus den zwanziger Jahren des vergangenen Jahrhunderts. Kutschera erwähnt aber nicht interdependente Vorgänge in der Zelle oder das, was über Umweltstressoren bekannt ist, dass entgegen dem lange behüteten Dogma doch Einflüsse auftreten wie etwa die Ernährung, Klima oder andere, die eine Veränderung des Erbguts bewirken können.

Nicht anders bei Ernst Mayr. In seinem letzten Buch von 2001, in den USA unter dem Titel *What Evolution is* veröffentlicht (dt. *Das ist Evolution*, 2005), bewegt er sich streng auf der Linie der von ihm selbst mitbegründeten neodarwinistischen, synthetischen Forschungsrichtung. Als einen der Kernsätze der Vererbung steht bei Mayr:

> Das genetische Material bleibt immer gleich (es ist „hart"); es wird durch die Umwelt oder durch Gebrauch und Nichtgebrauch des Phänotyps nicht verändert. [...] Gene werden durch die Umwelt nicht abgewandelt. Eigenschaften, welche die Proteine des Phänotyps annehmen werden nicht an die Nucleinsäuren in den Keimzellen [=Gene d.V.] übermittelt. (Mayr 2005, S. 120 u. S. 197).

Das ist die strenge Synthese, das neodarwinistische Dogma. Klarer und kompromissloser lässt es sich nicht formulieren. Und doch ist es in dieser ausschließlichen Form wohl nicht korrekt. Der stets in großen Zusammenhängen denkende, 2005 verstorbene Wiener Systembiologe Rupert Riedl schreibt dazu: (2006, S. 33):

> Es ist kaum zu fassen, dass Biologen mit wenigstens einer Ahnung von Komplexität des Lebendigen solcherart Lösung als zureichend erscheinen kann. [Der] Rückfluss von Informationen von Produkten zur Bauanleitung, von den Phänen zu den Genen bildet den Knackpunkt der Problematik; er wird zwar keineswegs von Darwin, jedoch von den Darwinisten, Neo-Darwinisten und der synthetischen Theorie ausgeschlossen. [...] Ohne Akzeptanz von Wechselbeziehungen bleiben aber komplexe Systeme nicht zu verstehen.

8 Die Synthetische Evolutionstheorie in Erklärungsnot

Wichtige Fragen, etwa das Stasisproblem (Kap. 4) streift Mayr nur knapp, ohne zu hinterfragen wie es dazu kommen kann, dass der uns so vertraute Bauplan in der Tierwelt, also zum Beispiel

- Anterior-posteriore Achse (vorne-hinten),
- Dorso-ventrale Achse (2 Arme, 2 Beine)
- Kopfentwicklung (2 Augen, Mund, Nase, Ohren)

in vielen hundert Millionen Jahren Evolution nicht mehr verändert worden ist? Wo bleibt die Mutation? Wirkt sie auf dieses Erscheinungsbild in so langer Zeit nicht ein oder wird hier jede Mutation selektiert?

Auch der viel jüngere Carroll vermag die Stabilität auf der Genomebene (Box 6) nicht verständlich ausreichend zu erklären, wenn er strikt festhält an der Aussage: *Ein unsterblicher Buchstabe in einer Proteinsequenz hat bei einer unermesslichen Zahl von Individuen, bei Millionen von Arten in Milliarden von Jahren immer wieder Mutationen durchgemacht, aber alle diese Mutationen wurden durch die Selektion konsequent beseitigt* (Carroll 2008, S. 85f).

Mehr als 1300 Gene des Menschen wurden im Rahmen der Artenentwicklung seit mindestens 600 Millionen Jahren konserviert. (Bauer 2009, 78). Wenn es in einem Genom Gene oder auch nur Genabschnitte gibt, die Millionen or Jahre unverändert sind, dann ist das für manchen heute mit *reinigender Selektion* nicht erklärbar.

Diese und weitere brennende Themen beschäftigen daher die Forscher der zweiten Gruppe. Sie verlassen das für sie zu enge Gerüst der Synthetischen Theorie und bringen neue Fragen und neue Erkenntnisse ins Spiel, die sich empirisch bestätigen lassen. Der amerikanische Buchmarkt ist gespickt damit im Darwinjahr. Leider viel weniger der deutsche. Das wird gefordert (Kirschner/Gerhart 2007,11):

- *Kann man herausfinden wie ein Organismus sich selbst konstruiert?* – Wenn nicht Zufall dann müssen aktive Elemente am Werk sein. Welche sind dies? Wie wirken sie?
- *Kann man die konservierten Prozesse des Lebens verstehen? Wie erklärt sich die überraschende Mischung aus Bewahrung und Vielfalt, die man bei sämtlichen Lebewesen findet?*
- *Was ist der Ursprung des Neuartigen?* – Was letztlich schafft Neuartiges in der Evolution? Und warum geschieht das nicht wie angenommen kontinuierlich in der Zeit sondern immer wieder auch in großen Schüben?

Diesen und andere spannenden Fragen will ich mich im Folgenden zuwenden (Abb. 8.1). Sie brechen den Rahmen, den Darwin gesteckt hat auf. Die ehrgeizigen Wissenschaftler streben nicht an, Darwins Selektionsgebäude umzustürzen. Aber die Lehre der Synthesis-Schüler mit ihren scharfen Einschränkungen, etwa bezüglich des Gradualismus und des Zufalls, wird jetzt erheblich erweitert. Spricht die

B Der Ausbau – Wege zu einer Erweiterten Synthese in der Evolutionstheorie

Synthetische Theorie von Evolutionsfaktoren (primär die natürliche Selektion) in einem populationsgenetisch statistisch-korrelativen Zusammenhang, so spricht EvoDevo neuerdings von kausal-mechanistischen Ursachen der Evolution (Müller in PM 2010, S. 327) und sagt, dass man die phänotypische Variation auf Autonomie und Selbstorganisation der Entwicklung zurückführen kann. Die jüngere Forschung hat sich die Erklärung des Entstehens von Variation ebenso zu Aufgabe gemacht, wie Darwin und die Synthese sich der natürlichen Selektion gewidmet haben. Es geht darum erklären zu können, wie Variation entstehen kann und darum, sie nicht einfach als für die Bearbeitung durch die Selektion gegeben hinzunehmen.

> *Die Evolution folgt einer Art Standbein-Spielbein-Strategie: Aktive Bewahrung und gleichzeitig aktiv geförderte selektive Variation.*
> *J. Bauer*

Die Erneuerer

1995 erscheint das Buch *The Major Transitions in Evolution*. Autoren sind der Brite John Maynard Smith und der Ungar Eörs Szathmáry (Maynard Smith/Szathmáry 1995). Das nachhaltig diskutierte Werk erhebt keinen Anspruch auf einen grundlegenden Sichtwechsel in der Evolutionstheorie, doch im Kern ist es eine erstmals umfassende Sichtweise auf die großen Umbrüche in der Evolution, wie sie so noch nicht vorgelegt worden war. Die Studie ist quasi eine Synthese eigener Art, bei der der Versuch unternommen wird, so unterschiedlich erscheinende Vorgänge wie etwa das Entstehen der Eukaryoten aus Prokaryoten oder die Evolution der Sexualität aus asexuellen Clones mit denselben Prinzipien zu erklären. Gradualistische Variation ist nicht mehr das Thema, um erklären zu können, wie Quantensprünge in der Evolution zur Erhöhung von Komplexität in der Biologie beitragen (Kap. 22).

Neues Denken und eine erweiterte Perspektive bringen unter anderen der Österreicher Wolfgang Wieser, der in den neunziger Jahren ein zukunftsweisendes deutschsprachiges Buch verfasst mit der Forderung nach einer erweiterten Evolutionstheorie. Eva Jablonka, tätig an der Universität Tel Aviv, veröffentlicht 1995 ein Buch mit dem damals bemerkenswerten Titel: *Epigenetic Inheritance and Evolution: the Lamarckian Dimension*. Aus der EvoDevo-Riege nenne ich als namhafte, aber nur beispielhafte Wortführer für die neue Evolutionstheorie den Wiener Evolutionstheoretiker Gerd B. Müller (Kap. 10/12/16), der zusammen mit seinem New Yorker Kollegen Massimo Pigliucci 2008 einen zukunftsweisenden Ansatz fährt und Wissenschaftskollegen zu einem Symposium nach Österreich einlädt, um den Rahmen für die *Erweiterte Synthese*, die *Extended Synthesis*, zu schmieden (Kap. 16). Sie steht im Mittelpunkt dieses Buches. Auch der Amerikaner Marc W. Kirschner (Harward Medical School, Boston) gehört als Zellforscher zu dieser Gruppe. Er fokussiert sich zusammen mit John Gerhart (University of California,

8 Die Synthetische Evolutionstheorie in Erklärungsnot

Berkeley) auf das Entstehen von Variation in der Entwicklung. Beide kommen in Kapitel 11 zu Wort.

Fragestellungen	Synthese	Erweiterte Synthese
Wie evolvieren Arten?	x	x
Wie funktioniert Selektion? Wie entsteht Variation?	(x)	x
Wie entsteht morphologisch Neues?		x
Wie entsteht organismische Form?	(x)	x
Wie wirken Umwelt - Entwicklung und Genom auf den entstehenden Phänotyp?		x
Welche Rolle hat Plastizität?		x
Wie kann Bewährtes im Genom konserviert werden?	(x)	x
Wie organisiert sich der Organismus selbst?		x
Wie kann das Genom Teile kopieren und mehrfach verwenden? - Warum ist das so?		x
Gibt es einen Zusammenhang zwischen Embryonalentwicklung und Evolution, und wenn ja, wie funktioniert er?		x
Wie kann Makroevolution entstehen?		x
Weshalb entstanden die Baupläne der Vielzeller explosionsartig?		x
Weshalb sind die Raten morphologischer Veränderung ungleich?		x
Können Umwelteinflüsse vererblich sein?		x
Weshalb entstehen ähnliche Gestalten unabhängig und wiederholt (Homoplasie)?		x
Weshalb produzieren entfernt verwandte Linien ähnliche Designs (Homologie)?		x

Abb. 8.1: Offen gebliebene Fragen der Synthetischen Theorie

Bekannt geworden in den Medien ist der amerikanische vergleichende Genetiker Sean B. Carroll, Universität Wisconsin. Er stellt die neuen Gedanken einer breiteren Öffentlichkeit vor. Sein jüngstes Buch *Evo-Devo* ist auch in Deutsch erschienen. (Kap. 14). Erwähnt werden soll auch der irischen Zoologe Wallace Arthur, den ich im Kapitel 13 vorstelle. Beide bewegen sich in ihren Argumenten näher

B Der Ausbau – Wege zu einer Erweiterten Synthese in der Evolutionstheorie

am Genom und sprechen viel weniger, wenn überhaupt, von epigenetischen Prozessen oder epigenetischer Vererbung.

Ein Muss zum Verständnis des Neuen ist die Amerikanerin Mary Jane West-Eberhard, die 2003 ein fulminantes Werk vorgelegt hat. Sie steht damit den *Altenberg-16* inhaltlich nahe, die immer wieder auf sie Bezug nehmen. Als Vertreterin von EvoDevo darf West-Eberhard für sich in Anspruch nehmen, als erste eine Theorie des Phänotyps entworfen zu haben. Eine Theorie, die dem phänotypischen Wandel den Vorrang gibt vor dem genetischen Wandel (Kap. 15). Ihr Buch ist das vielleicht am meisten zitierte und das am strengsten neu konzipierte Modell der Evolutionstheorie der letzten 30 Jahre.

Die Erweiterte Synthetische Theorie und die *Altenberg-16* sehen in EvoDevo nicht das gesamte Puzzle. Es gibt weitere Bereiche der Evolutionstheorie, die einer Aktualisierung bedürfen. Den Teil B dieses Buch beschließen daher so namhafte Forscher wie David Sloan Wilson mit seiner *Multilevel Selektionstheorie*, Richerson/Boyd mit einer nachhaltigen Untersuchung über darwinistische Mechanismen in der Evolution der Kultur und der Brite John Odling-Smee, der die Interdependenzen vergegenwärtigt, wie Arten auf die Natur wirken und diese Nischen, wie er es bezeichnet, auch umgekehrt die Evolution der Arten beeinflussen. Am Ende sehen wir den am weitesten reichenden Ansatz von Stuart A. Newman zum Entstehen der Metazoen, also der vielzelligen Organismen. Hier rücken darwinistische Selektion und Adaptation weit in den Hintergrund, und das bei einem der entscheidenden Systemübergänge in der Geschichte des Lebens überhaupt.

Eindeutiger postdarwinistisch, wenn auch nicht in der beabsichtigten Tiefe im Vergleich zu anderen, geht der in Freiburg i Br. lehrende Mediziner und Neurobiologe Joachim Bauer vor, der mit deutlichen Worten in den Medien und am Buchmarkt dafür plädiert, das Überkommene der Synthetischen Theorie einzugestehen. Bauer stellt sich gegen Dawkins' Bild der Evolution als das Werk eines *blinden Uhrmacher*s, argumentiert vehement gegen den Zufall als herrschende Gestaltungskraft der Variation und postuliert mit Bezug auf viele empirischen Nachweise in der Biologie: Nicht der egoistische Kampf ums Dasein und um die Weitergabe der eigenen Gene ist die treibende Kraft in der Evolution, vielmehr bestimmt Bemühen um Kooperation deren Verlauf.

Joachim Bauer
Ungewöhnlich vielseitig ausgebildeter Mediziner und Neurobiologe an der Universität Freiburg. Kritisiert den Neodarwinismus in Deutschland wie kein anderer als überholt.

8 Die Synthetische Evolutionstheorie in Erklärungsnot

> Zufälle (des biologischen Substrats) und Selektion (auf Basis optimaler Reproduktionsfähigkeit) sind nicht mal ansatzweise hinreichende Voraussetzungen für eine Erklärung der Kooperationsphänomene und der Zuwächse an Komplexität, welche die bisherigen dreieinhalb Milliarden Jahre der Evolution kennzeichnen (Bauer 2008, S. 47).

Eigene Ideen bringt Bauer nicht ins Spiel. Dennoch ist sein kompaktes deutschsprachiges Buch eine gute Zusammenfassung der darwinistischen Probleme und neuerer Lösungsansätze. Allerdings geht er nicht auf die Autorengruppe ein, die in diesem Abschnitt angeführt werden.

Das ist gerafft der Stand der Fragen am Beginn des zweiten Jahrzehnts des neuen Jahrtausends. Ist das der Vorhang für eine Epoche, in der sich nicht mehr alles nur durch Wechselspiel von Zufall und Selektion ordnet wie durch einen blinden Uhrmacher? Liefert überhaupt die Selektionstheorie allein noch wissenschaftlich ausreichend Wahrheiten, wenn es um morphologische Evolution und das Entstehen von organismischer Form geht? Wie sich herausstellt, ist die Synthetische Theorie in diesem zentralen Thema doch kein ganz stabiles Gebäude. Es fehlen ihr ein paar tragende Pfeiler. Diese gilt es einzubauen.

> Die Erkenntnis, dass Individuen Merkmale durch Interaktion mit der Umgebung erwerben und diese an die Nachkommen vererben können, kann uns dazu zwingen, die Evolutionstheorie zu überdenken (Young 2008.)

Wir haben erste Aussagen gehört, dass das Genom nicht eine bloße Ansammlung von Genen ist, die allein durch Zufall mutieren, sondern dass der Organismus ein sich in weiten Teilen selbst steuerndes bzw. durch die Zellen gesteuertes System ist. EvoDevo schaut sich unter anderem die Expressionsmuster im entstehenden Embryo an und will wissen: Wie spielen Genom, Genschalter und Zellen bei der Konstruktion der Form zusammen und wie beteiligt sich die Umwelt daran?

Die Gene verlieren ihre Bedeutung *als ultimative Determinatoren und Exekutoren des Lebens* (MWR 2009, S. 132). Will man die Dinge in der kürzest möglichen Form zusammenfassen, dann wohl am besten so: Gene steuern nicht nur, sie werden auch gesteuert. Das Erbmaterial ist auch durch den Organismus veränderbar.

> *Gene steuern nicht nur. Sie werden auch gesteuert.*

✣ ✣ ✣

B Der Ausbau – Wege zu einer Erweiterten Synthese in der Evolutionstheorie

9 Waddingtons Epigenetik – Neue Sicht auf Entwicklung und Evolution

Wie so oft ist auch die Idee *Epigenetik* eigentlich nichts wirklich Neues. Epigenetisches Denken, wie wir es hier im Zusammenhang mit Entwicklung, Vererbung und natürlich auch Evolution betrachten, geht auf den britischen Biologen Conrad Hal Waddington (1905–1975)[1] und auf das Jahr 1942 zurück, in dem er seinen zukunftsweisenden Aufsatz veröffentlicht: *Canalization of Development and the Inheritance of Acquired Characters*. Waddington ist ein echter EvoDevo-Vorläufer, dem Denken also, um das es hier geht.

Conrad Hal Waddington
Überwinder des Genzentrismus. Er definiert die Epigenetik. Danach sind Gene nicht mehr autonome Entitäten sondern Teile eines Netzwerks interagierender Komponenten zusammen mit der Entwicklung und Umwelt. Waddington ist wichtiger Vorläufer von EvoDevo und der *Erweiterten Synthese*. In den letzten Jahren kommt sein Denken zu einer Renaissance.

Epigenetik ist zunächst die Weitergabe bestimmter Eigenschaften an die Nachkommen, die nicht vollumfänglich auf Abweichungen in der DNA-Sequenz zurückgehen, wie es bei der Mutation der Fall wäre sondern auf vererbbare Veränderungen der Genregulation und Genexpression bzw. auf Prozesse in der Entwicklung, die im späteren Verlauf in diesem Buch genauer beschrieben werden. Die Epigenetik untersucht aus Sicht der Evolutionsforschung diese Entwicklungsprozesse sowie deren Zusammenspiel mit Genom und Umwelt, um erklären zu können, auf welche Art der Organismus Variationen erzeugt.

Waddington stellt dar, dass ein genetisch und epigenetisches Zusammenspiel derart möglich ist, dass trotz gewisser Mutationen das gleiche Phänotyp-Merkmal ausgebildet wird oder erhalten bleibt (Waddington 1942, S. 564). Wir kennen das Sprichwort: *Viele Wege führen nach Rom*. Übertragen auf die Entwicklung hieße das: Es sind meist mehrere Pfade angelegt, um den Phänotyp hervorzubringen, bzw. ein bestimmtes phänotypisches Merkmal hervorzubringen. Warum gibt es aber diese Alternativen? Das liegt unter anderem daran, dass stets viele Gene kombiniert an der Ausbildung eines phänotypischen Merkmals beteiligt sind (S. 563f). Die Selektion selektiert das komplette System vorhandener und alternativer Entwicklungspfade. Und sie selektiert das System so, dass die Umwelt dabei eine Rolle spielt (S. 564). Waddington sieht das sinngemäß so:

---

1 Zu annähernd gleichen Aussagen wie Waddington kommt auch der Russe I. I. Schmalhausen (1884–1963). Siehe Amundson 2005, S. 193 Kap. 9.4.3 Waddington und Schmalhausen.

9 Waddingtons Epigenetik – Neue Sicht auf Entwicklung und Evolution

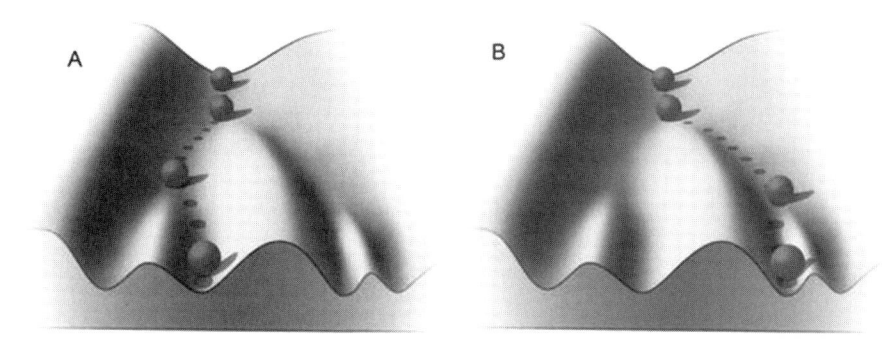

Abb. 9.1 Waddingtons Epigenetische Landschaft
Der Pfad, auf dem der Ball in Richtung nach vorn rollt, entspricht einem Ausschnitt des Entwicklungspfads. Die Darstellung ist eine Erneuerung der Abbildung Waddingtons von 1957. Es gibt eine Vielzahl möglicher epigenetischer Entwicklungspfade. Der abgebildete Pfad A läuft zunächst links entlang. Durch einen Umweltfaktor kann die Entwicklung beeinflusst werden, so dass der Ball den rechten Weg einschlägt. Die Wirkung des Umweltfaktors kann auf Dauer in der abgebildeten epigenetischen Landschaft assimiliert werden, das heißt, die Oberfläche der Landschaft ändert sich im Zeitverlauf derart, dass der rechte Pfad (B) ohne Zutun des Umweltfaktors beibehalten bleibt. Die Entwicklung ist mit den Worten Waddingtons neu „kanalisiert". Sie bleibt es, auch bei neuen Mutationen

Er verwendet das Beispiel des Vogel Strauß und nennt als Merkmal die auffallenden Hautschwielen auf der Brust des Vogels, wo er keine Federn besitzt. Die Schwielen schützen das Tier, wenn es sich auf den heißen, rauhen Wüstenboden kauert, was Strauße oft tun. Da die großen Schwielen für Vögel sehr ungewöhnlich sind, hat das die Aufmerksamkeit mehrerer Evolutionsforscher auf sich gezogen. Waddington geht davon aus, dass die Schwielen beim Strauß nicht immer da waren. Vielleicht hat sich die Art ja über unzählige Generationen hinweg die Schwielen während des jugendlichen Wachstums durch Beanspruchung der entsprechenden Körperteile zugezogen. Ein Umweltfaktor, den Waddington nicht näher spezifiziert, könnte zum Beispiel sehr heißer und/oder steiniger Sandboden sein, der zuvor nicht da war. Dieser kann nun die Ursache dafür gewesen sein, dass der Entwicklungsverlauf abgeändert wird und er nun auf der Grundlage der oben erwähnten vielfältigen Genkombinationen bzw. -expressionen und auch der Selbstorganisationsfähigkeit des Entwicklungssystems (die wir noch kennen lernen), die Schwielen hervorbringt. Immer aber geschieht das zunächst konsequent mit Hilfe des irgendwann hinzugekommenen und dann anhaltenden Umweltstressors, der nicht nur auf ein einzelnes Tier sondern auf die ganze Population wirkt. In Abb. 9.1 ändert sich dadurch der Entwicklungspfad von A nach B.

In einer ersten Phase hat sich das Merkmal annahmegemäß durch Beanspruchung des betreffenden Körperteils beim Kauern gebildet und noch nicht genetisch vererbt. Der Umweltstressor (sagen wir Hitze und Rauheit des Bodens) ist präsent und erzeugt eine Veränderung des Entwicklungsverlaufs, die auf die immer autonomere Erzeugung des neuen Merkmals hinwirkt. Sie ist entgegen allen Ansichten der damaligen darwinistischen Evolutionstheorie nun vererbbar, braucht aber zunächst den Stressor. Waddington spricht von einer *Kanalisierung der Entwicklung* (S. 564). In Abb. 9.1 existiert zuerst eine Kanalisierung A, und in der Folge der anhaltenden Wirkung des Umweltstressors eine neue Kanalisierung B.

Waddington bezeichnet das Geschehen als *epigenetische Landschaft*. Sie ist eine visuelle Analogie des Entwicklungsverlaufs im Embryo (Christ's College 2009). Zu sehen sind Hügel und Täler. Der Ball repräsentiert den Verlauf der Entwicklung. Auf dem höchsten, nicht abgebildeten, Punkt des Plateaus ist die befruchtete Eizelle, die Zygote, anzunehmen. Der Ball folgt vorhandenen Entwicklungspfaden (Kanalisierung). In Abb. 9.1. ist das zunächst der linke Weg. Wegen der Talwände, das sind Constraints zwischen den einzelnen Pfaden der Entwicklung (Genetik/Epigenetik), kann der Verlauf nicht ohne weiteres geändert werden (Pufferung). Zufällige genetische Mutationen (nicht alle) bleiben wegen der Pufferung ohne phänotypische Konsequenz. Jedoch kann eine Induktion von außen (oder auch eine Mutation) stark genug sein, um eine Talwand in der epigenetischen Landschaft zu überwinden. Der Ball gelangt dann in ein benachbartes Tal, Verlauf B. Die Entwicklung wird nun neu kanalisiert.

Bemerkenswert sind nun mindestens zwei Konsequenzen: Erstens: Ist der Pfad einmal in einem Tal kanalisiert, dann ändert sich trotz anhaltender genetischer Mutationen jetzt nichts mehr am phänotypischen Output (Schwielen), weil das gesamte System in der Art reagiert, dass die eingerichtete Kanalisierung „Schwielen" beibehalten wird. Der Genotyp ist *gepuffert* (Waddington 1942, S. 563). Er hat Vorkehrungen parat, die zusammen mit der Entwicklung und der Umwelt zu dem „gewünschten" Output „Schwielen" führen.

> *Die Entwicklung kanalisiert ihren Verlauf so, dass ein Merkmal, dessen Entstehung durch Umwelteinflüsse angestoßen wird, schließlich durch die Entwicklung selbständig erzeugt werden kann.*   C. H. Waddington

Zweitens: In der Folge kann der Stimulus unnötig werden oder nur noch abgeschwächt erforderlich sein. Wie kann das geschehen? Die Antwort des ganzen Systems auf den exogenen Stimulus (z. B. heißer Sand) ist derart, dass dieser Stimulus durch bereits vorhandene redundante, interne, genetisch/epigenetische Mechanismen relativ leicht überschrieben und das System so genetisch fixiert wird. Später sagt Waddington dazu: Die Entwicklungsänderung, die durch den Stressor angestoßen wurde, kann (genetisch) *assimiliert* werden. Das System „funktioniert" dann ohne externen Anstoß wie „gewünscht", will sagen: Es ist stets auf den gleichen Phänotyp gerichtet. Dafür sorgen, wie zuvor auch, wieder Genkombinationen, Expressionsmuster, die ähnliche, phänotypische Variation bewirken können und die im Organismus stets vielfältig vorhanden sind. Die Prozesse, bis es zu einer Assimilation kommt, unterliegen natürlich stets der Selektion. Da die Selektion aber bereits den Phänotyp bevorzugt, der umweltinduzierte Schwielen aufweist, ist es nahe liegend, dass sie auch den Typ in der Population selektiert, der die genetische Assimilation hervorbringt.

9 Waddingtons Epigenetik – Neue Sicht auf Entwicklung und Evolution

> *Das Genom kann in einem bestimmten Umfang eigene Mutation absorbieren oder puffern. Das gelingt wild lebenden Arten deutlich besser als gezüchteten, da sie eine größere Vielfalt an Genen und Entwicklungspfaden haben*
> C. H. Waddington

In der Analogie der Abb. 9.1 heißt das: Wenn ein Umweltfaktor anhaltend lange genug auf den Entwicklungsprozess einwirkt, kann das den Entwicklungsverlauf derart beeinflussen, dass der Ball nicht nur einen Hügelkamm überwindet und in ein anderes Tal gelangt, sondern in der Folge verändert sich die Landschaft selbst derart, dass der hemmende Hügel zwischen dem alten und dem neuen Tal vom Entwicklungsapparat abgebaut wird und der Ball von sich aus dem neuen Tal folgt. Die genetische Assimilation ist erfolgt.

Kanalisierung erlaubt so, dass sich eine genetische Vielfalt oder Variabilität ausbildet, obwohl sie im Phänotyp gar nicht erscheint. Solche versteckte oder kryptische genetische Variabilität oder versteckte Entwicklungspfade (die unterschiedlichen Täler in Abb. 9.1) werden erst durch cinen Stressor zum Vorschein gebracht (Christ College 2009).

Die vielfältigen, im Organismus während der Entwicklung präsenten Genkombinationen und epigenetischen Entwicklungspfade, die zu einem gleichen oder sehr ähnlichen phänotypischen Ergebnis führen, bezeichnet Waddington als Pufferung des Genotyps (S. 563). Mit seinen Worten meint er: *Der Genotyp kann einen bestimmten Umfang seiner eigenen* Mutation *absorbieren* (oder puffern), *ohne eine Veränderung der Entwicklung zuzulassen* (S. 564). Man muss sich bewusst sein, dass viele einzelne Schritte und Generationen erforderlich sind, um in Abb. 9.1 von A zu B zu gelangen. In dieser Zeit bleibt das System in seinem eingerichteten „Kanal", in dem es Mutationen bis zu einem bestimmten Umfang abpuffert. Pufferung und Kanalisierung sind die zwei Seiten derselben Münze. Sie sind Ergebnis der natürlichen Selektion. Der ganze Prozess dauert nicht annähernd so lange, als alternativ dafür anzunehmen wäre, dass der Organismus mit rein genetischen (zufälligen) Mutationen zum gleichen Ergebnis gelangt. Kanalisierung ist ein Evolutionsweg, der es Arten ermöglicht, flexibler und schneller auf Umweltänderungen zu reagieren, und quasi eine „Halteposition" einzunehmen, bis das Genom die Fixierung zustande bringt (Jablonka/Lamb 2005, S. 275). Der Leser wird in den folgenden Kapiteln erfahren, dass die hier beschriebenen Prozesse keinesfalls seltene Ausnahmen darstellen, sondern dass sie bei evolutionären Veränderungen eine gewichtige Rolle spielen.

Jablonka/Lamb fassen noch einmal die Konsequenzen von Waddington Studien mit den Worten zusammen (S. 62). *Einige Aspekte des Phänotyps erscheinen bemerkenswert invariant zu sein trotz genetischer Unterschiede und solcher der Umwelt*. Das meint, was Waddington mit Kanalisierung beschreibt. Sie schreiben weiter: *So kann es auf der einen Seite sein, dass identische Gene zu sehr unterschiedlichen Phänotypen führen, während auf der anderen Seite unterschiedliche Gene exakt denselben Phänotyp erzeugen.*

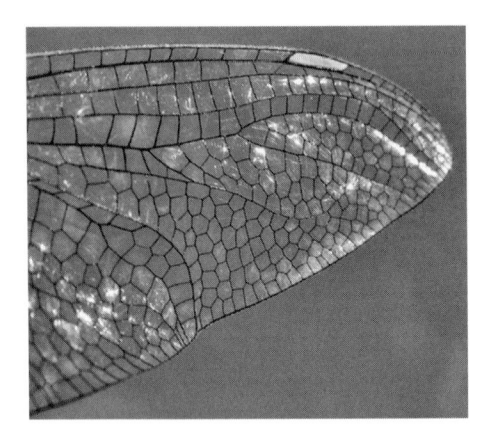

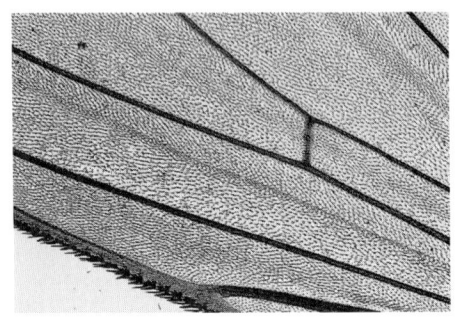

B Der Ausbau – Wege zu einer Erweiterten Synthese in der Evolutionstheorie

Abb. 9.2 Flügeladern bei Insekten
Insektenflügel gehören zu bevorzugten Forschungsobjekten. Sowohl ihre evolutionäre Entstehung als auch ihre Entstehung in der Entwicklung sind nicht abschließend geklärt. Waddington weist im Experiment nach, dass Querverstrebungen (unten, vertikal) auf epigenetischem Weg beseitigt werden können.

Wadddington führt in seinem dreiseitigen Aufsatz in *Nature* noch viele Detaillierungen an, die wir aber erst später im Zusammenhang mit EvoDevo aufgreifen. Auf der Grundlage dieses einen Artikels – und natürlich auch seiner späteren Arbeiten – bringt Waddington neues Licht in Vererbung und Evolution. Lamarcks Geist, einmal erworbene Eigenschaften oder Merkmale seien vererbbar, was Darwin selbst nie ganz ausgeschlossen hat[2], die Synthese aber sehr wohl, erscheint gewollt oder ungewollt wieder auf der Bildfläche. Seit den neunziger Jahren erfährt Waddington eine Art Renaissance. Sie hält bis heute bei den *Altenberg-16* und anderen an.

Bauchschwielen beim Vogel Strauß sind vielleicht nicht das, was den heutigen Leser ausreichend überzeugt. Aber man darf hier darauf hinweisen, dass der zitierte Artikel aus dem Jahr 1942 ist. Waddington hat damals noch keine im Labor durchgespielten Versuche, die seine Überlegungen bestätigen können. Das liefert er aber zehn Jahre später nach, als er zeigt, wie Adern in Fliegenflügeln verschwinden, angestoßen durch über mehrere Generationen wiederholte kurze Hitzeschocks der Fliegeneier, und wie die Adern schließlich bei einigen Tieren

---

2 (Darwin 1872, S. 44): *Es gibt keine Art von Haussäugetieren, welche nicht in dieser oder jener Gegend hängende Ohren hätte; es ist daher zu dessen Erklärung vorgebrachte Ansicht, dass dieses Hängendwerden der Ohren vom Nichtgebrauch der Ohrmuskeln herrühre, weil das Tier nur selten durch drohende Gefahren beunruhigt werde, ganz wahrscheinlich.*

9 Waddingtons Epigenetik – Neue Sicht auf Entwicklung und Evolution

auch ohne die Hitzeschocks wegbleiben. In der Entwicklung der Fliegen wird die Veränderung assimiliert. Ein ähnliches Experiment wird 50 Jahre später von Fred Nijhout wiederholt (Kap. 12).

> *Entwicklung und Evolution können mit Umwelteinflüssen koordiniert werden und mit ihnen gerichtet umgehen.* C. H. Waddington

Schon 1942 hat Waddington seine kühne Idee und den Mut, daran zu *zweifeln, dass die rein statistische, natürliche Selektion, die nichts anderes macht, als zufällige Mutationen auszusortieren, selbst für den überzeugtesten statistisch ausgebildeten Genetiker, völlig befriedigend sein kann* (Waddington 1942, S. 563).

In der Gesamtschau zeigt Waddingtons Studie, *wie der Genotyp eines evolvierenden Organismus in einer koordinierten Weise auf die Umwelt antworten kann* (563). Entwicklung und Evolution können mit Umwelteinflüssen koordiniert werden und mit ihnen gerichtet umgehen. Gerichtet meint: auf die Beibehaltung des Phänotyps bezogen. Sie können durch den Umwelteinfluss eine Antwort auf den eingerichteten neuen Entwicklungspfad kanalisieren, bis er nach weiteren sukzessiven Veränderungen des genetischen/epigenetischen Systems, also auch nach weiteren Mutationen, assimiliert ist. *Kanalisierung ist eine Fähigkeit des Systems, das durch natürliche Selektion hervorgebracht wurde* (564). *Das Vorhandensein einer adaptiven Antwort auf einen Umweltstimulus hängt ab von der Selektion der koordinierten und genetisch kontrollierten Reaktionsfähigkeit im Organismus* (S. 565).

Ich will noch zwei aktuellere Versuche darstellen, die das bis hier gesagte untermauern und besser verdeutlichen sollen. Bis heute sind viele weitere Beispiele für epigenetische Vererbungssysteme und genetische Assimilation veröffentlicht (Gilbert 2009, Kap. 10). Mary Jane West-Eberhard hat den Gedanken umweltinduzierter phänotypischer Variationen, denen „die Gene folgen", in ihrem umfangreichen Werk am konsequentesten übernommen und in eine Evolutionstheorie des Phänotyps überführt (Kap. 15).

Hsp90-Protein als Puffer der Entwicklung

Kann man Kanalisierung heute auf Mikroebene mit anderen Methoden nachweisen, als sie Waddington zur Verfügung standen? Die Antwort ist ja. Heute gibt es eine Reihe von Antworten, die das Gesagte erhärten. Das Protein Hsp90 zum Beispiel hat eine solche Funktion der Pufferung. In der normalen, ungestörten Entwicklung des Organismus hilft dieses Protein, dass andere wichtige Proteine korrekt gefaltet werden können. Man nennt solche Proteine Chaperons. Sie haben also eine essenzielle Aufgabe für die Entwicklung. Der Name Hsp90 weist aber auf die Bezeichnung Heat-Shock- Protein hin. Damit ist eine andere Funktion gemeint als die Hilfe zur korrekten Proteinfaltung. In Stresssituation unterschiedlicher Art, also nicht nur bei Hitzeschock, wird nämlich dieses Protein verstärkt produziert. Es sorgt nunmehr dafür, dass genetische Mutation nicht zu einer phänotypischen Abweichung führen.

Das Protein puffert die Variationen ab, es verhindert sie bzw. korrigiert sie sogar leicht (Gilbert 2009, S. 379). Hsp90 agiert als ein allgemeiner Kanalisierungsfaktor und maskiert Variationen in vielen unterschiedlichen Genen. Wenn Hsp90 jedoch künstlich reduziert wird, kommen genetische Mutationen zum Vorschein, sie werden demaskiert (Jablonka/Lamb 2005, S. 265ff.). In diesem Fall wird das Gegenteil erreicht: Hsp90 wirkt jetzt als ein Capacitor für den evolutionären Wandel und ermöglicht es, dass genetische Veränderungen, die zuvor akkumuliert wurden, jetzt demaskiert werden (Gilbert 2009, S. 381). Auch hier gelingt es den Forschern, einige Mutanten zu erzeugen, die phänotypischen Veränderungen sogar dann aufweisen, wenn das Protein Hsp90 wieder ausreichend vorhanden ist (Gilbert 2009, S. 379). Diese Erkenntnisse werden deswegen als interessant eingestuft, weil erstmals epigenetische Kanalisierung und Assimilation sichtbar werden, die so nicht nur im Labor sondern auch in der Natur auftreten können. Hsp90 scheint Waddingtons Konzept eines Entwicklungspuffers oder molekularer Kanalisierungsmechanismen zu bestätigen (Gilbert 2009, S. 381).

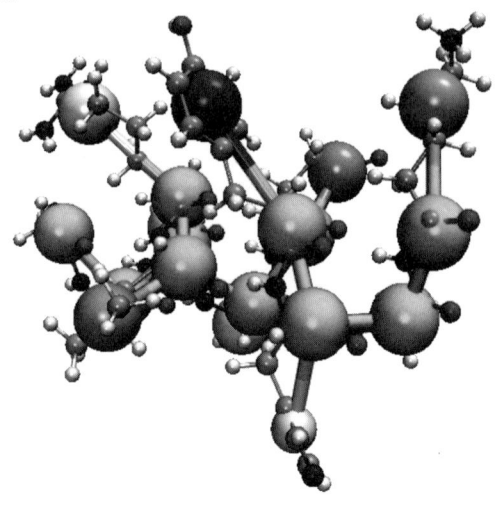

Abb. 9.3 Proteinfaltung
Proteine sind der Stoff, aus dem Lebewesen gebaut sind. Sie können aus zehntausenden Aminosäuren bestehen. Es gibt hunderttausende verschiedene Proteine. Ihre korrekte dreidimensionale Faltung ist wichtig für den Bau von Gewebe.

Dmitry Belyaev – Ein Experiment über 40 Jahre

Ein weiteres eindrucksvolles Beispiel hat der russische Forscher Dmitry Belyaev (1917–1985) präsentiert. Als einer von wenigen Biologen wagt er es in den fünfziger Jahren des vergangenen Jahrhunderts, einen langfristigen Versuch über mehrere Jahrzehnte anzugehen. Der Versuch, der über den Tod von Belyaev hinaus fortgeführt wird, gilt der Zähmung des Silberfuchses und dem Nachweis, ob es ein Zusammenspiel gibt zwischen Verhaltensgenetik und der Entwicklung. Man will erfahren, welche Konsequenzen die Selektion auf Zahmheit (bzw. gegen Aggression) nach sich zieht bzw. ob und weshalb es zu vielfältigen morphologischen, physiologischen und Verhaltensänderungen kommt, wie man das beim Hund auch beobachtet. Was haben diese Veränderungen gemeinsam und haben sie eine gemeinsame Ursache, wenn ja welche? Belyaev kann davon ausgehen: Wird auf Zahmheit selektiert, bedeutet das Selektion auf physiologische Veränderungen in denjenigen Systemen, die die Hormone und Neurochemie steuern. Diese Veränderungen wiederum müssten weitreichende Effekte auf die Entwicklung der Tiere selbst haben (Trut 1999, S. 160f.), da Hormone zum Beispiel den weiblichen Zyklus steuern. Effekte also, die gut erklären könnten, weshalb verschiedene Tiere in ähnlicher Weise auf denselben Selektionsdruck reagieren. Belyaev dreht also das Rad der Geschichte zurück, wie er es selbst ausdrückt, um zu beobachten, was geschieht, wenn wilde Silberfüchse gezähmt werden, vergleichbar dem Prozess, wie der Mensch vor tausenden Jahren den Wolf gezähmt hat.

Abb. 9.4 Der russische Genetiker Dmitry Belyaev mit Silberfüchsen
Die hier mit dem Forscher gezeigten Fuchsvarianten sind ein Produkt der Selektion auf Zahmheit. Der Umweltfaktor *Stress durch Domestizierung* ist es, der in der Entwicklung der Tiere parallel auf das Nervensystem, das Hormonsystem und die Physiologie wirkt und zu einer ganzen Reihe von Entwicklungsveränderungen führt. Allein durch Mutation-Selektion können solche reproduzierbaren Veränderungen nicht erklärt werden.

Aus 45 000 Füchsen wird in 30–35 Generationen und einem Zeitraum von 40 Jahren eine Population von 100 Füchsen etabliert. Dabei geht Belyaev von Beginn an so vor, wie die Menschen bei der Domestizierung des Wolfs wahrscheinlich auch vorgegangen sind, und sucht von Generation zu Generation die Tiere aus, die jeweils am wenigsten Scheu vor dem Menschen zeigen. Die Tiere werden nach zuvor vom Menschen festgelegten, strengen Regeln selektiert. Dabei steht im Mittelpunkt der Untersuchung, dass nicht nach morphologischen oder physiologischen Merkmalen selektiert wird, sondern einzig und allein nach bestimmten Verhaltensmerkmalen.

Die Tiere werden in Käfigen gehalten, der Kontakt mit dem Menschen minimiert, um Verhaltensänderungen auszuschließen, die durch menschlichen Kontakt entstehen können. Man will ausschließlich wissen, was sich genetisch bzw. was sich in der Entwicklung ändert.

Die Darstellung des Experiments von Belyaev wird hier wiedergegeben an Hand des Berichts von Lyudmila N. Trut. Sie ist Nachfolgerin von Belyaev nach dessen Tod und leitet in den 1990er Jahren das genetische Forschungsinstitut in Nowosibirsk in Sibirien, an dem das Projekt stattfindet. Sie fasst das Projekt nach vierzig Jahren Dauer des Experiments erstmals in englischer Sprache zusammen (Trut 1999).

Überraschend für Außenstehende, aber weniger für die Forscher selbst, zeigt sich bei der fortschreitenden Selektion der Art eine Reihe interessanter Variationen. Die Ohren mancher Tiere hängen herab, andere halten ihren Schwanz gekringelt. Wieder andere haben helle Flecken auf dem Fell oder die Beschaffenheit des Fells selbst verändert sich. Was aber die besondere Aufmerksamkeit der Forscher auf sich zieht, ist äußerlich nicht auf einen Blick sichtbar: Die Fruchtbarkeitsdauer von Weibchen im Jahresverlauf wird länger, sie tritt einen Monat früher ein und einige Weibchen bringen mehr Nachkommen zur Welt (Trut 1999, S. 164). Nach all diesen Merkmalen wurde aber nicht gezielt selektiert.

Wie interpretieren Belyaev und Trut diese Veränderungen? Wir erwarten ja etwas über Umweltbeeinflussung, über Entwicklungsänderungen und Kanalisierung zu hören. Aber tritt bei diesem Versuch überhaupt ein Umweltstressor auf, der solche Veränderungen auslösen könnte? Dieser existiert tatsächlich. Er liegt in dem Stress, dem die Tiere während der Domestizierung ausgesetzt sind. Sie werden in einem für sie völlig neuen, ungewohnten Umfeld in Käfigen gehalten, und der Kontakt mit dem Mensch, wenn auch minimiert, ist für sie extremer, anhaltender Stress.

Was geschieht nun? Mit Fortschritt des Projekts können Veränderungen in neurochemischen und neurohormonellen Mechanismen aufgedeckt werden, die für die genannten Bereiche (Abb. 9.5) eine wesentliche Rolle spielen und die überdies gleichzeitig auf den exogenen Faktor „Stress bei Domestikation" ansprechen. Und zwar sind das hauptsächlich der Adrenalin- und Serotoninspiegel. Bei beiden stellt man im Projektverlauf erhebliche Veränderungen fest. Diese Reaktionen in den Spiegeln von Hormonen und Neurotransmittern sind es, die zu den Entwicklungsänderungen in Belyaevs Versuch führen. Entwicklung bezieht sich hier auch auf Vorgänge in der Geschlechtsreifung, nicht nur auf die Embryonalentwicklung. Besonders weist Trut darauf hin, dass der Fruchtbarkeitszyklus bei weiblichen Wildtieren genetisch „fest verdrahtet" ist und selbst in jahrzehntelangen Zuchtversuchen in der Vergangenheit nicht im Sinne der Züchter abgeändert werden konnte (S. 167). Da solche Veränderungen aber im Versuch Belyaevs gelingen, und zwar auf dem Weg über gezielte *Verhaltens*selektion, und da es sogar zu einer Reihe koordinierter Veränderungen im weiblichen Zyklus kommt (früherer Eintritt

9 Waddingtons Epigenetik – Neue Sicht auf Entwicklung und Evolution

der Fruchtbarkeit, längerer Fruchtbarkeitszyklus, häufigere Zyklen, mehr Nachkommen pro Wurf) und sich letztlich der Erfolg bereits nach 20–25 Generationen einstellt (S. 161), ist die Erklärung plausibel, dass die gezielte Selektion von Verhaltensformen zu Veränderungen von Entwicklungsschritten führen und dass genetische Mutation und Selektion allein die gezeigten Ergebnisse nicht hervorrufen können.

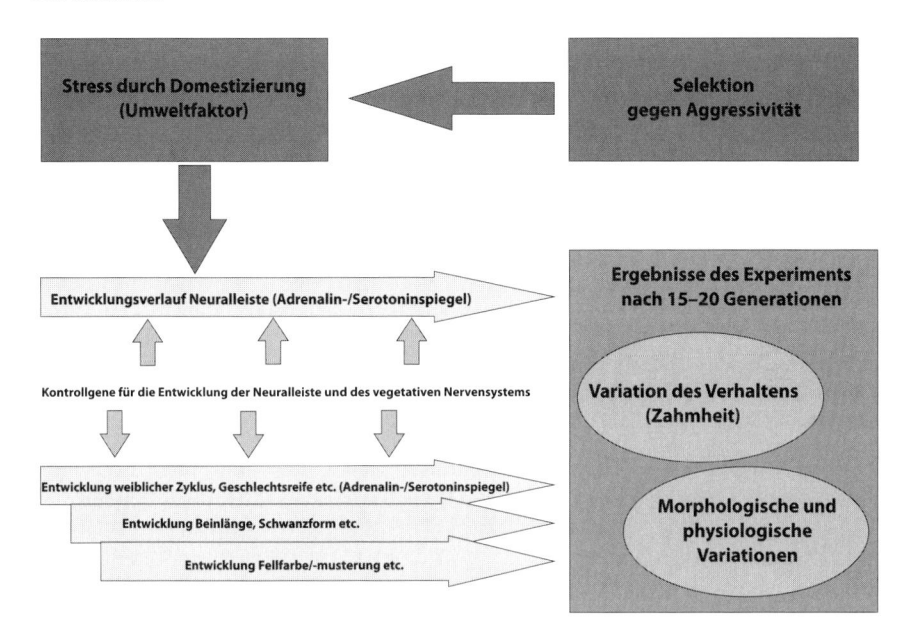

Abb. 9.5 Das Belyaev-Experiment – Stress deckt versteckte Entwicklungspfade auf.
Weil Belyaev weiß, dass die Kontrollgene für die Entwicklung der Neuralleiste auch die sind für die Entwicklung des vegetativen Nervensystems (Verhalten), kann er davon ausgehen, dass neben der angestrebten Zahmheit auch andere Ergebnisse erzielt werden, wenn allein auf das Merkmal Zahmheit selektiert wird. Der Umweltfaktor *Stress*, dem die Tiere in Gefangenschaft ausgesetzt sind, verursacht die verschiedenen Ergebnisse durch Veränderung von Entwicklungsprozessen. Dass nicht Genmutationen allein die Ursache für die erzielten Ergebnisse sein können, kann daraus geschlossen werden, dass das Experiment wiederholbar ist und der Zeitraum von 40 Generationen für Mutations-Selektionsmechanismen allein für derartig komplexe Veränderungen nicht ausreichend sein kann.

Trut schreibt (1999, S. 166):

> Die Entwicklung ist ein extrem delikater Prozess. Allgemein gilt: Sogar leichteste Änderungen in der Abfolge der Ereignisse, können in ein Chaos münden. So spielen die Kontrollgene, die solche Abfolgen orchestrieren und sie aufrecht erhalten, eine wichtige Rolle. Welche Gene sind das? Obwohl viele Gene zusammenwirken, um die Entwicklung eines Organismus zu stabilisieren, haben die Gene, die das neuronale und endokrine System (=Hormonsystem, d.V.) kontrollieren, die führende Rolle. Und genau diese

Gene lenken auch die Systeme, die für das Verhalten verantwortlich sind. So kann man allgemein sagen: Wenn man nach Verhaltensmerkmalen selektiert, verändert man die Entwicklung eines Organismus.

Zusammenfassend sagt Trut:

> Die meisten der neuen Merkmale und anderer Veränderungen bei den Füchsen resultieren aus Veränderungen von Abfolgen gewisser ontogenetischer Prozesse Sogar neue Fellfarben können Veränderungen im Timing der embryonalen Entwicklung zugeordnet werden (1999, S. 166).

Belyaev interpretiert das Ergebnis auf einem internationalen Genetik-Kongress in Moskau 1978 selbst als eher epigenetische denn als genetische Veränderungen. Genetische Mutation und Selektion allein können in der kurzen Zeit nicht zu diesen Ergebnissen geführt haben, nicht einmal in der kurzen Zeit von ca. 15 000 Jahren, seit der Mensch den Wolf domestiziert hat. Es ist hauptsächlich der Stress, der die Veränderungen, so etwa des Hormonsystems induziert. Dabei treten „schlafende", also vorhandene, aber bisher unsichtbare, maskierte Genaktivitäten und Entwicklungspfade zu Tage (Jablonka/Lamb 2005, S. 260). Mit diesen Worten hätte es wohl Waddington beschrieben.

Das Beispiel Belyaev ist ein Stück weit exemplarisch dafür, dass solche Ergebnisse auch anders ausgelegt werden können, anders als Belyaev selbst sie dargestellt hat (nach der Wiedergabe von Trut und Jablonka). Das neue Lese-Lehrbuch *Evolution* von Zrzavý et al. (2009) lässt den Umweltfaktor „Stress" völlig aus der Betrachtung außen vor. Allein Selektion und Pleiotropie (multiple Genfähigkeit) werden von Zrzavý als treibende Faktoren für die bei der Zähmung der Tiere erscheinenden physiologischen und hormonellen Änderungen genannt (Zrzavý et al. 2009, Kasten 2.20). Waddingtons Name taucht in dem 500-Seiten-Buch nicht auf.

Belyayevs Team hat jedoch sehr darauf geachtet, dass Mechanismen wie etwa Inzucht oder Polygenie für eine Erklärung nicht plausibel in Frage kommen. Um den ersten Fall auszuschließen, begann man mit einer Ausgangspopulation von 30 männlichen und 100 weiblichen Füchsen; bei der Selektion wurden penibel genaue Abstammungsprotokollierungen vorgenommen. Trut betont zum Thema Polygenie, also dem vielfältigen Zusammenspiel von Genen bei der Erzeugung *quantitativer* Merkmale (Länge der Körpers, Länge der Beine, Menge der Milchproduktion etc.), dass genetische Zusammenhänge hier derart kompliziert sind, dass jede Veränderung (Mutation) in diesem Komplex Gefahr birgt, dass andere Teile des Organismus in Mitleidenschaft gezogen werden und schädliche oder tödliche Folgen vielfach unvermeidbar sind. Wenn die Erklärung der herrschenden Evolutionstheorie hier gelten würde, dass also gestörte Polygene für die Effekte bei den Silberfüchsen verantwortlich wären, dann wären außerdem die Effekte eines Selektionsexperiments davon abhängig gewesen, welche Mutationsformen zu Beginn des Experiments bereits vorgelegen hätten. Ein gleiches Experiment etwa mit nordamerikanischen Silberfüchsen hätte dann aber andere Ergebnisse gezeigt. Genau das

9 Waddingtons Epigenetik – Neue Sicht auf Entwicklung und Evolution

ist jedoch hier nicht der Fall, wie Belyaev an Hand paralleler Versuche an anderen Arten (Ottern, Ratten) belegen konnte, bei denen vergleichbare Effekte auftreten.

> *Werden Silberfüchse durch den Menschen auf Zahmheit selektiert, entstehen durch den damit verbundenen Stress der Tiere (Umweltfaktor) weitere evolutionäre Veränderungen. Sie hängen alle von gleichen Hormonen/Botenstoffen ab, die das neuronale und vegetative System steuern, und werden auch alle durch dieselben Kontrollgene gesteuert. Der Stress wirkt auf verschiedene Hormonspiegel, und deren Veränderung beeinflusst die Entwicklung und damit parallel die Evolution der Morphologie, des Verhaltens.*   L. Trut/D. Belyaev

Das Phänomen, dass einerseits identische Gene zu sehr unterschiedlichen (Phänotyp-)Merkmalen, andererseits unterschiedliche Gene zu einem Merkmal beitragen können (Polygenie), ist aus heutiger Sicht nicht neu (Jablonka/Lamb 2005, S. 62). Man weiß schon lange, dass die Entwicklung eines beliebigen Merkmals von einem Netz aus Interaktionen zwischen Genen, deren Produkten und der Umwelt abhängt (S. 63). Das kann man leicht belegen, indem man zum Beispiel nach so genannten Knock out Genen sucht, das sind Gene, die für bestimmte Entwicklungspfade relevant sind, aber keine phänotypische Veränderung nach sich ziehen, wenn man sie ausschaltet. Das Genom kompensiert den Wegfall eines Knockout Gens irgendwie (S. 64). Dazu gibt es im Genom viel strukturelle und funktionelle Redundanz in Form kopierter Gene und anderer Techniken des Genoms (S. 65), die schon einige Male angesprochen wurden, die ich aber etwas genauer ausführen will.

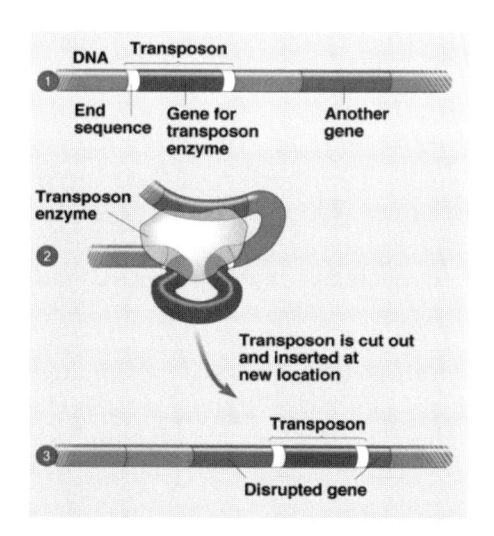

Abb. 9.6 Springende Gene
Beispiel eines Transposons, auch mobiles genetisches Element oder springendes Gen genannt. Für seinen Umbau im Genom ist es auf ein Enzym angewiesen. Dieses verhilft dem Transposon beim Einbau an einem anderen Ort auf der DNA, das kann auch ein anderes Chromosom sein. Die Zelle bestimmt demnach auf dem Weg über Enzyme maßgeblich mit, was Transposons wann genau tun. Wir haben es nicht mit zufälliger Mutation zu tun.

Erstens ist die Rekombinationsfähigkeit des Genoms eine molekulare Finesse, die im Mittelpunkt aktueller Berichte zur Evolution steht. Nicht die Anzahl der Gene eines Organismus ist wirklich entscheidend für das, was er leisten kann, (Vergleich Mensch und Schimpanse) sondern seine Fähigkeit zum Umbau des Genoms, also Gene in neuen Kombinationen auszuprobieren und dabei „darauf zu achten", dass Bewährtes nicht wieder verloren geht[3].

Die Rekombinationsfähigkeit des Genoms ist selbst ein evolutiver Prozess. Hier liegt ein großer Forschungsschwerpunkt. Nick Barton vom IST betont, dass die Evolution der genetischen Rekombination heute der am besten verstandene Aspekt im großen Thema Evolvierbarkeit oder auch „Evolution der Evolution" ist.[4] Die Rekombinationsfähigkeit des Genoms kann grundsätzliche Grenzen bedeuten für die Adaptation des Organismus. Das ist eine Kernfrage der Evolutionstheorie: Wo liegen die Grenzen der Adaptationsfähigkeit und wodurch werden sie aufgezeigt?

Zu den Rekombinationsfähigkeiten des Genoms zählen insbesondere Transposons, auch springende Gene genannt (Abb. 9.6). Sie werden von Barbara McClintock in den 50er Jahren entdeckt, wofür sie 1983 den Nobelpreis erhält. Springende Gene sind

> Elemente die einen Umbau des eigenen Genoms bewirken können (Bauer 2008, S. 27). Sie können, wenn sie aktiv werden, im Genom Veränderungen verschiedener Art vornehmen: Sie können sowohl ganze Gruppen von Genen als auch einzelne Gene (oder Teile von Genen) verdoppeln. Sie können Gene innerhalb des Genoms von einer Position auf eine andere umsetzen oder in ihrer Orientierung umdrehen. Sie sind auch in der Lage, Gene (oder Teile von Genen) mit anderen Genen (oder Teilen anderer Gene) zusammenzufügen und so durch (Re-)Kombination neue Gene entstehen lassen. Schließlich können sie genetisches Material nicht nur verdoppeln oder umsetzen, sondern auch eliminieren (Bauer 2008, S. 26f.).

Für Dawkins dagegen (Dawkins 2008, S. 193) sind Transposons sinnlose, parasitäre Sequenzen. Bei Mayr heißt es *Soweit man weiß, leistet kein transponierbares Element einen Beitrag, der sich in der Selektion als nützlich erweist* (Mayr 2005, S. 130). Aber das wird anders gesehen heute, nicht nur von Bauer und Kegel (Kegel 2009, S. 183ff.), auch von Eva Jablonka und Marion Lamb (2005, S. 249f.). Für diese Autoren stellen sie eine Grundvoraussetzung für die Entwicklung und Evolution höherer Lebensformen dar. Queller und Strassmann führen an, dass etwa die Hälfte des menschlichen Genoms durch transposable Elemente entstanden ist (Queller/Strassmann 2009, S. 3147).

Eine zweite Fähigkeit des Genoms zu organisierter Veränderung ist alternatives Splicing. So nennt man den Vorgang, wenn verschiedenartige Proteine aus gleichen Genabschnitten synthetisiert werden (66). Erst während des Spleißvor-

---

3   Diese Rekombination ist zu unterscheiden von sexueller Rekombination bei der Meiose.
4   Vortrag am 29. April 2010 Universität Wien.

9 Waddingtons Epigenetik – Neue Sicht auf Entwicklung und Evolution

gangs entscheidet sich, welche DNA-Sequenzen Introns (nicht benötigte Teile vor dem Spleißen) und welche Exons (benötigte Teile nach dem Spleißen) sind. So kann ein einzelnes Gen der Drosophila beteiligt sein an der Herstellung von 38 000 verschiedenen Proteinen. Was bedeutet das für die Evolution? Das Genom benutzt DNA-Sequenzen, die schon vorhanden sind, sich bewährt haben und setzt sie im Entwicklungsprozess unterschiedlich zur Synthese von Proteinen ein, und zwar von unterschiedlichen Proteinen in möglicherweise unterschiedlichen Entwicklungsabschnitten. Jedes auf diese Weise im Rahmen der Evolution entstehende Protein enthält zumindest mehrere bereits in anderen Proteinen funktionierende Aminosäuresequenzen. Ein Großteil der Proteine wird so durch die Gene auf alternativen Wegen gespliced. Dies könnte ein entscheidender Schritt für die Evolution von mehrzelligen Lebewesen mit längerer Generationsdauer gewesen sein. Es ist auf jeden Fall eine erfolgreiche Methode zur Erzeugung genetischer Variation (Campbell/Reece (2006), S. 368).

Das Zell-Genom-Orchester

Kehren wir zurück zum Entwicklungsprozess. Seine Fähigkeiten zu morphologischer Variation sind von mindestens ebenso großer Bedeutung wie die eben beschriebenen Techniken des Genoms. Wie schafft es jede Zelle, immer genau das passende Genrepertoire zu aktivieren? Wie können solche Genprogramme immer aufs Neue etabliert und auch vererbt werden? War früher die Auffassung beherrschend, die Gene selbst seien die Regisseure des Lebens, wird also jetzt das Wissen erweitert um dass Wissen über die Prozesse „über" den Genen" (epi), zwischen den Genen, zwischen Zellfabrik (Zytoplasma) und Genen, sowie zwischen den Zellen. Uns interessiert hauptsächlich, wie solche Prozesse während der Entwicklung aussehen. Epigenetische Prozesse sind klar zu trennen von den Genen selbst. Ihre Ausdrucksmuster sind nicht in den Genen codiert sondern *das Ergebnis zellulärer und organismischer Funktion* (Nowotny/Testa 2009, S. 38). Dieses Wissen *ist noch nicht in die Gesellschaft vorgedrungen* (S. 38).

Wie das genau geschieht, das weiß niemand, noch niemand, sagen Eva Jablonka und Marion Lamb, zwei Frauen als Pioniere der Epigenetik für die Evolution (Jablonka/Lamb 2005, S. 6): *Für absehbare Zukunft ist es unmöglich vorherzusagen, was eine Kollektion von Genen in einer bestimmten Situation produziert.* Bernhard Kegel, deutscher Wissenschaftsjournalist, ist der erste deutsche Autor, der über das komplexe Thema

Eva Jablonka
Mitglied der *Altenberg-16*. Sie macht sich schon Mitte der 90er Jahre für Epigenetik in der Vererbung und der Evolution stark.

in seinem Buch *Epigenetik* schreibt. Epigenetische Zellprozesse öffnen sich der Wissenschaft erst mühsam und stellen bei der Vererbung und für die Evolution alles andere als eine Randerscheinung dar.

Dass das bis hierher gesagte von Relevanz ist für die Evolutionstheorie und eine Überwindung des Neodarwinismus darstellt, wird deutlich, wenn Jablonka/Lamb es formulieren (Jablonka/Lamb 2005, S. 7):

> Wenn das Genom eher ein organisiertes System ist als nur eine Ansammlung von Genen, dann kann der Prozess zur Erzeugung von genetischer Variation eine evolvierte Eigenschaft dieses Systems sein, die durch das Genom und die Zelle kontrolliert und moduliert wird. Das würde heißen, dass – konträr zu der lange Zeit herrschenden Lehrmeinung – nicht alle genetischen Variationen gänzlich zufällig und „bind" sind; einige von ihnen können reguliert und gerichtet sein. In deutlicheren Worten: Es kann bedeuten, dass es Lamarckistische Mechanismen gibt, die eine „weiche Vererbung" zulassen – die Vererbung genetischer Veränderung, induziert durch Umweltfaktoren. Bis vor kurzem war der Glaube, dass erworbene Eigenschaften vererbbar sind, eine Häresie, eine die keinen Raum in der Evolutionstheorie haben durfte.

Mit anderen Worten: Die DNA ist nicht alles, was uns ausmacht. Die DNA ist auch nicht die komplette Blaupause für den Bauplan des Organismus. Der Weg von der befruchteten Eizelle zum lebensfähigen Organismus ist nicht nur eine Reihe von Bauanleitungen, welche als eine Art „Computerprogramm" in den Genen niedergelegt ist. Erst in der embryonalen Entwicklung können mit Hilfe der Zellen und damit epigenetisch sukzessive neue Feinstrukturen entwickelt werden, zum Beispiel zur Ausbildung des Nervensystems oder der Blutbahnen (Abb. 17.3).

> *Das Genom liefert nicht den Bauplan für ein Lebewesen sondern nur eine Karte mit mittlerem Maßstab.* W. Wieser

Wolfgang Wieser hat es einmal so bezeichnet: Bei der Kindswerdung des Embryos wird nur eine Karte mit mittlerem Maßstab (Genom) von den Eltern mitgeliefert. Die Details kommen über die epigenetischen Zellprozesse des Embryos dazu. Andreas Weber formuliert es verständlich: *„Die unterschiedlichen Kombinationen der Bausteine, aus denen das Erbmolekül zusammengesetzt ist, enthalten nur verstreute Anweisungen für Bruchstücke und Fragmente, aus denen allein niemals eine Zelle werden könnte* (2008, S. 71).

Gene sind also nicht die von Mayr apostrophierte Hardware, unveränderlich und unempfindlich gegen Einflüsse aus der Umwelt (Mayr 2005, S. 197). Sie sind vielmehr eingebettet in ein Gesamtsystem interdependenter Prozesse, die sogar die Umwelt des Organismus einbeziehen. Gene entziehen sich damit auch einer eindeutigen Definition. Das Gen ist heute weder als eine diskrete Einheit erkennbar noch ist es exakt definierbar.

Wenn es möglich ist, dass Informationen aus dem Zytoplasma der Zelle zu den Genen fließen, wenn solche Prozesse vererbbar sind wie oben dargestellt,

9 Waddingtons Epigenetik – Neue Sicht auf Entwicklung und Evolution

heißt das mit anderen Worten, dass Informationen von der Außenwelt auf dem Weg über die Zellen das Genom verändern können. Es gibt also eine Tür von außen in den Gen-Raum. Die Tür, der sich die Darwinisten seit je her verwehren. Für sie ist die Tür nur in die andere Richtung offen (Weißmann-Barriere). Kann aber das, was von außen durch diese Tür dringt, die „Hardware" (DNA) verändern oder – so fragen die *Altenberg-16* – kann es die zellulare Umgebung in einer Art verändern, die sich weiter vererben kann? Also außerhalb der Gene vererben kann? Sind komplette Prozesse evolviert und werden sie als solche vererbt? Und wie große ist diese Tür? Sprechen wir von seltenen Ausnahmeerscheinungen oder ist so etwas eher die Regel?

Wir haben es mit der Evolution eines eng verzahnten *Entwicklungsrepertoires* zu tun, wie Gerd B. Müller es nennt, ein Repertoire, das in Millionen Jahren evolviert ist aus Genen, Schaltergenen, Zellen, den Kommunikationswegen zwischen den Zellen. Wenn wir in den folgenden Kapiteln das näher betrachten, dann werden wir sehen, dass verschiedene Forscher nicht von den gleichen Dingen sprechen. Die einen sprechen vom Entwicklungsrepertoire (Müller), von adaptiven Zellprozessen (Kirschner/Gerhart), vom Entwicklungstoolkit (Gilbert) und sie meinen, dass das Konzertstück mit dem Namen *Evolutionäre Entwicklung* mit seinen Instrumenten und Spielern ein großartiges Zusammenspiel all dieser genetischen und zellularen Prozesse ist. Andere wie zum Beispiel Arthur und Carroll sprechen von denselben oder von ähnlichen Begriffen. Sie meinen aber, dass das gleiche Konzertstück *Evolutionäre Entwicklung* allein vom Genom und von den unmittelbar am Genom operierenden (der Fachmann sagt: bindenden) Proteinen gespielt wird, die spezifische Gene an- und abschalten können. Bei diesen Autoren, speziell bei Carroll, wird das Ganze dadurch zu einem Konzert, dass sich Schalterkombinationen, also das komplizierte Zusammenspiel von vielen Genen, verändern.

> *Die Mechanismen der Vererbung sind weit komplexer als bisher angenommen. Was ein Gen ist, ist derzeit nicht genau definiert.*
> (Werner-Felmayer 2007, S. 74)

Wenn wir gleich der erst genannten Gruppe folgen, sie heißen die *Altenberg-16*, dann muss es Antworten geben auf epigenetische Vererbung. Die Vererbung von etwas, das nicht im Genom ist, bedeutet eine Hürde in der Synthetischen Evolutionstheorie. Sie kennt keine Drehtür (Jablonka/Lamb 2010, S. 136f.). Waddington hat aber aufgezeigt, dass sich Entwicklungspfade und Genom verändern können und dass das Genom daran nicht allein beteiligt ist.

Das führt zur erweiterten neodarwinistischen Position: Noch einmal eine ihrer zentralen Aussagen. Der Genotyp erzeugt über die epigenetischen Prozesse eine nicht kalkulierbare Vielfalt des Phänotyps. Will sagen, Aussehen und Körpermerkmale eines Kinds sind von den Genen seiner Eltern in vielem nicht komplett vorbestimmt. Wolfgang Wieser beschreibt das bereits 1998; zu jener Zeit gibt es noch nicht allzu viele deutschsprachige Biologen, die das Thema so angehen.

B Der Ausbau – Wege zu einer Erweiterten Synthese in der Evolutionstheorie

Synthet. Evolutionstheorie

Genom   Partitur

               Instrumente

               Spieler

Phänotyp   Aufführung
(determiniert
durch das Genom)

Aufführung eines Stücks durch die Partitur ist in allen Nuancen bestimmt.

Erweiterte Synthet. Theorie

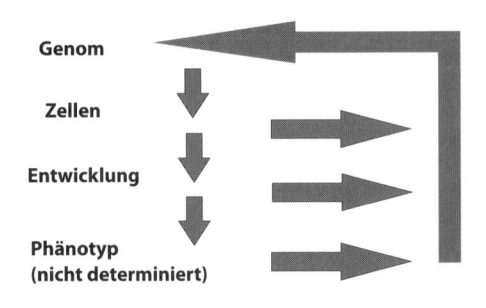

Genom

Zellen

Entwicklung

Phänotyp
(nicht determiniert)

Aufführung eines Stücks ist durch die Partitur allein nicht in allen Nuancen fixierbar.

Abb. 9.7 Das Zell–Genomorchester

Analogien wie diese hier sind glattes Eis. Sie werden deswegen von Wissenschaftlern auch oft abgelehnt. Schon Ernst Mayr hat das Orchesterbild herangezogen, nämlich für die Entwicklung (West-Erberhard 2003, S. 15). Mayr verbildlicht die Gene durch die Instrumente. Vielleicht war er ja kein sensibler Musiker, er hätte sonst gefühlt, wie ein Konzert von den gleichen Musikern auf denselben Instrumenten sehr unterschiedlich gespielt werden kann. Mayr äußert sich also nicht dazu, dass ein Genotyp ein Spektrum von Phänotypen erzeugen kann, nicht in seiner letzten Publikation.[5]

> Das Genom enthält zwar ein Rezept zur Herstellung eines Organismus, doch dessen Leistungen können nur auf der Ebene des Phänotyps verstanden und analysiert werden. Das heißt, sie können selbst bei vollkommener Kenntnis des genetischen Rezepts aus diesem nicht abgeleitet werden. (Wieser 1998, S. 557).

Anders: Der Phänotyp ist nicht durch den Genotyp eindeutig determiniert, man sagt auch, ein bestimmter Genotyp erlaubt Plastizität. Genau hier aber herrscht vor wenigen Jahren noch der Glaube, das Buch des Lebens verstehen zu können, indem nur die Buchstabenfolge des Genoms offen gelegt wird.

Ich will versuchen, dieses nicht einfache Kapitel über das epigenetische Netzwerk in einem Bild zu veranschaulichen, dem Bild eines Orchesters (Abb. 9.7). In der Synthetischen Theorie ist die Partitur des Dirigenten das Genom. Die Partitur ist gedruckt und somit determiniert. Aus dieser Partitur ist dann eine eineindeutige Interpretation ableitbar für die Aufführung des Konzertstücks, denn das Genom bestimmt für den Neodarwinisten vollständig das phänotypische Aussehen

---

5 Amundson führt die interessante Bemerkung an, dass Mayr in seinem 800-Seiten Werk *Animal Species and Evolution* (1966) durchaus weitergedacht und erkannt hat, dass unsere Vorstellungen über Gene und Merkmale tiefgehend revidiert wurden und der Phänotyp immer weniger als ein Mosaik aus individuellen, genkontrollierten Merkmalen ist, sondern ein durchdrungenes Produkt eines komplexen interaktiven Systems, dem vollständigen Epigenotyp. Dabei verweist Mayr explizit auf Waddington. (Amundson 2005, S. 210)

und die Funktion. Nicht so das Bild der *Erweiterten Synthese*: In der Partitur (Genom) steht nicht alles. Das Orchester (evolutionäre Entwicklung) trägt entscheidend zur Aufführung bei.

> *Weil aber Gene – und das ist die harte, unausweichliche Schlussfolgerung aus diesem Kapitel – weder das ausmachen, was wir sind, noch das vererben, was wir als Ganzes sind, und weil vom Genom zum Phänotyp ein verschlungener Weg ist, gilt in der Konsequenz auch: Die Tatsache Evolution kann uns nur sehr wenig über die Produkte der Evolution sagen (Dupré 2009, S. 104).*

Die „Medien-Epigenetik"

Es gibt neben der hier und in den Folgekapiteln verwendeten Epigenetik, die eher als *Epigenese* bezeichnet werden sollte (PM 2010, S. 322), noch eine andere, „publikumswirksamere". Die Medien berichten mehrfach über „epigenetische Vererbung". Immer wieder wird in diesem Zusammenhang der Name Lamarck verwendet. So wird über Ernährungsstudien in Schweden berichtet, bei denen man herausgefunden hat: Wenn Großväter während ihrer langsamen Wachstumsperiode vor der Pubertät hungern mussten, dann war die Wahrscheinlichkeit, dass die jeweiligen Enkel an Diabetes erkrankten, viermal niedriger als im Durchschnitt. Und umgekehrt: Enkel, deren Großväter in eben jenem Lebensabschnitt gut versorgt waren, starben signifikant häufiger an Schlaganfällen und anderen Gefäßleiden. Die unterschiedliche Ernährungslage wirkt sich auf die Eiweißstrukturen aus, in die die Erbsubstanz DNA eingebettet ist.[6]

Bekannt geworden ist Emma Whitelaw, australische Forscherin in Sidney. Ihr gelingt es 1999 bei Agouti-Mäusen, die Vererbung der epigenetischen Marker auf die nächste Generation zu beweisen (Abb. 9.8). Die Marker verpacken die DNA unterschiedlich kompakt. Dadurch wird die DNA unterschiedlich abgelesen. Der Prozess heißt *enzymatische Methylierung*. Man spricht hier auch von Veränderung der Chromatinstruktur. Das Chromatin ist die besagte „Verpackung" der DNA. Chromatinveränderungen sind epigenetisch. Ihre Variation spielt auch eine Rolle bei Belyaevs Experiment mit den Silberfüchsen, speziell bei der dort genannten hormonellen Veränderung der weiblichen Fruchtbarkeit (Jablonka/Lamb 2005, S. 260).

Wir werden uns mit dieser „zweiten Art" Epigenetik im folgenden nicht näher auseinandersetzen, was nicht heißt, dass sie keinen Belang haben könnte für die Evolution. In diesem Buch geht es aber hauptsächlich um die Erklärung der Evolution organismischer Form. EvoDevo verwendet Epigenetik mehr in systemischem Zusammenhang als Epigenese und adressiert das koordinierte Zu-

---

6   Vgl. Kegel 2009.

sammenspiel von Genom, Zellen und Geweben. Dieser Ansatz geht zurück auf Wadddington (Kap. 9) und wird im Kapitel 11 ausführlich dargestellt. Der Entwicklungsapparat, bestehend aus den drei genannten Subsystemen, zeigt dynamische Interaktionen zwischen diesen und mit der Außenwelt. Die Evolution dieses Gesamtsystems *evolutionäre Entwicklung* ist also der Gegenstand der epigenetischen Evolutionstheorie, um die es hier geht (Müller in PM 2010, S. 316 und S. 322ff.).

Abb. 9.8 Identisch und doch nicht identisch
Epigenetik kann, wie an zwei solchen Agouti-Mäusen durch E. Whitelaw erstmals bewiesen, bei identischen Genen (eineiige Zwillinge) durch unterschiedliche Methylierung der Chromosomen unterschiedliche Ausprägungen bewirken, die weiter vererbbar sind – noch vor wenigen Jahren eine utopische Vorstellung.

* * *

10 EvoDevo – Das Entstehen einer neuen Forschungsdisziplin

Die Synthetische Evolutionstheorie behauptet, die wesentlichen Fragen der kausalen Evolutionsforschung beantwortet zu haben. Mikroevolutiver Wandel und Artbildung seien verstanden und Makroevolution sei nichts anderes als eine fortgesetzte Mikroevolution über große Zeiträume. Das Erklärungsschema zufällige Variation und natürliche Selektion wird als ausreichend für die Formentstehung betrachtet. Der genaue Weg vom Genotyp zum Phänotyp wird für das Verständnis des evolutiven Wandels von einem strengen Neodarwinisten als irrelevant betrachtet.

Bei der Befruchtung ist die phänotypische Form aber nicht gegeben, sie wird nicht „mitgeliefert". Der

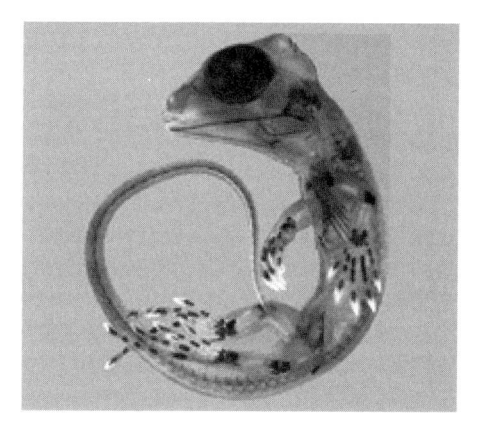

Abb. 10.1 Echsen-Embryo
Jeder Entwicklungsschritt im Embryo ist die Konsequenz des jeweils unmittelbar vorhergegangenen. An allen gestalten Gene, Zellen, Zellaggregate und Umwelt mit.

Embryo muss seine Form erst finden und schaffen. Wäre sie von Anfang an quasi in Miniatur vorhanden, dann würden die EvoDevo-Fragen nicht existieren. Weil aber eine Gestaltbarkeit und eine begrenzte Offenheit in der Embryonalphase vorliegt, und weil jede Veränderung des Phänotyps nur über die Veränderung der embryonalen Entwicklung erfolgen kann und diese ihre eigenen Gesetzmäßigkeiten besitzt, ist die Entwicklung für die EvoDevo-Forscher der Schlüssel für das kausale Verständnis der organismischen Evolution.

Mindestens fünf Aspekte kristallisieren sich heraus:

1. Das Programm für den Phänotyp ist *nicht* komplett im Genom vorgegeben, also kann das Genom allein auch nicht die Quelle von phänotypischer Variation sein.
2. Entwicklungsgene sind Teile eines gemeinsamen molekularen Baukastens für die meisten Lebewesen.
3. Eine wichtige Funktion besitzen epigenetische Regulationsvorgänge in der Entwicklung. Ihre Veränderungen sind Hebel des evolutiven Wandels.
4. Die Bühne für evolutionäre Veränderungen ist der Entwicklungsprozess, während dessen unzählige, hoch komplexe Regulationen zwischen genetischen und epigenetischen Komponenten ablaufen und möglichen Änderungen unterliegen.
5. Sich ändernde Umweltbedingungen können Auswirkungen auf die Entwicklung haben.

B Der Ausbau – Wege zu einer Erweiterten Synthese in der Evolutionstheorie

> *Bei der Befruchtung wird die Form des Organismus im Genom nicht mitgeliefert, auch nicht als Bauplan. Die Entwicklung schafft sich die Form erst schrittweise.* G. B. Müller

Ausgangspunkt für dieses Kapitel ist somit: Während Darwin und die Synthetische Theorie sich nur auf die Anpassung konzentrieren und diese durch die natürliche Selektion erfolgt, geht es bei EvoDevo um die Erklärung des Entstehens phänotypischer Form[7]. *Evolution wird nicht ausschließlich durch Selektion bestimmt wie in der Synthese, denn Selektion kann nichts erzeugen, sie kann nur auslesen. Und das, was ausgelesen wird, die anatomische Lösung von Problemen, wird vom Entwicklungssystem beigetragen* (Müller 2009). Wer in EvoDevo einen Anspruch geltend machen will, bringt die Forderung auf den Tisch, ohne die EvoDevo seine eigene Identität nicht finden kann, nämlich:

> EvoDevo startet mit dem Postulat, dass eine kausal-mechanistische Interaktion existieren muss zwischen dem Prozess individueller Entwicklung und dem des evolutionären Wandels. (Müller in MF 2008, S. 8f.).

Oder anders: EvoDevo versucht, die generellen Auswirkungen entwicklungsevolutionärer Mechanismen zu erklären, die die Hauptrichtung phänotypischer Evolution bestimmen (Jenner in MF 2008, S. 114).

Evolutionstheoretisch ist die Kernfrage: Kann EvoDevo neue Evolutionsfaktoren in die Theorie einbringen?[8] Wenn ja, dann muss die Synthese korrigiert und ergänzt werden. Das aufzuzeigen ist das Anliegen dieses Buches und im Besonderen dieses Abschnitts. Wenn nein, dann bleibt es dabei, dass die neodarwinistischen Faktoren wie Mutation, natürliche Selektion, genetische Drift und sexuelle Rekombination die hinreichenden Faktoren evolutionärer Änderung sind.

Wie kommt man nun vorwärts mit solchen Ideen? Wie kann man sie etablieren?

> *Die Selektion allein kann nichts kreiren.*
> C. Lyell

Wie erlangen die Befürworter Anerkennung im wissenschaftlichen Zirkel? Wie überzeugt man die, die strikt an der synthetischen Sicht festhalten wollen? Und das sind noch immer viele. Wie bekommt man Forschungsgelder, um überhaupt etwas Aussagefähiges zustande zu bringen? Warum genügt es nicht, eine Theorie wie die Selektionstheorie zu widerlegen, indem man – wie etwa Lynch das tut – mathematisch, darstellt, dass Selektion überflüssig ist, um Wandel durchzusetzen? Es kann hier schon vorweggenommen werden: Es bedarf eines wohl durchdachten Plans und wahrscheinlich großen Organisationstalents, um eine Wissenschaft wie die Evolutionstheorie in eine neue oder erweiterte Perspektive zu überführen.

---

7 Näheres unter. www.genesisnet.info
8 Gerd B. Müller im persönlichen Gespräch

10 EvoDevo – Das Entstehen einer neuen Forschungsdisziplin

Die EvoDevo-Kernthemen

Einer der sich diese Mühe macht, EvoDevo generalstabsmäßig in der Szene zu etablieren, ist der Wiener Professor Gerd B. Müller, Leiter des Departments für Theoretische Biologie. Dieser Lehrstuhl ist erst vor kurzem an der Universität Wien eingerichtet worden. Studenten können hier neuerdings auch einen Masterabschluss in Evolutionsbiologie anstreben.

Gerd B. Müller
Leiter des Departments für Theoretische Biologie an der Universität Wien und Vorstand des Konrad Lorenz Instituts für Evolutions- und Kognitionsforschung Altenberg. Müller ist von Beginn an beteiligt am Aufbau der EvoDevo-Forschung. 2008 initiiert er das Treffen der *Altenberg-16*, die für eine Erweiterung der Evolutionstheorie argumentieren.

Seit zwanzig Jahren beschäftigt sich Müller mit EvoDevo. In seiner Disziplin geht es nicht nur um EvoDevo, es geht auch um computergestützte Modellierung biologischer Entwicklungsprozesse und um die Anwendung von Analysesystemen, die mit Massendaten aus bildgebenden Verfahren umgehen.

Gerd B. Müller argumentiert, dass EvoDevo eine eigene Forschungsdisziplin darstellt. Wir folgen Müllers Ausführungen in seinem Beitrag *EvoDevo as a discipline* (MF 2008, S. 5ff.). Vereinfacht gesprochen: Die Theorie der natürlichen Selektion geht der Frage nach, das *Survival of the Fittest* zu erklären. EvoDevo hingegen geht der Frage nach, die Mechanismen zu bestimmen hinter dem *arrival of the fittest* (MF 2008,2), also wie entstehen die Eigenschaften, die den Fittesten charakterisieren? Müller geht von jenen Grundfragen aus, die sich in den vergangenen Jahrzehnten aufgedrängt haben. Da ist die Schwierigkeit des Neodarwinismus, viele Merkmale phänotypischer Evolution zu erklären, darunter

- gerichtete Variationen ↔ Synthese: „zufällige" Mutation
- schnelle Veränderungen der Form ↔ Synthese: graduell, langsam
- das Auftreten nicht adaptiver Merkmale ↔ Synthese: Adaptation
- die Herkunft von phänotypischen Organisationen wie Homologien oder Bauplänen

Kritik übt man daran, dass der Neodarwinismus den generativen, gestaltenden Prozess vernachlässigt hat, der den Genotyp mit dem Phänotyp verbindet. Wir erinnern uns: Der Genotyp erzeugt keinen eindeutigen Phänotyp. Die Gene können das nicht. Wie also ist die Verbindung zwischen beiden?

B Der Ausbau – Wege zu einer Erweiterten Synthese in der Evolutionstheorie

Darwins Ansatz zur Erklärung der Evolution erlaubte ihm, das Problem der Form komplett auszuklammern. Der Ansatz hat klare Vorteile. Er funktioniert zum Beispiel genau so gut bei Merkmalen, deren ontogenetische Herkunft unbekannt ist. Das öffnet einen wesentlich breiteren Blick der Evolutionsbiologie (Amundson 2005, S. 105).

> *Die Synthetische Theorie kann die Beziehung zwischen Genotyp und Phänotyp nur statistisch behandeln. Sie kann nicht ursächlich erklären, wie der Genotyp den Phänotyp erzeugt.*
> G.B. Müller

EvoDevo-Forschern genügt diese abstrakte Sicht nicht. Sie erkennen neue Elemente in der Evolution, etwa die Vogelfeder oder den Panzer der Schildkröte und halten es für wahrscheinlich, dass solche Qualitäten nicht ausschließlich in Mikroanpassungsschritten entstanden sind. Selektion allein kann das nicht hervorbringen, ist die Aussage von EvoDevo-Richtung.

Es ist gemäß der neueren EvoDevo-Lehrmeinung sehr wichtig, in die Evolutionsbiologie die Unterscheidung zwischen Entstehen (Innovation) und Diversifikation (Variation) von Formen einzubringen. Die Synthese wird nicht unbedingt in Frage gestellt, muss aber ergänzt werden. Wie aber das Neue entstehen kann, lässt sich nur erklären, indem die Ontogenese, also die embryonale Entwicklung hinzu kommt und das Thema nicht länger als *Black Box* behandelt wird.

Für EvoDevo ist die Synthese weit entfernt, vollständig zu sein. Sie hat zwei zusammengehörige Lücken: der Fehler, sich nicht mit der Ontogenese auseinanderzusetzen und die Unfähigkeit, genetisch die morphologischen Eigenschaften erklären zu können, die Arten und höhere Taxa kennzeichnen.

Frühe Sicht auf den Embryo

Es war keineswegs immer so, dass Evolutionsbiologen um das Entwicklungsthema einen Bogen gemacht haben. Kaum jemand stellt die Geschichte der Erforschung des Embryos umfassender dar als Ron Amundson in seinem 2005 erschienenen Buch *The Changing Role of Embryo in Evolutionary Thought*. Amundson verdeutlicht, dass die Sicht auf den Entwicklungsprozess nicht erst in den letzten 20 Jahren entstanden ist, sondern von Anfang an, seit Darwin also und im gesamten Neodarwinismus, ihre überzeugten Vertreter hat, die allerdings von der Synthetischen Theorie Jahrzehnte lang ignoriert werden.

Ich will nur einen erwähnen stellvertretend für andere, die nach der Synthesis in Vergessenheit geraten sind – ein Forscher, Anatom und Entwicklungsbiologe, den Wolfgang Wieser wieder zu Ehren kommen lässt: Wilhelm Roux (1850–1924), der in Breslau, Innsbruck und Halle wirkte. Roux erkennt vor 150 Jahren mit scharfsinnigem Blick, dass es keine Eins-zu-eins-Beziehung, keine vollständige Determinierung, zwischen dem vererbbaren Material und dem entstehenden

Organismus, dem Phänotyp, geben kann. Legt Roux in seinem Buch *Der Kampf der Theile im Organismus* (1881) das Hauptaugenmerk auf den Wettbewerb konkurrierender Komponenten und nicht auf ihre Kooperation, so schreibt er aber:

> Außer diesem Beweis, dass viele Theile nicht in absoluter Abhängigkeit von dem Ganzen stehen, spricht sich eine gewisse individuelle Freiheit derselben schon in der embryonalen Entwicklung dadurch aus, dass die vererbten Formenbildungen nicht durch eine vererbte Normierung der Leistungen jeder einzelnen Zelle, sondern bloß nach allgemeinen Normen für die Größe, Gestalt, Structur und Leistungen jedes Organes hergestellt werden, so dass für die Einzelausführung, für den Aufbau aus den einzelnen Zellen ein gewisser Spielraum bleibt, innerhalb dessen sich das Geschehen gegenseitig selbst reguliert.

1881 wird das geschrieben. Man kennt noch keine Genetik, weiß nichts vom Wesen des Erbmaterials. Mendel verstaubt gerade für Jahrzehnte irgendwo in einer Bibliothek, als diese Passagen formuliert werden. Weitblick eines Forschers, der für die lange Zeit der neodarwinistischen Ära in Vergessenheit gerät. Es könnte keinen besseren Einstieg in die EvoDevo-Welt geben.

Die Entdeckung der Homöobox und der Verwandtschaft des Lebens

Ab den frühen achtziger Jahren des 20. Jahrhunderts melden sich in der Wissenschaft wieder Vertreter des embryonalbezogenen Denkens. Zunächst konzentriert man sich auf theoretische Zusammenhänge zwischen Evolution und Entwicklung. Dann kommen klassische Techniken vergleichender experimenteller Embryologie dazu. Man spricht von *evolutionärer Embryologie*, bis schließlich 1996 der Ausdruck *evolutionary development biology* oder EvoDevo, hervortritt und sich später auch durchsetzt. Mitte der 80er Jahre sind zunächst Heterochronie (Kap. 13 und 15) und Entwicklungsconstraints die beherrschenden EvoDevo-Themen.

Sind die Betrachtungsweisen bis dahin nicht unbedingt revolutionär und greifen hauptsächlich das auf, was die Synthese in den Hintergrund geschoben hat, so tritt mit dem Entstehen der molekularen Entwicklungsgenetik eine neue Methodik auf den Plan. Jetzt kann man zum Beispiel die Aktivität von Genen im Embryo sichtbar machen. Eine neue Herangehensweise entsteht, die Entwicklung verschiedener Taxa zu vergleichen. Als schließlich die Hoxgene entdeckt werden und die Biologen nach und nach erkennen, dass weit entfernte Arten unerwartet ähnliche Entwicklungsgene aufweisen, ist ein Höhepunkt erreicht, wie er in der Wissenschaft nur selten in einem Jahrhundert vorkommt. In den darauf folgenden Jahren wird immer deutlicher, dass die Ähnlichkeiten der Hoxgenaktivitäten, also die räumliche und zeitliche Abfolge von Genexpression in der frühen Entwicklung, sogar für anatomisch so unterschiedliche Arten wie Insekten und Säugetiere zutreffen (Box 6).

B Der Ausbau – Wege zu einer Erweiterten Synthese in der Evolutionstheorie

Eine revolutionär neue Erkenntnis. Im Gegensatz zu früheren Anschauungen sind nur relativ wenige Genregulierungsprozesse in das embryonale Fundament der Tierbaupläne eingebunden. Nunmehr werden die Genregulationsprozesse zum Schwerpunkt der Betrachtung, insbesondere deren Ähnlichkeiten und Unterschiede. Heute ist die Evolution des Entwicklungsgenoms und seiner Genregulationsnetzwerke das populärste Thema von EvoDevo.

Effiziente Computerunterstützung, die immer neue Höchstleistungen bei der Sequenzierung von Genomen erzeugt, hilft der Forschung. Die Komplettsequenzierung von Genomen – früher eine Arbeit von Jahren – wird zu einer Computeraufgabe von ein paar Tagen oder Stunden. Das Ganze zu einem Bruchteil früherer Kosten.

Auf dieser Grundlage geht man im neuen Jahrtausend gezielt an die Suche nach kausal-mechanistischen Interaktionen zwischen den Komponenten im Prozess der Individualentwicklung, die für den evolutionären Wandel verantwortlich sind. Die Schwierigkeit hierbei wird erst deutlich, wenn man unterscheidet zwischen dem Einfluss der Entwicklung auf die Evolution und umgekehrt dem Einfluss der Evolution auf die Entwicklung. *Diese reziproke Interdependenz konstituiert die genuine Agenda für dieses Fach*, so Müller. *Die Mechanismen der Entwicklung unterliegen der Evolution, aber umgekehrt haben die Entwicklungssysteme auch Auswirkungen darauf, wie die Evolution verlaufen kann.* (Müller 2009, S. 9) (Abb. 10.3). Und zwar nicht nur über Genexpressionsmechanismen.

Walter Gehring
Molekular- und Entwicklungsbiologe an der Universität Basel. Er entdeckt 1980, dass viele Tierarten gleiche oder sehr ähnliche Hoxgene besitzen, ein auffallender Beleg für die Verwandtschaft der Tiere, besonders ihre Entwicklungsverwandtschaft. Auch mit der Entdeckung des Gens Pax6, das die Augenentwicklung vieler Tiere steuert, hat Gehring weltweit auf sich aufmerksam gemacht.

Umwelt, Evolution und Entwicklung wirken gegenseitig aufeinander und bilden ein komplexes System.   G. B. Müller

An der Stelle wird deutlich, dass Müller Evolution in der Gesamtschau nicht linear-kausal sieht, wenn er von kausal-mechanistisch spricht. Er macht klar, dass EvoDevo es mit einem natürlichen komplexen System zu tun hat. Für solche (Kap. 25) gibt es nach Mitchell keine algorithmische Methode, mit der man verschiedene Teilursachen und Kausalitätsebenen zusammenführen könnte (Mitchell 2008, S. 146). Mathematisch orientierte Kausalitätsforscher würden dem allerdings ein Stück weit widersprechen (Mainzer 2009). Auf jeden Fall haben wir es aber in hohem Maß mit Vielfalt in der Natur zu tun, die sich ausdrückt in dynamischer Stabilität und Instabilität der Kausalprozesse und durch eine nicht zu beseitigende Unsicherheit (Mitchell 2008, S. 151).

Nicht nur Arten evolvieren

Evolution als systemisch zu begreifen verlangt, den Fragenkreis auszuweiten. Es geht nicht mehr allein darum zu verstehen, wie Merkmale eines Lebewesens evoluieren. Folgen wir Müller.

> *Die Entwicklung selbst ist ein über hunderte Millionen Jahre evolviertes System.*
> G. B. Müller

Die erste Frage (Abb. 10.3): *Wie entstand Entwicklung?* Was wir heute in höher entwickelten Arten in der Embryonalphase sehen und analysieren, war nicht immer in diesem, wie Müller es nennt, *routinierten,* fein justierten Wechselspiel vorhanden. Es muss eine Vorgeschichte geben, eine Vorgeschichte der Entwicklung, die einfacher begonnen hat.

Man könnte beim Entstehen des Lebens auf der Erde beginnen. Weiter führt uns allerdings die Beschäftigung mit der Herkunft der Mehrzelligkeit und der Evolution anfänglicher Lebenszyklen: *Zellen sind Umwelt füreinander, sie beeinflussen einander (und deren Gene), auch durch Physik – Zug, Druck etc. –, und ganze Gewebe beeinflussen ihre Zellen (und deren Gene) durch ihre Topografie, Biomechanik etc.* sagt Müller. Es gibt Wettbewerb unter den ersten Zellverbänden. Der Übergang von der Zelle als der Selektionseinheit zum multizellularen Individuum als Selektionseinheit wird als das Schlüsselereignis beim Entstehen von Entwicklung gesehen. In dieser frühen Phase des Lebens existiert ein signifikanter Unterschied zum heutigen Leben, auch zu heutigen Zellen und einfachen Zellverbänden: Es wird vermutet, dass es die strikte Verbindung zwischen Genotyp und Phänotyp, wie wir sie bei heutigen Organismen kennen, noch nicht existiert. Vielleicht besteht eher eine Eins-zu-viele-Beziehung. Erst viel später hätten selektive Fixierung und genetische Routinierung zu den robusten Formen der Entwicklung und den zuverlässigen mendelschen Vererbungsformen geführt wie wir sie bei existenten Arten beobachten. Entwicklung, wie sie heute im Hühnerei oder anderswo bekannt ist, dieser Prozess ist selbst hochgradig evolviert, bis er zu dem Reifegrad gelangt, denn wir heute bewundern, wenn aus einer befruchteten Eizelle in wenigen Wochen oder Monaten fertiges Leben entschlüpft oder geboren wird.

Frage zwei (Abb. 10.3): *Wie konnte das Entwicklungsrepertoire evolvieren?* Mit Entwicklungsrepertoire deutet Müller auf die bereits genannten genetischen und epigenetischen Mechanismen. Carroll spricht, wie wir später sehen (Kap. 14), von einem *Werkzeugkasten.* Wie konnte der eigentlich entstehen und evolvieren? Also konkreter: Wie konnte genetische Redundanz entstehen, wie neue Genfunktionen oder Genduplizierung? Wie Zellinteraktionen und Signalwechselwirkungen? Und wie Modularität? Der Werkzeugkasten war früher primitiver. Heute enthält er ausgefeilte Mechanismen, die Zellwechselwirkungen regulieren (Kap. 11). Alles entstanden durch Evolution. Der Werkzeugkasten selbst entstand durch Millionen Jahre andauernde Evolution. Das Repertoire selbst vermehrte sich.

Modularität zum Beispiel ist ein Kennzeichen, das Entwicklung auszeichnet. Am deutlichsten kann man an Würmern, Krebsen und den Insekten sehen, dass sie aus modularen Segmenten aufgebaut sind. Aber auch höher entwickelte Organismen sind modulartig gebaut. Zellen sind Module, Gewebe auch.

Es wird unterschieden zwischen *Entwicklungsmodulen* und *morphologischen Modulen* (Eble in CRG 2005, S. 221ff.). Die genannten Segmente, etwa an Insekten, sind morphologische Module. Den EvoDevo-Forscher interessieren aber besonders Entwicklungsmodule, etwa genregulatorische Elemente oder Signaltransduktionskaskaden.[9] Modularität ist eine „geniale Erfindung" der Natur für die Beziehung Genotyp-Phänotyp. Wir werden sowohl von Sean B. Carroll in Kapitel 14 als auch bei West-Eberhard in Kapitel 15 mehr dazu erfahren.

Abb. 10.2 Evolution von Mustern auf Schmetterlingsflügeln
Muster auf Schmetterlingsflügeln gehören zu den heute sehr gut durch EvoDevo erforschten Merkmalen in der Tierwelt. Veränderungen können durch Eingriffe an Genregulationen empirisch wiederholbar gemacht werden. Verschiedene Flügelmuster, wie abgebildet, lassen sich heute im Labor variieren. So erhält man Hinweise, an welchen Stellen im Entwicklungsprozess Evolution angreifen kann. Es ist keine Frage, dass Forscher nicht nur Oberflächenmuster, sondern auch formbildende Mechanismen aufspüren wollen (s. Kap. 17 u. dort Abb. 1–6). Das Entstehen von Variation bei organismischer Form ist jedoch schwieriger zu analysieren.

---

9 Wagner et al. unterscheiden zwischen Entwicklungs- und evolutionären Modulen (Wagner et al. in CRG 2005, S. 34f.).

Schließlich die dritte Frage (Abb. 10.3): *Wie können etablierte Prozesse der Entwicklung durch die Evolution modifiziert werden?* Phänotypische Evolution ist nicht mehr primär nur genetische Mutation. Phänotypische Evolution bedeutet die Veränderung der Entwicklung. In den anschließenden Kapiteln wird die Natur dieses Entwicklungssystems dargestellt, seine Selbstregulationsfähigkeit, seine nicht-lineare Reaktionsfähigkeit, etwa auf veränderte Umweltbedingungen, seine Zellmechanismen und -kommunikation. Dieses gesamte System unterliegt der Evolution. Man muss sich nicht vorstellen, dass beim Hausbau unbedingt eine zuvor nicht geplante neue Etage eingefügt wird. Aber kleine, vom Plan abweichende Änderungen sind denkbar. So auch hier. Änderungen in der Entwicklung bedeuten Änderungen im Bauplan.

Die Fragen, die hinzu kommen, erhellen das Neue in EvoDevo, nämlich die umgekehrte Fragestellung von der Wirkung der Entwicklung auf den Evolutionsverlauf. Diese Wirkungsmechanismen kennt die Synthese nicht. Diese Fragen sind es, die die Evolutionstheorie verändern:

Frage vier (Abb. 10.3): *Hat die Entwicklung einen Einfluss auf die phänotypische Variation?* Im Organismus gibt es „eingebaute" Einschränkungen. Der Fachmann spricht von Constraints. Wir haben die Constraints im Kapitel 9 schon in der Form der Kanalisierung kennen gelernt. Die Wissenschaftler, die sich mit Plastizität und Evolvierbarkeit von Organismen befassen, diskutieren heftig darüber, wie diese Constraints oder Schranken von den evolutiven Kräften überwunden werden oder sie eindämmen können.

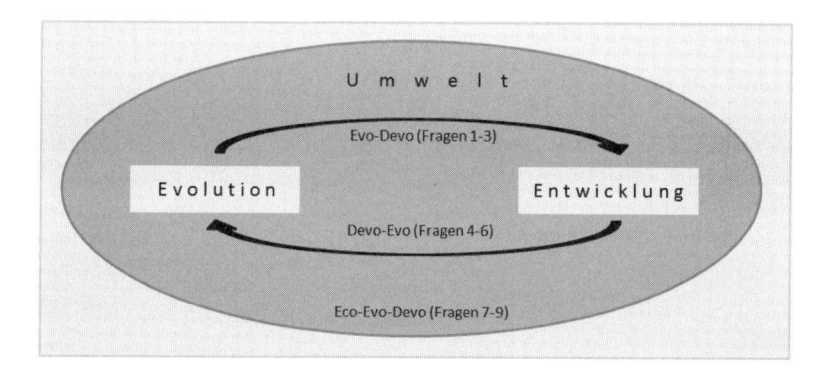

Abb. 10.3 Fragen an der Schnittstelle zwischen Evolution und Entwicklung

Der Begriff „Constraint" mag abstrakt klingen. Ich will das daher an Beispielen festmachen. Stellen Sie sich den Bauplan Ihres Architekten für Ihre Traumvilla vor. Der Plan liegt vor Ihnen für eine wundervolle dreistöckige Villa. Die Bauausführung ist in vollem Gange. Da stellen Sie fest, dass im gleichen Ort, in dem Sie bauen, ein anderer eine eben so anspruchsvolle Villa entworfen hat, aber nicht nur mit geringfügig geschmackvolleren Rundbögen. Nein, die Villa, das gesamte Gebäude, steht freischwebend auf herrlichen Säulen, was ihr eine überirdische Leichtigkeit verschafft. Das wollen Sie nun auch so haben, einen Tick besser natürlich. Die Enttäuschung ist groß, als Ihr Architekt Ihnen mitteilen muss, das hätte man durchaus so planen können. Nur jetzt mit dem vorliegenden Bauplan sei das nicht mehr möglich. Warum nicht?, fragen Sie. Und da erklärt er Ihnen, dass der Bauplan Stahlträger hätte vorsehen müssen, die den Boden der ersten Etage auf den Säulen tragen könnten. Ferner hätte aus Statikgründen auch keine tragende Wand durch die Mitte des Hauses laufen dürfen. Der Plan, so wie er ist, ist also das Constraint, ein Hemmschuh für Träume, die nicht mehr realisierbar sind. Ganz ähnlich ist der Bauplan für einen Embryo ebenfalls sein größtes Constraint gegen mögliche Veränderungen und „Anpassungswünsche". Gould und Lewontin machen sehr früh darauf aufmerksam, wie viele Constraints während der Entwicklung wünschenswerten Anpassungen gegenüberstehen, wenn sie schreiben: *Die Grundbaupläne von Organismen sind stark integriert und reichlich mit Constraints gegen Anpassungen versehen. [...] Constraints verhindern mögliche Pfade und Arten von Veränderungen so strikt, dass sie selbst zum interessantesten Aspekt der Evolution werden* (Gould/Lewontin 1979, S. 594).

Ein weiteres Beispiel: Ein Constraint von einer anderen Klasse als der Gesamtbauplan oder das Skelett ist zum Beispiel das Protein HSP90, das in Kap. 9 schon erwähnt wurde. Im Embryo der Taufliege kann man nachweisen, dass HSP90 als Entwicklungspuffer funktioniert. Nichts anderes ist ein Constraint. Es verhindert, dass genetische/epigenetische Variationen einen unerwünschten Effekt auf den Genotyp haben (Jablonka/Lamb 2005, S. 267). Das kann man sich so vorstellen, dass im Genom bereits eine Reihe von Variationen oder Möglichkeiten, wie der Phänotyp auf äußere Einflüsse reagieren könnte, „vorsorglich" (präadaptiv) angelegt sind. Er reagiert aber nicht. HSP90 hält den Entwicklungsprozess davon ab, dass diese Varianten eintreten. Es versteckt sozusagen die im Untergrund vorhandene Variation. Erst wenn die Kräfte, die auf den Entwicklungsprozess wirken, bestimmte Level über- oder unterschreiten, werden diese Bahnen geöffnet. Mit anderen Worten. Erst dann kommen auch phänotypische Alternativen zustande. Diese versteckten Entwicklungspfade „warten" sozusagen auf die Umwelteinwirkung und die Selektion. Wenn sie zur Ausführung kommen, kann eine evolutionäre Anpassung sehr kurzfristig ablaufen, denn sie ist – wenn man so will – schon vorbereitet (Jablonka/Lamb 2005, S. 270ff.).

Die spannendste, die fünfte Frage aber ist vielleicht die *Frage nach den Neuerungen in der Evolution* (Abb. 10.3): Gibt es überhaupt neue strukturelle Merkmale in der Evolution? Oder ist alles nur abgeänderte Form von bereits Bestehendem? Ist die Schere des Krebses etwas Neues oder ist sie ein abgewandeltes Insektenbein? Wie ist es mit dem Schildkrötenpanzer oder dem Skelett der Säugetiere? Hier ist Begriffsklarheit gefragt: Wie definiert man Neues? Ernst Mayr hat das auf die *Funktion* des Merkmals bezogen. Hat demnach ein Merkmal einer Art eine andere Funktion als das in der Abstammungslinie davor, dann liegt eine Neuheit vor. Entsprechend haben sich die Biologen früher auch mit diesen veränderten Funktionen stark beschäftigt. Heute will der EvoDevo-Wissenschaftler aber wissen, welche

Rolle die Entwicklung spielt, damit es überhaupt zu etwas Neuem kommen kann. Wirt behandeln dieses in einem eigenen Kapitel (Kap. 12).

Hier bringen die EvoDevo-Fachleute ein sehr modernes Verfahren ins Spiel. Die Selektion agiert auf Eigenschaften des Gesamtorganismus wie Farbgebung, Fell, Körperproportionen oder auf das Verhalten. In der Entwicklung kann es nun durchaus vorkommen, so die Meinungen, dass durch die generischen Eigenschaften von Zell- und Gewebesystemen epigenetisch Nebenprodukte (Byproducts) erzeugt werden. Man kann sich so das Entstehen neuer struktureller Elemente, etwa von Teilen des Skeletts, vorstellen als einen Nebeneffekt, der aus der evolutionären Modifizierung von Entwicklungsprozessen entsteht. Die Erklärung des Entstehens der Vogelfeder bei Reichholf (s. Text zu Abb. 12.1) ist ein schönes Beispiel. Epigenetische Mechanismen haben jedenfalls eine tragende Rolle beim originären Entstehen von Körperteilen und der Form des Organismus.

Der Blick auf die Summe der Wechselwirkungen liegt also zwischen den genetisch regulierten (programmhaften) Faktoren und den nicht „programmierten" Faktoren der Entwicklungssysteme und der Frage, wie diese Wechselwirkungen als gesamtes „Räderwerk" evolvieren. Das ist genetisches und epigenetisches Terrain. Die Wissenschaft hat gerade erst begonnen, dieses weite Feld zu erschließen. Wenn die Medien etwas berichten, das hiermit zusammenhängt, dann sind das Punktbetrachtungen. Eine umfassende Erklärung dafür, wie epigenetische Prozesse während der Entwicklung ablaufen und wo Anknüpfungspunkte für evolutionäre Änderungen liegen, hat heute für hoch entwickelte Arten, wie etwa den Menschen, niemand. Wie es bei einfacheren Arten aussieht, darüber kann man aber schon einiges sagen (Kap. 9, 11–15).

Wie entsteht die Organisation der Körperbaupläne in der Entwicklung? (Abb. 10.3) Die Frage ist jetzt nicht nach dem einen oder anderen auffallenden, weil neuen Merkmal. Die Frage ist: Wie kann ein Organismus, der ein hoch kompliziertes Ganzes darstellt, als organisiertes System hergestellt werden? Wenn wir vom Wunder des Lebens sprechen, meinen wir doch meistens zwei Dinge: Die unglaubliche Vielfalt der Formen des Lebens auf unserem Planeten und die mit dem Verstand nicht fassbare, hoch integrierte Form eines beliebigen Tiers, eines Schmetterlings zum Beispiel. Manchmal erscheint uns das Leben zu alltäglich, als dass wir über solche Fragen nachdenken. Wie kann so etwas vollendet Erscheinendes wie eine Schwalbe entstehen?

Hier beobachtet man zum Beispiel, dass die in hohem Maß konservierten Entwicklungsgene, die Hoxgene, nichthomologe Genexpression bei Säugetier- und Nichtsäugetier-Embryonen aufweisen. Umgekehrt gilt aber auch: Homologe Strukturen können durch nicht homologe Gene spezifiziert werden. An all diesen Stufen hat die Entwicklung einen entscheidenden Anteil. Phänotypische Merkmale erlangen Konstanz unabhängig vom darunterliegenden Mechanismus. Man spricht von einer phänotypischen Integration. *Die Identität der Bauelemente wird erhalten, unabhängig von Veränderungen in ihrem molekularen, entwicklungsbiologischen und genetischen „Makeup"* schreibt Müller (2003).

B Der Ausbau – Wege zu einer Erweiterten Synthese in der Evolutionstheorie

> *Was für den Betrachter morphologisch ähnlich aussieht, muss in der Entwicklung nicht ähnlich konstruiert sein.* G. B. Müller

Die Formentstehung in der Entwicklung ist eines der faszinierendsten Kapitel von EvoDevo. Gerd B. Müller, Wien, und Stuart Newman, New York, haben dem Thema *Entstehen der organismischen Form* ein komplettes Buch gewidmet. Müller ist einer der ersten, der seit 1989/1990 immer wieder auf das Thema aufmerksam macht und dabei betont: Keine kongruente Evolutionstheorie ohne Erklärung des Formentstehens. Denn: *[Der Neodarwinismus] vermeidet vollständig die [Erklärung der] Herkunft phänotypischer Merkmale und der organismischen Form. Mit anderen Worten: Der Neodarwinismus hat keine Theorie der Generierung [von Form]* (Müller/Newman 2003, S. 7).

Nun die sechste Frage der Fragengruppe von EvoDevo (Abb. 10.3). Sie kursiert seit einiger Zeit in den Medien, *die Frage nämlich, nicht ob, sondern wie kann die Umwelt mit der Entwicklung und Evolution interagieren?* Diese ketzerische Frage, die so gar nicht in das neodarwinistische Modell passen will, ist jahrzehntelang marginalisiert worden. Das Konzept in EvoDevo, das hierzu Stellung bezieht, ist das Konzept der phänotypischen Plastizität.

> *Umwelteinflüsse können aus einem Genom unterschiedliche Phänotypen erzeugen. Man spricht vom Konzept der phänotypischen Plastizität. Entwicklung und Umwelt erzeugen die Plastizität.* G. B. Müller

Es geht darum, wie Umwelteinflüsse auf das Genom, auf den embryonalen Entwicklungsweg und letztlich auf die Morphologie evolvierender Arten Einfluss nehmen und wie die Reaktionen aussehen. Stearns (zit. in WE 2003, S. 33) verwendet als Definition für Plastizität *die Fähigkeit eines mit nur einem Genotyp assoziierten Phänotyps, mehr als eine kontinuierlich oder nicht kontinuierlich variable Form der Morphologie, Physiologie oder des Verhaltens in verschiedenen Umweltsituationen hervorzubringen. Das bezieht sich auf sämtliche Arten phänotypischer Reaktionen, die von Umwelteinflüssen induziert sind.* Treten solche Reaktionen bereits in der Entwicklung auf, spricht man auch von Entwicklungsplastizität. Können sie als Reaktion auf Einflüsse von außen identifiziert werden, haben wir es mit einem adaptiven Merkmal von Arten zu tun.

Der amerikanische Entwicklungsbiologe Scott F. Gilbert ist eine Leitfigur in der Umwelt-Entwicklungsforschung der letzten Jahrzehnte (Gilbert/Epel 2009). Er nennt eine Fülle von Fällen, wie zum Beispiel die Umwelt bei Wirbeltieren auf den Phänotyp wirkt, ihn formt (Gilbert in MN 2003, S. 87–101). Ich will ein paar davon aufführen. Da gibt es die geschlechtliche Determinierung von Schildkröteneiern je nach Temperatur. Beträgt diese im Sand unter 25 Grad Celsius schlüpfen Männchen, liegt sie über 30 Grad, schlüpfen Weibchen. Das Geschlecht ist nicht genetisch durch die Eltern festgelegt, sondern adaptiv durch die Umwelt. Auch die Jahreszeiten bestimmen den Phänotyp mit, so bei Schmetterlingsarten. Mehr

10 EvoDevo – Das Entstehen einer neuen Forschungsdisziplin

Box 6 – Konservierung von Entwicklungsgenen — ein Paradox?

Die Hoxgene steuern in der Embryonalphase der Tiere die Identität von Segmenten. Dafür sind sie auf der DNA hintereinander in Clustern angeordnet, damit sie in der Entwicklung auch nacheinander exprimiert werden können, um die dreidimensionale Körperstruktur zu ermöglichen: Rückgrat, Achsensymmetrie, Kopf, Beine etc. Nach synthetischer Denkart ist allein die natürliche Selektion der Grund dafür, dass Hoxgene über viele Millionen Jahre unverändert geblieben sind, da schon kleine Mutationen hier meistens katastrophale Wirkung zeigen würden und letal, also tödlich sind. Man mag die Ähnlichkeiten in der Grafik für nicht allzu hoch halten, dabei ist aber zu bedenken, dass die durchschnittliche Länge eines menschlichen Gens 41,4 kbp (Kilobasenpaare) beträgt, das entspricht 41 400 Bit, das sind 41 400 mögliche einzelne Punkt-Mutationsfehler für ein Gen. Da ist höchste Zuverlässigkeit beim Kopieren als auch beim Exprimieren gefragt.

Für den Körperbau von Fliege oder Maus und Mensch werden zum Teil identische Gene verwendet und auch in derselben Reihenfolge exprimiert. Diese Identitäten müssen demnach zurückgehen bis vor die Zeit, als die entsprechenden Abspaltungen erfolgt sind.

Die Entdeckung der Hoxgene 1980 und in der Folge auch die Entdeckung, dass identische Hoxgensegmente (Module) bei unterschiedlichen Arten für die Konstruktion homologer Körperteile zuständig sind, zählt zu den herausragenden Fortschritten der Biologie der letzten Jahrzehnte. Davor ist man davon ausgegangen, dass entfernt verwandte Arten entsprechend unterschiedliche Entwicklungsgene haben. Dass das nicht so ist, ist also kein Paradoxon, sondern ein wunderbarer Beleg für die gemeinsame Abstammung der evolvierten Arten.

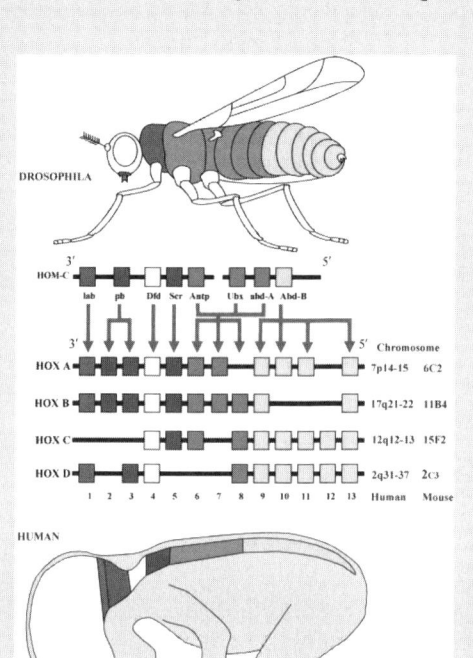

Hoxgen-Expression bei Fliege und Mensch.
Die Kopf-Schwanz-Organisation des Körpers liegt unter Kontrolle verschiedener Hoxgene. Fliegen haben einen Satz von acht Hoxgenen, alle als kleine Box im Bild repräsentiert. Der Mensch besitzt vier Cluster dieser Gene. Bei Fliege und Mensch entspricht die Aktivität eines Gens ihrer Position in der DNA; Gene, die am Kopf aktiv sind, liegen am einen Ende, diejenigen, die am Schwanz aktiv sind, am anderen Ende und Gene für die mittleren Segmente liegen dazwischen.

145

B Der Ausbau – Wege zu einer Erweiterten Synthese in der Evolutionstheorie

Tageslicht und geringere Temperatur bringt einen dunklen Typ hervor, weniger Licht einen orangen Typ. Das ist Polymorphismus. Daneben beschreibt Gilbert auch phänotypische Entwicklungsformen, die abhängig sind von der Ernährung oder vom vorhandenen Feindbild.

Am faszinierendsten ist vielleicht die Spielform, dass eine Wüstenfroschart extrem abhängig davon ist, dass sich oft nur einmal im Jahr, nämlich im Frühjahr, Tümpel in ihrer Umgebung mit Regenwasser füllen. Bis dahin vergraben sich die Tiere im Sand, 12 Monate lang. So lange nämlich ist rundum alles ausgetrocknet. Es gilt für die Nachkommen, ihren Phänotyp so extrem flexibel zu entwickeln, dass die Frösche schon bei Donnergrollen Richtung Tümpel aufbrechen, dort ihre Eier legen und die Kaulquappen beim exakt richtigen Wasserstand des Tümpels ihre Metamorphose durchmachen können. Was aber, wenn das Timing mit Regen und Wasserstand nicht klappt? Kein Problem für die Tiere: Die Art ist nicht abhängig davon, dass der Tümpel unversehens wieder austrocknet, wodurch die Metamorphose der Kaulquappen unmöglich und die Population dahin gerafft würde. Der Frosch, genauer die Kaulquappen, entwickeln sich in Abhängigkeit vom Wasserstand. Geht der zurück, droht also eine Austrocknung, dann entwickeln einige der Kaulquappen ein größeres Maul, stärkere Muskulatur und Körpergröße und sind damit in der Lage, sich von den nährstoffreichen Geschwister zu ernähren. Ergebnis: Für die Kannibalen-Kaulquappen läuft die Metamorphose zum Frosch erheblich schneller ab. Das Epigenom dieser Froschart kann also gezielt und exakt auf abiotische Bedingungen reagieren. Das ist nur eines von unzähligen Beispielen, bei denen die Natur außergewöhnliche phänotypische Plastizität hervorbringt. Und wir werden noch sehen: Plastizität ist ein Schlüssel für Evolution.

Haben wir es hier mit ein paar exotischen Fällen aus einer unendlich vielfältigen Natur de Lebens zu tun oder mit grundlegenden Phänomenen, die uns der der Erklärung, wie Evolution funktioniert, einen wirklichen Schritt näher bringen? Es kann dem Leser nicht deutlich genug vor Augen geführt werden, wie wichtig das Thema phänotypische Plastizität für die Evolution ist. Marie Jane West-Eberhard (*1941), US-Forscherin am Smithonian Tropical Research Institute und eine Kapazität in EvoDevo, hat 2003 ein epochales Buch herausgebracht, in dem sie den Phänotyp in den Mittelpunkt der Evolution stellt. Das 800 Seiten starke Buch ist ihr Lebenswerk und es ist der Versuch, eine kongruente Evolutionstheorie zu entwerfen, die vom Phänotyp ausgeht und eben nicht mehr nur vom Genom und der starren Vorstellung, dass das Genom einen determinierten Phänotyp erzeugt. Nach West-Eberhard ist der Phänotyp der Ursprung aller Veränderung, und zwar in all seinen Entwicklungs- und Lebensphasen, also auch nach der Geburt (WE 2003, S. 32). Das Genom zieht in der Regel phänotypischer Veränderung nach (WE 2003, Kap. 6; dazu mehr hier in Kap. 15).

Der letzte Fragenkomplex in Gerd B. Müllers großem Bogen, den er für die EvoDevo-Agenda spannt (Abb. 10.3), ist die Frage, ob und wie die evolutionäre Entwicklung (EvoDevo) auch auf die Umwelt wirkt. So abwegig sich das im ersten Moment anhören mag: Hier sind wir an einem Punkt angelangt, wo moderne Wissenschaft gefordert ist, denkbare Wechselbeziehungen zu hinterfragen.

10 EvoDevo – Das Entstehen einer neuen Forschungsdisziplin

Kein System in der Natur kann als geschlossenes System betrachtet werden. Die Systemtheorie und die Komplexitätstheorie sehen ihren Untersuchungsgegenstand immer im Gesamtzusammenhang. Und darauf will Müller hinaus. Wir erhalten Antworten auf diese anspruchsvolle Frage in Kapitel 20, wo es darum geht, wie die Evolution und Kultur des Menschen interagieren und in Kapitel 21, wo uns John Odling-Smee darstellt, wie die Evolution von Arten die Umwelt verändert und wie der Weg in die andere Richtung aussieht.

Das ist also der Rahmen, das Problemfeld, mit dem es EvoDevo als neue Wissenschaft zu tun hat. Der Stoff soll nun aus der Sicht gegenwärtig wirkender Forscher mit ihren jeweils eigenen Theorieansätzen, aber auch mit weiteren empirischen Beispielen vertieft werden. Den roten Faden bildet dabei die *Erweiterte Synthese* in der Evolutionstheorie.

Der Rahmen, den wir hier in drei großen Blöcken skizziert haben, ist eine konsequente Anwendung dessen, was die Philosophie, die Systemtheorie und Komplexitätstheorie von der modernen Wissenschaft fordern: die Gesamtschau des Untersuchungsgegenstands in seinem Wirkungszusammenhang, die Zurückweisung von eindimensionalen, monokausalen Erklärungen, kurz: die Überwindung des reduktionistischen Paradigmas.

Forschungsrichtungen

Unter den Forschungsrichtungen, in denen heute empirisch und theoretisch am EvoDevo-Programm gearbeitet wird, finden wir unter anderem die empirische Forschung. Die fortschreitende Analyse von immer mehr Regulatorgenen mit immer besserer Technologie, auch mit visuellen Möglichkeiten, macht diesen Bereich zum aktivsten in der empirischen EvoDevo-Forschung (Abb. 10.4). Hierher gehören zum Beispiel die Entdeckung der Musterevolution in Schmetterlingsflügel (Abb. 10.2) oder die Erzeugung von Farbvariationen bei der Tabakschwärmer-Raupe (Abb. 12.7). Weitere Belege werden dafür erwartet, dass die Evolution der Form des Organismus weniger eine direkte Folge genetischer Mutation ist, wie man früher glaubte, sondern vielmehr die Folge von fortlaufenden Veränderungen, Neuanordnungen und Reorganisation im Entwicklungsverlauf, unter anderem der Regulator-Genexpressionen *Es herrscht heute ein weitreichender Konsens darüber, dass Änderungen in der Regulation der Entwicklungssysteme für die beobachtbare phänotypische Vielfalt verantwortlich sind* (Laubichler in R. Junker 2008, S. 15).

Theoretische Forschung: Wie passen all die neuen Erkenntnisse in den theoretischen Rahmen: Genotyp-Phänotyp-Beziehung, Plastizität, Modularität, Selbstorganisation des Organismus etc.? Die Integration in eine konsistente Evolutionstheorie ist hier gefordert. Das ist die in diesem Buch vorgestellte *Erweiterte Synthese* der Evolutionstheorie.

B Der Ausbau – Wege zu einer Erweiterten Synthese in der Evolutionstheorie

Standortbestimmung der empirischen Forschung

Den Abschluss des Kapitels bildet eine Standortbestimmung, was heute empirisch belegt werden kann. Wo werden die geforderten (allgemeingültigen) EvoDevo-Mechanismen, die man sucht, tatsächlich gefunden? Abb. 10.4. gibt einen Ausschnitt wieder aus einer umfangreicheren Zusammenstellung, die Ronald A. Jenner erstellt hat (Jenner in MF 2008, S. 102ff.). Hier handelt es sich um *idiografische* Untersuchungen und Ergebnisse. Idiografisch ist eine Forschungsrichtung, wenn sie das Ziel hat, konkrete, zeitlich und räumlich einzigartige Vorkommnisse zu analysieren. Entsprechend sehen wir in der Abbildung auch Angaben über bestimmte Krebse, Schmetterlinge oder Höhlenfische (Modell-Systeme) und nicht ganze Taxa. Das nämlich wären nomothetische Forschungsergebnisse, allgemeingültige.

> *EvoDevo erforscht konkrete Ursachen der Formentstehung, während für die neodarwinistische Sicht die statistische Korrelation zwischen genetischer und phänotypischer Variation und natürlicher Selektion das Thema war und eher deskriptiv behandelt wurde.*
> G. B. Müller

Übertragbar auf andere Arten sind die idiografischen Ergebnisse nicht. Jenner wünscht sich daher, dass sich die Forscher stärker bemühen nachzuweisen, ob bestimmte Mechanismen bei Arten mit gleichen Bauplänen auftreten. Er nennt das Entwicklungstypen, also Klassen von Organismen mit gleichen Entwicklungsmerkmalen, etwa Ameisen, Gliederfüßler, Wirbeltiere etc.[10]

Richtet man – so Jenner – die Untersuchungen stärker auf solche Gruppen, wird man sich leichter tun, innerhalb dieser Klassen allgemein gültige EvoDevo-Prinzipien zu bestimmen.[11] Das wäre durchaus Erkenntnisgehalt mit gewissem allgemein gültigem Charakter. Jenner resümiert (Jenner in M/F 2008, S. 115): *Wer heute vorschnell schließt, EvoDevo hätte die in sie gesetzten Erwartungen nicht erfüllt, erwartet einfach viel zu früh viel zu viel.*

---

10 Der Begriff Entwicklungstyp ist nicht zwingend deckungsgleich mit Begriffen der Systematik in der Biologie. In jedem Fall ist er oberhalb von Arten angesiedelt. Ein Beispiel für einen Entwicklungstyp ist das Wirbeltier-Gliedmaß. Zur Dichotomie-Problematik, auf der Basis von Entwicklungstypen eine mit der Synthese und damit der Populationsgenetik kompatible Theorie aufzubauen, deren evolutionärer Untersuchungsgegenstand Arten sind, vgl. Amundson, 2005, Kap. 11.5: *Structuralist Ontology: Communality and Development Types* S. 229ff. Es handelt sich hier um ein zentrales philosophisches Thema von EvoDevo, auf das in diesem Buch nicht näher eingegangen werden kann.

11 Zur Problematik der Inkompatibilität, Entwicklungstypen mit dem Populationsdenken der Synthese auf eine Linie zu bringen, siehe Amundson 2005, S. 256.

10 EvoDevo – Das Entstehen einer neuen Forschungsdisziplin

EvoDevo-Mechanismen	Beispiel	Modell-System	Wissenschaftler (Jahr d. Beschreibung)	Behandl. hier
Gen-Ebene	Genregulierungs-Netzwerk	Seestern	Davidson Erwin (2006)	Abb. 17.4
Epigenet./ Zellebene	Genregulierung durch transpos. Elemente	Maus-Fell-Farbe Knochenfisch	Richards (2006); Biémont/Vieira (2006); Rudel/Sommer (2006)	Kap. 9; Abb. 9.6; Abb. 9.9
Gewebe/ Organ	Segmentierung	Gliederfüßler, Wirbellose	Minelli/Fusco (2004)	Kap. 14; Kap. 17
Organismus	Gerichtete Entwicklung	Fadenwurm	Arthur (2004)	Kap. 13
Allgemein	Modularität, Cooption	Höhlenfisch-Sinnesorgane; Kopf- und Torax – Horn b. Käfer	Franz-Odendaal/Hall (2006), Moczek (2006)	Kap. 10; Kap. 15; Abb. 15.1
Allgemein	Entwicklungs-Constraint; Evol. Neuheiten; Beziehung zw. Mikro- u. Makroevolution	Seeanemone, Schnecke; Schmetterling-Flügel-Muster; Stichling-Skelett	Gould (2002); Darling et al. (2005); Rudel/Sommer (2003); Joron et al. (2006)	Abb. 10.2; Kap. 11; Kap. 12; Kap. 14; Kap. 17
Allgemein	Genetische Assimilation	Saisonale Unterschiede der Flügelmuster b. Schmetterling	Pigliucci (2005)	Kap. 9; Kap. 11; Kap. 12; Kap. 15; Abb. 9.1
Entwickl.-typen, Tiere mit ident. Bauplan	entw./phänotyp. Plastizität; Polyphänismus; Organismen mit reduzierten Merkmalen; Tiere mit Set a side Zellen	Ameisen-Kasten-Polyphänismus; Flügelverlust bei sterilen Ameisenkasten; Augenverlust b. Höhlenfisch; Vielborster, Seeigel	Abouheif /Wray (2002); Extravour (2004); Jeffery et al.(2003); Shapiro et al. (2006); Peterson et al. (1997); Ransick et al. (1996); Blackstone Ellison (2000)	Kap. 15
Gewebe/ Organ	Schnabelgröße u.-form	Darwin-Finken	P. u. R. Grant, Diss. (2003)	Kap.3; Kap. 11
Gewebe/ Organ	Polydaktylie – Polyphänismus	Katze	Lange (2013)	Kap. 12

Abb. 10.4 Auswahl von EvoDevo-Mechanismen[12].
Die Übersicht Jenners zeigt, woran heute empirisch geforscht wird und dass man dem Ziel, EvoDevo-Mechanismen zu finden und erklären zu können, beharrlich näher kommt, auch wenn verschiedene Modell-Systeme bis heute unterschiedliche Mechanismen aufweisen.[13]

Müller steckt noch einmal den großen Zusammenhang ab: *Es ist der Schritt von einem früher überwiegend statistischen Korrelationsansatz zu einem kausal-mechanistischen Ansatz*, der eines der Hauptkennzeichen der *Erweiterten Synthese* darstellt

---

12   Auswahl einer Übersicht von Jenner in Minelli/Fusco 2008, S. 102–104, ergänzt vom Verf.
13   Eine noch ausführlichere Übersicht von Beispielen epigenetischer Vererbung bei Tieren gibt Gilbert 2009, S. 450ff.

B Der Ausbau – Wege zu einer Erweiterten Synthese in der Evolutionstheorie

(Müller 2010, S. 327). Die Evolutionstheorie ist hier gefordert. Dabei erwächst es zu einer, man möchte sagen königlichen Aufgabe, die vielen neuen EvoDevo-Erkenntnisse in eine Gesamttheorie der Evolution zu integrieren. Müller ist dabei, zusammen mit anderen eine kongruente, mit der Synthese vereinbare, integrierte Gesamttheorie zu schaffen, die Bestand hat und von der Forschungsgemeinschaft angenommen werden kann. Sie läuft unter dem Titel *Extended Synthesis*. In Kapitel 16 wird ihre Entstehungsgeschichte lebendig. In welchem Maß der komplexe Untersuchungsgegenstand der Evolutionstheorie es überhaupt zulässt, eine einheitliche Gesamttheorie zu erstellen, wird in Teil C behandelt.

* * *

11 Die Theorie der erleichterten Variation von Kirschner/Gerhart

Mit dem zuvor zu EvoDevo und zur Epigenese Gesagten lässt sich leichter einsteigen in die Gedankenwelt von Marc Kirschner und John Gerhart, beide USA. Marc Kirschner ist Mitglieder der *Altenberg-16*. Der Leser lernt von diesen Forschern eine neue Systemtheorie kennen. Ihr Buch war das erste auf dem Embryonalgeschehen basierende, das in deutscher Sprache erschien. Kirschner/Gerhart wollen Antworten auf eine Reihe von Fragen geben, die die Synthetische Evolutionstheorie offen lässt:

- Wo ist der Bauplan des Genoms wenn nicht im Genom?
- Wie erzeugt der Genotyp den Phänotyp?
- Wie beliebig ist die Variation des Phänotyps?
- Wie kommt es zu einem Gleichgewicht zwischen Variationsbreite und -begrenzungen des Phänotyps?
- Wie können komplexe Systeme (Auge) erklärt werden, die aus unabhängig entstandenen Subsystemen bestehen?

Zur Übersicht hilft Abb. 11.1. Darin werden 5 Ebenen unterschieden[14]. Die Ebene 1 ist die der DNA im Zellkern, also die genetische Ebene. Die Ebene 1 selbst ist aber auch schon eine epigenetische Ebene, da im Zellkern Genregulierungen mit Hilfe von Enzymen ablaufen. Ferner sind die Ebenen 2 bis 5 epigenetische Ebenen, bis Ebene 4 zum eigenen Organismus gehörend. Ebene 5 ist die Außenwelt, Population, Ernährung, Klima, Feinde, soziales Umfeld etc. Auf jeder Ebene wird das spezifische Problem, welches die Synthese nicht gut erklären kann, explizit genannt. Die Vorschläge von Kirschner/Gerhart werden auf der rechten Seite in Stichworten aufgeführt und im Folgenden hier erläutert. Bemerkenswert ist, dass es den beiden Autoren gelingt, eine Erklärung für die hunderte Millionen Jahre andauernde Stabilität der Baupläne und den parallelen Spielraum für das evolutionäre Geschehen zu formulieren. Schauen wir uns näher an, mit welchen Argumenten Kirschner/Gerhart an die Sache herangehen und wie sie ein schlüssiges Modell bauen, das sie

Marc Kirschner
Er veröffentlicht 2005 zusammen mit seinem US-Kollegen John Gerhart das erste in deutsche Sprache übersetzte Buch zu Eco-EvoDevo.

---
14 Die Autoren selbst sprechen nicht explizit von diesen Ebenen. Bei anderen Autoren wird diese Einteilung aber verwendet, so z. B. bei McShea (M. Mitchell, 2009, S. 110).

erleichterte Variation nennen. Wenn sie von erleichterter Variation sprechen, geben die beiden Forscher auch eine Antwort darauf, dass immer wieder bezweifelt wird, so auch von Konrad Lorenz, ob die Zeit von ein paar Milliarden Jahren ausreichend gewesen sein kann, um die vorhandene evolutionäre Vielfalt und Komplexität hervorbringen zu können (Lorenz 1973, S. 44).

Die Evolutionstheorie, so der Vorschlag von Kirschner/Gerhart, sollen wir uns aus drei gleichberechtigten Säulen oder Subtheorien vorstellen (Kirschner/Gerhart in PM 2010, S. 276):

- eine Theorie der phänotypischen Variation
- eine Theorie der Vererbung
- eine Theorie der Selektion

Darwin hat sich umfassend mit dem Thema Selektion beschäftigt. Mit Mendel kommt die Vererbung ins Spiel, die im 20. Jahrhundert im Zug der Molekularbiologie erheblich ausgebaut werden kann. Aber was ist mit einer Theorie der phänotypischen Variation? Man geht ein Jahrhundert lang von gegebenen oder zufälligen genetischen Mutationen aus, ohne zu erklären bzw. erklären zu können, wie aus genetischer Mutation phänotypische Variation entstehen kann. Hier setzen die beiden Autoren an. Sie erklären sich gegen eine Theorie, wonach die Selektion die einzige kreative Kraft der Evolution ist (S. 254):

> Neuheit entsteht durch das Zusammenspiel der Eigenschaften des Organismus sowie der Mutation unter den Bedingungen der Selektion. [...] Wir machen deutlich, warum Evolution, die allein durch ein quantitatives Modell erklärt wird [gemeint sind populationsgenetische Berechnungen von Genfrequenzen d. Verf.], das die Details der phänotypischen Veränderung übergeht, eine eingeschränkte Sicht ist. Ein solches Modell erklärt nicht, wie genetische Veränderung zu phänotypischer Veränderung führt, es sagt nur, dass es so ist. Doch mit der Auslassung kann nichts gesagt werden über Art und Umfang phänotypischer Variation (S. 255).

Die Evolutionstheorie sollte neben Vererbung und Selektion ebenso die Entstehung phänotypischer Variation erklären.

Kirschner/Gerhart

Um Kirschner/Gerhart zu verstehen, müssen wir einige Mechanismen genauer erläutern, die phänotypische Variation ermöglichen und gleichzeitig die Stabilität der Baupläne und ebenso das organismische Funktionieren aufrecht erhalten. Bevor wir das tun, will ich auf Abb. 11.1 näher eingehen. Es geht darum, das Prinzip der Darstellung mit den abgebildeten fünf verschiedenen Organisations- oder Erklärungsebenen deutlich zu machen und was dies für die Evolutionstheorie bedeutet.[15]

---

15 Zur Aussagefähigkeit bei verschiedenen Erklärungsebenen s. z. B. Solé/Goodwin 2000, S. 25.

Abb. 11.1 Entstehung von Variation in der Evolution auf epigenetischer Ebene
(Theorie der erleichterten Variation nach Kirschner/Gerhart. Ebenen sind vom Verf. nummeriert)

Epigenetische Ebenen

Ebene 5 – Außenwelt

Problem: Kann der Organismus auf einen Umweltstressor mit der Mutation eines bestimmten Gens reagieren? „Ja" bedeutet Abweichung von darwinistischer Theorie, wonach Mutationen unabhängig von Außeneinflüssen sind. Zufällige Mutation und natürliche Selektion sind die alleinigen neodarwinistischen Faktoren für die Evolution.
Antwort: Die auf Basis schwacher Kopplungen in der Entwicklung ablaufenden Genregulierungen können beeinflussbar sein durch sich verändernde Umweltparameter.

Ebene 4 – Phänotyp

Problem des Darwinismus: Wie erzeugen genotypische Veränderungen phänotypische Veränderungen bzw. wie führen genetische Veränderungen zu funktionierenden Anpassungen des Phänotyps? Kann zufällige genetische Variation die einzige generative Kraft von Neuartigem in der Evolution sein? Darwins, die Entstehung komplexer Systeme (Auge) zu erklären, da diesem zahlreiche unabhängige Entwicklungen vorausgegangen sein müssten. Pleiotropieproblem: Genetische Veränderung führt an einem Ort des Organismus zu Verbesserung und an anderem Ort gleichzeitig zu Verschlechterung.
Antwort: Das wird verhindert durch konservierte Kernprozesse, Kompartimentbildung und durch explorative Prozesse.

Ebene 3 – Andere Zellen

Problem: Wie kann es zur Ausbildung differenzierter Zellen kommen (ca. 300 beim Mensch)?
Antwort: Kompartimentbildung der Körperbaupläne aller Tiere entsteht im mittleren embryonalen Stadium; sie ist nicht im Detail im Genom codiert.
Problem: Wie können die Kernprozesse die Schaffung neuartiger Variation in der Evolution erleichtern? Wie kann das Nervensystem bzw. Arteriensystem entstehen?
Antwort: Schwache veränderbare Kopplungen über Zellsignalstoffe und explorative Prozesse zwischen Zellen.

Ebene 2 – Zytoplasma der Zelle

Problem: Sämtliche 30 Tierstämme sind im Frühkambrium entstanden (Innovationsschub); seither gibt es keinen einzigen neuen Tierstamm. Warum? Was hat zu dieser Stabilität (Robustheit) geführt?
Antwort: Stabilität der Kernprozesse und deren Konservierung.

Ebene 1 – Zellkern

Problem: 22 500 Gene des Menschen können keine ausreichende Erklärung sein für die Komplexität des erwachsenen Organismus bzw. für dessen Entstehung aus einer einzigen Eizelle. Mensch besitzt nur 1,5 mal so viel Gene wie die E. coli Bakterie. DNA liefert keine Information für die zelluläre Konstruktion im großen Maßstab. Zellen, die über dieselbe DNA verfügen, bilden unterschiedliche Formen aus.
Antwort: Änderungen der Genregulation während der Entwicklung.

Ebene 1
Gene werden an verschiedenen Stellen, zu verschiedenen Zeiten, unter verschiedenen Umständen und in vielen verschiedenen Kombinationen abgelesen (Genexpression).

Ebene 2
Adaptives Zellverhalten führt zu stabilen Kernprozessen der Zelle, die leicht in neuen Kombin. zusammengefügt werden können (Einschränkung der Variationsbandbreite).
Bsp. für Stabilität von Kernprozessen:
1. Proteinsynthese nach identischem genetischen Code bei allen Lebewesen
2. Identische Funktion der Zellmembran bei allen Zellen aller Lebewesen
3. Ident. Funktion der Hoxgene zur Bildung der Kompartiment-Identität
Schwache Kopplung durch einfache Transkriptionsfaktoren und Signalweiterleitung. Das ist eukaryotische Genregulation. Als starker Kernprozess erleichtert sie die Variation.
Bsp. 1. Hämoglobin reagiert mit flexibler Sauerstoffbindung bei körperlicher Betätigung
Bsp. 2. Schilddrüsenhormon reguliert Wachstumsgene. Zellform reagiert auf Schlüsselreize unabhängig von genetischer Kontrolle.

Ebene 3
Exploratives Verhalten mit sehr großer Adaptionsbandbreite Beispiel. Zellbeziehung bzw. Nerv und Muskel:
Axone von Nervenzellen nehmen Beziehung zu entfernten Zielzellen oder Organen auf.
Zunehmende Beweise, dass die Feinabstimmung der Verbindungen vom funktionierenden Feedback zwischen Nervenzellen u. Zielzellen abhängig ist.
Kompartimente. Prozesskartenkombin. an unterschiedlichen Stellen im Körper ermöglicht den Einsatz von Genkombinationen an unterschiedl. Orten.
Bsp. für Kompartimentbildung und explorative Prozesse: Neuralleistendifferenzierung (Geweih, Rüssel, Hörner); Szenarien für breites zelluläres Reaktionsspektrum.

Ebene 4
Veränderung von Umfang und Art phänotypischer Variation muss aus der Konstruktion des Organismus selbst entstehen.
Der existierende Organismus be- und entschränkt die Variation seines Phänotyps, was die Art wie auch den Umfang angeht.
Erleichterte Variation Phänotyp. Veränderung wird begünstigt durch konservierte Komponenten, weil weniger genetische Veränderungen nötig sind, um phänotypisch Neues zu erzeugen, u. zwar auf Grund von Wiedergebrauch in neuen Kombinationen und in anderen Bereichen ihres adaptiven Leistungsspektrums.
Variation wird vorwiegend deshalb erleichtert, weil so viel Neuheit in dem verfügbar ist, was Organismen bereits besitzen.
Aber: Variation durchdringt nicht alle Merkmale des Phänotyps.

Ebene 5
Entwicklungsbiologie: Metamorphose (hormonell)
d. h. Genom wird zweimal unterschiedlich abgelesen. Das Timing dafür kann von der Außenwelt abgelesen werden.
Geschlechtsbildung abhängig von Umwelt-Faktoren (Fische, Reptilien).
Evolutionsbiologie:
Baldwin-Effekt =
Signalauslösung von außen führt zu somatischer Veränderung des Organismus. In späteren Generationen treten in einigen Fällen erbliche Veränderungen auf. Dadurch weitere Modifizierung oder Verbesserung der Adaption und Erhöhung der Fitness. Die genetische Veränderung geht der phänotypischen nicht voraus, sondern Mutationen folgen im Lauf der Selektion und optimieren (assimilieren) die Veränderung.
Prinzip: „Gene führen nicht, sie folgen."

Wir haben bereits gesagt, die Synthetische Theorie argumentiert auf der Ebene des Genoms. Noch präziser: Sie argumentiert mit fiktiven, vom Organismus losgelösten, abstrahierten Genen und untersucht mathematisch-statistisch die Häufigkeiten von als zufällig angenommen Mutationen dieser Gene auf der Populationsebene der Arten. Das ist eine Form streng reduktionistischer Methode. Reduktionistisch deswegen, weil allein die Genfrequenzbetrachtung zusammen mit der natürlichen Selektion die Erklärung für Evolution ist. Auf der biologischen Seite analysiert man also auf dem Level der kleinsten Bestandteile. Übertragen auf Abb. 11.1 spielt sich die Betrachtung der Synthese noch unterhalb der dortigen fünf Ebenen ab. Die unterste Ebene dort ist der Zellkern, das ist aus Genomsicht bereits eine erste epigenetische Ebene. Im Zellkern liegt nicht nur das Genom, dort spielt sich auch die Genexpressionen teilweise ab.

In Abb. 11.1 sind auf jeder der fünf Ebenen für Kirschner/Gerhart typische Probleme oder Fragestellungen aufgeführt. Keines dieser Probleme kann beantwortet werden auf der oder den jeweils darunter liegenden Ebenen. Ein Beispiel: Auf der Ebene 4 wird das Problem genannt: *Wie erzeugen genotypische Veränderungen phänotypische Veränderungen?* Die Frage kann nicht erklärt werden durch Analyse auf der Genomebene, auch nicht auf Zell- oder Zellgruppenebene. Sie kann aber auf Ebene 4 (Phänotyp) erklärt werden, bzw. wie wir in den weiteren Kapiteln sehen werden, erst auf der Ebene 5, also unter Hinzuziehung der Umwelt.

Jede Ebene lässt neue Erkenntnisse zu, die auf der darunter liegenden als emergente Erscheinungen aussehen, dort also nicht erklärbar sind. Es ist ein Wesensmerkmal komplexer Theorien, dass man es mit emergenten Phänomenen zu tun hat. Diese sind nicht metaphysisch oder unerklärbar. Sie sind nur dann unverständlich, wenn der Beobachter auf der „falschen" Ebene argumentiert. Nimmt er einen neuen Beobachtungsstandpunkt ein, werden emergente Phänomene unter Umständen erklärbar.

Konservierte Kernprozesse in den Zellen

In Zellen rezenter Arten existieren Prozesse, die gleich geblieben sind, seit es diese Zellen gibt. Das heißt natürlich nicht, dass alle chemischen Prozesse in rezenten Zellen so sind wie sie anfangs waren. Es heißt, dass es ein paar hundert fundamentale Prozesse gibt, Kernprozesse, die so elementar sind, dass ihre Veränderung das „Aus" für die Zelle bedeuten muss. Mit Kernprozessen sind die in unterschiedlichen Zellen bekannten, vielfach identischen, biochemischen Vorgänge gemeint. Wir haben es mit einem *begrenzten, wenn auch großen Satz von zellularen Kernverhalten* zu tun (Kirschner/Gerhart 2007, S. 82). Dieser Satz kann sich aber in der Art, wie die Einzelprozesse zusammen spielen, sehr wohl verändern. Die Einzelprozesse ändern sich dabei jedoch nicht. Zellprozesse können also neu kombiniert werden oder in neuem Ausmaß eingesetzt werden. Nur sehr selten taucht aber wirklich Neues auf in Form neuer Prozesse. Es sind die neuartigen Kombinationen der etablierten Kernprozesse, die die Evolution neuer Phänotypen zulassen

Box 7 – Mutation und Variation aus heutiger Sicht

Darwin weiß noch nichts über das Entstehen von Variation. Er nimmt sie als vorhanden an. Wenn immer wieder der Zufall bei Darwin mit dem Entstehen von Variation ins Spiel gebracht wird, so ist das nicht korrekt. Auch die Synthetische Evolutionstheorie nimmt die Variation als gegeben an, meint aber nicht den mathematischen Zufall.

Die klassische Sicht

Eine Mutation im klassischen Sinn ist eine Veränderung des Erbgutes, in der Regel durch Veränderung der Abfolge der Nukleinbasen auf der DNA. Die meisten Mutationen führen dazu, dass eine Veränderung in einem DNA-Abschnitt keine Konsequenzen im Phänotyp nach sich zieht, wenn z. B. andere Gene die Aufgabe der entsprechenden Proteincodierung übernehmen.

Wichtig für die Evolution sind die Mutationen, die zu Änderungen des Phänotyps führen und die Fitness beeinflussen. So weit die Schulbuchlehre.

Der Zufall verliert an Bedeutung in der Evolutionstheorie. Zufällige Mutation ist nicht vergleichbar mit dem Werfen von Würfeln.

Die Sicht von EvoDevo

Die moderne Forschung hat eine Reihe von Mechanismen, vor allem aber Änderungen von Entwicklungsprozessen entdeckt, die nicht zufällig sind. Sie werden im Text erläutert. Jablonka/Lamb bemerken: *Es wäre wirklich seltsam zu glauben, alles in der lebendigen Welt sei das Produkt der Evolution mit Ausnahme einer einzigen Sache – dem Prozess der Erzeugung neuer Variationen* (Jablonka/Lamb 2005, S. 101).

EvoDevo sieht das vernetzte Zusammenspiel von Genom, Entwicklung und Umwelt und richtet die Aufmerksamkeit darauf, wie Veränderungen in der Entwicklung entstehen können. Das ist Gegenstand intensiver Forschung. Das Entstehen von Variationen erhält einen Stellenwert, wie ihn in der darwinistischen Theorie die natürliche Selektion einnimmt. Die neuen Erkenntnisse hierzu haben mit dazu geführt, dass das Genom seine immens überschätzte Bedeutung für die Evolutionsprozesse ein Stück weit verliert – und der Zufall, der letztlich keiner ist, ebenso.

B Der Ausbau – Wege zu einer Erweiterten Synthese in der Evolutionstheorie

(S. 62). Die flexible Kombinationsmöglichkeit der Zellprozesse nennen Kirschner/ Gerhart *adaptives Zellverhalten* (S. 61).

> *Die Evolution konserviert nicht nur Gene, sondern auch wichtige Kernprozesse in den Zellen. Die Evolution wäre ohne die Konservierung wichtiger Zellprozesse über hunderte Millionen Jahre nicht in der heute bekannten Vielfalt möglich gewesen.*
>
> Kirschner/Gerhart

Dass die Zelle einerseits über hoch konservierte Prozesse verfügt, andererseits aber gleichzeitig adaptiv ist, wird erst durch drei Komponenten ermöglicht. Allen Dreien liegen stabile Kernprozesse zu Grunde:

- Proteinsynthese durch identischen genetischen Code für alle Lebewesen
- Identische, durchlässige Funktion der Zellmembran bei *allen* Zellen *aller* Lebewesen. Dadurch können Zellen und Zellgruppen kommunizieren und kooperieren.
- Identische Funktion der Hoxgene, das ist die Genfamilie, die zuständig ist für wichtige Bauplan-Aspekte. Embryonen werden aus Kompartimenten (Unterplänen) „gebaut", etwa für Kopf, Wirbelsäule, Schwanz. Die in hohem Maß identischen Hoxgene, die hierfür mitwirken, sind in der Evolution hunderte Millionen Jahre „konserviert".

Die Konservierung von Genen vor ungewollter Mutation muss also gewährleistet sein, um den kontinuierlichen Fluss des Lebens zu erhalten. Das wird in der Evolution über extrem lange Zeitstrecken nachweisbar erreicht. Wenn wir heute bei Drosophila dieselben Gene finden wie beim Menschen, müssen diese länger schon existieren als die Abspaltung unserer Vorgänger von dieser Fliege zurückliegt. Man darf sich allerdings nicht vorstellen, dass es einen irgendwie gearteten „aktiven Schutz" für diese Zellprozesse gibt. Vielmehr sind sie durch die natürliche Selektion erhalten geblieben. Unerwünschte Änderungen der Kernprozesse der Zellen würden, so Kirschner/Gerhart, konsequent durch die Selektion beseitigt, da sie die Zelle nicht überleben lassen. Deshalb heißen sie „Kernprozesse" (Kirschner/Gerhart in PM 2010, S. 261).

Wenn Kirschner/Gerhart von Rekombination der Kernprozesse von Zellen sprechen, meinen sie vornehmlich epigenetische Modifikation von Regulationen, etwa von Zeit und Ort, Umständen oder Umfang von Genexpressionen, RNA-Verfügbarkeit, oder Proteinsynthese (2007, S. 300). Beteiligt an derartigen Rekombinationen der Kernprozesse sind aber auch *genetische Rekombinationen* (2007, S. 300f.) wie Kopiebildung von Genen und Gensegmenten (Transpositionselemente), alternatives Splicing und damit Vergrößerung der Zahl der verfügbaren Bauteile, *um aus existierenden codierenden Domänen neu zusammengesetzte Proteine zu schaffen.* Das ist ein weiterer erheblicher Vorteil für die Variation und Grundlage dafür, dass diese nicht „aus dem Ruder läuft".

Jetzt wird auch deutlicher, warum ein Mensch mit seinen ca. 23 000 Genen, die nur zu 1 oder 2 % vom Genom des Schimpansen abweichen, doch so sehr anders sein kann. Der Grund liegt in der von Kirschner/Gerhart angeführten Regulationsvielfalt der Kernprozesse der Zellen: Gene werden an verschiedenen Stellen, zu verschiedenen Zeiten, unter verschiedenen Umständen und in unzähligen verschiedenen Kombinationen abgelesen. In der Entwicklung kann es unschwer zu Änderungen dieser Expressionen kommen. Die Auswirkungen auf den Phänotyp können signifikant sein.

Die stabilen Kernprozesse lassen nun einige Ausprägungsformen oder Eigenheiten zu, die wesentlich sind, um die erleichterte phänotypische Variation zu ermöglichen, um die es uns hier geht. Das sind erstens explorative Prozesse, zweitens schwache regulatorische Kopplungen und drittens Kompartimentbildung beim Embryo. Wir gehen auf diese drei Eigenheiten von Zellprozessen im einzelnen ein.

Explorative Prozesse

Hinter jeder phänotypischen Veränderung, zum Beispiel beim Skelett, stehen weitere erforderliche Änderungen, die simultan ablaufen müssen, um das System zu erhalten. So sind neben einem Knochenumbau, etwa bei Polydaktylie, Anpassungen der Sehnen und Muskeln, der Nerven und der Blutgefäße notwendig. Kirschner/Gerhart sprechen hier von explorativem Verhalten, wenn Zellen je nach ihrer zellulären Umgebung alternative Reaktionen zeigen. Die Zellen besitzen ein *breites Reaktionsspektrum.* So suchen Axone von Nervenzellen den Kontakt mit entfernten Zielzellen (Kirschner/Gerhart 2007, S. 378). *Der explorative Prozess ist in der Lage, eine unbegrenzte Zahl von Ergebniszuständen zu generieren* (S. 302). In Abb. 17.3 und dem Text dort wird erläutert, wie sich Blut- oder Nervensystem bilden ohne dass ihr detaillierter Verlauf im Genom codiert ist. Vielmehr lässt sich das Entstehen verzweigter Systeme, wie es dort genannt wird, oder explorativer Prozesse, wie Kirschner/Gerhart es nennen, relativ leicht mathematisch durch Wechselwirkungen zwischen Zellen beschreiben. Diese Eigenschaft der Zellen, solche verzweigten Strukturen zu bilden, beruhen auf *vererbbarer Veränderung der Regulation* (Kirschner/Gerhart in PM 2010, S. 264). Die Variabilität der möglichen Ausbildung der Strukturen ist also das, worauf es ankommt, und es ist das, was die Zelle seit Milliarden Jahren mit bringt. Es ist die Voraussetzung dafür, dass eine sehr große Zahl möglicher Strukturen entstehen kann, angepasst an evolutionäre Bedürfnisse, bei denen es auf simultane Modifikationen ankommt. Dafür ist das Beispiel der Skelettänderung mit simultan einhergehender Muskel-, Nerven- und Blutgefäßänderungen ein gutes Beispiel.

B Der Ausbau – Wege zu einer Erweiterten Synthese in der Evolutionstheorie

> *Verzweigte Strukturen wie Nerven oder Blutadern sind nicht im Detail im Genom festgelegt. Sie bilden sich im Embryo durch explorative Prozesse aus.* Kirschner/Gerhart

Schwache regulatorische Kopplungen

Wir benötigen weitere Mechanismen, um Variation des Phänotyps in Gang zu setzen. Es muss beschrieben werden, wie Zellen miteinander kommunizieren können, damit es dazu kommen kann, dass Kernprozesse für Evolution neu kombiniert werden. (Kirschner/Gerhart in PM 2010, S. 265). Welcher Art müssen die Zellsignalstoffe sein, damit gewünschte Kombinationen erfolgversprechender Kernprozesse eintreten können?

Hier kommt ins Spiel, was Kirschner/Gerhart *schwache regulatorische Kopplung* nennen. Schwach deswegen, weil das biochemische Spezifikum eines Zellsignals eine nur schwache Beziehung zu den Spezifika des Outputs auf der anderen Seite hat. Die andere Seite kann dieselbe Zelle oder eine andere Zelle sein. In der Regel bestimmt der Signalstoff an der Zieladresse, zum Beispiel in einer anderen Zelle, „nur" das An oder Aus für die Expression eines dort vorhandenen Gens. Was aber dann genau geschieht in der Zielzelle, ist durch deren eigene Regulation festgelegt und nicht schon im gesendeten Signalstoff. Am Ziel ist d*ie Antwort maximal vorbereitet und abrufbereit* (Kirschner/Gerhart 2007, S. 302).

> *Schwache regulatorische Kopplungen sind Signalwege innerhalb und zwischen Zellen, bei denen nicht im Einzelnen bestimmt wird, was am Ziel geschieht.* Kirschner/Gerhart

Schwach sind die Kopplungen also deswegen, weil *eine indirekte, anspruchslose, informationsarme Art von regulatorischer Verbindung* vorliegt, die sich leicht wieder lösen oder für andere Zwecke umfunktionieren lässt (S. 157). Für evolutionäre Änderungen ist nicht erforderlich, dass ein *hoch integrativer komplexer Prozess* verändert wird sondern eben in der hier beschriebenen Hinsicht nur *die Intensität oder der Wirkort dieser einfachen Signale* (S. 159). Reagiert zum Beispiel der Organismus auf die Einnahme von Zucker mit erhöhter Insulinzufuhr, dann liegt hier eine schwache, indirekte Kopplung vor. Zwischen Zucker und Insulin bestehen sogar vielfältige schwache Kopplungen. Die unterschiedlichen Reaktionen des Organismus können nicht von den Molekülen des Zuckers und des Insulins direkt geleistet werden. Schon die Messung des Blutzuckerspiegels selbst besteht aus mehrstufigen schwachen Kopplungen. Ebenso das Auslösen von Zittern oder Schweißausbruch bei zu geringem Blutzucker oder gar die im Extremfall, sozusagen als letzter Überlebensanker auftretende Ausschüttung von Glucagon, dem Gegenspieler des Insulins. Glucagon kann den Blutzucker rasch wieder stabilisieren, wenn trotz der genannten körperlichen Signale keine Zufuhr von Zucker von außen kommt. Das ist nur einer von unzähligen Selbststeuerungsmechanismen unseres Organismus, in diesem Fall eines Stoffwechselprozesses, der auf einer komplizierten Kette schwacher Kopplungen basiert. Erst die stabilen Kernprozesse in den Zellen haben dazu führen können, dass sich solche losen Kopplungen gebildet haben (S. 157).

Ich will Andreas Weber wegen seines Geschicks, Abstraktes verständlich zu formulieren, darstellen lassen, was Kirschner/Gerhart in seinen Augen mit den Zellkommunikationsformen und schwachen Kopplungen meinen (Weber, 2008, S. 72):

> Zellen und Gene stehen zueinander nicht in einem Ursache-Wirkungs-Verhältnis wie Automotor und Gaspedal. Die Zellen interpretieren die DNA in einer Art „Konsens-Verfahren" aber sie gehorchen ihr nicht. [...] Zellen und einzelne Gewebebereiche sind autonom. Sie verhalten sich als Ganzes, das Reize interpretiert, nicht aber wie ein Maschine, die von DNA-Befehlen abhängig ist. Denn solche Befehle gibt es nicht. [...] Evolution wird in einem solchen Bild dadurch möglich, dass die Zelle den Genen nicht gehorcht, sondern sie frei interpretiert. Dabei ist aber keine minutiöse Planung aller Details eines Körpermerkmals nötig – denn die organisieren sich ebenfalls selbst.

Die Ebenen im Modell Kirschner/Gerhart in Abb. 11.2 kommunizieren und kooperieren in sich wie unter sich. Die Kooperationen, die erforderlich sind, zeigen die Komplexität biologischer Systeme. *Die Tendenz zum Zusammenschluss biologischer Einheiten und zum Aufbau arbeitsteiliger, kooperativer Systeme lässt sich entlang sämtlicher Linien der Evolution beobachten* (Wieser 1998, S. 459). Dabei steht Kooperation im Gegensatz zu egoistischem Verhalten bei der Synthese.

Kompartimentbildung

Während der Entwicklung kommt es zur Ausbildung spezifischer Zellen für spezifische Gewebetypen (Haut, Muskel, Nerven etc.). Anfangs sind diese spezialisierten Zellen nicht vorhanden. Wie kommt es aber zu Zellregionen, die sich entsprechend spezialisieren? Kirschner/Gerhart sprechen von *Kompartimenten*. Mit Kompartiment meinen sie eine Region des Embryos, in der in einer bestimmten Phase der Entwicklung ein oder wenige bestimmte Gene der Zellen exprimiert und bestimmte Signalproteine produziert werden (Kirschner/Gerhart 2007, S. 382). Die *Fähigkeit, unterschiedlich konservierte Kernprozesse an unterschiedlichen Orten im Organismus zu aktivieren und diese Reaktionsräume eigentlich erst zu schaffen*, nennen sie Kompartimentierung[16].

Ein Insektenembryo etwa bildet in der mittleren Phase der Entwicklung ca. 200 Kompartimente aus. Der Wissenschaftler ist in der Lage, Kompartimentkar-

---

16 Hier wird auf die Abbildungen 17.1 und 17.2 verwiesen. Dort wird gezeigt, wie sich solche Kompartimente im Embryo herauskristallisieren und wie einfach die Zellsignale sein können, die das bewirken.

ten mit den räumlichen Anordnungen der Kompartimente eines Tieres zu erstellen. Die Karte dient als Gerüst für Anordnung und Bau komplexer anatomischer Strukturen. Jeder Tierstamm hat seine typische Karte. Die Karte ist in hohem Maß evolutionär konserviert und zwar viel stärker als die detaillierte Anatomie und Physiologie, die in einem Kompartiment entsteht bzw. auf ihr aufbaut (S. 382). Die Neuralleistenregion am Rand des Zentralnervensystems sind ein gutes Beispiel für ein konkretes Kompartiment. Die Neuralleistenzellen wandern in der Entwicklung durch den ganzen Körper und vermehren bzw. differenzieren sich unterschiedlich. Dann können aus einer ursprünglich undifferenzierten, gleichen Art von Zellen Knochen, Knorpel, Nervengewebe oder auch Teile des Herzens entstehen. Was genau geschieht, das hängt von Zellsignalen und anderen Faktoren ab. Wie spektakulär hoch die Differenzierungsoptionen tatsächlich sind, sieht man daran, dass aus der Neuralleistenregion bei Tieren so gänzlich unterschiedliche Kopfauswüchse wie Geweihe, Hörner oder Rüssel entstehen konnten (S. 279f.). Aber auch die Vergrößerung des menschlichen Schädels im Rahmen der Gehirnvergrößerung führen Kirschner/Gerhart als Beispiel für die flexible Zelldifferenzierung an dieser Stelle an (S. 282).

> *Die Theorie der erleichterten Variation erklärt, dass die Entstehung phänotypischer Variation weniger auf sehr langwierige graduelle, darwinistische Trial- und Error-Prozesse angewiesen ist, für die die Zeit in der Evolution womöglich nicht ausreichen kann, um sie zu erzeugen.*
> Kirschner/Gerhart

Empirische Beispiele

Lässt sich die Theorie von Kirschner/Gerhart empirisch belegen? Wir haben schon auf einige Beispiele hingewiesen. Es gibt weitaus mehr. Dazu führen Kirschner/Gerhart Forschungsergebnisse anderer Evolutionsbiologen an, die zum Beispiel verschiedene Darwin-Finkenarten der Galapagos-Inseln untersucht haben, bei denen es in kurzer Zeit auf Grund von verändertem Nahrungsangebot zu Umbildung der Schnäbel kam (2007, S. 321). Wir haben in Kapitel 3 schon darüber gehört. Könnte man nun ein Protein identifizieren, genauer: ein Wachstumsfaktor-Protein, das an der Schnabelbildung im Embryo maßgeblich beteiligt ist, und kann man überdies zeigen, dass dieses Protein bei verschiedenen Schnabelformen unterschiedlich stark oder lange ausgebildet wird, dann ist man auf der richtigen Spur. Mehr noch: Kirschner/Gerhart erwähnen: Wird das besagte Protein, es heißt Bmp4 und wird in Neuralleistenzellen produziert, experimentell in die Neuralleiste eines Hühnchens einpflanzt, dann verändert sich auch bei ihm die Schnabelform. Und es entwickelt breitere und größere Schnäbel als normal. Andere Wachstumsfaktoren haben nicht diese Wirkung (S. 322). Das Besondere daran ist: *Obgleich der experimentell manipulierte Schnabel seine Größe ändert, wird er dennoch in die Anatomie des Vogelkopfes integriert. Es kommt also nicht zu einer monströsen Fehl-*

Box 8 – Lamarcks Geist

Wenn die Medien über Neues in der Evolution berichten, ist sein Name meist dabei. Es scheint eine Verlockung zu sein, seine Ideen denen Darwins gegenüber zu stellen.

Der Franzose Jean Baptiste de Lamarck (1744–1829), legt um das Jahr 1800 als erster eine ausformulierte Theorie über die Veränderlichkeit der Arten, also eine Evolutionstheorie, vor. Sein berühmtes Werk heißt die *Philosophie zoologique* (1809). Im Gegensatz zu Darwin lehnt er darin u. a. aber noch ab, dass Arten aussterben können, und nimmt auch keine gemeinsame Abstammung an.

Ein wesentliches Merkmal der Theorie Lamarcks ist seine Annahme, einmal erworbene Eigenschaften könnten vererbt werden. Mit dieser Idee hat auch Darwin „geflirtet". In unserer Zeit wird genau dieser Punkt, der unter dem Namen Lamarckismus bekannt geworden ist, manchmal als Korrektiv zum Darwinismus hochgespielt. Stets wird dabei sehr vereinfacht auf die Beispiele Bezug genommen, die Lamarck ins Feld führt: den langen Hals der Giraffe oder auch die Muskeln des Schmieds, beide entstanden und vererbt auf Grund anhaltenden Gebrauchs.

Wie steht die *Erweiterte Synthese* dazu? Jablonka/Lamb sagen eindeutig (in PM 2010, S. 163): *Soft inheritance – die Übertragung von Variationen, die während der Entwicklung erworben werden – existiert nicht nur, sondern wird in allen Organismustypen gefunden und scheint nicht ungewöhnlich zu sein.* Das bezieht sich zum Beispiel auf die in Kapitel 9 erwähnte DNA-Methylierung, Chromatinmarker, die zumindest über einige Generationen vererbt werden können.

Wenn in diesem Buch über die Evolution organismischer Struktur und Form gesprochen wird, die Sicht von EvoDevo in der *Erweiterten Synthese* der Evolutionstheorie, dann ist der Blick jedoch weiter gefasst. Das gesamte Entwicklungssystem kann aus dieser Sicht auf Außeneinflüsse selbstregulierend und verstärkend reagieren. Der Prozess, wie er in den Kapiteln 9, 11 und 12 geschildert wird, ist keine im Sinne von Lamarck eins-zu-eins-Vererbung eines diskreten, von der Umwelt übernommenen oder in Ihrem Umfeld „antrainierten" Merkmals von einer Generation auf die folgende. Gemeint ist in der *Erweiterten Synthese* das komplexe interaktive Zusammenspiel aller beteiligten Systemkomponenten Umwelt – Entwicklung – Zellen – Zellverbände – Genom. Es tritt dabei oft ein Umweltstressor als Initiator auf, den man vielleicht mit Lamarck in Verbindung bringen möchte. Jedoch wirkt dieser hier anders: Über mehrere Generationen kann so ein Umweltstressor in der Entwicklung Schwellenwerteffekte auslösen, die vorhandene alternative Entwicklungspfade demaskieren. Unter Beteiligung der natürlichen Selektion kann es dann dazu kommen, dass die Eigenschaft bzw. das Merkmal intern kanalisiert und schließlich auch assimiliert wird und der Umweltfaktor nur mehr geringfügig oder gar nicht mehr erforderlich ist. Diese Art von Vererbung und Evolution entspricht nicht dem, was Lamarcksche Vererbung meint.

entwicklung (S. 322). Hier zeigen die Autoren auf eindrucksvolle Weise, wie erleichterte Variation in der Praxis funktioniert: Kleine Ursache – große integrative Wirkung. Ein weiteres Beispiel ist der Umbau der Beckenknochen von Süßwasser-Stichlingarten. Man kann heute durch molekularbiologische Vergleiche nachweisen, dass sich dieser Vorgang in ca. 10 000 Jahren vollzogen hat. Auch hier gibt es ein spezifisches Protein, einen Transkriptionsfaktor, das Pitx1. Es kommt zu regulatorischer Veränderung in der Expression eines Zielgens von Pitx1 (S. 323). Von Pitx1 kennt man eine ganze Reihe von Entwicklungsprozessen, an denen es beteiligt ist, unter anderem an der Symmetriebildung des Körpers, an Schädel- und Gesichtsanatomie und eben auch an der Bildung des Beckens. Im Fall des Stichlings, der eine reduzierte, kleinere Beckenform aufweist, ist das betreffende Protein während der Entwicklung gänzlich verschwunden. Also auch hier ein sehr schönes Beispiel, dass die Annahmen von Kirschner/Gerhart, es komme zu Genregulationsänderungen während der Entwicklung, nachvollziehbar sind und dass sie zudem belegen können, wie in der Folge solcher Änderungen dennoch lebensfähige Fische und Vögel oder andere Lebewesen mit funktionierender Körperkonstruktion erhalten bleiben (S. 324).

Zusammenfasst argumentieren Kirschner/Gerhart schlüssig, dass die Entstehung von komplexer phänotypischer Veränderung erleichtert wird durch vorhandene, Millionen Jahre konservierte Prozesse in den Zellen. Dadurch wird die Menge an genetischer Veränderung verringert, die erforderlich ist, phänotypisch Neues zu erzeugen. Es kommt zu Wiedergebrauch eben dieser Kernprozesse in neuen Kombinationen (S. 377). Aber es kann auch sein, dass Proteine erzeugt werden, wo sie zuvor nicht erzeugt wurden mit Genen die zuvor in anderen Domänen aktiv waren (Kap. 14). Die stabilen Kernprozesse schränken auf der einen Seite das Maß an Variation stark ein, öffnen gleichzeitig aber Raum für die Variation des Phänotyps, den die Evolution benötigt (S. 299). Es wird also bei der Vererbung gleichzeitig Gas gegeben dort wo Mutation zulässig ist (Neukombination von Kernprozessen) und auf die Bremse getreten dort wo Änderung unerwünscht ist (Konservierung der Kernprozesse). Joachim Bauer nennt das sehr anschaulich die *Standbein-Spielbein-Strategie* (Bauer Interview, 2008).

Kirschner/Gerhart zeigen uns, dass die *Organismen eine Hauptrolle bei der Festlegung von Natur und Maß der Variation spielen* (Kirschner/Gerhart 2007, S. 328). Phänotypische Variation kann nicht x-beliebig sein. Vielmehr *bedingt erleichterte* Variation *definitiv einen beeinflussten „vorsortierten" Output phänotypischer Variation durch einen Organismus* (S. 333). Das leisten die in diesem Kapitel beschriebenen Eigenschaften der Zellen. *Variation wird vorwiegend deshalb erleichtert, weil so viel Neuheit in dem verfügbar ist, was Organismen bereits besitzen* (S. 369).

※ ※ ※

12 Gerd B. Müller – Wie entsteht morphologisch Neues?

Bisher sind wir davon ausgegangen, dass Neues in der Evolution durch Variation und Selektion entsteht. Wenn EvoDevo festmacht, dass die Selektion keine Form bilden kann, dann muss erklärt werden, wer dafür verantwortlich ist und wie ein neues Merkmal zustande kommen kann.

Es gilt also, Neues zu unterscheiden von nicht Neuem. Wo setzt man die Trennlinie? Manche haben geschlossen, Neues in der Evolution sei so etwas wie ein Clusterkonzept, das keine präzisen Begrenzungen zulässt aber trotzdem bedeutungsvoll ist. Andere sehen darin ein getrenntes Set von Beispielen, die nur durch eine lose Gemeinsamkeit für die Biologen interessant sind (Pigliucci 2008, S. 888). Entsprechend denken Wissenschaftler auch an unterschiedlichste Merkmale, wenn sie über Neues sprechen. Da tauchen Skelett, Augen, Herz, Flugfähigkeit ebenso auf wie die „Erfindung" der Zitzen oder das Erscheinen des aufrechten Gangs, aber auch ein zusätzlicher neuer Finger.

Was meint man mit „Neuem" in der Evolution?

Abb. 12.1 Mögliche Entstehung der Vogelfeder
Die Entstehung der Feder war bis vor kurzem nicht geklärt, Neue Funde zeigen, dass die Feder bei den Sauriern entstand lange bevor Vögel fliegen konnten. Die Flugfähigkeit war dann nur noch ein „Beiwerk". Eine neue Sicht erklärt Josef H. Reichholf, der der die Erfindung der Feder nicht als Anpassungsprozess sondern als Abfallprodukt des Stoffwechsels deutet. Nicht immer, so Reichholf, hat in der Geschichte der Evolution Knappheit der Ressourcen geherrscht. Wenn aber Überfluss da ist, können sich die Dinge anders entwickeln. Eine sehr interessante, darwinistischen Boden verlassende Theorie, die Reichholf auch für empirisch überprüfbar hält (Sentker/Wigger 2008, S. 99ff.). Die Byproduct-Sicht wird von EvoDevo auch für andere Neuheiten in der Evolution angeführt.

Wahrscheinlich sind echte Innovationen in der Evolution sehr selten. Man kann davon ausgehen, dass Variationen so wie der Begriff in der Regel verwendet wird, nämlich als homologe Abänderungen von bereits bestehenden phänotypischen Merkmalen, den überwiegenden Teil des evolutionären Wandels ausmachen. Der Rest jedoch sind Innovationen. Diese führen allerdings zu grundlegenden Änderungen des Phänotyps und damit des Evolutionsverlaufs.

Neues in der Evolution ist nicht das alleinige Ergebnis von Variation und Selektion. Die Selektion kann erst angreifen, wenn ihr etwas zum Angreifen geboten wird.   G. B. Müller

Müller setzt eine Trennlinie zwischen Variation und Innovation. Er schlägt vor: *Eine* phänotypische Neuheit *ist ein neues Konstruktionselement in einem Bauplan, das weder eine homologe Entsprechung in der Vorgängerart noch im selben Organismus hat* (Müller 2005, S. 488). Später nennt Müller solche Neuheiten Novelty Typ-2 (Müller 2010, S. 309). So waren Federn eine evolutionäre Neuheit als sie entstanden sind, nicht aber in den ältesten ausgestorbenen Vögeln. Die hatten schon flugunfähige Vorgängerarten mit Federn. Auch der Schildkrötenpanzer oder der Leuchtmechanismus des Glühwürmchens (PM 2010, S. 311) sind Innovationen dieses Typs.

Damit eine Novelty Typ-2 überhaupt auftreten kann, müssen bestimme Voraussetzungen vorliegen. Müller nennt sie Novelty Typ-1 (Müller 2010, S. 309). Es braucht anatomische Verkettungen zu einfachen Formen. Sie bilden die Grundstruktur metazoischer Baupläne und damit die Module aller komplexen Formen (Abb. 12.2). Die Zellen schließen sich dabei nicht durch Genombestimmung zusammen sondern auf Basis ihrer physikalischen Form. Sie sind also keine genetische Evolution. Wir haben es mit einer prämendelianischen Welt zu tun (Müller 2010, S. 309). Diese Ideen gehen auf den Amerikaner Stuart A. Newman zurück[17].

Müllers Definition von Neuheit im Sinne der Novelty Typ-2 kann nicht allen Ansprüchen genügen. Pigliucci macht darauf aufmerksam, dass der von Müller vorgeschlagene und Homologien ausschließende Neuheitsbegriff nicht im Blick lässt, dass die Evolution eben doch auch vielfach auf Vorhandenem aufsetzt, damit *herumbastelt* und Strukturen in neuer Weise verwendet. Der französische Nobelpreisträger Francois Jacob hat das schon 1977 weitblickend als *tinkering* (basteln) bezeichnet (Pigliucci 2008, S. 890). Müller sieht das aber ebenfalls, wenn er später über seine Begriffswahl sagt:

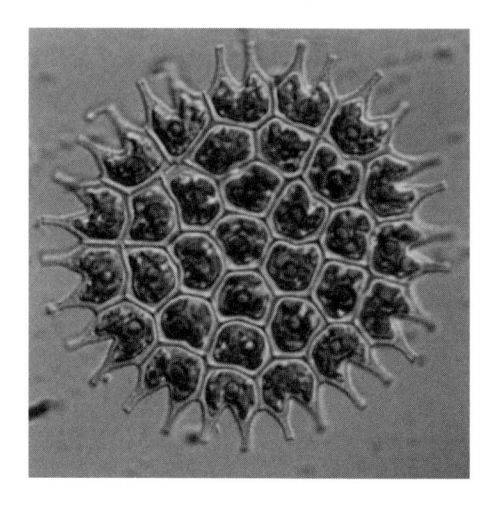

Abb. 12.2 Vielzeller (Metazoon)
Die ersten Zusammenschlüsse von Eukaryoten zu Metazoen sind fundamental Neues in der Evolution. Stuart Newman betont, dass solche Zellvereinigungen nicht genetisch entstanden sind sondern wegen ihrer geeigneten physikalischer Formen (Kap. 22). Sie bilden die Module für komplexere Formen. Im Bild eine Grünalge Pediastrum boryanum, eine einschichtige Zellkolonie, die zu einer lückenlosen Scheibe vereinigt ist.

> Die Definition schließt einerseits die Fälle rein quantitativer Veränderungen einer vorausgegangenen Struktur aus und ist andererseits sowohl auf alle Fälle anwendbar, bei denen kein individualisiertes Vorgängerelement exis-

---

17 Siehe Kapitel 22.

tiert hat, als auch auf die Fälle, bei denen neue Merkmale durch Kombinationen oder Unterteilungen von vorher vorhandenen Elementen entstanden sind, die dann eine neue Einheit oder ein Element des Körperbauplans formen, also eine Homologie bzw. eine Typ-2 Neuheit (Müller 2010, S. 312).

Abb. 12.3 Erfolgsmodell *par excellence*
Die Schildkröten gehören zu den Erfolgsmodellen in der Evolution. Sie sind bereits auf der Erde zu finden als die ersten Dinosaurier auftreten, vor über 200 Millionen Jahren. Die Herkunft des Panzers ist ein schwieriges Studienobjekt für Evolutionsforscher, denn einmal deutet (noch) nicht viel in Fossilreihen auf seine Entwicklung hin, zum anderen waren viele Änderungen im Skelett und Organismus des Tieres parallel erforderlich. Man nimmt daher lange an, dass der Panzer sehr schnell in der Evolution entstanden ist, ein *burst*. Kann EvoDevo diese schwierige Frage lösen? Wie immer es war, Schildkröten sind einzigartig in der Familie der Echsen und einzigartig im Leben auf der Erde. — Zwei vom Aussehen sehr ähnliche Unterarten wie diese hier[18] könnten noch identische Genome haben, so dass die äußerlichen Unterschiede epigenetisch erzeugt und integriert sind.

In Abb. 12.4 sind Beispiele für evolutionäre Innovationen aufgeführt. Ich will hier zwei von Ihnen, den Schildkrötenpanzer und den Insektenflügel, etwas näher erläutern. Beginnen wir mit der Frage: Was gibt dann den Anstoß für eine evolutionäre Neuheit?

Initiationsbedingungen des Neuen

Was sind initiierende Bedingungen für Neuheiten in der Evolution (Müller 2010, S. 314ff.)? Die Selektion kommt nicht in Frage. Sie kann erst angreifen, wenn ihr sozusagen etwas geboten wird zum angreifen. Irgend etwas Ausgebildetes am Organismus muss sein, betont Müller. Aber vielleicht hilft die Selektion indirekt weiter. Stellen wir uns vor, die Selektion lässt zu, dass ein Organismus wächst, es sei ausreichend spezifische Nahrung da, die das Skelett im Embryonalstadium wachsen lässt, und zwar stärker als sonst. Ein zufälliger, externer Initiator also: Vergrößertes und verbessertes Nahrungsangebot könnte dafür in Frage kommen, völlig

---

18 Mississippi-Höckerschildkröte (*Graptemis P. Kohni*) und Falsche Landkartenschildkröte (*Graptemis pseudogeographica pseudogeographica*).

ungerichtet im Hinblick auf irgend etwas Spezifisches, das sich jetzt in diesem Organismus verändert.

Die verbesserte Nahrungszufuhr kann natürlich nicht die Gene des Embryos selbst verändern. Aber sie kann auf die Expressionsmuster von Entwicklungsgenen im Embryo Einfluss nehmen, die Regulierung der Gene, die für die Skelettorganisation, also seine Formgebung, beispielsweise die Rippen, mit zuständig sind. Bestimmte Hoxgenexpressionen treten zum Beispiel etwas früher auf, andere später, oder andere stärker oder schwächer. Kommt alles günstig zusammen – der externe Anstoß durch die Nahrung, dadurch induzierte Entwicklungsveränderungen –, kann das auch in eine vorteilhafte Richtung gehen. Man kann sich so zum Beispiel die Initiierung des Schildkrötenpanzers durchaus vorstellen. Die Betonung liegt auf Initiierung.

System	Fossilbild (Geschichte) (1)	Funktion (warum?) (2)	Entwicklungsbiologie (wie?) (3)	Molekularbiologie (wie?) (4)
Schildkröten-Panzer	nichts	einiges	einiges	wenig
Vogelflügel und Federn	wenig	einiges	ja	einiges
Unterkiefer-Ohrübergang	ja	einiges	ja	wenig
Milchöffnung (in gr. Zitzen)	nicht verfügbar	ja	nicht verfügbar	nichts
Hoxgene	nicht verfügbar	einige	nicht verfügbar	ja

Abb. 12.4 Beispiele von Modell-Systemen für Evolutionäre Neuheiten (Pigliucci)
Pigliuccis Diagramm zeigt, was in der Wissenschaft heute bekannt ist: In welchem Fossilbild sehen wir Neues (1)? Welche Funktion hat das Neue (2)? Was weiß die Entwicklungsbiologie darüber (3) und was die Molekularbiologie (4)? Die wichtige Entdeckung der Frühform einer Schildkröte mit nur einem Panzer in China 2008 hat sich wohl gerade mit Pigliuccis Veröffentlichung überschnitten, so dass er hierzu noch keine Angaben macht.

Wenn im Folgenden der Schildkrötenpanzer wiederholt angeführt wird, muss festgehalten werden, dass bei diesem Beispiel eine ganze Reihe von Fragen auftritt, die die Wissenschaft sicher noch eine Zeit lang beschäftigen werden. So ist die Interaktion der Haut der Schildkröte mit den Knochen eine Sache, die sonst nicht oder selten vorkommt. Der Knochenpanzer erscheint ja außerhalb der Haut. Ferner ist die Integration des Panzers in der Anatomie der Schildkröte, d. h. in Rippen, Schulterblatt, Muskulatur etc. ein sehr komplexes Thema, das mit einer umweltinduzierten Erklärung für das Knochenwachstums nicht beantwortet wird. Wir haben es beim Schildkrötenpanzer mit erheblichen phänotypischen Umbauten zu tun, damit er so aussehen und funktionieren kann, wie es heute der Fall ist.[19] Wenn hier

---

19 Die Japaner Nagashima und Okada geben 2009 eine Darstellung zur Entstehung des Schildkrötenpanzers, in der sie beschreiben, wie eine Lösung der Anatomieproblematik des Panzers in der embryonalen Entwicklung des Tieres im Vergleich mit einem Hühnchenembryo aussehen kann.

von Innovation gesprochen wird, muss man diese als schrittweisen, mehrstufigen Generierungsprozess sehen, jeweils bestehend aus den Phasen epigenetische Generierung, Integration in die Entwicklung und genetische Fixierung (MN 2005, S. 497), die Schritte, die im folgenden hier näher angeführt werden.

Wir bleiben also beim Panzer als einem der beeindruckendsten evolutionären Innovationen und beschränken uns auf das, was möglicherweise seinen Ursprung und sein Wachstum angestoßen hat.

Eine Multiplikatorwirkung ist hier ebenfalls im Spiel. Die verbesserte Nahrungszufuhr betrifft im Optimalfall die gesamte Population. Die Voraussetzungen sind – anders als bei neodarwinistischer Genmutation – also gleichmäßig und gleichgerichtet für viele oder alle Individuen, und sie sind auf lange Sicht gegeben (WE 2003 in MN 2005).

Das zeitgleiche Entstehen von Rücken- und Bauchpanzer bei der Schildkröte hört sich allerdings nach einem sehr fragwürdigem Zufall an. Wissenschaftler haben durchaus lange Zeit behauptet, dass die Panzer gleichzeitig entstanden seien. Erst vor kurzem, im November 2008, hat man in Südwestchina gefunden, wonach man lange gesucht hat: versteinerte Exemplare der bisher ältesten Schildkrötenart. Sie ist 220 Millionen Jahre alt, 40 cm lang, Wasserbewohner. Und sie hat überraschenderweise nur einen Bauchpanzer, keinen Rückenpanzer[20]. 15 Millionen Jahre später hatten Schildkröten auch einen Rückenpanzer. Es war also keine Notwendigkeit vorhanden, dass Brust- und Rückenpanzer der Schildkröte gleichzeitig entstehen mussten. Man hat es nur angenommen, weil man bis dahin stets „komplette" Schildkrötenfossilien gefunden hat.

Namhafte Wissenschaftler stellen jedenfalls fest (West-Eberhard 2003, zit. in MN 2005, S. 492): Basierend auf einer großen Zahl von Beispielen kommt man zum Schluss, *dass der wichtigste Initiator evolutionärer Neuheiten durch Umgebungsbedingungen erfolgt.* Festzuhalten ist, dass Umweltfaktoren nicht die einzigen Anstöße sein müssen. Natürlich können hier auch klassische Genmutationen oder Genregulationsänderungen als Initiatoren agieren. Newman/Müller ergänzen: *Ereignisse, die auf äußeren Faktoren und solche die auf epigenetischen Betrachtungen basieren, sind untrennbar verbunden* (MN 1990, zit. in MN 2005, S. 492).

Fazit: Wenn die initiierende Ursache für Innovationen ursprünglich unspezifisch und allgemein ist und auf Populationsebene abläuft, dann müssen die Bedingungen für die physische Realisierung einer spezifischen Neuheit in der Entwicklung gesucht werden (MN 2005,492). Nur die Entwicklung kann also das Medium sein, um Umweltfaktoren in den Phänotyp geregelt zu transformieren.

---

20 Siehe dazu Latusseck (2008); s. auch R. Junker 2008, S. 20f. und S. 37.

B Der Ausbau – Wege zu einer Erweiterten Synthese in der Evolutionstheorie

Die Realisierungsbedingungen des Neuen

Ging es zunächst darum, wer oder was eine Änderung oder Innovation anstoßen kann, geht es jetzt darum zu erklären, wie eine Innovation phänotypisch erstmals im gesamten System eingebaut werden kann.

Müller hat erklärt, wie die Initialisierungsbedingungen aussehen. Er erklärt auch, wie die Realisierungsbedingungen für Neuheiten aussehen. Wie generiert der Organismus des Embryos etwas noch nie dagewesens Neues? Stand der Synthetischen Theorie ist: Der Organismus kann nichts aus sich heraus generieren. Er kann nur etwas in der Folge zufälliger Mutation und natürlicher Selektion Entstandenes erneut wiederholt variieren und es der Selektion überlassen, es akkumulieren.

Die wohl eindrucksvollsten Beispiele für umfangreiche phänotypische ad hoc-Akkommodationen sind die Fälle einer zweibeinigen Ziege und aufrecht gehender Paviane (West-Eberhard 2003, S. 51–54, S. 297–302). Im Fall der Hausziege – die Erscheinung wird schon 1942 wissenschaftlich beschrieben – wird ein Tier ohne Vorderbeine geboren. Die Ziege stellt sich darauf ein, aufrecht auf den Hinterbeinen zu laufen. Innerhalb eines Jahres, nach dem sie dann stirbt, hat sie sich eine Reihe spezifischer, für die Art völlig untypischer Verhaltensweisen und morphologischer Änderungen ähnlich der von Kängurus zugelegt. Nicht nur, dass sie stärkere Hinterbeine entwickelt, vielmehr hat man Veränderungen der Muskelstruktur an ihr festgestellt und zwar in der Art, dass die Befestigung des Oberschenkelmuskels am Beckenknochen der veränderten Gangart angepasst ist. Der Muskel ist an einer anderen Stelle am Knochen befestigt als sonst bei Ziegen. Es liegt hier eine phänotypische Integration vor, die die beteiligten Komponenten funktionsfähig machen.[21]

In Botswana beobachtet man 1972 in einer Herde von 39 Pavianen mehrere Individuen, die sich ausschließlich auf den Hinterbeinen fortbewegen, da die Vorderbeine durch Polio-Erkrankung (Kinderlähmung) verkrüppelt sind. Die Tiere entwickeln eine perfektionierte Fortbewegung auf den Hinterbeinen mit dem Menschengang ähnlichen Schritten und Sprüngen (Abb. 12.5). Die Beispiele un-

Abb.12.5 Pavian mit Menschengang
Eine Reihe an Polio erkrankter Tieren kann ihre Gangart auf die Hinterbeine umstellen. Dabei wird der Gang perfektioniert. Eine spontane Veränderung mit hohem plastischem Ausmaß

---

21 Kirschner/Gerhart beschreiben die Voraussetzungen für eine derartige Integration (Kap. 11)

termauern die Fähigkeit des Phänotyps zu komplizierter, mehrstufiger, spontaner Veränderung mit großem plastischem Ausmaß.

Man untersucht in diesem Zusammenhang Prozesse, bei denen epigenetische Expressionsänderungen nicht-lineare phänotypische Neuerungen hervorbringen. Hierzu betrachten wir die Wirkungsweise von Schwellenwerteffekten (*threshold-effects*) etwas näher. Gemeint sind Situationen, in denen die Normwerte von Genexpressionen oder zum Beispiel die Signalwerte von Zell-Zell-Kommunikation über- bzw. unterschritten werden.[22]

Die Wirkungsweise von Schwellenwerten soll an einem Beispiel außerhalb der Biologie anschaulich werden. Es wird diskutiert, ob der Fall eintreten kann, dass der Golfstrom versiegt und damit die „Zentralheizung" Europas. Man spekuliert, ob die Temperaturen in Europa ab einem bestimmten Punkt des Abschmelzens des Arktikeises schlagartig kälter werden können. Zunehmender Süßwasserzufluss in die nördlichen Meere wird die Zirkulation zunächst nur langsam schwächen. Wenn aber eine bestimmte Schwelle erreicht wird, könnte die Zirkulation abrupt zu einem neuen Status wechseln, in dem es keinen Wärmezufluss mehr nach Norden gibt. Das ist ein Beispiel für einen möglichen Schwellenwerteffekt. Auch der plötzliche Übergang von Wasser zu Eis, also von flüssig zu fest ab einem bestimmten Punkt, gehört hierher.

> *EvoDevo erklärt, wie eine kleine genetische oder umweltbedingte Ursache eine spontane Antwort des gesamten Systems, des Systems der embryonalen Entwicklung, bewirken kann. Diese Antwort des Systems erzeugt die Innovation.*
> G. B. Müller

Zurück zur epigenetischen Ebene. In der Entwicklung arbeitet mit den Worten Müllers ein *ultrasensitives Regulationsnetzwerk in eukaryotischen Zellen*. In bestimmten Fällen kann dort graduelle Selektion auf Entwicklungsprozesse (das können, müssen aber nicht genregulatorische Prozesse sein) nicht-graduelle Konsequenzen haben.[23] Die Antwort des Systems „Entwicklung" kann dann auch innovative Folgen haben. Der oder die initiierenden Parameter setzen die Selbstorganisation des gesamten Systems „Entwicklung" in Gang. Haben wir in Kapitel 9 erfahren, dass die Entwicklung Variationen puffert bzw. dass Entwicklungspfade kanalisiert werden, so haben wir es jetzt mit Situationen zu tun, bei denen die Kanalisierung an ihre Grenzen stößt und nicht mehr aufrecht erhalten werden kann durch das System (PM 2010, S. 323). Die Folgen auf den initiierenden Störfaktor können nicht-gradueller, diskontinuierlicher Natur sein, wenn Schwellenwerte von Einflussgrößen über- oder unterschritten werden. Derartige threshold-Mechanismen können in Embryos dazu führen, dass zusätzliche Finger- oder Fußglieder entstehen oder ganz wegfallen (Müller 2010, S. 320f.) (Abb. 12.6).

---

[22] Siehe Kapitel 25.
[23] Müller im persönlichen Gespräch.

Müller betont, dass die evolutionäre Körperverlängerung etwa bei australischen Skinks, einer Echsenart, nicht zu unscheinbar gradualistischer Variation der Gliedmaßen führt, sondern dass stets komplette Fingerglieder oder ganze Finger parallel mit der Verlängerung des Körpers wegfallen (Müller in PM 2010, S. 321). Im umgekehrten Fall der Polydaktylie, also des spontanen Hinzukommens eines oder mehrerer Finger oder Zehen, zeigt sich durch die Wirkung der threshold-Mechanismen im Idealfall ebenfalls das Entstehen vollständiger, in die Anatomie integrierter Glieder, und eben nicht gradualistische Veränderungen. Dabei geht die Erkenntnis von EvoDevo in Experimenten an Echsen bereits 1985 so weit, dass man bei Manipulationen des Embryonalgewebes der Gliedmaßenknospe voraussagen kann, welcher Finger an welcher Stelle hinzukommt oder wegfällt. So ist der im Embryo zuletzt entstandene Finger der erste, der wegfällt, also *Last in first out* (S. 319). Beobachtungsmuster solcher Experimente decken sich mit Beobachtungen natürlicher Populationen (S. 320).

Ein Finger oder Zeh, der neu hinzukommt, ist eine Innovation, keine Variation. Er entsteht an einer Stelle, an der beim Wildtyp kein phänotypisches Merkmal vorhanden ist. Wo der neue Finger erscheint, war zuvor nichts. Bei der Katze kommt Polydaktylie relativ häufig vor, das betreffende Gen ist dominant. Schon Darwin weiß von Katzen mit sechs Zehen (Darwin 1886, S. 53). Katzen haben gewöhnlich vorne je 5 und hinten je 4 Zehen. Der erste vordere Zeh ist nach hinten gerichtet und berührt nicht den Boden.

Ernest Hemingway hielt an die 60 Katzen in und um sein Haus in Key West, Florida. Sie waren alle von der Spezies *Maine Coon*. Zu Beginn der offiziellen Züchtung dieser Art in den USA in den 1960er Jahren hatte die Art einen Anteil von 40% an Tieren mit polydaktylischen Merkmalen.

Bemerkenswert ist nun, dass bei der *Maine Coon* eine Punktmutation bei einem spezifischen Transkriptionsfaktor für die Polydaktylie verantwortlich ist (ein möglicher Initiator), dass aber eine ganze Reihe phäno-

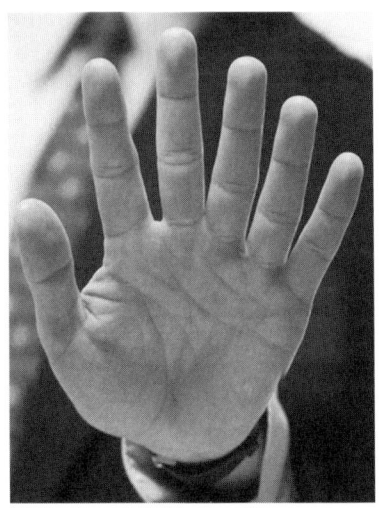

Abb. 12.6 Die Integrationsfähigkeit der Entwicklung
Sechs Finger an einer Hand ist nichts Ungewöhnliches. Bewundernswert ist jedoch die Fähigkeit der embryonalen Entwicklung, die Veränderung vollkommen morphologisch zu integrieren, d.h. Skelett, Sehnen, Muskulatur, Nerven und Blutgefäße.

typischer Variabilitäten zustande kommt. Das können 6 und mehr Zehen an jeder Vorderpfote sein. Es kann zur Abgabelung innerhalb eines Zehs kommen, zur Ausbildung zusätzlicher Zehen an nur einer Vorderpfote sowie zur gleichzeitigen Ausbildung an Vorder- und Hinterpfoten. Zählt man die polydaktylen Zehen bei mehreren hundert Katzen, zeigt sich der überraschende Effekt, dass die Zehenbilder Regelmäßigkeiten aufweisen und einer statistischen Verteilung folgen. Zum Beispiel tritt das Zehenbild mit vorne je 6 und hinten je 4 Zehen (20 Zehen insgesamt) häufiger auf als vorne je 6 und hinten je 5 (22) und dieser Mutant wiederum häufiger als der mit vorne je 7 und hinten je 5 (24). Man erkennt eine gerichtete Polyphänie.[24] Dieser ausgeprägten Regelmäßigkeit liegt, wie gesagt, genetisch nur eine Punktmutation zugrunde. Sie kann weder erklären, wie vollständig neue Zehen entstehen, noch erläutern, wie diese in geregelter Variabilität auftreten. Hier ist die Entwicklung mit im Spiel und konstruiert bemerkenswerte Plastizität, ein höchst interessantes Thema für die empirische EvoDevo-Forschung, eindrucksvolle empirische Bestätigungen der Schwellenwertmechanismen in der Entwicklung. Betrachtet man in Abb. 6.2 die Evolution des Pferdes und die diskrete Reduktion der Zehen einmal aus dieser Perspektive, könnte man sich die in Kapitel 6 erwähnten Ungereimtheiten, die die Synthetische Theorie mit der Erklärung der diskreten Evolution des Pferdefußes bzw. mit dem Fossilbild hat, mit einer modernen Erklärung von EvoDevo leichter vorstellen.

Der geschilderte Prozess variabler Katzenzehenzahlen ist ein erstaunlicher Beweis für die Fähigkeit des Organismus, während der Entwicklung eine Art Quantensprung zu machen, und vom gegebenen Plan abzuweichen.

> *Das System enthält also sowohl autonome Fähigkeiten seiner Komponenten (Zellverhalten, Zellverbände, Geometrie etc.) als auch die Fähigkeit zur Selbstorganisation und Reaktion auf lokale und globale externe Bedingungen* (Müller 2010, S. 316). […] *Die Erklärungskapazität der Evolutionstheorie ist erweitert um nicht adaptive und nicht graduelle Phänomene phänotypischer Evolution* (S. 326).

Das darf man aufmerksam lesen. Es ist der Kern dessen, wonach EvoDevo forscht und es ist eine Kernaussage mit der Rechtfertigung von EvoDevo gegenüber der Synthese.

Die genetische Integration des Neuen

Wie wird eine epigenetische Innovation schließlich fixiert und im Phänotyp integriert? Zum Beispiel die Panzerplatte der Schildkröte? Myers sagt dazu: *Ob Sie diesen Punkt für wichtig halten oder nicht, ist ein guter Indikator, wo Sie in der laufenden EvoDevo-Revolution stehen* (Myers-2, 2006). Gemäß der Synthese verläuft die Kette gewöhnlich wie folgt:

(1) „Zufällige" genetische Mutationen →
(2) phänotypische Variation →
(3) natürliche Selektion →
(4) Adaptation in der Population.

---

24 Näheres bei Lange 2013.

B Der Ausbau – Wege zu einer Erweiterten Synthese in der Evolutionstheorie

Die genetische Veränderung ist immer zuerst da. Durch die Selektion ändert sich genetisch nichts mehr außer natürlich die höhere Verteilung der schon zuvor erzeugten genetischen Mutation in der Population. Das nennt man dann Anpassung oder Adaptation. Es ist wichtig zu betonen, dass dieser Prozess durch Müller nicht in Frage gestellt wird. Der Prozess beschreibt wahrscheinlich korrekt das Entstehen der überragend großen Zahl von Variationen in der Natur. In unserem Fall hier kommt nun ein Mechanismus hinzu, der für die seltenen, aber um so interessanteren Fälle von Innovation aber auch für viele Konstruktionsvariationen gilt: .

(1) Unspezifischer Stressor (Ernährung, Temperatur, Verhalten oder auch Selektion etc.) →
(2) Überschreiten eines Variationspuffers in der Entwicklung →
(3) phänotypische Innovation →
(4) natürliche Selektion →
(5) epigenetische und spätere genetische Akkommodation
(6) Unabhängigkeit von den Initialbedingungen.

Vom Leser wird hier verlangt, dass er nachvollziehen kann, dass ein Genom sich im Nachhinein derart angleichen soll, dass ein zuvor während der Entwicklung entstandenes neues phänotypisches Merkmal *a posteriori* fixiert wird oder noch treffender: *hardwired* wird. Der Leser braucht nur die Beispiele näher anzuschauen, die es in der Biologie gibt. Ein Ergebnis, das von Fred Nijhout (Nijhout 2006) in den USA erzielt wird, erläutert Myers. Es zeigt den Versuch mit Raupen des Tabakschwärmer-Schmetterlings. Nennen wir die Art A. Sie kommt in der Wildform sowohl in grün A als auch in einer schwarzen Mutante A' vor. Eine Raupe der verwandten Art B kann einen Polyphänismus derart entwickeln, dass sie bei 20 Grad schwarze und bei 28 Grad grüne Larven entwickelt (dieselbe Art!). Ziel eines Versuchs ist, die Art A (grün) dahin zu bekommen, dass sie sich durch Einwirken eines Temperatur-Stressors von 42 Grad für 6 Stunden so verhält wie B.[25] Fazit: Nach 13 Ge-

Abb. 12.7 Tabakschwärmer
Eine Farbvariante von Raupen wird durch Hitzeschocks der Eier epigenetisch erzeugt. Später fixiert sich das Farbmerkmal genetisch und bleibt auch ohne Hitzestressor bestehen. Auf dem Foto Fred Nijhout, dessen Team erstmals einen solchen Zusammenhang empirisch erforscht hat. Der Versuch ähnelt allerdings in der Aussage dem Fliegenflügelexperiment Waddingtons.

---

25 Testaufbau und Verlauf sind gut verständlich beschrieben bei Myers 2006-2.

nerationen aus vier Zuchtlinien und je einem Hitzeschock je Generation und Linie haben die Forscher aus A und A' eine polyphenistische Mutante erzeugt, also eine Art, die nach Absetzen der Schocks in den Folgegenerationen 13+ ohne Stressor sowohl schwarze als auch grüne Varianten hervorbringt und zwar je nach ihrer Umgebungstemperatur. Das ist genau das, was man erreichen wollte, eine Variante von A so wie die natürliche Art B. Die Wirkung des Stressors auf die Larven der ersten 13 Generationen hat sich genetisch gefestigt, man sagt: assimiliert. *Evolution in action* nennt das Myers (Abb. 12.7).

Es gibt viele andere Beispiele. Der erste, der so etwas beschrieben hat, ist der uns schon als Vater der Epigenetik bekannte Conrad Hal Waddington. Er hat schon Ende der 1950er und Anfang der 1960er Jahre ähnliche Versuche mit Taufliegen gemacht und hat von genetischer *Assimilation* gesprochen (Waddington 1953)[26] (Kap. 9).

Vidyanand Nanjundiah gibt Waddingtons Erklärung des Taufliegenversuchs, bei dem diese Flügeladern verlieren, wie folgt wieder (Nanjundiah in MN 2003, S. 259):

> Der ursprüngliche Phänotyp ist keinem Stressor ausgesetzt. Er wird kanalisiert in normaler, nicht stressbelasteter Umgebung. Deswegen ist jede genetische Variation, die bereits existiert, verborgen. Sie kommt, obwohl immanent, nicht zum Durchbruch. Stress, ob umgebungsbedingt oder genetischen Ursprungs, wirkt auf die genetisch präexistenten Variationen und ermöglicht das Entstehen eines Spektrums von Phänotypen, davon viele neue, und darunter auch der optimale Phänotyp, der einen höheren reproduktiven Erfolg hat als andere. Sexuelle Reproduktion und Rekombination, erzeugen konstant neue Serien von Regulatorgenen. Das ist ja eine eindeutige Vorbedingung dafür, dass genetische Variation überhaupt existiert. Selektion wirkt auf Regulator-Genkombinationen und macht so die Entwicklung des optimalen Phänotyps zunehmend wahrscheinlich. Mit anderen Worten: Selektion entkoppelt zunehmend die Erscheinung des Phänotyps von dem speziellen Stress-Stimulator, der seine Erscheinung am Anfang auslöste. Das Ergebnis ist, dass Evolution durch genetische Assimilation stattfindet.

Es ist wichtig, dass der Leser in Grundzügen verstehen kann, wie und warum es zu einer genetischen Fixierung kommt und damit zu einer Loslösung von dem ursprünglich notwendigen externen Stressor. Heute haben Schildkröten unter Umständen nicht mehr das erforderliche Nahrungsangebot, das ihre Evolution einst initiiert haben könnte, dennoch sind sie geblieben, was sie sind: Schildkröten mit Panzern. Der Panzer hat sich nicht mehr zurückentwickelt, obwohl Schildkröten heute auf der ganzen Welt zu Hause sind, sich also auf unterschiedliche Weise ernähren.

---

26 Die Literatur verwendet Assimilation (Assimilierung) und Akkommodation (Akkommodierung) manchmal synonym. Gilbert spricht von genetischer Assimilierung, wenn die Plastizität abnimmt und von genetischer Akkommodierung, wenn Plastizität zunimmt (Gilbert 2009, S. 384).

Der Kern hier ist also: Genetische Assimilation erfordert präexistente genetische Variabilität (Nanjundiah in MN 2003, S. 260). Diese Variabilitäten können bei normalen Umgebungsbedingungen nicht phänotypisch zum Ausbruch kommen, da die Umweltparameter für ihre Aktivierung nicht stark genug sind. Wie von Waddington entdeckt, gilt: Erst der oder die neuen Umweltfaktoren *demaskieren* das verborgene genetische/epigenetische plastische Gestaltungspotenzial.

Laut Müller greifen bei der Integration die schon genannten Entwicklungs-Constraints. Es wird nämlich nicht alles im Organismus zugelassen, was anfängt zu überborden. Da gibt es Barrieren auf molekularen und zellularen epigenetischen Ebenen. Das Protein Hsp90 wurde in dem Zusammenhang angeführt (Kap. 9). Aber diese Constraints können nicht nur Hürden sein, sondern auch Wege und Bahnen öffnen, auf denen eine Neuheit sich entwickeln kann (MN 2005, S. 493).

> *Constraints verhindern, dass arterhaltende Variationen ausufern können. Gleichzeitig ebnen sie Bahnen, auf denen auch Neues entstehen kann.*   Müller/Newman

Irgendwann nun, vielleicht schon früh, kommt in der natürlichen Umgebung unserer Schildkröten die Selektion wieder ins Spiel. Stellt man sich vor, ein Brustpanzer bildet sich ansatzweise aus und fordert auch keine zusätzliche Energie vom Organismus (das Nahrungsangebot ist per Annahme da), dann ist es jetzt Sache der Selektion, ob das „halbfertige" Konstrukt sich durchsetzt oder nicht. Geht es über mehrere Generationen durch, kann der epigenetischen Integration auch eine genetische Fixierung folgen. *Genetische Integration wird zunehmend den generischen Prozess stabilisieren und in einem immer engeren Mapping zwischen Genotyp und Phänotyp resultieren* (MN 2005, S. 494).

Massimo Pigliucci beschreibt, wie die genetische Fixierung vor sich geht. Morphologische Variationen, wie wir sie oben beschrieben haben, sind also zuerst da und sollen nachträglich genetisch fixiert und stabilisiert werden. Pigliucci drückt sich vorsichtig aus. *Die Veränderung kann unter Umständen fixiert werden durch genetische Mutationen, falls das neue phänotypische Merkmal vorteilhaft ist und/oder falls die Bedingungen, die dazu geführt haben, (d.h. Änderungen der Umweltbedingungen oder des Verhaltens) dauerhaft genug sind, um dem Standardprozess der Mutation und natürlichen Selektion zu erlauben, dass er sich assimiliert* (Pigliucci 2008, S. 893). Beide, Müller wie Pigliucci, aber vor allem auch West-Eberhard betonen ausdrücklich, dass die genetische Änderung eher der phänotypischen Veränderung nachfolgt als ihr vorausgeht (MN 2005, S. 494 bzw. Pigliucci 2008, S. 893).

Die wichtigste Aussage in diesem Zusammenhang ist die, dass weder die Selektion noch das Genom den geschilderten Prozess steuern. Er wird gesteuert durch autonome Reaktionsmöglichkeiten des Entwicklungssystems auf kleine Störgrößen. Das spezifische morphologische Produkt, in diesem Fall die Innovation, wird diktiert von der Antwort des Entwicklungssystems (PM 2010, S. 323).

12 Gerd B. Müller – Wie entsteht morphologisch Neues?

Kann das Bisherige auch darwinistisch erklärt werden?

Kann man das alles auch aus der Sicht der Synthese erklären? Ich will deutlich machen, dass entgegengesetzte Positionen vorhanden sind, dass die Wissenschaft pluralistische Meinungen zum Thema Evolution hat. 2006 veröffentlichen Christian Brändle und Thomas Flatt, beide am Institut Jacques Monod an der Universität Paris, einen kurzen Artikel zu dem oben gezeigten Versuch Fred Nijhouts mit den Tabakschwärmer-Raupen. Die beiden Autoren betonen, dass die erwiesene Akkommodierung der Farbveränderungen der Raupen die erste nachgewiesene weltweit überhaupt war, die im Labor schlüssig gezeigt werden konnte. Der Leser mag fragen, ob man überhaupt wissen kann, dass der Anstoßeffekt ein exogener Trigger war oder ob die Reaktion der Raupen nicht schon präadaptiv genetisch vorhanden war. Dann hätten wir eine klassische, darwinistische Mutation-Selektionsfolge (Braendle/Flatt 2006, S. 872). *Alles, was der exogene Trigger (dann) macht, ist, bereits zuvor vorhandene unspezifische genetische Variation aufzudecken, ein gut dokumentiertes Phänomen* (Braendle/Flatt 2006, S. 872). Ist die Reaktion auf den Trigger genetisch variabel, damit die Selektion Möglichkeit hat anzugreifen, kann auch die genetische Akkommodierung wirken. Die beiden Autoren schließen ihren Artikel mit der Bemerkung: *Es bleibt bis heute unbekannt, in welchem Maß phänotypische Akkommodation wie sie von West-Eberhard beschrieben wurde, adaptiv ist und ob sie in der Evolution eine Rolle spielt* (Braendle/Flatt 2006, S. 872).

Das ist die konservative Sicht: Variation im Rahmen des schon vorher angelegten „Spielmaterials". Keine embryonale Selbstorganisation und keine systeminhärente Mechanismen für autonome Wandlungsfähigkeit, allenfalls im Rahmen der schon zu Beginn festliegenden Reaktionsformen. Vor allem gehen Braendle/Flatt nicht auf den phänotypischen Aspekt ein: Es ist unbestritten, dass genetische Variationen als Initiatoren der Veränderung vorhanden sein müssen. Aber das phänotypische Resultat dieser Variationen ist nicht vorher festgelegt.

EvoDevo will mehr, will das Entstehen von organismischer Form bzw. von phänotypisch Neuem erklären. Dafür sind Farbvariationen nicht ideal geeignet. Kehren wir also zurück zu den Schildkröten bzw. zu den Insekten. Das Entstehen und Erklärung von Form ist prinzipiell eine andere „Liga" evolutionärer Theorie als das bloße Entstehen von Farbvarianten oder Pigmenten. Genetisch präexistente Variabilität muss in beiden Fällen vorhanden sein. Die Frage ist aber: Auf welchem Weg wird der Apparat des Formentstehens erstens initiiert, zweitens ausgeführt und drittens integriert? Exogene Einflüsse können genau so wie eine unspezifische Mutation ein ganzes Spektrum epigenetischer Aktivitäten auslösen, aber eben nur auslösen. Die Bühne auf der sich das Wesentliche im Anschluss daran abspielt, ist die Entwicklung, und die Akteure sind die epigenetischen Entwicklungsprozesse. Das Karussell dreht sich dort, mündet in der flexiblen Variation des Phänotyps und kann sich vom Auslöser letztlich auch abkoppeln.

Dass dieses nicht ohne ein Wechselspiel zwischen allen beteiligten Ebenen – Genom, Zellen, Zellverbänden, Umwelt – funktioniert, habe ich in diesem Abschnitt zu verdeutlichen versucht. Darwinistische Selektion ist hier zwar nach wie

B Der Ausbau – Wege zu einer Erweiterten Synthese in der Evolutionstheorie

vor im Spiel, nicht aber mehr der Impulsgeber und Lenker des Spiels. Mit streng neodarwinistischer Argumentation ist im obigen Beispiel der Farbvariation einer Raupenart nicht ausreichend erklärbar, wie ein Genotyp in Abhängigkeit von der Außentemperatur während der Entwicklung zwei unterschiedliche Phänotypen erzeugen kann. Ebenso ist nicht erklärbar, wie eine und dieselbe Punktmutation in der Extremität der Katze einen oder mehrere neue und vollständige Finger zur Folge haben kann.

Funktionswechsel

Die Flügel der Fliegen sind Werkzeuge von nahezu vollendeter Form und Stabilität. Sie können so, wie wir sie heute kennen, nicht plötzlich entstanden sein. So lange sie unvollständig oder kleiner waren, haben sie zum Fliegen aber nicht getaugt.

> *Ein Fliegenflügel war nicht unbedingt immer ein Fliegenflügel.*

Wie können Fliegenflügel evolutionär entstehen? Wir benötigen ein zusätzliches Hilfsmittel: den Funktionswechsel.[27] Wir dürfen annehmen, dass der Fliege Gewebeformationen aus einem überschüssigen Material gewachsen sind. Aber es sind noch keine Flügel. Es sind rudimentäre Fortsätze. Diese können vielleicht helfen als Lamellen im Stadium aquatischer Anthropoden, später vielleicht als Segel beim Gleiten auf glatten Oberflächen *(surface skinning)* und erst zuletzt, nach einer dritten funktionellen Transformation, als Flügel. Die Selektion steht stets Pate bei dieser mehrstufigen Evolution. Aber der Auslöser selbst ist sie nicht oder nur indirekt.

Stephen Jay Gould zitiert an einer analogen Stelle Darwins Anmerkungen über veränderte Bedingungen (Gould 1980/dt. 1989):

> Überall in der Natur hat also beinahe jeder Bestandteil jedes lebenden Wesens unter leicht veränderten Bedingungen wahrscheinlich unterschiedlichen Zwecken gedient und ist in der lebendigen Maschinerie vieler älterer und ganz spezieller Formen tätig geworden.

Es ist immer wieder erstaunlich, wie umfassend Darwins Sichtweise war und in welch enges Korsett sie von der Synthese geschnürt wurde.

Ich fasse zusammen. An früherer Stelle ist gesagt worden: Genetische Umbauten in der Entwicklungsphase sind unerwünscht und meist letal. Man muss sich nur noch einmal vorstellten, man hätte einen fertigen Bauplan, baut ein Haus und überlegt es sich dann bei der Bauausführung anders, etwa noch eine Etage zusätzlich zu errichten. Das geht schief. Andererseits aber ist, wie Kirschner/Gerhart herausarbeiten, in der Entwicklungsphase eine gestalterische Vielfalt vor-

---

27   Zu Funktionswechsel s. auch K. Lorenz 1988, S. 347.

handen. Wie schon erwähnt, geht der Phänotyp nicht vollständig aus dem Genotyp hervor. Es muss nicht eine komplette Etage sein, die man am Bauplan vorbei einbaut und eben auch kein fertiger Fliegenflügel.

Unbestritten ist heute, dass der Entwicklungsprozess im Rahmen der generellen Fähigkeit zur Selbstorganisation zwei Kerneigenschaften hat, einmal das, was man als *Köhäsion* bezeichnet, seine Fähigkeit, sich nicht in unerwünschte Richtungen zerren zu lassen, sondern seine Prozessschritte so koordiniert aufrecht zu erhalten, dass die Art erhalten bleibt. Gleichzeitig hat er eine aktive und passive, reversible und irreversible, adaptive und non-adaptive *Plastizität*, also Variabilität (West-Eberhard 2003, S. 33), mit dem einen Genom und Epigenom auf die Umwelt zu reagieren und mit ihr zu interagieren, wie die Wissenschaft es sich erst in neuerer Zeit erschließt. Erst mit diesen beiden Kerneigenschaften kann der Phänotyp, sei es eine Ameise, ein Fisch oder Mensch, seine Konsistenz in permanent wandelnden Umweltbedingungen aufrecht erhalten. Eine Evolutionstheorie, die sich diese Fähigkeit des Phänotyps erschließt, macht zumindest in diesem Punkt einen Riesenschritt über der Synthese hinaus, die den Phänotyp als unimodale, statistisch angepasste Idealform auf die Spitze eines Hügels in einer adaptiven Landschaft gesetzt hat. Das Verständnis für die komplexen Zusammenhänge auf genetischer und allen epigenetischen Ebenen ist im Wachsen. Kann man so weit gehen zu sagen: Der Organismus kann sich neu organisieren, um notwendig Neues herzustellen? Forscher wie Waddington, Müller, Pigliucci, West-Eberhard und andere antworten mit „ja".

Wenn die Katze einen neuen Zeh mit Blutgefäßen, Muskeln, Sehnen und Nerven versorgt, dass eine funktionierende integrierte Einheit entsteht, ist das Selbstorganisation der Entwicklung.

> *Ein Organismus kann sich während der Entwicklung in gewissen Schranken an Störungen anpassen und sich selbst organisieren.*

Kommt vielleicht jetzt von der wissenschaftlichen Seite 150 Jahre nach Darwin ein neuartiger Designgedanke ins Spiel, wo ihn Darwin fast gänzlich ausgemerzt hat? Kann der Organismus sich in gewissen Schranken selbst designen? Vieles, was EvoDevo ans Tageslicht fördert, sieht genau danach aus. Aber das Design ist immanent im System. Einen Dirigenten braucht es nicht, nicht einmal einen Komponisten für die Sinfonie, die gespielt wird: die evolutionäre Entwicklung.

> *Neuheit entspringt aus einer Art Verhandlung zwischen den Akteuren und den Anforderungen eines Lebensraums. Sie ist ein gegenseitiges Geben und Nehmen, ein wechselseitiges Hervorbringen.* A. Weber

B Der Ausbau – Wege zu einer Erweiterten Synthese in der Evolutionstheorie

Das integrierte System der evolutionären Entwicklung

Natürliche Selektion

Umwelt

Entwicklung
Komplexes – dynamisches – selbstregulierendes – robustes –
mit der Umwelt interagierendes – nicht-linear reagierendes System

Natürliche Selektion wird eher zu einer Randbedingung

initiier. Umweltstressor

Entstehung von Variation in der Entwicklung

Erleichterte Variation durch:
Konservierung v. Kernprozessen in Zellen (11)
Adaptives Zellverhalten (11)
Schwache regulat.Kopplung in u. zwischen Zellen (11)
Kompartimentierung (11)
Exploratives Verhalten (11)

Genet. oder umweltinduzierte Variation (9,11,12,15)
Schwellenwerteffekte (12)
Nicht-lineare Reaktionen (9,12)
Phänotypische Integration (12,15)
Unabhängigkeit vom Umweltstressor (9,12,15)
Genetisch/epigenet. Assimilierung (9,12,15)
Nischenkonstruktion (21)

Epigenetische Vererbung
DNA-Methylierung etc.

Vererbbare Veränderung an den Histonen („Chromosom-Verpackung") u..ä.

Genom
Assimilierung genetisch oder umweltinduzierter phänotypischer Variationen (9,11,12,15)

Epigenese meint: Selbstorganisationsfähigkeit, Autonomie und nichtlineare Reaktion von Zellen und Gewebe in der Entwicklung Grundprinzip ist: „Gene führen nicht, sie folgen" (15).

Umwelt

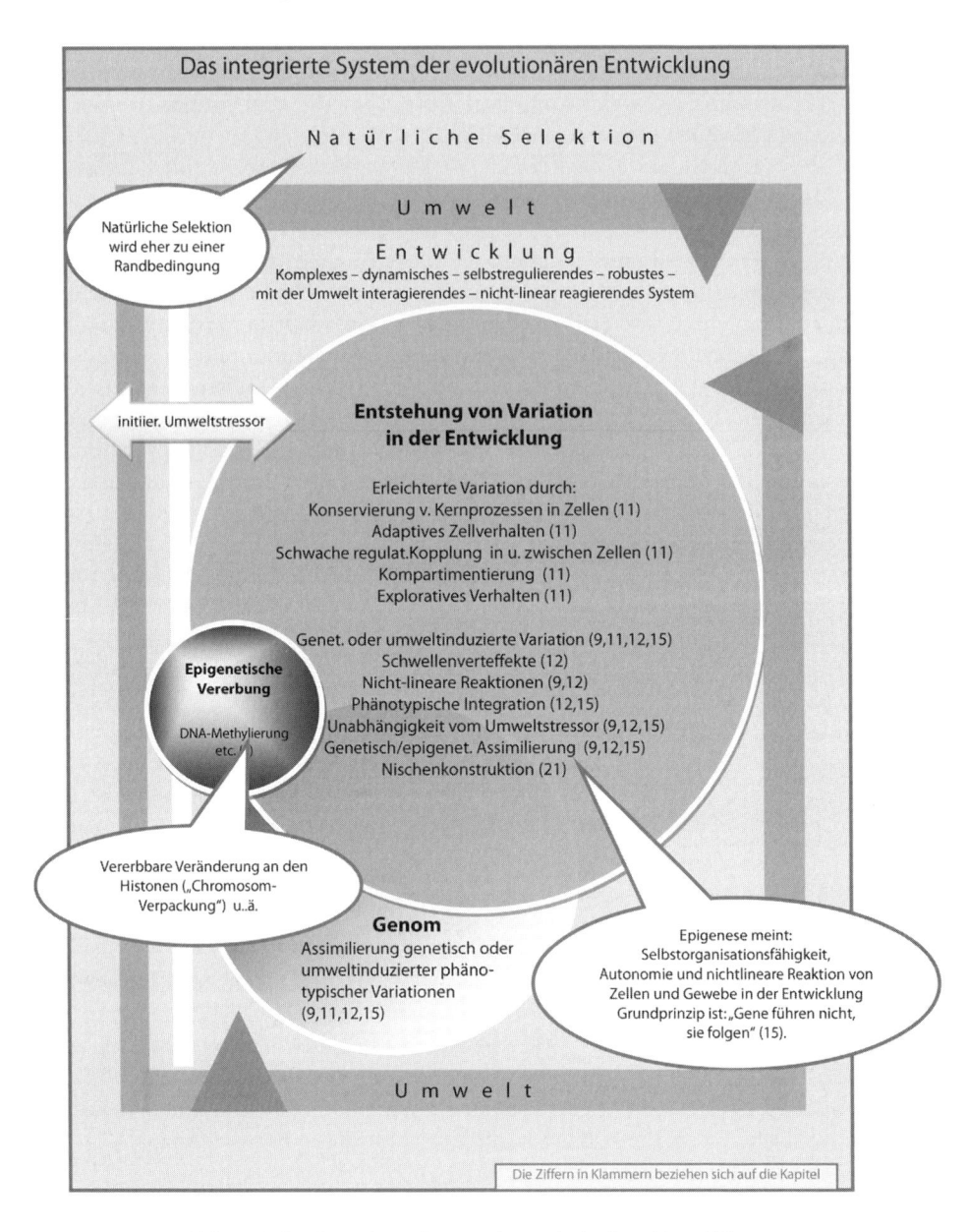

Die Ziffern in Klammern beziehen sich auf die Kapitel

Abb. 12.8 Das integrierte System der evolutionären Entwicklung
Die Grafik zeigt eine systemische Sicht der EvoDevo-Kernthemen aus den im Teil B behandelnden Kapiteln, wie sie die *Erweiterte Synthese* heute wahrnimmt. Danach agieren genetische Variation, natürliche Selektion und Umwelt auf das integrierte Entwicklungssystem. Umwelteinflüsse (oder genetische Mutationen) induzieren phänotypische Reaktionen, Das spezifische morphologische Ergebnis wird durch die Reaktionsfähigkeit des gesamten Entwicklungssystems auf die Umwelteinflüsse bestimmt. Oder man sagt: Die Entwicklung mobilisiert ihre evolvierten selbstorganisierenden Fähigkeiten zur Erzeugung phänotypischer Variation (n. Müller in PM 2010, S. 323).

13 Wallace Arthur und die Inklusive Synthese

Wir haben bereits wichtige Gedankenmodelle kennen gelernt, die über das Gebäude der Synthetischen Theorie hinausreichen: Waddingtons epigenetische Landschaften, Kirschner/Gerhart mit ihrem epigenetischen EvoDevo-Modell konservierter Zellprozesse, die Arbeiten Müllers mit Bezug auf epigenetische Mechanismen beim Entstehen von Variationen und Innovationen. Den provokantesten Ansatz von allen fährt Bauer mit seiner Aufforderung, sich von den verfänglichen Dogmen der Synthese gänzlich loszusagen. Bauer steht damit allerdings allein.

Alle diese Evolutionsforscher haben ihr Problem mit dem Neodarwinismus. Einer, der irische Zoologe Wallace Arthur verfolgt einen eigenen Ansatz. Wir werden prüfen, wie gut er in das neue Bild passt. Arthur fährt eine behutsame, durchdachte Linie, erwähnt neue Erkenntnisse, die mosaikartig von vielen Seiten zusammenkommen und will sie mit dem bekannten Wissen der Synthese verknüpfen. Damit verzichtet Arthur auf den Konfrontationsweg, den Bauer einschlägt und sucht vielmehr eine neue Synthese, die er die *Inclusive Synthesis* nennt. Arthurs Buch *Biased Embrios and Evolution* (2004), auf Deutsch: *Gerichtete Embryonen und Evolution* macht diese Absicht deutlich. In der Schule der Synthese ausgebildet, kennt Arthur ihre Gedankenketten. Er sieht wenig Grund, das Wissen von 80 oder 100 Jahren Forschung zu verwerfen sondern vielmehr Anlass, genau zu fragen: An welcher Stelle wird die Synthetische Theorie fehlgeleitet, an welcher ist sie erweiterungsbedürftig?

Wallace Arthur. Irischer Zoologe, der abseits der *Altenberg-16* eine Erweiterung der neodarwinistischen Evolutionstheorie vorschlägt.

Zunächst stellt Arthur heraus: Darwin ist pluralistisch in seinem Denken, die Synthese ist monokausal. Gemeint sind die treibenden Faktoren der Evolution. Wenn Darwin stets synonym mit Selektionstheorie genannt wird, so ist dass doch letztlich inkorrekt. Wir haben Darwin mit der Aussage zitiert, dass er selbst nicht glaubt, Selektion sei die einzige Kraft der Evolution. Ganz anders die Synthese, und dort vor allem die Populationsgenetiker der 1930er Jahre: Sie zementieren die Selektion als *den* allumfassenden Evolutionsmechanismus, zementieren für Arthur eine monokausale Theorie auf den Schultern Darwins, der keine solche ist. Ergebnis: *Selection was king* (Arthur 2004, S. 34).

Kapitel 2, das die Leistungen der Synthese würdigt, ist benannt mit *Außenschau*. Das ist eine Außenschau mit der Sicht Darwins und später Wrights, Fishers und Haldanes auf die selektiven Vorgänge auf Genpoolebene und ein wenig eine Innenschau, der Sicht der Genetiker, angefangen bei Mendel, Dobzhansky, später Watson und Crick und anderer, die die Existenz und Bedeutung des Genoms erkennen und als Quelle von Variation bestätigen können. Eigentlich, so Arthur, ist in der Synthetischen Theorie aber gar keine „Innenschau" vorgenommen worden. Sie ist eine Außenschau. *Die moderne Synthese hat zu viel Aufmerksamkeit auf die Interaktion zwischen Organismus und seiner Umgebung gelegt und zu wenig auf die vielen und unterschiedlichen Interaktionen zwischen Körperteilen, die in jedem Organismus auftreten* (36). Die Synthese ist also zu sehr externalistisch in ihrer Sicht und vergisst, was im Organismus abläuft und wie Veränderungen dort evolutionär entstehen können.

Was an genetischem Wissen in die Evolutionstheorie eingeflossen ist, ist hauptsächlich die populationsgenetische Sicht. Völlig außen vor geblieben, und das bezeichnet Arthur als *Tragödie* des Neodarwinismus (S. 194ff.), ist die Sicht auf den Organismus und im Besonderen dessen Entstehen, also der embryonale Entwicklungsprozess.

Wie kann dem Organismus Gleichberechtigung in der Evolutionstheorie zukommen, wenn es nicht einmal einen Begriff gibt für die möglichen Änderungen auf dieser Ebene, fragt Arthur (S. 84). Der folgende Absatz macht klar, wie Evolution für Arthur nur ablaufen kann (S. 52):

> Im Gegensatz zu dem, was die meisten Evolutionsbäume auf Postern in unseren Museen oder als bekannte Bilder in Biologieeinführungen zeigen, gibt es keinen Weg, dass ein erwachsenes Individuum direkt in ein anderes erwachsenes Individuum evolvieren kann. Der einzige Weg, dass natürliche Selektion neue Arten erwachsener Individuen hervorbringen kann, ist durch Veränderung des Entwicklungspfads.

Mutation von Genen und Veränderungen in der Entwicklung, die sie anstoßen, sind jetzt neue Eckpfeiler der Evolution. Beide zusammen sind mit der natürlichen Selektion wichtige Determinanten für die Richtung, die die Evolution einschlägt (S. 38).

Arthur schreibt: *Evolutionärer Wechsel geschieht, weil Entwicklungskaskaden sich irgendwie ändern* (S. 65). Unter Entwicklungskaskaden hat man sich Prozesse von Genexpressionen vorzustellen, die in strenger Folge ablaufen und Proteinbausteine erzeugen, die oft selbst wiederum andere Gene anstoßen, von denen wieder neue Proteine erzeugt werden usw.

Diese Ketten führen laut Arthur zur konkreten Ausführung des Bauplans. Solche Genexpressionskaskaden gibt es hauptsächlich in der Entwicklung. Abweichungen führen zu Änderungen des dreidimensionalen Gerüsts. Welch genereller Art diese Änderungen grundsätzlich sein können, zeigt Abb. 13.3. Den komplexen Umbauprozess, der in der Entwicklungsphase angestoßen werden kann, nennt Arthur *Development Reprogramming*. Abb. 13.3 lässt schon erkennen, worauf Arthur hinaus will: Gene ändern sich durch Mutation, der Entwicklungsprozess durch Re- oder Umprogrammierung und Populationen ändern sich durch Selektion (und Drift). Mutation und Selektion sind schon gut repräsentiert in der Evolutionstheorie, Reprogrammierung nicht.

13 Wallace Arthur und die Inklusive Synthese

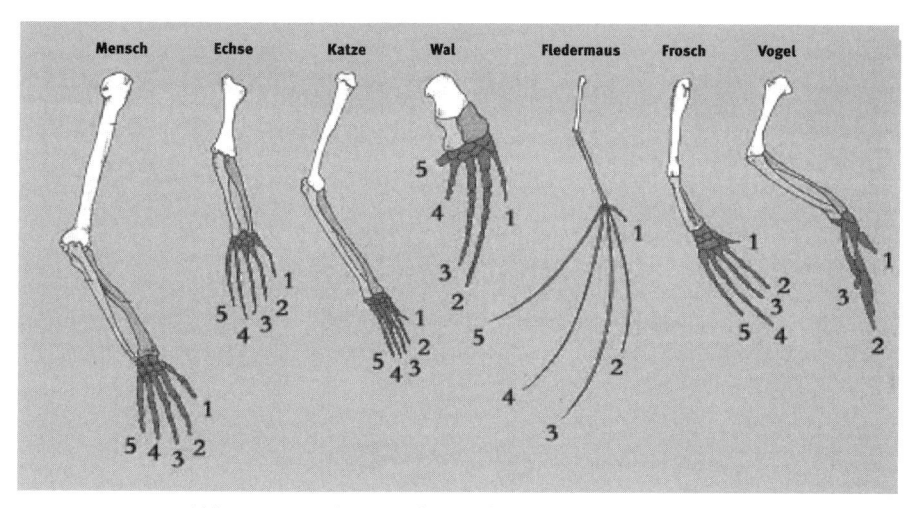

Abb. 13.1 Homologe Strukturen der Wirbeltierextremitäten
Homologe Strukturen stammen von gleichen gemeinsamen Vorfahren ab. Alle hier abgebildeten Extremitäten haben Knochen gleicher Schattierung gemeinsam. Auffällig sind Elle und Speiche bei allen Arten. Die einzige Abweichung ist bei der Anzahl der vorderen Fingerglieder beim Wal. Er hat mehr davon an Finger 2 und 3. Alle Spezies mit Ausnahme der Vögel haben 5 Finger. Die Vordergliedmaßen von Vögeln sind ebenfalls homolog zu den hier gezeigten. Aber in der Funktion als Flügel haben sie sich unabhängig von den Flügeln der Fledermaus entwickelt und sind daher analog, nicht homolog (Gilbert 2009, S. 291).

Weshalb aber Gerichtetheit? Die Grafik lässt noch keinen unmittelbaren Schluss auf Evolutionsrichtungen zu. Diese existieren aber für Arthur. Das ist wie folgt zu verstehen: Nehmen wir als Beispiel das Größenverhältnis von Vorder- zu Hinterbeinen bei Säugetieren. Man erkennt schnell, dass die Mehrzahl der Arten vergleichsweise ähnlich lange Vorder- und Hinterbeine haben. Schauen Sie auf Abbildung 18.1. Interpretieren wir dort die beiden horizontalen Achsen als Vorder- bzw. Hinterbeinlängen. Fitnessoptima würden in der adaptiven Landschaft etwa entlang der Nullpunkt-Diagonalen auf der Grundfläche vorkommen (Diagonale nicht eingezeichnet). Fitnessoptima, also Gipfel, die relativ weit weg von dieser Diagonalen liegen, etwa ein Gipfel weit rechts, können zwar gelegentlich erreicht werden, zum Beispiel bei Kängurus oder beim Tyrannus Rex (lange Hinterbeine, sehr kurz Vorderbeine). Viele weitere fiktionale Optima sind aber ausgeschlossen, so auch der umgekehrte Fall kurzer Hinterbeine und übermäßig langer Vorderbeine. Sie liegen außerhalb der in der Grafik eingezeichneten Fitnesslandschaft. Da viele solcher Konstellationen bzw. theoretische Fitnessoptima nicht vorkommen (können), gibt das Fitnessgebirge für die hier gewählten Charakteristika (Verhältnis der Beinlängen) bestimmte Richtungen oder Landschaftsausschnitte vor und schließt andere aus.

Abb. 13.2 Entwicklung
Die Suche nach Zusammenhängen der embryonalen Entwicklung und Evolution ist nicht neu.[28] Im Schatten Darwins und seiner Erben hat dieser Wissenschaftszweig lange ein stilles Dasein gefristet. Das hat sich geändert. *Alles, was für die Reproduktion des Entwicklungszyklus nötig ist, ist gleichermaßen nötig, um den evolutionären Pfad des Organismus zu verstehen* (Dupré 2009, S. 94).

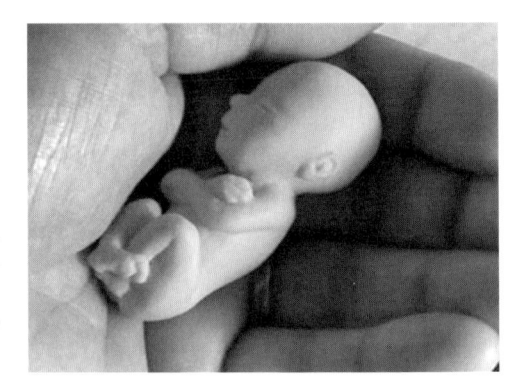

Die Gründe für den Ausschluss bestimmter Entwicklungswege können unterschiedlicher Natur sein. Im obigen Beispiel kann man Schwerkraftargumente vermuten. In anderen Fällen sind aber Einschränkungen bereits in der embryonalen Bauplanausführung vorgegeben, will sagen, es kann zum Beispiel nicht etwas dort entstehen, wo kurz zuvor etwas anderes (Kopf etc.) schon platziert wurde. Leben kann sich nicht beliebig entfalten. Deshalb erscheint uns Evolution gerichtet, weil nicht alles möglich ist, formuliert es der Münchner Zoologe Josef H. Reichholf (Sentker/Wigger 2008, S. 291).

Entwicklungsänderungen treten in Form der vier in Abb. 13.3 genannten Varianten auf. Es kann vorkommen, dass Bauplanausführungen früher oder später oder örtlich verschoben ablaufen. Ebenso kann es vorkommen, dass Genexpressionen, also die Erzeugung der Proteine quantitativ und/oder qualitativ von der vorgegebenen Norm abweichen. Letzlich können Mischformen auftreten (Abb. 15.1). Die am meisten diskutierte Variante ist die der Heterochronie. Die Wissenschaftler stellen sich darunter die zeitliche Verschiebung von Genexpressionen oder allgemeiner die zeitliche Verschiebung bestimmter Entwicklungsabschnitte während der embryonalen Entwicklung mit evolutionären Konsequenzen vor.

Es sollte deutlich sein, was Arthur mit gerichteter Entwicklung meint. Die Entwicklung lässt bestimmte Richtungen zu, andere nicht. Eine Studie wie die mit den Beinlängen könnte man für beliebige andere phänotypische Merkmale anstellen, immer ergäben sich Einschränkungen respektive Richtungen oder Richtungsfelder, die die Entwicklung und damit eben auch die Evolution einschlagen muss. Noch einmal zitiere ich Arthur (Arthur 2004, S. 201), wo er die daraus folgende Bedeutung der Entwicklung für die Evolutionstheorie unmissverständlich deutlich macht:

> Natürliche Selektion ist nicht der Hauptakteur der Evolution so wie es Darwin beansprucht. Vielmehr ist sie ein Teil in einem interagierenden Duo, das die Hauptkomponente der Richtung für evolutionären Wandel darstellt, und zwar in dem Umfang, wie „Haupt-" ein sinnvoller Ausdruck ist in einem

---

28 Siehe hierzu das umfassende historische Werk von Ron Amundson über die Rolle des Embryos im Evolutionsdenken: Amundson 2005.

13 Wallace Arthur und die Inklusive Synthese

Mehrebenenprozess zwischen molekularen Änderungen in Genen bis hin zum Massenaussterben von Arten. Der andere Partner ist die Richtung in der Entwicklung, das ist die Tendenz des Entwicklungssystems einer Kreatur, veränderliche Verläufe schneller als ein anderes Lebewesen hervorzubringen.

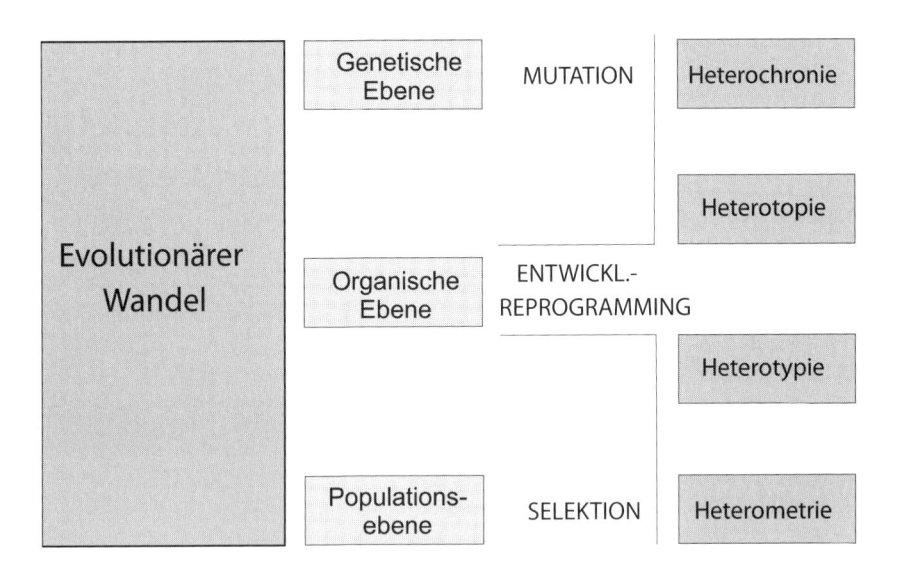

Abb. 13.3 Development Reprogramming nach W. Arthur.
Logische Beziehung zwischen Entwicklungs-Umprogrammierung und anderen Typen/Ebenen evolutionärer Änderung (Arthur 2004, S. 81ff.). Die EvoDevo-Forschung darf sich nicht darauf beschränken, solche Klassifizierungen nur vorzunehmen sondern muss an empirischen Beispielen zeigen, wann und wo das genau vorkommt, und sie tut das auch. Gerd B. Müller betont, dass die Formulierung solcher Konzepte wie etwa der Heterochronie zahlreiche Biologen zu konkreten Forschungsprogrammen stimuliert hat (Müller in MF 2008, S. 20).

Erläuterung:
Heterochronie = Änderung in der zeitlichen Abfolge der Genexpression während der Entwicklung
Heterotopie = Änderung des Ortes der Genexpression bei der Entwicklung
Heterotypie = Änderung der Art des erzeugten Genprodukts (Proteins)
Heterometrie = Vermehrung oder Verminderung des erzeugten Genprodukts (Proteins)

Arthur geht mit seinem eigenen Werk sehr vorsichtig um. Er stellt es frei zu hinterfragen, ob sein Ansatz sinnvoll ist. Er stellt alle Denkmöglichkeiten wertfrei gegenüber: Neodarwinismus als vollendete Theorie der Evolution – Neodarwinismus in Ergänzung mit EvoDevo – und letztlich die Vorstellung einer Evolutionslehre ohne Selektionstheorie. Er präferiert das zweite, die Erweiterung der Selektion durch gerichtete Entwicklung. Wichtig ist ihm dabei, und das betont er immer wieder, dass man sich das dreidimensionale Mutation-Selektion-Entwicklungsgebäude nicht vorstellen kann als drei unabhängig voneinander wirkende Kraftzentren. Vielmehr ist die enge Interdependenz der Prozesse eine wichtige Aussage, auf die

Arthur hinarbeitet. Hier noch einmal Arthur in seinem bildhaften Originalton (Arthur 2004, S. 194):

> Die Vorstellung eines Organismus als einem Stück Kitt, das durch die natürliche Selektion in jeder beliebigen Richtung geformt werden kann, ist zu einfach. Eher sind Tendenzen der Mutationen in den Pfaden, auf die die Entwicklung reprogrammiert ist und die Struktur beständiger Variationen die potenziellen Ursachen der Richtung, die die Evolution einschlägt. Das widerspricht nicht der Selektion. Eher interagieren diese Faktoren mit ihr, und genau diese Interaktion setzt die evolutionären Segel.

Bauplanänderungen mit tödlichen Folgen für den Organismus gelten besonders für die frühen embryonalen Phasen. Hier werden Weichen gestellt, auf denen die Folgeschritte konsequent aufbauen. Arthur sieht daher Reprogrammierung stärker in nachgeschalteten Entwicklungsphasen und nicht in den frühen. Er spricht ausdrücklich vom genetischen Programm und einem zweiten, dem epigenetischen Programm in der Entwicklungsphase.

Gerhard Schlosser geht in seinem Aufsatz „Amphibian Variation" (in CRG 2005, S. 154) auf Heterochroniebeispiele bei der Entwicklung von Fröschen und Salamandern ein. Eleutherodactylus, ist eine direktentwickelnde Froschgattung mit mehr als 700 Arten. Alle Arten dieser Gattung entwickeln keine Kaulquappen. Die genauere Analyse der embryonalen Stadien zeigt, dass viele Stadien, die für Kaulquappen typisch sind, hier fehlen. Hingegen sind die Gliedmaßenknospen bereits sehr früh vorhanden. Als ursächlichen unterliegenden Mechanismus für Variationen bei der Metamorphose – eine solche liegt ja hier vor –, hat man bei verschiedenen Amphibien das Thyroid-Hormon identifiziert. Bleibt dieses Hormon aus, *kommt es in der Entwicklung zum koordinierten Verlust einer ganzen Suite von Merkmalen* (S. 152). Es ist also bei einer ausgelassenen Metamorphose nicht damit getan, dass einige wenige Entwicklungsschritte einfach wegbleiben. Vielmehr kann *eine große Bandbreite von Prozessen betroffen sein, wie Zelltod, Entwicklung neuer Zelltypen in Darm und Epidermins, die Remodellierung von Muskeln und Nerven und vieles mehr*. Hier kann man ahnen, was es bedeutet, wenn von Heterochronie gesprochen wird. Unzählige koordinierte Entwicklungsänderungen müssen exakt aufeinander abgestimmt sein bei einem so komplexen Vorgang wie dem Überspringen des Kaulquappenstadiums dieser Frösche.

Zusammenfassend kann man sagen, dass Wallace Arthur offene Fragen und Probleme der bisherigen evolutionstheoretischen Sichtweise angeht. Die Strukturierung von Entwicklungsänderungen in zeitliche, örtlich artgemäße und intensitätsbezogene Typisierung ist von Kollegen übernommen worden (Gilbert 2009). Er vermag aber dennoch bislang erst wenig beizutragen, evolutionäre Prozesse zum Entstehen komplexer Lebensstrukturen nachvollziehbar zu beschreiben. Gerichtetheit zu postulieren aus der Eingeschränktheit der Lebensformen hinsichtlich ihrer Größe oder des Verhältnisses der Gliedmaßen, das allein ist noch nicht sehr aussagefähig. Auch kommt die Vorstellung, dass es Gerichtetheit in Form einer Art Kanalisierung gibt, nicht von ihm selbst sondern bereits von Waddington. Andere

13 Wallace Arthur und die Inklusive Synthese

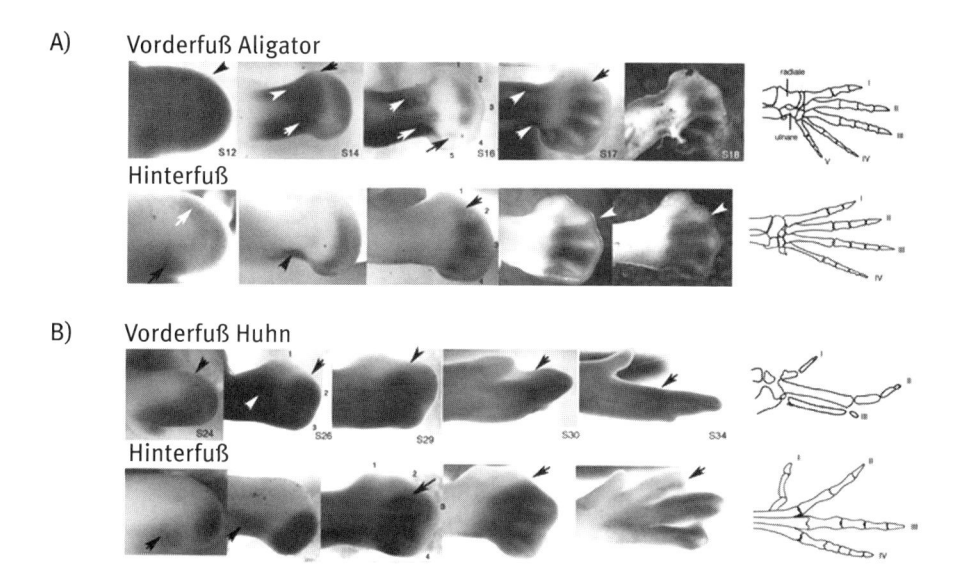

A) Vorderfuß Aligator

Hinterfuß

B) Vorderfuß Huhn

Hinterfuß

Abb. 13.4 Homöotische Transformation
Das Lab von Günter Wagner an der Yale University hat sich mit der Fingerbildung bei Vögeln beschäftigt. Zum Vergleich hat man die Entwicklung des Aligators, eines nahen Verwandten der Vögel, herangezogen. Es wird eine Idee entwickelt, dass es sich bei der Reduzierung der Finger der Flügel von fünf auf drei Finger um eine homöotische Transformation (Homeosis) handelt. Bei einer solchen können ganze Körperteile eines Organismus von einer Generation zur nächsten Form und Funktion eines anderen Körperteils annehmen. So drastische Veränderungen geschehen manchmal allein aufgrund der Expressionsänderung eines einzigen Hoxgens (hier HOX-D11). Im Beispiel hier führt dies dazu, dass die Finger 1, 2 und 3 an den Embryonalpositionen der Finger 2, 3 und 4 wachsen, beim Aligator genau wie bei der Möwe.

Forscher tragen auch mehr bei zu empirischen Belegen[29] und ebenso zur Frage, *wie* Veränderung in der Entwicklung geschieht. Arthur fragt: Wann, wie lange, an welchem Ort, in welchem Ausmaß geschieht etwas? Das ist wichtig. Er fragt aber nicht unbedingt so wie Kirschner/Gerhart, Müller, West-Eberhard nach konkreten Mechanismen, die darauf Antwort geben. Wenn er sich lediglich auf Änderungen der Entwicklungskaskaden beruft (Arthur 2004, S. 65), nennt er nichts wirklich Neues.

In seinem neuesten, wegweisenden Buch über die Zusammenhänge von Entwicklung, Evolution und Umwelt nennt denn auch Scott Gilbert eine Vielzahl von jüngeren Forschungsbeispielen aus der Tierwelt, und nun auch von Wirbeltieren, bei denen die von Arthur so benannten Reprogramming-Formen auftreten (Gilbert/Epel 2009, Kap. 9 und 10), darunter die mit Schwimmhäuten versehenen Füße von Enten als abgewandelte Form der Hühnchenfußes (Heterotopie), die abgewandelte Form der Delfinflosse im Vergleich zu Säugetieren mit extrem verlängertem Mittelfinger (Heterochronie) und die auch von Kirschner/Gerhart erwähnte Veränderung von Finkenschnäbeln (Heterometrie).

---

29 Siehe Abb. 10.4, Kap. 11, Kap. 14 u. 15.

B Der Ausbau – Wege zu einer Erweiterten Synthese in der Evolutionstheorie

Von *development reprogramming* zu sprechen, Arthurs wichtigstem Begriff, ist nicht ungefährlich und leicht zweideutig. Der Begriff birgt die Gefahr, einen „Programmierer" zu implizieren, den Arthur gar nicht meint. Ferner kann ein bei Beginn der Entwicklung bereits feststehendes „Programm" vermutet werden. Aber eben dieses gibt es in der Anschauung anderer EvoDevo-Forscher gar nicht. Das genetische Programm ist kein vollständiges Programm für den Entwicklungsablauf. Die Entwicklung schafft sich, wie wir gesehen haben, erst während ihres Ablaufs durch die geschilderten explorativen Prozesse, durch schwache Verbindungen, durch die Reaktion auf der Umwelt eine Plastizität, die einem vorher feststehenden programmatischen Ergebnis widerspricht. Wo aber kein Programm ist, gibt es auch kein Reprogramming.

Die *Inklusive Synthese,* wie Arthur sie bezeichnet, ist anders als die *Erweiterte Synthese* als Konzept kaum aufgegriffen worden in der EvoDevo-Disziplin. Arthur sieht EvoDevo rein als Entwicklungsgenetik, die er in die Evolutionstheorie integrieren möchte[30]. Er schreibt, um Abbildung 11.1 heranzuziehen, hauptsächlich über die Ebenen 1 und 2. Entsprechend taucht in Abbildung 13.3, die von Arthur übernommen ist, die Umwelt nicht auf. Mechanismen, die erklären, wie Umwelteinflüsse in den Entwicklungsprozess gelangen und ihn tangieren können, wie Waddington das in Kapitel 9 zeigt, oder Kirschner/Gerhart, Müller, West-Eberhard das darstellen, sind nicht erklärt. Es heißt vielmehr bei Arthur: *Entwicklung kann nur auf eine vererbbare Weise reprogrammiert werden, wenn ein Gen mutiert ist* (Arthur 2004, S. 85). Das ist aber nichts mehr wirklich Neues.

So ist Arthur bis heute eher ein Alleingänger geblieben in einer Domäne, in der, wie zuvor schon betont, große Koordination der Wissenschaftler verschiedenster Fachrichtungen notwendig ist (Abb. 16.2), um die neuen Erkenntnisse gegenseitig abzustimmen, bekannt zu machen und schließlich auch in einer modernisierten Evolutionstheorie durchzusetzen.

Die EvoDevo Richtung ist eine wichtige Tür in die Zukunft der Evolutionstheorie, eine komplexe Theorie, komplexer als vieles Bisherige. Wir werden in Teil C dieses Buches noch genauer erfahren, welche Eigenschaften solche komplexen Systeme haben. Wir haben es mit einem dreidimensionalen, extrem interdependenten Geflecht zu tun. Ursache-Wirkungsketten aus Variation und Selektion, von denen der Neodarwinismus ausgegangen ist, erzeugen nicht das ganze Bild, wie Evolution abläuft. Wenn sich das neue Denken aber durchsetzt, wenn es immer besser möglich ist, die Entwicklungsprozesse, an denen die Evolution ansetzen kann, empirisch aufzuzeigen und auch die Zusammenhänge von Entwicklung, Selektion und Umwelt empirisch nachzuweisen, was schwierig sein wird, dann lässt sich Zug um Zug erhellen, wie ergänzungsbedürftig das neodarwinistische Haus über viele Jahrzehnte war, welcher Blickwinkel ihm gefehlt hat, ohne dass es deswegen ins Wanken kam.

* * *

---

30 Zwar erwähnt Arthur kurz auf S. 84f., dass es neben dem genetischen ein epigenetisches Programm gibt und dass sich beide gegenseitig und auch mit der Umwelt durchdringen. Er führt das aber nicht näher aus.

14 Sean B. Carroll gibt Einblicke in die Bauanleitung

Lassen wir einen Fachmann zu Wort kommen, einen vergleichenden Genetiker, der die Bauanleitungen des Lebens lesen und interpretieren kann. Er kann uns ein Bild geben von den Abläufen in der Entwicklung und der Veränderung des Lebens im Mutterleib oder im Ei.

Sean B. Carroll, US-Amerikaner, lehrt an der Universität Wisconsin. In Carrolls Buch *Die Darwin-DNA*, seinem zweiten und jüngsten in Deutsch veröffentlichten Werk, gewinnt man nicht wirklich den Eindruck, dass dieser Mann revolutionär Neues vermitteln will und kann. Sehr wohl aber in *Evo-Devo – Das neue Bild der Evolution*.[31] Hier steht Konkretes zu Abläufen der Entwicklung und Evolution. Und es ist mehr, als die Synthese uns mitteilt. Zum ersten Mal erhalten wir genauen Einblick in Ausführungen und Veränderungen des Bauplans.

Sean B. Carroll. Fachmann der Molekulargenetik der jüngeren Generation. Ganz auf der Linie von EvoDevo ist er derzeit ein auch in den Medien erscheinender Evolutionsforscher. Im Gegensatz zu den vielen anderen in diesem Buch bleibt er strikt auf genetischer Erklärungsebene.

Präzise schaut sich Carroll an, wie etwa der Embryo einer Fliege Schritt für Schritt entsteht. Wie kommt es zu der räumlichen Form? Es sind bei Carroll die genetischen Schalter, die *die* Schlüsselrolle spielen. Halten wir einige Grundaussagen fest, die Carroll herausgefunden hat. So demonstriert Carroll in *Evo-Devo*, wie beim Flusskrebs aus einem Paar Vorderfüßen in der Evolution zwei riesige Scheren werden, wie Flügel von Insekten und andere fantastische Dinge entstehen. Zunächst muss man verstehen, wie die Natur mit ihrem Werkzeugkasten hantiert (Carroll 2008a, S. 113ff.):

- Das Genom verwendet einen genetischen Werkzeugkasten (Abb. 14.1). Wichtige Gene in ihm sind die Hoxgene, die für Körperstruktur und Körperbau verantwortlich sind. Hoxgene bleiben über extrem lange Zeiträume dieselben. Mäuse und Menschen haben hochgradig ähnliche, homologe Hoxgene (Box 6). Ihre evolutionäre Veränderung ist in der Betrachtung also zunächst vernachlässigbar. Die Evolution nutzt aber umso mehr das, was schon da ist, zum Beispiel die Hoxgene, und geht auf höchst virtuose Weise da-

---
31 EvoDevo ist in deutscher Sprache ohne Jahrgangsangabe 2008 erschienen. Es ist somit nur unmittelbar jüngeren Datums als das ebenfalls 2008 erschienene Buch *Die Darwin-DNA*.

B Der Ausbau – Wege zu einer Erweiterten Synthese in der Evolutionstheorie

mit um. Dieselben uralten Gene werden in den Lebewesen immer wieder auf andere Weise eingesetzt, multifunktionell und redundant. Entwicklungsgene leisten ihre Dienste für ganz unterschiedliche Zwecke in ganz unterschiedlichen Phasen der embryonalen Entwicklung. Nehmen wir zum Beispiel das Gen BMP-5. Es erzeugt Proteine für den Skelettbau, Rippen, Fingerspitzen, aber eben auch für das Außen-, Innenohr und die Nasenhöhle. Wer aber sagt ihm, was wann zu tun ist? Es sind die Schalter.

- Gene sind auf der DNA umgeben von zahlreichen dieser Schalter. Da gibt es Schalter für die BMP5-Expression in den Rippen, und es gibt andere, für die Expression desselben Gens beim Bau des Innenohrs. Die Schalter erzeugen (codieren) für Proteine, die an der DNA mit einem jeweils speziellen „Schloss" anbinden und dem Gen sagen, was genau, für wie lange und in welchem Umfang zu tun ist, sprich, was es in der dreidimensionalen Körperwelt herstellen soll. Man spricht, das haben wir schon früher kennen gelernt, auch vom Genregulierungsprozess.

- Es gibt in einem Organismus ein paar hundert Schalter. Und es gibt ein Universum von Schalterkombinationen,[32] wann welches Gen in Abhängigkeit von welchen vorausgegangenen Expressionen an welcher Stelle und wie lange aktiviert oder deaktiviert wird. Ein Schalter benötigt also Informationen, die im unmittelbar vorausgegangenen Entwicklungsprozess für ihn erzeugt worden sind. Das ist essenziell. Es ist eben nicht bereits im Genom das vollständige Programm für den Körperbau abgelegt. Man erkennt den Ablaufplan dort nicht. Es gibt nicht *das* genetische Körperbauprogramm. Vielmehr entsteht es sukzessive während der embryonalen Entwicklung. Eine bestimmte Entwicklungsphase erzeugt ihre spezifischen Schalterkombinationen mit ihren spezifischen Genexpressionsanweisungen, die an späterer Stelle der Entwicklung in derselben Form nicht mehr auftauchen. Später exprimieren dann andere Kombinationen von Schaltern mit anderen Kombinationen aus Hoxgenen andere Proteine.

> *Es gibt unendlich viele Kombinationen von Genschaltern zur Erzeugung des Phänotyps. Diese Kombinationen mutieren leichter als die Gene selbst. Sie mutieren während der Entwicklung.* S. B. Carroll

- *Weil eine Schalterstellung (An/Aus d.V.) also letztlich davon abhängt, welche Informationen insgesamt einlaufen und die Kombinationsmöglichkeiten mit jedem weiteren Signaleingang exponenziell ansteigen, können die Schalter praktisch unendlich viele Reaktionen hervorrufen. […] Die Schalter können an allen*

---

32 Bei einer 3er Kombination von 500 in einem Embryo vorhandenen Schaltern hat man $500 \times 500 \times 500$ möglicher Kombinationen, das sind 12,5 Mio. Kombinationen. Werden 4 Schalter als Anleitung für eine bestimmte Genexpression an einer ganz bestimmten Stelle in der Entwicklung kombiniert, erhält man bereits über 6 Milliarden Kombinationen. Hier sieht man die unermessliche Gestaltungsmöglichkeit mit Hilfe der Schalter. (Carroll, 2008a, S. 122).

beliebigen Koordinaten oder Koordinatengruppen (des Embryos d.V.) nahezu jedes geometrische Genexpressionsmuster hervorrufen – und tun das auch. Damit will Carroll erklären, wie mit den gleichen Genen so unterschiedliche Formen geschaffen werden können.

- *Wenn man versteht, wie die Schalter die embryonale Entwicklung prägen, ist es nur ein kleiner Schritt bis zu Überlegungen, wie sie wohl die Evolution beeinflusst haben. Schalterkombinationen mutieren leichter als einzelne Gene. Und sie mutieren während des Entwicklungvorgangs. Viele Geheimnisse der Evolution sind auf evolutionäre Veränderungen in genetischen Schaltern zurückzuführen; ihr Spektrum reicht von drastisch vergrößerter Vielfalt an Tieren, dem Kennzeichen der kambrischen Explosion, bis zu den zahlreichen Spielarten an wunderschönen Schmetterlingen oder heute lebenden Säugetieren* (S. 132).

Abb. 14.1 Der genetische Werkzeugkasten nach Carroll

- Mastergene (Hoxgene)
- DNA-bindende Proteine (Transkriptionsfaktoren), die von Schaltergenen gebildet werden.
- Gene für Routinearbeiten bei der Zellerstellung
- Gene für Sonderaufgaben bei der Zellerstellung
- Gene für Farbbildung des Phänotyps
- Gene zur Bildung von Signalwegen beim interzellularen Signalaustausch, was Kaskaden von Ereignissen auslösen kann:
  – Veränderung der Zellform
  – Start/Stop der Zellvermehrung
  – Zellmigration

Was ist revolutionär neu an dieser Erklärung mit den Genschaltern (Carroll 2008a S. 272ff.)? Zunächst ist da die zuvor erwähnte Tatsache, dass Hoxgene im Prinzip vom gleichen uralten Grundmuster sind bei so unterschiedlichen Arten wie Maus und Mensch. Das hat man für gänzlich unmöglich gehalten, bis es in den achtziger Jahren des letzten Jahrhunderts entdeckt wurde (Box 6). *Man könnte sich ja auch vorstellen, dass bei jeder morphologischen Innovation auch ein ganz neuer Satz von Genen auftaucht* (Nüsslein-Vollhard 2004, S. 159). Genau davon ist die Synthese auch stets ausgegangen.

Hier ein Beispiel für die Bedeutung solcher Genschalter, man bezeichnet sie auch als Transkriptionsfaktoren. Das Beispiel ist nicht aus der Entwicklungsbiologie: Das in der Fachwelt berühmte Gen und gleichnamige Protein FOXP2 ist an der Sprachfähigkeit des Menschen beteiligt. Vor 200 000 Jahren änderten sich, wie man jetzt weiß, an nur zwei Stellen die Aminosäuren für das Protein FOXP2 beim Menschen. Andere Lebewesen haben allerdings dieses Gen auch, zum Beispiel der Schimpanse, aber ohne die erwähnte geringfügige Mutation. Schleust man jedoch die Schimpansenvariante des FOXP2 versuchsweise

B Der Ausbau – Wege zu einer Erweiterten Synthese in der Evolutionstheorie

in die menschliche DNA ein, geschieht dort gar nichts, während im Gehirn des Menschen unser eigenes Gen FOXP2 116 nachgeschaltete Gene antriggert.[33] Das ist ein eindrucksvoller Hinweis, dass kleine Mutationen im epigenetischen Netzwerk viele unbekannte Konsequenzen haben können und dass sich die Unterschiede der Arten auf der epigenetischen Ebene der Genregulierungen abspielen. Die zweite neue Sicht von EvoDevo ist also für Carroll, dass kleinste Veränderungen in der Abfolge und der Kombination der Schalteraktivitäten eine so enorme Wirkung und Vielfalt in den Bauformen der Embryonen nach sich ziehen. Das so lange Zeit wohl best behütete und hier bereits angeführte Geheimnis der Evolution, warum der Mensch so wenig Gene hat im Vergleich zum Wurm (ca. 19 000) oder zu einer Banane (ca. 14 000), und warum gleichzeitig unsere 20 000 oder 25 000 Gene so viel leisten können, scheint in seiner Grundfrage gelöst. Es ist eben gemäß Carroll die schier unendliche Zahl möglicher Schalterkombinationen, die das Struktur- und Ablaufprogramm des Körperbaus bestimmen und den relativ wenigen Genen so viele Einsätze geben.

> So wie man keine unterschiedlichen Wörter braucht, um verschiedene Bücher zu schreiben, braucht es auch keine neuen Gene, damit neue Arten entstehen. Sie müssen nur anders aktiviert und kombiniert werden (Ridley 2009, S. 64).

Dass gar nicht so viele der möglichen Genkombinationen tatsächlich genutzt werden müssen, sondern dass das Genom mit viel weniger als mathematisch möglich auskommt und redundant arbeiten kann, hat der amerikanische Komplexitätsforscher Stuart Kauffman theoretisch beschrieben (Mitchell 2009, S. 222ff.). Kauffman geht von einer Anzahl N Genen in einem Organismus aus, nehmen wir an, 20 000 beim Menschen. Wenn nun annahmegemäß durchschnittlich K Gene kombiniert werden (hier 2), um ein Merkmal zu erzeugen, ergeben sich mathematisch 2 hoch N mögliche Genkombinationen und ebenso viele mögliche Genoutputs. Das ist eine unermesslich große Zahl. Kauffmans Leistung ist nun, dass er an Hand boolscher Funktionen zeigen konnte: Das Genom kann sich einer Zahl von Kombinationen mit gleichem Output annähern, die um Potenzen geringer ist als die Zahl 2 hoch N, nämlich nur 2 hoch ½. Die restlichen Genkombinationen erzeugen den gleichen Output, also dieselben Genprodukte. Es kommt zu einer Art Kanalisierung auf denselben Output hin. Wir erinnern uns an Waddington: Er sprach auf einer epigenetischen Sicht ebenfalls von Kanalisierung. Wenn aber bereits auf der Genomebene unterschiedliche Kombinationen – und das können auch Mutationen sein – zum selben Output führen, dann kann das durchaus als Verstärkung der Sicht Waddingtons interpretiert werden: Das Genom *puffert* Mutationen. Das ist die Wortwahl Waddingtons[34]. Carroll geht auf diese interessanten Aspekte in seinem Buch nicht ein.

---

33 SZ vom 12. Nov. 2009, S. 18 mit Bezug auf Nature, Bd. 462, 2009, S. 213.
34 Sehr verständlich stellen das an einem einfachen Rechenbeispiel Ricard Solé und Brian Goodwin in ihrem Buch über Komplexität in der Biologie dar (2000, S. 71ff.).

Caroll betont weiter: EvoDevo kann auf dem Weg der Schalterkombinationen auch *Makroevolution* anschaulich machen. Das Abändern der Form kann für Carroll an Lebewesen wie Gliederfüßlern oder Insekten in Detailschritten erklärt werden, ebenso das Entstehen von neuen Formen, die aber letztlich gar nicht fundamental neu sind, sondern aus vorhandenem heraus gemacht werden (Scheren aus Vorderfüßen beim Flusskrebs, Flügel aus Gliedmaßen der Vögel etc.). Gerade hier ist erwähnenswert, dass der Organismus Redundanzen erzeugen muss, um zu stabilen makroevolutioänren Konstruktionen zu kommen. Zur Erklärung von Robustheit hilft das oben geschilderte Modell von Stuart Kauffman. Carroll fasst zusammen: *EvoDevo zeigt, dass Makroevolution das Produkt einer Mikroevolution im Großen ist* (Carroll 2008a, S. 278). Widerspricht da Carroll Müller?

Genau genommen: ja. Müller sagt eben nicht, dass es nur homologe Variationen gibt, sondern auch Innovationen, die sich mit keiner Art von Homologie erklären lassen. Vor allem aber: Waddington, Müller, Pigliucci, Kirschner/ Gerhart, West-Eberhard und andere sehen den gesamten Entwicklungsapparat (nicht nur das Genom und die Regulation) als ein selbstregulierendes System. Im Zusammenspiel aller autonomen, genetischen und epigenetischen Systemteile wie Genom, Zellen, Zellreaktion, Gewebe, Umwelt kann spontane, nicht-lineare, phänotypische Änderung erzeugt werden. Makroevolution kann so entstehen. Diese ist dann nicht zwingend die Summe mikroevolutiver, zufälliger Mutationen.

Greifen wir noch einmal die präaxiale Polydaktylie der Katze auf. Hier ist der Anstoß die Mutation eines Genschalters für die Expression von Sonic Hedgehog (Shh), einem Wachstumsgen für die Hand. Es kommt im Zuge der Mutation dieses Schalters zu einer erhöhten Shh-Expression an einer neuen, ektopischen Stelle in der Extremität. Dadurch wächst die Extremität auf der anterioren Seite (Daumenseite) stärker als normal. Damit ist aber nicht erklärt, wie in der Folge ein oder mehrere Zehen entstehen. Carrolls Theorie kann die Vergrößerung der Knospe erklären, nicht aber die Strukturbildung der Zehen, auch nicht deren regelmäßige Häufigkeit. Erst die Argumentation mit Selbstorganisationsfähigkeit des mesenchymen Gewebes führt hier weiter.

Abbildung 14.2 ist eine aktuelle Darstellung aus dem Wissenschaftsmagazin Science, wie eine Punktmutation ein Spektrum phänotypischer Variation hervorrufen kann. Das ist für Carroll schwierig zu erklären. Seine Argumentation mit Schaltern ruft für einen einzelnen Schalter ein ja/nein-Bild hervor, nicht aber eine Bandbreite phänotypischer Variation. Dazu müsste Carroll auf Kaskaden von Schaltern zurückgreifen, die durch einen übergeordneten Schalter verändert werden. Das ist aber in Abb. 14.2 nicht der Fall, und auch nicht bei der Polydaktylie der Katze, bei der die Punktmutation in einem Sonic Hedgehog-Regulationsgen (Schalter) zwei bis acht zusätzliche Zehen initiieren kann. EvoDevo ist mehr als genetische Schalteränderungen.

Wie Wolfgang Wieser, wie Kirschner/Gerhart und Pigliucci/Müller und andere, so plädiert auch Sean Carroll mit gleichem Nachdruck für eine neue, moderne, umfassendere Synthese der Evolutionstheorie. Die Antworten, die EvoDevo ge-

B Der Ausbau – Wege zu einer Erweiterten Synthese in der Evolutionstheorie

ben kann, sie sind in der Synthetischen Evolutionstheorie des 20. Jahrhunderts nicht als offene Fragen erkannt und daher nicht formuliert worden.

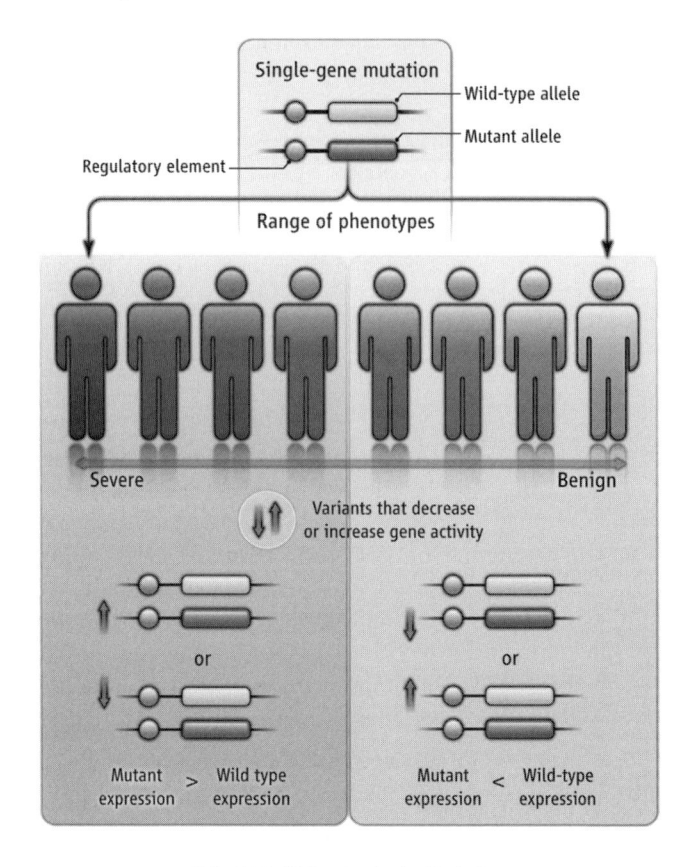

Abb. 14.2 Phänotypische Variation.
Im Magazin Science heißt es zu diesem Bild: Nicht alle Individuen mit einer identischen Mutation sind gleichermaßen betroffen. Genetische Veränderungen in einem Regulationselement können die Dosierung eines Mutanten- oder Wildtyp-Allels ändern und Anstoß zu Variationen im Phänotyp liefern (Science 24-02-2012).

Dennoch unterscheiden sich Carrolls und Arthurs Sichtweise stark von der Kirschner/Gerharts, Müllers oder West-Eberhards. Carroll ist Genetiker. Er behandelt ausschließlich genetische Änderungen oder Änderungen des genetischen Zusammenspiels als Ursache für Variation. Schalter sind in der Regel Gene. Spricht er von Änderungen der Schalter oder der Schalter-Kombinationen, dann meint er Gene. So ist denn in Abbildung 14.1 die Rede vom *genetischen Werkzeugkasten*. Schalter, so Carroll, *sind in die DNA eingebettet* (2008a, S. 115). Er spricht durchaus von Regulationsprozessen und von den Proteinen, die in Form von Aktivatoren oder Repressoren an die DNA binden, um die Genschalter an- oder auszuschalten. Wann genau die Proteine ihre spezifische Arbeit tun oder unterlassen sollen, das bestimmen wiederum Signaturen, das sind Folgen von 6–9 Basenpaaren (2008a, S. 121) auf der DNA. So gesehen müsste die DNA den Bauplan (den Begriff verwendet Carroll aber nicht) durchaus wiedergeben können. Das könnte man zumindest aus dem folgenden Zitat interpretieren (2008a, S. 120):

> Wichtig ist nur, dass man weiß, dass die Stellung jedes Schalters von vorausgehenden Ereignissen abhängt und dass ein Schalter dadurch, dass er die Aktivitätsmuster seines Gens verändert, seinerseits die nächsten Muster und Ereignisse der Embryonalentwicklung prägt.

Wir haben aber an früherer Stelle erfahren, dass die DNA nicht den kompletten Bauplan enthält und auf die Tätigkeit von Zellen angewiesen ist, die nicht in jedem Moment und in jedem Detail während der Entwicklung durch die DNA festgelegt ist. Carrolls Bild zeigt ein eher digitales Entwicklungsszenario, währende das Bild von Kirschner/Gerhart, Müller und anderen ein eher digitalanaloges und vor allem nichtlineares, systemisches Szenario wiedergibt.

Wenn wir uns wierder auf die Abbildung 11.1 beziehen, könnte man vereinfacht sagen, Müller, Kirschner/Gerhart und auch West-Eberhard (Kap. 15), verwenden zur Erklärung von Evolution die Ebenen 1–5. Arthur und Carroll stehen für Vertreter, die an die Evolution zwar auch von der EvoDevo-Seite kommend herangehen, aber sich schwerpunktmäßig auf die Ebenen 1 und 2 konzentrieren oder beschränken.

Entwicklungsprozesse sind nicht nur Genregulationen sondern auch weitere vielfältige epigenetische Prozesse.

Ausdrückliche epigenetische Mechanismen erwähnt Carroll nicht. Der Begriff Epigenetik taucht im Register seines Buches *Evo-Devo* nicht auf. Entsprechend fehlt der für EvoDevo so wesentliche Begriff der (Entwicklungs-)Plastizität. Carroll beschränkt sich darauf darzulegen, dass sich durch die schier unendliche Vielfalt möglicher Schalterkombinationen (2008a, S. 122) eine entsprechende potenzielle Vielfalt in der Entwicklung eröffnet. Das lässt sich experimentell durch Veränderung von Schaltersignaturen darstellen, etwa bei der Flügelmusterbildung von Schmetterlingen (Abb. 10.2).

Stets nahe am Genom argumentierend rückt Carroll mit seiner Sicht auf die Evolution in die Nähe Arthurs. Beide sehen die Entwicklungsgenetik als ihr Untersuchungsobjekt, und beide ignorieren weitestgehend diejenigen epigenetischen, von der DNA nicht diktierten Mechanismen, die sich bei der Entwicklung in den Zellen und zwischen den Zellen oder auch mit der Umwelt abspielen.

Die Kapitel 9–12 in diesem Buch haben nicht nur die Gene und ihre Regulierung im Blick. Es wird auf 5 Ebenen in Abbildung 11.1 von Kernprozessen in Zellen gesprochen, von schwachen Kopplungen zwischen Zellen, von Zelldifferenzierung und explorativem Verhalten. All das bezieht sich auf Vorgänge die sich nicht fest definiert im Genom finden sondern in gewissem Maß autark in den Zelle. Es wird von der Über-/Unterschreitung von Schwellenwerten gesprochen und von anderen epigenetischen Prozessen, die während der Entwicklung ins Spiel kommen und deren phänotypische Ergebnisse nicht im Detail vorgegeben sind. Vielmehr bilden die genannten Teilprozesse und Komponenten insgesamt ein hoch integriertes, komplexes und zu Selbstorganisation fähiges System, die Entwicklung bzw. die evolutionäre Entwicklung. Dessen Output sind unter Umständen spontane, große, nicht-lineare, und vor allem auch integrierte phänotypische Variationen. Hier liegt die unterschiedliche Sichtweise der bis auf Waddington zurückgehenden epigenetischen Denkweise und der Denkweise von Genetikern.

* * *

15 Marie Jane West-Eberhard – Gene führen nicht, sie folgen

Die Synthese ist eine Theorie der Gene, nicht von Phänotypen. Deswegen ist sie unvollständig. So formuliert es 1977 Karl Popper, führender Wissenschaftsphilosoph des 20. Jahrhunderts[35] *Unvollständig* heißt nicht *falsch*. EvoDevo spricht deswegen auch von einer Erweiterung der Synthese, will die wesentlichen Grundzüge gelten lassen und sie durch die genaue Sicht auf das, was während der Entwicklung abläuft, bereichern. Bringt man den Mut auf, die Dinge beim Namen zu nennen, kristallisieren sich durchaus einige darwinistische oder neodarwinistische Fixpunkte heraus, die überwunden werden wollen. Pigliucci/Müller sprechen hier von *grundlegenden Restriktionen und methodischen Commitments, die für den Ansatz der Modernen Synthese notwendig waren, um sie in sich schlüssig zu machen* (PM 2010, S. 13). Diese Restriktionen konnten aus der Sicht der Extended-Synthesisvertreter, der *Altenberg-16*, gemäß Pigliucci/Müller nunmehr überwunden werden. West-Eberhard nennt folgende Punkte:

1. Mutation erzeugt mit Hilfe der Selektion den phänotypischen Wandel.
Dass genetische Mutation Evolution antreibt, ist wenn man so will, die erste Grundsäule des Neodarwinismus. Die Ursache-Wirkungskette beginnt also immer mit Mutation. Es ist eine Tatsache, dass tausende von Wissenschaftlern sich einhundert Jahre lang diese Denkweise zu eigen gemacht haben, sie in umfangreichen Werken mit dem Ergebnis begründet haben, dass dieses Wissen bis heute *die* Lehrmeinung darstellt. Womöglich aber ist es (auch) anders.

Um dieses *anders* geht es noch einmal in diesem Kapitel, darum, dass evolutionärer Wandel in der Morphologie eines Individuums während der Entwicklung herbeigeführt wird und sich im Phänotyp manifestiert, *bevor* das Genom „erkannt" hat, was geschieht. Die Gene folgen dem Phänotyp nach. *Genes are followers in evolution* heißt es dazu (WE 2003, S. 157). Ich werde der Reihe nach vorgehen und dem Leser die Mechanismen vor Augen führen. Der Leser muss sich überwinden, den im Kopf womöglich fest verdrahteten Prozess von gradueller Variation-Selektion-Adaptation kurz abzuschalten, um das Neue aufzunehmen.

2. Eins-zu-eins-Genotyp-Phänotyp-Beziehung
Die zweite Säule der Synthese ist die ursprüngliche Annahme, dass zwischen den beiden Polen Genotyp und Phänotyp eine eins-zu-eins-Beziehung vorliegt, die Annahme, der Genotyp definiere den Phänotyp. Dies wurde korrigiert. Dass wir es in Wirklichkeit aber nicht mal mit einer eins-zu-n-Beziehung zu tun haben, macht nachdenklich. Noch einmal zur Erinnerung: Ein spezifischer Genotyp oder ein Genom, eingebettet in die Umwelt, ist in der Lage, beliebig viele Phänotypen zu erzeugen. Das bezeichnen wir als phänotypische Plastizität. Damit ist nicht

---
35 Zit. n. Pigliucci 2008, S. 894f.

gemeint, dass z. B. alle Menschen unterschiedlich aussehen[36]. Mit Plastizität ist gemeint, dass ein gegebenes Genom bei unterschiedlichen Umweltbedingungen im Entwicklungsprozess unterschiedliche organismische Ausprägungen erfahren kann, ohne dass dabei die Artzugehörigkeit verlassen wird.

> *Zwischen dem Genotyp und dem Phänotyp gibt es keine determinierte Beziehung. Gene können nicht direkt für Strukturen codieren.*

Dass die Synthese das nicht erkannt hat, liegt daran, dass sie die feste Geno-Phänotyp-Beziehung unbedingt gebraucht hat. Es ist die Achse ihrer Theorie. Sagt doch die Synthese: Genetische Mutation erzeugt phänotypische Variation und Form. Genetische Mutation, die sich mit Hilfe der Selektion durchsetzt, ist am Ende der Kette phänotypische Variation. West-Eberhard nennt das das *unimodale Adaptationskonzept* der Synthese (S. 6ff.). Trivial formuliert: Eine bestimmte Mutation erzeugt eine bestimmte Variation. Die Synthese hat es mit einem Optimum zu tun (S. 7), nämlich genau dem einen Optimum auf dem Hügel der adaptiven Landschaft. West-Eberhard schreibt dazu ziemlich kompromisslos: *Die Idee, dass Gene direkt für komplexe Strukturen codieren können, ist eine der bemerkenswertesten, dauerhaften Fehlkonzeptionen in der modernen Biologie gewesen* (S. 158).

Mary Jane West-Eberhard
Mit vielen Preisen ausgezeichnete Evolutionsbiologin. Evolution erklärt sie primär über Änderungen des Organismus, denen eine genetische Fixierung erst später nachfolgt. Sie sieht ihre Theorie des Phänotyps im Einklang mit Darwin, kritisiert aber die Neodarwinisten scharf. Ihr Buch über Entwicklungsplastizität und Evolution ist eines der bedeutendsten Werke zur Evolutionstheorie der letzten 20 Jahre.

3. Gradualismus
Eine dritte Säule der Synthese, die unter der Last der neuen Erkenntnisse von EvoDevo in Frage gestellt wird, ist die Hypothese: Evolution tritt zu Tage in Folge über Generationen kontinuierlich angehäufter kleinster Veränderungen. Früh haben sich Fronten gebildet, ob Evolution graduell fortschreitet oder diskret, also in großen Einheiten auf einmal. Es würde ein eigenes Buch füllen, allein diese Positionen mit ihren oft diametralen Argumenten gegenüber zu stellen.

Einer der ersten, er sich für diskrete Evolution stark gemacht hat, ist William Bateson. Er hat hunderte von Anomalien gesammelt und beschrieben, die belegen

---

36 Dafür sind die sexuelle Rekombination und der diploide Charakter der Zygote bei der Meiose der wichtigste Faktor (Kap. 2).

15 Marie Jane West-Eberhard – Gene führen nicht, sie folgen

sollen, dass organismische Änderungen in kompletten, großen Stufen auftreten und dass dies bei der Evolution auch so vorkommen kann. Im Zuge der Synthese hat sich jedoch, den Populationsmathematikern geschuldet, der Gradualismus durchgesetzt. Doch die Zweifler, die nicht anerkennen wollten und wollen, was so schwer vorstellbar ist, dass kleinste initiale Änderungen bewundernswerte neue Strukturen hervorbringen können, sie gaben nicht auf.

Wenn große Variationen unmittelbar eine neue Form oder Species hervorbringen könnten, dann würde Darwins Selektion im Vergleich zu Neuheiten in der Entwicklung als relativ unbedeutend herabgestuft, um die Form des Organismus und den evolutionären Weg der Evolution zu beschreiben. So wurde die Gradualismusdebatte unversehens zu einem Schlagabtausch zwischen Selektionisten und Entwicklungsbiologen (S. 11).

William Bateson (1861–1926).
Er prägt den Begriff Genetik, entdeckt Mendels Werk neu und erkennt auch erstmals homöotische Transformationen (Abb. 13.4). Ein Entwicklungsbiologe, der seiner Zeit weit voraus ist. Spontane Makroevolution ist für Bateson nicht unmöglich.

Der Einfluss der Selektion auf evolutionäre Veränderungen wird unbedeutender, wenn der Organismus selbst Variationen erzeugen kann.

EvoDevo zeigt heute, wie diskrete Änderungen in der Entwicklung der eigentliche, zumindest aber ein gleichberechtigter Motor der Evolution sind. Die darwinistische und neodarwinistische Konzeption des Gradualismus als Alleinlösung ist überwunden. Wie, das ist Thema in diesem Kapitel. Es gibt noch drei weitere Säulen der Synthese (S. 6ff.), die durch die EvoDevo-Forschung erschüttert werden. Sehr wichtig erscheint mir besonders noch der Punkt, den West-Eberhard in Ihrem Werk wiederholt aufführt, aber nicht an dieser zentralen Stelle, wo es ihr um die Inkompatibilitäten mit der Synthese geht:

4. Umweltsensibilität der epigenetischen Prozesse
Die Synthese kappt jeden Einfluss von außen auf den Verlauf der Evolution. Das Genom ist demnach Informationsgeber und nicht Informationsempfänger. Die Synthese braucht die Wirkungskette in einer Richtung, sonst kann sie kein schlüssiges populationsstatistisches Modell vorlegen. Damit übersieht aber die Synthese die fundamentale Wechselbeziehung zwischen der inneren Welt und der äußeren (Abb. 11.1 und 12.8), von der in diesem Buch immer wieder die Rede ist. Für EvoDevo ist Evolution ohne die massive Mitsprache der Umwelt nicht vorstellbar.

B Der Ausbau – Wege zu einer Erweiterten Synthese in der Evolutionstheorie

Ich will mich auf diese vier Inkonsistenzen konzentrieren, wenn es im folgenden um eine Forscherin geht, die sich in der EvoDevo-Fraktion einen Namen gemacht hat, und die weiter geht als viele ihrer Kollegen. Die Rede ist von der Amerikanerin Mary Jane West-Eberhard (*1941). Auch wenn sie nicht zu den *Altenberg-16* gehört, West-Eberhards Theorie der phänotypischen Evolution gehört zum Inhalt der *Erweiterten Synthese*.

West-Eberhard auf den Punkt gebracht

West-Eberhards Hauptwerk, an dem mehr als einhundert Fachleute mitgearbeitet haben, in einem Kapitel hier unterzubringen, ist eine Herausforderung. Das 800-Seiten-Werk, 2003 erschienen, heißt *Development Plastizity and Evolution*. Die Kernaussage von West-Eberhard lautet:

> Evolution entsteht primär durch mehr oder weniger komplexe epigenetische Veränderungen während der Embryonalphase und nicht so sehr durch „zufällige" genetische Mutationen.

Das drückt schon aus, dass die Entwicklung im Mittelpunkt steht und nicht die Selektion wie bei der Synthese. Erst etwas ausführlicher lässt sich formulieren:

> Früher dachte man, Evolution sei eine Abfolge von eher zufälliger, genetischer Mutation und natürlicher Selektion, die sich in ihrer Wirkung kumulieren. Heute sieht man viel stärker den Embryonalprozess als den Motor der Evolution. Die Entwicklung läuft als eine Vielzahl epigenetischer Regulationsprozesse ab. Es gibt immer wieder Änderungen in diesen Prozessen, die durch die Umwelt angestoßen werden, etwa durch die Ernährung. Phänotypische Änderungen, die dann mit Hilfe solcher Stimulatoren und der epigenetischen Prozesse hervorgebracht werden, unterliegen der Selektion und werden erst nachträglich genetisch fixiert.

Die Komplexität der Entwicklungsprozesse

Was sich ein kritischer Mensch nicht vorzustellen vermag ist, wie ein evolutionärer Wandel nach der klassischen darwinistischen Vorstellung in unzähligen kleinen Schritten erfolgen kann. Nehmen wir die Änderung des Kopfes von Tiktaalik, dem ersten Landtier (Box 9). Fische haben zuvor noch die vertikale Kopfform und die Augen liegen auf den Außenseiten, also rechts und links, während Tiktaalik eine horizontale Kopfform mit beiden Augen auf der Oberseite zeigt wie die meisten späteren Echsen auch. Diese Änderung graduell zu durchlaufen, in tausenden von selektiven Schritten, muss zu den Fragen führen: Wo sind all die Zwischenformen? Wie kann Makroevolution überhaupt ablaufen? Wie soll die Natur einen so komplizierten Übergang schaffen können? Er verlangt Änderungen der zum Kopf führenden Halswirbel, Änderungen aller Gesichtsknochen, Änderungen der Nervenbahnen zu den Augen und zu den Kiefermuskeln, das gleiche für alle Gesichtsmuskeln bis hin zu den unzähligen morphologischen Kleinjustierungen. Schwer vorzustellen, dass das auf dem Variation-Selektion-Adaptationspfad in so hohem Maße koordiniert zustande kommt. Wenn wir aber versuchen, das mit Reorganisation von Entwicklungsprozessen zu erklären, kann man erheblich schneller und nachvollziehbarer zum „Ziel" kommen.

West-Eberhard mahnt an, dass bisher keine Theorie des Phänotyps existiert. Was mit der Synthese existiert, ist eine Theorie der Gene. Evolution wird über die Gene, Genfrequenzen und Selektion erklärt, nicht über den Phänotyp. Das ist genau das, was Popper am Beginn dieses Kapitels sagt. West-Eberhard beansprucht, diese Theorie des phänotypischen Wandels entworfen zu haben. Sie basiert auf Änderungen der Entwicklungsprozesse, ist also ein EvoDevo-Thema. Was aber neu ist und revolutionär, ist die Argumentationsführung: Entwicklungsumorganisation ändert zuerst den Phänotyp. Dieser wird akkommodiert. Erst später kommt es zu genetischer Fixierung. Schwer vorstellbar vor wenigen Jahren noch. Dieses Denken kommt einem Paradigmenwechsel der Evolutionstheorie nahe, einer Art Übergang vom geozentrischen zum heliozentrischen Weltbild.

> *Evolution ändert zuerst die Morphologie und passt erst später die Gene an. „Genes are followers."*
> *M. J. West-Eberhard*

Abbildung 15.1 zeigt einen abstrahierten Modellausschnitt des Entwicklungsverlaufs. Die Verbindungslinien zwischen den Buchstaben seien Entwicklungsschritte. Jeder Buchstabe ist ein Ergebnis aus diesen. Wir bewegen uns also auf phänotypischer Ebene und nicht auf molekularbiologischer Ebene. Beispielsweise könnte Buchstabe D als die Augenfarbe eines Tieres verstanden sein oder als ein spezifisches Gewebe, sagen wir das der Herzaußenwand oder als ein beliebiges anderes von tausenden morphologischer Merkmale. Um die Komplexität des Gesamtszenarios vor Augen zu führen, muss man erwähnen, dass selbst ein so „einfach" scheinender Prozess wie die Herstellung der Augenfarbe bei der Taufliege *Drosophila* bereits die komplexe, mehrstufige epigenetische Kooperation von 70 (!) Genen erfordert (154). Wie viel komplexer muss die Gesamtherstellung des Auges dann sein!

Es ist leicht zu folgen, dass der komplette Entwicklungsvorgang beispielsweise eines Säugetiers eine Abfolge zig-tausender kombinierter Genexpressionsmuster und Zellsignale ist mit unübersichtlich vielen hierarchischen Stufen und mit einem ebenso reichen Schatz an Modulen auf vielen dieser Stufen. Am laufenden Band teilen sich Zellen. Erst wenige, dann hundert, dann tausend, dann vielleicht hunderttausende gleichzeitig. Minütlich oder sekündlich ändern sich sowohl die Genexpressionsprozesse als auch Prozesse auf den höheren epigenetischen Ebenen, kombinieren also immer neue Batterien von Genen und leisten den Zellen Hilfe, um immer neue Stoffe und Strukturen herzustellen. Da kann es leicht sein, dass zur Herstellung einer bestimmten Aminosäure ein Gen, ein Werkzeug also, benötigt wird, das nicht zur Hand ist, dann muss es von einem anderen

Chromosom geholt werden, wo dieses Gen abkömmlich ist. Eine DNA bedient sich einer anderen DNA in einem anderen Chromosom. Dieser Fertigungsprozess ist in annähernd drei Milliarden Jahren immer und immer wieder verbessert worden, vielleicht Millionen mal.

Entwicklung ist ein Produktionsprozess, wie er in der modernsten hoch automatisierten Fertigungswerkstätte nicht präziser ablaufen könnte. Alle Teilschritte erfolgen wie von einer unbekannten Kommandozentrale gesteuert, synchron an unzähligen Punkten. Der detaillierte Bauplan enthält, könnte man ihn einsehen, hunderttausende von Verzweigungspunkten, Schaltstellen, an denen der Prozess sich ändert. Bei diesem Prozess wird ständig auf kleine oder größere Komponenten zugegriffen, Module, die gleich mehrfach hergestellt werden, um sie am passenden Platz zu verwenden.

Hierarchie, wie in Abb. 15.1 zu sehen, und Komplexität sind gleichzeitig vorhanden. Sie schließen sich nicht aus. Darauf hat Herbert Simon, Wirtschaftswissenschaftler, Komplexitätsforscher und Nobelpreisträger, schon 1962 hingewiesen (Mitchell, 2009, S. 109). Simon stellt das so dar, dass Hierarchie und Nahezu-Zerlegbarkeit (*near decomosibility*) die wichtigen Eigenschaften komplexer Systeme sind. Beispiele für komplexe hierarchische Systeme sind der Körper, der zusammengesetzt ist aus Organen, die wiederum zusammengesetzt sind aus Zellen, die aus zellularen Subsystemen bestehen und so weiter. Nahezu-Zerlegbarkeit hingegen meint, dass Module existieren in einem hierarchischen System und dass diese wesentlich mehr Beziehungen mit einem untergeordneten System haben als zwischen den Untersystemen. Als Beispiel führt er an, dass jede Zelle in einem lebenden Organismus ein metabolische Netzwerk besitzt, das eine riesige Zahl Interaktionen wischen ihren Substraten aufweist, deutlich mehr als zwischen zwei Zellen (S. 110). Simon folgert, dass die Evolution komplexe Systeme in der Natur nur designen kann, wenn diese wie *building blocks* zusammengesetzt werden können, das heißt, nur wenn sie hierarchisch und nahezu zerlegbar sind. So kann eine Zelle evolvieren und dann ein *building block* werden für eine Einheit auf einer höheren Ebene, das wiederum ein *building block* werden kann für ein Organ und dieses wiederum eine Einheit für eine noch höhere Ebene. So kommt Simon zu dem Schluss: Wenn man komplexe Systeme verstehen will, braucht man eine „Theorie der Hierarchie" (S. 110).

Schauen wir uns neben der Hierarchie ihre Teilkomponenten, die Module, an. In dem Hiearchie-/Modulmodell kommen wie gesagt immer wieder gleiche Teilprozesse vor, die wiederholt an verschiedenen Stellen benötigt werden. In Abb. 15.1 könnten das in II die Buchstaben D und E oder in III der Buchstabe D mit den jeweils unterlegten Strukturen sein. Solche Teilprozesse sind von der Evo-Devo-Forschung als Module bekannt geworden. Zellen sind solche Module, oder bestimmte Zellmembranen. Oder aber Gewebetypen, ganze Organe, ein Finger oder eine Hand.

15 Marie Jane West-Eberhard – Gene führen nicht, sie folgen

I Abstrahierter Bauplan-Ausschnitt der Entwicklung

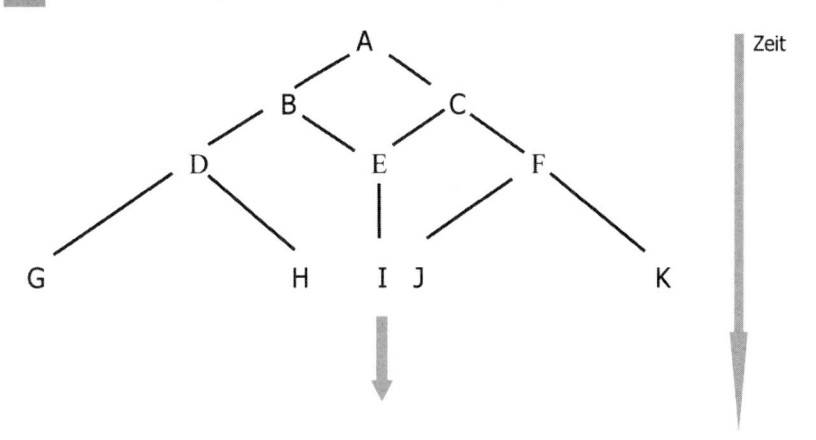

Zeit

Mögliche Mechanismen der Evolution:

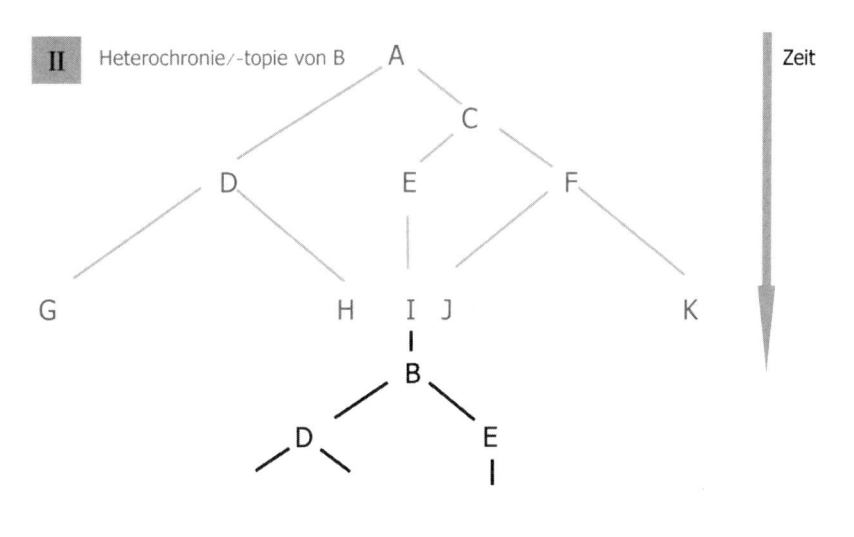

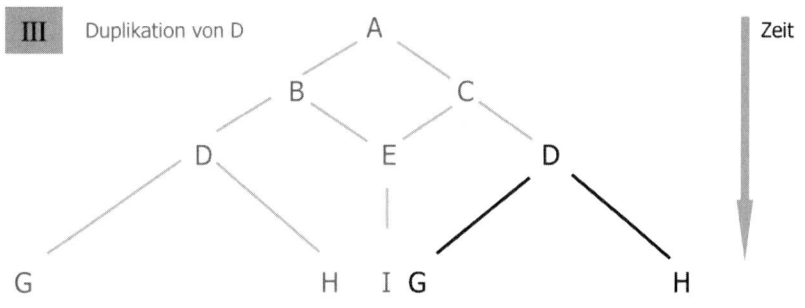

II Heterochronie/-topie von B

Zeit

III Duplikation von D

Zeit

Abb. 15.1 Hierarisch-modulare Entwicklung und Evolution[37]
Beispiele von Endanfügungen als Konsequenz der hierarchisch-modularen Eingenschaft der Entwicklung, die hier als raumzeitliche Prozesskette zu verstehen ist. Jede schwarze Linie repräsentiert einen Entwicklungsprozess und jeder Buchstabe zusammen mit den darunter liegenden eine resultierende modulare Struktur. Man stellt sich vor, dass Entwicklungsabschnitte mit ihren Folgeprozessen auf verschiedene Art, an verschiedenen Orten und/oder zu verschiedenen Zeitpunkten in der Hierarchie ausgeführt werden (Abb. 13. 3) So sind größere, spontane Umstrukturierungen auf einmal möglich.»Eine Änderung früh in der Hierarchie könnte leichter letal sein als eine spätere. Man stellt sich eher eine Änderung oder Hinzufügung in der Mitte oder am Ende der Prozesskette als überlebensfähig vor«, meint Maynard Smith dazu.

Die Erforschung von Modulen ist ein expliziter Schwerpunkt in der gegenwärtigen Entwicklungsbiologie und ebenso in der evolutionären Entwicklungsbiologie. Modularität ist ein unverzichtbares Architekturmerkmal biologischer Ordnung. Module erleichtern die Variation (Raskin-Gutmann in CRG 2005, S. 207). Ihr Studium mündet in ein eigenes Forschungsprogramm (Eble in CRG 2005, S. 221). Dabei gilt es zu erkennen, welche Einheiten auf den unterschiedlichen Organisationsebenen des Organismus Modulcharakter haben können. Das heißt: Sie müssen wiederholt verwendbar sein, auch in unterschiedlichen Umgebungen des Organismus. Sie sind Subsysteme eines größeren Ganzen, die weitgehend in sich abgeschlossen, hoch integriert, relativ unabhängig von ihrer Umgebung funktionieren. Sie sind ferner evolutionär konserviert, vergleichbar der Konservierung von Kernprozessen in den Zellen bei Kirschner/Gerhart (Kap. 11), nur jetzt auf weiteren, auch höheren Organisationsebenen. Ein Modul, sagen wir die Vorderbeine eines Frosches, kann dann selbst eine Einheit der Selektion sein (Kap. 19) oder auch eine Einheit der Evolution. Man spricht auch von *building blocks* größerer Systeme (MN 2003).[38]

Entwicklungsforscher lassen auch Entwicklungsprozesse als Module zu, wenn sie die oben beschriebenen Charaktermerkmale haben. *Gliedmaßen sind das klassische Beispiel für ein Modul, das nicht nur ein bestimmte Funktion hat, sondern sich auch in einer integrierten und autonomen Weise entwickelt* (Schlosser, Gerhard in CRG 2005, S. 159). Das lässt sich gut empirisch testen, indem man die gesamte Gliedmaßenknospe an eine andere Stelle des Embryos transplantiert, wo dann unter Umständen ebenfalls ein Bein ausgebildet werden kann (S. 159).

Es gibt einen anschaulichen Vergleich von Herbert A. Simon, warum Module vorteilhaft sind (Simon in CRG 2005, Vorwort): Zwei Uhrmacher arbeiten jeder daran, eine diffizile Uhr herzustellen aus vielen filigranen Einzelteilen, die präzise in der richtigen Reihenfolge eingebaut werden müssen. Beide Uhrmacher werden alle 15 Minuten bei ihrer Arbeit durch einen Telefonanruf unterbrochen. Der ist jedes Mal so ablenkend, dass die beiden Meister völlig aus dem Konzept kommen und von vorn beginnen müssen. Einer der beiden hat aber eine Lösung für das Problem und stellt seine Uhr fertig, wenn auch mit Verspätung. Der andere schei-

---

37 Abgeändert nach Maynard Smith 1983 in West-Eberhard 2003, 9.
38 Zur Problematik unterschiedlicher Definitionen und Charaktermerkmale biologischer Module siehe Kap. 24, und dort Abb. 24.3

15 Marie Jane West-Eberhard – Gene führen nicht, sie folgen

Box 9 – Missing Link: Tiktaalik, Fisch mit Ellbogen

Als Missing Links werden in phylogenetischen Stammbäumen diejenigen unbekannten Arten bezeichnet, von denen eine neue abzweigt. So etwa das Entstehen der Echsen aus Fischen. Seit der Entstehung der Arten wird das Fehlen dieser Zwischenglieder als Angriffspunkt gegen die Evolutionstheorie angeführt. Im 19. Jahrhundert gilt der in Bayern gefundene Archaeopterix als spektakuläre Entdeckung für einen Missing Link. Archaeopterix hat ausgeprägte Eigenschaften von Echse und Vogel. In den letzten Jahrzehnten wurden viele Missing Links gefunden, darunter der Tiktaalik. Er ist die Übergangsform von Fisch zu Amphibien mit ausgeprägten Eigenschaften von beiden, nicht mehr nur Fisch und noch nicht nur Echse.

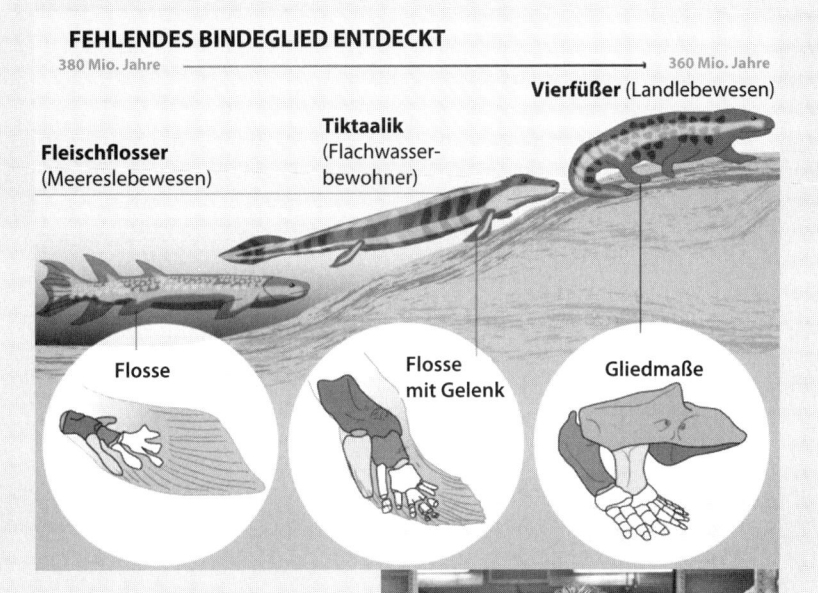

FEHLENDES BINDEGLIED ENTDECKT

380 Mio. Jahre — 360 Mio. Jahre

Fleischflosser (Meereslebewesen)

Tiktaalik (Flachwasserbewohner)

Vierfüßer (Landlebewesen)

Flosse — Flosse mit Gelenk — Gliedmaße

Der Zoologe Neil Shubin (rechts) ist mit seinem Fund 2004 auf einen Schlag in seiner Sparte berühmt. Tiktaalik war ein Bewohner küstennaher Flachwasser. Die Brustflossen nutzte er zur Fortbewegung auf dem Gewässergrund. Er konnte sich unter Streckung von Schulter und Ellenbogen wie auf Vorderbeinen im Sediment abstützen. Tiktaalik ist eine bravouröse Bestätigung für die Evolutionsforschung. (Näheres: Shubin 2008).
Google 1.3.2012: 246.000 Einträge.

tert und kommt nie zu Ende. Was hat sich der Cleverere der beiden einfallen lassen? Er teilt seine Arbeit in Teilschritte ein, die um die 10 Minuten dauern. Er erstellt kleine Einheiten-, die er später zusammenfügt. Wird er unterbrochen, muss er im schlimmsten Fall eine Subeinheit nochmals neu beginnen, der andere aber immer wieder ganz von vorn. Übertragen auf die Entwicklung heißt das: Sie verwendet Module als teilautonome, aber gleichzeitig integrationsfähige Subsysteme.

Bei der Betrachtung von Abbildung 15.1 fragt man sich: Wie kann Kontinuität des Arterhalts möglich sein, wenn „nach Belieben" umgebaut wird? Das ist natürlich nicht der Fall. Da greifen die Constraints, die schon erklärt wurden. Auch tritt Kanalisierung auf den Plan.[39] Es gibt aber ein prinzipiell zu lösendes Problem, das den Evolutionsbiologen schon erhebliches Kopfzerbrechen bereitet hat und noch immer bereitet, das Problem der Balance zwischen der erforderlichen Kohäsion und der gleichzeitig erwünschten Evolvierbarkeit. Kirschner/Gerhart gehen in Kapitel 11 auf dieses Problem ein. Stets gilt: *Der Phänotyp ist kohäsiv, aber er ist auch eminent veränderbar* (WE 2003, S. 10).

Es sollte dem Leser nun möglich sein, sich vorzustellen, dass Veränderungen von Komponenten und Subkomponenten in der Hierarchie-Modul-Darstellung von Abb. 15.1 die Evolution mit größeren und effizienteren Schritten voranbringen kann. Symmetrieänderungen wie beim Schädel des Tiktaalik kann sich die Wissenschaft mit Umbauten dieser Art theoretisch gut erklären. Ebenso die Konstruktion eines zusätzlichen Fingers. Auch der Übergang von Vierbeinern zu Zweibeinern ist so leichter vorstellbar als mit unzähligen granularen Einzelschritten, die langwierige Selektionsrunden drehen müssen.

Noch einmal aber die Betonung, dass es sich in Abb. 15.1 um phänotypische Umbauten handelt, die auch phänotypisch fixiert werden. Die Initialzündung, die einen Umbau auslöst, kann wie in Kapitel 12 beschrieben, ein Umweltfaktor sein. Es kann aber auch eine Zufallsmutation sein. Die genetische Auslösung rechtfertigt aber nicht, dem Genom die Verantwortung und die Steuerung zuzuschreiben für alles, was danach kommt. Was danach kommt, ist erst einmal Sache phänotypischer Änderung. Ich zitiere West-Eberhard:

> Vom individuellen Genom kann man niemals behaupten, dass es die Entwicklung kontrolliert. Entwicklung hängt in jedem Schritt von der vorher existierenden Struktur des Phänotyps ab, einer Struktur, die komplex determiniert ist durch eine lange Historie von Einflüssen sowohl des Genoms als auch der Umwelt (S. 29).

West-Eberhard spricht sich ausdrücklich dafür aus, dass Umwelteinflüsse *der* dominante Faktor für den Umbau in der Entwicklung sind. Als Grund habe ich schon angeführt, dass etwa Änderungen in der Ernährung auf breiter Front gleichzeitig für viele Individuen der Population als auch anhaltend für viele Generationen wirken können. Hinzu kommt, dass die gesamte Entwicklung in hohem Maß umweltsensitiv ist. Die Schalter, die die Genaktivitäten steuern, sind Transkriptions-

---

[39] Kapitel 9.

15 Marie Jane West-Eberhard – Gene führen nicht, sie folgen

faktoren, also Produkte anderer Gene. Sie steuern den Signalaustausch zwischen Zellen und eben auch den mit der Außenwelt. Ändern sich Temperatur, Licht, Ernährung, psychologische Stressbelastung und/oder andere Faktoren, dann kann sich die Signalgebung der Transkriptionsfaktoren ändern. Geschieht das mit Schwellenwerteffekten (Kap. 14), dann kann schon eine einzige, vielleicht kleine Ursache große Folgen haben.

In seiner Gesamtheit wird man dem Entwicklungsprozess nicht gerecht, wenn man ihn nur als modular-hierarchischen Prozess sieht. Er ist auch ein komplexer rekursiver Prozess mit Unsicherheiten, was die Wirkung der verschiedenen Faktoren angeht, zum Beispiel solcher von außen. EvoDevo muss daher aufmerksam den Besonderheiten Rechnung tragen, die komplexe natürliche Systeme in sich tragen[40]. Die Sicht auf das integrierte Entwicklungssystem als ein komplexes System ist in Abb. 12.8 verdeutlicht. Beide, Abb. 12.8 und Abb. 15.1, können aus ihrer jeweiligen Perspektive eine vereinfachte, abstrahierte Vorstellung geben, einen Anhaltspunkt, wie man sich evolutionäre Entwicklung vorstellen kann.

Spielformen der phänotypischen Veränderung

Wir sollen West-Eberhard so verstehen, dass Evolution durch einen teilweisen Umbau des Entwicklungsablaufs sozusagen im laufenden Prozess geschieht. Das bringt Fragen mit sich. Sollen die unzähligen Beispiele von Anomalien, die man aus der Tierwelt kennt und wie sie Bateson vor hundert Jahren ausgesucht hat, jetzt als die Vorlagen für Evolution herangezogen werden? Etwas sagen solche Anomalien schon aus. Sie sagen mit Bestimmtheit aus, dass die Entwicklung dazu fähig ist, größere Einheiten hinzuzufügen, und zwar in integrierter Form. Nehmen wir die Katze mit 6 Zehen an jedem Vorderfuß. Bateson hat sie beschrieben, Darwin auch. Das ist eine solche spontane, diskrete, man kann auch sagen makroevolutionäre Entwicklungsänderung. Sie ist zudem vererbbar.

Nehmen wir diesen Fall: Ein Zeh mehr. Wird im Bauplan per „Programmfehler" (Mutation) an der Schaltstelle zunächst für mehr Zellmaterial „entschieden", wird das in der Folge hergestellt. Schon Stephen Jay Gould hält 1980 vorausschauend fest – EvoDevo gibt es da noch lange nicht (Gould 1980/dt. 1989, S. 14):

> Die komplizierten und weitgehend unbekannten embryonalen Entwicklungen stellen sicher, daß ein einfacher Input (etwa geringfügige Verschiebungen in der Zeit) in bedeutende und überragende Änderungen des Outputs (bei ausgewachsenen Organismen) übersetzt werden kann.

Das ist Weitblick eines Kenners der Szene. Gould bringt diese Erklärung an für das mögliche Entstehen des wundersamen erscheinenden Daumens (als sechster Finger an den Vordertatzen) des Pandabären. Er schließt folgerichtig an:

---

40 Siehe Kapitel 24.

B Der Ausbau – Wege zu einer Erweiterten Synthese in der Evolutionstheorie

Es kann genetisch komplizierter sein, einen Daumen zu vergrößern, ohne den großen Zeh zu verändern als beide zugleich anwachsen zu lassen (S. 24).

Der Switchpunkt in der embryonalen Katzenpfote ist ein Schwellenwert des Wachstumsproteins Sonic Hedgehog. Sobald die Schwelle überschritten wird und in der Region ausreichend neues Zellmaterial bereitgestellt wird, kann sich in der zu autonomer Musterbildung fähigen Knospe ein neuer Zeh formen.

Als nächstes müssen wir fragen, ob sich so etwas auch vererben kann. Nur dann ist das Ereignis relevant für die Evolution. Im Fall der Katzenzehen ist es einfach. Es liegt ein dominanter Vererbungsweg für die Mutation vor. Wie setzt sich die Vererbung durch? Begeben wir uns gedanklich in eine natürliche Umgebung. Dann zählt streng nach Darwin: Eine phänotypische Veränderung setzt sich durch, wenn sie einen Fitnessvorteil mit sich bringt. Sehr wohl kann sich in dieser Umgebung also eine diskrete organismische Veränderung durchsetzen. Wir haben vorhin gesagt, die Umwelt liefert oft das Material bzw. den Anstoß dazu. Nun, das Entstehen des zusätzlichen Zehs lässt sich nicht auf Umwelteinflüsse zurückverfolgen. Mir geht es bei diesem Beispiel primär darum, dass die *Entwicklung* zu diesem Makroschritt fähig ist und dass er als solcher vererbbar ist.

Wir haben in Kapitel 12 das Beispiel des Schildkrötenpanzers behandelt. Dort wurde auch erklärt, wie ein solches Novum durch die Umwelt (Ernährung) induziert über einen lange Zeitabschnitt entstehen könnte. Dieses Beispiel eignet sich besser dafür, Umwelteinflüsse bei der Vererbung zu erklären.

Vielleicht gelingt es, den Gestaltungsspielraum des Phänotyps deutlich zu machen, wenn sich der Leser zwei Extrempunkte als evolutionäre Veränderungen vorstellt: Der eine, die kleinste Änderung, soll eine Genmutation sein. Sagen wir die des Lactosegens. Die positiven Folgen sind in Box 4 dargestellt, die Milchverträglichkeit erwachsener Individuen. Auf der anderen Seite das Extrem einer großen anzunehmenden Änderung. Hier nehmen wir den zusätzlichen Zeh.

Zwischen den beiden genannten Extremen ist Evolution prinzipiell möglich. Sie ist möglich als Genmutation im klassisch darwinschen Sinn. Die Lactoseverträglichkeit eines großen Teils der Menschheit belegt das ja. Sie ist möglich auf Ebenen des anderen Extrems. Tiere haben nun mal unterschiedlich viele Zehen. In manchen Fällen können Änderungen hier zu erheblichen Fitnessvorteilen geführt haben. Ob wir Einzelfälle als Anomalie bezeichnen, ist eine Betrachtungssache. Für die Natur zählt der vererbbare Fitnessvorteil.

Der weitere Zeh kann von der Systematik her als eine Kopie gesehen werden, eine weitere Duplizierung oder Wiederholung im Bauplan.[41] Und genau diesen Begriff der Duplizierung verwenden die Evolutionstheoretiker. West-Eberhard führt eine beeindruckende Liste von Beispielen an, wo die Natur mit Duplikation von Elementen arbeitet (S. 209ff.). *Duplikation kommt auf allen Ebenen phänotypischer Organisation vor* (S. 209). Es bleibt der Vorstellungskraft des Lesers überlassen, auf welcher Ebene zwischen einer einfachen genetischen Früher-oder-Spä-

---

41 Er kann ebenso als Innovation betrachtet werden, da ein neuer Zeh an einem Ort entsteht, an dem zuvor keiner war.

ter-Schalteränderung und der viel höher in der Bauplanhierarchie angesiedelten Hinzufügung eines zusätzlichen Zehs er sich Evolution vorstellt.

Beseitigung ist neben der Duplizierung eine zweite mögliche Form phänotypischen Wandels. Beseitigung kann Neues schaffen und zwar auf unterschiedliche Weisen (S. 218ff.). Durch Wegfall eines Merkmals kann sich die Gesamtfunktion des ganzen Organismus oder Individuums ändern, etwa der Biene dadurch, dass sie die Geschlechtsfähigkeit verliert und zur Arbeiterbiene wird. Insekten verlieren Flügel und werden so zu anderen, angepassten Arten. Bemerkenswert ist die Erwähnung, dass mit dem Verlust einer phänotypischen Eigenschaft nicht zwangsläufig auch die gesamte genetisch-epigenetische Kette verloren gehen muss, die zu ihrer Herstellung einmal notwendig war. Da kann es im Einzelfall genügen, wenn die Expression eines einzigen Gens mit dem Effekt ausfällt, dass ein sichtbares Merkmal einer Art weg fällt. Ein solches Gen kann aber auch wegfallen, ohne dass sich das Geringste verändert, wenn andere Gene dessen Aufgaben kompensieren (Mitchell 2008, S. 83f.). Das ist die Komplexität, mit der wir es bei Evolution stets zu tun haben (Kap. 25).

Umgekehrt kann auch nach langer Zeit ein Merkmal in der Evolution wieder auftauchen. Das widerspricht also der pauschalen Aussage Carrolls im letzten Kapitel *use it or lose it.* West-Eberhard nennt Angaben von empirischen Untersuchungen bzw. Schätzungen, wonach selbst nach 0,5 Millionen Jahren Entwicklungspfade noch so weit intakt sind, dass sie wieder hergestellt werden können. Bei bestimmten Pflanzen vermutet man sogar einen Zeitraum von 5–50 Mio. Jahren (S. 231).

Rückkehr kann ebenfalls evolutionär auftreten. Eine der Grundlehren der Evolution ist zwar, dass sie irreversibel ist. Das wurde unter dem Begriff *Dolly's Law* bekannt. Aber da gibt es schon erstaunliche Fälle und das Thema ist auch höchst vielschichtig. Man nennt das Atavismus, wenn ein überholtes anatomisches Merkmal oder Verhalten wieder auftritt. Bei Pferden ist die Rückkehr zu Mehrzehigkeit bekannt (S. 233). Und es gibt Hühner, die wieder Zähne ausgebildet haben (S. 234). Bei Insekten werden manche Arten wieder zu Solitären, leben also nicht mehr im Stamm (S. 235). Der Weg zurück zu einem Merkmal muss natürlich keineswegs genetisch/epigenetisch die identische Umdrehung des Wegs weg von dem Merkmal sein (S. 237f.).

Über Heterochronie haben wir schon gesprochen (Kap. 10 und 13). Auch West-Eberhard bezeichnet Heterochronie von Entwicklungsprozessen als historisch die bedeutendste Kategorie evolutionären Wandels. Wie die anderen Formen auch, kommt Heterochronie nicht nur morphologisch vor. Beispiele zeigen, dass es auch im Verhalten, in der Physiologie, in der Evolution des Lebensverlaufs und auf Molekularebene vorkommt und sowohl eine graduelle als auch eine *single-step* Entwicklungsänderung hervorrufen kann (S. 241).

Beachtliche phänotypische Veränderungspotenziale besitzt die sexuelle Komponente. Man spricht von *sexuellem Über-Kreuz-Transfer.* Damit meint man die Ausbildung sexueller Merkmale beim jeweiligen anderen Geschlecht. Wir können die Phänotypen einer Art bei beiden Geschlechtern meist gut unterscheiden.

Werden nun männliche Merkmale beim weiblichen Individuum ausgeprägt oder umgekehrt, sind das Beispiele für Umorganisation in der Entwicklung (S. 260ff.).

Die genannten phänotypischen „Veränderungstechniken" kommen oft nicht klar abgrenzbar vor, sondern in der Regel vermischt, und sind nicht leicht in den genannten spezifischen Formen zu erkennen. In Abbildung 15.1 könnten wir die Änderung B in II als Mischform eines Ortswechsels und eines zeitlichen Wechsels sehen.

Darwin selbst ist diesen Dingen auf der Spur. Wie West-Eberhard immer wieder belegt, hat Darwin ein Gespür dafür, dass die Entwicklung für die Evolution mit verantwortlich ist. Es gibt ein Beispiel von Darwin, in dem er einen Zuchthasen zeigt (Darwin 1886, S. 130, Fig. 11). Der Hase hat durch Züchtung unterschiedliche Ohren erhalten. Eines davon, das rechte, ist extrem lang und hängt schlaff bis auf den Boden, während das Tier das andere, kurze Ohr nach oben strecken kann. Darwin erkennt, dass die Änderung korreliert ist mit einer Änderung des Skelett-Ansatzes am Ohr. Der Skelett-Ansatz ist der Grund dafür, dass das linke Ohr herunter hängt. Hier liegt also eine nachgewiesene Konstruktionsänderung des Phänotyps vor, unter Umständen hervorgerufen durch einen simplen genetischen Effekt und verstärkt durch mehrere korrelierte Entwicklungsänderungen der Art, wie sie oben erwähnt sind. Das Ergebnis ist einmal die abgeänderte Länge der Ohren und zum anderen die Skelettänderung.

West-Eberhard erläutert die hier genannten Varianten phänotypischer Neuheiten auf annähernd 200 Seiten. Sie liefert empirische Beispiele, viele davon bei höher entwickelten Taxa. Ohne Zweifel kann man sagen, dass die Entwicklung zu makroevolutionärem Wandel fähig ist, und zwar ad hoc, also von einer Generation zur nächsten. Der Evolutionsforscher muss zeigen, ob und wie solche Änderungen, vererbbar sind und sich in der Population ausbreiten können. Auch darauf geht West-Eberhard an Hand vieler empirischer Forschungen ein. Einige davon habe ich angeführt.

Die phänotypische Evolutionstheorie und Darwin

Wie verträgt sich die Theorie von West-Eberhard mit der Darwins? Schon der Beginn dieses Kapitels hat vier Brüche mit der Synthese gezeigt. Darwin selbst spricht sich überwiegend für einen gradualistischen Pfad der Evolution aus. Das ist laut West-Eberhard auch die Hauptangriffsfront gegen ihn. Die Synthese hat den Gradualismus übernommen. Es gibt eine direkte Beziehung zwischen Gradualismus und Selektion. West-Eberhard schreibt:

> Wenn die kritischen Designaspekte bereits in der Variation präexistent sind, an der die Selektion angreift, dann spielt Selektion eine nur untergeordnete Rolle in der Evolution in Relation zur Entwicklung; wenn andererseits die selektierten Veränderungen klein sind und der Wechsel graduell, dann muss Selektion eine prinzipielle Ursache für das adaptive Design sein. Gradualis-

15 Marie Jane West-Eberhard – Gene führen nicht, sie folgen

mus gibt der Selektion im Vergleich zur Entwicklung mehr Power beim Entstehen von Form und der „Richtung der Evolution" (S. 472).

Deswegen hat Darwin laut West-Eberhard so viel Mühe auf graduelle Evolution gelegt. Gradualismus war der Eckpfeiler seiner Verteidigung der Selektion. Nun versteht man, warum die Gradualismus-Diskussion jedes mal wieder hochkommt, wenn man sich der Entwicklung als *der* Determinante für die Formentstehung zuwendet (S. 472). Einerseits ist gradueller Wandel intuitiv eher glaubwürdig. Mann kann sich leichter vorstellen, dass minimale Veränderungen im Zeitverlauf geschehen. Andererseits hat man genau da die Mühe, sich vorstellen zu können, dass so unwahrscheinlich vielfältige Formen auf diesem Weg entstanden sein sollen, von der Maus bis zum Elefant zum Beispiel. Hier gibt es Zweifler, die die Möglichkeit zu spontanem Wandel sehen. Zu ihnen gehört auch Ronald A. Fisher, wenn er sagt (S. 479), kleine Schritte können weniger Störungen der Funktion verursachen. West-Eberhard betont, dass sie an Beispielen nachgewiesen hat, dass das nicht zwingend so sein muss. Diejenigen, die an der Lebensfähigkeit und am evolutionären Potenzial großer Anomalien zweifeln, unterschätzen die Fähigkeit der phänotypischen Plastizität, derartige Anomalien zu akkommodieren (S. 480). Dann gibt es diejenigen, die daran zweifeln, dass Anomalien in der Entwicklung wirkliche adaptive Merkmale in der Natur werden können. Ihnen wirft West-Eberhard vor, dass die Skeptiker sich keine große Mühe mit der Untersuchung des morphologischen Wandelns machen, um nachzuweisen, dass solcher Wandel in hohem Maß möglich und wahrscheinlich auch wichtig ist in der Evolution (S. 480).

Ist Darwins Theorie widerlegt mit EvoDevo? West-Eberhard betont nochmals, Darwin habe stets den Blick auf die Entwicklung. Eines der verblüffendsten Beispiele ist vielleicht dieser Satz aus Darwins Werk *Die Abstammung des Menschen*, in dem er sogar von Plastizität spricht (Darwin 1872/2009, S. 39):

> Es ist nicht zu leugnen, daß veränderte Bedingungen alle Organismen beeinflussen, manchmal sogar recht beträchtlich. Und es scheint auf den ersten Blick wahrscheinlich, daß dies unabänderlich eintritt, wenn genügend Zeit zur Verfügung steht. Aber ich habe vergebens versucht, evidente Beweise dafür zu bekommen, und starke Gründe lassen sich für das Gegenteil beibringen, mindestens soweit die zahllosen Strukturen in Betracht kommen, die speziellen Zwecken angepaßt sind. Indessen ist es nicht zweifelhaft, daß veränderte Bedingungen fluktuierende Variabilität in fast unbegrenzter Ausdehnung hervorrufen, wodurch die ganze Organisation in gewissem Grade plastisch gemacht wird.

Dieses Zitat zeigt einmal mehr Darwins umfassenden Geist, seine Fähigkeit, nicht seiner eigenen Theorie verhaftet zu bleiben, sondern stets neue Ufer zu erkunden. Das Zitat kann auch als Weiche für meine eigene Entscheidung gesehen werden, dass dieses Buch eben nicht *Darwins Theorie im Umbau*, sondern *Darwins Erbe im Umbau* heißt. Es ist primär die Synthese, die als renovierungsbedürftig adressiert wird.

B Der Ausbau – Wege zu einer Erweiterten Synthese in der Evolutionstheorie

West-Eberhard schließt den Kreis und erläutert, dass Darwin und EvoDevo eine gute Allianz eingehen können:

> Weit entfernt, sich dem Einfluss der Selektion zu entziehen, multiplizieren Rekombination in der Entwicklung und Plastizität in großem Umfang die Anzahl und Vielfalt selektierbarer Varianten, die hergestellt werden. Die flexiblen Entwicklungsmechanismen akkommodieren Variationen derart, dass die Wahrscheinlichkeit ihrer Persistenz und der Modifizierung durch natürliche Selektion vergrößert werden (S. 483).

West-Eberhard präferiert wie gesagt ausdrücklich, dass Umwelteinflüsse der primäre Induktionsfaktor für phänotypische Änderungen sind (S. 498). Im Prinzip geht es ihr bei der Gegenüberstellung zu Darwin also vornehmlich um die Frage: Werden Evolutionspfade eher durch die Umwelteinflüsse angestoßen (EvoDevo) oder eher durch (zufällige) genetische Mutation (Darwin/Synthese)? Hier betont West-Eberhard, dass *die Regulationsmechanismen so designed sind, dass sie Stimuli der Außenwelt mit dem Genom verbinden* (S. 499). *Eine stringente Integration von Umwelt- und genetischen Einflüssen wird der Plausibilitätstest einer synthetischen Theorie der Entwicklung und Evolution sein* (S. 499). Wenn ihre eigene Argumentation – schreibt sie nach 500 Seiten – nicht überzeugend ist, dann seien die Mühen ihres Buches gescheitert, eine einheitliche darwinistische Theorie zu schaffen, die Entwicklungsplastizität mit genomischer Änderung verbindet (S. 499).

Am Ende ihres langen Weges führt uns West-Eberhard noch einmal vor Augen, wie essenziell die Umwelt für den Organismus, für jeden Organismus auf der Erde ist. Sie hat in vielen Kapiteln die Vorherrschaft der Umwelteinflüsse vor den genetischen Einflüssen (Synthese) als Auslöser phänotypischer Veränderungen vorgestellt. Noch einmal greift sie aus dem großen Schatz empirischer Belege einen heraus, zeigt die essenzielle Bedeutung von Calcium für den Skelettbau und für die Entwicklung wichtiger Formen des heutigen Lebens. Calcium ist im Meerwasser konsistent verfügbar und konnte seit dem Kambrium ohne Unterbrechung als Stoff für den Skelettbau und -umbau dienen (S. 501).

> *Evolution als Wechsel der phänotypischen*
> *Form durch notwendige Änderung der Genfrequenz hängt an einem dünnen Faden.*
> M.J. West-Eberhard

Der traditionelle Begriff „Evolution" als Wechsel der phänotypischen Form durch notwendige Änderung der Genfrequenz hängt an einem „dünnen Faden" sagt West-Eberhard (S. 524). Sie sagt, sie lässt diesen Faden intakt, und widersteht der flammenden Versuchung einer Revolution, den genetischen Evolutionsbegriff auszutauschen. Ein solcher Wechsel ist nicht notwendig, um der Entwicklung den Platz einzuräumen, den sie verdient: Genetische Assimilation folgt ohne Probleme einer Umweltinduzierung, die von der Selektion gestützt oder abgelehnt werden kann (S. 524). Rein gedanklich, extreme genetische oder EvoDevo-Standpunkte machen klar, dass Darwin nicht ohne die Erkenntnisse auf der

15 Marie Jane West-Eberhard – Gene führen nicht, sie folgen

Entwicklungsseite und EvoDevo nicht ohne die Erkenntnisse Darwins Bestand haben können (S. 525): Ein genetischer Determinist müsste Wasser, Ernährung und Sauerstoff als die die Evolution bestimmenden Größen abweisen, ein Entwicklungsdeterminist müsste die Mutation des Hämoglobin-Gens oder die des Lactose-Gens abweisen. Der Phänotyp ist eine Kreation sowohl des Genotyps als auch der Umwelt. Er ist so der Mediator aller genetischen und umweltbedingten Einflüsse auf die Entwicklung und die Evolution (S. 525).

* * *

B Der Ausbau – Wege zu einer Erweiterten Synthese in der Evolutionstheorie

16 Das Altenberg-Projekt – Evolutionsbiologen definieren sich neu

Seit Anfang der 80er Jahre des letzten Jahrhunderts formiert sich die EvoDevo-Idee. Sie bekommt massiven Aufwind, als die Hoxgene entdeckt werden und damit die Erkenntnis Fuß fasst, dass weit entfernte Arten dennoch ähnliche, wenn nicht annähernd identische Entwicklungsgene benutzen. Theoretische und empirische EvoDevo-Forscher wie Kirschner/Gerhart, Sean Carroll, Gerd B. Müller, Massimo Pigliucci, Mary Jane West-Eberhard und andere erklären die Pfade und Mechanismen im Embryo, die Evolution bewirken. Die wichtigsten von ihnen wurden hier vorgestellt. Bleibt die Frage: Wie lässt sich das wissenschaftlich etablieren, so dass die neuen Erkenntnisse in die Evolutionstheorie als anerkannte *Erweiterte Synthese in der Evolutionstheorie* Eingang finden?

Abb. 16.1 Die *Altenberg-16*
Vor dem Haus von Konrad Lorenz in Altenberg, Niederösterreich. Von links: Sergey Gavrilets, Stuart A. Newman, David Sloan Wilson, John Beatty, John Odling-Smee, Michael Purugganan, Greg Wray, David Jablonski, Marc Kirschner, Eörs Szathmáry, Günter Wagner, Werner Callebaut, Eva Jablonka, Gerd B. Müller, Massimo Pigliucci, Alan Love.

16 Das Altenberg-Projekt – Evolutionsbiologen definieren sich neu

Die Problemfelder sind so umfangreich, komplex und interdisziplinär, dass ein einzelner Wissenschaftler ohne Chance ist, sich Gehör zu verschaffen. Also müssen viele mit einem Sprachrohr sprechen. Dieses Sprachrohr zu schaffen war Sinn und Ziel des *Altenberg-16*-Gipfels 2008, ein Symposium, bei dem Verständnis erzielt werden soll, wo die Evolutionstheorie heute steht, in welchen Punkten sie womöglich erweiterungsbedürftig ist, welches die gemeinsamen oder auch strittigen Sichten unter den Beteiligten sind.

Kann sich ein Wissenschaftler erlauben, dort hinzufahren? Begibt er sich auf eine Bühne, die seinen Ruf schädigen könnte? Legt man sich vielleicht unumkehrbar fest? Gerd B. Müller und Massimo Pigliucci aus New York übernehmen die Organisation der Tagung. Der Rahmen, den Gerd B. Müller stellt, ist seriös, als schließlich 16 Insider der Szene zusagen. Sie treffen sich im Juli 2008 in der ehrwürdigen Aura des Konrad Lorenz Instituts für Evolution und Kognitionsforschung im ländlichen Altenberg vor den Toren Wiens.

Die USA sind mit 10 Wissenschaftlern die größte Gruppe, dann ein Kanadier, vier Europäer, davon mit Gerd B. Müller ein einziger deutschsprachiger Vertreter, eine Israelin. Das ist ein guter repräsentativer Querschnitt der Wissenschaftsszene der modernen Evolutionsforschung

Massimo Pigliucci legt in seiner Präsentation (Pigliucci 2008b) die brennenden Fragen offen:

- Wie soll man den Faktor Entwicklung gewichten?
- Ist Evolution immer graduell?
- Ist Selektion das einzige organisierende Prinzip?
- Gibt es eine Diskontinuität zwischen Mikro- und Makroevolution?
- Ist die Frage nach Vererbung richtig gestellt?
- Woher kommen evolutionäre Neuheiten?
- Welche Bedeutung hat die Ökologie (exogene Einflüsse)?

Weitere Problemfelder kommen hinzu. Sie betreffen die natürliche Selektion:

- Frage nach der Instanz: Was ist die Einheit der natürlichen Selektion?
- Frage nach der Wirksamkeit: Wie groß ist die relative Stellung der natürlichen Selektion im Vergleich zu anderen Evolutionsmechanismen?
- Frage nach der Reichweite: In welchem Maß kann natürliche Selektion auf makroevolutionäre Prozesse angewendet werden?

Nicht zuletzt die Grundsatzfrage für die gesamte Evolutionstheorie:

- Liegt ein Paradigmenwechsel in der Evolutionstheorie vor?

B Der Ausbau – Wege zu einer Erweiterten Synthese in der Evolutionstheorie

Teilnehmer	Universität	Fach und Schwerpunkte	Kapitel
John Beatty (* 1951 USA)	Kanada (Vancouver)	Geschichte u. Philosophie der Biologie	
Werner Callebaut (* 1952 Belgien)	Belgien (Limburgs), Niederl. (Maastricht)	Philosoph, Wissenschaftstheorie, Einheit vs. Pluralität der Evolutionstheorie	23 u. 25
Sergey Gavrilets (* 1962 Moskau)	USA (Tenessee)	Mathematik Ökologie u. Evolutionsbiologie, Populationsgenetik, Adaptive Landschaften	
Eva Jablonka (* 1952 Polen)	Israel (Tel Aviv)	Genetische u. epigenetische Vererbung, Verhaltens- u. kulturelle Evolution	Box 7f. 8,9,12
David Jablonski (* 1954 Polen)	USA (Chicago)	Paläontologie, Geophysik, Biogeografie, Geschwindigkeit u. Arten v. Makro-Evolution	
Marc Kirschner (* 1966)	USA (Harvard Boston)	Systembiologie, EvoDevo, erleichterte Variation	11
Alan Love (* 1975)	USA (Minnesota)	Philosoph, Wissenschaftstheorie	23 u. 25
Gerd B. Müller (* 1953)	Österreich (Wien)	Theoret. Biologie, EvoDevo, Innovationen, Evolution der Entwicklungsprozesse	10. 12. 16
Stuart Newman (* 1945)	USA (N.Y. Med. College)	Zellbiologie, Physikalische Evolutionsbiologie, EvoDevo, Evolution von Metazoen	22
John Odling-Smee	UK (Oxford)	Anthropologie, Nischen-Konstruktion, Vererbung	21
Massimo Pigliucci (* 1964, Italien)	USA (State Univ. N.Y. Stony Brook)	Genetik, Philosophie der Biologie, Makro-Evolution, Phänotypische Plastizität	7, 12, 16
Michael Puruganan (* 1973 Philippinen)	USA (N. Y. University)	Biologie, Genetik Genomische Netzwerke	
Eörs Szathmáry (* 1959)	Ungarn (Budapest)	Evolutionstheorie, genetische u. epigenetische Vererbung, Sprachevolution, Systemübergänge	22
Günter Wagner (* 1954 Wien)	USA (Yale)	Populationsgenetik, EvoDevo, Genotyp-Phänotyp-Beziehung, Homologie, Modularität	Abb. 13.4
David S. Wilson (* 1949)	USA (Binghamton N. Y.)	Evolutionstheorie	19
Gregory Wray (* 1965)	USA (Duke Univ. Durham)	Genetik, embryonale Genexpression, genomische Netzwerke	

Abb. 16.2 Die Teilnehmer des *Altenberg-16* Symposiums 2008

16 Das Altenberg-Projekt – Evolutionsbiologen definieren sich neu

Viele der Fragen wurden in diesem Buch ausführlich behandelt. Die Wissenschaftler wollen sich einigen, welches die zentralen Fragen sind, die Antworten verlangen, und sie wissen, dass sie sich neuen Antworten auf die offenen Fragen der Evolutionstheorie nur schrittweise nähern können. Auch die Synthese ist nicht an einem Tag entstanden, sondern hat *annähernd vier Jahrzehnte gebraucht, um ihre heutige Gestalt anzunehmen* (PM 2010, S. 14). Als erstes greifbares Ziel legen die 16 Wissenschaftler fest, dass ein Buch folgen soll. Es soll die relevanten Themen zusammenstellen. Erstmals enthält dieses Buch, das im April 2010 erscheint, und dessen Inhalte mir in Teilen mit freundlicher Genehmigung der Herausgeber vorab zur Verfügung standen, die Bezeichnung *Extended Synthesis*. Das ist das Markenzeichen dieser Gruppe. Wissenschaftler sind eingeladen, mit zu bauen an der erweiterten Evolutionstheorie des 21. Jahrhunderts.

In ihrer Einleitung machen Müller und Pigliucci aufmerksam, welches die Strömungen sind, die schon seit Jahrzehnten über die Synthese hinaus zeigen (PM 2010, S. 4). Es tauchen die Namen auf, die die Hauptakteure in dem hier vorliegenden Buch sind: Carroll, West-Eberhard und andere, die nicht Mitglieder *Altenberg-16* sind, die aber die neuen Themen angetrieben haben. Pigliucci und Müller halten fest:

> Heutige Evolutionsbiologen haben ihr Denken über die Grenzen der Synthese hinaus erweitert, ohne dabei allzu viel Aufmerksamkeit darauf zu legen, dass sie das tun. […] Die meisten praktizierenden Biologen haben nicht die Zeit, die Bücher zu lesen die das Fundament der Synthese in den 30er und 40er Jahren gelegt haben und sind daher auch nicht so vertraut mit den Abweichungen im aktuellen Diskussionsrahmen (PM 2010, S. 4).

Es wird deutlich gemacht, dass neben Entwicklung weder das Thema Evolvierbarkeit (S. 4) noch das Thema Ökologie (S. 8) – damit ist der exogene Einfluss gemeint – von der Synthese aufgegriffen wurde. Die Kerngedanken der Evolutionstheorie, die laut Pigliucci/Müller durch die *Extended Synthesis* nun als überwunden gelten können, sind: Gradualismus, Genzentrismus und exogene Bestimmung (Externalismus). Für Gerd B. Müller ist bis heute offen, ob EvoDevo und *Extended Synthesis* am Ende eine Erweiterung zur Synthese – eine „Modern Synthesis 2.1" – oder ein Paradigmenwechsel – „Evolutionstheorie 3.0" – darstellen werden.[42]

Die *Altenberg-16* bleiben nicht ohne Widerspruch. Stimmen aus allen möglichen Richtungen erheben sich. So bemerkt Richard Lewontin in einem Interview mit Suzan Mazur vor der Tagung (suzanmazur.com):

> Wissenschaftler sind immer hinter Ideen oder Theorien her, die noch kein anderer vorher gedacht hat, weil das ihr Prestige bedeutet. Sie haben eine Idee, die unsere gesamte Sicht auf die Evolution ändern soll, denn sonst sind sie nur Fabrikarbeiter. Und die Fabrik ist die, die Charles Darwin designed hat.

---

[42] Gerd B. Müller im persönlichen Gespräch.

B Der Ausbau – Wege zu einer Erweiterten Synthese in der Evolutionstheorie

Da war Lewontin 80 Jahre alt. Die Synthese hat sein gesamtes wissenschaftliches Leben bestimmt. Und er hat sich ihr von der mathematischen, populationsgenetischen Seite genähert. Er wird sein Lebenswerk nicht umstürzen, weil eine Gruppe dynamischer jüngerer Forscher glaubt, die Welt anders sehen zu müssen. Für Ernst Mayr, der nicht mehr lebt, haben ähnliche Überlegungen gegolten: In seinem letzten Buch *Das ist Evolution*, das 2001 in den USA auf den Markt kommt – Mayr ist da 97 – äußert er sich im höchsten Maße vorsichtig und zurückhaltend, was neue Forschungsrichtungen angeht. Auch sein Leben war ein halbes Jahrhundert dem Genzentrismus verhaftet. Zurückschauend auf seine eigene wissenschaftliche Laufbahn hat Max Planck das einmal so auf den Punkt gebracht:

> Eine neue wissenschaftliche Wahrheit pflegt sich nicht in der Weise durchzusetzen, dass ihre Gegner überzeugt werden und sich als belehrt erklären, sondern vielmehr dadurch, dass die Gegner allmählich aussterben und dass die heranwachsende Generation von vornherein mit der Wahrheit vertraut ist (zit. n. Kuhn 1969, S. 162).

Unter den jüngeren Wissenschaftlern bezeichnet Michael Lynch die *Altenberg-16* als in der Szene

> buchstäblich Unbekannte, die keinen Nachweis geliefert haben, dass sie auch nur ein winziges Bisschen der evolutionsbiologischen Mainstream-Literatur gelesen haben (zit. n. Kegel 2009, S. 289).

Das alles verwundert nicht. Lynch ist Populationsgenetiker. Das Credo seines Buches *The Origin of the Genome Architecture* von 2007, das in Kapitel 7 ausführlich behandelt wird, ist: Die Populationsgenetik kann die Evolution ausreichend erklären. Dass dem nicht so ist und warum, ist im Kapitel über Lynch erläutert worden.

> *Eine Bewährungsfrage lautet: Werden die neuen Evolutionsfaktoren, die EvoDevo in die Theorie einbringt, als eigenständig anerkannt?*

Die *Altenberg-16* gehen unbeirrt ihren Weg der *Extended Synthesis*. Auseinandersetzung ist dafür nötig. Die „Beweislast" für die Notwendigkeit des Neuen ist hoch. Wenn man es auf einen Punkt bringen will, heißt die zentrale Frage an die *Altenberg-16* und an die gesamte EvoDevo-Fraktion: Kann EvoDevo neue Evolutionsfaktoren in die Theorie einbringen oder nicht?[43] Wenn ja, muss die Synthese korrigiert und ergänzt werden. Das aufzuzeigen war das Anliegen der *Altenberg-16*. Wenn nein, bleibt es dabei, dass die neodarwinistischen Faktoren wie natürliche Selektion, Drift sowie Rekombination die hinreichenden Faktoren evolutionärer Änderung und des Entstehens von Neuem sind. Diese Position wird nur schwer zu halten sein, wie Pigliucci/Müller deutlich konstatieren (2010, S. 12):

> Es ist heute möglich auf natürlichen Prozessen basierende Modelle evolutionärer Variation und Innovation zu errichten, die auf Genregulierung und

---
43 Gerd B. Müller im persönlichen Gespräch

16 Das Altenberg-Projekt – Evolutionsbiologen definieren sich neu

Zellverhalten aufsetzen. Die Vorhersagen, die aus solchen qualitativen Modellen folgen, können experimentell getestet und die Ergebnisse mit den natürlichen Mustern organismischer Änderungen verglichen werden. Eine Möglichkeit, die völlig außerhalb der Betrachtung der Synthese war.

Vielleicht ist die Reaktion und Ablehnung mancher Männer und Frauen der Evolutionsbiologie ein Zeichen dafür, dass wir es doch eher mit einer Revolution als mit einer Erweiterung zu tun haben. Denn die Welten liegen in grundlegenden Punkten weit auseinander, wenn Lynch bemerkt: *Die Notwendigkeit, Komplexität, Evolvierbarkeit und Robustheit in Theorien erklären zu müssen kann ich nicht sehen* (suzanmazur.com). Wenn dem aber so ist, wenn also der eine ein Kaninchen sieht, wo der andere eine Ente sieht, wie Thomas Kuhn den Wandel in der Wissenschaft bildlich charakterisiert, dann ist das kein geringes Indiz für einen Wandel des Weltbilds und einen Umbruch in der Wissenschaft (Kuhn 1969, S. 123). Edgar Morin zeichnet ein vergleichbares Bild, wenn er sagt:

> Jedes neue Paradigma, a fortiori ein Paradigma der Komplexität, erscheint immer verwirrend unter dem Blickwinkel des alten Paradigmas, denn es umfaßt das, was offensichtlich abstoßend war, vermischt das, was wesentlich getrennt war, und bricht das auf, was logisch unzerbrechlich war (Morin 2010/1981, S. 443f.).

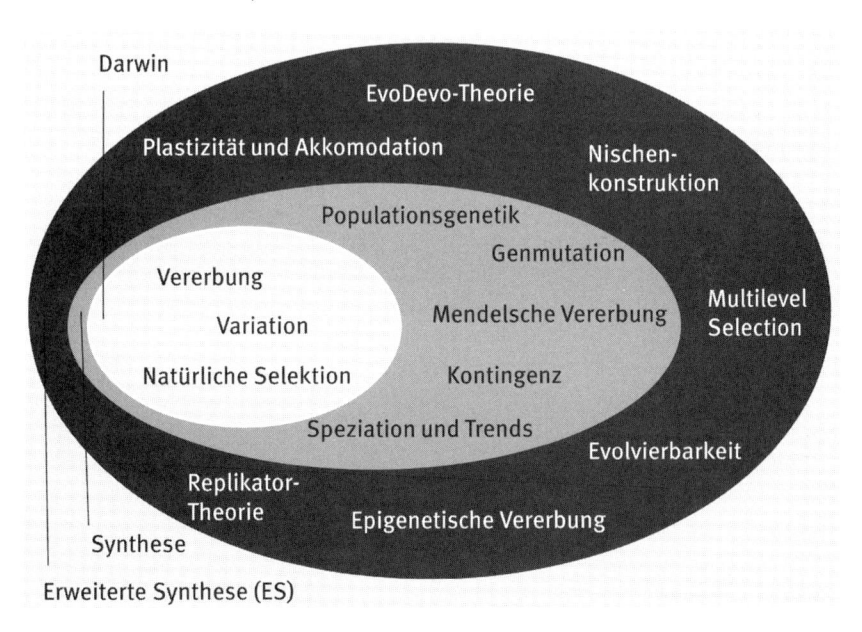

Abb. 16.3 Wichtige Konzepte der Evolution von Darwin bis heute
Schlüsselthemen des Darwinismus (inneres Feld), der Synthese (mittleres Feld) und der *Erweiterten Synthese* (äußeres Feld). Das Schema soll die großen Kapitel der im steten Fluss befindlichen Evolutionstheorie darstellen, es umfasst nicht alle Konzepte (PM 2010, Fig.1.1).

* * *

B Der Ausbau – Wege zu einer Erweiterten Synthese in der Evolutionstheorie

17 Komplexität, virtuelle Embryonen und globale Datenbanken – Vision und Realität

Ich wollte deutlich machen, dass mit EvoDevo eine ernsthafte, zwingend notwendige neue Wissenschaftsdisziplin im Entstehen ist und dass Leute mit System und Konzeption an die Aufgabe herangehen. Die Synthese weist Lücken auf durch die Ausklammerung von Evolutionsmechanismen, die unter anderem in der embryonalen Entwicklung liegen. Sie ist eine Richtung, die selbst aus heutiger wissenschaftshistorischer Sicht nicht zwangsläufig so eingeschlagen werden musste. Doch die Korrektur ist vollzogen. Die Power, die Wissenschaftlern heute hierfür zur Verfügung steht, liegt wie in vielen anderen Disziplinen auch, in der enormen Leistungsfähigkeit moderner Informationstechnologie. Hier gibt es nie da gewesene Visualisierungs-, Analyse- und Simulationssysteme. Der technische Fortschritt ist riesig. Daneben macht die noch junge Disziplin der Komplexitätstheorie sprunghafte Fortschritte. Neue Methoden kommen ins Spiel, um bisher unerklärbare Zusammenhänge besser zu verstehen.

Wie aus Chaos Struktur wird

Zu den Wissenschaftlern, die früh mit mathematischer Analyse an das Thema *embryonale Entwicklung* herangegangen sind gehören die beiden ehemaligen Physiker am Max-Planck-Institut für Entwicklungsbiologie in Tübingen, Alfred Gierer (*1929) und Hans Meinhardt (*1938). In einem damals beachteten Artikel haben sie 1972 in Gleichungen beschrieben, wie zwei Substanzen, wir sehen sie hier in einer Gruppe von Zellen, aufeinander reagieren können. Die Überlegungen gehen zurück auf den Briten Alan Turing. Das Modell veranschaulicht Konzentrationsänderungen in einem solchen Zellaggregat und zeigt mögliche Strukturbildungen, wo zu Beginn überhaupt keine Struktur vorhanden ist (Abb. 17.1). Wir haben es hier mit einem der großen Rätsel der Wissenschaft zu tun: der Erklärung des Prozesses, wie Chaos Ordnung generiert. Ich will an dem schönen Beispiel von Gierer/Meinhardt darstellen, wie so etwas in der Praxis funktionieren kann.

Meinhardt (Meinhardt 2010) geht von Zellen aus, deren Signale eine Aktivatorfunktion haben, während umliegende andere eine Inhibitorfunktion haben, also verhindern, dass der Aktivator immer stärker wird. Die beiden Begriffe Aktivator und Inhibitor stehen für die Synthese diffundierender Proteine. Neu hinzu kommt hier die mathematisch ausformulierte Idee, dass Aktivator-Zellsignalstoffe, die ausgehend von einer Zelle an einem bestimmten Ort im Embryo Genaktivitäten anstoßen, ihre Signale nicht in ein beliebig großes Umfeld senden können. Empfängerzellen, die weiter entfernt sind, empfangen schwächere Signale.

Wie Abbildung 17.1 A zeigt, kann mit relativ einfachen, zweidimensionalen mathematischen Gleichungen aus einem unstrukturierten Zustand ein strukturierter, stabiler Zustand mit mehreren lokalen Maxima erzeugt werden. Dass die-

17 Komplexität, virtuelle Embryonen und globale Datenbanken – Vision und Realität

ser Zustand eintritt, hängt maßgeblich davon ab, wie stark man die lokale Reichweite des Aktivator- bzw. der Inhibitorvariablen ansetzt. Solche lokalen Maxima könnten dann der Ausgangspunkt für beginnende Zelldifferenzierung im Embryo sein.

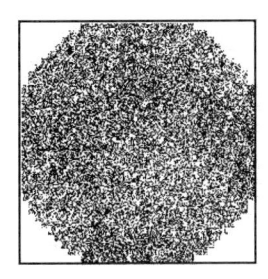

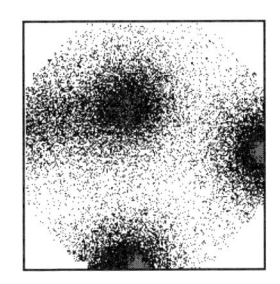

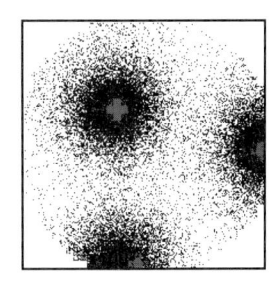

A: Mathematisch: Musterbildung, erzeugt durch Aktivator-Inhibitor-Systemgleichungen

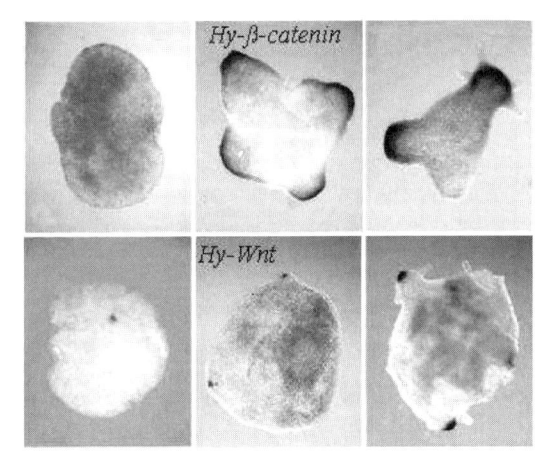

B: Empirisch: Musterbildung im Hydra-Embryo (Süßwasserpolyp) durch das Gen Tcf (WNT-Signalweg)

Abb. 17.1 Angewandte Mathematik beim Hydra-Embryo
A: Strukturbildung aus strukturlosem Ausgangsgewebe (o.li.). Gierer/Meinhardt können schon 1972 analytisch zeigen, wie man sich vorzustellen hat, dass Zellen kommunizieren und Struktur bilden. Es wird angenommen, dass eine Zelle (Variable) ein Aktivator ist, die andere ein Inhibitor. Aktivator und Inhibitor wirken in der Zeit gegenseitig aufeinander. Auf diese Art können spontan zwei- oder mehrdimensionale Musterbildungen hervorgerufen werden, die zu stabilen Endzuständen mit lokalen Maxima führen (o. re.), je nachdem wie stark die lokale Reichweite des Aktivators und Inhibitors in der Gleichung angesetzt wird, denn Zellen können nicht beliebig weit Signale senden oder empfangen.
B: Sind die mathematischen Modelle damals rein theoretisch angelegt, können sie heute an Hand von Beispielen empirisch belegt werden wie hier an der Entwicklung des Hydra-Embryos, bei dem Knospenbildungen dunkel markiert sind analog den lokalen Maxima in A.

B Der Ausbau – Wege zu einer Erweiterten Synthese in der Evolutionstheorie

A mathematisch

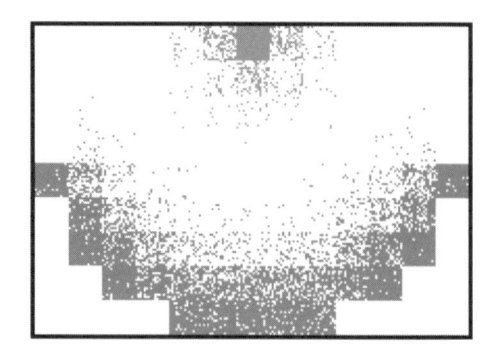

B empirisch

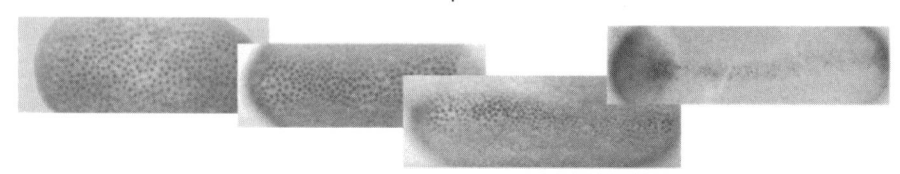

Abb. 17.2 Mittellinienbildung beim Insektenembryo
Die Mittellinie im Insektenembryo entsteht anders als beim Säugetier. 1989 zeigt Meinhardt, wie ein punktartiger Organisator (o.) eine regelmäßige Streifenbildung unterbindet. Nur eine Linie kann sich herausbilden, und zwar auf der dem Organisator gegenüberliegenden dorsalen Seite (Rücken). Sie wird im Zeitablauf schärfer. Analytisch kann auch hier ein Aktivator-Inhibitorsystem zugrunde gelegt und empirisch nachgewiesen werden (Meinhardt 2007).

Es kann also an diesen Stellen in der Folge etwas strukturell Neues entstehen, wie im gegebenen Beispiel der Hydra (Süßwasserpolyp) etwa die Mundöffnung mit Tentakeln. Derartige Strukturbildung hat man später auch bei der Entstehung der Extremitäten von Wirbeltieren mathematisch beschrieben. Das wird in Abbildung 17.4 demonstriert. Hier werden ähnlich zu denen von Gierer/Meinhardt Computermodelle verwendet, die Schwellenwerteffekte, Phasenübergänge und emergentes Makroverhalten erzeugen.

Der Freiburger Entwicklungsbiologe und Nobelpreisträger Hans Speemann (1869–1941) hat derartige Regionen, die zum Schicksal für die weitere Entwicklung werden, Organisatorregionen genannt. Transplantiert man etwa von solchen Organisatorregionen embryonales Gewebe an eine andere Stelle des Embryos, kann es dort zu Ausbildungen kommen, die ursprünglich dort nicht vorgesehen sind (Abb. 17.7).

Ein unvorhergesehener Erfolg ist es für Gierer und Meinhardt, dass sich mit der prinzipiell selben Methode auch die Mittellinienbildung im Insektenembryo darstellen lässt, also die Längsachsen- oder bilaterale Symmetrie, und zwar mit nur wenigen Aktivator-Inhibitorvariablen plus Orts- und Zeitvariablen (Abb. 17.2). Das lässt sich ebenfalls empirisch bestätigen. Somit kann die mathemati-

17 Komplexität, virtuelle Embryonen und globale Datenbanken – Vision und Realität

A mathematisch: sich verzweigendes System

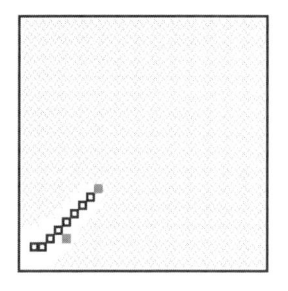

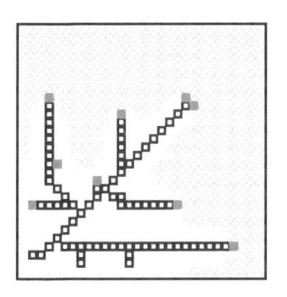

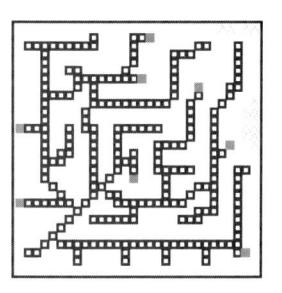

B empirisch: Blutgefäße

Abb. 17.3 Verzweigte Strukturen – Nicht im Bauplan zu finden
Verzweigte Systeme wie etwa das Blutsystem folgen mathematischen Aktivator-Inhibitormodellen. Nach diesem Modell sind nur die Substanzen und ihre Wechselwirkung im Genom codiert, nicht aber die Details der entstehenden Muster (Meinhardt 2010, S. 60). So haben eineiige Zwillinge unterschiedliche Adersysteme im Augenhintergrund. Die Ausweitung der Gleichungen auf drei Dimensionen ist nicht schwierig.

sche Sprache über einfache Musterbildungen hinaus, wie etwa Streifen- oder Farbbildungen, analytisch in einen zentralen Bereich der Entwicklung vordringen, dem Entstehen der Symmetrie und sie kann auch helfen, besser zu erkennen, welche Aktivator- bzw. Inhibitorgene an der frühen embryonalen Festlegungen tatsächlich beteiligt sind. Am Lehrstuhl von Gerd B. Müller in Wien sind Studien gemacht worden zur Entwicklung der Oberflächenstruktur von Backenzähnen der

Maus. Hier kann man ebenfalls mit Aktivator-/Inhibitorgleichungen vorhersagen, wie sich die Zahnoberfläche konkret ausbildet, das heißt, wo Höcker und wo Vertiefungen entstehen und kann das mit der tatsächlichen Entwicklung vergleichen (Müller 2007, S. 3).

Sehr anschaulich lässt sich auch durch die von Hans Meinhardt weiterentwickelte Methode darstellen, wie in höher entwickelten Organismen verzweigte Strukturen wie Blutgefäße, Nerven, Lymphgefäße, Nierenstibuli oder auch Blattadern bei Pflanzen gebildet werden (Abb. 17.3). Alle diese Beispiele dienen der Versorgung des Gewebes mit Nährstoffen, und sind nicht im einzelnen im Bauplan festgelegt. *Wichtig sind nicht die Details, sondern dass alle Zellen versorgt sind* (Meinhardt 2010, S. 609). Klaus Mainzer nennt das in der Sprache der Komplexitätsforschung statistische Selbstähnlichkeiten mit kleinen Abweichungen. Sie ist *typisch für hoch ausdifferenzierte und komplexe Strukturen* (Mainzer 2008, S. 58).

Mit zunehmendem Verständnis für die raumzeitlichen Abläufe in der Embryonalentwicklung gewinnt man auch Anhaltspunkte dafür, wie Variation dort entstehen kann. So etwa hier durch unterschiedliche Konzentration der Zellsignalmoleküle, wobei ein einzelnes Signalmolekül ab einem bestimmten Schwellenwert ein Gen oder Gene aktivieren oder gänzlich deaktivieren kann und zwar mit erheblicher Auswirkung auf die dann entstehende Struktur, wenn ein Schwellenwert zum Beispiel früher oder später in der Ausführung des Bauplan erreicht wird (Kap. 10). Mathematische Modelle dieser Art sind unabdingbar für die im weiteren beschriebenen, immer umfassenderen Simulationen der Entwicklungs- und Evolutionsprozesse. Wie mehrfach betont, sind Zellsignalstoffe auf externe Einflüsse sensibel. Solche können auf diesem Weg also Evolutionspfade verändern, wenn sie stark und anhaltend genug sind, dass die Entwicklung kanalisierte Pfade verlässt.

Wie wir mit Komplexität umgehen können

Wenn wir im täglichen Leben etwas nicht verstehen, bezeichnen wir es gewöhnlich als komplex. Sogar Wissenschaftler tun dies zuweilen. Komplexität ist aber nicht gleichbedeutend mit „nicht begreifbar". Dieses Buch handelt von komplexen Systemen. Entwicklung ist komplex, Evolution ist komplex, aber ebenso eine Zelle oder bereits der Prozess einer Zellteilung. Solche Phänomene sind deswegen aber menschlichem Verständnis nicht prinzipiell unzugänglich. Das soll hier näher ausgeführt werden.

Zunächst ist nicht eindeutig festlegbar, was komplex heißt und wann ein System komplex ist. Es gibt eine ganze Reihe von Charakteristika, die man anführen kann. Ein System kann für einen Betrachter komplex sein und für einen anderen einfach. Komplexität ist wie der Begriff Modul ein *konnotativer Begriff,* das heißt ein nicht eindeutig definierbarer sondern nur umschreibbarer Begriff (Kap. 24).

17 Komplexität, virtuelle Embryonen und globale Datenbanken – Vision und Realität

> *Komplexität von Systemen heißt nicht, dass sie nicht verstanden werden können und auch nicht, dass es keine Gesetzmäßigkeiten geben kann.*

Zum klassischen Verständnis von Wissenschaft gehören Voraussage- und Kontrollfähigkeit. Diese beiden Kennzeichen sind elementar für die Naturwissenschaften der letzten 200 Jahre und insbesondere für alle technischen Errungenschaften unserer Zivilisation. Auf beide Ansprüche muss der Wissenschaftler im Umgang mit komplexen Systemen ganz oder weitestgehend verzichten. Der langfristige Evolutionsverlauf, sagen wir einer Wirbeltierart, kann nicht prognostiziert werden und er kann ebenso wenig durch den Menschen in Gänze kontrolliert werden. Was kann die Komplexitätsforschung aber dann beitragen?

Trotz der genannten Barrieren eröffnet sich mit dieser Disziplin Zugang zu vielen Verhaltensweisen von Systemen. Dabei nimmt der Forscher unterschiedliche Beobachtungslevel ein. Das kann man schön erkennen an der Abbildung 11.1. Wir haben beschrieben, dass es Evolutionsforscher gibt, die sich darauf konzentrieren, auf der Genomebene und der Genregulationsebene zu argumentieren (z. B. Arthur, Carroll). Andere analysieren das Entstehen von Variation auf der Ebene von Zellprozessen (Kirschner/Gerhart) oder verwenden das gesamte System der Entwicklung oder des Organismus als ihr Untersuchungsobjekt bzw. als Systemebene (Waddington, Kirschner/Gerhart, Müller, West-Eberhard etc.). Jede Ebene hat ihre Berechtigung. Jede eröffnet Zugänge zu neuen Erkenntnissen und zu neuen Emergenzverhalten, die bei reduktionistischer Vorgehensweise auf der oder den Betrachtungsebenen darunter nicht offenbart werden. In Abbildung 11.1 wird auf Ebene 3 gefragt: Wie kann es zur Ausbildung differenzierter Zellen kommen? Die Antwort kann auf Ebene 2, das ist die Ebene einer spezifischen Zelle, oder Ebene 1, der Ebene des Zellkerns nicht gefunden werden. Die Ausbildung von Zelltypen verlangt entgegen der früheren Annahme, diese Informationen seien im Genom codiert, die Betrachtung der Zellkommunikation. Nur dort sind Kompartimentierung oder adaptives Zellverhalten erklärbar. Differenzierung und Kompartimentierung sind somit emergente Verhaltensweisen von Zellen (Ebene 2) und Zellverbänden (Ebene 3). Emergenz wie sie die Komplexitätstheorie kennt, ist entgegen der Sichtweise von früher nichts Metaphysisches oder Mystisches. Emergenz bezeichnet das Verhalten eines Systems, das auf einer bestimmten Analyseebene in Erscheinung tritt aber dort nicht erklärt werden kann. Es kann erst erklärt werden, wenn der Betrachter einen höheren Betrachtungsstandpunkt einnimmt.

Emergente Eigenschaften komplexer Systeme sind die eine Ursache dafür, dass die Voraussagefähigkeit und Kontrolle bei derartigen Systemen nicht gegeben sind. Die andere Eigenschaft, die dies beides verhindert, ist, dass komplexe Systeme äußerst empfindlich und nicht vorhersehbar auf geringe Variation von Ausgangsgrößen reagieren. Das ist der berühmte *Schmetterlingseffekt*.

B Der Ausbau – Wege zu einer Erweiterten Synthese in der Evolutionstheorie

> *Emergenz komplexer Systeme ist nichts Metaphysisches. Ermergenzverhalten kann oft erklärt werden, wenn der Betrachter einen anderen Beobachtungsstandpunkt einnimmt.*

Die Komplexitätstheorie ist keine einheitliche uniforme Theorie. Sie besteht aus unterschiedlichen Modellen und mathematischen Algorithmen. Sie zwar kann Details aussagen über das Verhalten der untersuchten Größen im Einzelnen, aber sie kann aus diesem Detailverhalten nicht Prognosen des Gesamtsystems ableiten, selbst wenn vollständige Information über das Verhalten der Einzelkomponenten des Systems vorhanden ist. Aber Komplexitätstheorie kann etwas anderes: Sie kann Beiträge liefern, um Systeme wie Evolution oder Entwicklung auf einer Makroebene oder der Gesamtsystemebene formal genauer zu beschreiben. Einige Beispiele:

- Erkennen von grundsätzlichen Verhaltensmustern eines Systems: ob stabil, robust, instabil, oszillierend, selbstähnlich, chaotisch etc. Die Zelldifferenzierung und Kompartimentierung im Embryo sind Beispiele für geordnete Zustände (Kap. 11), die Somitenbildung (Wirbelvorformen) beim Hühnchenembryo ist ein Beispiel für ein komplexes, oszillierendes Muster (Kap. 22).
- Bestimmen von Parametern und deren kritische Werte, Schwellenwerte, die zu Phasenwechsel, etwa von geordnet zu chaotisch führen, zum Beispiel bei zu hohen Mutationsraten (Solé/Goodwin 2000, S. 221) oder umgekehrt von ungeordnetem Zustand zu einem geordneten führen, zum Beispiel im Embryo nach erfolgter Zelldifferenzierung, oder aber Symmetriebrüche erzeugen, die auf allen Entwicklungsebenen auftreten. Als anschauliches Beispiel auf einer hohen Integrationsebene sei hier ein wegfallender oder zusätzlicher Finger genannt (Kap. 12). Ein anderes Beispiel ist, wie die Intensitätsänderung eines einzigen Wachstumsenzyms zur Folge hat, dass die Schnabelform bei Darwinfinken variiert (Kap. 11) Oder die Kontingenztheorie Goulds, die besagt, dass nur geringe Veränderungen der Anfangsbedingungen, durch die im Kambrium das Fundament für unser heutiges Leben gelegt wurde, eine völlig andere Makroevolution hervorgebracht hätte (Kap. 6).
- Anwendung statistischer Potenzgesetze. Potenzgesetze zeigen, wie bestimmte Größen sich in unterschiedlichen Skalierungen (z. B. zunehmenden Zehnerpotenzen) gleich verhalten. Beispielsweise folgt die Häufigkeit des Aussterbens von Arten einer abnehmenden Geraden. Wenige Arten sterben danach oft aus; viele Arten sterben viel seltener gleichzeitig aus. (Solé/Goodwin 2000, S. 255). Das erwartet man nicht unbedingt, wenn man an die großen, nur selten aufgetretenen Massenaussterben denkt, die als Kontingenzereignisse zufällig sind.
- Die Theorien von so genannten erregbaren oder anregbaren Medien. Erregbare Medien sind beispielsweise Nerven, Zellgewebe oder chemische Flüssigkeiten. Durch einen kleinen lokalen Reiz werden die Medien aus ihrem Ruhezustand gebracht und sichtbare Erregungswellen rollen durch das Material.

17 Komplexität, virtuelle Embryonen und globale Datenbanken – Vision und Realität

Ein schönes Beispiel ist auch hierfür die Entwicklung der Somiten im Hühnchenembryo, die einem oszillierenden 90-Minuten-Rhythmus und komplexer mathematischen Gesetzmäßigkeit folgt.[44]

- Erkennen von Attraktoren, auf die hin sich ein System zu oder von denen es sich weg bewegt, etwa das konstante Stoffwechselniveau in einer Zelle trotz unterschiedlicher Enzymaktivität (Solé/Goodwin 2000, S. 70) oder die mögliche Begrenztheit von Genoutputs (Mitchell 2009, S. 225).

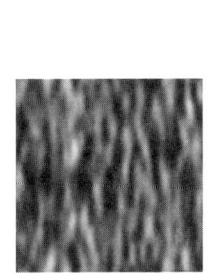

Abb. 17.4 Computermodell der Extremitäten-Skelettbildung
Die Graphiken zeigen Musterbildung eines Aktivator-Inhibitor-Modells (Turing-System). Die Ordnung des Systems nimmt zu. Das Strahlenmuster entsteht durch Selbstorganisation auf Zellebene. Es ist nicht durch Prepattern auf einer darunterliegenden genetischen Ebene vorgeschrieben. Zu neuen Strahlen kommt es hier, wenn die Domäne verbreitert wird, quasi „automatisch".[45] Die Verbreiterung ist im Bild nicht dargestellt. Ein realistisches Modell polydaktyler Fingerentwicklung zeigt das Bild des Japaners Takashi Miura auf der Rückseite dieses Buches. In dieses Modell sind sowohl Parameter für ungleichmäßige Bifurkationsstellen als auch unterschiedlich dicke Zehen dargestellt, wie sie bei dem Mutanten der Katze tatsächlich auftreten.

Komplexität ist weder vollständige Ordnung noch vollständige Unordnung oder Entropie (Solé/Goodwin 2000, S. 33). Sie liegt immer zwischen diesen beiden Polen und entwickelt in diesem Spektrum ihre jeweiligen Gesetzmäßigkeiten. Komplexität verschließt sich nicht grundsätzlich menschlichem Erkennen und Beeinflussen. Wir müssen nicht „nichts tun", weil Voraussagefähigkeit und Komplettkontrolle nicht gegeben sind.

Die Komplexitätstheorie erklärt Muster und Gesetzmäßigkeiten im Makroverhalten von Systemen, die sich nicht aus dem Mikroverhalten analytisch ableiten lassen.

---

44 Solé/Goodwin 2000, S. 79ff. mit Bezug auf das Clock and Wave Front Modell.
45 Software: Netlogo

B Der Ausbau – Wege zu einer Erweiterten Synthese in der Evolutionstheorie

Zellulare Automaten

Die mathematischen Modelle, die Muster erzeugen, wie sie Meinhardt aufzeigt, nennt man zellulare Automaten (Mainzer 2009, S. 59). Zellulare Automaten sind ein Teilgebiet der Komplexitätstheorie und haben nichts mit biologischen Zellen zu tun. Sie gehen auf den österreichisch-ungarischen Mathematiker John von Neumann (1903–1957) und dessen Schüler zurück, die sie als universale Berechnungsmodelle beschrieben haben. *Die große Originalität des „natürlichen" (man lese: lebenden) Automaten [besteht] darin, mittels Unordnung zu funktionieren* (Morin 2010/1981, S. 61). Man unterscheidet sie je nach Komplexität in vier Klassen. Solche Automaten enthalten eine vollständige Beschreibung von sich selbst und verwenden die Information zur Schaffung neuer Kopien. Zum ersten Mal wird damit ein theoretisches System beschrieben, das sich selbst reproduzieren kann. Das Wesentliche an ihnen ist, dass es kein übergeordnetes, zentrales Pro-

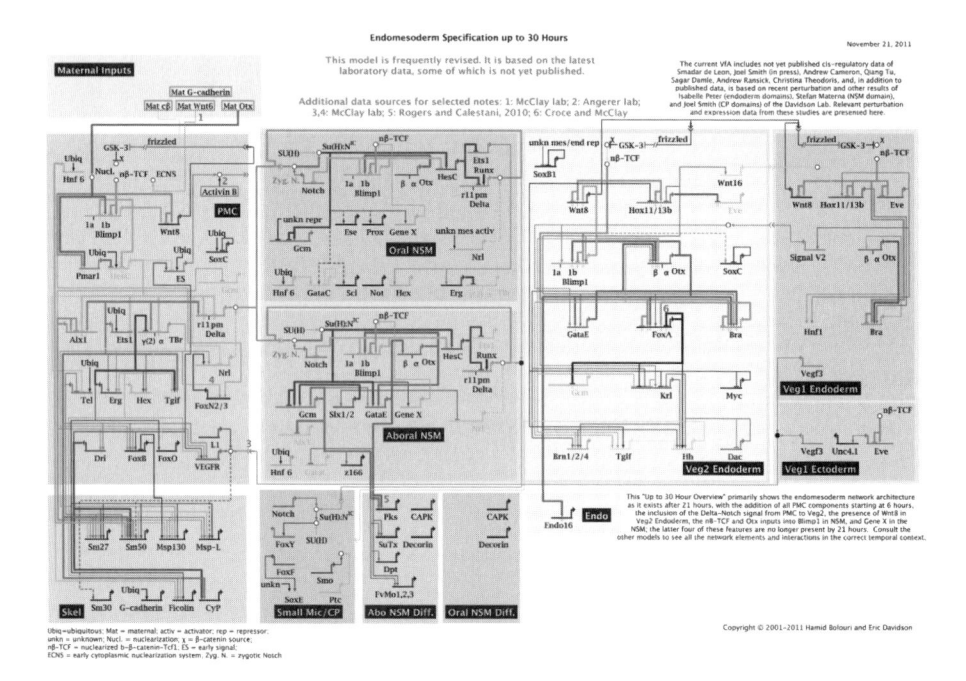

Abb. 17.5 Genregulations-Schaltplan beim Seestern
Genregulator-Netzwerk für die Spezifizierung des Endomesoderms bei der Seesternlarve. 40 Gene kennt man heute, die daran beteiligt sind, diesen speziellen Zelltyp herzustellen. Die Pfeile bezeichnen Aktivitäten von Genen, die wiederum andere Gene exprimieren oder deren Expression hemmen. EvoDevo-Forscher, Bioinformatiker vergleichen solche Domänen mit den äquivalenten anderer Arten, suchen nach denselben „Tools" und erkennen so Verwandtschaften bzw. Evolutionswege. Das sehr digital anmutende Bild drückt nicht aus, dass wir es bei der Entwicklung vielfach mit dynamischen, komplexen, redundanten und vor allem auch nicht linear-kausalen, selbstorganisierenden Systemen zu tun haben und auch mit Schwellenwerteffekten und Phasenübergängen.

gramm gibt, in dem die Funktionsweise des Automaten beschrieben ist, sondern dass Regelverhalten nur in seinen einzelnen Zellen beschrieben ist. Es gibt keine Zentraleinheit für den Automaten, es gibt nur seine Komponenten. Genau dieses Phänomen haben wir oft in der Natur. Das Verhalten der Zellen erzeugt ein Makroverhalten des Automaten, und das Makroverhalten ist nicht analytisch aus dem Verhalten seiner Teile ableitbar. Das ist die typische Erscheinungsform bei komplexen Systemen. Im Programm das Pattern in Abb. 17.4 existiert also keine Anweisung zur Erzeugung der Streifen (Finger) oder der Bifurkationen. Übertragen auf die Entwicklung heißt das: Selbst die vollständige Kenntnis aller Funktions- und Regulationsprozesse eines Genoms kann nicht den phänotypischen Output erklären. Ebenso kann die vollständige Kenntnis des Verhaltens der Individuen in einem Bienen- oder Ameisenstaat nicht das Makroverhalten des Insektenstaats erklären, und die Kenntnis neuronaler Informationen im Gehirn kann nicht das Ergebnis berechnen, das auf der Bewusstseinsebene zustande kommt. Darum geht es hier.

Man stelle sich solch einen Automat schachbrettartig vor. Jedes Feld ist eine Zelle, die Informationen mit Nachbarfeldern austauscht, auch reziprok. Ein mathematischer Automat der Klasse 2 erzeugt bereits periodische Muster, wie sie etwa auf Tierfellen oder auf Fischen vorkommen. Klasse-4-Automaten erzeugen das, was wir in der Biologie und Evolution suchen und was Meinhardt oben beschreibt: lokal hoch komplexe zusammenhängende Muster, die organisches Wachstum simulieren. Im Unterschied zu Automaten der Klasse 1 und 2 hängen die Muster der Automaten höherer Klassen empfindlich von den Anfangsbedingungen ab. Geringste Veränderungen in den ersten Zellen führen bereits nach wenigen Schritten zu globalen Veränderungen der Musterbildung (Mainzer 2009, S. 61). Das ist das typische bekannte Bild, das wir aus der Chaosforschung kennen, der *Schmetterlingseffekt:* Ein Flügelschlag eines Schmetterlings im Urwald des Amazonas kann demnach theoretisch dazu führen, dass sich das globale Wetter verändert. Die Prognosefähigkeit des Automaten der höheren Klasse schwindet. Zwar kann man vorhersagen, dass sich lokale Inseln oder Muster bilden können, kann aber nicht sagen, wo und wann genau. Der Grund liegt in der genannten Anfangsempfindlichkeit auf bestimmte Ereignisse. Mainzer fasst zusammen (S. 62):

> Das Computermodell zellulärer Automaten liefert eine sehr tiefgründige Einsicht in die Berechenbarkeit der Natur: Selbst wenn wir alle Mikrogesetze von Elementarteilchen kennen und berechnen können, so ist damit noch nicht die Berechenbarkeit aller Prozesse der Natur garantiert.

Mainzer zieht ein weiteres Fazit (S. 115):

> Ihre Gesetze [der Natur d. Verf.] verstehen bedeutet nicht, sie berechnen und beherrschen zu können. Sensibilität für empfindliche Gleichgewichte ist eine neue Qualität der Erkenntnis nichtlinearer Dynamik.

B Der Ausbau – Wege zu einer Erweiterten Synthese in der Evolutionstheorie

Dieser Schluss gilt für alle Bereiche dieser komplexen Welt, für die Klimaforschung und soziale Systeme nicht weniger als die Biologie. Wir kommen in Kap. 25 auf das Thema Komplexität noch einmal zurück.

Abb. 17.6 Genexpressionsmuster bei einem Fruchtfliegen-Embryo
Die Tätigkeit bestimmter Gene wird mit Kontrastmitteln und microCT-Scan sichtbar gemacht. So lässt sich der Beitrag eines spezifischen Gens oder mehrerer beim raumzeitlichen Entwicklungsvorgang beobachten (Tomancak 2007). Deutlich kann man an den dunklen Bereichen Musterungen erkennen, wie die Produkte eines Gens bzw. einer Gruppe von Genen zu Segmentierung beim Körperbau führen.

Zellen werden von Genetikern auch als Schaltpläne verstanden. Schaltpläne, die einen modernen Intel-Prozessor an Komplexität übertreffen können. Bereits ein Genregulationsmuster für nur ein spezifisches Gewebe, an dem mehrere Gene, Enzyme oder Transkriptionsfaktoren beteiligt sind, mündet in einem komplizierten Schaltkreis, den man heute nur mit Mühe modellhaft nachbilden kann, und das nur in Einzelfällen (Abb. 17.5). Solche Prozesse will man verstehen, will ihr Makroverhalten im Computer abbilden, um mehr zu erfahren. Etwa über die Beziehung zwischen der geno- und der phänotypischen Ebene. Oder die zuvor genannte Genregulierung des FOXP2 -„Sprachgens", das weitere 116 Gene im Ge-

17 Komplexität, virtuelle Embryonen und globale Datenbanken – Vision und Realität

hirn anstößt. Das Bild eines Schaltkreises kann nicht wiedergeben, wie Entwicklung und Evolution phänotypischer Form epigenetisch verläuft. Physikalisch-chemische Prozesse, die Schwellenwerteffekten unterliegen, werden nicht abgebildet. Genomische Pufferungen gegen phänotypische Variation, wie von Waddington erklärt, ebenfalls nicht. Ein Schaltplan vermag nicht die Undeterminiertheit der Beziehung von Genotyp und Phänotyp zu demonstrieren; er erzeugt eher das klassische Bild einer eindeutigen Beziehung.

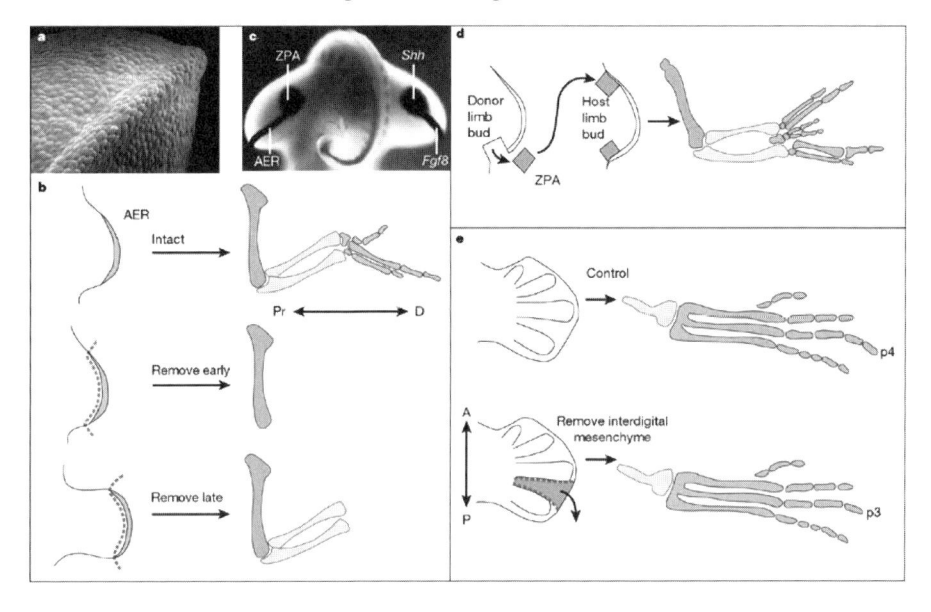

Abb. 17.7 Signalübertragung in der Flügelknospe beim Hühnchenembryo
Der Hühnchenembryo ist ein ideales Muster für Entwicklungsbiologen, an dem durch Manipulation von Genen bzw. Geweben die Wirkungen beobachtet werden können. Im Bild ist das Organisator-Gewebe AER (a) mitwirkend für die Strukturbildung bei den nachfolgenden Entwicklungsschritte des Flügels. Die Entfernung von AER hat schwerwiegende Konsequenzen für die Flügelbildung (b). ZPA steht für ein Gewebe mit dem Namen *zone of polarizing activity*, ebenfalls eine Organisatorregion. Wird dieses Gewebe transplantiert (d), entstehen daraus Verdoppelungen der Fingerglieder. Im letzten Bild (e) hat man „nur" das Gewebe zwischen den Fingern vorzeitig entfernt mit der Folge, dass die Knochenzahl eines anliegenden Fingers sich verändert hat. Solche und ähnliche Bauplanänderungen kann sich der EvoDevo-Forscher auch in der Natur als natürliche evolutive Schritte vorstellen.

Genexpressionsatlanten

Entwicklungsbiologen haben das Ziel, einen kompletten Atlas zu erstellen, der den kompletten Entstehungsprozess beginnend mit der befruchteten Zelle bis zum fertigen Tier mit sämtlichen Genen und Genprodukten beschreibt.

Ingenieurtechnisch ausgebildete Biologen, Bioinformatiker, analysieren heute die embryonale Entwicklung mit modernster Technik, sogenannten *microCT-*

Verfahren, also Computertomografie im Mikro- und Nanometerbereich. Die Biologen scannen etwa den Entwicklungsprozess eines kompletten Maus- oder Hühnchenembryos, raumzeitlich in Minuten-Abschnitten. Der Embryo und seine Veränderung im Zeitablauf werden so im Computer auf Wunsch bis auf Ebene des Zellgewebes darstellbar. Mit Auflösungen im subzellularen Bereich will man das unmittelbare Entstehen von Genprodukten im Zytoplasma einer einzelnen Zelle verfolgen. Ohne High Tech geht also nichts mehr in der empirischen Forschung, auch nicht in der Evolutionsforschung. *Jede vergleichende, funktionale oder ontogenetische Analyse von Morphologie erfordert eine kalibrierte, dreidimensionale Darstellung anatomischer Strukturen in deren natürlichem Aussehen und räumlichen Beziehungen und zwar so nahe am natürlichen Zustand wie das nur irgend möglich ist für präparierte Specimen (Metscher 2009).* Die besten und teuersten Geräte heute haben eine Auflösung von 60 Nanometer und darunter (Metscher 2009). Ein Nanometer ist ein Milliardstel Meter oder ein Millionstel Millimeter. Zum Vergleich: Eine menschliche Zelle hat im Durchschnitt eine Größe von 10–20 Mikrometer, das ist um den Faktor tausend größer.

Wieder einmal spielt die Fruchtfliege eine Hauptrolle, diesmal sogar in einem Großprojekt. In fast einhundert Jahren ist kaum eine Spezies so detailliert analysiert worden wie *Drosophila melanogaster*. Ein Embryo wird in tausenden Scheiben gescannt, in der Funktion vergleichbar einem medizinischen Tomografen, nur mit ungleich höherem Detailanspruch. Jedes Bild enthält den gesamten Embryo mit ausreichender Auflösung, um *individuelle Zellkerne und das Ausmaß der Genexpression in jeder Zelle auszumachen,* heißt es bei auf der Webseite des BDTNP. Das steht für das *Barkeley Drosophila Transcription Network Project,* bei dem die Wissenschaftler die Genexpressionen der Fruchtfliege und den zeitlichen Fortschritt in der Entwicklung detailliert im Bild zeigen. Tatsächlich lässt sich auf der Webseite des *BDTNP* heute die Genexpression auf Zellebene schon bildlich in farbiger Cloud-Darstellung vorführen (Abb. 17.8).

Kontrastgewinnung ist dabei eine Herausforderung. Röntgenstrahlen sind für weiches Gewebe nicht geeignet. Mit unterschiedlichen Kontrastverfahren kann der Wissenschaftler die Genprodukte farbig erkennbar machen und sieht im Zeitverlauf genau, wie ein bestimmtes Gen arbeitet, was es wann für wie lange im dreidimensionalen Raum herstellt. *Der Datensatz von mehr als 75.000 Embryo-Bildern von ungefähr 50% der Gene von Drosophila repräsentiert eine solide Beobachtungsgrundlage für die Analyse der Beziehung zwischen Gensequenz, gewebespezifischer Genexpression und Entwicklung in der Tierwelt,* heißt es bei der Max-Planck-Gesellschaft (Tomancak 2007).

Wir haben an früherer Stelle betont, dass Gene ihre Arbeit im Konzert ausführen. Der Bioinformatiker besitzt heute bereits Verfahren, mit denen er nicht nur eines oder zwei, sondern hunderte oder tausend von Genexpressionen unterscheiden und deren kombiniertes Wirken im Embryo sichtbar machen kann. So schreibt die Max-Planck-Gesellschaft 2007 über die Erstellung eines Genexpressionsatlanten:

17 Komplexität, virtuelle Embryonen und globale Datenbanken – Vision und Realität

Der komplette Atlas der Genexpressionsmuster wird am Ende die Daten aller Transkriptionsprodukte enthalten, die das Genom von Drosophila herstellt. [...] In Zukunft wollen wir den Weg verfolgen zur automatisierten Erstellung und Speicherung der Expressionsmuster lebender Arten in vier Dimensionen (Tomancak 2007),

mit anderen Worten: Höchst auflösend, räumlich in drei Dimensionen plus Zeitverlauf über den gesamten Entwicklungsprozess.

Aber damit nicht genug. Es gibt schon zentrale Datenbanken, in denen solche Daten in standardisierten Formaten gespeichert und weltweit für Wissenschaftler verfügbar gemacht werden (Tomancak 2007). Forscher können dann komparative Analysen hunderter Embryonen einer Art erstellen (Abb. 17.8), können hunderte oder mehr solcher Entwicklungsquerschnitte vergleichen. Sie können sich bestimmte Genexpressionsmuster in der Entwicklung vornehmen und diese auch

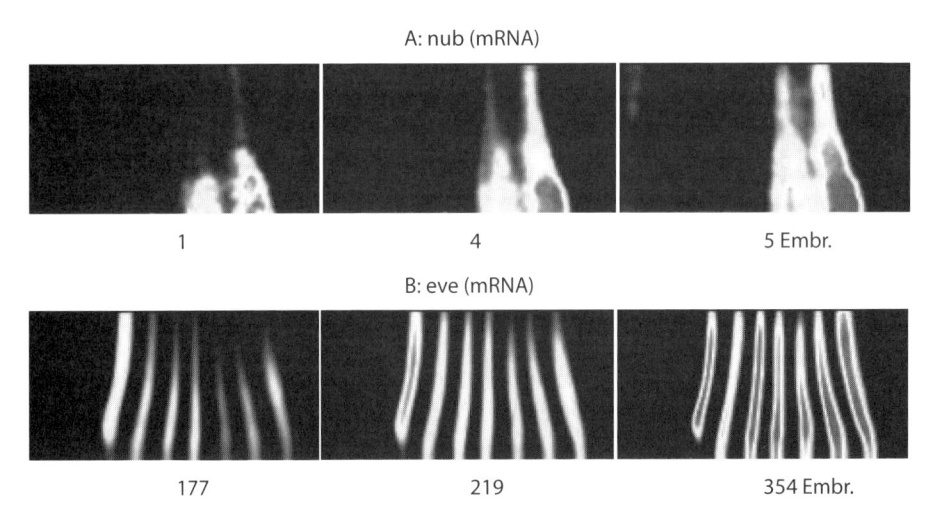

A: nub (mRNA)

| 1 | 4 | 5 Embr. |

B: eve (mRNA)

| 177 | 219 | 354 Embr. |

Abb. 17.8 Virtuelle Embryonen
(Projekt BDTNP: Berkeley Drosophila Transcription Network Project)
Virtuelle Embryonen werden im Computer erzeugt. Sie basieren auf den Daten spezifischer Genexpressionsmuster einzelner Embryonen, hier beispielhaft für die Gene *nub* und *eve* auf der Messenger-RNA (mRNA) in einer gestimmten Phase der Entwicklung der Fliege. Die Graustufen zeigen Intensitätsgrade der Genexpression; dabei zeigt die mittlere Graustufe im Zentrum der abgebildeten Gewebeteile die jeweils höchste Intensität. Die Abbildungen sind auf der Ebene des Zytoplasmas einer Zelle. Die Muster der Embryos werden verglichen und als durchschnittliche Expressionsmuster aus z.B. 1, 4 und 5 Vergleichen (A) oder auch 177, 219 und 354 Vergleichen (B) abgebildet und in der Datenbank (Expressions-Atlas) abgelegt. Statistisch erhält man Wahrscheinlichkeiten für die Bandbreiten bestimmter Expressionsmuster. Mit Stressoren (Hitze, Kälte, Ernährung etc.) lassen sich Expressionsmuster verändern, statistisch auswerten und so evolutive Pfade aufspüren. Der Forscher will erkennen, ob sich Stressoren auf ein bestimmtes Zellgewebe, auf ein Organ oder auf den gesamten Organismus auswirken. Näheres mit farbigen Videostreams auf der Internetseite des BDTNP.

für unterschiedliche Arten vergleichen und so ein immer genaueres Bild des Entwicklungsverlaufs bekommen.

Schon heute kann sich jeder Interessierte auf der Webseite des BDTNP bestimmte Gene auswählen, einen spezifischen Embryonalabschnitt bestimmen und erhält einen Ausschnitt aus dem Entwicklungsatlas, bei dem jede Genaktivität angegeben ist mit Intensität, Zeitpunkt und -dauer.

Virtuelle Embryonen

Aus der Flut von Informationen, die die Forscher auf diese Weise über den Entwicklungsprozess bzw. die Genexpressionsmuster gewinnen, lassen sich parallel immer leistungsfähigere Embryonalmodelle im Computer erstellen, die analoge Genexpressionsmuster zeigen wie der lebende Embryo. Man spricht von *virtuellen Embryonen*. Ein solcher virtueller Embryo ist eine statistisch repräsentatives Abbild hunderter einzelner Embryonalanalysen (Abb. 17.8). *Die Vorhersagen, die mit solchen Modellen gemacht werden können, können experimentell getestet werden und die Ergebnisse können mit natürlichen Mustern organismischer Veränderung verglichen werden, ein neues Feld, gänzlich jenseits des Horizonts der Synthese* (Pigliucci/Müller 2010, S. 12). Mit solchen Modellen schließlich kann der Forscher an *Knockout-Mutanten* Gene früher oder später in der „Bauplanausführung" ausschalten, um die Konsequenzen für die Entwicklung zu sehen oder kann Gene früher oder später im selben oder in anderen Bauplanabschnitten (stages) anschalten, um zu sehen, was dann geschieht. Das wird zur Grundlagenarbeit für die empirische EvoDevo-Forschung werden.

Die Forscher können stabile, transgenetische Mutanten erzeugen, primordiale Keimzellen verändern und sie wieder in die Blutbahn des Muttertiers zurückführen. Dabei entstehen chimärische Embryonen für viele wissenschaftliche Zwecke (Davey/Tickle 2007). Mögliche Pfade der Evolution lassen sich auf diesen EvoDevo-HighTech-Wegen „spielerisch" erkunden und in Massendatenanalysen statistisch vergleichen. Die Ethikkommissionen werden sich zu Wort melden.

Am Horizont: Die Synthese von EvoDevo und Populationsgenetik

Gerd B. Müller sieht eine wirkliche Synthese zwischen den populationsgenetischen Erkenntnissen und den Erkenntnisse der EvoDevo-Forscher dann, wenn die Analysen von Datenströmen aus beiden Lagern in Zukunft zusammengeführt werden können. Evolvieren können nur Populationen. *Individuen entwickeln sich nicht evolutionär – sie können nur wachsen, sich fortpflanzen und sterben. Evolutionäre Veränderungen treten auf bei Gruppen von miteinander interagierenden Organismen. Arten sind die Einheiten der Evolution* (Gould 1989, S. 88). Daher muss EvoDevo die Veränderungen im Embryo bzw. Stressfaktoren, denen er ausgesetzt wird, auf der übergeordneten Ebene der Population verfol-

17 Komplexität, virtuelle Embryonen und globale Datenbanken – Vision und Realität

gen, um zu statistisch relevanten Evolutionsaussagen zu kommen.[46] Allerdings – und darin liegt die Rechtfertigung dieser Wissenschaft – liefert EvoDevo mögliche Erklärungen für die Funktionsweise der Selbstorganisation des Organismus sowie andere Mechanismen der embryonalen Veränderung gleich mit, eben das, was der populationsgenetisch geprägte Neodarwinismus schuldig bleibt, so lange er sich auf Veränderungen von Genverteilungen beschränkt. Die Integration von EvoDevo und phylogenetischer Evolution spricht auch Gilbert an: *Nachdem Genexpressionsmuster und vergleichende Genomik es möglich machen, präzise zu vergleichen, welche Sequenzen für den phylogenetischen Wandel kritisch sind, kann jetzt die Populationsgenetik in eine größere Perspektive der phylogenetischen Evolution integriert werden* (Gilbert 2009, S. 363).

Vorsicht ist geboten

Bei aller High Tech-Begeisterung: Hier ist Vorsicht angesagt. Schaltpläne wie der hier gezeigte bringen wie schon gesagt nicht zum Ausdruck, dass zwischen Geno- und Phänotypebene nicht lineare Schwellenwert-Prozesse ablaufen. Sie bringen auch nicht zum Ausdruck, in welchem Maß Umweltfaktoren das phänotypische Ergebnis beeinflussen. Und sie bringen drittens nicht die epigenetischen Entwicklungsebenen oberhalb der Genexpression und mögliche Emergenzen zum Ausdruck. Hingegen ist das BDTNP-Projekt ein vielversprechender empirischer Ansatz, der auf statistisch repräsentativer Basis geführt wird. Hier darf man sich auf der Genregulationsebene Ergebnisse erhoffen, nicht aber auf höheren Entwicklungsebenen.

Genau hier ist die Komplexitätstheorie mit ihrer Fähigkeit gefordert, die Betrachtung von unterschiedlichen Ebenen aus vorzunehmen (Solé/Goodwin 2000, S. 20). Denn nur so können Emergenzeigenschaften erklärt werden, Muster in der Entwicklung formal beschrieben werden, die Sensibilität von Ausgangsgrößen analysiert werden, Symmetriebrüche[47] und Schwellenwerteffekte nicht nur erkannt sondern auch formal beschrieben werden.

In Teil C werde ich auf die Perspektive der Wissenschaftsmethode noch näher eingehen und zeigen, wie Evolution auch noch anders gesehen werden kann: veränderlich, multikausal, mit der Umwelt interagierend, eigendynamisch und widersprüchlich zugleich. Eine solche Welt versucht trotz aller Bemühungen der Komplexitätstheoretiker vehement, sich einer vollständigen algorithmischen Analyse zu verschließen.

* * *

---

46 Gerd B. Müller im persönlichen Gespräch.
47 Zu Symmetriebrüchen s. z. B. Solé/Goodwin 2000, S. 58 und S. 139f.

18 Überstrapazierter Zufall

Der Begriff *Zufall* kommt bei Darwin nicht vor. Er verwendet den Begriff *unbestimmte Variabilität* (Darwin 1872, S. 41). Darwin kann für die Mechanismen, also für die Ursachen von Variation keine Erklärung haben. Die Technik und das Wissen der modernen Genetik stehen ihm nicht zur Verfügung. Das braucht es aber nicht, schreibt Stephen J. Gould dazu: *Abweichungen werden zumindest zum Teil durch Vererbung an die nachfolgenden Generationen weitergegeben. […] Diese Tatsache setzt nicht voraus, dass man weiß, wie die Vererbung funktioniert sondern man muss nur wissen, dass es sie gibt.* (Gould 1999, S. 170). Wenn wir aber neben dieser Äußerung Goulds seine Aussage stellen, er könne sich nicht vorstellen, wie man größere evolutionäre Änderungen erklären kann, wenn nicht durch zeitliche Verschiebungen in der Entwicklung, dann ahnt Gould wohl doch, dass Mutationen bei der Vererbung nicht nur zufällig sind. Hätte Darwin wirklich gewusst, wie Vererbung funktioniert und dass Variation womöglich nicht nur zufällig im Sinn von ungerichtet ist, er wäre auch noch zu anderen Aussagen gekommen. Darwin vermeidet, über die Vererbung etwas Konkretes zu sagen, wo er nichts sagen kann. Er lässt diesen Teil unbestimmt und unerklärt. Daraus hat man später „zufällige Mutation" gemacht. Seine große Bedeutung erhält der „Zufall" in Zusammenhang mit der Evolution einerseits von daher, dass in der darwinistischen Theorie die Selektion aufgewertet wird, indem man die Erklärung der Variation als „zufällig" abwertet. Andererseits kommen ständig religiös motivierte unwissenschaftliche Thematisierungen auf, bei denen der Mensch immer als Zufallsprodukt dem Schöpfungsprodukt gegenübergestellt wird.

Was meint Zufall? Ulrich Kutschera schreibt in seinem aktuellen Buch *Tatsache Evolution* (2009, S. 61): Üblicherweise herrscht der Irrglaube, der Zufall sei nichts anderes als ein ursachenloses, undeterministisches Chaos. Echter wahrscheinlichkeitstheoretischer Zufall ist aber etwas, das man genau überprüfen kann, etwa beim Würfel werfen. Jedem einzelnen Wurf liegen sehr wohl Ursachen zugrunde, die Handbewegung, die Tischoberfläche, Reibungen usw. Man vernachlässigt sie lediglich, wenn man bei vielen Würfen statistisch zu einer Gleichverteilung der Würfelzahlen kommt. Im Zusammenhang mit evolutionärer Variation liegt ein solcher Zufall nicht vor. In jedem Fall ist hier Abstand davon zu nehmen, Zufall mit *nicht vorhandener Ursache* gleichzusetzen. Also ist Vorsicht geboten, darwinistische Evolution auf das Schema „zufällige Variation – natürliche Selektion" zu verkürzen.[48]

Genau genommen taucht das „Zufällige" mindestens dreimal in verschiedenen Zusammenhängen in der Evolution auf. Erstens beim Entstehen der Variation. Zweitens bei der Erklärung des Ursprungs des Lebens auf der Erde und drittens bei der Erklärung des Wegs, den die Evolution auf der Erde genommen hat. Ich werde auf die drei Zusammenhänge im einzelnen kurz eingehen, wobei uns

---

48 John Beatty gibt eine differenzierte aktuelle Sicht auf die Bedeutung von zufälliger Mutation im Vergleich zur Bedeutung der Selektion in der Evolutionstheorie (PM 2010, S. 21–44).

der erste in diesem Buch stets vorrangig interessiert. Beginnen wir daher mit den beiden letzten Themen.

Ist die Entstehung des Lebens ein Zufall?

Sehr prägnant wird die Diskussion des Zufälligen, wenn es um die wissenschaftliche Erklärung der Entstehung des Lebens geht. Ist Leben ein höchst unwahrscheinlicher Zufall, so wahrscheinlich wie in einem Bridgespiel alle 13 Pik-Karten auf die Hand zu bekommen? Die Wahrscheinlichkeit dafür beträgt eins zu 635 Milliarden. So ähnlich stellen sich manche Wissenschaftler, unter ihnen Jacques Monod, die Wahrscheinlichkeit für das Entstehen des Lebens vor: als ein völlig unspektakuläres Zufallsprodukt, so belanglos wie ein bestimmtes Bridgeblatt auf der Hand, das so gut wie sicher kein zweites Mal vorkommen wird, so lange Menschen Bridge spielen. Dieser Gedanke hat aber harte Konsequenzen, erklärt Christian de Duwe (Sentker/Wigger 2008, S. 71):

> Wenn Leben ein höchst unwahrscheinliches Zufallsprodukt ist, dann hat es in keiner wie auch immer gearteten kosmologischen Sichtweise Platz. Dann könnten Milliarden Planeten die gleiche Geschichte durchmachen wie die Erde, ja es könnten sogar Milliarden Urknalle Milliarden Universen wie unseres entstehen lassen, und nirgendwo gäbe es Leben. Seine Entstehung wäre ein lusus naturae, eine Laune der Natur. Oder mit den Worten Jacques Monods: „Das Universum trug das Leben nicht in sich."

Dem widerspricht aber Christian de Duwe massiv, wenn er erläutert, wie das Entstehen der ersten Zelle eben nicht der zufälligen Selbstmontage des Cockpit einer Boeing 747 gleichkommt und auch nicht der schon realistischeren, schrittweisen Planung eines solchen Cockpits, sehr wohl aber der Tatsache, dass beide, Cockpit wie Urzelle, in tausenden von Einzelschritten entstanden sind.

Diese Überlegung lässt die Wahrscheinlichkeitsabschätzung völlig anders aussehen. Wir bekommen jetzt 13 bestimmte Pik-Karten nicht einmal, sondern viele Male hintereinander! Das ist unmöglich, es sei denn, die Karten sind gezinkt. Und Zinken bedeutet im Zusammenhang mit dem Aufbau der ersten Zelle, dass für die meisten Schritte eine sehr hohe Wahrscheinlichkeit unter den jeweils herrschenden Bedingungen bestanden haben muss. Würden sie nur mäßig unwahrscheinlich, müsste der Vorgang abbrechen, gleichgültig wie oft er beginnt, einfach auf Grund der Zahl der beteiligten Einzelschritte. Mit anderen Worten: Im Gegensatz zu Monods Behauptung trägt das Universum das Leben doch in sich (Sentker/Wiggers 2008, S. 72).

B Der Ausbau – Wege zu einer Erweiterten Synthese in der Evolutionstheorie

Ist die Geschichte des Lebens ein Zufall?

Wir haben in Kapitel 6 den Dissenz kennen gelernt, der aus den unterschiedlichen Sichten von Stephen J. Gould und Simon Conway Morris entstanden ist. Für Gould ist der Verlauf des Lebens auf der Erde das Ergebnis zufälliger Ereignisse, im Sinne von Kontingenz. Das Leben würde niemals mehr makroevolutionär auch nur annähernd so verlaufen wie es verlaufen ist, könnte man seine Geschichte nochmals abspielen. Conway Morris bestreitet das. Nach seiner Theorie hat Zufall oder Kontingenz in dieser Frage überhaupt keinen Platz. Das Leben war nicht nur von Anfang an so angelegt, wie es verlaufen ist, sogar der Mensch musste zwangsläufig aus dem Geschehen hervorgehen, so Conway Morris.

Die schwindende Rolle des Zufalls beim Entstehen von Variation

In der neodarwinistischen Evolutionstheorie will man – spricht man von „zufälliger Mutation" – zum Ausdruck bringen, dass diese nicht durch gerichtete äußere Einwirkungen verursacht wird. Mutation und Variation sind in dem Sinne zufällig, wie sie unabhängig von der Gerichtetheit der natürlichen Selektion sind (Müller 2011, S. 14). Dass Variationen im Organismus bei Vererbung ungerichtet oder ziellos, ob mit Todesfolge, neutral oder mit Fitnessgewinn, „zufällig" auftreten, ist ein etwas

> unglücklicher Ausdruck, weil wir das Wort „zufällig" nicht in dem mathematischen Sinn meinen, dass jede Umweltanpassung gleich wahrscheinlich wäre. Wir meinen einfach, daß eine Variation ohne Bevorzugung einer bestimmten Umweltanpassung erfolgt. Wenn die Temperaturen fallen und ein dichteres Fell zum Überleben nützlich wäre, beginnt die genetische Variation in Richtung auf eine stärkere Behaarung nicht erst mit erhöhter Frequenz. Die Selektion, also der zweite Schritt, setzt bei einer *ungerichteten* Variation an und verändert eine Population indem sie den begünstigten Varianten einen größeren Fortpflanzungserfolg verschafft (Gould 1989, S. 82, kursiv i. O.).

Mutation, ungerichtet oder zufällig, das hat die Theoretiker, unter ihnen den Ultradarwinisten Richard Dawkins in den 80er und 90er Jahren des 20. Jahrhunderts zu sportlichen Anstrengungen provoziert. Es macht den Eindruck, es solle mit Gewalt bewiesen werden, was bewiesen werden muss. Dawkins bemüht Computerprogramme mit Zufallsgeneratoren für Mutationen, um zu belegen, dass die Entwicklung des Fischauges in gar nicht so langen Evolutionszeiträumen durch die Natur spielend herausgefunden werden konnte. Studien, die er heranzieht, haben dafür um die 346 000 Generationen ermittelt, das ist eine Zeitspanne von weniger als einer halben Million Jahre. Wohlgemerkt für die vollständige Evolution eines Linsenauges (Dawkins 1999, S. 159ff.). – Selbst wenn es zehn- oder hundertmal so lang gedauert hat, wie von den Analysten berechnet, die Entwicklung des Auges wäre in erdgeschichtlicher Zeit durch zufällige Mutationen und natürliche Selektion nach Dawkins immer noch darstellbar – was aber nicht zwingend heißen muss, dass das Auge so oder nur so entstanden sein muss.

Die Überzeugung von der „Macht des Zufalls" wird stets angezweifelt, so auch von Konrad Lorenz, der schon 1973 schreibt, dass *das stammesgeschichtliche Werden nicht vom reinen oder blinden Zufall abhängig ist* und dass die Zeit von wenigen Milliarden Jahren eben nicht ausreichen kann, wenn die Geschwindigkeit der Evolution auf rein zufällige Ausmerzung des Ungeeigneten angewiesen wäre (Lorenz 1973, S. 44).

Das bekannteste Plädoyer für den Zufall in der Evolution stammt von dem französischen Biochemiker, Genforscher und Nobelpreisträger Jacques Monod (1910–1976). Das Zitat stammt aus dem Jahr 1971:

> Wir sagen, diese Änderungen (des genetischen Materials) seien akzidenziell, sie fänden zufällig statt. Und da sie die einzige mögliche Ursache von Änderungen des genetischen Textes darstellen, der seinerseits der einzige Verwahrer der Erbstruktur des Organismus ist, so folgt daraus mit Notwendigkeit, dass einzig und allein der Zufall jeglicher Neuerung, jeglicher Schöpfung in der belebten Natur zugrunde liegt. Der reine Zufall, nichts als der Zufall, die absolute, blinde Freiheit als Grundlage des wunderbaren Gebäudes der Evolution – diese zentrale Erkenntnis der modernen Biologie ist heute nicht mehr nur eine unter anderen möglichen oder wenigstens denkbaren Hypothesen; sie ist die einzig vorstellbare, da sie allein sich mit den Beobachtungen und Erfahrungstatsachen deckt (Monod, zit. n. Wieser 1998, S. 102f.).

Jacques Monod. Der französische Nobelpreisträger (1965) beschreibt als erster, wie die Aktivität von Genen an- und abgeschaltet werden kann (Genregulation). 1971 erscheint sein bemerkenswertes Buch *Zufall und Notwendigkeit*.

Man bedenke, diese Aussage ist 40 Jahre alt. Sie wird heute massiv angezweifelt. Schon beim Lesen drängt sich auf: Kann der Zufall das leisten, was Monod oder Dawkins von ihm verlangen? Kann die Selektion das leisten? Kann die Natur aus einem Zufallsangebot rein durch negatives Aussieben des nicht Überlebensfähigen das hervorbringen, was wir heute bei einer Rose oder einem Schmetterling bewundern?

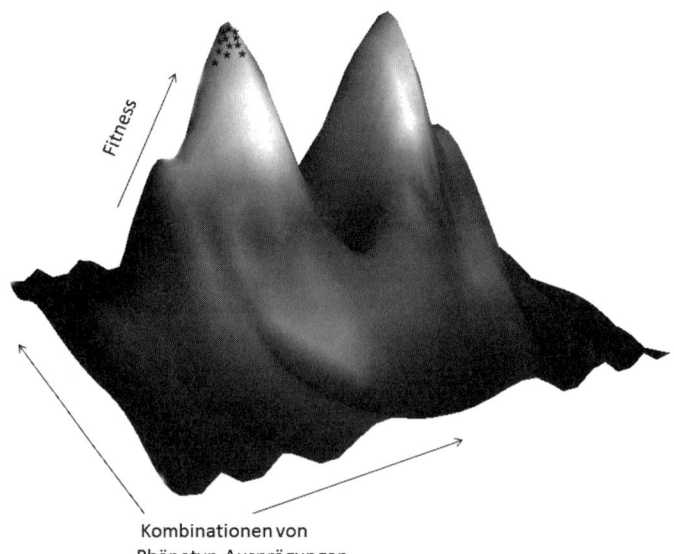

B Der Ausbau – Wege zu einer Erweiterten Synthese in der Evolutionstheorie

Abb. 18.1 Adaptive Landschaft
Die Darstellung alternativer Fitnessumgebungen stammt von Sewall Wright.[49] In der Abbildung geben die horizontalen Achsen die Ausprägungen zweier Phänotypen in einer Population wieder. Das können z.B. Individuen einer Art mit etwas längeren und solche mit etwas kürzeren Hinterbeinen sein. Die vertikale Achse zeigt die Fitness. Die Abbildung zeigt, wie Veränderungen des Phänotyps die Fitness (Reproduktionserfolg) erhöhen oder verringern. Eine evolvierende Population bewegt sich immer hügelaufwärts. Je höher der Gipfel, desto besser ist die Adaptation an die gegebene Umwelt. Ist ein relatives Fitnessoptimum auf einem Gipfel erreicht, bedeutet das keine Garantie für dauerhaften Erfolg. Es gibt keinen Übergang von einem Gipfel durch ein Fitnesstal zu einem höheren Fitnessgipfel, da beim damit verbundenen Abstieg die Art nicht mehr so gut angepasst wäre und damit die Wahrscheinlichkeit für ihr Aussterben größer würde. So könnten zum Beispiel Wale nicht mehr Kiemen entwickeln, wenn sie dabei gleichzeitig einen großen Nachteil in Kauf nehmen müssten.[50] Ein Fitnesshügel kann auch eine Sackgasse bedeuten. Es gibt aber durchaus viele Wege auf einen Gipfel. Die Fitnesslandschaft ist in dieser adaptiven Natur immer im Umbau. Die tatsächliche Fitness eines Phänotyps ist komplexer als in dieser Zeichnung, wie es Wrights Artikel zeigt.

---

49 Wright stellt Fitnesslandschaften (er nennt sie *adaptive Landschaften*) erstmals 1932 vor in dem Artikel: *The Roles of Mutation, Inbreeding, Cross-breeding and Selection in Evolution*, in: http://www.esp.org/books/6th-congress/facsimile/contents/6th-cong-p356-wright.pdf. Auf den horizontalen Achsen hat Wright aber nicht Ausprägungen von Phänotypen, sondern Genkombinationen angeordnet. Die dreidimensionale adaptive Landschaft ist dann eine Vereinfachung einer viel komplexeren Landschaft mit tausenden von Genen und Potenzen möglicher Kombinationen derselben in einem n-dimensionalen Raum.

50 Siehe zu Übergängen in der Fitnesslandschaft Dawkins 1999, S. 105. Der Höhlenfisch kann durchaus wieder blind werden, was dann aber keine verringerte Anpassung bedeutet, da er das unnötig gewordene Augenlicht durch andere Sinne ausgleicht, die ihn besser anpassen.

18 Überstrapazierter Zufall

Mutationen sind Zufallsprozesse, von denen alle Gene betroffen sind (Carroll 2008, S. 130). Die Synthese kennt hier keine Einschränkungen. 1996 erscheint Dawkins' Buch (dt. 1999) *Gipfel des Unwahrscheinlichen* in der englischen Originalausgabe. Dort schreibt er: *Der Darwinismus ist keine Theorie des Zufalls, sondern eine Theorie der zufälligen Mutationen mit nicht zufälliger, kumulativer, natürlicher Selektion.* (Dawkins 1999, S. 88). Mutation unterliegt also dem Zufall, heißt das. Änderungen geschehen zufällig. Dawkins sagt – bleiben wir bei dem Augenbeispiel: Der Zufall kann nichts bewirken. Die Selektion kann für sich allein auch nichts bewirken: Nur im Verbund können beide zusammen bei Lebewesen Evolution hervorbringen, kann eine Art ein Gebirge erklimmen, ein Gebirge (Linsenauge, Lunge, Nervensystem), das am Ende unglaublich unwahrscheinlich scheint, das aber erstiegen werden kann, weil es am Anfang erst ein kleiner Hügel ist (einfaches Lochauge oder Becherauge), von dem aus die Anpassung langsam auf verschlungenen Pfaden weiter fortschreitet und in tausenden von Generation durch das immer gleiche Prinzip von Vererbung, zufälliger Mutation und natürlicher Selektion einen hohen Berg erklimmt (Linsenauge). Oder aber die Population bleibt auf ihrem Hügel wie er ist, denn es gibt ja noch heute wie vor Jahrmillionen die einfachen Augen der Schnecken, des Nautilus und anderer wirbelloser Tiere, gibt noch immer viele kleine Hügel neben hohen Bergen, die die Säugetiere und die Insekten erstiegen haben. Hügel, Täler und hohe Berge, das ist das neodarwinistische Unwahrscheinlichkeitsgebirge[51]. Ein schönes Bild. Vielleicht ist es aber in manchen Punkten auch anders entstanden dieses Gebirge, oder kann auch anders entstehen, wie wir in den EvoDevo-Kapiteln zuvor gesehen haben.

Also ein ewiges Wechselspiel zufällige Mutation/Variation – natürliche Selektion – Adaptation in der Population. Das ist Dawkins' Darstellung von Darwin, das ist die Sicht der Synthetischen Theorie bis zum Ende des 20. Jahrhundert. Richard Dawkins' Bücher stehen noch heute in der ersten Reihe der Buchhandlungen. Neue von ihm kommen dazu und sind im selben Schema verfasst: zufällige Variation – natürliche Selektion – Adaptation.

Wir haben in einer Reihe von Kapiteln in diesem Abschnitt anderes erfahren. EvoDevo untersucht das Entstehen von organismischer Form und kommt dabei zu anderen Antworten. Diese Antworten, etwa die Auswirkungen von Schwellenwerteffekten während der Entwicklung oder die Selbstorganisation von Zellen und Geweben drängen den Zufall zurück. Steht der Zufall ursprünglich, wie oben dargestellt, für Ungerichtetheit der Variation in Bezug auf die Umwelt und die Selektion, so wird das Entstehen der Variation jetzt Schritt für Schritt kausal-mechanistisch erklärt. EvoDevo gibt Antworten darauf, wie Variation entsteht, Erklärungen, bei denen die neodarwinistische Theorie Variation als zufällig oder einfach als gegeben annimmt.

✻ ✻ ✻

---

51 Richard Dawkins beschreibt das Entstehen der unterschiedlichen Augenarten sehr anschaulich in Dawkins 1999, Kap. 5, S. 159: *Der vierzigfache Pfad zur Erleuchtung.*

19 David Sloan Wilson und die russischen Puppen

In diesem Kapitel geht es um ein weiteres zentrales Thema, um das Objekt der Selektion. Gibt es Ebenen der Selektion oberhalb oder unterhalb des Individuums? Das 2009 erschienene Standard-Lehrbuch *Evolution* (Zrzavý et al. 2009, S. 39) beschreibt und bewertet etwa Gruppenselektion so:

> Diese in der Öffentlichkeit weit verbreitete und durch die Medien immer noch popularisierte Meinung besagt, dass durch Selektion die Eigenschaften gefördert werden, die für die Gruppe von Vorteil sind, auch wenn sie dem konkreten Individuum keine Vorteile bringen oder ihm sogar schaden. Das Konzept wurde vor allem von Vero C. Wynne-Edwards ausgearbeitet; zu den prominenten Vertretern zählte auch Konrad Lorenz. Die Theorie ist umstritten und wird von der Mehrheit der Evolutionsbiologen abgelehnt.

Gefangen im eigenen Weltbild

Immer wieder gilt es, das Gesamtbild Evolution im Auge zu behalten. In diesem Gesamtbild ist Darwin weiterhin stets präsent. Wer eintaucht, zum Beispiel in die Welt von EvoDevo, wer jedes Indiz hier genauer hinterfragt, ist am Ende in EvoDevo gefangen. Wer wie Lynch ein Leben lang die Welt als Populationsgenetiker sieht, dem geht es nicht anders: Er ist stark gefährdet, die Welt ausschließlich aus seiner eigenen Sicht zu sehen. Wilson trifft das genau, wenn er schreibt (Wilson 2007, S. 74): *Wenn Sie ein Experte sind, kann sein, dass Sie ein beachtliches Problem haben, weil ihr Kopf voll ist mit Fakten rund um ein enges Thema. Das hindert Sie daran, auch andere Dinge zu sehen.*

Moderne Evolutionstheorie ist ein umfangreiches Unterfangen. Es geht nicht allein um das Entstehen der Form. Es geht ebenso darum, wie die Herkunft von Verhaltensmustern erklärt werden kann und eben auch darum, wie Gruppen von Lebewesen im Unterschied zu Individuen agieren. Wie konnte unsere Sprache entstehen, wie Bewusstsein und wie die Kulturfähigkeit der Menschheit? Das sind nur ein paar allgemeine Themen.

Diese Themen stehen an Bedeutung in einer Reihe mit dem, was EvoDevo ergründen

David Sloan Wilson beschäftigt sich seit seiner Promotion 1975 mit dem umstrittenen Thema Gruppenselektion. 1998 veröffentlicht er zusammen mit E. Sober einen Artikel, in dem er den Begriff Multilevel Selektion einführt, ein bedeutender Schritt zur Lösung von allzu präsentem reduktionistischem Denken in der Evolutionstheorie.

19 David Sloan Wilson und die russischen Puppen

will. Sie machen erst deutlich, wie umfassend moderne Evolutionstheorie heute in der Forschung betrieben wird, wie interdisziplinär an diese Themen herangegangen werden muss und wie anspruchsvoll eine wirkliche Synthese letztlich ist.

Ich will daher einen Forscher vorstellen, der die Evolutionstheorie in den letzten beiden Jahrzehnten maßgeblich vorangetrieben hat mit seinem Entwurf der Multilevel Selektionstheorie: David Sloan Wilson, ein weiteres Mitglied der *Altenberg-16*. Wilsons Theorie fügt sich gut ein in das darwinistische Haus. Wilson setzt da auf, wo Darwin die Tür einen Spalt geöffnet hat, bei der Frage: Wo setzt die Selektion an: Am Individuum oder auch auf anderen Ebenen? Am Gen, wie Richard Dawkins es präferiert, in der Verwandtschaft, wie Hamilton es herausgearbeitet hat oder noch weiter „oben"?

Wenn sich Wissenschaftler streiten

Wenn sich Wissenschaftler streiten, geschieht das manchmal kompromisslos. Bei der Diskussion um die Selektionsebenen kommt es zu Fronten, 20 Jahre lang. Da gilt oft nur ein einziger Standpunkt, der eigene. Darwins Standpunkt ist der, dass die Selektion auf den Organismus des Individuums wirkt. Das ist auch intuitiv eingängig. Einmal mehr schaut aber Darwin wie in so vielen anderen Punkten auch gelegentlich über den eigenen Tellerrand hinaus, wenn er in der *Abstammung des Menschen* sagt: *Bei vollkommen sozialen Tieren wirkt die natürliche Zuchtwahl zuweilen indirekt auf das Individuum durch die Erhaltung von Abänderungen, welche für die Gesellschaft nützlich sind* (Darwin 1872/2010, S. 77).

Darwin erklärt allerdings nicht, wie das genau funktioniert. Daher wird die Idee, dass das Individuum der einzige Adressat der natürlichen Selektion ist, bis in die zweite Hälfte des 20. Jahrhunderts kaum in Frage gestellt. Einer der ersten, der das doch in Angriff nimmt, ist Richard Dawkins, als er die Diskussion auf die Genebene verlagert. Dawkins sieht *das egoistische Gen* als primäre Selektionsebene. Dem will ich hier nicht nachgehen. Vielmehr will ich die Theorie vorstellen, die dafür plädiert, dass es Selektion auf mehreren Ebenen gibt, eine moderne Sicht, die die so vehement bekämpfte Gruppenselektion wieder neu und jetzt anders als früher aufgreift. Das ist nicht so leicht verständlich wie die Individualselektion.

Schon Darwin kennt die Vorstellung von Gruppenselektion, verwendet die Idee. Aber erst der Brite Vero Wynne-Edwards (1906–1997) arbeitet sie in den 1960er Jahren zu einer eigenen Theorie aus. Seine Überzeugung ist, dass Merkmale evolvieren können, die für das Wohl der Gruppe gut sind, auch wenn sie für das altruistische Individuum selbst nicht unbedingt gut sind. Altruismus ist also wie bei Hamilton ein wichtiges Element, aber im Gesamten hat Wynne-Edwards nur wenig, wenn nicht gar keinen Erfolg. Es kann nicht dargestellt werden, wie die Gruppen stabil bleiben können. Außerdem, so wird von Williams, Dawkins und anderen insistiert, kann das, was auf Gruppenebene erklärt wird, immer auch auf Individualebene erklärt werden. Das Urteil über diese Theorie kommt denn auch in niederschmetternder Deutlichkeit von dem Amerikaner George C. Williams (*1926) mit dem wie ein Mantra immer wieder zitierten Satz (Wilson/Sober 1994): *Man sollte die adaptionistische Idee nicht oberhalb der Ebene des Individuums verwenden.* Williams lässt zwar Gruppenselektion als theoretische Möglichkeit gelten, spricht ihr aber große Seltenheit in empirischen Umgebungen zu.

Aber oft bringt eine Idee wie die von Wynne-Edwards, die auf Widerstand stößt, erst Schwung in die Debatte. Für Jahrzehnte stehen sich nach 1962 extreme Selektionsstandpunkte gegenüber, heftige Wortgefechte, ob es die Selektion auf der Gruppenebene tatsächlich gibt, ob sie ein theoretisches Konstrukt ist ohne jede Bedeutung in der empirischen Welt oder ob sie eben nicht doch nur das widerspiegelt, was einzelne Individuen sind und tun.

Wo ist der Tank im Auto?

Besteht eine Gruppe nicht immer aus Individuen und sind es nicht die Individuen, deren genetische Ausstattung oder Verhalten zwangsläufig auch die Fitness einer Gruppe maximiert? Kann man sich etwas darunter vorstellen, dass die Gruppe Fitnessvorteile hat, wenn sie nicht im Durchschnitt alle haben? Hamilton hat einen Weg aufgezeigt mit der Verwandtschaftsselektion (Kap. 5). Aber dazu gab es schon kritische Stimmen, die behauptet haben, das sei gar kein echter Altruismus, wenn Individuen in einem Insektenstamm auf Nachkommen verzichten. Schließlich würden sie durch ihren Verzicht auf Fortpflanzung und durch ihre Verwandtschaft nach wie vor, unter Umständen sogar noch stärker, als wenn sie eigene Nachkommen hätten, dafür sorgen, dass ihre „eigenen" Gene weitergegeben werden. Damit seien sie also letztlich doch egoistisch. Wie dem auch sei, die Forscher wollen mehr, wollen über die Verwandtschaftsbeziehungen hinaus konsistent darstellen, dass die Gruppe als eine evolutionäre Einheit gesehen werden kann, für die die Selektion prinzipiell ebenso spielen kann als auf der Individualebene. Vielleicht lässt sich sogar zeigen, dass natürliche Selektion auf den verschiedenen Ebenen gleichzeitig agiert.

David S. Wilson hat sich mit der Sache auseinander gesetzt. Er ist nicht zu verwechseln mit Edward Osborne Wilson (*1929), dem bekannten amerikanischen Evolutionsforscher, dem Begründer der Soziobiologie (1975), der sich die Ameisen zu seinem Lebenswerk gemacht hat. Zur Verwirrung haben aber beide Wilsons neuerdings gemeinsame Essays publiziert. Das Verdienst von David S. Wilson ist es, in einem Essay zusammen mit seinem Kollegen, dem Philosophen Elliott Sober, 1998 erneut für die Gruppenselektion zu einem Zeitpunkt einzutreten, als dieses Thema in einer Sackgasse steckt und eigentlich tot ist[52]. Das hält die beiden nicht ab, die Idee entgegen der herrschenden Wissenschaftsmeinung mit einem Artikel von 30 Seiten und einem Index von mehr als 300 Literaturquellen wieder ins Leben zu rufen. Mehr noch: Die erschöpfende Recherche und Analyse der Meinungen zum Thema Gruppenselektion soll nachhaltig klarstellen: Es gibt

---

52 Der Artikel erschien 1998, lag hier aber nur in der Vorabfassung von 1994 vor.

sie. Und das ist den beiden gelungen. Ihre *Multilevel Selektionstheorie* wie sie genannt wird, hat die Community überzeugt. Sie ist auf jeden Fall ein gesunder Beitrag der Wissenschaft zur Lösung von einseitigem Reduktionismus eines George Williams oder Richard Dawkins. Eines ist offensichtlich: So lange es keine Klarheit gibt, auf welchen Ebenen die Natur an lebenden Systemen angreifen kann, so lange fehlt der Evolutionstheorie ein Element. Wie bei einem Design für ein Auto, bei dem nicht ersichtlich ist, wo der Tank oder der Motor sein soll.

Abb. 19.1 Selektionsebenen nach Wilson
- Species
- Gruppe
- Verwandtschaft
- Individuum
- Organe
- Gene

David S. Wilson macht uns an Beispielen aus seinen eigenen Hochschulvorlesungen deutlich, wo die Grundprobleme bei der Gruppenselektion liegen und wie er das seinen Studenten in die Köpfe bringt. Hier ein Beispiel (Wilson 2007, S. 31): Erstens: Was geschieht, wenn man einen guten und einen schlechten Menschen zusammen auf eine Insel bringt? Zweitens: Was geschieht, wenn man eine Gruppe von guten Leuten auf eine Insel und eine Gruppe von schlechten Menschen auf die Insel nebenan schafft? Und schließlich drittens: Was geschieht wohl, wenn man einer schlechten Person erlaubt, zu der Insel mit den Guten rüber zu schwimmen?

Die ersten beiden Aufgaben sind keine Herausforderungen für Wilsons Studenten. Er lässt seine Schüler wohl überlegt zuvor selbst bestimmen, was gut und was schlecht heißen soll. Sie sind sich schnell einig und setzen „schlecht" gleich mit „egoistisch, hinterlistig, gehässig, habsüchtig, feige, verräterisch, böse", eindeutig also der *Joker* aus *Dark Knight*. Es geht hier um Fitnessmaximierung. Die darwinsche natürliche Selektion basiert auf Fitnessunterschieden *in* einer Gruppe, was Gute und weniger Gute zum Ausdruck bringen, wie wir gleich sehen. Erweiterte natürliche Selektion basiert auf Fitnessunterschieden *zwischen* Gruppen, was, so wird argumentiert, zur Herausbildung der guten Eigenschaften führt.

Also ist im Fall eins klar: Der Schlechte killt den Guten, packt den spärlichen Notproviant ein, der ohnehin nur für einen ausgereicht hätte, nimmt das Ruderboot und zieht los. Im zweiten Fall ist genau so klar: Die Guten suchen im Team eine Lösung, von der Insel weg zu kommen oder sie richten es sich dort paradiesisch ein und leben in Frieden während die Schlechten sich auf ihrer Insel die Köpfe einschlagen. Im dritten Fall aber wird es komplizierter. Viele Gute und ein Schlechter. Nutzt der Schlechte ihr Verhalten aus? Was machen sie mit ihm? Kann einer oder können ein paar Schlechte eine Gruppe aus sonst Guten gegenüber einer anderen Gruppe aus nur Guten benachteiligen? Der Evolutionstheoretiker fragt: Können Fitnessunterschiede entstehen, wenn eine Gruppe „Tugendhafter" durch einen oder ein paar Querulanten unterminiert wird, die deren guten Absichten auch noch skrupellos ausnutzen? Genau hier liegen die Probleme, bis vor ein paar Jahren unlösbare Probleme der Instabilität in der Gruppe, mit denen die Theorie eines Wynne-Edwards nicht weiter kam, und weshalb die Idee der Gruppenselektion auch wieder aus der Mode kam.

Wissenschaftler geben aber meist nicht so schnell auf. Ein anderes Beispiel: Wie erhält man ein Gehege von 20 Hennen, die in der Summe die meisten Eier legen (Wilson 2007, S. 33f.)? Kein Problem, sagt der Profizüchter: Man sucht die produktivsten Hennen aus einem größeren Pulk heraus, steckt, 20 davon in eine Batterie, wiederholt die Auswahl der besten ein paar Generation lang – stets also immer nur die fleißigsten – und nach fünf oder sechs Generationen hat man eine Batterie mit drei übrig gebliebenen Superhennen, die leider nur die restlichen zerhackt haben. Wie kann das geschehen? Die drei verbliebenen sind echte Siegertypen. Sie dulden keinerlei Konkurrenz. So funktioniert es also nicht. Die Zusammenhänge hat der Amerikaner William Muir entdeckt: Wenn jeder sein Bestes gibt im Staat, dann ist das nicht zwingend das Beste für alle.

Es wäre schon so etwas wie ein kleine Revolution in der Evolutionsforschung, wenn man stichhaltig nachweisen könnte, dass eine Gruppe von Individuen durch ihr Verhalten eine höhere Fitness hervorbringt als dadurch, dass jeder einzelne in der Gruppe seine Fitness maximiert. Das hieße, dass das Reproduktions*maximum* der Gesamtheit erst erreicht wird durch die Reproduktions*einschränkung* ihrer Mitglieder. Diesmal aber nicht unter engen Verwandten wie bei Hamilton (Kap. 5). Wie soll das in Darwins Theorie passen? Selektion auf Individualebene ist Fitnessmaximierung auf Individualebene, und die haben wir hier eindeutig nicht vorliegen. Darwin kannte das Problem. Er hat es beschrieben, aber hat es dann auch dabei belassen.

Wenn jede Henne ihre Legewut ein wenig zum Wohl des Geheges zurückdreht, macht sich das am Ende in ein paar Eiern mehr deutlich, ganz abgesehen von den Hühnern, die am Leben bleiben. Viel Zündstoff in Sachen Gruppenverhalten geben die Hühner also nicht her. Was aber, wenn das veränderte Verhalten der Gruppenmitglieder zu einem neuartigen Verhalten der Gruppe als Ganzes führt, einem Verhalten, das sich in dem der Individuen gar nicht zeigt? Kann man sich ein Gruppenverhalten als eine neue Qualität vorstellen, die anders ist als die Summe (Quantität) der Verhaltensausprägungen der Mitglieder der Gruppe? Nehmen wir ein Gehirn: Das Bewusstsein findet sich dort nicht in einem Neuron. Man kann seine elektrische Spannung noch so exakt messen, die Übertragung der biochemischen Botenstoffe genau analysieren, aber man findet kein Bewusstsein und keine Erinnerung und auch kein Schmerzgefühl, keine Freude und keine Liebe. Solche schafft der Organismus sich erst auf der übergeordneten Ebene. Man hat es dann mit etwas anderem zu tun als mit der Summe der Informationen, die in den Neuronen gespeichert sind. Darum geht es hier: Gibt es so etwas auch in Gruppen von Individuen? Kann es zur Fitnesserhöhung beitragen, also eine Rolle für die Evolution spielen? Eben das interessiert die Forscher, die hier aktiv sind.

Der Superorganismus

Kein Natur liebender Mensch, der nicht von Bienen fasziniert ist. Es gibt viel mehr über diese Tiere zu berichten als über ihren sprichwörtlicher Fleiß. Ein Bienen-

19 David Sloan Wilson und die russischen Puppen

stamm muss zu Entscheidungen kommen, die sein tägliches Überleben sichern. Wenn der Schwarm bei der Nahrungssuche, bei eintretender Nahrungsverknappung oder bei der Suche nach einem neuen Zuhause für einen Teil, der sich von ihm abspaltet, nicht kollektiv, schnell und richtig entscheiden kann, ist es um das Bienenvolk schlecht bestellt. In einem Bienenschwarm tummeln sich bis zu 60 000 Arbeiterbienen, eine Königin und ein paar tausend Drohnen. Mit demokratischer Abstimmung harmoniert das Gemeinwohl nicht. Es wäre zu langwierig, zu aufwändig. Dennoch: Alternative Angebote müssen irgendwie „gegenübergestellt" und „abgewogen" werden, dringlichere oder bessere Alternativen müssen den Vorzug bekommen vor weniger guten. Den „Vorzug bekommen" heißt: Es braucht *eine* unmissverständliche, digitale „Entscheidung für alle. Präferenzen von Individuen müssen umgewandelt werden in eine kohärente Handlungsanweisung. Die Evolution muss hier offensichtlich Wege gefunden haben, dass ein Insektenstamm von Bienen zu effektiven, zuverlässigen Handlungsanweisungen kommt.

Einer, der die Bienen wie kaum ein anderer studiert hat und seit seiner Kindheit mit ihnen vertraut ist, ist der Amerikaner Thomas Seeley, heute Professor an der Cornell University, USA. Sein Thema ist die Schwarmintelligenz. Es geht hier nicht um einen Randbereich der Biologie, um ein Thema, an das sich bisher nur noch keiner herangemacht hat. Woran Seeley forscht, soll Brücken schaffen zu menschlichem Gruppenverhalten. Seeley ist mit Wilson befreundet. Man stößt in Wilsons faszinierendem Buch *Evolution for Everyone* auf ihn. Seeley verrät, welche Geheimnisse er dem Superorganismus Bienenstaat in jahrelangen, endlos geduldigen Versuchen entlockt hat (Wilson 2007 m. Bez. auf Seeley, S. 144–252[53]).

Immer wieder hört man, dass Honigbienen Tänze vollführen. Der deutsche Zoologe Karl von Frisch (1886–1982), Erforscher der Sinne der Bienen, erhält 1973 zusammen mit zwei berühmten Verhaltensforschern, dem Österreicher Konrad Lorenz (1903–1989) und dem Niederländer Nikolaas Tinbergen (1907–1988), den Nobelpreis. Das Komitee würdigt bei den drei Männern *ihre Entdeckungen zur Organisation und Auslösung von individuellen und sozialen Verhaltensmustern*. Karl von Frisch ist es, der den *Schwänzeltanz* der Bienen 1920 entdeckt, wenn auch erst nach und nach deutlich wird, wie viele und welche Informationen dabei übermittelt werden.

Bienen können sich also verständigen, das ist nicht neu. Aber wenn wir Menschen etwas über Tiere lesen oder hören, sind wir schnell unbewusst versucht, ihnen unsere eigenen Verhaltensmuster zu übertragen. Wir würden vielleicht so schließen: Eine Biene, die von einer erfolgreichen Nahrungssuche zurückkehrt, vollführt einen bestimmten Tanz. Ihre Artgenossen erkennen an der Figuration des Tanzes, an der Länge, an der Geschwindigkeit, am Wedeln ihres Hinterteils und anderen Mustern, in welcher Richtung und Entfernung sich zum Beispiel eine neue Nahrungsquelle befindet, wie ertragreich sie ist und noch weit mehr. Die

---

53 Das Buch von Seeley, das weltweit Beachtung gefunden hat, heißt *The Wisdom of the Hive*, Cambridge University Press, 1995.

entsprechenden Signale werden von den anderen Bienen erkannt und interpretiert. Sie steuern mehrheitlich zum neuen, besseren Futterplatz los.

Wenn es (nur) so wäre, wäre das schon beeindruckend. Der Bienenforscher müsste jetzt nur noch die Signale des Tänzers deuten lernen, und schon kennt er die Bienensprache. Karl von Frisch hat dazu Beeindruckendes geleistet.[54] Für den Mann, mit dem wir es hier zu tun haben, für Tom Seeley, ist es aber nicht das, was er sucht. Seeley spricht von der *Schwarmintelligenz* und nicht von der Intelligenz der Biene. Wie also oben schon angedeutet, hat Seeley Verhaltensmuster von Individuen vermutet und gesucht, die sich auf den gesamten Schwarm von einigen zehntausend Bienen in der Weise übertragen, dass der Schwarm Handlungen ausführt, die aus den Signalen des oder der Tänzer eben nicht abgeleitet werden können. Es ist nicht nur so, dass einige die Tänzer beobachten, Signale vergleichen und bewerten, um Signale weiterzugeben, bis am Ende alle wissen, was zu tun ist. Es ist im Kern anders. Es geht um das Verhalten des gesamten Schwarms, der durch spezifisches Verhalten dann auch als Kollektiv, als Superorganismus, zum Objekt der Selektion werden kann, nämlich dadurch, dass eben dieses Verhalten die Überlebensfähigkeit des Schwarms respektive seine Fitness erhöht: ohne Gruppenverhalten geringere Fitness, mit Gruppenverhalten höhere Fitness.

Um nicht ein falsches Bild zu vermitteln: Sehr wohl enthalten die Tanzformen der Bienen spezifische Signale an ihre Artgenossen über Qualität von Nahrungsquellen etc. 70 Jahre, die Karl von Frisch dem Studium der Bienen gewidmet hat, können schwerlich mit einer Neuentdeckung zunichte gemacht werden. Wenn Bienen spezifische Signale der Tänzerin „korrekt" umsetzen und den Informationen nachgehen, dann bewegen wir uns evolutionstheoretisch auf der Ebene der Individualselektion. Sie ist stets mit im Spiel. Die Frage ist aber: Kann sie überspielt oder ergänzt werden durch Selektion auf der nächsten Ebene? Was aber ist dann das Gruppenspezifische, das den Erfolg der Insekten seit viele Millionen Jahren mitbestimmt? Wie arbeitet der Schwarm als eine geschlossene, integrierte Einheit?

Die Preisfrage für die Bienen ist die nach dem besten Nahrungsplatz. Der Tanz enthält die Informationen dazu, so beschreibt es Karl von Frisch. So ist die Länge des Tanzes zum Beispiel proportional zum Zuckergehalt an der aufgefundenen Nahrungsquelle. Also brauchen die Bienen im Stamm nur tanzende Bienen zu beobachten, ihre Informationen zu vergleichen und wissen, was Sache ist.

Die Länge des Tanzes führt aber maßgeblich auch auf eine andere Weise, nämlich durch die Tatsache, dass mehr Bienen den länger ausgeführten Tanz wahrnehmen, rein statistisch dazu, dass Bienen zum Ausfliegen motiviert werden, die sonst gar nicht ausfliegen würden, sagt Seeley. Keine dieser Bienen vergleicht den unterschiedlichen Informationsgehalt von Tanzlängen, obwohl diese Informationen tatsächlich vorliegen. Eine Biene pickt sich per Zufall einen Tänzer raus und zieht los. Allein die Länge eines Tanzes generiert also eine statistische Gerichtetheit, dass mehr Bienen eine gute Nahrungsquelle aufsuchen.

---

54 Siehe zu Karl von Frisch: Steyer (2001).

19 David Sloan Wilson und die russischen Puppen

Kein Tier im Schwarm begreift das Ganze und dennoch: Jedes trägt seinen Teil zum Erfolg bei. Es gibt keinen Oberkommandierenden, keine zentrale Instanz, keinen Verwaltungsapparat. Die Königin ist die am wenigsten Beteiligte in der Sache. Stattdessen gibt es hoch effiziente, situationsabhängige Koordinationsprozesse. Sie sind in Äonen anhaltenden Wiederholungen evolviert und so erst auf dem perfekt erscheinenden Niveau eingespielt, wie man es heute beobachten kann. Der Schwarm reagiert auf Herausforderungen und findet die Lösungen, die ein einzelnes Mitglied niemals finden kann.

Einigkeit darüber, wie das dezentrale Intelligenzsystem des Bienenschwarms funktioniert, scheint aber in der Wissenschaft noch nicht zu herrschen. Liest man verschiedene Beiträge, findet man schnell verschiedene Aussagen. Da ist der Berliner Biologe Randolf Menzel, der sich seit seiner preisgekrönten Dissertation 1967 über das Farbenlernen der Bienen mit diesen Tieren beschäftigt, hauptsächlich mit ihrem Nervensystem. Ein Interview mit Menzel (Menzel, SZ 10.12.2009) spricht den aktuellen Wissenschaftsstreit über die Bedeutung des Schwänzeltanzes der Bienen an. Keine Frage, so Menzel, dass *mit dem Schwänzeltanz eine Fülle von Informationen übertragen wird.* Er spricht von verschiedenen Arten von Informationen, verliert aber kein Wort über die von Tom Seeley beschriebenen Optimierungsprozesse auf der Schwarmebene.

Abb. 19.2 Ein neues Bienenvolk entsteht

Wie suchen Bienen nach einem neuen Zuhause? Seeley schreibt auch darüber, über den Moment, in dem ein neues Bienenvolk entsteht? Wenn es zu eng wird und die Zeit reif dafür ist, teilt sich ein Bienenschwarm. Die Königin zieht mit rund der Hälfte ihres Volkes aus und lässt sich auf einem Ast eines nahen Baums nieder. Dort hängt der große Pulk zunächst scheinbar tatenlos. Scouts aber ziehen in alle Richtungen los und suchen nach dem neuen Zuhause. Die Ansprüche sind hoch:

B Der Ausbau – Wege zu einer Erweiterten Synthese in der Evolutionstheorie

Der Hohlraum – am ehesten eine Baumhöhle – muss groß genug sein und in der richtigen Höhe über dem Boden. Für das Eingangsloch gibt es eine klare Größenvorstellung, und das Vorhandensein toter Artgenossen, die hier vielleicht schon einmal gehaust haben, ist ein weiteres Kriterium. Letztlich darf der neue Nistplatz nicht zu nah an dem des alten Schwarms sein, um Konflikte mit dem alten Bienenschwarm vorbeugend zu vermeiden. Hat ein Scout einen Platz gefunden, den er für gut hält, bleibt er eine Zeit lang dort. Andere Scouts finden den Platz ebenfalls. Wird nun eine bestimmte Zahl von Scouts, ein bestimmter Schwellenwert, an eben diesem Platz erreicht, fliegen sie alle zurück zum Schwarm. An die hundert Bienen, nicht mehr, bestimmen jetzt, wohin viele tausende Wartende hinziehen werden. Die Zurückkehrenden übermitteln dem Schwarm, was sie ausgekundschaftet haben und wo es ist. In weniger als einer Minute hat sich der komplette Schwarm von seinem Ast gelöst, besinnt sich kurz und fliegt in geschlossener Formation zu dem neuen Platz, den die Scouts gewählt haben. Niemand weiß genau, wie der Schwarm zielgerichtet den schon mal zwei Kilometer weiten Weg bis dorthin findet.

Ein winziger Bruchteil des Schwarms hat die richtige Entscheidung getroffen für alle, und sie wird ohne Zögern umgesetzt. Wie ein Gehirn bei uns Menschen, in dem nur ein paar tausend der Billionen Neuronen feuern und so eine Aktion für den gesamten Organismus auslösen, und sei es „nur", um ein Glas in die Hand zu nehmen und einen Schluck Wasser zu trinken, so initiieren ein paar wenige Bienen das richtige, in diesem Fall überlebenswichtige Verhalten für ihren ganzen Schwarm. Keine von ihnen kennt die getroffene Entscheidung, so wenig wie ein Neuron in unserem Gehirn die Entscheidung kennt, die herauskommt, wenn wir das Bedürfnis haben, ein Glas Wasser zu trinken.

> *Höhere Einheiten der biologischen Hierarchie können als Organismen gesehen werden, und zwar im gleichen Sinn wie Individuen als Organismen gesehen werden. In diesem Sinn sind sie beide Vehikel der Selektion.*   D.S. Wilson

Ist nicht der menschliche Organismus selbst ein Superorganismus? Besteht er nicht aus Billionen von Zellen, die sich organisieren, um dem Ganzen zu dienen? Ist nicht eine Zelle für sich schon ein komplexer Organismus, der auf die Kooperation aller seiner Teile angewiesen ist, um als Ganzes zu funktionieren? Das sind genug Fragen für ein eigenes Buch. Aber tatsächlich sieht man diese Dinge heute in gewisser Weise ähnlich wie das Zustandekommen der Entscheidungen des Bienenschwarms.

Die Bedeutung der Schwarm-Intelligenz für die Evolutionstheorie

Bei den staatenbildenden Insekten lassen sich unzählige andere Verhaltensweisen zeigen, die notwendig sind, um den Betrieb im Volk aufrecht zu erhalten. Forscher wie Edward Osborne Wilson und Bert Hölldobler, die sich ein Leben lang mit diesen Lebewesen auseinandergesetzt haben, füllen Bände mit dem Schwarmverhalten der Insekten. Verhaltensmuster, die durch die Komplexitätstheorie verstärkt mit dem formalen mathematischen Apparat untersucht werden und die keine Antworten auf der Individualebene der Tiere zulassen.

Zwei schöne Beispiele für emergentes Verhalten bei Insekten führen Solé/Goodwin (2000, S. 147ff.) an: Zum einen (mit Bezug auf Wilson/Hölldobler) bei Angriffsszenarien von Treiberameisen. Sie leben in einer Art Feldlager. Sie bilden spontan im einen Fall eher eine lineare Angriffsformatierung, im anderen Fall eine verzweigte Offensivaufstellung. Oder das Bauprinzip von Termitenbauten (Solé/Goodwin 2000, S. 147ff. mit Bezug auf Deneubourg 1977): Die Architektur eines Termitenbaus folgt Regeln, die man mathematisch fassen kann.[55] In beiden Fällen, Ameisen und Termiten, ist das nicht erklärbar mit der Analyse des individuellen Verhaltens. *Die Kolonie ist blind und reagiert nur auf auf lokale Konzentrationen von Pheromeren, die durch ihre individuellen Mitglieder ausgelegt werden. Es gibt keine zentrale Kontrolle oder komplexes individuelles Verhalten. Dieses reagiert durch die Interaktion zwischen Individuen* (S. 150).[56] Die Selektion adressiert dieses für den Stamm lebenswichtigen Kollektivverhalten.

Wie lässt sich jetzt aus dem Schwarmverhalten herauslesen, dass die Selektion auf dieser Ebene angreifen kann oder sogar muss? Liegen hier Voraussetzungen für Gruppenselektion tatsächlich vor? Wie schon gesagt unterscheidet Wilson die *within-groupselection*, also die natürliche Selektion innerhalb einer Gruppe von der *between-groupselction*, der Selektion zwischen Gruppen einer Art. Die letztere interessiert hier. Wenn wir uns vorstellen, dass Schwärme in vielen Millionen Jahren differenzierte Fitnessgrade entwickeln, weil sie sich unterschiedlich gut anpassen bei der Nahrungssuche, bei der Nestplatzfindung, in ihrem Angriffsverhalten oder den Prinzipien ihrer Bauten, also bei den Aufgaben, die sie nur als Schwarm und nicht als einzelne Individuen lösen können, dann ist nur schwer vorstellbar, dass solche Merkmale keine Form der Gruppenselektion darstellen, Merkmale also, die aus dem emergenten Sozialverhalten aller Mitglieder einer Gruppe entstehen und als solche auch beschrieben werden können.

Vereinfacht und bildlich gesprochen läuft es doch darauf hinaus: Kann die Fußballmannschaft mit dem besten Stürmer gegen eine andere Mannschaft mit einem weniger guten Stürmer, aber einem starken Teamgeist verlieren? Darum geht es bei Gruppenselektion. Beides ist möglich. Der Topstürmer kann seiner Mannschaft zum Sieg verhelfen, dann hat sich biologisch die Individualebene durchgesetzt und hat den Mannschaftsgeist unterlaufen oder besiegt, ganz wie man es

---

55 Mit Turing-Mechanismen, Aktivator-Inhibitor-Gleichungen, ähnlich Meinhardt/Gierer in Kap. 17.

56 Man bezeichnet die Art, wie Kommunikation in einem dezentral organisierten System, das eine große Anzahl von Individuen umfasst, koordiniert wird (im speziellen Fall hier mit Pheromeren) als Stigmergie. Die Individuen des Systems kommunizieren untereinander, indem sie ihre lokale Umgebung modifizieren. Das gemeinsam Erstellte wird zur allgemeinen Anleitung dafür, wie mit dessen Erstellung fortzufahren ist. Ameisen- und Termitenstaaten sind stigmergische Systeme.

bezeichnen will. Oder aber die gegnerische Mannschaft gewinnt trotz ihrer Stürmerdefizite, eben mit ihrem besseren Mannschaftsgeist.

Wir haben es bei der Fußballmannschaft also mit zwei Levels zu tun: Mit der individuellen Ebene des Stürmers und mit der Mannschaftsebene. Beide Ebenen spielen gleichzeitig mit bei der Frage, wer gewinnt und wer am Ende der Saison in der Liga bleibt bzw. biologisch gesprochen, bei der Frage, wer die bessere Fitness hat. Dass Selektion auf verschiedenen Ebenen existiert, vom Gen über die Zelle über Organe über den Organismus bis zu kleinen oder großen Gruppen, das heute abzulehnen, bedarf schon großer Anstrengung. Der Stand der Lehrbuchmeinung (Zrzavý et al. 2009, S. 39), dass Gruppenselektion von der Mehrheit der Biologen heute abgelehnt wird, ist eine Sicht. Den Stand der modernen Forschung gibt es nicht wieder. Es ist schade, wenn ein brandneues Lehrbuch mit 500 Seiten, verfasst von hochkarätigen Fachleuten aus dem In und Ausland, mit Richard Dawkins in der Geschichte der Evolution endet (S. 29). Wissenschaft ist nicht 1980 stehen geblieben.

Matryoshka-Puppen

Die Theorie der Gruppenselektion, wie sie David S. Wilson neu formuliert hat, braucht keinen *selbstheiligenden Altruismus* (Wilson/Sober 1994) wie bei Hamilton. Verwandtschaftsbeziehungen werden unwichtig und rücken in den Hintergrund. Auch können Verhaltensvariationen zwischen Gruppen groß sein, obwohl die genetische Variation zwischen ihnen gering ist, zum Beispiel wenn Mitglieder eine Gruppe andere imitieren oder bestimmte soziale Normen annehmen. Individuen müssen sich auch nicht primär um das Wohl der Gruppe sorgen, wie das ursprünglich von Wynne-Edwards zwingend gesehen wurde (Schuette 2007).

Mit der Multilevel Selektionstheorie ist nach dem Verständnis ihrer Autoren eine vereinheitliche Theorie der natürlichen Selektion entstanden, die auf der *Idee ineinander geschachtelter Hierarchie* aufbaut (Wilson/Sober 1994). Man soll sich das vorstellen wie russische Matryoshka-Puppen. So möchten die Autoren es verstanden wissen. Gruppenselektion ist selten die einzige auf eine Merkmalausprägung hin wirkende Kraft, Individualselektion ist so gut wie immer präsent. Deswegen erklärt die hierarchische Theorie auch beides. *Adaptation auf jeder Ebene biologischer Hierarchie erfordert einen Prozess der natürlichen Selektion auf eben dieser Ebene* (Wilson/Sober 1994). Das ist Kernthese von Wilson/Sober. Nicht sehr oft werden Standpunkte in der Wissenschaft so kompromisslos vertreten wie bei dieser Diskussion der Selektionsebenen. Aber für Wilson und Sober steht fest: Williams Vorgabe, die adaptionistische Idee ausschließlich auf Individualebene anzuwenden, ist *fundamental falsch* (Wilson/Sober 1994).

> Höhere Einheiten der biologischen Hierarchie können als Organismen gesehen werden, und zwar im gleichen Sinn wie Individuen als Organismen

gesehen werden. In diesem Sinn sind sie beide Vehikel der Selektion[57]. Die Tatsache, dass wir mit Gruppen als Organismen weniger vertraut sind als mit Individual-Organismen und auch dass erstere im Vergleich zu Individuen verwundbarer sind für innere Aushöhlungen (der Topstürmer auf der Gegenseite, der den Teamgeist der anderen unterminiert d. V.), darf uns nicht davon abhalten, Organisation auf Gruppenebene da zu erkennen, wo sie tatsächlich existiert,

fassen Wilson/Sober ihren Artikel 1994 zusammen.

Kampf gegen Windmühlen?

Man könnte hier einen Kampf der Evolutionisten gegen Windmühlen erkennen. *Wenn David S. Wilson eine soziale Gruppe sieht, sieht er eine Einheit, die das Ziel der Selektion ist, während Richard Dawkins in der Gruppe ein fiktives Nebenprodukt eines bestimmten Selektionsprozesses sieht, der aber für ihn auf einer einzigen Organisationsebene aktiv ist, der Genebene* (Shavit/Millstein 2008). Wenn die Positionen derart bezogen werden, kann man lange streiten. In Kapitel 7 ist dargestellt, wohin Diskussionen führen, die sich auf oder hinter unterschiedlichen Organisationsebenen verschanzen. Jeder gewinnt, jeder verliert in solchen Auseinandersetzungen.

Ich trete in diesem Buch konsequent für eine Abkehr von reduktionistischem Denken in der Evolutionstheorie ein. Interdependente Modelle führen weiter als lineare, monokausale. Insofern ist David S. Wilsons Ansatz der Gruppenselektion der modernere, flexiblere, offenere. Dawkins wird außerdem auch aus EvoDevo-Gesichtspunkten sehr kritisch gesehen, Ich will eine abschließende Stellungnahme auf die Frage nach der *unit of selection* geben. Sie ist von William Donald Hamilton gestellt worden. Ich bringe sie auch deswegen von diesem Wissenschaftler, weil wir schnell geneigt sind, Wissenschaftler (und andere Menschen) höher- oder geringer zu schätzen, indem wir ihre Positionen an Hand nur einiger weniger „essenzieller" Aussagen festmachen. Hamilton gilt als strenger Neodarwinist. Sein Statement, das im Internet auf der Homepage von Mark Ridley, Oxford, als Video zu finden ist, spiegelt bei aller Rücksicht auf die Zeit, aus der es stammt (vor ca. 25 Jahren) einen brillanten Wissenschaftler mit scharfem Geist und Weitblick wieder, der sich hier gar nicht so leicht „eingruppieren" lässt. Hamiltons Worte:

> Ich glaube nicht, dass wir sagen können, es gibt eine Ebene der Selektion. Jeder Selektionsprozess selektiert auf Einheiten an verschiedenen Ebenen, beginnend mit den ultimativen Replikatoren, wie dem Gen, dem Individuum, der Gruppe, in der das Individuum ist. Alle diese Dinge könnten als Selektionseinheiten betrachtet werden, die gleichzeitig selektiert werden.

---

57 Die Begriffe Replikator (z. B. für Gen) und Vehikel (z. B. für Individuum) hat Dawkins eingeführt. Sie sind für die konsistente Erklärung der Multilevel Selektionstheorie wichtig; es wurde dennoch hier auf ihre Erklärung verzichtet.

B Der Ausbau – Wege zu einer Erweiterten Synthese in der Evolutionstheorie

Und sie verändern alle die Frequenz des ultimativen Atoms der Selektion, des Gens. Aber es ist nicht möglich zu sagen, dass das Gen die Kerneinheit der Selektion ist.

Edward Osborne Wilson Soziobiologe. Weltbekannte Symbolfigur des vergangenen Jahrhunderts und 2009 noch immer publizierend. „Lord of the Ants" genannt, ist er mit den höchsten Wissenschaftspreisen seines Landes ausgezeichnet. 2009 erscheint noch einmal ein großes Werk: *„Der Superorganismus"* über staatenbildende Insekten, das er zusammen mit Bert Hölldobler verfasst. Nur wenige können von sich sagen, in ihrem Leben eine Wissenschaftsdisziplin begründet zu haben und vielleicht noch weniger haben es fertig gebracht, eine fast 180-Grad-Wendung der eigenen Überzeugung zu vollziehen wie Wilson mit seiner späten Anerkennung der Multivel Selektionstheorie seines Namenskollegen.

Für die *Erweiterte Synthese* ist die Multilevel Selektionstheorie ein wertvoller Eckpfeiler. Auf der einen Seite will EvoDevo den Konstruktionsplan des sich entwickelnden, selbst organisierenden und selbst verändernden Organismus erkunden. Auf der anderen Seite erstellt die Multilevel Selektionstheorie den Plan für eine möglichst vollständige Erfassung dessen, woran die Natur ihre Kräfte und Spiele am Lebendigen ausübt, an dem also, was die Entwicklung und ihre Variationen bereitstellt, wenn man so will.[58] Die Folgen dieser Erkenntnisse sind fundamental für die Menschheit, wie es die Wilsons formulieren (Wilson/Wilson 2007):

> Zunächst mal müssen wir uns davon verabschieden, das Individuum als ein privilegiertes Level der biologischen Hierarchie zu sehen. Anpassung kann sich überall vollziehen, auf jeder Ebene von Genen bis Ökosystemen. Ja die Balance zwischen den Ebenen ist nicht einmal fixiert. Sie kann selbst evolvieren.

Das klingt wie ein neuer Tiefschlag für das menschliche Selbstverständnis nach Kopernikus und Darwin. Im nächsten Kapitel wird klar werden, welche Vielfalt an Konsequenzen die Existenz von Gruppenselektion für uns Menschen mit sich bringt. Mit der „Erfindung" von Kultur erreicht der Mensch eine atemberaubende Geschwindigkeit und Dimension seiner eigenen Veränderung, wie sie nie zuvor in der Evolutionsgeschichte existiert hat.

* * *

---

[58] Eine moderne Sicht auf Anwendungsmöglichkeiten und -grenzen von Gruppenselektion und *Kin selection* gibt Matthijs van Veelen in mehreren Studien (2006, 2009, 2011)

20 Kultur ist Biologie: Richerson/Boyd über kulturelle Evolution

Im Leopoldmuseum Wien kann man afrikanische Wurfspeere bewundern. Mehr als drei Meter lange Speere. Kerzengerade ist kein wirklich passendes Attribut. Sie sind mit dem Lineal gezogen, jeder aus einem einzigen Stück Holz gefertigt und alle sind nur so dünn wie ein menschlicher Daumen. Lange schlanke Steinspitzen sind perfekt montiert in Form und Ausrichtung. Lässt er den Blick an diesen langen, meisterlichen Wurfspeere an der Wand entlang gleiten, hat der Betrachter keine Antwort darauf, wie Menschen in der Savanne solche Waffen herstellen können. Auch hat er kein Bild davon, wie meisterhaft Menschen im Stande sind, damit umzugehen, und noch weniger kommt ihm in den Sinn, wie diese Waffen das Überleben der afrikanischen Ureinwohner verbessern.

Antworten gibt das Buch von Peter J. Richerson und Robert Boyd, zwei US-Pioniere auf dem Gebiet der Evolution menschlicher Kultur. *Not by Genes Alone – How Culture transformed Human Evolution* heißt das 2005 in den USA erschienene Werk, das kein Wissenschaftler übergehen kann, der sich mit der Evolution des Menschen und der Kultur befasst.[59]

Peter J. Richerson, Professor für Environmental Science, University of California San Francisco, arbeitet seit zwei Jahrzehnten mit Robert Boyd, Professor für Anthropologie, University of California Los Angeles, im Team an der Erforschung der evolutionären Ursachen für menschliche Kultur.

Paul Ehrlich, in den 1960er Jahren als Vertreter der *Cultural Evolutionists* bekannt gewordener Vertreter, prangert die Bevölkerungsexplosion auf der Erde an:

> Von Waffen über Massenvernichtung bis zur globalen Erwärmung, alles sind Resultate der Veränderungen menschlicher Kultur über lange Zeit. Deshalb kann ein fundamentales Verständnis der kulturellen Evolution ein Schlüssel dafür sein, die Zivilisation vor sich selbst zu retten (Ehrlich 2010).

Wir Menschen fragen uns, was uns vom Tier unterscheidet. Gibt es überhaupt prinzipielle Unterschiede oder sind sie nur graduell? René Descartes hat vor 350 Jahren etwa zur menschlichen Sprache festgestellt: *Eine solche Sprache nämlich ist das einzig sichere Indiz dafür, dass hinter der Fassade des Körpers ein Denken verborgen*

---

[59] Einen Überblick zum Thema *Cultural Evolution* gibt Tim Lewens in seinem 2007 erschienen gleichnamigen Internetartikel. Er geht u.a. ausführlich auf die Diskussion der von Dawkins vorgeschlagenen *Meme* ein. Als solche bezeichnet Dawkins die reproduzierbaren Entitäten der kulturellen Evolution. Ich überspringe das, da analog zum Genzentrismus heute viele Gründe gegen diese Idee sprechen und sie weitgehend überholt scheint.

*ist, und eben dieser Sprache bedienen sich zwar alle Menschen [...] aber kein einziges Tier.*⁶⁰ Auch Julian Huxley nennt im 20. Jahrhundert Sprache und konzeptionelles Denken als exklusiv menschlich (Huxley 1942/2010, S. 271). Dieses Bild hat sich stark geändert. Wir konnten in den letzten Jahren über Fähigkeiten der Tiere so viel erfahren, dass wir aus dem Staunen kaum herauskommen: Blauwale verständigen sich durch ihr Singen mit sehr niedrigen, für uns kaum hörbaren Frequenzen über hunderte Kilometer weit im Meer.⁶¹ Wir sind weit entfernt, Genaueres davon zu verstehen. Nicht nur Primaten verwenden Werkzeuge. Über Raben sind in den Medien jüngst fantastische Kunststücke gezeigt worden. So zeigt ein Rabe bei der Aufgabe, an Futter in einem langen Gefäß heran zu kommen, nicht nur, dass er einen Stab als Werkzeug benutzt. Er biegt sich sogar das eine Ende des kleinen Stöckchens mit dem Schnabel um, um es als Widerhaken zu nutzen. Es gelingt ihm so, die Frucht aus dem Gefäß herauszuholen. Forscher haben sogar beobachtet, dass Raben verschiedene Werkzeuge zielgerichtet nacheinander benutzen, um an Nahrung heranzukommen.

Also ist die Frage: Wo hört Tier auf und wo beginnt Mensch, vor allem aber: Was ist „Mensch"? Konrad Lorenz formuliert die Frage so: Was sind spezifisch menschliche Leistungen? (Lorenz 1973, S. 156) und an anderer Stelle (S. 225): Was ist *die kategoriale Verschiedenheit zwischen dem Mensch und allen anderen Lebewesen?* Was immer wir suchen, um unsere Besonderheit im Tierreich zu „retten", so gilt doch: Wenn der Mensch ein Produkt der Evolution ist, ist es eigentlich selbstverständlich, *dass unsere Fähigkeiten jedenfalls in Ansätzen schon im Tierreich aufzufinden sind* (Eibl 2009, S. 23). Für Evolutionsbiologen sind Menschen eine Tierart unter vielen. Carl von Linnaeus (1707–1778), der große Systematiker, der Ordnung in das Lebendige gebracht hat, erwähnt im Jahr 1747, also mehr als hundert Jahre vor Darwin, in einem Brief an einen Freund⁶²:

> Ich frage Sie und die ganze Welt nach einem Gattungsunterschied zwischen dem Menschen und dem Affen, d.h. wie ihn die Grundsätze der Naturgeschichte fordern. Ich kenne wahrlich keinen und wünsche mir, dass jemand mir einen einzigen nennen möchte. Hätte ich den Menschen einen Affen genannt, so hätte ich sämtliche Theologen hinter mir her; nach kunstgerechter Methode hätte ich es wohl eigentlich gemusst.

Von da an bis heute steht der Mensch nahe beim Affen. Der große schwedische Wissenschaftler Linnaeus oder Carl von Linné, wie er sich nach der Erhebung in den Adelstand nennt, hat nur auf Äußerlichkeiten, auf die Anatomie geschaut. Die wahren Qualitäten des Menschen sehen wir heute doch eher in seinem Gehirn. Aber da ist die Verwandtschaft schon gesetzt. Als Darwins Theorie kommt und die Medien ihn ins Lächerliche zerren wollen, indem sie ihn im Bild im wahrsten Sinne

---

60 René Descartes, *Discours de la Methode*, unter: http://www.phil.uni-greifswald.de/fileadmin/mediapool/ifp/pdf/siegwart/Descartes-Methode.pdf.
61 Spiegel/Wissenschaft, unter http://www.spiegel.de/wissenschaft/natur/0,1518, 3431 11,00.html.
62 Zit. nach T. Junker 2006, S. 10.

des Wortes zum Affen machen, kann der Mensch, gleich mit Geist oder ohne, seinen Platz neben dem Affen nicht mehr wegreden.

Abb. 20.1 Orangutan beim Fischfang mit Speer
Ein männlicher Orangutan hängt gefährlich an einem überhängenden Ast und drescht mit einem Stab auf das Wasser, um einen vorbei schwimmenden Fisch zu erhaschen. Zum ersten Mal wird ein Orangutan mit einem Werkzeug beim Jagen beobachtet. Das Foto ist auf Borneo auf der Insel Kaja aufgenommen, wo Affen wieder in der Wildnis ausgesetzt werden, nachdem sie aus Zoos, Privathäusern und sogar aus Metzgereien befreit wurden. Das Bild stammt aus dem von Jay Ullal 2007 publizierten Buch: *Die Denker des Dschungels – Der Orangutan Report*.

Geht man *kulturelle Evolution* besser aus historischer Sicht, also mit den Geschichtswissenschaften, an oder lassen sich hier evolutionäre Muster aufspüren, die es zulassen, das Thema Kultur aus der Evolutionssicht der Biologie zu sehen? Hierüber wird Jahrzehnte lang viel Tinte vergossen. Einen irgendwie gearteten Fortschritt menschlichen Tuns auszumachen, ist jedenfalls als *hoffnungsloses Unterfangen* (Ehrlich 2010) aufgegeben worden. Darwin ist bis spät ins 20. Jahrhundert für die evolutionäre Kulturforschung nicht mehr im Blick. Eher schon als Merkmale für den Fortschritt lassen sich solche für gesunde und kranke Kulturen feststellen. Ziemlich sicher scheint auch, dass wir weit davon entfernt sind, alle wichtigen Evolutionsmuster oder -mechanismen für kulturelle Entwicklung zu kennen.

Wenn Sprache und Kultur evolutionär erklärt werden sollen, steht man vor dem Problem, dass wir über einen Zeitraum von einigen zehntausend Jahren sprechen. Vermutlich in nur 30 000 bis 50 000 Jahren (Reichholf 2010, S. 154) hat der Mensch abstrakte Worte geschaffen, die er unendlich vielfältig kombinieren kann. Dieser evolutionäre Prozess hebt sich in seiner Geschwindigkeit von phänotypischer Variation, und zwar auch von der Entwicklung des Gehirns so drastisch ab, dass man hier fast von einem plötzlich auftauchenden Ereignis sprechen kann und nicht von einer Parallelentwicklung (Reichholf 2010, S. 156).

Richerson/Boyd gehen mit darwinschen Mechanismen an das Thema heran. Sie finden Antworten. Allgemein lassen sich unter Kultur bei ihnen unsere Sprache, Religion, die kleinen und großen Werke von Goethe oder Beethoven fassen, darüber hinaus aber auch Dinge wie menschliche Behausung, Waffen jeder Art, ein Jumbo, eine Tonscherbe und andere Artefakte sowie etwa soziale Institutionen. Im Mittelpunkt ihrer Betrachtung steht: Der Mensch macht kumulative kulturelle Entwicklungen, die wie folgt definiert werden:

> Unter kumulativer kultureller Evolution verstehen wir Verhalten oder Artefakte, die über viele Generationen übermittelt und modifiziert werden und die zu komplexen Artefakten oder Verhalten führen. Menschen können eine Innovation zu einer anderen hinzufügen bis die Ergebnisse Organen mit extremer Perfektion ähneln wie etwa einem Auge.
> Sogar ein so simples Werkzeug wie ein Speer aus der Jäger- und Sammlerzeit ist aus verschiedenen Teilen zusammengesetzt: ein vorsichtig bearbeiteter, ärodynamischer, hölzerner Schaft, eine gespaltene Steinspitze und ein System, um die Spitze am Schaft zu befestigen. Einige andere Tools werden benötigt, um Teile des Speers herzustellen: Schlag- und Spannwerkzeuge, um den Schaft zu formen und auszurichten, Messer um die Sehne zu zerschneiden für die Halterung des Steins, Hämmer, um die Steinspitze zu spalten (Richerson/Boyd 2005, S. 107).

So etwas entsteht nicht an einem Tag, auch nicht in einem Sommer und nicht in einem Leben. Diese Dinge sind das evolutionäre Ergebnis der Leistung von Menschen ungezählter Generationen. Von Menschen, die ihre Werkzeuge ständig verbessern und ihr Wissen an die nachfolgende Generation, aber auch an die Lebenden in ihrer Gruppe weitergeben. Das machen Tiere in solch ausgeprägter Form nicht.

Keine Tierart kann einen Speer herstellen, wie es hier beschrieben ist. Dabei darf aber erlaubt sein zu fragen, wie der Laubenvogel seine so kunstvolle große Laube erstellt (Abb. 20.2). Die Fertigkeit dafür muss doch ebenfalls über Generationen weiter gegeben sein. Das ist aber nur bedingt der Fall. Der Laubenvogel muss anderen Vögeln zuschauen, jahrelang herumprobieren, seine Fähigkeiten ständig verbessern, bis er zum ersten mal eine Laube (sie ist kein Nest!) so schön hin bekommt, dass eine der sehr anspruchsvollen Angebeteten darauf aufmerksam wird. (Jablonka/Lamb 2005, S. 169). Und seine Kinder müssen beim Laubenbau wieder (fast) ganz von vorne anfangen. Sie bekommen die Technik im Detail nicht von der älteren Generation überliefert.

Drei von von vielen Fragen, denen Richerson/Boyd ausführlich nachgehen, will ich hier aufgreifen:
- Ist kulturelle Evolution adaptiv, mit anderen Worten: Unterliegt Kultur der natürlichen Selektion und kann damit zu Anpassungen führen, die die biologische Fitness des Menschen erhöhen können?
- Wie sehen die Muster für kulturelle Evolution aus?
- Ist Kultur nachweisbar biologisch?

20 Kultur ist Biologie: Richerson/Boyd über kulturelle Evolution

Abb. 20.2 Liebes-Kunstwerk des Seidenlaubenvogels
Eine schöne Laube ist alles für diesen Vogel aus Neuguinea. Sie dient allein der Anwerbung. Gebrütet wird später im Baum. Je unscheinbarer das Männchen, desto prachtvoller seine Laube. Die Weibchen paaren sich mit den Baumeistern der schönsten Laube. Die Halme werden senkrecht einzeln in den Boden gesteckt und miteinander verwoben. Vor dem Eingang und an deren Seitenwänden bringt das Männchen allerlei Gegenstände als Schmuck an, unter anderem Beeren, Steinchen, Muschelschalen, auch glänzende Metallstückchen, Glas, Teelöffel und andere bunte Dinge. Wenn es sein muss, wird die Laube auch noch bemalt, etwa mit Blaubeerensaft.[63] Seinen Kindern kann der Vogel diese Künste nicht beibringen. Sie müssen fast alles wieder gänzlich selbst lernen und viel Lehrgeld zahlen.

Kultur selbst ist adaptiv und erhöht die Fitness des Menschen

Nur der Mensch kann in großem Umfang kumulativ lernen und damit Wissen anhäufen.
Richerson/Boyd

Es gibt viele Überlegungen, kulturelle Evolution sei nicht oder nur bedingt adaptiv. Was ist zum Beispiel, wenn Menschen andere imitieren? Die einen zahlen den Preis, weil sie neue Informationen, neue Techniken verwenden, die anderen stehlen diese quasi, ohne die Kosten dafür zu zahlen, leben also schmarotzend auf Kosten ihrer kreativeren Artgenossen. Die Kosten drücken sich aus in Aufwand, Zeit, Energie für das Gewinnen von Informationen oder Techniken. Natürlich kommt Imitieren in jeder Gruppe von Menschen und in jeder Gesellschaft vor. Ist das adaptiv im Sinne Darwins?

---

63 Im Film ist das schön zu sehen unter: http://www.mefeedia.com/watch/27259659.

B Der Ausbau – Wege zu einer Erweiterten Synthese in der Evolutionstheorie

Abb. 20.3 Yanomani Indianer, Venezuela, lernen Bogenschießen.
Kinder imitieren von klein an in viel höherem Maß als Schimpansen das Verhalten Erwachsener. Sie tun das so getreu, dass sie an ineffizienten Techniken festhalten, was Affen nicht tun. Soziales Lernen von Affen und Menschen ist in grundsätzlichen Dingen verschieden (Richerson/ Boyd 2005, S. 110 mit Bezug auf Forschungen von Michael Tomasello)

Gegen die Adaptation kultureller Leistungen spricht massiv, dass in der Menschheitsgeschichte fehlgeleitete Adaptationen vorkommen. Sehen wir mal von Kriegen ab, dann ist die Entwicklung in den modernen Industriestaaten hin zu geringerer Kinderzahl sicher kein Weg zur Erhöhung biologischer Fitness. Der Fachmann spricht im Englischen von *Maladaptation* (Abb. 20.9). Und wie müsste man das Handeln des industriellen Menschen in Richtung Klimaerwärmung werten? Ist das nicht ein weiterer Beleg für fehlgeleitetes Adaptionsverhalten? Richerson/Boyd zeigen uns plausible Wege auf, dass Imitation und fehlgeleitete Adaptation beides geradezu notwendig ist für den adaptiven Charakter kultureller Evolution. *Kultur ist eine Adaptation*, das ist eine ihrer Hauptthesen (99ff.) und: *Adaptation durch kumulative kulturelle Evolution ist kein Nebenprodukt der Intelligenz und des sozialen Lebens* (S. 109).

Die einen kritisieren also den adaptiven Charakter menschlicher Kultur. Andere betonen, es sei müßig, darüber zu philosophieren. Es sei doch offensichtlich, dass soziales Lernen die Menschheit „schneller voran bringen" kann als wenn jeder sich von Anfang an alles selbst beibringen muss.

Evolution, die wir bisher kennen gelernt haben, kennt Vererbung nur in einer Richtung, der *vertikalen*, also von einer Generation an die nächste. Kulturelle Evolution bringt nun eine weitere Sicht ins Spiel: die *horizontale* Übertragung von Wissen. Wir lernen von unseren Eltern (wobei diese selbst vieles während ihres eigenen Lebens erlernen), aber eben auch von Freunden, in Lehrgängen und von Mitmenschen im täglichen Leben. Nimmt man diese Sicht auf, dann haben wir es mit gravierenden Konsequenzen zu tun, die die klassische Evolution der Biologie überhaupt nicht kennt: Menschen können Falsches übernehmen. Gemeint sind Fehlanpassungen, die sich horizontal unangenehm schnell ausbreiten können. Die Selektion filtert das nicht schnell wieder aus. Ich komme darauf gleich zurück.

Richerson/Boyd hellen das Thema kulturelle Evolution auf. Ihre Hypothese: Kultur ist evolutionär. Kultur selbst unterliegt der Selektion. Als solche ist sie adaptiv. Die Forscher konkretisieren: *Wenn Kultur das individuelle Lernen effektiver werden lässt, dann ist sie adaptiv* (S. 113).

Dass das möglich ist, erklären die beiden Forscher mit der menschlichen Fähigkeit, andere zu imitieren. Es leuchtet ein, dass Organismen, die nicht zu Imitation fähig sind, darauf angewiesen sind, sich auf das zu verlassen, was sie selbst aus der Natur lernen, entweder zu ihrem Vorteil oder zum Nachteil (S. 113). Es ist aufwändig, wenn ein Individuum in allen Entscheidungsfragen des Lebens auf sich selbst gestellt ist und ständig aus den eigenen Erfahrungen Entscheidungen herbeiführen muss, und zwar sogar dann, wenn Handlungsalternativen gleich gut sind.

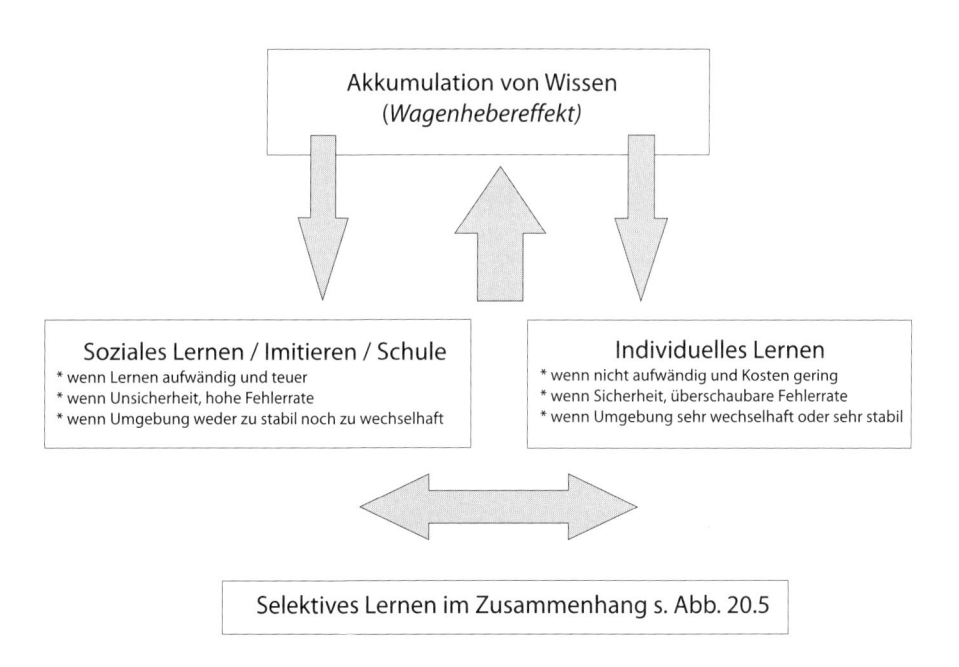

```
              Akkumulation von Wissen
                (Wagenhebereffekt)
           ↓           ↑            ↓
```

Soziales Lernen / Imitieren / Schule	Individuelles Lernen
* wenn Lernen aufwändig und teuer	* wenn nicht aufwändig und Kosten gering
* wenn Unsicherheit, hohe Fehlerrate	* wenn Sicherheit, überschaubare Fehlerrate
* wenn Umgebung weder zu stabil noch zu wechselhaft	* wenn Umgebung sehr wechselhaft oder sehr stabil

⇔

Selektives Lernen im Zusammenhang s. Abb. 20.5

Abb. 20.4 Selektives Lernen – Grundvoraussetzung für Kulturelle Evolution (nach Richerson/Boyd)

Beide hier genannten Lernmechanismen sind kumulativ. Das heißt: Der Mensch kann auf Erlerntem immer wieder aufbauen. Erst das führt zur schnellen Ausbreitung der Lerninhalte in der Population und damit zu der außerordentlichen Anpassungsfähigkeit des Menschen im Vergleich zu anderen Primaten. Gemeint ist die Bandbreite an Habitaten, ökologischer Spezialisierung und sozialen Systemen (Richerson/Boyd 2005, S. 130f.).

B Der Ausbau – Wege zu einer Erweiterten Synthese in der Evolutionstheorie

Im Gegensatz dazu kann ein Organismus, der zur Imitation fähig ist, sich leisten, wählerisch zu sein: Er kann einerseits selbst lernen, nämlich dann, wenn der Aufwand dafür gering und das Ergebnis zuverlässig ist. Andererseits aber kann er seine Artgenossen imitieren, nämlich dann, wenn Lernen sehr aufwändig und das Ergebnis nicht zuverlässig ist. Wir haben es hier also mit selektivem Lernen zu tun. Ob Lernen oder Imitieren der bessere Weg ist, ist von der jeweiligen Situation abhängig, das eine oder andere ist nicht generell opportun (Abb. 20.4)[64].

Wenn wir davon ausgehen, dass Menschen häufig in wechselnden Umgebungsbedingungen gelebt haben und leben – man denke an wechselnde Klimaverhältnisse, unterschiedliche Jagdbedingungen etc. –, dann ist die Sicht selektiven Lernens nicht ohne Witz. Eine solche Gemeinschaft, in der die Individuen selektiv vorgehen (also lernen, wo lernen angesagt ist, und imitieren, wo imitieren angesagt ist), erhöht die durchschnittliche Effizienz des Lernens *aller*. Das Modell sieht vor, dass alle profitieren: Der Nachahmer lernt selbst, wenn das Vorteile verspricht, und der Lernende imitiert zwischendurch, wo das erfolgversprechender ist. Jeder hat im Schnitt mehr als zuvor.

Skalierende Formen nimmt das aber erst dann an, wenn auf zuvor Erlerntem immer wieder aufgebaut werden kann, die Population also nicht in jeder Generation von vorne anfangen bzw. „warten" muss, bis sich das Genom in ein paar hunderttausend oder Millionen Jahren anpasst. Der Mensch lernt vielmehr kumulativ. Man hat das auch den *Wagenhebereffekt* genannt[65]. Nach jedem Hochstemmen mit dem Wagenheber bleibt das Fahrzeug auf der Höhe, wo es ist, stehen, von wo es dann noch weiter hoch gestemmt werden kann. Für kumulative Ausbreitung menschlichen Wissens gibt es unzählige Beispiele, Sprache, Schrift, Buchdruck, Internet sind ideale Techniken, die der Verbreitung von Wissen über die kleine Gruppe hinaus Schub geben.

> *Nur der Mensch kombiniert individuelles Lernen und Imitieren.*   Richerson/Boyd

Das ist der Punkt, auf den die beiden Forscher abzielen. Jetzt kann sich die durchschnittliche Fitness *aller* erhöhen, weil im Schnitt in der Population das Verhalten optimiert wird (S. 114). Die Durchschnittsfitness ist in einer solchen Population höher als in einer Population von Vorfahren, die sich auf das individuelle Lernen beschränkt hat (S. 114). Dadurch, dass ein Individuum zum selektiv Lernenden wird, kommt es also in den Genuss beider Vorteile, sowohl in den des Lernens als auch den des Imitierens.

---

64 Richerson/Boyd arbeiten heraus, warum es nicht ausreichend ist, sozialem Lernen, etwa Imitation, adaptiven Charakter zu vergeben, wenn man sich darauf beschränkt, dass soziales Lernen weniger Kosten verursacht. Mit zunehmendem Imitieren und abnehmendem individuellem Lernen steigt das Risiko, dass überholtes Wissen übernommen wird. Bei wandelnder Umwelt wird das sehr kritisch. Man übernimmt Wissen, das out-of-date ist. Möglichen Kosteneinsparungen stehen also steigende Risiken für Fehlverhalten gegenüber. Ein solches Kultur-Modell ist nicht adaptiv (S. 111ff.).
65 Eibl mit Bezug auf Michael Tomasselo (Eibl 2009, S. 38)

Die Gruppe adaptiert durch selektives Lernen, wenn stets wenigstens ein paar Individuen dabei sind, die sich situativ für individuelles Lernen entscheiden. Sind keine Lernenden dabei, deren Verhalten von anderen wieder imitiert werden kann, gibt es auch keine Anpassung. Aber ohne Lernende ist auch Alarm angesagt, ob die Gruppe sich nicht bald unter den Verlierern ihrer Art wieder wiederfindet. Resumé: Die Gruppe erhöht ihre Gesamtfitness durch diese simplen Techniken ihrer Mitglieder, die einer allein oder die Gruppe durch individuelles Lernen allein nicht leisten kann. Womit wir vielleicht eine Antwort haben auf die Frage, was für uns „spezifisch Mensch" ist: Es ist unsere Fähigkeit, in der Gruppe durch selektives Lernen zu agieren und zu interagieren.

Was Richerson/Boyd herausarbeiten mit Lernen und Imitieren, das ist Tieren nicht eigen. Sie kennen das Imitieren nicht oder nur in spärlichem Ausmaß und können Erlerntes auch nicht an lebende oder spätere Artgenossen weitergeben, die darauf wiederum aufbauen.

> *Die Mischung von Lernen und Imitieren kann in der Gruppe der Selektion unterliegen, in der Population adaptiv wirken und so evolutionär die Fitness fördern.* Richerson/Boyd

Wann imitieren – wann lernen?

Noch einmal fragen Richerson/Boyd: Wann genau ist Kultur adaptiv, wann nicht? Sie unterscheiden (S. 117): *Kultur ist adaptiv, wenn Lernen schwer ist und die Umgebungsbedingungen unvorhersehbar,* denn dann greift für viele Individuen die Nachahmung. Die Autoren bewerten das als eine intuitive Erkenntnis.

Wenn Menschen das für sie beste Verhalten exakt bestimmen können, wenn also das Lernen leicht ist, dann gibt es auch keine Notwendigkeit, andere zu imitieren. Das Motto heißt: *Mach einfach!* Wenn sich aber die Bedingungen dauernd schnell ändern, dann ist es sinnlos, das zu kopieren, was sich andere in der Vergangenheit ausgedacht haben; es hat schnell keinen Nutzen mehr. Selbst wenn man weiß, dass das eigene Tun in der Vergangenheit nicht unbedingt von Erfolg gekrönt und zudem noch aufwändig war, ist es doch immer noch besser, die Dinge selbst in die Hand zu nehmen, als jemanden oder etwas zu imitieren, das *out-of-date* ist (S. 118). Daraus leiten Richerson/Boyd die allgemeine Regel ab:

> Damit Imitieren vorteilhaft ist, muss sich die Umwelt langsam genug ändern, damit die Akkumulierung unperfekter, sozial erlernter Information über viele Generationen hinweg besser ist als individuelles Lernen. Gleichzeitig darf sich die Umwelt aber auch nicht so langsam verändern, dass ein angeborener Instinkt unter dem Einfluss der natürlichen Selektion ausreichend ist.

In den Fällen, in denen der Wandel zu schnell verläuft oder die Bedingungen zu stabil sind, wird nicht mehr imitiert; es macht dann keinen Sinn, zumindest nicht mehr Sinn, als wenn sich jeder auf sich stellt. Wird aber dennoch in dynamischen

B Der Ausbau – Wege zu einer Erweiterten Synthese in der Evolutionstheorie

Gesellschaften imitiert, und die heutige westliche Welt ist eine solche, dann ist die Entwicklung nicht adaptiv im darwinistischen Sinn der Arterhaltung. Das ist das Fazit der Richerson/Boyd-Lehre.

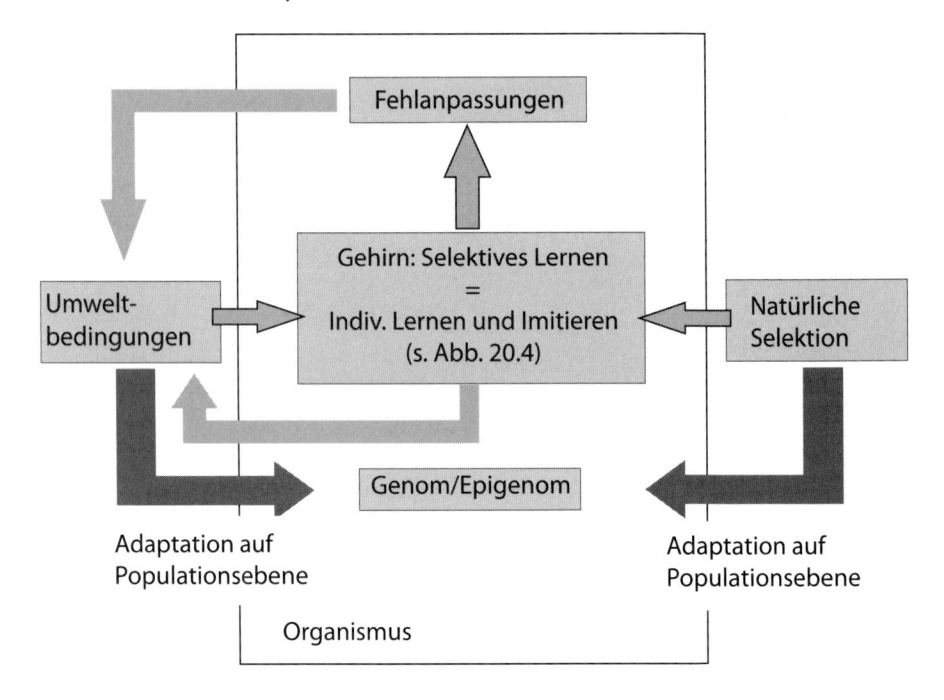

Abb. 20.5 Kulturelle Evolution verändert die Evolution des Menschen (nach Richerson/Boyd. vereinfacht)[66]

Der Mensch verändert seine Umwelt (heller Pfeil). Kultur wirkt als veränderte Umwelt auf die Evolution des Menschen zurück (heller Pfeil). Die veränderte Umwelt wirkt auch auf das Genom zurück (dunkler Pfeil). Somit verändert und gestaltet der Mensch durch sein eigenes Handeln auch sein Genom (dunkler Pfeil) und damit seine Evolution. Beide Mechanismen sind dicht ineinander verwoben und lassen sich nicht trennen. Die hier gezeigten Interdependenzen passen sehr gut in die Sichtweise der *Erweiterten Synthese*.

Entscheidungsprozesse

Man kann sich zwei Gesellschaften vorstellen. Richerson/Boyd nehmen dazu Agrarpopulationen im mittleren Westen der USA zu Hilfe. Die Farmer der einen Gruppe, überwiegend Nachkommen deutscher Einwanderer, sehen hohe Werte im Erhalt ihrer Güter, wollen ihren Beruf an die Kinder weiter geben, „koste es was es wolle". Die andere Gruppe, primär Yankee-Nachfahren, wachsen in Umgebungen auf, in der nur Pioniergeist und Unternehmertum zählt. Zwischen beiden Grup-

---

66 Die Argumentation wird stets konsequent auf Populationsebene und nicht auf Individualebene geführt, wie diese Grafik unterstellen könnte.

pen ist kein Unterschied für unsere Betrachtung, obwohl man geneigt ist zu sagen: Die Yankees sind hier die flexibleren und damit die zukunftversprechendere Gruppe. Sie sind sich aber darin gleich, dass für beide Gruppen jeweils das von den Eltern übermittelte Wertesystem zählt. Beide Gruppen gehören zu Umgebungen mit schwach ausgeprägten Entscheidungssystemen (Abb. 20.6). So sehr man sich wehrt, es zu akzeptieren, aber es ist der korrekte Schluss aus der Argumentation von Richerson/ Boyd: Die völlig unterschiedliche kulturelle Herkunft der Menschen – Deutschstämmige oder Yankees – spielt keine ultimative Ursache für ihre kultur-evolutionäre Entwicklung. In beiden Gruppen hat die Selektion keine Chance anzugreifen und die „festgefahrenen", vererbten Verhaltensstrukturen aufzubrechen.

Betrachten wir diese Situation: Eine Farmergruppe steht vor der Entscheidung: Soll man chemische Herbizite einsetzen oder natürliche? Sie machen nicht lange herum, probieren es aus und treffen ihre Entscheidung, jeder Farmer seine eigene und für ihn beste. Ergebnis: Bei diesen stark ausgeprägten Entscheidungsbildungsprozessen (Abb. 20.6) kann Selektion ebenfalls nicht oder nur wenig angreifen. Die Menschen hier lernen nicht nur von ihren Eltern. Sie hören sich um. Diskutieren über alternative Wege. Wenn Umweltbedingungen sich ändern, revidieren sie ihre früher getroffene Entscheidung. Es wird also einiges von ihnen gefordert, um bestehen zu können. Ihre Umgebung ist schwierig vorhersehbar. Lernen verlangt hohen Aufwand. Risiken sind unter Umständen nicht gering, aber die Erfolgsaussichten eben auch nicht, weil mit einer richtigen Entscheidung kein Weiterkommen gelingt. Evolutionstheoretisch im Sinne von Richerson/Boyd gesprochen: Es kommt zu keinem Wechselspiel von Lernen und Imitieren. Individuelles Lernen dominiert die Szene. Die Kultur ist teilweise nicht adaptiv in dem Sinn, dass Lernen effektiver gestaltet werden kann durch Imitieren von Verhaltensweisen. Diese Gesellschaft kann genau so wenig wie die zuvor beschriebenen evolutionär ihre Fitness erhöhen.

Das klingt vielleicht verwirrend. Schließlich passen die Farmer sich doch gerade dadurch an, dass jeder eine individuelle, für seine Belange optimale Entscheidung trifft. So gesehen liegt eine Art von Anpassung vor. Aber es kommt bei Adaptation auf etwas anderes an: auf die Populationssicht: Nur und nur dann wenn eine Population sowohl aus individuell Lernenden als auch aus Imitierenden besteht, ist ein evolutionärer Vorteilseffekt als Synergieeffekt vorhanden, der die Population angepasster macht als diejenige aus allein individuell Lernenden (Abb. 20.4 und 20.6) und seien es noch so clevere Farmer.

Entscheidungsprozesse sind also ein wichtiger Faktor für die potenzielle Wirksamkeit adaptiver Kultur. Es ist daher auch interessant, Organisationen auf die Effizienz ihrer Entscheidungsstrukturen zu analysieren: Was ergibt sich etwa aus flachen, was aus autoritären Organisationen? Was aus der Kooperation von Menschen in kleinen oder in globalen Unternehmen?

B Der Ausbau – Wege zu einer Erweiterten Synthese in der Evolutionstheorie

```
    Schwache                    Starke
Entscheidungsprozesse    Entscheidungsprozesse

Starke vertikale              Schwache vertikale
Übertragung    ↓              ↓   Übertragung

  Starke Vererbung            Schwache Vererbung
  kultureller Bräuche          kultureller Bräuche

         ↑                           ↓

   Starke Selektion             Schwache Selektion
```

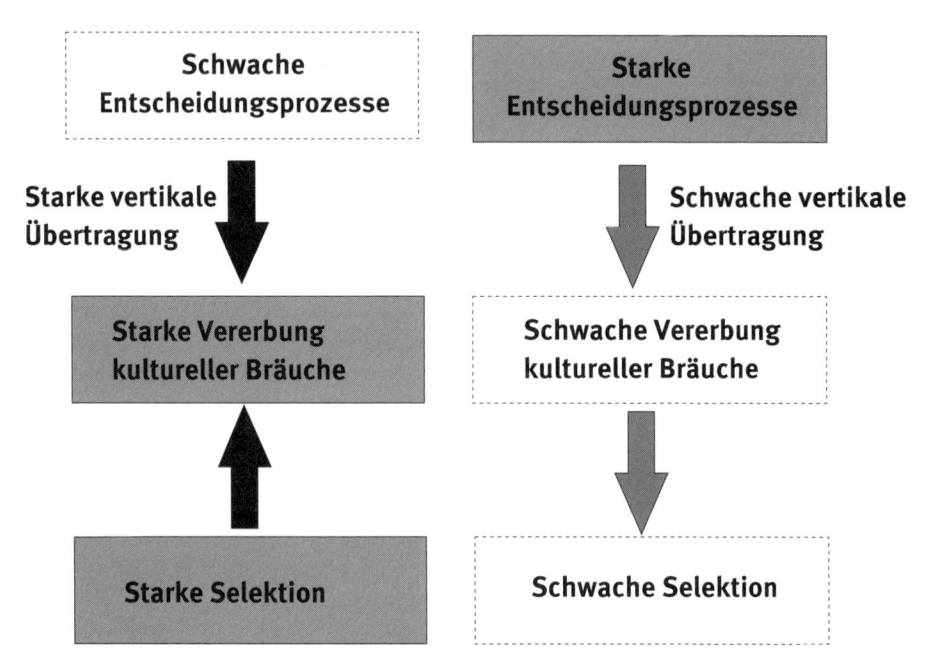

Abb. 20.6 Starke und schwache Entscheidungsprozesse (nach Richerson/Boyd)
Wenn die Kräfte für Entscheidungsbildungsprozesse schwach sind, kommt es überwiegend zur Vererbung kultureller Varianten das heißt, dass andere evolutionäre Prozesse, die von vererbbarer Variation abhängig sind, greifen können (Selektion d. V.). Wenn Entscheidungsbildungskräfte stark sind, gibt es nur wenig vererbbare Variation und anderer Prozesse (Selektion d. V.) können wenig Auswirkung haben. […] Selektion kann einen interessanten Effekt nur bei schwachen Entscheidungsbildungsprozessen zeigen. (Richerson/Boyd 2005, S. 117)

Akademische Denkübungen oder Fundamente menschlichen Verhaltens?

Was hier beschrieben wird, sind keine theoretischen Denkspagate um ihrer selbst willen. Es sind nach dem Verständnis der beiden Wissenschaftler die Grundbedingungen für das Entstehen und die evolutionäre Funktion sozialen, kulturellen Verhaltens der Menschheit, von der Jäger-und-Sammler-Zeit bis heute. Menschen passen sich in hohem Maß an ihre Umwelt an. Keine Tierart hat es geschafft, in derart unterschiedlichen Bedingungen zurecht zu kommen, sei es in der Arktis oder in der Wüste, sei es im Dschungel oder in hochgelegenen Regionen, tausende Meter über dem Meer. Greift man eine Population heraus, zum Beispiel einen Indianerstamm am Amazonas, können Forscher belegen, dass diese Menschen zum Beispiel über ein extremes Spektrum an Jagdtechniken und Ernährungsgewohnheiten verfügen: So jagen die Aché-Indianer in Peru 78 unterschiedliche Säugetierarten, 21 Reptilienarten, 14 Fischarten und über 150 Vogelarten und verwenden dabei abhängig von der zu erlegenden Beute, der Jahreszeit, dem Wetter und vielen anderen Faktoren eine eindrucksvolle Vielfalt an Techniken. Überträgt man dieses Bild, so Richerson/Boyd, auf die gesamte Menschheit, wird die Liste der spezifischer Jagdtechniken schier endlos (S. 128).

> Menschen können in einer größeren Bandbreite von Umweltbedingungen leben als andere Primaten, weil Kultur ihnen die relativ schnellere Akkumulierung besserer Strategien für die Ausbeutung in der lokalen Umwelt erlaubt als das genetische Erbe (S. 129). Menschliche Kultur erlaubt Lernmechanismen, die sowohl akkurater als auch allgemeiner sind, weil kumulative, kulturelle Adaptation akkurate und detaillierte Information über die lokale Umwelt hervorbringt. Menschen sind schlau, aber Individuen können nicht lernen, in der Arktis, der Kalahari oder woanders zu leben (S. 130). Der Grund dafür, dass Informationen (etwa zur Herstellung eines Kajaks d. V.) adaptiv sind ist, dass die Kombination aus Lernen und kultureller Weitergabe zu relativ schneller, kumulierter Adaptation führt (S. 131). Neue Adaptationen vollziehen sich sehr schnell im Vergleich zur gewöhnlichen evolutionären Zeitdimension und schneller als es die Evolution durch natürliche Selektion allein schaffen könnte (S. 131).

Adaptation, wie sie bei den Indianern hier beschrieben ist, kann in diesem Ausmaß und dieser Differenzierung nur auftreten, wenn erstens eine große kulturelle Vielfalt im Verhalten vorhanden ist. Das ist beim Mensch gegeben. Zweitens muss sich diese Vielfalt, etwa neue Jagdstrategien, verbesserte Jagdgeräte, schnell ausbreiten können. Das wiederum ist durch die kumulative Lernfähigkeit gegeben (Abb. 20.4).

Eine grüne Schlange wird man wohl immer in grüner Umgebung finden. Nicht anders ist es mit den meisten Tieren der Erde. Sie leben in ihrem angestammten Umgebung, auf die sie dank Selektionsdruck hervorragend angepasst sind und die sie in den meisten Fällen nicht verlassen können. Dagegen hat der Mensch seine ursprüngliche, afrikanische Umgebung verlassen. *Er ist sozusagen eine grüne Schlange in farblich wechselnden Umwelten* (Eibl 2009, S. 19). Warum ihm das möglich ist, warum er diese einzigartige Vielfalt beherrscht, genau darum geht es in diesem Kapitel. Es geht Richerson/Boyd um die ultimativen Ursachen der enormen menschlichen, kulturellen Variationsfähigkeit.

Die Betrachtungen bis hierhin öffnen die Tür zur Beantwortung essenzieller Fragen (S. 17): Wie interagieren Genom und Kultur bei unserem Verhalten? Was sind die Quellen unserer kulturellen Vielfalt? Warum ist der Mensch eine so außerordentlich erfolgreiche Art? Warum führt unser Verhalten manchmal zu kolossalen Katastrophen?

Viele Fragen, die uns Menschen zu Lösungen drängen. Die noch so junge Wissenschaft der Soziobiologie wird weitere Faktoren entdecken, die für die kulturelle Evolution verantwortlich sind. Unsere *Kreativität* könnte einer sein, gemessen daran zumindest, wie viele Wissenschaftler sich damit beschäftigen.

B Der Ausbau – Wege zu einer Erweiterten Synthese in der Evolutionstheorie

Der Masse folgen oder den Besten?

Lernen wird also effektiver durch das Hinzukommen des Imitierens, einmal weil selektives Lernen möglich ist, zum zweiten, weil Kenntnisse oder Fähigkeiten schneller in der Population verbreitet werden können und zum dritten, weil auf Erlerntem kumulativ aufgebaut werden kann. Stellt sich die Frage: Wen soll man imitieren? Woher kann man wissen, an wen man sich hält und wie vermeidet man, dass man ins Messer läuft?

Es lässt sich nicht vermeiden, das man ins Messer läuft; es lässt sich nicht mal für eine ganze Population vermeiden. Es ist wohl der Preis für die hohen Chancen, die sich mit dem sozialem Lernen eröffnen. Wir betrachten das gleich unter dem Stichwort Fehlanpassungen.

Bleibt offen: An wen passt man sich an? Wir haben von horizontaler und vertikaler Informationsübertragung gesprochen. Das hier ist nun die Frage nach den Mechanismen für horizontale Informationsübertragung. Evolutionstechnisch gesehen entsteht die stets wiederkehrende Frage nach der Fitness: Wie können Individuen auch sicherstellen, dass die Fitness erhöht wird, wenn sie in einer Population andere imitieren? Richerson/Boyd schlagen dazu mehrere adaptive Wege vor. Zwei davon will ich aufgreifen:

Erstens: Das Individuum kann der Masse folgen, sich also konformistisch verhalten (S. 120). Auch hier kann es keine Garantie geben – man denke an die Verirrungen in der deutschen Geschichte –, aber auch das wird im Durchschnitt als besser gesehen, als einen x-beliebigen nachzuahmen. Schließlich ist es erlaubt, auch selbst ein Stück weit nachzudenken, ob das eigene Verhalten der Situation angemessen und einleuchtend ist, zumal wenn es sich um eine neue Situation handelt, in der das Individuum noch keine Erfahrung hat.

Zweitens: Man imitiert den oder die Erfolgreichen in einer Gruppe. Die Chancen, das Richtige zu machen, sind nicht garantiert, aber sie sind höher, als wenn man irgend einen imitiert. Bei aller Problematik, was das „Richtige" ist, kann man davon ausgehen, dass die Erfolgreichen irgend etwas schon richtig machen. *Für den Imitierenden ist es jedenfalls leichter, zu erkennen, wer der Erfolgreiche ist als selbst herauszufinden, was der erfolgreiche Weg ist*, sagen Richerson/Boyd (S. 124). Karl Eibl schreibt wohl im gleichen Sinn: *Kultur beruht unter anderem auf der genetischen Neigung, die Erfolgreichen (oder zumindest Erfolgversprechenden) nachzuahmen* (Eibl 2009, S. 113).

Noch einmal: Kultur verändert die Evolution des Menschen

Leicht überliest man, was die eigentliche Kernaussage von Richerson/Boyd in der Sache ist: Kultur selbst ist adaptiv. Aber genau das durch die natürliche Selektion hervorgebrachte kulturelle Verhalten des Menschen verändert auch seine eigene Evolution (S. 8). Im nächsten Kapitel kommen wir zurück auf dieses gegenseitige Wirken, das John Odling-Smee als *Nischenkonstruktion* bezeichnet (Kap. 21).

20 Kultur ist Biologie: Richerson/Boyd über kulturelle Evolution

Intuitiv würden wir eher das Lernen und nicht das Imitieren als für uns Menschen ausschlaggebende Eigenschaft sehen, wobei mit Lernen natürlich wieder zu verbinden ist, dass auf Erlerntem kumulativ aufgebaut werden kann. Aber Richerson/Boyd wollen uns von etwas anderem überzeugen: Imitieren ist der Schlüssel für die außergewöhnlichen menschlichen Fähigkeiten. Es ist eine notwendige Bedingung. Die hinreichende Bedingung ist Imitieren in Kombination mit individuellen Lernen (selektives Lernen). Nur so kommt die Adaptation in Gang, die die Menschheit wesentlich zu dem gemacht hat, was sie heute ist:

> Menschen imitieren andere, weil andere Menschen auch imitieren. Wenn viel Imitation vermischt ist mit nur wenig individuellem Lernen, dann schon können *Populationen* derart adaptieren, dass es die Fähigkeiten eines beliebigen Individuums übertrifft (Richerson/Boyd 2005, S. 13, Hervorh. i. O.).

Karl Eibl (Eibl 2009, S. 111) setzt in seinem jüngsten Buch *Kultur als Zwischenwelt – Eine evolutionsbiologische Perspektive* einen wertvollen Akzent, die Kulturfähigkeiten des Menschen mit der Biologie und Evolution zu verbinden. Eibl stellt die Nachahmung in den großen kulturellen Zusammenhang, der ihr hier zukommt. Er nennt die speziellen Leistungen, die durch Nachahmung bewirkt werden, nämlich

> das Übergreifen von individuellen Problemlösungen auf ganze Personengruppen bzw. das Hineinwachsen in den Handlungskonsens einer Gruppe, das schließlich das Bild von Epochen, Strömungen, Moden, Nationen, Wertegemeinschaften usw. ergibt.

> *Gene haben uns gemacht. – Wir machen Kultur. – Also machen Gene Kultur. – Aber Kultur verändert uns. Gene und Kultur interagieren somit, um uns zu gestalten.*

Der Mensch konnte Kultur nur entwickeln, weil er mit der Kultur selbst evolviert. Am Ende gilt:

> Kultur selbst ist Gegenstand der natürlichen Selektion. [...] Die natürliche Selektion, die auf die Kultur wirkt, ist ein ultimativer Grund für menschliches Verhalten so wie die natürliche Selektion, die auf unsere Gene wirkt (Richerson/Boyd 2005, S. 13).

Die Interdependenz der Dinge zeigt die Abbildung 20.5, ausgedrückt in der kürzest möglichen simplifizierten Form: Gene haben uns gemacht. Wir machen Kultur. Also „machen Gene Kultur". Aber Kultur verändert uns, Gene und Kultur interagieren somit und kooperieren, um uns zu gestalten.

Vielleicht hat sich der Leser gefragt: Woher soll die Gewichtung kommen für das adaptive Verhalten? Warum stellt sich adaptives Verhalten zwischen individuellem und sozialem Lernen ein? Die Antwort liefert für Richerson/Boyd der Baukasten Darwins. Die Autoren sind streng darwinistisch in der Verwendung der Mechanismen: Die natürliche Selektion ist verantwortlich für die Auswahl der Fittesten. Kann man der Überlegung von Richerson/Boyd zustimmen, dass eine Gesellschaft im Lernen dadurch effektiver und fitter werden kann, dass sie zu Imitation fähig ist, dann leistet die natürliche Selektion ihren Teil dazu, dass sich die gewünschte Adaptation des selektiven Lernens einstellt[67]. Die natürliche Selektion ist die ultimative Ursache dafür. Evolution ist somit ultimative Ursache für Kultur und Kultur für Evolution (Abb. 20.5). Kultur ist nicht zu trennen von der Biologie des Menschen, wie es in der Überschrift dieses Kapitels formuliert ist. Kultur ist Biologie. In diesem Sinne ist die Theorie von Richerson/Boyd hervorragend geeignet als ein wichtiger Baustein für eine *Erweiterte Synthese* der Evolutionstheorie.

Die Selektion spielt hier stärker eine gestalterische Rolle als in der klassischen morphologischen Welt. Es ist in den früheren Kapiteln immer wieder kritisiert worden, Selektion könne keine Form der Organismen gestalten. Hier gilt das nicht, nicht für Richerson/Boyd. Sie betonen ausdrücklich den Unterschied zur herkömmlichen biologischen Evolution.

Technischer Fortschritt

Ich will die Fragestellung von kultureller Evolution noch einmal von anderer Seite beleuchten. Der Leser mag hier denken: *Es ist doch ganz offensichtlich, dass in so vielem Handeln des Menschen Evolution steckt. Der technische Fortschritt ist doch ein Paradebeispiel dafür.* Das wird nicht bestritten. Das Vorhandensein von Pyramiden im Alten Ägypten, die über viele Jahrhunderte immer perfekter und größer werden, kann man, wenn man will, als evolutionäres Faktum deuten, genau so wie man Evolution im Bereich des Lebendigen zunächst einmal als nur Fakt sehen kann. Eibl bringt es aber genau auf den Punkt, wenn er zu Beispielen für Pyramiden oder dem technischen Fortschritt sagt: *Das ist nicht Evolution der Kultur oder einer Kultur, sondern Evolution in der Kultur* (Eibl 2009, S. 99).

Wir untersuchen hier die Evolution *der* Kultur. Eine Begründung möglicher mechanistischer Ursachen hat man mit dem eben festgestellten Fakt noch nicht. Schon gar nicht geht es kulturellen Evolutionswissenschaftlern wie Richerson/Boyd darum, belegen zu können, warum etwa die Pyramiden immer größer oder perfekter wurden. Oder ein anderes Beispiel: Wenn Menschen zum Mond fliegen und dafür 20 Jahre lang enorme technische Anstrengungen auf sich nehmen, kann das wieder für einen fantastischen technisch-evolutionären Prozess stehen. Wie jedoch dieser technische Fortschritt evolutionär ursächlich zustande kommt ist eine andere Frage. Und es ist *nicht* die Frage, die Kultur-Evolutionsforscher stellen, nicht Richerson/Boyd. Die Frage, was Fortschritt ist, ist für sie evolutionär gar nicht zu beantworten. Für den biologisch fundierten Evolutionisten gilt es am Beispiel des technischen Fortschritts festzumachen, ob dieser im biologischen Sinn

---

67   Was natürlich nicht heißen muss, dass sich ein Fitnessoptimum immer auch einstellen muss. Siehe hierzu Eibl 2009, S. 17.

adaptiv ist. Die Antwort die Richerson/Boyd geben ist: Technischer Fortschritt ist Kultur, und Kultur ist adaptiv, wenn kumulatives, selektives Lernen in spezifischen Situationen vorliegt, die sie genau beschreiben (Abb. 20.4). Will man andere, nicht biologische und damit auch nicht-darwinistische Evolutionsprinzipien beschreiben, muss man, so der Vorschlag von Eibl, zwischen einer *speziellen* (z. B. die Theorie der biologischen Evolution) und einer *allgemeinen* unterscheiden (Eibl 2009, S. 98). Die Theorie von Richerson/Boyd jedenfalls ist so gesehen Teil der speziellen, biologisch-darwinistischen Evolutionstheorie, angewandt auf die Evolution der Kultur, und sorgsam abgegrenzt von Darwins eigenen Vorstellungen hierzu[68].

Abb. 20.7 Kulturelle Evolution und technischer Fortschritt
Ist die Raumsonde Cassini, sind die Pyramiden Produkte kultureller Evolution? Die Erforschung kultureller Evolution ist die Erforschung von Evolution *der* Kultur und weniger die von Evolution *in der* Kultur.

Gene oder Umwelt?

Sind für unser Verhalten die Gene verantwortlich oder unsere Umwelt? Wer Kinder hat, wird sich schon gefragt haben: Hat mein Sohn oder meine Tochter dieses oder jenes Verhalten von den Genen der Eltern oder von der Umwelt erworben, in der sie leben?

Richerson/Boyd sagen dazu unmissverständlich: Die Frage: Ist Kultur genetisch oder umweltbedingt ist falsch gestellt (S. 9). *Kultur ist weder das eine noch das andere sondern sie ist beides. Sie kombiniert Vererbung und Lernen auf eine Art, die nicht zurück verfolgt werden kann auf Gene oder Umwelt* (S. 11). Warum, das machen die beiden an einem simplen Beispiel fest: Wenn giftige Pflanzen bitter

---

68 Darwin hat, was die Vererbung von Wissen angeht, keine heute mehr verwendbare Vorstellung (Richerson/Boyd 2005,16f.).

schmecken, dann sind in unserer Evolution die Tiere durch die Selektion bevorzugt worden, die gelernt haben, diese Pflanzen von anderen im Geschmack zu unterscheiden. Bitterer Geschmack wird vom Menschen und anderen Tieren als Signal verstanden, solche Pflanzen nicht zu konsumieren. Nun haben aber einige solcher Pflanzen medizinisch einen hohen Wert. Wir Menschen können mit diesem erkannten Wert quasi das genetische Wissen *bitter = giftig* überschreiben, wenn die Heilung einer bestimmten Krankheit angesagt ist. Handeln wir auf diese Weise, dann ändern sich die Gene, die eine Pflanze für uns bitter schmecken lassen, in keiner Weise. Sehr wohl aber kann sich das Verhalten einer ganzen Population ändern, wenn die Erkenntnis sich ausbreitet, dass in der bitteren Pflanze ein medizinischer Wert steckt (S. 11). Die Frage, ob unser Verhalten, in diesem Fall also eine giftige Pflanze als Medizin einzusetzen, genetisch oder umweltbedingt ist, macht keinen Sinn:

> Jedes Bit des Verhaltens jedes einzelnen Organismus auf dieser Erde resultiert aus der Interaktion genetischer Information, die im Organismus gespeichert ist und aus den Eigenheiten ihrer Umwelt (S. 9).

Richerson/Boyd folgern ganz im Sinne der Forscher in den früheren Kapiteln in diesem Buch: *Die Vorstellung von Genen als Blaupausen, die die Eigenschaften erwachsener Organismen bestimmen, ist falsch* (S. 9). Das ist konsequent aus dem Davorgesagten. Genetische Vererbung einerseits und die Mechanismen selektiven Lernens andererseits sind untrennbar verzahnt zu einem Komplex, der kulturellen Evolution (Abb. 20.5). Die Selektion greift auf solche Kultur als ein eigenes Terrain zu.

Fehlanpassungen – ein adaptionistisches Paradox?

Noch einmal zusammengefasst:

> Kultur ist adaptiv, weil sie Dinge kann, die Gene allein nicht leisten können. Simple Formen des sozialen Lernens reduzieren die Kosten für individuelles Lernen, indem sie Individuen erlauben, Umweltsignale selektiv zu nutzen. Wenn du leicht herausfinden kannst, was du tun sollst, dann tue es. Wenn nicht, dann kannst du immer noch zurückgreifen auf das, was andere tun (S. 145). Kumulative kulturelle Evolution eröffnet so Räume für komplexe Adaptationen und zwar viel schneller als die natürliche Selektion Möglichkeiten schafft über genetische Anpassung (S. 146).

Wenn das so erfolgreich funktioniert, warum hat sich dann kumulative kulturelle Evolution nicht öfter in der Tierwelt gebildet? Das ist eine unter den Fachleuten oft gestellt Frage. Sie gehört mit zu der übergeordneten Frage: Warum hat sich Intelligenz nicht öfter herausgebildet in der Tierwelt? Thomas Junker schreibt dazu in *Die Evolution des Menschen* (2006, S. 52), dass es gar nicht so klar sei, worin der Vorteil der Intelligenz während der Evolution bestand.

Wie bei anderen Merkmalen muss auch hier der reproduktive Nutzen die Kosten übersteigen, und Letztere sind für ein energieaufwändiges Organ wie das Gehirn beträchtlich. Weitere Nachteile eines vergrößerten Gehirns wie das erhöhte Risiko für Mutter und Kind bei der Geburt kommen hinzu.

> Abb. 20.8 Beispiele für kulturelle Fehlanpassungen (Maladaptations)
>
> - Kriege
> - Terroristische Selbstmordattentate
> - Rückgang der Geburtenrate
> - Klimaerwärmung
> - Vernichtung der Regenwälder
> - Spätkapitalismus
> - Rauchen
> - Ernährung
> - Immunschwächung durch Antibiotika
> - Alkohol und Drogen
> - Globale Organisationen / Konzerne

Es gibt jedoch Vorteile: Das Lernen und Bewusstwerden über Situationen der Gegenwart, der Vergangenheit und Zukunft kommen hinzu. Das sind Grundlagen für das Lernverhalten.

> Jedenfalls haben Individuen, die in der Lage sind – wenn auch unvollständig – zukünftige Ereignisse zu simulieren und ihre Eintrittswahrscheinlichkeit abzuschätzen, einen Vorteil gegenüber solchen, die jedes Mal wieder mit dem Versuch und Irrtum arbeiten müssen (Junker 2006, S. 54).

So bekommen wir, wenn wir Nutzen und Kosten suchen und gegeneinander abwägen, gute Anhaltspunkte dafür, warum sich das menschliche Gehirn in der Evolution herausbilden konnte[69]. Das gibt uns aber noch keine befriedigende Antwort auf die Frage, warum ein großes Gehirn und die Fähigkeit zu lernen nur ein einziges Mal in der Evolution vorgekommen ist. Es muss mit den Kosten zusammenhängen, die schon genannt wurden (Junker 2006, S. 61), Kosten, die entstehen, um das energetisch aufwändige Gehirn zu unterhalten. Wenn es stimmt, was die neuere Forschung vermutet[70], dass erst die Zähmung des Feuers, und die dadurch ermöglichte Aufbereitung der Nahrung durch Erhitzen die Voraussetzungen boten für das Gehirnwachstum, dann haben wir hier ein schönes Beispiel für die Interdependenz der Umwelteinflüsse mit der Evolution in der Form, dass der Mensch sich schon in einer frühen Phase die Umwelt an sein Handeln anpasst und so seine eigene Evolution selbst mit bestimmt. Der Umgang mit dem Feuer hat sicher auch die Hand als Werkzeug vorausgesetzt. Somit ist ein Erklärungsmuster vorstellbar, warum Intelligenz und vergrößertes Gehirn nur einmal aufgetreten sind, obwohl ein hoher Selektionsdruck durch technische und soziale Komplexität in Richtung auf größere Gehirne bestand (Junker 2006, S. 59).

Dennoch wird die Frage, warum ein vergrößertes Gehirn einmalig ist in der Natur, viel diskutiert und bleibt Teil eines Phänomens, das man auch als adaptionis-

---

69 Thomas Junker führt weitere Vorteile an wie etwa die Fähigkeit, in komplexem sozialem Umfeld zurechtzukommen.
70 Vgl. Junker 2006, S. 62 mit Bezug auf den Anthropologen Richard Wrangham.

tisches Paradox bezeichnet. Ein Dilemma drückt sich auch darin aus, dass kulturelle Adaptation mit vielen Erscheinungsformen gar nicht so gut harmoniert, wie man es sich wünschen würde. Dieses Phänomen will ich aus der Sicht von Richerson/Boyd behandeln, das Phänomen der Fehlanpassungen.

Anpassungen sind immer Kompromisse, das ist bei der Behandlung von Körperbauformen in diesem Buch hervorgehoben worden. Pinguine sind gut im Wasser, schlecht zu Fuß. Der moderne Mensch kann seinen aufrechten Gang auch nicht auskosten und leidet unter Rückenproblemen. Eine Schwalbe ist unübertroffen im Flug, aber gleichzeitig ist sie empfindlich zerbrechlich. So wollen Richerson/Boyd auch die kulturelle Adaptation verstanden wissen: Sie ist der Gegenpol zum menschlichen Genom, ist schnell, wo jenes langsam ist, erlaubt so die kurzfristige Anpassung an einen weiten Radius von Umweltbedingungen. Der Preis dafür sind die Fehlausrichtungen (S. 188). *Die Selektion kann Fehlanpassungen nicht verhindern, ohne die Chance aufzugeben, wechselnden Umweltsituationen schnell nachzuspüren* (S. 155).

Mit anderen Worten: Verhaltensformen müssen ausprobiert werden, um überhaupt selektiert werden zu können. Selektive Prozesse benötigen Stoff zum Selektieren. Anpassung an die sich verändernde Umwelt kann dann auch nur im Wechselspiel von unterschiedlich brauchbaren Verhaltensvariation und Selektion geschehen.

Immer wieder kann man in den Medien lesen: Wissenschaftler betrachten die menschliche Evolution aus dem Pleistozän heraus, das ist der erdgeschichtliche

Abb. 20.9 Umweltschäden – Fehlanpassung der Evolution des Menschen?
Wir verschwenden Ressourcen, plündern die Erde. Warum verhindert die Evolution dieses Verhalten nicht? Oder ist sie dabei, und wir haben es noch nicht erkannt? Der Text gibt Antworten dazu, warum es zu Fehlanpassungen kommt.

Zeitraum vor ca. 2,6 Millionen bis vor knapp 10 000 Jahren, also die Epoche, die geprägt ist von wechselnden Kalt- und Warmzeiten. Unser adaptives Verhalten sei dort geprägt worden. In der Post-Pleistozän-Epoche seien dann so gravierende Anhäufungen kultureller Veränderungen aufgetreten, und die Umwelt dadurch so stark transformiert worden, dass sie außerhalb der evolvierten menschlichen Entscheidungssysteme liege (S. 189). Das ist aber nur *ein* Erklärungsansatz. Es gibt auch andere.

Abb. 20.10 Beispiele für Gen-Kultur-Koevolution
- Laktosetoleranz (Box 4)
- Gehirn- und Sprachentwicklung (K. Lorenz)
- „epigenetische Regeln" (Lumsden/E. Wilson) für Fähigkeiten/Eigenschaften wie Sensorik, Temperament, Persönlichkeit [...]
- reziprokes, kooperatives Verhalten in kleinen Gruppen

Kulturelle Traditionen generieren also selbst neue Lebensbedingungen für die Menschen. Genetische Herkunft und kulturelle Evolution begeben sich auf einen Pfad der Wechselwirkungen oder Koevolution (S. 190). Im Extremfall können kulturell determinierte, die Fitness beeinträchtigende Traditionen Genotypen selektieren, die die Fortsetzung eben dieser kulturellen Tradition sogar fördern. Eine solche Fehlanpassung kann die Menschheit zu Selbstlimitierungen führen. Thomas Junker erwähnt zu Fehlanpassungen in *Die Evolution des Menschen* (2006, S. 50):

> Im Gegensatz zu Tieren können Menschen aber lernen, Verhaltensweisen, die sich unter den Bedingungen der Zivilisation als schädlich erweisen oder dem Wohlergehen des Individuums entgegenstehen zu modifizieren oder abzuschwächen. Beobachten lässt sich allerdings oft das Gegenteil – kulturelle Verstärkung der Fehlanpassungen.

Die auffälligsten Fehlanpassungen sind derart merkwürdige, die die kurzfristige Durchschnittsfitness von Populationen erhöhen, obwohl die Selektion auf Genebene in eine andere Richtung verläuft (S. 190). Menschliche Kooperation wird hier als Beispiel genannt. Hier spricht die Genomebene gemäß Hamilton eher für die Zusammenarbeit unter Verwandten und engen Freunden, während Menschen heute in großen Organisationen mit vielen unbekannten Teilnehmern kooperieren und zurecht kommen müssen. Menschen leben in Megastädten, in denen ein hohes Maß an Kooperation existiert, aber Konflikte ebenso vorprogrammiert sind (Queller/Strassmann 2009, S. 3147). Für Konrad Lorenz steht fest: Alles Kumulieren von Wissen, wie es für Geist- und Kulturmenschen konstitutiv ist, beruht auf dem Entstehen fester Strukturen. Solche Strukturen, und dazu zählen auch alle großen oder globalen Organisationen, sieht er als unnatürlich. Sie beeinträchtigen die Individualität und Freiheit des Menschen. Lorenz spricht daher auch lieber von *Angepasstheit* und nicht von *Anpassung* und ist äußerst kritisch, was die Zukunft der Menschheit in solchem Umfeld betrifft (1988, S. 261). Lorenz' Schüler Rupert Riedl weitet die Ideen aus. Riedl äußert sich in seinen letzten Büchern wiederholt zu den *Adaptierungsmängeln unserer Ausstattung gegenüber den Entwicklungen in unserer Zivilisation* (Riedl 2004, S. 119) und führt eine Reihe von Phänomenen an, die die Evolution für den Menschen offensichtlich nicht vorgesehen hat. So schreibt über die allzu bekannten Tatsache: *Ein kleiner Schneider auf dem Land kann sein Lehrmädchen nicht entlassen, weil er weiß, dass die die einzige ist, die ihre kranke Mutter pflegt. [...] Die Stockholder aber in den USA, die bemerken, dass einer ihrer Konzerne in London das zweite Jahr rote Zahlen schreibt, setzen tausende Familien auf die Straße.* Riedl folgert daraus: *Das Verantwortungsgefühl nimmt mit der Anonymität und – ganz gefährlich – mit dem Umfang der Verantwortung ab.* Das ist nur eines von vielen Phänomenen, die man beobachten kann, wenn man der Frage nachgeht, wie gut wir an das angepasst sind, was wir gesellschaftlich geschaffen haben. Kritisch äußert sich Riedl zu jeder Art großer Institutionen, bei denen man ebenfalls fragen muss: Sind wir Menschen auf so etwas evolutionär vorbereitet?

Gehirn und Genom – Kooperation oder gefährliche Gratwanderung?

Nicht nur Richerson/Boyd haben sich damit beschäftigt, was es heißt, dass wir Menschen mit der Entwicklung des Gehirns und damit der Kultur ein evolutionäres Gewicht entwickelt haben, das mit dem des Genoms kooperieren muss, letzterem aber auch in die Quere kommen kann. Konrad Lorenz war hier maßgebend mit seinem Buch *Die Rückseite des Spiegels* (1973).

Die Evolution unseres Gehirns ist ein signifikanter Systemübergang in der Entwicklung der gesamten Lebensgeschichte. So etwas geschieht nicht oft, aber Evolutionen dieser Bedeutung sind durchaus einige Male aufgetreten. So etwa der Übergang vom Einzeller zum Mehrzeller, der Übergang von diesem zu Systemen aus mehrzelligen Verbänden, die Erfindung der Sexualität ebenso wie das Entstehen und Evolution sozialer Superorganismen (soziale Insekten)(Maynard Smith/Szathmáry 1995). Glaubrecht nennt als Schlüsselanpassungen oder *key innovations* Hartskelette, die Entwicklung flüssigkeitsgefüllter Eier, sozusagen als transportables aquatisches Milieu, und die Erfindung von Milchdrüsen (Glaubrecht u.a. 2007, S. 180). Immer sind solche Systemübergänge besonders interessant für die Evolutionsforscher (Kap. 22).

Der Begriff Systemübergang erzeugt die Vorstellung eines abrupten, diskreten Wandels. Was die Entwicklung des Gehirns und des kulturellen Verhaltens des Menschen angeht, warnen Richerson/Boyd aber: Kultur ist nicht erst entstanden, nachdem das Gehirn auf die heutige Größe angewachsen ist (Richerson/Boyd 2005, S. 11). Es ist nicht so, dass gegenseitiges Lernen erst dann eingesetzt hat, als die Gehirnentwicklung „abgeschlossen" war. Es ist falsch, wenn wir meinen: Zuerst sind wir Menschen geworden durch genetische Evolution, und dann entstand Kultur sozusagen als evolutionäres Nebenprodukt (S. 12). Es sollte weiter oben deutlich geworden sein: Richerson/Boyds Lehre sagt: Evolution ist gleichermaßen ultimativer Grund für genomische Veränderung wie auch für die kulturelle Veränderung unseres Verhaltens. Beides ist adaptiv. Beides unterliegt der natürlichen Selektion (S. 10).

20 Kultur ist Biologie: Richerson/Boyd über kulturelle Evolution

Wolfgang Wieser, der österreichische Zoologe, der wie kaum ein anderer Autor mit deutschsprachigen Publikationen zur modernen Sichtweise der Evolution beigetragen hat, widmet sein jüngstes Werk mit dem Titel *Gehirn und Genom* (2007) der Spannung zwischen diesen beiden Polen. Wieser spricht – ganz in der Tradition von Konrad Lorenz – die möglichen Konflikte zwischen Gehirn und Genom an:

> Das Gehirn des Menschen nimmt einen Gegenpol ein zum menschlichen Genom. Es ist bei seiner Entwicklung nicht zu einem bloßen Teil des integrierten Gesamtsystems geworden und und damit vergleichbar mit Organen wie Herz, Niere etc. sondern es ist eine *Trennung* entstanden, nämlich *die Etablierung des Gehirns neben dem Genom* als einem zweiten, mehr oder minder gleichberechtigten Zentrum zur Steuerung der Funktionen eines einzigen Systems, des menschlichen *Organismus*. (Wieser 1998, S. 510).
>
> Die Wurzeln der Konflikte zwischen Gehirn und Genom lassen sich auf den ungleichen Umgang dieser beiden Organe mit der Dimension Zeit zurückführen. Das Genom reagiert auf langfristige, über zahllose Generationen mit großer Verzögerung wirksame Herausforderungen der Umwelt, während das Gehirn die in einer einzigen Generation stattfindenden Vorgänge quasi in Echtzeit registriert und verarbeitet. Auf jeweils ein Begriffspaar reduziert könnte man sagen, das Genom steht für Programmatik und Nachhaltigkeit, das Gehirn hingegen für Individualisierung und Improvisation (Wieser 2007, S. 113).

Richerson/Boyd drücken es so aus: *Kultur ist auf Geschwindigkeit ausgerichtet nicht auf Komfort* (S. 187). Wenn wir im täglichen Leben komplexe Dinge stets monokausal erklären, seien es Beziehungsprobleme oder Krankheitsursachen, dann belegt das ihre Annahme treffend. Was in der Steinzeit richtig, vielleicht lebenserhaltendes Grundprinzip war, ist es in der heutigen Welt schon lange nicht mehr. Karl Eibl formuliert das so: *Wenn sie monokausal denken, dann wenden sie eine alte kognitive Adaptation auf eine neue Problemsituation an, auf die sie nicht mehr passt* (Eibl 2009, S. 18). Auch David Sloan Wilson meint wohl nichts anderes, wenn er die Schwierigkeit des Menschen nennt, sich schnell genug anzupassen. Anpassung, die sich unser Gehirn wünscht, kann das Genom nicht leisten. Wilson nennt etwa unsere heutigen Essgewohnheiten (2007, S. 56f.).

> Unsere Lust auf Fett, Zucker und Salz macht großen Sinn in einer Umgebung, in der diese Substanzen anhaltend knapp waren, aber ein Fastfood Restaurant an jede Straßenecke zu setzen ist ungefähr so sinnvoll, wie den Nachthimmel am Strand für schlüpfende Babyschildkröten aufzuhellen.

Er spricht hier die Bebauung der Strände an, was die im Sand geschlüpften Tierchen irritiert und hindert, den Weg ins Meer zu finden. *Dancing with ghosts* sagen die Amerikaner bildlich dazu, wenn unsere genetische Ausstattung uns zu Verhalten animiert, für das der Tanzpartner nicht mehr da ist. Da nutzen uns unsere so viel gerühmten rationalen Fähigkeiten auch nicht wirklich viel. Anpassungen sind viel öfter, als wir denken, unsynchronisiert, die natürliche Selektion nimmt sich viel Zeit, darauf zu reagieren. So lange gilt die Regel: *We are dancing with ghosts* (Wilsons 2007, S. 57). Wir tanzen mit dem Geist, wir verbrauchen zu viel Fett, und die kleinen Schildkröten tanzen mit den falschen Lichtern, die sie nicht ins Meer führen – Fehlanpassung.

Ausführlich beschäftigen sich Jablonka und Lamb mit dem Menschen im Rahmen der Evolution. Sie sehen die Fähigkeit des *homo sapiens* mit Symbolen umzugehen als für uns einzigartig (Jablonka/Lamb 2005, S. 193ff.). Die Art, der Umfang und die Komplexität, in der wir Informationen erwerben, organisieren und übermitteln können, ist einmalig in der gesamten Natur. Unsere auf Symbolen basierende Kultur ändert sich ständig. Über die Bedeutung von Sprache, Schrift, Zeichen, Bildern, Signalen, Piepstönen, Handylauten denken wir kaum je bewusst nach. Wesentlich ist im Zusammenhang hier: Diese Symbole sind vererbbar. Eine darwinistische Sicht ist das nicht eigentlich, auch wenn Richard Dawkins das anders haben will. Aber es hat Relevanz für die eigene Evolution des Menschen. Richerson/Boyd kommen ohne Symbole aus. Dennoch ist das Thema *Symbole* von Bedeutung.

Das Gehirn hat dem Menschen nicht nur die hier beschriebene Möglichkeit geschaffen, durch adaptives kulturelles Handeln seine eigene Evolution zu verändern (Abb. 20.5). Es ist mehr: Der Mensch trennt sich regelrecht von der biologischen Evolution ab, wie Konrad Lorenz es beschreibt. Er kann mit der Medizin und Gentechnik seine eigene Evolution in die Hand nehmen, kann genetische Prozesse dramatisch beschleunigen durch geschicktes Verstellen der Schalter im Erbgut. In wenigen Jahren vielleicht schon wird der Mensch fähig sein, das eigene Genom so umzubauen, dass passende „Teile" anderer Lebewesen in ihm genutzt werden, wenn sie sich als besser für eine Aufgabe vermuten lassen (Box 10). Fehler sind dabei so gut wie vorprogrammiert. Schon heute greift er in epigenetische Prozesse dort ein, wo das Genom versagt, etwa bei der Krebstherapie und hoffentlich bald auch bei Diabetes. Schädliche Mutationen werden auf diesem Weg mit zunehmendem medizinischen Wissen beseitigt, Krankheiten unter Kontrolle gebracht oder ihr Ausbruch sogar vermieden. Die Selektionskräfte der Natur können durch die Technik, die dem Mensch zur Verfügung steht, stark eingeschränkt werden. So gesehen sind die Eingriffe des Menschen in seine eigene Evolution potenziell ein Segen für ihn und für seine Zukunft. Die Verantwortung, die an dieser Stelle auf die Menschheit zukommt, ist jedoch riesig. Evolution ist nicht mehr „blind", wo es um den Menschen geht. Das ist jedoch in den Medien noch nicht wirklich angekommen, in der Politik noch weniger.

Ob die Anpassungswege, die wir auf diese Weise betreten, breit genug sind, um die Herausforderungen an die sich durch unser eigenes Wirken rasant verändernde Erde zu schultern, das ist offen. Das Bild von Richerson/Boyd, dass eine Gesellschaft leichter evolutionär anpassungsfähig ist, wenn sie sich *nicht* zu schnell verändert, zeichnet für die sich schnell verändernde moderne Industrie- und Dienstleistungsgesellschaft des 21. Jahrhunderts keine unbedingt gute Perspektive auf. Arbeiten wir daran, die Evolution menschlicher Kultur besser zu verstehen, damit wir – mit Paul Ehrlich zu sprechen – überleben.

Box 10 – Künstliches Leben – Synthetische Biologie

Craig Venter meldet im Mai 2010: *Erstmals Leben künstlich erzeugt: eine am Computer programmierte synthetisch-biologische DNA. Das Synthese-Produkt kann sich wie echtes Leben selbst reproduzieren.*
GEO berichtet in der Ausgabe August 2009 von den Fortschritten der Synthetischen Biologie. Weit entfernt davon, sich darauf zu beschränken, ein Gen in ein Kolibakterium zu verpflanzen, um Insulin zu produzieren, ist man hier dabei, in neuen Dimensionen zu denken: Ein existierender, natürlicher Bio-Organismus wie das Kolibakterium wird komplett neu programmiert. Sein Bauplan (Genom) ist bekannt und im Internet mit sämtlichen Fehlern und Unzulänglichkeiten der einzelnen Schaltkreise in der DNA einsehbar (biocyc.org) Also konstruiert man ihn komplett neu und optimiert ihn gleich so, dass er sich mit zuvor nicht gekannter Geschwindigkeit vermehrt und effizient Ethanol oder Wasserstoff oder Benzin in großen Mengen ausscheidet.
An der Harvard University in Boston, USA, haben Forscher um George Church eine Liste von 151 Genen zusammengestellt, aus denen ein denkbar rudimentäres, aber lebensfähiges Genom gebaut werden soll. E. coli 2.0 könnte es heißen (Zimmer 2008,176). *Bald wird es möglich sein, [...] synthetische Gene mit geringen Kosten von Grund auf zu synthetisieren [...] Forscher haben schon neue Gene erkundet, die es dem E. coli erlauben, Gas und TNT zu entdecken. Eines der ehrgeizigsten Projekte der Synthetischen Biologie läuft gerade an der University of California in Berkeley, wo Wissenschaftler neue genetische Kreisläufe entwickelt haben, die E. coli oder dem Hefebakterium erlauben, einen Malariawirkstoff, Atremisinin herzustellen. Wenn eine Mikrobe Artemisinin produzieren kann, wird der Preis dafür um 90% fallen.* (Zimmer 2008,174). Die Tragweite, die die biosynthetische Forschung für die Menschheit hat, ist gewaltig. Zimmer formuliert es so (177): *Jedes lebende E. coli ist einem Vorgänger entsprungen, der selbst wieder einem Vorgänger entsprungen ist. Zusammen formen sie einen ununterbrochenen Fluss, der seit Milliarden Jahren fließt. Das Leben, das wir kennen, war immer Teil dieses Flusses. Vielleicht bauen wir ja jetzt unseren eigenen Kanal.*

Biotechnology Engineering

2011 – 2015
SHORT TERM (T<4 YRS)
- Evaluation bioreactor design and its application
- Application of ICT and biotechnology applications
- Green technology development
- Metabolite pathways engineering

2021
MID-TERM (4YRS<T<10YRS)
- Development of fermentation and mixing technology
- Development of ICT and control
- Development of algae for biofuel
- Development of biosensor
- Development of process and intensification
- Synthetic cell development

2030
LONG-TERM (T>10YRS)
- Generation of new generation of biofuel
- Food security priority
- New pneumatic development system
- Organ and tissue regeneration

21 John Odling-Smee – Nischenkonstruktion

Während der Entstehung dieses Buches habe ich immer wieder mit Menschen diskutieren können, die wissen wollen, was so neu ist in der modernen Evolutionstheorie. Dabei zeigt sich oft die gleiche Reaktion: *Es erscheint doch klar, dass die Umwelt eine große Rolle in der Evolution spielt. Hat Darwin das denn nicht gewusst?* Er hat es, muss ich dann antworten. Aber der Neodarwinismus hat es offensichtlich nicht. Mit der Weismann-Barriere ist für die Synthese schon vor hundert Jahren die klare Grenze gezogen, was vererbbar ist und was nicht.

Für die *Altenberg-16* und für viele andere ist unbestritten, dass Umwelt die Evolution mit beeinflusst. Erst im letzten Kapitel über Mensch und Kultur ist aber ein noch größerer Entwurf zum Vorschein gekommen, die Sicht, dass der Mensch seine Umwelt selbst formt und diese veränderte Umwelt auf unsere Evolution zurückwirkt. Ein Kreislauf also. Oder mit anderen Worten eine reziproke Abhängigkeit. Forscher, die auf diese Art in interdependenten Zusammenhängen denken, verlassen die klassischen, linear-kausalen Denkweisen.

Dieses Kapitel soll darauf eingehen, dass das, was für den Mensch gilt, für andere Lebewesen, Tiere wie Pflanzen, ebenfalls gilt: Arten formen ihre Umwelt ein Stück weit mit, und diese biotisch wie abiotisch veränderte Umwelt, in der sie leben (Nische), ist gleichzeitig Teil des Selektionsmaterials für ihren eigenen evolutionären Verlauf und unter Umständen auch für den vieler anderer Arten. Konrad Lorenz sieht es nicht anders, wenn er schon 1973 von einer Gen-Kultur-Koevolution spricht.

Gedanken zu einer reziproken evolutionären Entwicklung äußert schon Richard Lewontin 1983. Der britische Biologe John Odling-Smee führt das Konzept, das er *niche construction* nennt, seit 1988 in die Evolutionstheorie ein und baut es in den vergangenen 20 Jahren mit weiteren Wissenschaftlern sorgfältig aus. Odling-Smee ist Mitglied der *Altenberg-16*. Seine Theorie passt sich elegant ein in EvoDevo und in vieles, was in den vorausgegangenen Kapiteln beschrieben ist.

Was ist eine Nischenkonstruktion? Am besten versteht man das Konzept an Hand von ein paar Beispielen. Der Begriff könnte beim Leser implizieren, dass es sich hier um einen evolutionären Mechanismus handelt, der nur in ganz bestimmten Fällen, Nischen also, in der Evolution Anwendung findet und dann so etwas wie ein Nischendasein in der Evolutionstheorie führt. Das ist aber nicht richtig. Wir haben es hier schon eher mit einer Regel als mit einer Ausnahme zu tun. Das Leben auf der Erde wäre zum Beispiel nicht in der uns bekannten Vielfalt wahrscheinlich gewesen ohne das Entstehen einer mit Sauerstoff angereicherten Atmosphäre. Diese war ursprünglich nicht vorhanden. Wir haben sie erst der globalen, maritimen Ausbreitung bakterieller Algen zu verdanken, die die Photosynthese in großem Maßstab in Gang gesetzt hat (Odling-Smee 2010, S. 195). Das hat die Evolution anderer Arten angekurbelt, mehr als vielleicht die der Algen selbst. Doch das ist zunächst sekundär. Wichtig ist: Auf diesem Weg wurde eine Umwelt oder besser noch: eine Welt geschaffen, deren Komponente *Sauer-*

stoff elementar war für alles Leben, das danach kam, ein ziemlich „globale Nische", wenn man so will.

Ein anderes Beispiel: In Box 4 ist die Lactosetoleranz des Menschen erläutert. Sie geht zurück auf eine Mutation, die jünger ist als 10 000 Jahre. Parallel geht mit der Ausbreitung dieser lokalen, an der heutigen Ostsee erstmals aufgetretenen Mutation die Einführung der Viehhaltung einher. Die Viehbewirtschaftung ist im Sinne Odling-Smees die Nischenkonstruktion, die der Mensch sich selbst schafft[71]. Dieses neuartige kulturelle Umfeld hat mit einiger Wahrscheinlichkeit zur Erhöhung der Genfrequenz des mutierten Lactase-Gens in der Population geführt, und das wiederum zur noch konsequenteren Ausweitung der Viehhaltung bis heute. Hier wird deutlich, wie die Dinge ineinander greifen und sich gegenseitig fördern. Die Nische (Viehhaltung) ist ein neues, vom Menschen geschaffenes Umfeld, neuer Selektionsstoff für die weitere Evolution des Menschen. Andreas Weber trifft den Kern der Sache (2008, S. 214):

> Der Begriff Nische, der an eine fertig eingerichtete Kammer denken lässt, führt in die Irre. Nischen sind keine definierten Räume in einer festen Wand, für die passende Bewohner gesucht werden. Im Ökosystem existieren keine vorgegebenen Arbeitsplatzbeschreibungen für die entsprechend angepasste Facharbeiter angeworben werden müssen. Wie eine Nische aussieht hängt nämlich davon ab, wie ein Organismus sie gestaltet – und welche Rolle diesem die anderen Arten gestatten.

Odling-Smee nennt viele weitere Beispiele, etwa Insektenstaaten, die in ihren Bauten ganz spezifische Umweltbedingungen schaffen, Temperaturen, Luftfeuchtigkeit, etc. Bedingungen unter denen die Nachkommen gedeihen und die Art nur evolvieren kann. Ein frühes Standardbeispiel, mit dem schon Darwin sich im hohen Alter ausführlich beschäftigt hat, sind Erdwürmer, die den Boden umgestalten, nicht nur seine Drainage, sondern auch seine chemische Zusammensetzung, und damit das Wachstum von Pflanzen fördern. Erdwürmer sind ihrer Herkunft nach aquatische Tiere, schlecht ausgerüstet für ein Leben an Land. Dennoch leben sie an Land. Auf ihre Weise schaffen sie sich einen Lebensraum, eine Nischenkonstruktion, ohne mit physiologischen Adaptationen zu evolvieren[72]. Aber auch Biber werden als Arten genannt, die ihre Umgebung mit dem Bau von Dämmen in großem Stil verändern und sich ihre Welt schaffen, in der sie selbst weiter evolvieren (Odling-Smee 2010, S. 194). Abb. 21.1 macht schematisch deutlich, wie sich Nischenkonstruktion abhebt vom Standardmodell der Evolutionstheorie.

Warum kann man sich hier nicht einfach darauf beschränken, mit Darwin zu sagen: *Es bleibt doch letztlich dabei, dass wir es mit Selektionswirkungen zu tun haben, die die Evolution formen. Wir könnten demnach doch die Komplizierung vernachlässigen; Nischenkonstruktion ist nur Teil der natürlichen Selektion.* Odling-Smee wehrt sich gegen diese verengte Sicht, wenn er betont: Weil frühere Aktivitäten

---

71 http://www.nicheconstruction.com.
72 Odling-Smee 2010, S. 194 mit Bez. auf Turner 2000.

von Nischenkonstruktion der Organismen zumindest für einen Teil der selektiven Umgebung verantwortlich sind, die wiederum weitere Nischenkonstruktion begünstigt, kann man nicht folgern, dass die ultimative Ursache von Nischenkonstruktion die Umwelt selbst ist. Solche Rekursionen wären endlos und würden bis zum Anfang des Lebens führen (Day/Laland/Odling-Smee 2003, S. 83).

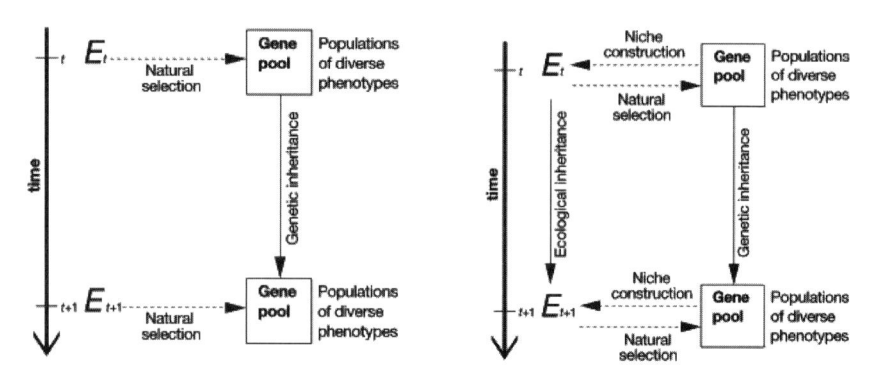

Abb. 21.1 Nischenkonstruktion
Während im neodarwinistischen Standardmodell links die Umwelt (Environment E) einseitig auf den Genpool wirkt, formt sich bei Nischenkonstruktion (rechts) ihre eigene Umwelt. Diese wird neben der genetischen Vererbung (*genetic inheritance*) ebenfalls in die Folgegenerationen (t+1) vererbt (*ecological inheritance*) und wirkt als verändertes Selektionsmaterial auf den Genpool zurück, Das wiederum kann evolutionäre Konsequenzen nach sich ziehen. Voraussetzung ist, dass die Prozesse ausreichend lange anhalten.

Nischenkonstruktion hat also eine andere, zusätzliche Qualität zur natürlichen Selektion, auch wenn ihr Ergebnis in Abb. 21.1 in der Selektionswirkung von E_{t+1} subsumiert ist. Für Odling-Smee und seine Kollegen ist Nischenkonstruktion in ihrer Bedeutung ein mit natürlicher Selektion ebenbürtiges Prinzip. Sie ist ein eigener Evolutionsfaktor, *ein zweiter selektiver Prozess in der Evolution und zwar sehr unterschiedlich zur natürlichen Selektion*[73]. Möglich ist das Konzept der Nischenkonstruktion nur, wenn deutlich unterschieden wird, dass es zwei getrennte Vererbungswege gibt: die genetische Vererbung auf der einen Seite und die Vererbung einer modifizierten Umwelt, von Odling-Smee als *ecological inheritance* bezeichnet, auf der anderen. Am Beispiel Viehhaltung lässt sich das nachvollziehen: Es gibt kein „Viehhaltungs-Gen", dass ein solches kulturelles Verhalten möglich macht und vererbt. Vielmehr ist die Viehhaltung ein menschliches Verhalten, das seine ultimative Ursache eher in einer allgemeinen Lernfähigkeit des Menschen hat.

---

[73] http://www.nicheconstruction.com.

21 John Odling-Smee – Nischenkonstruktion

> *Lebewesen verändern ihre eigene Umwelt. Weil diese aber auf ihre Organismen rückwirkt, verändern sie damit auch ihre eigene Evolution. Solche Nischenkonstruktion wird als eigener Evolutionsfaktor gesehen.*

Auch negative Nischenkonstruktion kann entstehen, etwa durch Überbevölkerung oder Umweltverschmutzung (Odling-Smee 2010, S. 191). Damit evolutionäre Effekte zustande kommen, müssen die veränderten Bedingungen lange anhalten, entsprechende Intensität haben und die Population selbst bzw. die Art selbst muss lange genug in der Region vorherrschen, in der sie die Veränderungen, „negative" wie „positive", verursacht.[74]

Es gibt auch eine Brücke der Nischenkonstruktion zur EvoDevo-Welt. Diese Brücke zeigt, dass das Modell von Odling-Smee nicht ein losgelöster Theorieteil der *Extended Synthesis* ist. Vielmehr vollziehen sich im Embryo Entwicklungsschritte einzelner Teile nicht selbständig und losgelöst von ihrem weiteren Umfeld und von der äußeren Umwelt, sondern in enger reziproker Abstimmung miteinander. Komponenten des Auges der Maus kommen so während ihrer Entwicklung in Kontakt mit Nerven aus dem angrenzenden sich parallel entwickelnden Vorhirn. Die Entwicklung der einen Komponenten induziert die Entwicklung der anderen und dasselbe reziprok. Das ist spezifische Nischenkonstruktion in Miniatur (Gilbert 2009, S. 393f.). Rupert Riedl erwähnt beiläufig (2006, S. 75): *Zur Organisation des Auges kennt man bereits dutzende derartig orchestrierter Induktionsprozesse.*

Es liegt nahe, dass die Theorie der Nischenkonstruktion anwendbar ist auf menschliche Kultur. Der Wirkungszusammenhang von Richerson/Boyd in Abb. 20.5 wird nicht viel anders dargestellt auf www.nicheconstruction.com (Fig.10), wo ausdrücklich betont wird, dass *genetische Vererbung im Zusammenspiel mit Nischenkonstruktion das Gewicht menschlichen Verhaltens und kultureller Prozesse für die Evolution des Menschen verstärken.*

* * *

---

74 Mit Bezug auf Jones (1994/97) nennt Odling-Smee sechs Faktoren, die das Potenzial bestimmen können für das, was er Ökosystem-Engineering nennt, also die Umweltveränderung durch Organismen (Odling-Smee 2010, S. 195).

22 Systemübergänge

John Maynard Smith und Eörs Szathmáry: The Major Transitions in Evolution

Das Leben auf der Erde nahm den Weg von einfachen zu komplexen Formen. Das ist unbestritten in der Evolutionstheorie. Diskussionsstoff ergibt sich bei näherer Betrachtung der Stufen, die die Evolution dabei beschritten hat. Es wird auf eine Reihe wichtiger Systemübergänge oder Schlüsselereignisse in der Evolution aufmerksam gemacht. Die Synthese muss sich daran messen lassen, ob ihre Argumentation gradualistischer Variation – natürlicher Selektion – Adaptation hinreichende Erklärung liefert, wie diese Übergänge im Einzelnen entstehen konnten. Das Buch *The Major Transitions in Evolution* von John Maynard Smith und Eörs Szathmáry versucht, solche Übergänge zu erklären. Würde sich das Werk darauf beschränken, wäre es nicht, was es ist: ein Meilenstein in der Evolutionstheorie. Zu einem solchen wird es dadurch, dass es erstmals auch Ideen für gemeinsame evolutionäre Prinzipien oder Spielregeln dieser Übergänge liefert. Das ist eine Synthese eigener Art in der Evolutionstheorie.

Die Autoren behandeln die folgenden Übergänge als herausragend in der Evolution (Maynard Smith/Szathmáry 1995, S. 6):

	Ursprüngliches System	Neues System
1	Replizierende Moleküle	Populationen von Molekülen in Kompartimenten
2	Unverknüpfte Replikatoren	Chromosomen
3	RNA als Gen und Enzym	DNA plus Protein (Genetischer Code)
4	Prokaryoten	Eukaryoten
5	Asexuelle Clones	Sexuelle Populationen
6	Protisten	Tiere, Pflanzen, Pilze (Zelldifferenzierung)
7	Solitäre Individuen	Kolonien (nicht reproduktionsfähige Kasten)
8	Primaten-Gesellschaften	Menschliche Gesellschaften (Sprache)

Abb. 22.1 Die großen Systemübergänge in der Evolution nach Maynard Smith und Szathmáry 1995

Lassen sich Prinzipien finden, die für einzelne oder sogar alle diese Übergänge gelten und die die Synthese mit neuen Inhalten füllen, würde das auf eine Bereicherung der Evolutionstheorie hindeuten. Der 2004 verstorbene John Maynard Smith steht zunächst in streng darwinistischer Tradition, wenn er in einem Interview erläutert, was das Leben ausmacht und wie Komplexität evolviert (Maynard Smith 1999):

> Lebende Dinge besitzen Teile, die eindeutig funktionell sind; sie sind *für etwas* da. Tatsächlich sind sie da zum Überleben und zur Reproduktion des Subjekts, von dem sie Teil sind. Also ist ein Aspekt des Lebens, dass Leben nicht einfach kompliziert ist, sondern *auf einem adaptiven Weg kompliziert wurde*. Hände und Nieren und Lebern und Nasen und Augen und Ohren – alles ist adaptiert für etwas. Das ist die erste Eigenschaft von Leben.

22 Systemübergänge

Der andere Weg, wie man es definieren kann ist, dass man sagt, Leben ist jede Population von Einheiten, die die Eigenschaften besitzen, die notwendig sind, um diese Komplexität zu evolvieren. Und diese Qualitäten sind: Sie müssen reproduzieren; sie müssen variieren, und sie müssen Vererbung besitzen, mit anderen Worten: Ähnliches erzeugt ähnliches. Wenn sie diese Eigenschaften besitzen, erfolgt der Rest von allein. Sie werden komplexe Adaptation evolvieren.

Doch bei Systemübergängen wird mehr gesehen als Adaptation. Noch einmal erläutert Maynard Smith, worum es bei den Systemübergängen generell geht.

Es gab eine Anzahl ziemlich dramatischer Veränderungen in der Art, wie Information entweder gespeichert, übermittelt oder übersetzt wird, und jeder dieser Übergänge machte weitere zukünftige Evolution von Komplexität möglich. Wir machten uns auch Gedanken darüber, dass es wirkliche Analogien zwischen den verschiedenen Übergängen gab und über das, was in den Übergängen geschah.

Die Autoren sehen also eine Zunahme an Komplexität in der Evolution, wenn auch keine generelle und keine zwangsläufige (Maynard Smith/Szathmáry 1995, S. 4). Es gibt heute noch Bakterien mit derselben Komplexität wie früher. Die Zunahme an Komplexität können wir als Evolution neuer Ebenen biologischer Organisation betrachten. Die Evolutionstheorie muss dann erklären, wie Information, die mit einer neuen Ebene verbunden ist, erstmals in dieser Form auftreten

John Maynard Smith (1920–2004). Richtungsweisender theoretischer Biologe auf verschiedenen Gebieten der Evolutionstheorie wie Spieltheorie, Evolution der Sexualität, Systemübergänge.

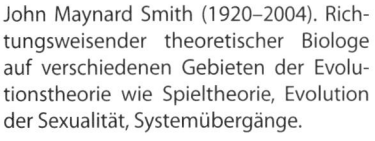

Eörs Szathmáry (*1959). Theoretischer Biologe. Beschäftigt sich auf unterschiedlichen Feldern wie Entstehung des Lebens, mathematische Beschreibung früher Phasen der Evolution, Ursprung und optimale Größe des genetischen Codes und Evolution der Sprache.

kann, so Maynard Smith (Maynard Smith 1999). In der Evolutionstheorie wird somit die Natur der biologischen Information das Thema.

Das klingt sehr abstrakt und soll daher an einem Beispiel erklärt werden. Wir verwenden dafür den Übergang 1 in Abbildung 22.1, das ist der Übergang von replizierenden Einzelmolekülen zu Molekülen in Kompartimenten. Die informationstheoretische Analyse stellt drei Fragen: erstens, ob bei diesem Übergang eine neue Art der Informationsspeicherung vorliegt. Das ist der Fall. Vererbbare Informationen werden im neuen System in Kompartimenten gespeichert. Solche Kompartimente sind zunächst noch nicht die DNA, sondern kleinere RNA-Einheiten; zweitens, ob sich die Art der Informationsübertragung verändert hat. Das ist ebenso der Fall. Replizierende Moleküle werden im neuen System in Gruppen (Kompartimenten) übertragen; drittens die Frage, ob ein anderer vererbbarer Informationstyp vorliegt. Das kann man hier nicht mit Sicherheit beantworten, da wir über die Vererbungsform des Ausgangssystems keine Gewissheit haben. Es können aber unterschiedliche autokatalytische Systeme existiert haben, die beim Übergang integriert werden (Jablonka/Lamb 2005, S. 245). Das Beispiel soll deutlich machen, wie unterschiedlich das Szenario zu dem ist, dass die Synthese beschreibt, wenn sie von Evolution als veränderte Genfrequenzen in Populationen spricht. Dieselben Fragen lassen sich bei allen anderen Übergängen stellen. Mal erhalten wir Unterschiede bei der vererbbaren Informationsspeicherung, mal bei der Übertragung oder bei der Interpretation. Oder der Informationstyp selbst ändert sich. Letzteres liegt zum Beispiel beim Übergang 7 in Abbildung 22.1, dem Wechsel von solitären Individuen zu Kolonien, vor. In Kapitel 19 wird gezeigt, dass die Kolonie als Ganzes Verhaltensweisen aufweist, die auf der Individualebene nicht vorzufinden sind. Die Kolonie selbst wird zu einer Einheit der Selektion. Die Kolonie vererbt als Superorganismus sozial erworbene Informationen auf genetischem und epigenetischem Weg (Jablonka/Lamb 2005, S. 245).

Kooperation und Konflikte bei Systemübergängen

Systemwechsel hin zu einer höheren Organisationsebene bedingen immer Anforderungen an die Integration der Komponenten auf der nächsten Ebene. Störungen auf unteren Ebenen, die das Funktionieren auf der höheren Ebene gefährden, müssen minimiert werden, Konflikte kontrolliert werden. *Es muss tatsächlich einen starken Vorteil der Kooperation und Möglichkeiten zur Unterdrückung von Konflikten geben* (Queller 1997, S. 187). So ist zum Beispiel beim Auftreten von Chromosomen nicht mehr erwünscht, dass Gene „auf eigene Faust" replizieren oder exprimieren (Jablonka/Lamb 2006, S. 239). Dennoch können Konflikte nicht gänzlich ausgeräumt werden. Queller/Strassmann (2009) liefern Beispiele für zellulare Konflikte innerhalb eines Organismus. Die Spannweite reicht von geringer bis hoher Kooperation und von wenigen bis häufigen Konflikten von Zellgruppen. Wenig Konflikte und hohe Kooperation sind nicht dasselbe (Queller/Strassmann 2009, S. 3151), wie am Beispiel von Megastädten deutlich wird, in denen

Menschen in hohem Maß kooperierend zusammen leben aber Konflikte unvermeidlich sind; beides herrscht dort vor. Kooperation und Konfliktausmaße lassen sich in vier Quadranten darstellen: erstens wenig Kooperation – wenige Konflikte, zum Beispiel einfache Zellgruppen wie Grünalgen; zweitens wenig Kooperation häufige Konflikte; drittens hohe Kooperation – häufige Konflikte und viertens hohe Kooperation – wenig Konflikte, zum Beispiel bei Säugetierorganismen. Bei letzteren sind zum Beispiel Krebs oder Autoimmunerkrankungen wie Diabetes Typ I bekannte Konfliktpotenziale. Die Wissenschaft muss Antworten liefern auf Fragen, wie die Synchronisation der Systemkomponenten bewerkstelligt werden kann und worin selektive Vorteile des Systemwechsels liegen (Maynard Smith/Szathmáry 1995, S. 4f). Maynard Smith/Szathmáry liefern hierfür Anhaltspunkte; die Diskussion auf diesem weiten Feld ist aber bis heute nicht abgeschlossen, so etwa die Diskussion über die evolutionären Vorteile der Sexualität im Vergleich zu deren Kosten, um nur ein Beispiel zu nennen.

Major Transitions in Evolution wird vor dem Hintergrund der notwendigen Kooperation derjenigen Teile, die Systemübergänge charakterisieren, zu einer neuen Synthese des Kooperations- und Altruismusdenkens in der Evolutionstheorie. Die bestmögliche Kooperation der Teile auf einer neuen Organisationsebene vollzieht sich in dem, was man als einen Organismus bezeichnet. *Wir bezeichnen etwas nicht deswegen als einen Organismus, weil es in Stufen auf der Leiter des Lebens steht, sondern weil es eine konsolidierte Designeinheit darstellt* (Queller 1997, S. 187). Später definieren Queller/Strassmann den Organismus als *eine Einheit mit hoher Kooperation und sehr wenig Konflikt zwischen ihren Teilen* (Queller/Strassmann 2009, S. 3144). Für einen so verstandenen Organismus sind die Ebenen über ihm solche mit mehr Konflikten (Queller 1997, S. 187f.). Organismen gibt es somit auf verschiedenen Ebenen (Kap. 19). Die ursprünglich auf egoistischem Prinzip und auf Konkurrenzdenken basierende Synthetische Theorie – natürliche Selektion impliziert Konkurrenz – wird in der Arbeit von Maynard Smith/Szathmáry nach William Donald Hamilton und neben EvoDevo, David Sloan Wilson und der Spieltheorie einmal mehr bereichert durch Kooperation. Queller würde daher auch den Titel *Cooperators Since Life Began* als einen passenden alternativen Titel für das Buch von Maynard Smith/Szathmáry sehen (Queller 1997, S. 184). In der Geschichte des Lebens auf der Erde und in der Geschichte der Evolution reicht Kooperation bis an den Anfang zurück.

Beispiele gemeinsamer Prinzipien evolutionärer Systemübergänge

Als erstes gemeinsames Prinzip von Systemübergängen nennen Maynard Smith/Szathmáry, dass *Einheiten, die zu unabhängiger Replikation fähig waren, nach dem Übergang nur noch als Teil eines größeren Systems replikationsfähig sind* (Maynard Smith/Szathmáry 1995, S. 4). Die ersten Eukaryoten können vermutlich asexuell und eigenständig replizieren, während die meisten Eukaryoten das nur als Teil einer sexuellen Population können (S. 4). Die Integration einer Entität in eine höhere Einheit muss zwangsläufig Mechanismen mit sich führen, die sicherstellen, dass die Stabilität der letzteren aufrechterhalten bleibt und deren Desintegration in ein Eigenleben ihrer Einzelkomponenten unterbunden wird (Jablonka/Lamb 2006, S. 237). Hier wird deutlich, dass Komponenten des Systems vorteilhafte Eigenschaften verlieren müssen (Altruismus), was die Synthese in ihrer ursprünglichen Form nicht erklären kann.

Ein weiteres gemeinsames Phänomen von Systemübergängen ist, was die Autoren mit *kontingenter Unumkehrbarkeit* bezeichnen (Maynard Smith/Szathmáry 1995, S. 9). So können Säugetiere in der Regel keine Nachkommen mehr durch Parthenogenese, also durch eingeschlechtliche Fortpflanzung oder Jungferngeburt erhalten, da es für die vollständige Entwicklung des Embryos unumgänglich ist, dass manche Gene als väterlich und manche als mütterlich gekennzeichnet sind und nur als solche vererbt werden können (*Imprinting*).[75]

Als letztes gemeinsames Merkmal bei Systemübergängen soll hier die *Arbeitsteilung* genannt werden. Arbeitsteilung herrscht bei einem Organismus nicht nur vor auf Zellebene in Form der Zelldifferenzierung, sondern auch auf anderen Organisationsebenen wie der molekularen Ebene, der enzymatischen Ebene in der Zelle oder der Organebene (S. 12f.). Auch Sexualität ist eine bestimmte Form der Arbeitsteilung. Diese kann ebenso auf Populationsebene und in Superorganismen von Insektenstämmen existieren.

Die genannten drei Beispiele gemeinsamer Prinzipien bei evolutionären Systemübergängen stammen aus einer noch längeren Liste von Maynard Smith/Szathmáry. Das Wesentliche wird aber bereits hier sichtbar, besonders gut am Beispiel der Arbeitsteilung: Es handelt sich bei Arbeitsteilung nicht um eine Erscheinungsform, die bei Systemübergängen a posteriori festgestellt werden kann. Es handelt sich vielmehr um einen regelrechten Mechanismus der Evolution, der den Systemübergang notwendig begleitet.

Bei der Behandlung unterschiedlicher Vererbungsmöglichkeiten nennen Maynard Smith/Szathmáry einiges von dem, was Jablonka/Lamb zehn Jahre später ausführlich behandeln (Jablonka/Lamb 2005): Vererbung umfasst verschiedene Formen der Informationsweitergabe, keineswegs nur die mendelsche. Alternative Wege der Vererbung sind in der Evolution entstanden. Vererbung evolviert zu neuen Formen der Vererbung. Das reicht von der einfachsten Form eines autokatalytischen Systems bis hin zur Weitergabe menschlicher Sprache mit einer universellen Grammatik und unbegrenzter semantischer Repräsentation (S. 14). Wie chemische Verbindungen strengen Regeln gehorchen, existieren grammatikalische Regeln, wie Wörter miteinander zu verknüpfen sind, damit sie Sinn ergeben (Maynard Smith 1999).

Jablonka/Lamb (2006) nehmen sich das Buch von Maynard Smith/Szathmáry vor und plädieren dafür, epigenetische Prozesse der Informationsübertragung, -speicherung und -interpretation noch stärker einzubeziehen. Alle Über-

---

75 Bei manchen Fischen (bestimmte Haie) und Echsen (z. B. Gecko oder Komodowaran) ist die Möglichkeit zur Parthenogenese erhalten geblieben.

22 Systemübergänge

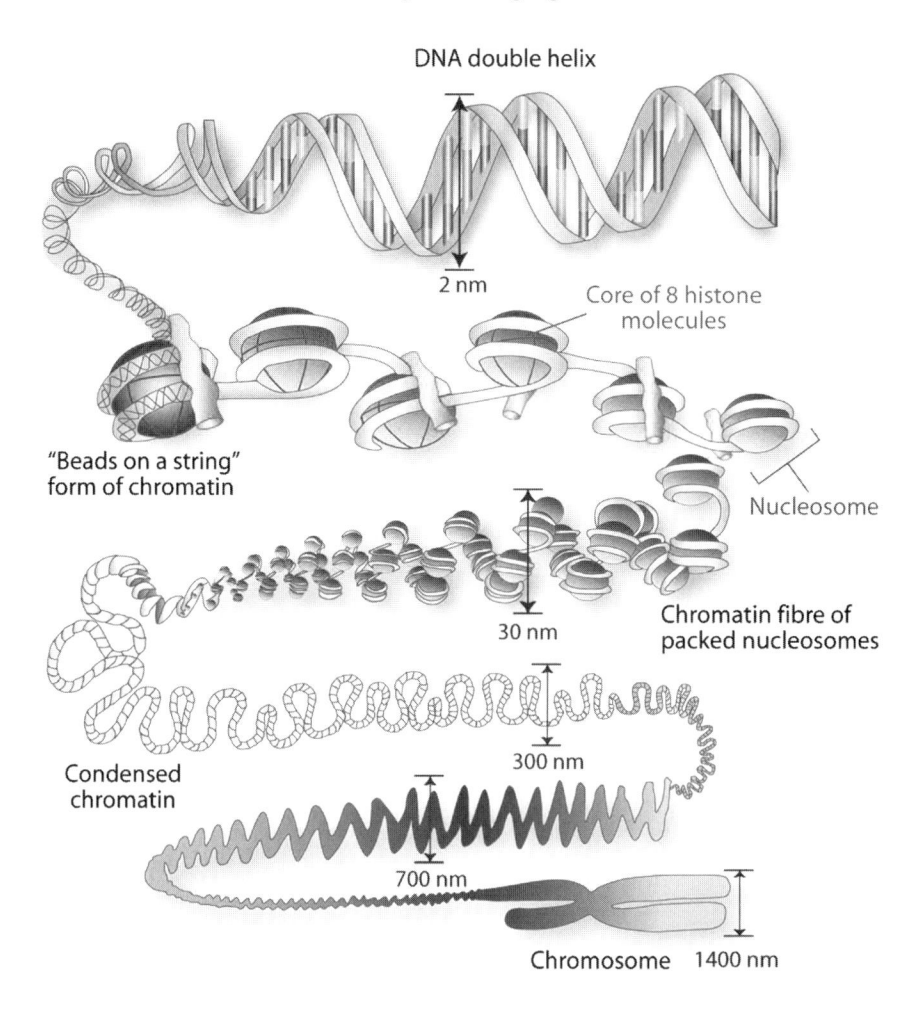

Abb. 22.2 Organisation eines Chromosoms.
DNA wird mit Hilfe von Proteinmaterial (Chromatin) auf sehr komplexe Weise verpackt und organisiert. Bevor es Chromosomen und DNA gab, haben Gene und Enzyme als RNA eigenständig existiert. Sowohl das Entstehen von DNA als auch das von Chromosomen steht für einen jeweils eigenen Systemübergang in der Evolution. Nicht nur DNA selbst sondern auch Organisationsformen wie die hier gezeigte sind evolutionär entstanden. Jablonka/Lamb (2006) weisen dabei auf die umfangreichen epigenetischen Prozesse hin, etwa Chromatinmarker, ohne die dieser hohe Organisationsgrad nicht vorstellbar ist.

gänge bei Maynard Smith/Szathmáry basieren laut Jablonka/Lamb mit Ausnahme der Evolution der Sprache auf genetischer Information. Die beiden Autorinnen nennen zu allen genetischen Transitions epigenetische Prozesse, die erst ermöglichen, dass jene zustande kommen und in rezenten Arten noch stärker ausgebildet sind. Als Beispiele für den Übergang zu multizellularen Organismen, auf den wir im zweiten Teil dieses Kapitels näher eingehen, führen Jablonka/Lamb (S. 241) an:

B Der Ausbau – Wege zu einer Erweiterten Synthese in der Evolutionstheorie

> Die Leistungsfähigkeit des Zellgedächtnisses, die Stabilität differenzierter Zellstati, das Ausmaß von Selektion und Zelltod bei somatischen Zellen, die Trennung zwischen Soma- und Keimzellen, die massive Restrukturierung von Chromatin, die bei der Herstellung von Keimzellen auftritt, sie alle werden teilweise durch epigenetische Vererbung geprägt, und epigenetische Vererbungssysteme werden geprägt durch die Evolution der Entwicklung. Wir glauben, dass es unmöglich ist, das Auftreten und die Evolution multizellularer Organismen zu verstehen, ohne epigenetische Vererbung und die Genetik epigenetischer Vererbung in Betracht zu ziehen.

Neben der epigenetischen Diskussion sehen Jablonka/ Lamb einen wichtigen Systemübergang, den sie bei Maynard Smith/Szathmáry vermissen, das ist die Evolution des Nervensystems (S. 244f.). Neuronale Information bedingt eine völlig neuartige Speicherung, Übertragung und Interpretation von Information. Viel mehr noch bedingt aber neuronale Information den Informationstransfer zwischen Individuen derselben Generation und von einer Generation zur nächsten auf nicht-DNA-Weg (Kap. 20).

Weitere Systemübergänge als die bisher genannten werden in der Literatur diskutiert, so etwa der Übergang zur Photosynthese.[76] Im Zusammenhang mit *Nischenkonstruktion* (Kap. 21) haben wir erfahren, welche Bedeutung der Photosynthese für die Entwicklung des Lebens auf der Erde zukommt. Dabei werden aber andere Kriterien für Systemübergänge angesetzt als bei Maynard Smith/Szathmáry.

Im Folgenden will ich einen spezifischen Systemübergang näher erläutern, den Weg zur Lebensform multizellularer Organismen (Metazoa). Das ist in der obigen Liste von Maynard Smith/Szathmáry der Übergang 6 von Protisten, also von nicht näher verwandten ein- oder wenigzelligen Lebewesen, zu Tieren, Pflanzen und Pilzen. Dieser Systemübergang ist für die Evolution der Tiere und damit für die des Menschen von zentralem Rang. Wissenschaftliche Erkenntnisse zur Evolution dieses Übergangs sind mit einem Namen verbunden: Stuart A. Newman.

Stuart A. Newman – Jenseits von Darwin

Im ersten Teil des Kapitels haben wir eine Idee erhalten, dass andere Faktoren als allein gradualistische Variation, natürliche Selektion und Adaptation das evolutionäre Geschehen mitbestimmen können, wobei die Unterschiede zur Synthese bei Maynard Smith/Szathmáry weniger im Beitrag von Selektion und Adaptation liegen als in der Art, wie Variation erzeugt wird. Newman geht im Folgenden noch einen Schritt weiter und relativiert auch den Stellenwert der Selektion. Lässt sich das für die Evolution bestätigen, müssten wir mit dem amerikanischen Wissenschaftstheoretiker Thomas Kuhn bezogen auf die Evolutionstheorie von einem Paradigmen-

---

76 Lenton T./Watson, A. (2011): *Revolutions That Made the Earth.* Oxford UP.

wechsel sprechen. So bezeichnet Kuhn eine Umwälzung in der Wissenschaft wie etwa die von Kopernikus. Bei einem Paradigmenwechsel werden die wesentlichen Ursache-Wirkungszusammenhänge einer Theorie anders gesehen. Wenn ein Wissenschaftler der *Altenberg-16* die Aura eines Paradigmenwechsels in der Evolutionstheorie vermitteln kann, dann der amerikanische Zellbiologe Stuart A. Newman mit seiner Theorie der DPMs.

Stuart A. Newman, Zellbiologe, lehrt am New York Medial College USA u. a. über physikalische Mechanismen der Morphogenese und Mechanismen morphologischer Evolution. Seine Theorie der DPMs lässt der darwinistischen Sicht nicht allzu viel Raum.

Die Evolution der ersten Metazoen

Plastizität, also die Möglichkeit, dass aus einem Genom unter wechselnden Umweltbedingungen verschiedene Formen entstehen können, geht zurück auf Prozesse der Genom-, intra- und interzellularen, epigenetischen Ebene. Sie entsteht, wie wir lernen konnten, bei der Bauplan-Ausführung in Embryonen, also von multizellularen Lebewesen. Stuart A. Newman fehlt noch etwas Entscheidendes: Er argumentiert, dass Genexpression und Genprodukte allein in der präkambrischen Zeit keine geeigneten Grundformen herausbilden konnten, aus denen später die komplexe embryonale Entwicklung hervorgegangen ist. Er vermisst eine zusätzliche Ebene auf Zellniveau, eine Meso-Ebene oder Größenordnungsskala, auf der die Entstehung von Grundformen erklärt werden kann.

Für Gerd B. Müller wie für Stuart Newman ist das Entstehen organismischer Form ein Kernthema. 2003 wird von ihnen gemeinsam der Band *Origination of Organismal Form* herausgegeben, aus dem ich im Kapitel 12 mehrfach zitiert habe, wo es um das Entstehen von *Innovationen* in der Evolution geht. Womit wir es hier zu tun haben, sind Innovationen einer anderen Art, das Entstehen der ersten Metazoen, also vielzelliger Organismen, von denen die höher entwickelten Tiere aller Taxa abstammen (Abb. 12.2).

Man kann der Auffassung sein, die Metazoenevolution beträfe doch nur eine dedizierte Phase in der Geschichte des Lebens, einen kleinen Ausschnitt der Gesamtsicht. Tatsächlich betrifft es jedoch *die* Phase in der Entwicklung des Lebens, die den entscheidenden Systemübergang zu vielzelligen Organismen darstellt. Und nicht nur das: Bei diesem Systemübergang vor etwa 540 Millionen Jahren werden sämtliche Baupläne in der Tierwelt etabliert.

Newman entwickelt mit seinen Kollegen ein schlüssiges, konsistentes Modell des Entstehens komplexen Lebens auf unserem Planeten. Ohne die Mechanismen, die Newmans Team herausgearbeitet hat, wäre die Evolution des Lebens in der heutigen Form mit großer Wahrscheinlichkeit nicht denkbar. Aus diesem Grund ist die Theorie von Newman eine wichtige Säule der *Extended Synthesis* und Newman selbst eine wichtige Figur im Kreis der *Altenberg-16*.

Kein Haus ohne Mörtel

Was verlangt wird, ist eine Reihe von physikalischen Grundeigenschaften im Zellenumfeld. Eigenschaften, die Bauplan-Programmen, wie wir sie an früherer Stelle kennen gelernt haben, entwicklungsgeschichtlich vorausgehen müssen. Man kann kein Haus bauen ohne genormte Backsteine, die aufeinander passen und ohne Gips dazu. Kein Haus ohne Isolation, die die Wärme im Innern hält und kein Gebäude ohne Wasserleitungen. Analog werden im Fall hier Grundmodule benötigt, die flexibel genug sind, den hohen Anforderungen multizellularer Konstruktionsformen zu genügen. Wir sprechen da nicht allein über Haftungseigenschaften von Zellen analog zum Mörtel im Beispiel oben, sondern auch über Möglichkeiten der Oszillation und anderen zellbiologischen Mechanismen. Das Beispiel vom Hausbau ist ein wenig schief für unseren Zweck, aber es liefert ein erstes Verständnis, und wir werden später sehen, warum es nicht ganz passt.

Emergenz

Nehmen wir ein einziges Wasssermolekül. Ein Molekül ist weder flüssig noch fest. Solche Attribute können wir erst verwenden, wenn eine gewisse Anzahl von Molekülen zusammen kommt. Erst dann tritt die physikalische Eigenschaft von Flüssigkeit in Erscheinung durch Wasserstoffbrücken, die ständig zwischen den Molekülen neu entstehen. Niemand hat dann etwas Neues hinzugetan, damit Flüssigkeit entsteht. Diese Eigenschaft erscheint ab einer gewissen Größenskala inhärent im System. Man spricht von Emergenz.

Nachdem die Emergenzdebatte zur Mitte des 20. Jahrhunderts eingeschlafen ist, entbrennt sie seit den 1970er Jahren erneut. Das Erklärungsspektrum reicht von Ablehnung physikalischer Emergenz bis zu ihrer Anerkennung in den Naturwissenschaften (Mitchell 2008, S. 45). Nach der letzteren Anschauung ist Emergenz das Gleiche wie bestimmte zusammengesetzte, nicht ausschließlich auf Aggregation beruhende Strukturen wie beispielsweise die Selbstorganisation (Mitchell 2008, S. 45). Im Folgenden werden nur einige emergente Physikeigenschaften kurz angeschnitten.

Physikalische Eigenschaften von Zellverbänden

Am besten bekommt man ein Bild von dem, was Newman meint, wenn man sich vorstellt, dass es beim Übergang von Einzellern zu Mehrzellern Mechanismen geben musste, die gleichartigen Zellen erlauben, aneinander zu haften. Was aber bindet sie zusammen, etwa wie der Mörtel die Backsteine? Zellen konnten ja schon im frühen Einzellerstadium unterschiedliche Zellzustände annehmen, je nach ihren unmittelbaren Mikro-Umweltbedingungen (Newman et al. 2009, S. 1). Und vor allem: Sie konnten sich teilen. Ein durch wiederholte Teilung entstandenes Aggregat musste in der Lage sein, sich gleichzeitig abzusetzen von einem Nachbaraggregat, musste also über eine Oberflächenbeschaffenheit verfügen, die es hemmt, sich mit dem anliegenden Aggregat zu verbinden oder gar zu vermischen. Wer schon einmal Froschlaich aus der Nähe angeschaut hat, hat ein Gefühl, wovon hier gesprochen wird: Der Froschlaich erscheint als eine konsistente Masse, schottet sich von Wasser ab. Gleichzeitig ist jedes Ei in ihm präzise auszumachen als eine diskrete Einheit und es ist dennoch kaum möglich, eines davon herauszuklauben, zumindest nicht mit den Händen.

Diffusion ist eine weitere Eigenschaft, die Newman anführt. Wieder haben wir es mit gleichartigen Zellen zu tun. Sie tauschen Signale über ihren aktuellen Status aus. Einige Zellen übernehmen solche Stati von benachbarten, andere nicht. Durch unterschiedliche Phasenseparierung bilden sich unterschiedliche Materialeigenschaften aus bis hin zu einer gänzlichen Segmentierung wie zwei nicht vermischbare Flüssigkeiten, etwa Öl und Wasser. In der Evolutionstheorie konnten durch diesen Prozess die ersten unterschiedlichen Gewebeebenen entstehen (Newman in Mazur 2009, S. 126) (Abb. 22.2).

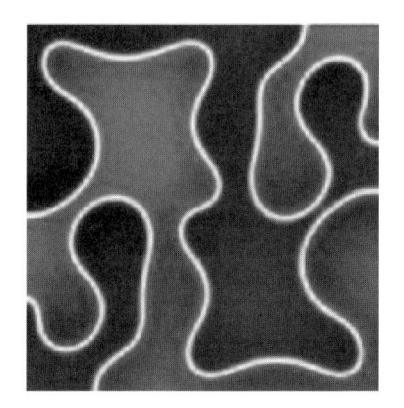

Abb. 22.3 Laterale Hemmung zwischen Zellverbänden
Aneinander grenzende Zellverbände werden durch bestimmte immanente physikalische Eigenschaften daran gehindert (gehemmt), sich zu vermischen. Solche Eigenschaften von DPMs sind elementare Grundvoraussetzung für die spätere Entwicklung komplexen, multizellularen Lebens.

Schwieriger wird es zu erklären sein, dass Oszillation gebraucht wird beim Entstehen von Metazoen. Wie kann etwas von sich aus ins Schwingen kommen, in gleichmäßigen Rhythmen? Oszillation ist auch in der unbelebten Materie nichts Esoterisches. Da gibt es Schwingungen bei elektrischem Wechselstrom, es gibt

B Der Ausbau – Wege zu einer Erweiterten Synthese in der Evolutionstheorie

Schallwellen oder elektromagnetische Wellen. Oben wurde schon gesagt, dass Einzeller bereits in frühen Phasen der Entstehung des Lebens ihren Zustand verändern konnten. Sie konnten das im Wechsel. Zellen haben eine „eingebaute Uhr" für diese Zustandsänderungen (Newman in Mazur 2009, S. 127). Sind ausreichend viele Zellen versammelt, die ihre Schwingungen synchron ausüben, kann die Oszillation als Effekt auftreten. Das kann dazu führen, dass sich ein zusammenhängender Bestandteil des Zellclusters vom Rest segmentiert und dass auf diese Weise zwei Gewebe-Layer entstehen, die unterschiedlich beschaffen sind.

In periodischen Rhythmen kann also gemäß Newman die eingebaute Uhr (Physik) Oszillationen ausführen. Konstruktionen wie den Bau der Wirbelsäule mit 30 oder bei manchen Schlangen 300 gleichartigen Segmenten führt Newman auf solch oszillierende Ursprungsaktivitäten in der frühen Evolution des Lebens zurück. Die Prozesse, die solche Gewebeblöcke generiert haben, konnten in der Evolution diskontinuierliche Einheiten, *true jumps*, dadurch entstehen lassen dass nicht aus 40 erst 41 Segmente werden, dann 42 usw., sondern dass durch Veränderung der Geschwindigkeit der Uhr (Oszillation) die Generierung von Segmenten von 40 auf 300 springen kann. Das ist eine phänotypische Saltation (Suzan Mazur, Interview mit Newman, Video). Bei der Somitenbildung des Hühnchens kann man den oszillierenden Rhythmus eines Somitenpaares im 90-Minutentakt beobachten (Solé/Goodwin 2000, S. 79ff.).[77] Natürlich befinden wir uns hier auf einem anderen, viel höheren, Integrationsniveau als bei den Oszillationen, die Newman auf DPM-Level beschreibt. Im Beispiel des Hühnchenembryos sind unzählige Maßnahmen der Stabilisierung des Prozesses erforderlich, um die erforderliche Robustheit zu garantieren. Und dennoch: Newman sieht wohl solche stabilen Entwicklungsprozesse in heutigen Wirbeltieren als die evolutionären Ergebnisse der Eigenschaften, die in den DPMs ihren Anfang nahmen.

Es gibt kein komplexes Leben ohne Kommunikation der Zellen untereinander. Der Notch-Signalpfad existiert laut Newman seit Milliarden Jahren in den Zellen (Newman in Mazur 2009, S. 65). Abb. 22.3 zeigt die Übertragungswege von Zellsignalen.

Moderne heutige Organismen besitzen vielfältige, hoch evolvierte, auf Gen-Netzwerken basierende Regulationssysteme, die darauf ausgerichtet sind, die exakte Stärke interzellularer Adhäsion zu kontrollieren (Newman et al. 2006, S. 294). So können sie mit Hilfe von genetischen Schaltern – oder wie Carroll es nennt: mit Hilfe des *genetischen Baukastens* – die physikalisch-chemischen Anforderungen nicht nur hervorragend erfüllen, sondern in vielen Fällen auch auf alternative Weise genetisch/epigenetisch redundant abbilden. Wie aber war das, als Genome und Epigenome erst am Anfang standen, als multizellulare Verbände erstmals entstanden und Genome vielleicht noch sehr rudimentär waren?

---

77 Einmal mehr kann an diesem Beispiel gezeigt werden, dass die Oszillation im Hühnchenembryo nicht allein abhängig ist von der Proteinsynthese (Transkriptionsfaktoren), was die komplexe Integrität des Entwicklungsapparats bestätigt (Solé/Goodwin 2000, S. 83).

22 Systemübergänge

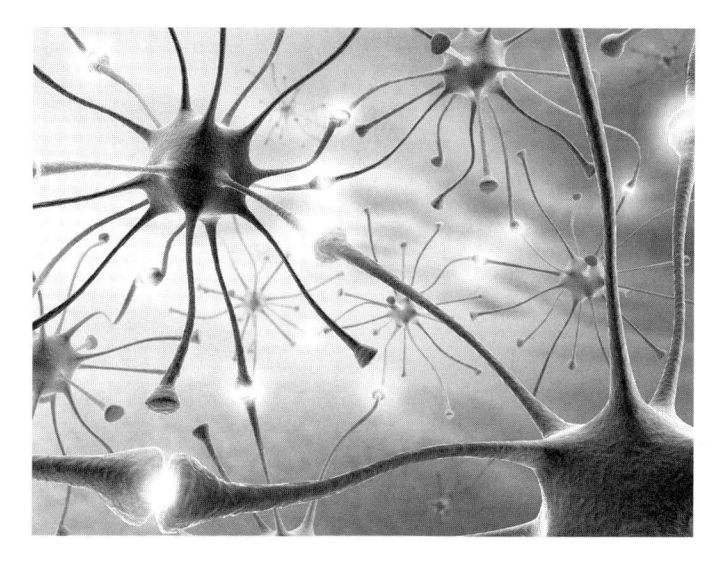

Abb. 22.4 Signalübertragungswege zwischen Gehirnzellen
Der Notch-Signalweg ist der wichtigste Übertragungsweg von Informationen zwischen den Zellen im Gehirn. Das funktioniert nur mit speziellen sogenannten Rezeptor-Molekülen (Notches), Sie sind Andockstellen an den Synapsen, an denen bestimmte, genau passende Moleküle auf ihrem Weg von einer Gehirnzelle zur anderen andocken.

Als multizellulare Organismen entstanden, waren die Genome schon nicht mehr rudimentär. Sie waren schon überraschend weit entwickelt und besaßen bereits alle ein genetisches Toolkit, sagt Newman immer wieder (Newman 2006,296). Er meint einen „brauchbaren" genetischen Baukasten, im Goßen und Ganzen den, den wir in den diversen Tierformen heute kennen, wenn er auch heute durch die Evolution perfektioniert ist. Dasselbe sagen auch Kirschner/Gerhart und Carroll.

Die DPMs

Wir haben es bei den Dynamic Patterning Modules (DPMs) mit Objekten und Objektqualitäten zu tun, die nicht durch natürliche Selektion geschaffen wurden, da sie stabile, physikalisch untermauerte Grundmuster sind. Fast eine Milliarde Jahre hat die Entwicklung des Lebens sich Zeit genommen von den ersten Zellzusammenschlüssen bis zum Zustandekommen der ersten multizellularen Organismen. In dieser langen Zeitspanne bis zum Beginn des Kambriums (Box 5) konnten unzählige zellulare Verbindungen eingegangen werden, bis endlich „brauchbare" Produkte gefunden waren mit all den gewünschten, oft kombinierten physikalischen Eigenschaften. Es wird nicht gesagt, dass die zugrunde liegenden Genome der Zellen besonders variieren und so die multizellularen Strukturen möglich machen oder dass notwendigerweise natürliche Selektion am Werk ist. Es wird gesagt, dass Zellen sich auf Zelllevel oder Zellgruppenniveau zusammenschließen (Abb. 12.2)

B Der Ausbau – Wege zu einer Erweiterten Synthese in der Evolutionstheorie

DPM	Charakt. Moleküle	Physikalischer Effekt	Rolle
ADH	Cadherine	Adhäsion (Haftung)	Multizellularität
DAD	Cadherine	Differenzielle Adhäsion	Mehrschichtenhaftung
LAT	Notch (Signalprotein)	Laterale Hemmung	Koexistenz alternativer Zelltypen
POLa	Wnt	Zell-Oberflächen-Anisotropie (Richtungsabhängigkeit)	Hohlraumbildung
POLp	Wnt	Zell-Form-Anisotropie	Gewebeausdehnung
MOR	TGF-ß/BMP; Hh, FGFs	Diffusion	Musterformen, Induktion
TUR	MOR-Wnt+Notch	Chemische Wellen	Periodische Muster
OSC	Wnt+Notch	Synchronisierte biochemische Oszillation	Morphogenetische Felder, Segmentierung
ECM (etra-zellul. Matrix)	Kollagen; Chitin; Fibronektin	Strukturbildung, Verteilung und Kohäsion	Gewebeelastizität, Skelettgenesis u.a.

Abb. 22.5 Dynamic Patterning Modules (DPMs)
Die *dynamic patterning modules* (DPMs). Musterformen entstehen aus einfachen Aggregaten verschiedener Zelltypen. Die Zellen selbst werden von einfachen Transkriptionsfaktoren hergestellt, die immerhin schon alternative Zellzustände zulassen. Daneben bestehen die DPMs aus charakteristischen Molekülen, die den gewöhnlichen physikalischen Effekt, wie etwa Haftungsfähigkeit oder Diffusion, Hohlraumbildung etc. überhaupt erst möglich machen und Zellaggregate in die spezifischen Musterformen und Oberflächen überführen (Abb. nach Newman 2010, Taf. 11.1).

und dass dabei die ihnen inhärenten Physikeigenschaften zu neuen Grundmustern führen. Wem „Physik" zu abstrakt ist, der möge an Adhäsion denken. Es wird gesagt, dass der genetische Baukasten und Genprodukte schon bei den frühen Einzellern vorhanden waren[78]; dass durch Veränderung der Größenskala und durch inhärente Physik neue morphologische Organisationen entstanden; dass durch DPMs, die einzeln oder zusammen wirken, eine Art „Mustersprache"[79] entand, die ermöglichte, dass organismische Formen generiert werden (Mazur 2009, S. 205f., Interview mit Newman). Im Orignal bei Newman liest sich das so:

> Die Baupläne, wie wir sie in den heutigen Organismen sehen, sind mehr oder weniger alle mit demselben genetischen Baukasten hergestellt. Unsere Hypothese ist aber, dass ihre morphologische Variabilität durch physikalische Determinanten entstanden ist, die auf Viskoelastizität[80] und chemisch anregbaren Materialien basieren und nicht primär auf genetischer Evolution (Newman et al. 2006, S. 296).

---

78 Newman nennt den frühen Baukasten DTFs, Dynamic Transaction Factors, das ist das Gentransaktionsnetzwerk, das sich in den Einzellern entwickelt hat und heute weitgehend in der Tierwelt vorhanden ist.

79 Den Begriff *pattern language* hat Newmans Schüler Ramray Bhat eingeführt (Mazur 2009, S. 308).

80 Viskoelastizität ist die zeit-, temperatur- und frequenzabhängige Elastizität z. B. von polymeren flüssigen Stoffen (Schmelzen).

22 Systemübergänge

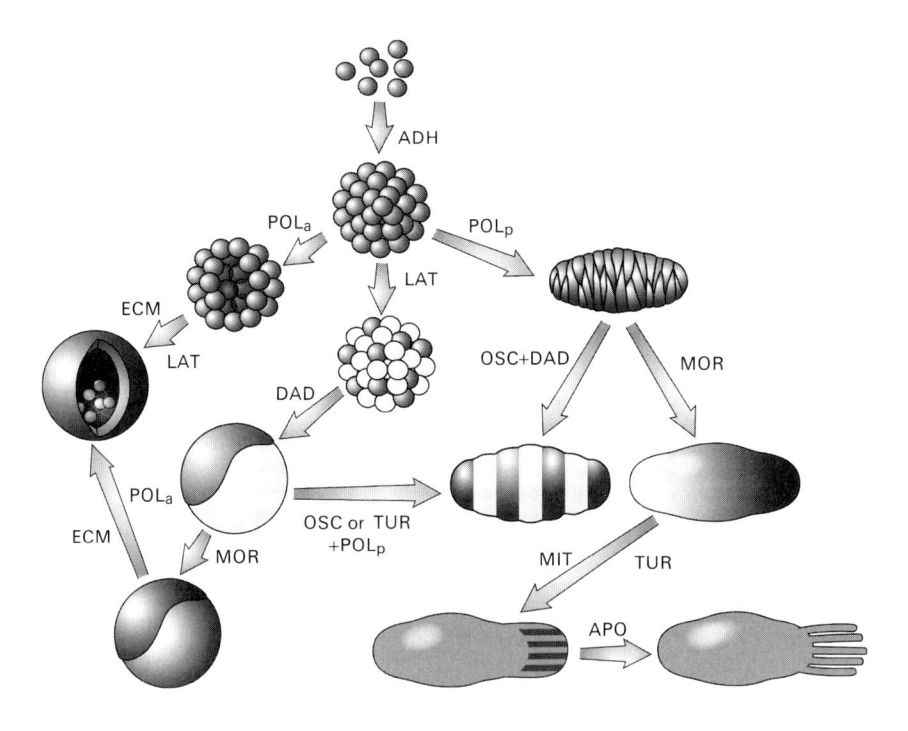

Abb. 22.6 DPMs im Zusammenspiel
Hier wird das Zusammenspiel der DPMs mit ihren unterschiedlichen physikalischen Grundeigenschaften gezeigt. Es entstehen zunächst einfache Produkte, denen diese Eigenschaften inhärent sind. Nicht die abgebildeten Formen machen genau genommen die DPMs aus, sondern die Module *plus* Pfeile. Die Pfeile drücken die den Modulen emergente Physik aus. Die Aggregate kombinieren mit anderen Aggregaten zu neuen Grundmustern mit erweiterter Physik, z.B. entsteht durch differenzierte Adhäsion (DAD) und Osziallation (OSC) ein gestreiftes Modul in der 2. Reihe von unten rechts. Die Streifen stehen für Segmente verschiedenartiger Beschaffenheit, während das Modul rechts davon einen diffundierten Materialverlauf ausbildet. Im Modul ganz unten rechts erkennt man repetitive Elemente (Fortsätze an den Enden), die aus Apoptose (APO), also programmiertem Zelltod, in den Zwischenräumen hervorgehen (Abb. Newman 2010, Fig.11.1).

> *Es gab wahrscheinlich eine prämendelsche, nicht genetische Phase der Vererbung, in der die physikalischen Eigenschaften zwischen den Zellen bestimmend waren.* Stuart A. Newman

Der evolutionäre Aspekt beinhaltet Genetik, *diese ist aber nicht die vorherrschende Determinante der Formentstehung* (Newman 2010, S. 298). Wir bewegen uns in einer prämendelianischen Welt polymorpher Organismen, in der Genotyp und Phänotyp nur lose korrelieren (Newman et al. 2006, S. 290), weil die physikalisch-räumliche Gesamtstruktur von DPMs in den einzelnen Genomen solch eines Zellverbundes noch nicht einmal grob abgebildet ist.

B Der Ausbau – Wege zu einer Erweiterten Synthese in der Evolutionstheorie

Skelett-Gewebsbildung bei der heutigen Ausbildung von
Gliedmaßen im Hühnchenembryo

Die kritische Ausgangsgröße für das Entstehen der beschriebenen physikalischen Eigenschaften in heutigen Zellgeweben ist in der Regel nicht mehr auszumachen. Ähnlich wie in einem Glas Wasser nicht mehr auszumachen ist, welches seine kleinsten flüssigen Teilchen sind. Jetzt verstehen wir auch, warum das oben genannte Beispiel mit den Backsteinen beim Hausbau nicht so wirklich passt. Schließlich sind die Backsteine im fertigen Haus als Module noch eindeutig auszumachen unter dem Verputz. Hier ist also ein Unterschied zu Gewebematerial, das durch DPMs entstanden ist, das man heute aber nicht mehr unbedingt erkennen kann.

Ramray Bhat hat am Labor von Newman unter die Lupe genommen, wie sich das Skelettgewebe an den Enden der Gliedmaßen beim Hühnchenembryo bildet. Abb. 22.7 beschreibt das und erklärt, was das möglicherweise mit DPMs zu tun hat.

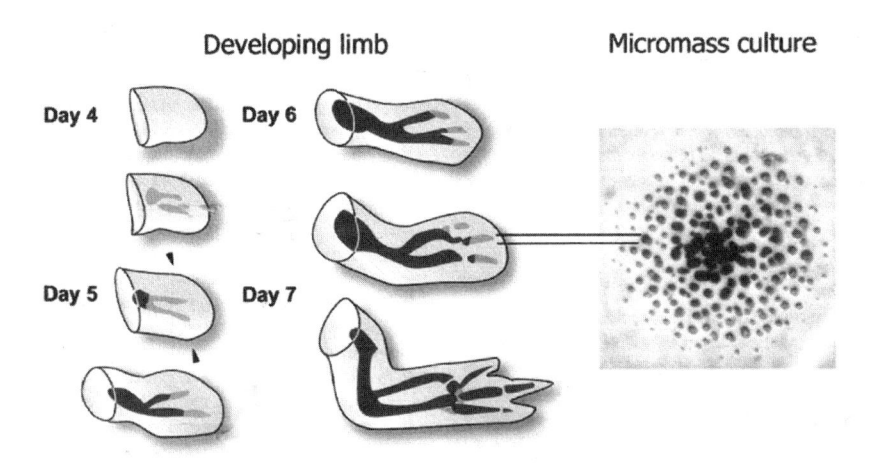

Abb. 22.7 Ausbildung des Skelettgewebes im Hühnchenembryo durch DPMs
Ein Ausschnitt des Geschehens vom 3. bis 7. Tag nach der Befruchtung eines Hühnereis zeigt links, wie sich aus Vorgewebe (grau) fertiges Gewebe (schwarz) entwickelt. Im Bild rechts entstehen diskrete, punktartige Knötchen, Zellansammlungen, die sich nach 6 Tagen in einer Mikrokultur embryonaler Bindegewebszellen, bilden, Jedes dieser Knötchen entsteht aus etwa 30–50 Zellen. Je nach spezifischen Bedingungen in der Kultur bleiben die Knötchen diskret oder vermengen sich. Die parallelen Linien deuten darauf hin, dass ein Knötchen rechts etwa den Durchmesser eines grauen, noch nicht fertig entwickelten Gliedmaßes links davon hat. In diesem Fall wären sie das Ergebnis der Antwort von genetisch nicht programmiertem Material von lebendem Gewebe. Es würde dann auch gelten, dass Plastizität eher eine Eigenschaft der Entwicklung als ein Produkt natürlicher Selektion ist. Künftige Untersuchungen müssen das allerdings bestätigen (Abb. Newman et al. 2009, S. 10 Fig. 2).

22 Systemübergänge

Konsequenzen für die Evolutionstheorie

Newman betont wie seine vielen Kollegen auch, dass die Synthese nie den Anspruch erhoben hat, das Entstehen organismischer Form zu erklären (Newman 2010, S. 299). Damit hat die Synthese auch all die hier behandelten Themen wie embryonale Entwicklung, phänotypische Plastizität, die Nicht-Linearität in der Genotyp-Phänotyp-Beziehung bis hin zu epigenetischen Vererbungssystemen ignoriert (Newman 2010, S. 299). Die Hypothese der DPMs inkludiert nun die genannten Themen umfassend bzw. lässt sie in der Folge zu. Sie zeigt, was zu Beginn des Kapitels erst mal nur fragend postuliert wurde: Adaptive Selektion gilt nicht als der primäre Motor, wo es um Entstehen von morphologischer Innovation geht. Wenn das stimmt, dann ist auch Fitnessoptimierung in diesem Zusammenhang kein Thema (Newman 2010, S. 299). Vielmehr erhält *die Selektion beim Entstehen phänotypischer Evolution jetzt eine abgewandelte Rolle im Vergleich zu der, die ihr ursprünglich zugedacht war: Statt für das Entstehen von Neuheiten verantwortlich zu sein, kommt sie erst bei deren Stabilisierung und Ausbreitung ins Spiel* (Newman et al. 2006, S. 296).

Abb. 22.8 Selbstorganisation

- Plastizität: Morphologische Vielfalt aus einem Genom
- Entstehung von Gewebe primär durch physikalische Eigenschaften
- Nicht-lineare, saltationistische Sprünge
- Spontaneität, mehr relativ schnell ablaufende Evolutionsprozesse
- Vorhandensein eines Energieflusses
- Abwesenheit oder geringer Einfluss von natürlicher Selektion beim Zustandekommen von Form

---

Ein überzeugter Neodarwinist würde an der Stelle sagen: Die Selektion entscheidet letztlich immer noch, welches der physikalisch behafteten Zellaggregate bzw. welches DPM überlebt und welches nicht, also keine passende Physik aufweist. Das ist korrekt. Newman bestätigt das auch. Der Selektion kommt dann aber nach seinen Worten eine Art „Totschlag- oder Keulenfunktion" zu[81]. Sie eliminiert auf der Stelle, was physikalisch nicht haltbar ist. Mit der Gestaltwerdung der DPMs selbst hat sie aber nichts zu tun. Genau darum geht es Newman jedoch.

Schließlich stoßen wir auf Widersprüche mit anderen Grundsätzen und zwar auch in Darwins eigenem Denken: Erstens, wie schon so oft, widersprechen DPMs der Annahme von *Gradualismus*. Die Theorie der DPMs lässt einen integrierten makro- *und* mikroevolutionären Wandel in der frühen Phase des multizellularen Lebens zu. Makroevolutiv deswegen, weil sich Zellen und Zellverbände aufgrund ihrer spezifischen Physik spontan zusammenfinden. Newman spricht von Sprüngen, nimmt das Wort in den Mund, das 150 Jahre Tabu war in der Evolutionstheorie:

---

[81] Newman in Mazur 2009, S. 128, Interview.

Saltationismus (Mazur 2009, S. 125, S. 133 Interview mit Newman). Mikroevolutiv, weil in diesen Zellen ja auch Genome versteckt sind, die mutieren.

Ein weiterer Widerspruch besteht zum Prinzip der Gleichförmigkeit (*Uniformitarismus*). Darwin war ja davon ausgegangen, dass natürliche Prozesse und damit auch die Evolutionsprozesse in der Vergangenheit dieselben waren wie in der Gegenwart. Heute würde man sagen: Physikalische Gesetze und evolutive Mechanismen sind im Verlauf der gesamten Evolutionsgeschichte aller Taxa, auch bei den Metazoen, konstant. Das Entstehen, Eigenschaften und Stabilität der DPMs widersprechen aber der Annahme eines uniformen, stets auf Variation und natürlicher Selektion begründeten evolutiven Wandels.

Lassen wir Stuart Newman mit seinen Worten zusammenfassen, was er erforscht hat (Mazur 2009, S. 61):

> Ein Wassermolekül formt sich nicht selbst zu Wellen und Strudeln. Eine große Wassermenge, die aus Trillionen von Molekülen besteht, kann das aber. Dazu braucht es keine neuen Substanzen. Es ist nur eine Frage der Größenskala und der Annahme, dass neue physikalische Prozesse ins Spiel kommen. Wenn Zellen mit Genen evolviert sind und zu Clustern zusammengebracht werden, dann zeigen diese Cluster physikalische Eigenschaften, darunter selbstorganisierende Eigenschaften, die individuelle Zellen niemals hatten. Solche Zellcluster können schnell 40 bis 50 unterschiedliche Arten von Formen herstellen, nämlich durch die Physik, die in dem größeren Maßstab durch die Genprodukte mobilisiert wird. Sie benötigen nicht viele genetische Veränderungen, um von einer Form in die andere zu wechseln. Und die Formen, die auf diese Art hergestellt werden, werden später durch natürliche Selektion fixiert.

DPMs, einmal etabliert, geben für Newman eine plausible Erklärung ab für eine der großen offenen Fragen in der Evolution, die kambrische Explosion (Newman et al 2006, S. 296; hier Box 5). Die DPMs liefern der Evolution das Material und die Physik an die Hand, die sie für die Generierung und rapide Radiation von Bauplänen im Tierreich benötigt. Unter all den in diesem Buch vorgestellten Theorien beinhalten Newmans DPMs die vielleicht größte Zäsur mit Darwin und zu Mendel. Ramray Bhat sagt dazu. *Wir haben den ersten kohärenten Rahmen geschaffen, um die Herkunft und Evolution von Bauplänen und organismischer Form in einer kurzen evolutionären Periode, der kambrischen Explosion, zu erklären* (Mazur 2009, S. 307f., Interview mit Bhat). Newman zeichnet damit eine markante Neuausrichtung in der Evolutionstheorie. Diese Neuausrichtung als Spezialfall der Evolutionstheorie zu werten, die begrenzt ist auf das Präkambrium und den Übergang zum Kambrium, das wäre zu kurz gegriffen. Viel bedeutender ist die Erkenntnis, dass Newman und seine Kollegen an den Grundpfeilern der Synthese und auch Darwins rütteln, daran dass die Evolution in der Geschichte des Lebens stets nach gleichen Prinzipien verlaufen sei mit der natürlichen Selektion als dem für die Synthese primären und für Darwin wichtigsten treibenden Gestaltungsmotor. Ferner sind in dem Zeitabschnitt, den Newman untersucht hat, die wichtigsten Weichen gestellt worden für die Formbildung in der Tierwelt. Was die Selektion im Anschluss daran noch leisten konnte, steht nicht auf derselben Stufe evolutionärer Gestaltwerdung. Man kann es als ein Austarieren sehen, ein Austarieren und Stabilisieren auf zuvor festgelegten Gleisen oder in zuvor gebauten Gerüsten. Die Selektion verfügt nicht über die Kraft, diese Gleise (Baupläne, Constraints) nach dem Kambrium nochmals neu zu verlegen.

Suzan Mazur hat Stuart Newman gefragt, wie groß der fundamentale Wandel in der Evolutionsbiologie sein wird, den die *Erweiterte Synthese* nach sich zieht. Hier Newmans Einschätzung dazu:

> Wenn Sie verschiedene Teilnehmer des Altenberg-Meetings fragen, würden einige sagen, wir brauchen nur das, was existiert, plus ein paar zusätzliche Dinge, an denen gearbeitet wird. Was ich glaube ist, dass wir es hier mit einer großen Idee zu tun haben, Diese Idee ist einer starken Verbarrikadierung in der wissenschaftlichen Community gegenübergestellt, nämlich dem festen Glauben, dass die Dinge auf die Darwinsche Art geschehen. So meine ich, am Ende wird es einen großen Wandel geben in der Evolutionstheorie, auch wenn es so scheint, als würde es langsam vor sich gehen (Newman in Mazur 2009, S. 136 Interview).

※ ※ ※

C Der Unterbau – Die Evolutionstheorie aus Sicht moderner Wissenschaftstheorie

> *Ich denke, dass die Naturwissenschaften viel reicher an Wahrscheinlichkeiten und Plausibilitäten sind als an Wahrheiten.*   E. Chargaff

Hat sich die Evolutionstheorie in ihrer Struktur bis heute geändert? Kann die Wissenschaft zu einer einheitlichen Evolutionstheorie gelangen? Und wie weit ist man heute gekommen, komplexe Welten wie die Evolution methodisch erfolgversprechender anzugehen als zur Zeit der Synthese vor achtzig Jahren? Diesen Fragen soll hier nachgegangen werden.

23 Struktur, Einheit und Pluralismus in der Evolutionstheorie

Die Evolutionstheorie ist ein komplexes und heterogenes Konstrukt. Populationsgenetiker, Paläontologen, Entwicklungsbiologen und andere tragen zu Erkenntniserweiterung bei. Dieses Buch ist primär einem wichtigen Fragenkreis nachgegangen, den Mechanismen *phänotypischer* Evolution und damit der Frage: *Wie* funktioniert hier Evolution und was sind ihre Ursachen? Die hier entdeckten Mechanismen können nicht übertragen werden auf die Evolution von Verhaltensmerkmalen oder die Evolution von Sprache und Kultur (Kap. 20). Gibt es also überhaupt Chancen für eine einheitliche Evolutionstheorie, wenn sie unterschiedliche Mechanismen verwendet?

Gesamtschau und wichtige Problemfelder der Evolutionstheorie finden sich in den großen modernen Standardwerken zur Evolution wieder. Dazu zählt Love die Autoren Maynard Smith, Ridley, Futuyama und Barton (Love 2010, Tab. 16.1).

Alan C. Love

Strukturelle Analyse von Theorien ist ein relativ neues Betätigungsfeld. Der Amerikaner Alan C. Love, Philosoph und Mitglied der *Altenberg-16*, beschäftigt sich damit (Love 2010). Hier geht es nicht um die Frage, ob zum Beispiel die Evolutionstheorie ihren Gegenstand gut erklären kann, bzw. wie sie zu ihren Aussa-

C Der Unterbau – Die Evolutionstheorie aus Sicht moderner Wissenschaftstheorie

gen kommt und ob sie dafür adäquate Methoden wählt. Love adressiert vielmehr, in welcher Beziehung die Teile oder Teiltheorien zueinander stehen. Wie ist der Inhalt der Theorie organisiert? Ist die Form der Organisation identisch, ähnlich oder abweichend von der in anderen Theorien, etwa in der Physik (Love 2010, S. 405)?

Love will also die Struktur trennen von Fragen nach Zielen, Prozessen Problemfeldern (S. 410). Er wählt dafür eine semantische Sicht, wie er es nennt. Diese Sicht betrachtet Theorien als Familie von Modellen, wobei diese Modelle unverzichtbar bzw. konstitutiv für die Aussagen der Theorie sind. Weitere Anforderungen stellt Love nicht. Er lässt also das Thema Widerspruchsfreiheit der Modelle zum Beispiel offen. Ferner verwendet Love einen Bottom-Up-Ansatz und unterscheidet zwischen einer weiten im Gegensatz zu einer eher engen Repräsentation der Theorie (Abb. 23.1).

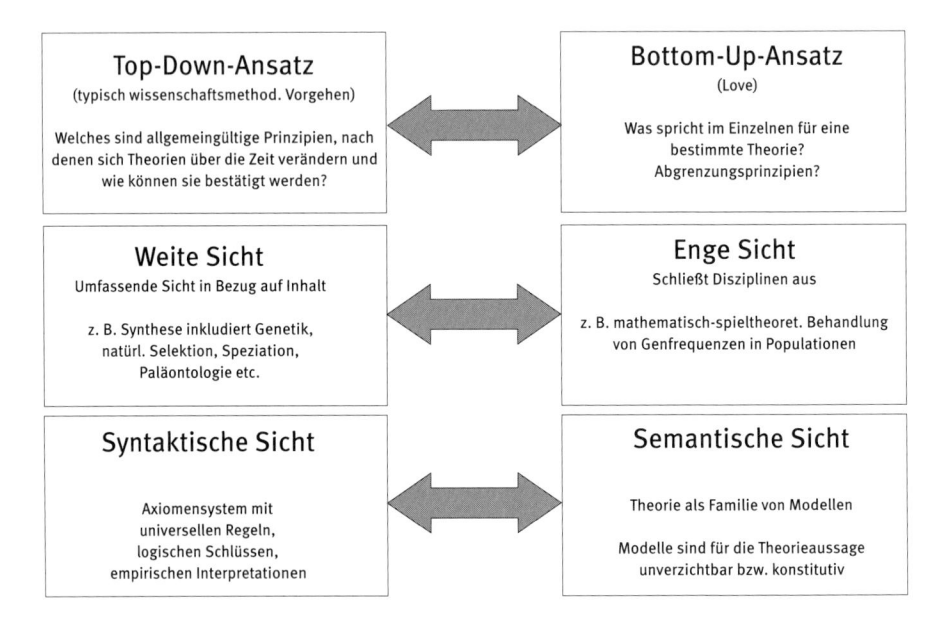

Top-Down-Ansatz	Bottom-Up-Ansatz
(typisch wissenschaftsmethod. Vorgehen)	(Love)
Welches sind allgemeingültige Prinzipien, nach denen sich Theorien über die Zeit verändern und wie können sie bestätigt werden?	Was spricht im Einzelnen für eine bestimmte Theorie? Abgrenzungsprinzipien?
Weite Sicht	**Enge Sicht**
Umfassende Sicht in Bezug auf Inhalt	Schließt Disziplinen aus
z. B. Synthese inkludiert Genetik, natürl. Selektion, Speziation, Paläontologie etc.	z. B. mathematisch-spieltheoret. Behandlung von Genfrequenzen in Populationen
Syntaktische Sicht	**Semantische Sicht**
Axiomensystem mit universellen Regeln, logischen Schlüssen, empirischen Interpretationen	Theorie als Familie von Modellen Modelle sind für die Theorieaussage unverzichtbar bzw. konstitutiv

Abb. 23.1 Strukturkriterien für Theorien[1]

Legt man, wie Love das tut, die eben genannten modernen Standardwerke der Evolutionstheorie zugrunde, dann kann man in den Kapitelüberschriften ablesen, wie eng/weit bzw. auch wie offen sich die auf der Synthese aufbauende Evolutionstheorie heute darstellt (S. 414 Tab. 16.1). Love fasst aus dem Aufbau von Futuyamas Werk über die Synthetische Evolutionstheorie drei Aspekte zusammen, die mehr oder weniger auch für die anderen Standardwerke gelten (S. 417):

- Es liegt ein hoher Verlust an Erklärungswert (Abstraktionsgrad) vor, wenn nur das Verhalten von Genfrequenzen betrachtet wird.

---

1 Nach Love 2010, S. 408ff.

23 Struktur, Einheit und Pluralismus in der Evolutionstheorie

- Bestimmte Fragenkreise werden bei der Analyse von Genfrequenzverteilungen nicht direkt angegangen.
- Voller Erklärungsgehalt wird erst dann erreicht, wenn weitere Themen mit aufgenommen werden wie Verhalten, das Alter von Arten, Physiologie, Morphologie etc.

Love schließt aus der Gesamtschau der genannten Standardwerke: Die Evolutionstheorie ist eine Multi-Themen-Theorie oder auch eine „Hypertheorie" (S. 406). Sie *ist das Produkt aus den Beiträgen mehrerer Disziplinen und sie ist strukturiert als eine Synthese verschiedener Konzepte, Methoden und Disziplinen* (S. 421). Callebaut nennt die Synthese ähnlich als *ein loses und flexibel strukturiertes Netzwerk von Konzepten und Modellen* (Callebaut 2010, S. 457). So weit ist das aber nichts fundamental Neues.

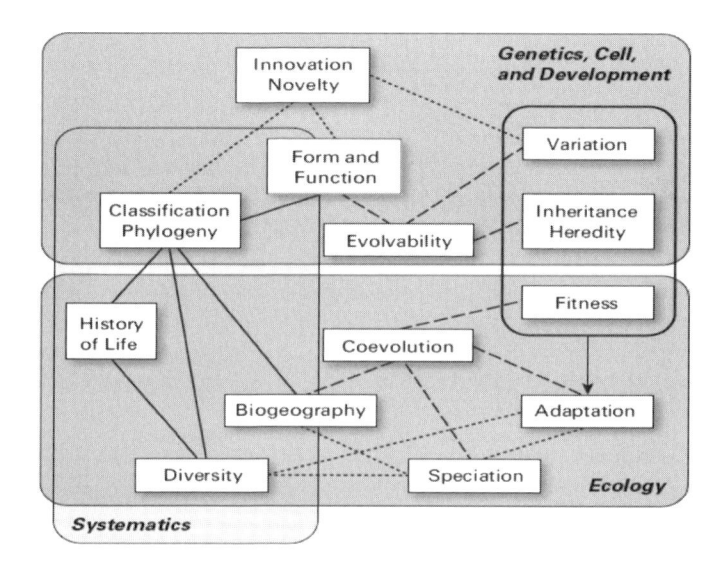

Abb. 23.2 Beziehungsstrukturen in der *Erweiterten Synthese*
Hier wird das Beziehungsnetz der Teildisziplinen der Evolutionstheorie gezeigt. Nach Love lassen sich drei sich teilweise überschneidende Hauptfelder identifizieren: 1. Genetik, Zell-, Entwicklungsbiologie, 2. Bio-Systematik, 3. Ökologie. Qualität, Intensität und Richtung der Beziehungen werden aber nicht näher angegeben. Die Ausarbeitung von Beziehungsmustern ist Aufgabe zukünftiger Forschung. Vor allem sind die Beziehungen dynamisch, das heißt zukünftiges Wissen kann Beziehungsströme ändern (Love 2010, Fig. 16.3).

Im Folgenden versucht Love, die einzelnen Problemfelder der Evolutionstheorie in Beziehung zu setzen (Abb. 23.2). Dabei betont er ausdrücklich, dass diese Beziehungen sich ändern können und dass sie mehr oder weniger ein erster Entwurf sind, die Struktur der Evolutionstheorie zu verstehen (S. 428), was in der Vergangenheit vernachlässigt worden sei. Das alte Thema, welcher Art denn die eigentliche Synthese in der Synthetischen Evolutionstheorie ist, bleibt auch bei Love unbeantwortet.

C *Der Unterbau – Die Evolutionstheorie aus Sicht moderner Wissenschaftstheorie*

Ohne im Weiteren auf die einzelnen Beziehungsqualitäten nun näher einzugehen, wird deutlich, worauf es hier ankommt: Die Darstellung in Abb. 23.2 ist *kein* hierarchisches Bild. Keines der Problemfelder hat nach Love eine herausragende Stellung. Keines ist sozusagen der Kern des Ganzen. Und das ist der essenzielle Unterschied zur Synthese, wie sie sich ursprünglich aufgestellt hat. Sie besteht *nich*t aus gleichberechtigten Beiträgen einzelner Disziplinen. Vielmehr nimmt die Populationsgenetik, wie wiederholt in dieser Arbeit betont, mit ihren mathematischen Modellen abstrahierter Genfrequenzen in Populationen *die* dominierende Stellung in der Synthese ein.

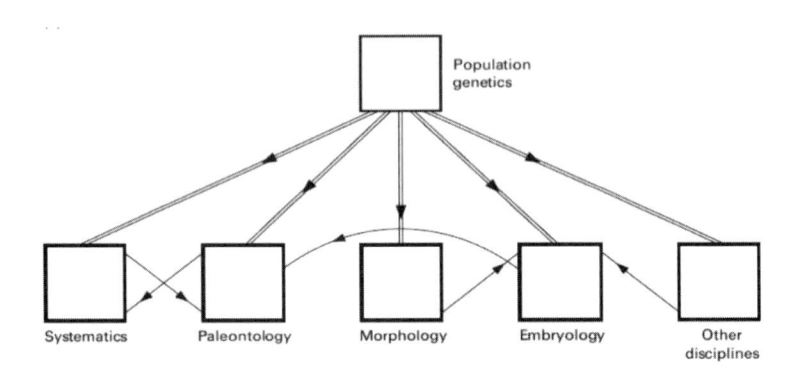

Abb. 23.3 Beziehungsstrukturen in der Synthetischen Evolutionstheorie[2]
In diesem auf Michael Ruse (1973) zurückgehenden Schema wird der essenzielle Unterschied deutlich zu Abb. 23.2: Wird heute eher ein gleichberechtigtes Nebeneinander der Teildisziplinen in der Evolutionstheorie erkennbar, war die Synthese ursprünglich hierarchisch strukturiert auf dem Fundament der mathematisch ausgerichteten Populationsgenetik. Jede einzelne Disziplin in der unteren Reihe erfordert Hintergrundwissen der Genetik, speziell Populationsgenetik.

Das betont auch Werner Callebaut, wenn er formuliert (Callebaut 2010, S. 450): *Die Synthese wird typischerweise beschrieben als rund um einem Kern entwickelt und zwar entweder aus einem darwinistischen oder populationsgenetischen. Das mag suggerieren, dass der Kern eher fundamental ist, während die anderen Teile des Komplexes eher (nur) peripher oder speziell sind.* Mit dem darwinistischen Kern ist die natürliche Selektion als zentraler Evolutionsfaktor gemeint, mit populationsgenetischem Kern die Arbeiten der Synthese-Architekten Fisher, Haldane und Wright (Kap. 2). Aus keiner anderen Disziplin sind so viele Namen zu Beginn der Synthese vertreten wie aus der Populationsgenetik. Mit den beiden Darstellungsformen wird erkennbar, dass die Evolutionstheorie im neuen Kleid der *Erweiterte Synthese* einen fundamentalen strukturellen Wandel erfährt, der für ihre inhaltliche Aussage nicht ohne Konsequenz bleibe kann

Wenn sich also etwas substanziell geändert hat in der Struktur der Evolutionstheorie, dann ist es dieser Wandel von einer hierarchischen oder konzentrischen

---

2 Love 2010, Fig. 16.4.

Form unter der Dominanz einer stark abstrahierenden Populationsgenetik in eine Form des eher gleichberechtigten Miteinanders ihrer einzelnen, erweiterten und auch zukünftig erweiterbaren Problemfelder (Abb. 23.3). Diese strukturelle Veränderung ist zwar nicht logisch das Ergebnis, weil neue Forschungsrichtungen wie EvoDevo und die der *Altenberg-16* hinzugekommen sind. Aber es kann ohne Zweifel gesagt werden, dass EvoDevo durch seinen hohen Anspruch, neue mechanistische Ursachen der Evolution finden und erklären zu wollen und durch die Betonung der Fähigkeit zur Selbstorganisation des Organismus einen signifikanten Beitrag dazu leistet, die Populationsgenetik auf ihren Platz als gleichberechtigt neben den anderen Problemfeldern zu verweisen.

Werner Callebaut wirkt wie Gerd B. Müller am Konrad Lorenz Institut für kognitive Forschung und Evolution (KLI) und ist wie Love Philosoph. Callebaut konzentriert sich in seinem Beitrag zur *Extended Synthesis* auf die Dialektik in der Evolutionstheorie, die sich zwischen ihrem einheitlichen, gleichzeitig aber auch pluralistischen Charakter auftut (Callebaut 2010). Gab es in der Geschichte der Evolutionstheorie und im Verlauf anderer Wissenschaften immer starke Tendenzen zu Einheit, so lassen sich in neuerer, postmoderner Zeit ebenso starke Tendenzen in die andere Richtung ausmachen, in Richtung Vielfalt und Pluralität der Erklärungsansätze. Callebaut plädiert dafür, diese Dialektik nicht zugunsten der einen oder anderen Richtung zu opfern. In beiden Fällen, so konstatiert er, läuft das auf die Gefahr ideologischer Unterminierung hinaus (S. 467): Theorien, die sich dann nicht in das vorgegebene Raster einordnen, sind im Zweifelsfall dann auch nicht gewünscht. Unter Umständen werden eher Forschungsvorhaben legitimiert, die die vorgegebene Einheitslinie mittragen (S. 466).

Für Callebaut ist keine finale Aussage dazu möglich, was die Chancen für eine homogene und eher einheitliche Evolutionstheorie angeht. Für beide Bestrebungen, die nach Einheitlichkeit, etwa durch konsequente Reduktion, und die nach mehr pluralistischer Sicht, findet er Vor- und Nachteile. Ausdrücklich weist Callebaut mit Bezug auf Kant darauf hin, dass Bemühungen, in der Wissenschaft Einheit zu finden, philosophisch getrieben sind. Dabei wird metaphysisch eine einheitliche Form in der Natur zugrunde gelegt, vielleicht auch hinein konstruiert, die dann epistemologisch eine einheitliche Wissenschaft oder einheitliche Theorien als Konsequenz nahe legt (S. 467).

Auch pointiert Callebaut die Tatsache, dass eine Theorie mit mehr Einheitlichkeit nicht logisch auch mehr Erklärungswert erwirbt (S. 468). Im Gegenteil kann Vereinheitlichung zu höherem Abstraktionsgrad und damit zu verringertem Aussagegehalt führen. Mit Popper formuliert: Die Theorie schließt dann weniger Möglichkeiten aus. Genau das wirft man den populationsgenetischen Mathematik-Modellen der Synthese auch vor (Futuyama in Love 2010, S. 416). *Wahrer Erklärungsgehalt sollte Mechanismen liefern, die das Wie und Warum bei der Ausübung spezifischer Muster oder Prozesse erklären können* (Callebaut 2010, S. 468).

Callebaut nennt Erweiterungen der Synthese, allen voran die Molekularbiologie oder die Soziobiologie und beobachtet die Tendenz weg von Uniformität der Evolutionstheorie. Zwischen den genannten Polen Einheit und Vielheit

C Der Unterbau – Die Evolutionstheorie aus Sicht moderner Wissenschaftstheorie

sieht er unter anderem die EvoDevo-Disziplin mit ihrem Potenzial, Epigenetik, Innovationen und Makroevolution zu integrieren. Sie ist so ein wichtiger Baustein der *Erweiterten Synthese*, und zwar einer, der noch weitere erhebliche konzeptionelle Umbauten der Evolutionstheorie mit sich bringen kann (S. 473).

Abschließend kann man in diesem Kapitel festhalten, dass die beiden Philosophen Love und Callebaut zumindest in den vorliegenden Kapiteln aus Pigliucci/Müller 2010 sich nicht oder nur marginal den Besonderheiten widmen, die der Evolutionstheorie als einer komplexen Theorie zugrunde liegen. Sie gehen hier nicht näher darauf ein, welche spezifischen wissenschaftstheoretischen Verfahren in einer komplexen, indeterministischen, sich dynamisch ändernden Welt geeignet wären. Das wäre aber von Nutzen, um die Absichten der *Erweiterten Synthese* in einer Zeit zu verdeutlichen, die reif dafür ist, Gegenpole zu setzen zu der vermeintlich exakten Welt der Naturwissenschaften. Die *Extended Synthesis* braucht ein wissenschaftstheoretisches Selbstbewusstsein und Gerüst, das dem der Naturwissenschaften in nichts nachsteht. Sandra Mitchell (2008) und Schülein/Reitze (2005) haben begonnen, die Besonderheiten der evolutionsbiologischen Welt zu erklären. Mitchell liefert mit ihrer *Perspektive des integrativen Pluralismus* erste Ansätze, wie Komplexität methodisch angegangen werden kann und wie nicht. Dazu mehr im nächsten Kapitel.

※ ※ ※

24 300 Jahre Reduktionismus – 50 Jahre Denken in komplexen Systemen

Sie wollen den letzten Ursprung der Dinge hinterfragen, sehen ihr wissenschaftliches Objekt in einer kausalen, streng deterministischen Ursache-Wirkungskette, die ihr Objekt komplett erklären soll. Für jede Reaktion gibt es eine Ursache, ohne Ursache gibt es keine Reaktion (Weber 2008, S. 43). Es gilt sie also „nur" zu finden, die letzte Ursache. In dieser Tradition stehen die Wissenschaftler der vergangenen Jahrhunderte.

> Strategien auf der Grundlage traditioneller, aus der Physik abgeleiteter Vorstellungen der wissenschaftlichen Methode suchen Erklärungen ausschließlich in einer vermuteten grundlegenden Einfachheit: Komplexes wird in einfache Elemente zerlegt, und dann sucht man in deren Vielfalt nach angeblich allgemeingültigen Gemeinsamkeiten; gleichzeitig schirmt man die Systeme von unterschiedlichen Einflüssen des Zusammenhangs ab, um die in ihnen verborgenen Regelmäßigkeiten zu erkennen (Mitchell 2008, S. 54).

Das Prinzip der klassischen Naturwissenschaften ist es, Phänomene in ihre einzelnen Grundbestandteile zu zerlegen, und dann die Analyse auf der Ebene dieser kleinsten Komponenten und ihrer Beziehungen zu führen. Auf diese Art, so die traditionelle Sichtweise und der manifestierte Wissenschaftsglaube, ist ein Phänomen oder ein System, stets komplett beschreibbar. Die hier auffindbaren Beziehungen sind in ihrer Ursache-Wirkungsweise deterministisch und typischer weise linear. Ein solches System lässt sich auch vollständig beherrschen im Sinne von kontrollieren. Dazu gehört, dass es präzise Voraussagen über sein Verhalten zulässt.

> *Die gängige Wissenschaft verhält sich so, als würde jemand die Wirkung eines Kunstwerkes beschreiben wollen und dafür allein die Farbpigmente aufzählen, ihre Wellenlängen analysieren und die Geometrie der Strichführung darlegen.*   A. Weber

Callebaut spricht von einer *paradigmatischen Wissenschaft der Vereinfachung* (Callebaut in CRG 2005, S. 4), Morin gar von der *Diktatur der disjunktiven und reduktiven Vereinfachung* (Morin 2010/1981, S. 32). Wir nehmen hier wiederholt Bezug auf den großen französischen Soziologen und Philosophen Edgar Morin. Morin ist einer der wichtigen Vordenker und Gestalter einer allgemeinen Systemtheorie. Als solcher genießt er heute in Frankreich und im spanischen Kulturraum hohen Bekanntheitsgrad, vergleichbar vielleicht dem von Jürgen Habermas in Deutschland. Von seinem sechsbändigen Lebenswerk *La Methode* liegt 2010 erstmals der erste Band *Die Natur der Natur* in deutscher Sprache vor. Die anderen folgen. Dieses Projekt wird eine große Lücke schließen im Verständnis unserer komplexen Welt. Wir könnten hier auch Ludwig von Bertallanffy oder Rupert Riedl als der Biologie näher stehende Vertreter systemischen Denkens zitieren. Doch fällt die Wahl auf Morin, um dessen bei uns noch wenig bekanntes Denken zu würdigen. Morin sagt weiter zur *Vereinfachung*:

> Die Vereinfachung, das ist die [...] Reduktion auf ein einfaches Element, die Ausschließung dessen, was nicht in einem linearen Schema vorkommt (34). Das Abenteuer der klassischen Physik kann und muss im Lichte ihres bewundernswerten Strebens gesehen werden: die Phänomene zu isolieren, ihre Ursachen, ihre Wirkungen; der Natur ihre Geheimnisses zu entreißen; zu experimentieren, um Beweis und Verifikation an die Stelle von Affirmation und Rationalisierung zu setzen. Das Prinzip der Vereinfachung beherrschte das Universum. Am Ende des 19. Jahrhunderts ist das physikalische Universum homogenisiert, atomisiert, anonymisiert. (Morin, 2010/1981, S. 423f.).

Das war der Weg der Naturwissenschaften seit Galilei, das Prinzip, das die Physik und die Chemie von einem Höhenflug zum nächsten trieb. Unübersehen und ungeprüft hat man dieses Denken auch auf die Biologie übertragen. In seiner stärksten Version behauptet der Reduktionismus: Kausale Fähigkeiten liegen ausschließlich auf der Ebene der Grundbestandteile, und die Erklärung eines Systems von Verhaltensweisen gewinnt nichts hinzu, wenn man die höheren Ebenen anspricht (Mitchell 2008, S. 33).

Der Höhepunkt reduktionistischen Denkens in der Evolutionstheorie

Einer der das nicht nur ein Leben lang praktiziert hat sondern der damit auch noch ein Leben lang Aufmerksamkeit auf sich gezogen hat, ist der Brite Richard Dawkins, Mitglied der Royal Society, der britischen Gelehrtengesellschaft, und Professor in Oxford mit der besonderen Aufgabe, Wissenschaft populär zu machen. Der Spiegel bezeichnet ihn als den einflussreichsten Biologen seiner Zeit.

1976 veröffentlicht Dawkins sein Buch *Das egoistische Gen*. Es wird zum wahrscheinlich meist gelesenen Buch über Evolution und es liegt noch heute in jeder großen Buchhandlung auf. Dawkins legt für Jahrzehnte fest: Das Gen ist die Einheit und das alleinige Objekt der natürlichen Selektion. Er leugnet so Darwins originäre Idee, wonach die Selektion auf das Individuum einwirkt. Er ignoriert trotz anders lautender Annahmen, dass der Mensch zu kultureller Evolution fähig ist. Lebewesen sind Maschinen; Urwerke, angetrieben einzig von ihren Genen.

John Dupré spricht später vom *genozentrischen Fehlschluss* (Dupré 2009, S. 89ff.), und der ist folgenschwer. Die Evolutionstheorie wird in in harte Eisen gelegt. Die Gene werden zu den alles beherrschenden Königen im Evolutionsgeschehen erklärt. Jeder evolutionäre Anstoß geht von ihnen aus. Dieses Denken mündet im euphorischen Projekt der Genomsequenzierung des Menschen Anfang unseres Jahrtausends und in der irrigen Sicht, mit der Entschlüsselung des Genoms habe man den Menschen komplett entschlüsselt. Wir sind das, wird uns gelehrt, was unsere Gene sind. Selbst im täglichen umgangssprachlichen Gebrauch ist dieses Denken tief eingedrungen. Und es wird wohl noch lange dort bleiben.

Richard Dawkins. Brite. Lehrt in Oxford. Wahrscheinlich haben ihn mehr Menschen gelesen als Darwin je gelesen haben. Seine kompromisslose Reduktion auf das Gen als das einzige Objekt der Selektion ist von Beginn an sehr umstritten und kann heute als überwunden gelten.

Walter Gilbert bringt die damalige Sicht auf den Punkt, wenn er 1992 sagt (MWR 2009, S. 99): *Man wird eine CD aus der Tasche ziehen und sagen können: „Hier, das ist ein Mensch; das bin ich!" [...] Zu erkennen, dass wir gewissermaßen durch eine endliche Menge an Informationen determiniert sind, die man sich auch noch verschaffen kann, das wird unsere Selbstwahrnehmung verändern*[3]. Craig Venter spricht bei der Entschlüsselung des Genoms davon, dass wir *unsere eigene Betriebsanleitung lesen können* und James Watson gar von *der ultimativen Beschreibung des Lebens* (Werner-Felmayer 2007, S. 78).

> *Die neodarwinistische Evolutionstheorie ist eine reduktionistische Theorie, Sie reduziert Variation auf das Genom und erklärt von dort ausgehend die statistisch-korrelativen Beziehungen zwischen Variation und Selektion in der Population.*

Heute wissen wir: Das ist nicht eingetreten. Wie konnte es aber so weit kommen? Es war vielleicht nur allzu naheliegend. Nach der hell aufleuchtenden Entdeckung der DNA-Struktur durch Watson und Crick scheinen die Gene folgerichtig *die idealen Identitäten für den Reduktionisten* (Dupré 2009, S. 128). Millionen mal

---

3 Popper hat die Konsequenzen solchen Denkens 30 Jahre vorher auf den Punkt gebracht. Der Evolutionist, der die wissenschaftliche Beherrschung der menschlichen Natur fordert, begreift nicht, wie selbstmörderisch sein Wunsch ist. Der Hauptantrieb der Entwicklung und des Fortschritts ist die Verschiedenheit des Materials, das der Selektion unterworfen werden kann. In der menschlichen Evolution ist dieser Hauptantrieb die „Freiheit, anders zu sein als die anderen", „mit der Mehrheit nicht übereinzustimmen und seine eigenen Wege zu gehen". Eine holistische Kontrolle des Menschen, die nicht zur Gleichheit der menschlichen Rechte, sondern der menschlichen Seelen führen muss, wäre das Ende des Fortschritts (Popper 2003, S. 143).

kleiner als die Zelle ist das Gen die ideale Informationseinheit, die man braucht. Nur: Die Evolution monokausal mit zufälliger genetischer Mutation und natürlicher Selektion zu erklären oder gar der Versuch, sie in eine Formel zu packen wie Darwin das nie will und William Hamilton es mit Macht anstrebt, endet in einer Kopfgeburt. Von einer anderen, technologiegetriebenen Seite begründen das Müller-Wille/Rheinberger in ihrem aktuellen Buch *Das Gen im Zeitalter der Postgenomik* (MWR 2009, S. 12):

> *Seine Position als zentrales organisierendes Thema der Biologie des 20. Jahrhunderts verdankt das Gen [...] weniger seiner immer definitiveren und genauer werdenden Bestimmung als vielmehr der Tatsache, [...] dass der korrespondierende Forschungsgegenstand, das Gen als epistemologisches Objekt, sich Zug um Zug einer instrumentell vermittelten experimentellen Handhabung erschloss.*

Mit dem rasanten Technikfortschritt geht die Produktion einer ungeheuren Datenflut einher: *Genetische Information ist jetzt nicht mehr nur, was in der Zelle abrufbar ist, um in biologische Funktion umgesetzt zu werden, sondern auch das, was aus Datenbanken abrufbar ist, um weitere Daten zu generieren* (MWR 2009, S. 122). Die Expressionsatlanten, die im BDTNP erzeugt werden, sind ein Beispiel dafür[4]. Die Wissenschaftsmethode wird auf den Kopf gestellt: Nicht mehr Hypothesen gehen den Daten voraus, wie Popper es fordert. Jetzt erzeugt die Flut des mit Computern voll automatisiert erzeugten Datenmaterials ihre eigenen Thesen. Induktion lebt in der Generation unzähliger Gensequenzvergleiche neu auf (MWR 2009, 123).

Bemerkenswert ist, dass sich zur gleichen Zeit wie Dawkins' Buch in Deutschland eine ganz andere Richtung herausbildet, die *Frankfurter Schule*. Sie sieht Organismen nicht mehr nur als Merkmalsträger. Sie weitet die Sicht über DNA-Sequenzen hinaus auf übergeordnete Strukturen. Doch diese Ideen bleiben ohne Echo auf der internationalen Bühne.

Ein weiterer Evolutionstheoretiker, dem Reduktionismus vorgeworfen werden kann und auch wird, ist Michael Lynch. In Kap. 9 ist dargelegt, warum Lynchs Anspruch, die Evolution populationsgenetisch umfassend erklären zu können, ins Leere läuft. Lynch vermischt Erklärungs- oder Organisationsebenen des Untersuchungsgegenstands Evolution.

Der Paradigmenwechsel in der Wissenschaft muss kommen

Gabriele Werner-Felmayer, Biologin und Biochemikerin an der Universität Innsbruck, erläutert die Schwierigkeiten einer Erklärung komplexer Welten und folgert: *Da ist es doch wesentlich einfacher, ein reduktionistisches Weltbild zu entwerfen, das scheinbar Klarheit schafft. [...] Wird die Vereinfachung jedoch zur erwiesenen*

---

4 Siehe Kapitel 17.

Wahrheit, zur allgemeinen Realität erklärt, so ist dies in höchstem Maß bedenklich (2007, S. 84). Rupert Riedl spricht von der *Landnahme des Reduktionismus* (2006, S. 36ff.) und das ist bei aller Vehemenz, mit der Riedl in seiner posthum veröffentlichten kleinen Schrift noch einmal für sein Lebenswerk eintritt, endlich den großen systemischen Zusammenhang zu sehen, noch zurückhaltend ausgedrückt, wenn man in das Lebenswerk des französischen Philosophen Edgar Morin hinein liest, wo es heißt (2010/1981, S. 424): *Das Prinzip der Vereinfachung beherrschte das Universum.*

> *Das Einfache ist nichts als ein beliebiger Moment der Abstraktion, das von der Komplexität losgerissen ist, ein effektives Instrument der Manipulation, das die Komplexität mit einer Folie überzieht.*   E. Morin

Die Modi des vereinfachten Denkens sind weit gestreut. Sie haben viele Naturen, nicht nur die des linearen Ursache-Wirkung-Prinzips. Sie umfassen neben anderen *das Rationalisieren, die Realität in eine Ordnung und die Kohärenz eines Systems einschließen wollen, ihr jedes Ausgreifen auf jenseits des Systems verbieten, es nötig haben, die Existenz der Welt zu rechtfertigen, indem ihr ein Rationalitätszertifikat verliehen wird.* (S. 34). Man erinnere sich an Conrad Hal Waddingtons vergebliche Bemühungen um Anerkennung durch die Synthese.

Erst langsam – und diese Arbeit hat versucht, dem Weg dahin zu folgen – befreit sich die Wissenschaft von den reduktionistischen Fesseln. Werner Callebaut schreibt dazu (Callebaut 2010): *Biologiephilosophen haben sich vor mehr als zwei Jahrzehnten mit ganz wenigen Ausnahmen auf einer Linie eines antireduktionistischen Konsens eingeschwungen.* In der Evolutionstheorie greift ein mehr und mehr holistisches Bild: Wir sind nicht unsere Gene.

Auch Alan C. Love betont, dass die Synthese in einigen Gesichtspunkten zu reduktionistisch war (Love 2010, S. 433):

> Wenn sich Evolutionstheorie aus mehreren Problemfeldern zusammensetzt, die die Mitwirkung verschiedener Disziplinen erfordern, dann gibt es keinen „fundamentalen" Gesichtspunkt oder eine solche Ebene, auf die wir unser Bild des evolutionären Prozesses reduzieren können. […] Mein Standpunkt stimmt auch mit der Erkenntnis überein, dass eine völlig einheitliche Sicht auf den evolutionären Prozess außer Reichweite ist, auch wenn wir integrierte Erklärungen von Phänomenen in verschiedenen Bereichen anstreben. Das Herauskristallisieren und die Heterogenität der Disziplinen aus den Lebenswissenschaften und der Methoden in der Folge des Aufkommens der Molekularbiologie hat zu einer zentrifugalen Kraft in der Evolutionsforschung geführt. Diese erschwert es, ein einziges big picture oder eine große vereinheitlichte Theorie zu entdecken.

Die Konsequenz der Loslösung von reduktionistischem Denken ist klar für die Biologie: Wir haben es mit Komplexität zu tun, und zwar mit organisierter Komplexität. Und dieser Komplexität muss Rechnung getragen werden. Was nicht heißen muss, dass die reduktionistisch gewonnenen Erkenntnisse von 200 Jahren Wissenschaft vergessen werden müssen. Es heißt nach Morins Sicht, dass es gilt, sie in eine integrierte Sicht der Komplexität zu übernehmen, in ein neues Paradigma der Komplexität (Morin 2010/1981, S. 443). War der Begriff Komplexität früher eine Wolke für das Unerklärbare und steht auch umgangssprachlich für das nicht näher Durchschaubare, nimmt man heute in der Wissenschaftstheorie Eigenschaften wie Konfusion und Unsicherheit durchaus als Herausforderungen an. Sie sind *die vorscheinenden Zeichen der Komplexität*, so Morin (S. 28). *Leben ist nicht das Wachstum oder die Multiplikation physikalischer Qualitäten, es ist deren Übergang auf eine neue Ebene* (S. 430). Und dieser Übergang erlaubt es nicht, dass der Betrachter, der Wissenschaftler also, das Subjekt und seine Einbettung in seine eigene historische Zeit, aus dem Prozess und dem Produkt des Erkennens ausgeschlossen wird: *Man geht niemals der komplexen Erkenntnis entgegen, indem man den Erkenner beiseite stellt*, heißt es kompromisslos bei Morin (S. 448).

> *Erkenntnis kann stets nur komplexer werden,*
> *nicht einfacher.*   E. Morin

Komplexität in der Biologie ist viel mehr als die Berücksichtigung von Rückkopplungen oder wechselseitigen Abhängigkeiten. Sie ist mehr als eine *Unmöglichkeit zu vereinfachen* (S. 437). Biologie ist auch nicht mit Kybernetik zu begreifen. Die Komplexität eines lebenden Systems ist unendlich mehr. Es geht um nichts weniger als darum, so Morin (S. 440), anzunehmen, was Komplexität enthält: *Ordnung und Unordnung, Chaos, Eines und Vielfaches, Verschiedenes, Singuläres und Allgemeines, Individuelles und Generisches, Autonomie und Abhängigkeit, Isolation und Relation, Ereignis und Element, Organisation und Desorganisation, Konstanz und Wechsel, Gleichgewicht und Ungleichgewicht, Stabilität und Instabilität, Ursache und Wirkung, Kausalität und Finalität, Öffnung und Schließung, Information und Rauschen, Information und Redundanz, Zentrales und Marginales, Unwahrscheinliches und Wahrscheinliches.* Dieses alles ist zudem stets im Gesamtzusammenhang Mensch – Biologie – Physis zu sehen (S. 439f. u. S. 444). *Von nun an sind Objekte, Dinge nicht länger nur Dinge; jedes Objekt einer Beobachtung oder einer Studie muß künftig als Funktion seiner Organisation, seiner Umwelt, seines Beobachters begriffen werden.*

Da liegt ein weites Feld und ein weiter Weg der Transformation für die Wissenschaft der Zukunft. Vor dem Gedankengebäude Edgar Morins darf man eingestehen: Wir, die wir die Dinge erkennen wollen, stehen am Anfang, wenn nicht ganz am Anfang der komplexen Erkenntnis und der Entdeckung der Komplexität (S. 445). Der Paradigmenwechsel muss vollkommen sein, sonst ist er keiner. Das zieht sich nicht weniger durch Rupert Riedls Werk (2006) als durch das Edgar Morins: *Das wirkliche Problem besteht deshalb darin, die Komplexität der Entwicklungen nicht auf Regeln mit einer einfachen Grundlage zu reduzieren. Komplexität ist die Grundlage* (Morin 2010/1981, S. 437).

Unterschiedliche Realitäten verlangen unterschiedliche Theorien

Seit einem halben Jahrhundert etwa existiert die Komplexitätsforschung und die Systemtheorie. Es werden Attribute definiert, die Komplexität ausmachen. Und das ist sehr hilfreich. Sandra Mitchell, Biologin und engagierte Wissenschaftstheoretikerin, formuliert es so (2008, S. 54):

> Um irreversible, emergente, kontextabhängige, dynamische, vielgestaltige Strukturen und Verhaltensweisen in den Mittelpunkt zu rücken, bedarf es eines neuen erkenntnistheoretischen Ansatzes, der genau auf die Fortschritte bei der Erfahrung der biologischen Komplexität abgestimmt ist.

Wissenschaften haben es mit logisch verschiedenen Realitäten zu tun. Auf der einen Seite steht der Typ von Realität, der innerhalb bestimmter Grenzen konstant und unveränderlich gegeben ist, der immer und überall auf die gleiche Weise funktioniert. Auf der anderen Seite steht der Typ von Realität, der veränderlich und immer verschieden ist, der sich selbst entwickelt und steuert und dabei mit seiner Umwelt interagiert und einen offenen Entwicklungshorizont besitzt (SR 2005, S. 201; hier Abb. 24.1 und 24.2).

Wenn Schülein/Reitze von unterschiedlichen Realitäten sprechen, muss man das als Gedankenkonstrukt verstehen, als eine Typisierung, die helfen soll, dass der Mensch die Welt besser verstehen kann. Diese Vereinfachung ist aber selbst eine starke Reduktion der Realität. Das wissen natürlich diese Autoren. Tatsächlich gibt es weder die eine noch die andere Realität. Wir nehmen vielmehr spezifische Sichtweisen ein, Klassifizierungen. Das kommt übrigens auch im Box 2 zum Ausdruck, wenn wir gezwungen sind, Arten zu definieren als Voraussetzung dafür, dass wir überhaupt von Evolution sprechen können.

Diese logisch idealisierten Realitäten bedürfen logisch unterschiedlicher Theorien, um ihren Gegenstand begreifen zu können. Die klassischen Naturwissenschaftstheorien konnten zumindest bis vor einigen Jahrzehnten weitgehend in der ersten Realität aufsetzen. In der zweiten, der die Evolutionstheorie näher steht als der ersten, ist *die Fülle der beteiligten Faktoren und die der möglichen Variationen theoretisch nicht zu bändigen* (S. 205). Es ist kaum möglich, alle relevanten Faktoren (angemessen) zu erfassen. Daher lässt sich das Prinzip des Experimentierens mit dieser Realität nur begrenzt anwenden, da die Wirklichkeit zu umfangreich ist, um vollständig manipulierbar zu sein. Dies hat zur Folge, dass es in Bezug auf solche Realitäten keine eindeutigen methodologischen Verfahren geben kann, sondern nur ‚Rezepte' für den Umgang mit empirischer Komplexität, die unterschiedlich aussehen können. Es gibt also nicht nur eine Möglichkeit der theoretischen Konzeptionalisierung, sondern immer viele. Eine solche Wissenschaft bleibt daher *chronisch unabgeschlossen, sozusagen eine Dauerbaustelle* (S. 206).

Abb. 24.1 Unterschiedliche Realitäten verlangen unterschiedliche Theorien

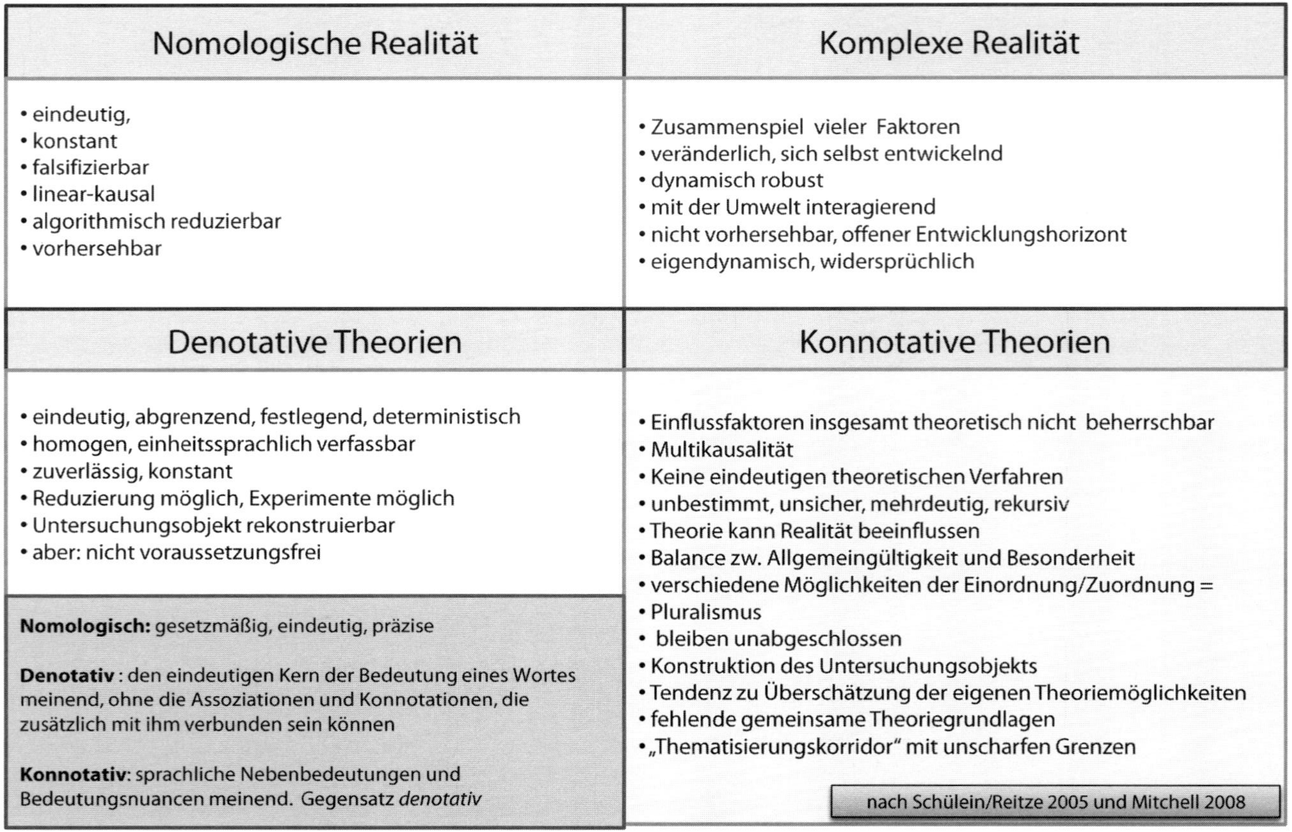

Nomologische Realität	Komplexe Realität
• eindeutig, • konstant • falsifizierbar • linear-kausal • algorithmisch reduzierbar • vorhersehbar	• Zusammenspiel vieler Faktoren • veränderlich, sich selbst entwickelnd • dynamisch robust • mit der Umwelt interagierend • nicht vorhersehbar, offener Entwicklungshorizont • eigendynamisch, widersprüchlich
Denotative Theorien	**Konnotative Theorien**
• eindeutig, abgrenzend, festlegend, deterministisch • homogen, einheitssprachlich verfassbar • zuverlässig, konstant • Reduzierung möglich, Experimente möglich • Untersuchungsobjekt rekonstruierbar • aber: nicht voraussetzungsfrei	• Einflussfaktoren insgesamt theoretisch nicht beherrschbar • Multikausalität • Keine eindeutigen theoretischen Verfahren • unbestimmt, unsicher, mehrdeutig, rekursiv • Theorie kann Realität beeinflussen • Balance zw. Allgemeingültigkeit und Besonderheit • verschiedene Möglichkeiten der Einordnung/Zuordnung = Pluralismus • bleiben unabgeschlossen • Konstruktion des Untersuchungsobjekts • Tendenz zu Überschätzung der eigenen Theoriemöglichkeiten • fehlende gemeinsame Theoriegrundlagen • „Thematisierungskorridor" mit unscharfen Grenzen

nach Schülein/Reitze 2005 und Mitchell 2008

Nomologisch: gesetzmäßig, eindeutig, präzise

Denotativ: den eindeutigen Kern der Bedeutung eines Wortes meinend, ohne die Assoziationen und Konnotationen, die zusätzlich mit ihm verbunden sein können

Konnotativ: sprachliche Nebenbedeutungen und Bedeutungsnuancen meinend. Gegensatz *denotativ*

24 300 Jahre Reduktionismus – 50 Jahre Denken in komplexen Systemen

Abb. 24.2 Ausgewählte Wissenschaftstheorien und Disziplinen

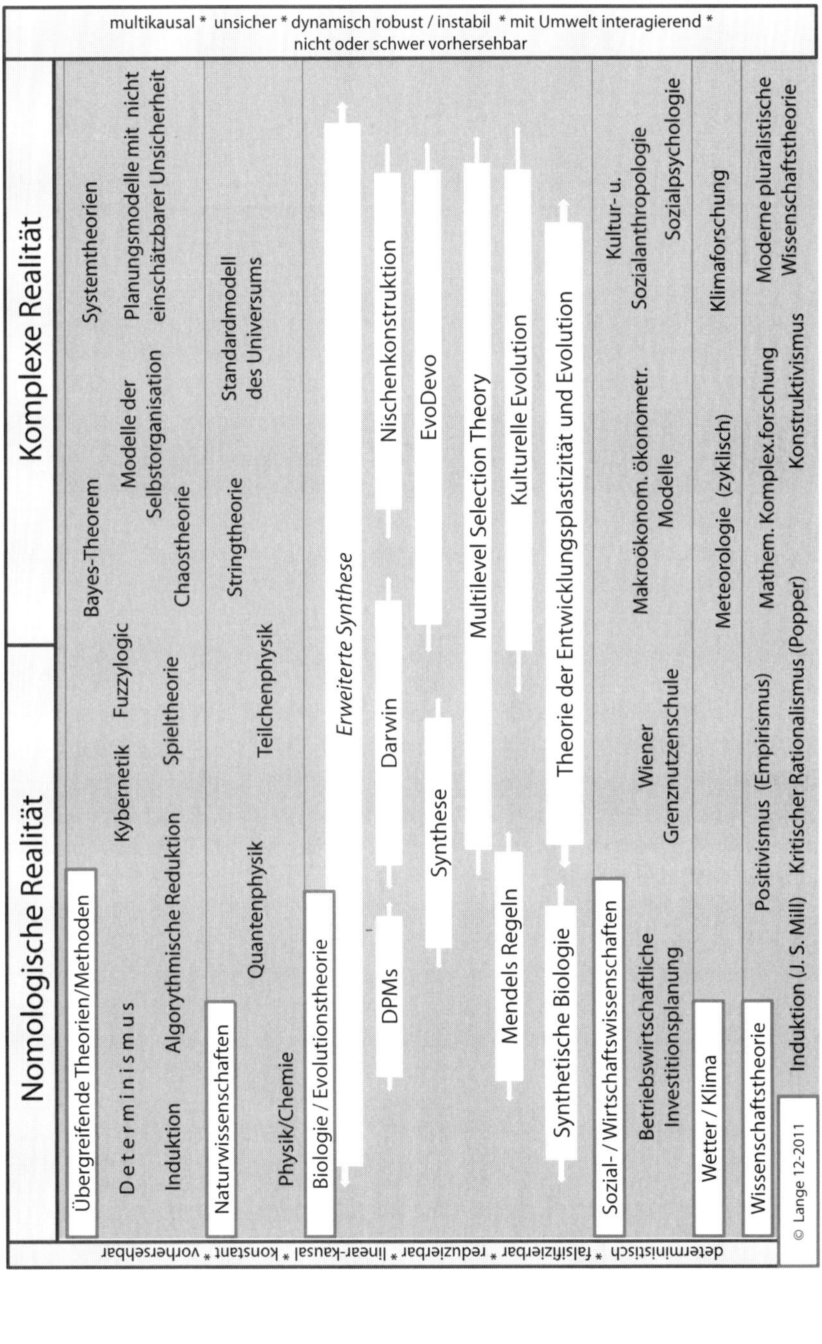

Nomologische Realität		Komplexe Realität

multikausal * unsicher * dynamisch robust / instabil * mit Umwelt interagierend * nicht oder schwer vorhersehbar

deterministisch * falsifizierbar * reduzierbar * linear-kausal * konstant * vorhersehbar

Übergreifende Theorien/Methoden
- Determinismus: Kybernetik, Fuzzylogic, Bayes-Theorem, Systemtheorien
- Induktion, Algoryhtmische Reduktion, Spieltheorie, Modelle der Selbstorganisation, Planungsmodelle mit nicht einschätzbarer Unsicherheit
- Chaostheorie

Naturwissenschaften
- Physik/Chemie: Quantenphysik, Teilchenphysik, Stringtheorie, Standardmodell des Universums

Biologie / Evolutionstheorie
- DPMs, Darwin, Erweiterte Synthese, Nischenkonstruktion
- Synthese, EvoDevo
- Mendels Regeln, Multilevel Selection Theory, Kulturelle Evolution
- Synthetische Biologie, Theorie der Entwicklungsplastizität und Evolution

Sozial- / Wirtschaftswissenschaften
- Betriebswirtschaftliche Investitionsplanung, Wiener Grenznutzenschule, Makroökonom. ökonometr. Modelle, Kultur- u. Sozialanthropologie, Sozialpsychologie

Wetter / Klima
- Meteorologie (zyklisch), Klimaforschung

Wissenschaftstheorie
- Induktion (J. S. Mill), Positivismus (Empirismus), Kritischer Rationalismus (Popper), Mathem. Komplex.forschung, Konstruktivismus, Moderne pluralistische Wissenschaftstheorie

© Lange 12-2011

Das soll noch einmal aus anderer Sicht formuliert werden: Wegen der multiplen Sichtweisen, die Faktoren unterschiedlich gewichten und auch unterschiedliche Faktoren aus Vereinfachungsgründen aus der Betrachtung ausklammern, gibt es stets nicht nur eine sondern mehrere Theorien (S. 207). Es besteht immer die Möglichkeit (und auch die Notwendigkeit), (komplexe) Realität aus einem anderen Blickwinkel und in einer anderen Dimension zu sehen (S. 207). Damit wird deutlich, dass Theorien, die (komplexe) Realitäten behandeln, nur begrenzt denotative Strategien verwenden können (S. 207) (Erklärung in Abb. 24.1). Die Komplexität und Interdependenz der Realität zwingt den Wissenschaftler, seinen Gegenstand nicht nur zu rekonstruieren sondern unvermeidlich erst zu konstruieren. Es entscheidet selbst darüber, was als Gegebenes, was als feststehend und als variabel angesehen wird und welche Verbindungen welche Bedeutung haben (S. 208).

Deutlich wird das zum Beispiel in dem Buch *Modularity* (CRG 2005). Modularität ist ein breites Feld in einer Evolutionstheorie, die sich als komplex versteht. Man will nicht nur verstehen, welche Subeinheiten des Organismus als Module gelten können, sondern auch welche gegebenenfalls als solche selbst Einheiten der Evolution sein können (Schlosser in CRG 2005, S. 144). Auch Entwicklungsteilprozesse können modular verstanden werden, etwa die Metamorphose bei Fröschen (S. 151). Ohne die Erforschung von Modulen auf unterschiedlichen Organisationsebenen kann man sich der evolutionären Entwicklung nicht wirklich nähern.

Hierzu definieren nun viele der mehr als zwei Dutzend Autoren des genannten Werks, die aus einem weiten biologisch-theoretischen Forschungsfeld kommen, eigens, was sie unter einem Modul (bzw. Modularität) verstehen. Abb 24.3 zeigt einige dieser Sichten. Die unterschiedliche Herangehensweise an das Thema ist keinesfalls eine unzureichende Erfassung des Untersuchungsgegenstands durch einzelne Autoren. Sie spiegelt vielmehr den von Schülein/Reitze geschilderten Umstand wieder, dass sich das Objekt *Modul in der Biologie* weder einheitlich noch vollständig definieren oder beschreiben lässt. Weitere Sichten als die in Abb. 24.3 sind demnach möglich.

Die Konsequenz ist klar: Der Wissenschaftler, der sein Objekt „Modul" hier definiert, legt fest, was er untersucht und wie er untersucht. Der Wissenschaftler wird zum untrennbaren Teil des wissenschaftlichen Objekts. Die Objektivität der Wissenschaft wird zum Fragezeichen. Grund dafür ist nicht die Person des Wissenschaftlers, seine Vorlieben oder Vorkenntnisse. Grund ist die inhärente Logik der komplexen Realität, die der Wissenschaftler vor sich hat. Eine Realität, die es nicht zulässt, eineindeutig an die Sache heranzugehen, so wie es ein Physiker vielleicht (noch) machen kann, der sich mit Elektromagnetismus beschäftigt, sondern eben so wie es ein Physiker heute auch schon nicht mehr kann, der die Strömungen in einem Bach untersuchen und beschreiben soll: umschreibend, zwingend konnotativ zur Erläuterung einer komplexen Welt. Sehen wir uns an, wie das gemeint ist.

Autor	Definition bzw. herausgehobene Merkmale	Callebaut/Rasskin Gutmann
Schlosser	Subnetze/-prozesse mit hoher entwicklungsseitiger bzw. funktionaler Integration jedoch relativ unabhängiger Entwicklung und Funktion bezogen auf andere Subnetze des Organismus	145
ähnl. Brandon	+ Einheitlichkeit	54,55
ähnl. Müller/Newman	+ mehr oder weniger Identität	9
ähnl. Winther	+ Integration und Wettbewerb	61ff.
ähnl. Rasskin-Gutman	+ logische Beziehungsstrukturen zwischen Modulen	207f.
ähnl. Bonner	+ einheitliche Funktion	52f.
Eble	Morphologische, organisierende oder evolvierende Eigenschaft und jeweils eigene spezifische Charakteristika auf unterschiedlichen Organisationsebenen	225,22
Simon	Modularität als nahezu vollständige Zerlegbarkeit von Systemen. Jede von deren Komponenten arbeitet nach eigenen, intern determinierten Prinzipien. Module in einem System oder Prozess sind hoch integriert aber relativ unabhängig oder abtrennbar.	Vorwort
Wagner et al.	Ein Satz phänotypischer Features, die hoch integriert sind hinsichtlich pleiotropischer Effekte der unterlegten Gene und relativ unabhängig sind von anderen solcher Sets, denen es an pleiotropischen Effekten mangelt.	33f.

Abb. 24.3 Der Begriff *Modul* bei multizellularen Organismen
Module eines Organismus sind Einheiten der Entwicklung, Morphologie, Selektion oder Evolution. Der Begriff *Modul* entzieht sich einer eindeutigen Definition ebenso wie *Entwicklung* oder *System* im Vergleich zu Begriffen der Chemie oder Physik, wo Phänomene wie *Molekül*, *Wassereis* oder *Elektromagnetismus* eindeutig definiert sind.

Johann A. Schülein und Simon Reitze aus Wien nennen Theorien, die sich mit komplexen Welten befassen, *konnotativ*. Das Wort drückt aus, dass Begriffe und Beschreibungen, die konnotativer Natur sind im Gegensatz zu präzisen, eindeutigen Begriffen der denotativen Theorien erst in der sprachlichen Umschreibung klarer werden. Konnotative Begriffe verlangen also Erläuterung. In anderem Zusammenhang können sie wieder anders verwendet werden. So ist zum Beispiel nicht per se klar, was mit Komplexität, mit System[5], mit Modul, Nischenkonstruktion oder Multilevel Selektion gemeint ist. Es ist nicht einmal mehr eindeutig heute, was ein Gen ist, während ja immer eindeutig ist, was mit dem Newtonschen Fallgesetz in der Physik oder mit dem Begriff Sauerstoff in der Chemie gemeint ist.

Noch dramatischer erscheint, dass es für konnotative Theorien keine eindeutigen Kriterien gibt, was „gut" oder „schlecht" überhaupt bedeutet (S. 209) und letztlich haben konnotative Theorien keine einheitliche Grundlage. *Jede Theorie muss sich selbst begründen, weil mit der Begründung bereits Entscheidungen über die Theorie getroffen werden* (S. 209).

Der Positivismus ist unzureichend für die Evolutionstheorie

Man hat schon seit langem vermittelt, dass es Unterschiede in Theorien gibt, Lange hat man von *exakten* Wissenschaften und *nicht exakten* Wissenschaften gesprochen. Edgar Morin, konsequenter Anwender komplexer, interdisziplinärer Sichtweise, würde sicher die Unterscheidung heute nicht mehr zulassen; jedes Gebiet ist komplex. Doch die so lange herrschende Vorgehensweise hatte schwerwiegende Konsequenzen, die durch die Wissenschaftstheorie gefördert wurden. Diese ist bis in die jüngste Gegenwart auf empirische Sachverhalte ausgerichtet. Das gesamte 19. Jahrhundert mit Philosophen wie John Stuart Mill (1806–1873), Begründer des modernen Empirismus und Auguste le Compte (1798–1857), Begründer des Positivismus, haben definiert und geprägt, was Wissenschaft ist und was nicht. Demnach gelten ausschließlich solche Erkenntnisse als wissenschaftlich, die auf handfesten erfahrbaren Tatsachen beruhen, die mit den Sinnen gewonnen werden, die nachprüfbar sind, positiv demonstrierbar, wenn man so will, daher die Bezeichnung Positivismus. Damit sind Disziplinen ins Abseits gestellt, die diesen Anforderungen nicht genügen können.

Mehr noch: Die vorrangige wissenschaftstheoretische Richtung des 20. Jahrhunderts, der von Karl Popper (1902–1994) institutionalisierte Kritische Rationalismus, setzt genau darauf auf und erhärtet die Trennung von Wissenschaft und Nicht-Wissenschaft. Dieses Denken ist überwunden. Popper ist aus ganz unterschiedlichen Sichtweisen von seinen eigenen Schülern „demontiert", und dies gilt auch aus der Sicht der klassischen Naturwissenschaften. Doch trägt der Kritische Rationalismus lange Zeit bis in unsere Tage massiv zu einer Klassifizierung der Wissenschaftsdisziplinen bei. Die klassische Physik und Chemie dürfen demnach als wissenschaftlich „höherwertig" gelten im Vergleich zu den Sozialwissenschaften, Geschichtswissenschaften, der Psychologie und vielen anderen Disziplinen. Die strikte Trennung fällt umso schärfer aus, als Popper nur ein einziges Kriterium benötigt, um die Welten zu trennen, das Kriterium der *Falsifizierbarkeit*. Empiris-

---

5 Zur Problematik des Systembegriffs s. z. B. Morin 1981/2010, S. 128. Zum Schwierigkeit des Begriffs Komplexität s. Melanie Mitchell 2009, S. 12 f. und S. 94 ff.

Karl Popper. Geboren in Wien, lehrte an der London School of Economics. Er ist *der* maßgebende Wissenschaftsphilosoph im 20. Jahrhundert. Sein Denkgebäude kann und will sich Wissenschaften mit komplexen Szenarien aus prinzipiellen Gründen nicht erschließen. Damit steht er trotz der eigenen Korrektur seiner Haltung zur Evolutionstheorie mit ihr in einem zwiespältigen Verhältnis und kann allenfalls Mikroevolution als falsifizierbar und damit als Wissenschaft anerkennen (Popper 1978).

mus und Kritischer Rationalismus sind also klar zugeschnitten auf die Naturwissenschaften im klassischen Sinn. Für die anderen Disziplinen lassen sie keinen Raum. Genau das aber gilt es zu überwinden, und das ist auch das Anliegen der neueren Wissenschaftstheorie, nämlich das Szenario komplexer Welten als eigenständige Realität zu erkennen und zu behandeln. So will man auch für die Biologie und Evolutionstheorie zu einer Wissenschaftsgrundlage kommen, die ihre „eigene Realität" und damit Besonderheiten hat. Biologie soll mit Theorien verstanden werden, die sich in prinzipiellen Strukturmerkmalen und Eigenschaften von den klassisch naturwissenschaftlichen Theorien unterscheiden (Abb. 24.1 und 2).

> *Der Kritische Rationalismus Poppers ist eng*
> *auf die Naturwissenschaften zugeschnitten.*
> *Er lässt kein Kriterium zu, das geeignet wäre,*
> *komplexe Wissenschaften zu behandeln.*
> S. Mitchell

Abb. 24.1 verdeutlicht, wie unterschiedliche Realitäten und Theorien benannt und klassifiziert werden können.[6] Es fällt auf, dass Reduktionismus keineswegs per se verurteilt wird. Er hat seine Berechtigung in der denotativen Realität, aber weniger in einer konnotativen, „unscharfen" Welt. Abb. 24.1 zeigt idealtypische Unterteilungen. „Wirkliche Realitäten" und Theorien haben aber vielfach Eigenheiten aus beiden Welten. Sie müssen sich daher dieser Problematik bewusst sein und sich ihren eigenen Standort ständig selbst suchen und ihn auch formulieren (SR 2005, S. 216), wie ich am Beispiel des Begriffs *Modul* deutlich gemacht habe (Abb. 24.3).

Je weiter rechts in Abb. 24.2 Theorien aufgeführt sind, desto mehr nehmen sie Eigenheiten der komplexen Realität auf, wie etwa stochastisch nicht abschätzbare Unsicherheit, Eigendynamik, Multikausalität, Rückkopplungen usw. Am

---

6 Schülein/Reitze verwenden etwas abweichende Begriffe.

weitesten rechts sind die Lebenswissenschaften zu finden. Schon Konrad Lorenz hat dazu formuliert (1988, S. 321): *Die menschliche Sozietät ist das komplexeste aller lebenden Systeme auf unserer Erde. Unsere wissenschaftliche Erkenntnis hat kaum die Oberfläche ihrer komplexen Ganzheit angekratzt.* Je weiter links Theorien aufgeführt sind, desto deterministischer sind sie entworfen, desto konkreter und eindeutiger ist die Wirklichkeit mit ihnen zu beschreiben. Eine exakte Positionierung der Disziplinen ist in Abb. 24.2 nicht angestrebt und ist auch nicht möglich. Aber die Unterschiede sollen deutlich werden. Wichtig erscheint es, darauf hinzuweisen, dass die Physik längst auch die denotative Welt verlassen hat (SR 2005, S. 217). Vielleicht sind die wichtigsten Naturgesetze gefunden. Fest steht jedenfalls, dass sich die Physik ebenfalls mit Realitäten beschäftigt, in denen Unsicherheit herrscht, oft keine rein monokausalen Erklärungen mehr tragen und in denen ebenfalls seit langem ein neues Theorieverständnis gefordert wird.

Wenn wir nun die moderne Evolutionstheorie (*Erweiterte Synthese*) herausgreifen, erkennt man leicht, wie umfassend breiter sie sich im Vergleich zu Darwins Werk, aber auch zur Synthese aufstellt. Die Synthese, die enger, reduktionistischer gefasst ist als Darwins Theorie, ist daher mit Absicht etwas links von Darwin positioniert. Sie schließt Interdependenzen von Evolution und Umwelt oder von Evolution und Entwicklung aus, während Darwin die Bedeutung von beiden zumindest richtig vermutet, wenn er auch zu seiner Zeit noch nicht konkreter werden kann. Die Synthese ist eher monokausal, wie in der dieser Arbeit immer wieder herausgestellt wurde, während Darwin prinzipiell auch andere Evolutionsfaktoren zulässt neben der natürlichen Selektion.

Insgesamt gesehen reicht die Erweiterte Synthetische Theorie – sie lässt explizit sowohl Darwin als auch die Synthese weiter zu – auf der Abb. 24.2 von ziemlich links, also nahe nomologischer Realität bis ganz rechts weit in den Bereich komplexer Realität. Man könnte sich fragen: Ist das prinzipiell überhaupt möglich? Kann eine Theorie beides sein: denotativ, also konkret, präzise, auf den Punkt kommend, die Dinge durch ihre Worte oder Formeln unmittelbar präzisierend und gleichzeitig *konnotativ*, also die Dinge mehrdeutig umschreibend? Ist das kein Widerspruch in sich?

EvoDevo ist eine komplexe Forschungsdisziplin

Das muss es nicht sein. Wir erkennen leicht, dass wir es innerhalb der *Erweiterten Synthese* mit unterschiedlichen Teilgebieten zu tun haben, die in diesem Buch behandelt wurden. Um nur ein paar wenige nochmals zu nennen, etwa die Nischenkonstruktion, die rechts außen steht, weil sie für ein System steht, das rekursiv oder selbstreflexiv ist, dessen Ursachen also gleichzeitig Wirkungen sind und umgekehrt. Oder die mendelschen Regeln. Sie sind eher links außen zu finden und stehen zumindest in der Theorie für klare, vorhersehbare Aussagen wenn auch in statistischem Sinn. Was EvoDevo betrifft, sieht es mit dem von Gerd B. Müller immer wieder zitierten Anspruch, neue kausal-mechanistische Ursachen aufzuspüren so aus, als reiche EvoDevo damit in Abb. 24.2 weit nach links in die eher deterministische, nomologische Welt. Müller spricht davon, dass EvoDevo Vorhersagen über Wahrscheinlichkeiten evolutiver Veränderungen treffen kann und betont, das mache den Unterschied zur Synthese aus: EvoDevo zeigt gesetzmäßes Regelverhalten. Gleichzeitig mahnt Müller aber zu Vorsicht:[7] *Kausal-mechanistisch* will in erster Linie verstanden wissen in Abgrenzung zu der eher *deskriptiv-statistischen* Argumentationsführung der Synthese. Naturgesetzliche Färbung bekämen Evo-Devo-Mechanismen erst dann, wenn sie auch Allgemeingültigkeit aufweisen. Die kausal-mechanistischen Erklärungen von EvoDevo gelten aber bislang primär für Individuen oder allenfalls Modellsysteme. Nichts desto trotz sind sie neue kausale Erklärungen, wie Evolution funktionieren kann. EvoDevo bleibt laut Müller auf Grund der deutlich gemachten Interdependenz von Evolution, Entwicklung und Umwelt voll der komplexen Realität verpflichtet. Sie kann und will sich dieser auch nicht entziehen. Müller bestätigt das mit dem zitierten zentralen Satz: *Die Mechanismen der Entwicklung unterliegen der Evolution und umgekehrt haben die Entwicklungssysteme auch Auswirkungen darauf, wie Evolution verlaufen kann.*

So liegt die Leistung von EvoDevo heute nicht allein darauf, vorsichtig formulieren zu können, dass Gesetzmäßigkeiten existieren. Sie liegt primär darauf, dass EvoDevo den grundsätzlichen Schritt vollzogen hat von einer reduktionistischen Basis auf eine systemische Basis, die Komplexität anerkennt. Nicht die Tatsache, dass man Gesetzmäßigkeiten erkannt hat, nicht die Tatsache, dass die neodarwinistischen Dogmen, Gradualismus und externe Bestimmung der Evolution, überwunden werden konnten, sind die nachhaltigen paradigmatischen Zeichen. Es ist vielmehr die Sicht auf die embryonale Entwicklung als ein komplexes System im Umfeld komplexer Systeme (Abb. 12.8). Das ist es, was den eigentlichen Anspruch hat auf einen Paradigmenwechsel der Evolutionstheorie. Dass es damit allein schon EvoDevo innerhalb der Evolutionstheorie mit einem äußerst komplexen Szenario zu tun hat, will Abbildung 12.8 quasi als sehr vereinfachte Gesamtschau (nicht als Prozesskette) der EvoDevo-Kapitel im Teil B in diesem Buch aufzeigen.

> *Die heutige Evolutionstheorie ist im Sinne der modernen Komplexitätstheorie eine komplexe Theorie mit einem breiten Realitätsspektrum unterschiedlicher Teiltheorien, die in die Erweiterte Synthese integriert sind.*

Es ist also kein Widerspruch, wenn die Erweiterte Synthese ein sehr weites Realitätsspektrum umfasst. Es demonstriert nur einmal mehr, wie vielschichtig das Thema Evolution ist und erhärtet Mitchells Schlussfolgerung, dass komplexe Realitäten pluralistische Konzepte erfordern, dass Komplexität ohne Pluralismus gar nicht angegangen werden kann und dass diese Konzepte auch nie abgeschlossen sind. So betonen die *Altenberg-16*-Mitglieder auch einvernehmlich, dass die *Er-*

---

[7] Im persönlichen Gespräch April 2010.

weiterte Synthese eine offene Theorie ist, die zu neuen Ideen einlädt, die sich in das Gesamtgerüst einpassen. Das ist nur allzu konsequent vor dem Hintergrund der beschriebenen komplexen Realität.

Diese Aussagen stehen auch nicht im Widerspruch zu einer möglichen Gesamttheorie der Evolution, allerdings nur, wenn diese nicht als ein monolithischer Einheitsblock sondern als ein sich auf viele Grundmauern, Wände und Säulen stützendes Haus verstanden wird, das auch dann, wenn der ein oder andere Winkel in einem Nebenzimmer nicht exakt 90 Grad ist, in seinen großen Zügen in der Außenschau nicht schief ist, will sagen: im Großen und Ganzen widerspruchsfrei ist.

Die Chancen der Komplexitätsforschung für die Evolutionstheorie

Ich will abschließend in diesem Kapitel hervorheben, was Sandra Mitchell nicht erwähnt. Sie will die Gesamtsicht auf das Leben aufzeigen, die enorme Komplexität großer Systeme, in denen wir verwurzelt sind, will auf die damit zusammenhängenden prinzipiellen Problemkreise aufmerksam machen. Aber es existiert dennoch eine junge Disziplin, die mit Fortschritten nicht geizt, die Komplexitätstheorie. Sie macht gute Fortschritte parallel zu den nicht formalen großen Gedankengebäuden des Österreicher Ludwig von Bertalanffy mit der ersten allgemeinen Systemtheorie der Biologie (1968), dem systemischen Entwurf Rupert Riedls zur *Ordnung des Lebendigen* (1975) oder dem Werk Niklas Luhmanns in den achtziger Jahren, seinen großen Wurf über Gesellschaftssysteme. Die mathematisch orientierte Komplexitätsforschung[8] kann nach Klaus Mainzers Darstellung heute durchaus interdependente Zusammenhänge, ja sogar Unordnung in mathematische Form packen, kann Kenngrößen für unterschiedliche Komplexitätsgrade von Systemen nennen, mit Unsicherheit umgehen. Sie kann Selbstregulation ebenso abbilden wie Chaosentwicklung und dabei sichtbar machen, welches die entscheidenden sensiblen Parameter sind, die ein System aus dem Gleichgewicht bringen können, um Symmetriebrüche oder *Phasenwechsel des Nichtgleichgewichts* auf höherer Ordnungsebene zu erzeugen. Das widerspricht nicht der Sichtweise Mitchells. Ihre Grundaussagen, dass komplexe Systeme nicht gänzlich beherrschbar und ihre Größen nicht exakt voraussehbar sind, und dass sie es auch nicht vermeiden lassen, mit konnotativen Begriffen und Theorien zu hantieren, die in jedem Modell neu bestimmt werden müssen, das alles ist nicht wegzudiskutieren in einer Gesamtschau der Welt mit ihrer un(be)greifbaren Komplexität von Metasystemen wie Mensch, Gesellschaft, Universum oder der Zelle.[9]

---

8 Siehe Kapitel 17.

9 Diesen Schluss ziehen auch Solé/Goodwin (2000, S. 250): Das Interesse an chaotischer Dynamik liegt im deterministischen und gering dimensionalen Charakter der meisten gut definierten chaotischen Systeme. Dass ein mehrdimensionales System mit vielen Variablen und sowohl stochastischen als auch deterministischen Einflussgrößen langfristig unvorhersehbar ist, widerspricht nicht dem elementaren, allgemeinen Verständnis.

Mainzers theoretische Darstellung komplexer Systeme ist eine gute Hilfe, Evolution ein Stück weit besser zu verstehen. Die evolutionäre Entwicklung, so wie sie die *Erweiterte Synthese* mit ihren vielen Interaktionen darstellt, kann als ein solches komplexes System gesehen werden (Abb. 12.8). So wie Mainzer es allgemein beschreibt, sucht man auch in der EvoDevo-Forschung nach den sensiblen Parametern. Hier sind das Umweltstressoren, Schwellenwerteffekte, Puffer, nicht lineare Reaktionen, die das System *evolutionäre Entwicklung* in einen evolutiven Phasenwechsel führen können.

Um in Mainzers Sprache zu bleiben, wäre eine neue Art ein Beispiel für eine neue Ordnungsebene (Mainzer, 2008, S. 54). Allerdings bräuchte es dazu eine ziemlich lange Reihe von Phasenwechseln. Aber bereits die von Müller in Kapitel 13 beschriebenen Schwellenwerteffekte lösen Phasenwechsel aus und führen zu neuen Mustern und evolutionärer Veränderung in der Entwicklung. Eine Abänderung des Entwicklungspfades bei Waddington in Abb. 9.1 ist ein solcher Phasenwechsel bzw. eine neue Ordnungsebene. Mainzer hält ausdrücklich zu den mathematisch orientierten Komplexitätsmodellen fest (S. 111):

> Der allgemeine Formalismus komplexer Systeme und nichtlinearer Dynamik darf nicht mit Reduktionismus missverstanden werden. Die Strukturen komplexer Systeme sind nicht auf ihre einzelnen Elemente zurückführbar, sondern nur durch ihre kollektive Wechselwirkung erklärbar. Nichtlinearität präzisiert die alte philosophische Einsicht, wonach das Ganze mehr ist als die Summe seiner Teile.

Solé/Goodwin (2000, S. 18) meinen dasselbe:

> Selbstorganisation emergiert unvorhersehbar in Systemen auf unterschiedlichen Ebenen. Wir machen sie verständlich, in dem wir erkennen, wie sie mit Eigenheiten darunter liegender Ebenen konsistent ist und indem wir geeignete mathematische Beschreibungen anwenden. Indem wir so vorgehen, reduzieren wir nicht das Ganze auf seine Teile und Beziehungen.

Wie Sandra Mitchell betont auch Klaus Mainzer, dass man *keine abgeschlossene Systemtheorie erwarten* kann und sagt: *Vielmehr handelt es sich um einen offenen Forschungsprozess, der erst begonnen hat* (Mainzer 2008, S. 100). Und es bedarf mit den Worten von Solé/Goodwin *neuer mathematischer Tools, um den gewaltigen Umfang an Informationen zu integrieren, die aus Genen, Genwechselwirkungen, Entwicklungspfaden und deren Beziehungen im Fossilbild entstehen* (2000, S. 275).

Insgesamt gesehen hat die moderne Komplexitäts- und Systemforschung recht gute Werkzeuge, die helfen, in der *Erweiterten Synthese* formal zu beschreiben, wie sich Evolution als System darstellt. Müller fasst es zusammen (Müller in PM 2010, S. 326):

> Die Evolutionstheorie wird […] eine viel stärker pluralistische und systemische Theorie, als sie es unter dem Vorzeichen der Synthetischen Theorie war. Zusätzliche Analyse- und Erklärungsebenen sind inkludiert, und mehr Faktoren sowie Feedback-Interaktionen zwischen diesen Faktoren werden

berücksichtigt. Als greifbare Konsequenz sind die Erklärungsgrenzen der Synthese von der Erweiterten Synthese in der Evolutionstheorie durch die Erweiterung um weitere Organisationsebenen nunmehr überwunden worden.

※ ※ ※

25 Die pluralistische Zukunft der Evolutionstheorie

Forschung an den Grenzen des Wissens ist unsicher und kontrovers, schreibt Thomas de Padova in seinem Buch über Kepler und Galilei (de Padova 2009, S. 328) und plädiert für die Diskussion unterschiedlicher Auffassungen als wesentlichen Bestandteil des Erkenntnisprozesses. Damit plädiert er dafür, unterschiedliche Erklärungen für den gleichen Untersuchungsgegenstand zuzulassen.

Erklärungsvielfalt und Methodenvielfalt

Das lässt sich auch erweitern auf die Notwendigkeit, unterschiedliche Methoden zuzulassen und zu praktizieren. Die Wissenschaften bilden keine Einheit und die Theorie der methodologischen Einheit der Wissenschaft ist falsch (Rheinberger mit Bezug auf Ian Hacking 2007, S. 119).[10] Rheinberger fasst zusammen (2007, S. 93):

> Die Epistemologie [...] sieht sich erstens mit einem Pluralismus der Methoden im Spektrum der Wissenschaften konfrontiert und muss anstatt ihn zu reduzieren eine Form finden, wie sie mit diesem Pluralismus umgeht. Zweitens muss sie zur Kenntnis nehmen, dass sich die wissenschaftlichen Methodenideale im Lauf der Geschichte ändern, ja dass sogar variieren kann, was jeweils als wissenschaftliche Erkenntnis ernst genommen wird und was nicht.

Die notwendige Öffnung der Evolutionstheorie

Dass die Synthetische Evolutionstheorie heute als die beste vorhandene Erklärung des Lebens, seiner Vielfalt und Veränderung gelten soll, vor allem aber, dass sie ein vollständiges Erklärungsmodell ist, das erscheint einer wachsenden Zahl von Wissenschaftlern unvorstellbar. Nur weil die Mehrzahl der Forscher heute (noch) Neodarwinisten sind, heißt das nicht, dass die Theorie der natürlichen Selektion und der kontinuierlichen kleinsten Veränderungen auch ein unerschütterliches Paradigma bleiben wird.

Wallace Arthur, EvoDevo-Forscher, beschreibt den Darwinismus und mögliche Implikationen durch die EvoDevo-Forschung vorsichtig so (Arthur 2004, S. 35):

> Wissenschaftliche Theorieschulen sind nicht in Stein gemeißelt. Sie nehmen vielmehr im Verlauf der Zeit eine beträchtliche Heterogenität an. Auf der anderen Seite trägt jede einflussreiche Theorie ein beherrschendes Ethos mit sich. Dieses überträgt eine spezielle Sichtweise, die einige Dinge auf Kosten anderer hervorhebt. Wenn diese ´Kosten´ zu hoch werden, wenn

---

10 Ausführlich setzt sich Werner Callebaut mit der Dialektik der Nicht-/Einheit der Synthese und deren Erweiterungen auseinander in Callebaut 2010.

C Der Unterbau – Die Evolutionstheorie aus Sicht moderner Wissenschaftstheorie

das zentrale Ethos weiterem Fortschritt nach allgemeinem Verständnis zu sehr im Weg steht – hier bezogen auf Evolution –, dann muss die Theorie in angemessener Weise kritisiert werden auch wenn nicht alle Befürworter der Theorie für alle ihre Fehler verantwortlich sind.

Dieser vorsichtig formulierte Gedanke Arthurs lässt einen Paradigmenwechsel im Sinne Kuhns am Horizont erahnen. Als Gegenpol zu Arthur vertritt Ernst Mayr die herrschende konservative, neodarwinistische Position und bringt so die Kontroverse in der aktuellen Evolutionstheorie auf den Punkt. Mayr schreibt am Ende seines über hundertjährigen Lebens (Sentker/Wigger 2008, S. 52):

> Es gibt viele Lösungen für viele evolutionäre Herausforderungen, doch sie alle lassen sich mit dem Darwinschen Paradigma vereinbaren. Aus dieser Vielfalt müssen wir lernen, dass in der Evolutionsbiologie weitgehende Verallgemeinerungen nur selten richtig sind. Selbst wenn etwas für gewöhnlich geschieht, heißt das nicht, dass es immer geschehen muss.

Abb. 25.1 Wissenschaft und Wissenschaftsmethode aus heutiger Sicht (nach Rheinberger/Hacking/Kuhn)

- Die Wissenschaft ist nicht kumulativ.
- Eine lebendige Wissenschaft weist keine eng zusammenhängende deduktive Struktur auf.
- Die Begriffe einer lebendigen Wissenschaft sind nicht besonders präzise.
- Die Theorie der methodologischen Einheit der Wissenschaft ist falsch.
- Die Wissenschaften bilden ebenso keine Einheit.
- Der Begründungszusammenhang ist nicht vom Entdeckungszusammenhang zu trennen.
- Die Wissenschaft ist etwas Zeitliches, sie ist ihrem Wesen nach etwas Historisches.

Pluralismus ist unverzichtbar und unvermeidbar

Die Evolutionstheorie braucht den Pluralismus. Neue Sichten können neue Erkenntnisse schaffen. Bei einem so vielschichtigen Gegenstand wie der Evolution wird die neue Sicht von EvoDevo die Wissenschaft bereichern. EvoDevo und die Erweiterte Synthese müssen sich auf der ganzen Breite der Herausforderung stellen, die komplexe Realität ihres Untersuchungsgegenstands anzunehmen (Kap. 24). Doch Morin mahnt zur Vorsicht: *Die reichsten und gewagtesten Theorien, jene die von größter Komplexität sind, sind in ihr Gegenteil verfallen, weil sie in die gravitative Umlaufbahn des Pradigmas von der Vereinfachung zurückgefallen waren* (Morin 2010/1981, S. 447). Schülein/Reitze machen auf dasselbe Risiko aufmerksam: Komplexe Theorien dürfen nicht in eine pseudo-naturwissenschaftliche Verfänglichkeit geraten, vor der der auch andere komplexe Wissenschaften nicht gefeit sind, nämlich linear-kausale Gesamtzusammenhänge zu erklären, wo sie das Problem nicht wirklich lösen (SR 2005, S. 234). Wo es solche Mechanismen in

25 Die pluralistische Zukunft der Evolutionstheorie

Einzelfällen tatsächlich gibt, sind sie nicht zu verwerfen, jedoch im komplexen großen Gesamtbild einer pluralistischen, systemischen Theorie wie der *Erweiterten Synthese* zu sehen (Müller in PM 2010, S. 326ff.).

Abb. 25.2 Die evolutionäre Ähnlichkeit von Affe und Mensch
Wir gewöhnen uns an eine sympathischer werdende Verwandtschaft. Die Entdeckung der hohen Identität der Genome beider Arten ist eine Geschichte. Die Entschlüsselung der Unterschiede in deren Entwicklung ist eine andere Geschichte. EvoDevo ist an der Aufdeckung der Verwandtschaft genau so beteiligt wie Soziobiologen, Verhaltens- und Kulturforscher und viele andere. Das ist Ausdruck komplexer, nicht determinierbarer, sich selbst regulierender, unsicherer Realität der Evolution.

Eine moderne Evolutionstheorie braucht den neuen Rahmen für komplexe Realitäten, der aus der Erkenntnis entsteht, dass der positivistische poppersche Rahmen unzureichend ist, der Rahmen also, der auf strikter Allgemeingültigkeit, auf Determinismus, Einfachheit und Einheitlichkeit als Charakterzeichen für zuverlässiges Wissen gesetzt hat (Mitchell 2008, S. 21). In ihrer „neuen", sich nomologisch-komplex überlappenden Realität muss die Evolutionstheorie ihren eigenen Standort finden.

Abbildung 12.8 zeigt die Pointierung auf das Wesentliche am Beispiel der EvoDevo-Forschung. Die Bereiche (Kreise, Themen), die dort genannt sind, werden von Forschern unterschiedlich gewichtet, und das Gesamtmodell EvoDevo befindet sich zumindest in der Relation der relevanten Bereiche in einem ständigen Wandlungs- und Findungsprozess. Das gilt erst recht für die gesamte Evolutionstheorie. Diese muss also das ihr angemessene Verhältnis zwischen denotativer und konnotativer Theoriestruktur finden und auch erklären. Die *Erweiterte Synthese* zeigt einen modernen Weg dahin. Der Komplexitätsforscher Klaus Mainzer zeichnet das schöne Bild von einer *Wissenslandschaft, die wie geologische Verschiebungen der Erde in ständiger Bewegung ist* (Mainzer 2008, S. 109).

C Der Unterbau – Die Evolutionstheorie aus Sicht moderner Wissenschaftstheorie

Dieses und das vorangegangene Kapitel wollen zeigen, dass die Evolutionstheorie auf Grund prinzipieller Besonderheiten komplexer wissenschaftlicher Untersuchungsobjekte ihren Gegenstand nicht so digital eindeutig kausal erklären kann, wie es gemeinhin von Wissenschaft gewünscht wird. Mayr trifft wohl den Nagel auf den Kopf, wenn er sagt, dass Verallgemeinerungen in der Evolutionstheorie schwierig sind. Vielleicht hat er aber selbst die Grenze einer zu großen Verallgemeinerung in der Evolutionstheorie einen Schritt übertreten, wenn er so uneingeschränkt sagt, Darwins Paradigma passe stets.

Lange nicht alle wichtigen Fragen der Evolution sind heute befriedigend erklärbar. Es steht aber für die meisten Forscher außer Diskussion, die heute herrschende Synthetische Evolutionstheorie durch eine andere Theorie abzulösen. Doch die Ära hat bereits begonnen, in der die neodarwinistischen Mechanismen der zufälligen Mutation bei der Vererbung, der natürlichen Selektion und gradualistischer Variationen in einer größeren Perspektive gesehen werden, einer Perspektive, in der uns klarer wird, warum der Phänotyp nicht das programmierte Ergebnis des Genotyps ist und in welcher Form Genom, Epigenom und Außenwelt wechselseitig aufeinander wirken. Das aber wird nur besser erkennbar, wenn die Epigenesis, die Ökologie und andere so lange vernachlässigte Disziplinen die Evolutionstheorie dauerhaft bereichern und wenn sich alle gegenseitig befruchten.

Die Chance scheint gegeben, vielleicht *zum ersten Mal, nicht nur einen Funken dessen zu verspüren, was es heißt, Teil der ungeahnten Komplexität zu sein, die wir Natur nennen sondern diese auch naturwissenschaftlich zu beschreiben* (Werner-Felmayer 2007).

Die Zukunft der (Evolutions-)Wissenschaft wird noch stärker pluralistisch sein. Damit wird die Evolutionstheorie ihrer komplexen biologischen und ökologischen Realität mehr und mehr gerecht. Das kann die Synthese nicht leisten. Sie ist sich wie die meisten Wissenschaften, die aus jener Zeit oder davor stammen, den Besonderheiten ihres komplexen Untersuchungsgegenstandes nicht wirklich bewusst und entspringt noch weitestgehend einer Wissenschaftsauffassung, wonach empirische Vorgänge ihre klar zuordenbaren kausalen Ursachen haben, die es nur zu finden gilt. Ihre Ursache hat die Synthese in der Fremdbestimmung der Evolution durch die natürliche Selektion gesehen und im Gen als dem alleinigen Dreh- und Angelpunkt der Evolution.

Das war gestern. Heute herrscht zwar noch nicht die Komplexität als eine breite Grundlage der Evolutionstheorie, aber sie ist auf dem Vormarsch. Komplexität, die nicht bloß interdependentes Denken mit einfachen Rückkopplungen ist, sondern Komplexität, die die *kybernetische Verpuppung aufsprengt* (Morin 2010/1981, S. 438) und all das aufgreift, was Mitchell, Schülein/Reitze, Morin und andere Vorausdenker und Systemdenker ihr zuschreiben, wird die Evolutionstheorie in einigen Jahrzehnten völlig durchdringen. Aber parallel wird sich auch reduktionistisches Denken weiter ausbreiten. Es beherrscht heute noch immer den gesamten wissenschaftlichen Apparat, ist aus der empirischen Forschung nicht wegzudenken und wird uns unüberschaubar viel neues Wissen bescheren, oder sagen wir neutraler: Erklärungsinhalte liefern. Das Prinzip der Komplexi-

25 Die pluralistische Zukunft der Evolutionstheorie

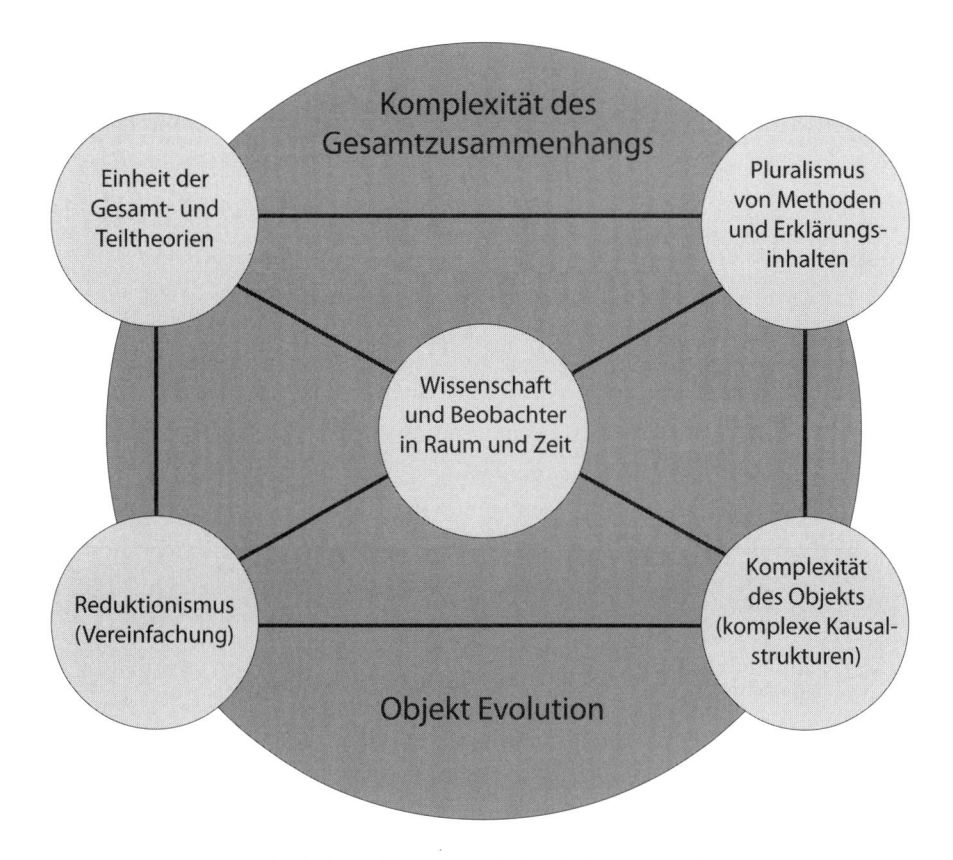

Abb. 25.3 Das Meta-Szenario der Evolutionstheorie
Die Evolutionstheorie wird in den kommenden Jahrzehnten von zunehmender Komplexität geprägt sein. Parallel dazu wird reduktionistisches Denken weiter ausgebaut werden, da es heute nach wie vor stark dominiert, vor allem in der empirischen Forschung. Mit wachsendem Bewusstsein dafür, dass die Wissenschaft und der beobachtende Wissenschaftler selbst Teil des Ganzen sind und alle Erkenntnisse stets in einem historisch-soziologischen Rahmen und nicht in absoluter Form und Zeit gewonnen werden, wird dies die Evolutionstheorie strukturell zunehmend beeinflussen. Das Zusammenspiel aller hier dargestellten Komplexe ist auf Grund der konnotativen Theoriestruktur der Evolution stets impliziter Bestandteil der Theorie selbst und kann nicht von der Theorie ausgeschlossen werden. Das gilt prinzipiell für alle komplexen Wissenschaftsdisziplinen mit konnotativen Themen.

tät anzunehmen verlangt nicht von uns, *Distinktion, Analyse, Isolation zurückzuweisen; es verlangt, sie mit einzuschließen, nicht nur in einem Metasystem sondern in einem aktiven und erzeugenden Prozeß.* Es gilt also, die bis hier gewonnene Wissenschaftserkenntnis in einem erweiterten Rahmen zu integrieren, dessen Grundprinzip die Komplexität ist (Morin 2010/1981, S. 437 u. S. 443). Eine solche Komplexität, von der die Philosophie heute verlangt, dass die Wissenschaft sie annimmt, besteht aus den in Abb. 25.3 aufgezeigten Themen rund um das eigentliche Objekt *Evolution* und gleichzeitig rund um den historischen Prozess, die

Themen in der Abbildung zu integrieren, anerkennend, dass jedes von ihnen in sich von komplexer Natur ist.

In dem Maß wie dies beides parallel eintritt, der Vormarsch sowohl der Komplexität als auch der Vereinfachung, wird der Zusammenhalt der Evolutionstheorie als ein einheitliches, monolithisches Theoriegebäude zunehmend brüchiger. Die Bemühungen dafür werden zu einem wachsenden Spagat werden. Man denke noch einmal an die Rolle der Selektion, die heute bei der Evolution des Verhaltens, bei jeder Art sexueller Auswahl oder bei genetischen Mutationen nach wie vor eine Vorrangstellung einnimmt; nicht weniger bei der Multilevel-Selektion oder der Nischenkonstruktion. Man denke demgegenüber an EvoDevo, das Konstruktionsmechanismen einführt, eigene neue Evolutionsfaktoren, wenn man so will, die die Selektion zu einer notwendigen aber nicht hinreichenden Rahmenbedingung verschieben. Oder man denke an die DPMs, die in einer physikalischen Welt entstehen, in einem „Selektionsvakuum". Sie brauchen die Selektion nur als „Keulenschlagfunktion" erst später, nicht aber während ihres eigentlichen Entstehungsprozesses. Wir haben es also prinzipiell mit unterschiedlichen Evolutionsmechanismen zu tun, die man zwar heute noch in der Lage ist, in *einem* Selektionstheorieszenario unterzubringen. Doch das ist mehr oder weniger willkürlich, ist eine Frage des Betrachtens, der Einteilung, des Kompromisses, wie alles in der Wissenschaft komplexen Lebens so und auch anders definiert, gesehen oder eingeteilt werden kann.

Die Botschaft ist, *dass komplexe Untersuchungsobjekte, wie sie Organismen, aber auch die Gene selbst darstellen, nicht erfolgreich durch eine einzige, beste Beschreibung, Erklärung oder gar Definition erfasst werden können* (MWR 2009, S. 135). Alan C. Love formuliert es so (Love 2010, S. 421): *Evolutionstheorie ist das Produkt aus vielen Disziplinen. Evolutionstheorie ist strukturiert als Synthese verschiedener Konzepte, Methoden und Disziplinen.* Das ist nicht neu. Neu wird aber sein, dass, jede einzelne dieser Konzepte, Methoden und Disziplinen in Zukunft pluralistische Gesichter bekommen wird. Am Beispiel der Erklärung von Modulen (Abb. 24.3) habe ich gezeigt, wie die Definition des Gegenstandes bereits die Richtung vorgibt, was untersucht wird. Der Beobachter entscheidet über das Beobachtete, nicht weil er nicht anders kann, sondern weil das komplexe, in seiner Totalität nicht gänzlich erfassbare, stets nur dennotativ beschreibbare Objekt es logisch nicht anders zulässt. Helga Nowotny, Vizepräsidentin des europäischen Forschungsrates und Giuseppe Testa, kommen so zu einer kritischen Hypothese über die Zukunft der Biologie, wenn sie die Aussage wagen: *Je mehr wir über unsere eigene Biologie wissen und lernen, desto weniger [sind wir] fähig, dieses Wissen in ein kohärentes Ganzes einzupassen* (Nowotny/Testa 2009, S. 24).

Für den Systembiologen Rupert Riedl kann das gar nicht erreicht werden, wenn die Wissenschaft der Biologie nicht bereit ist, ihr Paradigma zu ändern. Riedl ist hier fordernder, als es die *Altenberg-16* heute sind. Solange *die Selbstplanung der Natur [...] durch die entstehenden Bahnungen in der Evolution widerlegt (wird) bleibt es bei einem [...] falschen Menschenbild [...] Die Naturwissenschaften haben die Welt verändert*. Damit meint er, sie haben konsequent das bekannte vereinfachte reduktionistische Weltbild erschaffen. Dieses muss endgültig überwunden werden durch ein neues Weltbild, das der Komplexität der Welt gerecht wird. Und dabei, so Riedl, *gehört die Nagelprobe in das Gebiet der Biologie, namentlich in die Aufklärung der Prozesse der Evolution* (2006, S. 83).

> *Der Wissenschaftler ist – ob er möchte oder nicht – stets selbst Teil des Beobachteten. Die Wissenschaft komplexer Theorien muss sich von der Vision „Objektivität" verabschieden.*

Die Evolutionstheorie bleibt mehr als spannend. Die nächsten zehn, zwanzig Jahre werden uns zeigen, wie gut die Erweiterte Synthetische Theorie die neuen Evolutionsmechanismen etablieren und die Synthese gleichzeitig in den so wichtigen Punkten nachhaltig erweitern kann wie dem Entstehen morphologischer Form und Struktur in der Biologie oder der Interaktion des Genoms mit der natürlichen Selektion. Die Analyse der embryonalen Entwicklung, also die Ontogenese, wird zum konstitutiven Element einer modernen Evolutionswissenschaft werden. Gewichtiger als das wird der Wandel der Theorie in den genannten Themenkomplexen der Abbildung 25.3 sein, das Akzeptieren von Komplexität, nicht final greifbarer Multikausalität und Unsicherheit, von Pluralität der Meinungen und der kompromisslosen Akzeptierung der Tatsache, dass der Wissenschaftler als Beobachter zugleich immer auch untrennbarer Teil des Beobachteten ist.

Über Erklären und Verstehen in der Wissensschaft

Erklären ist nicht unbedingt Verstehen. Rupert Riedl drückt es sehr klar aus (2006, S. 82): *Erklärungen bleiben nach oben immer offen*. John Dupré macht in seinem brillanten Buch *Darwins Vermächtnis* auf diesen feinen Unterschied aufmerksam. Da suchen die einen noch nach der alles erklärenden Weltformel, wollen den Kosmos mit der Welt der Quanten verbinden, wollen zusammenschmieden, was sich so vehement dagegen sträubt, während die anderen längst die komplexen wechselseitigen Zusammenhänge im Weltgeschehen erahnen, die es eher unmöglich machen, die Dinge kausal auf einen Nenner zu bringen.

Dass Johannes Kepler die Planetenbahnen nach jahrelanger, unermüdlicher Plackerei entdeckt, ist eine Sache. Es ist eine andere Sache, sagen zu können, *warum* das so ist mit den Ellipsenbahnen oder mit der Schwerkraft. Warum ordnet sich das Universum überhaupt nach Naturgesetzen? Wir wissen es nicht. Wir kennen keine Gründe für diese Dinge. [11]

---

11 Die Haltung, dass die Natur durchaus Gründe enthält, intrinsische Werte, vertritt z. B. der Philosoph H. D. Mutschler. Lebewesen haben danach einen solchen Wert. Für Andreas Weber, Biologe und Philosoph, sind *Zwecke der Wesen ein biologisches Phänomen und eine physikalische Macht, die Materie zu ordnen vermag* (2008, S. 76). Die Evolutionstheorie geht aber laut Mutschler nicht von solchen Werten aus. Die Zweckbestimmung hört für darwinsches Denken

C Der Unterbau – Die Evolutionstheorie aus Sicht moderner Wissenschaftstheorie

> *Die Wissenschaft kann Zusammenhänge und Ursachen erforschen. Sie kann nicht erklären, warum Ursachen so sind wie sie sind. Sie kann auch keine Antworten auf Zweck- und Sinnfragen geben. Diese Themen sind metaphysisch und damit außerhalb unseres klassischen Wissenschaftsverständnisses.*

Mit der Evolutionstheorie ist es nicht anders. Wer darzulegen versucht, *warum* die Merkmale einer Art so und nicht anders ausgeprägt sind, begibt sich schon hier auf dünnes Eis. Seit Darwin schon war es dünn, wenn versucht wurde, mit dem Kampf um's Überleben zu operieren. Phänotypische Merkmale lassen vielleicht in Einzelfällen einen klaren Schluss zu auf ihre Funktion, ihren Zweck, meint Dupré. So darf man wohl annehmen, dass das Auge zum Sehen da ist, und dass diese Funktion des Sehens sich im Verlauf der Evolution verbessert hat und mit ihr die Fitness seines Besitzers. Wir sagen, Feigenduft lockt die Fledermaus an (*Fruchtvampir*), damit sie die Frucht findet, um mit ihren Ausscheidungen den Pflanzensamen zu verbreiten. Das unterstellt Zwecke, wo keine sind, zumindest keine geplanten. Anders ist es mit unzähligen anderen Merkmalen der Arten. Ändert sich ein phänotypisches Merkmal, dann ändern sich mit ihm oft auch andere. Welche Fitness am Ende herauskommt für das beobachtete Merkmal, das weiß vorher niemand. Es zählt, ob sich die Fitness bezogen auf den gesamten Organismus ändert oder nicht ändert. Und da darf man durchaus annehmen, dass so manche in der Literatur unterstellte Anpassung gar keine ist, oder vorsichtiger ausgedrückt, keine sein muss. Auf diese Überlegung zielen schon Stephen Jay Gould und sein Kollege Richard Lewontin hin (Gould/Lewontin 1979). Ihr Artikel zählt zu den Sternstunden der Evolutionsgeschichte. Auch wenn dieser im großen Strudel der Synthese nur wenig beachtet blieb, ist er ein frühes Beispiel dafür, wie helle Köpfe gegen die allzu reduktionistische Strömung Stellung beihen. Man kann es kaum schöner ausdrücken als Gould/Lewontin mit den Worten: *Unsere Welt ist vielleicht in einem abstrakten Sinn nicht gut, aber sie ist die beste, die wir haben konnten. Jedes Merkmal spielt seinen Part und muss so sein, wie es ist* (S. 585).

So fehlt uns letztlich die Antwort, warum der Hals der Giraffe so lang ist, wie er ist, ebenso wie die Einsicht, warum der Pfauenschwanz so eindrucksvoll bunt und auffällig ist (Dupré 2009, S. 46). Oder wie Gould/Lewontin es ausdrücken: *Die aktuelle Verwendung einer organischen Struktur sagt oft überhaupt nichts aus über den Grund, weshalb sie existiert* (Gould/Lewontin 1979, S. 593). Diese Feststellungen laden am Ende dieser Arbeit vielleicht noch einmal dazu ein, mit Gould/Lewontin zu hinterfragen, wie Darwin es gemeint hat mit der Anpassung, sei es bei der Giraffe oder bei uns Menschen

> […] Die ganz oben am Baum hängenden Blätter sind jedenfalls nicht der Grund für den langen Giraffenhals […] Manche Fragen an die wunderba-

---

bei fitnessorientierter Funktionserfüllung auf. Julian Huxley schreibt dazu: Zwecke im Leben sind gemacht, sie werden nicht gefunden (Huxley 2010, S. 576).

25 Die pluralistische Zukunft der Evolutionstheorie

re Vielfalt der Natur sind doch einfach nur schön, wenn sie unbeantwortet bleiben, eben *just so*.

Dass der Mensch die Gedanken in diesem Buch heute überhaupt formulieren kann, dass er Evolution nach der Überwindung allzu reduktionistischer, genozentrischer Denkweise heute als Zusammenschau vieler Disziplinen, als ein großartiges Gebäude mit vielen Zimmern, begreifen kann, all das wäre ohne Charles Darwin und sein Lebenswerk, also ohne sein gutes, großes altes Haus, das er gebaut hat, nur sehr schwer vorstellbar.

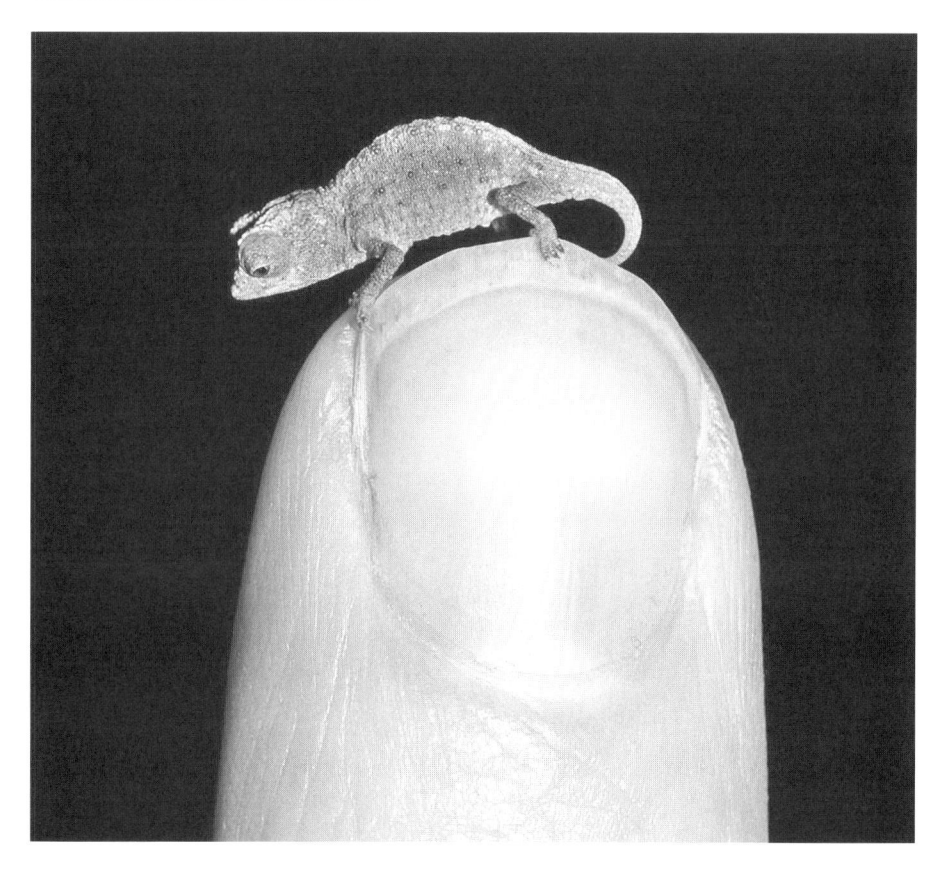

Abb. 25.4 Ein Zwergchamäleon (*Brookesia micra*).
Mit 16mm Körperlänge ist dieses im Februar 2012 erstmals auf Madagaskar entdeckte und kleinste Chamäleon der Welt ein beeindruckendes Beispiel für die längst nicht erschlossene Vielfalt der Biodiversität unserer Erde.

✳ ✳ ✳

D Der Schlüssel

> *Die Wahrheit triumphiert nie.*
> *Ihre Gegner sterben nur aus.* Max Planck

26 Synthese und Erweiterte Synthese

Der Leser musste sich bis hierher durch manche schwierige Kapitel kämpfen. Die folgenden Seiten sollen der Schlüssel für das ausgebaute Haus sein. Es heißt *Die Erweiterte Synthese in der Evolutionstheorie*. Es ist Ihr Schlüssel, mit dem Sie jetzt in das Haus eintreten dürfen, an dem Sie selbst bis hierher mit gebaut haben.

Wo lassen sich Darwins Lehre bzw. die Synthetische Evolutionstheorie bestätigen, wo ist sie relativiert oder widerlegt worden, wo sind neue Ideen ins Spiel gekommen? Es folgen Zusammenfassungen und eine Gegenüberstellung des Bisherigen.

Zu Beginn des neuen Jahrtausends, 150 Jahre nach der *Entstehung der Arten*, einhundert Jahre nach Einsteins Revolution von Zeit und Raum, steht die Wissenschaft Biologie an einem kritischen Wendepunkt. Themen, die Darwins Schüler für gänzlich gelöst halten, sind für heute lebende Wissenschaftler erst ansatzweise erklärbar, wie etwa die Konstruktion des Körperbaus. Doch die Weichen werden gestellt für einen großen Umbau oder Ausbau des Standardmodells.

Ob es die Mehrheit der Forscher nun gutheißt oder nicht, der Prozess, eine offene Diskussion über die Ausgestaltung einer Modern Synthesis 2.0, ist bereits in vollem Gange, und sie wird zu einem Ergebnis kommen, zu einer neuen erweiterten Evolutionstheorie des 21. Jahrhunderts (Kegel 2009, S. 291).

Eher konservativ im Sinn der Synthese fasst Matthias Glaubrecht die Lage zusammen (Glaubrecht u. a. 2007, S. 202, S. 211):

> Die folgenden offenen Fragen lassen sich als die drei großen Darwinschen Geheimnisse der Biodiversitätsforschung bezeichnen. Erstens: Wieviele Arten von Tieren und Pflanzen leben insgesamt auf der Erde? Zweitens: Was sind Arten, wie werden sie definiert und umgrenzt? Und drittens: Wie entstehen Arten? […] Zwar sind wir von einem Verständnis der evolutionären Verwendung dieser Grundthemen oder biologischen Blaupausen bei der Entstehung der Biodiversität noch weit entfernt – aber nicht zuletzt dank der Entwicklung moderner molekulargenetischer und entwicklungsbiologischer Methoden dürfen wir hoffen, den wahren Geheimnissen des Lebens näher zu kommen und die Darwinsche Frage nach dem Ursprung der Arten schließlich beantworten zu können. Bislang hat sich jeder wissenschaftlicher Erkenntnisgewinn nahtlos in das Darwinsche Gedankengebäude eingefügt. Unstrittig ist vor allem eines: Über eine plausiblere Erklärung als die Evolutionstheorie Darwins verfügen wir nicht.

Hier ist aber deutlich zu unterscheiden zwischen Darwin und der Synthese. Immer wieder habe ich darauf aufmerksam gemacht, dass Darwins eigene Theorie breiter und offener angelegt ist als die Synthetische Theorie. Was diese betrifft, herrscht unter den weltweiten Biologen zumindest Einigkeit darin, dass einseitige Anschauungen des späten Neodarwinismus, seien es die Anschauungen des populären Richard Dawkins vom alles bestimmenden egoistischen Gen oder der Versuch von William Hamilton oder eines Martin Nowak, Evolution in ein paar Formeln zu packen, überwunden sind. Kausalmechanismen der Evolution sind eine Sache, Rahmenbedingungen in Form von Gleichungen für die Evolution eine andere.

Ich fasse die in den 90er Jahren des letzten Jahrhunderts kulminierte Kritik an der Synthese so zusammen: Die Gene sind nicht die alles entscheidenden Herrscher der Evolution. Sie sind Datenträger. Genau so wichtig ist aber der Acker, auf dem die Gene gedeihen, um noch einmal ein Bild von Richard Lewontin (*1929), zu verwenden.[1] Nicht das Genom bestimmt über den Erfolg eines Lebewesens sondern das soziale Umfeld bestimmt über den Erfolg der Gene. Evolution vollzieht sich in einem untrennbaren Netz aus Genen – Zellen – embryonaler Entwicklung – Umwelt. Mary Jane West-Eberhard nennt das 20. Jahrhundert das Jahrhundert der Gene in der Evolutionstheorie und sagt:

> Das 21. Jahrhundert verspricht, das Jahrhundert der Umwelt zu sein: Entwicklungsgenetik, begleitet von mendelscher Vererbungsgenetik und eine wachsende Aufmerksamkeit für Umwelteffekte auf den Organismus zeigen eine Rückkehr zu Darwins ursprünglicher Sicht, wie adaptiv Evolution vor sich geht (West-Eberhard 2009).

Hier wird sich EvoDevo noch mehr konkretisieren und bewähren, muss empirisch auf breiter Front erhärten, wie Änderungen im embryonalen Entwicklungsprozess mit seinen epigenetischen Mechanismen auch bei „höher" entwickelten Arten möglich und vererbbar sind. Es wird Licht geschaffen werden, wo genau die „Akteure" zu finden sind, die Veränderungen Schwung geben bzw. wo die „Bremser" liegen, die das Bewährte konservieren und wie beides zusammenspielt.

Die Evolutionstheorie schwingt zwischen den Spannungsfeldern Entwicklung, Selbstorganisation, Constraints, natürliche Selektion, Umwelt, Zufall, Kon-

---

[1] Das Gleichnis von den zwei Feldern ist ein bekannter Vergleich Lewontins: Man stelle sich vor, man habe einen Sack voll Weizenkörner. Man teilt diesen Sack rein zufällig in zwei Hälften. Die eine Hälfte sät man auf einem fruchtbaren Boden, den man gut wässert und düngt. Die andere Hälfte wirft man auf einen kargen Acker. Wenn man nun das erste Feld betrachtet, wird einem auffallen, dass die Weizenähren verschieden groß sind. Man wird dies auf die Gene zurückführen können, denn die Umwelt war für alle Ähren gleich. Wenn man das zweite Feld betrachtet, wird man die Variation innerhalb des Feldes auch auf die Gene zurückführen können. Doch es wird auch auffällig sein, dass es große Unterschiede zwischen dem ersten Feld und dem zweiten Feld gibt. Auf dem ersten Feld sind die Unterschiede zu 100 % genetisch, auf dem zweiten Feld sind die Unterschiede zu 100 % genetisch, doch das heißt nicht, dass die Unterschiede von Feld 1 und Feld 2 auch genetisch sind.

tingenz und Konvergenz. Die nächsten Jahre werden sehr spannend und hoffentlich noch vieles dazu weiter aufklären und erhärten. Ein Kraftakt für eine *Erweiterte Synthese* ist 2008 mit dem *Altenberg-16*-Symposium und 2010 mit dem Buch *Evolution – The Extended Synthesis* in Angriff genommen. Es ist der Beginn einer groß angelegten Diskussion des Rahmens und Inhalts für eine *Erweiterte Synthese in der Evolutionstheorie*. Vielleicht ist es hauptsächlich eine Frage des organisatorischen Herangehens, dass man eine einheitliche wissenschaftliche Linie findet. Der Anfang ist getan.

Eine neue Synthese wird gebraucht und ihre Fundamente sind gelegt. Sie besteht in der die Lehre Darwins, der Synthese und die der Erkenntnisse ab der zweiten Hälfte des 20. Jahrhunderts. EvoDevo spricht ein gewaltiges Wort mit und leistet einen wesentlichen Beitrag zur Beantwortung, wie Arten auf unserer Erde entstehen.

Im Jahr Darwins 2009 waren nicht einmal eine kleine Handvoll Bücher auf dem deutschsprachigen Markt, die die modernen Positionen behandeln[2] – schade eigentlich, aber es war eine echte Herausforderung für dieses Buch.

*

Ich fasse zum Schluss zusammen, was wir heute wissen oder – im Geist Darwins vorsichtig ausgedrückt – wie wir die Dinge heute, mehr als 150 Jahre nach ihm, meinen zu sehen.

---

2 Das sind: J. Bauer 2008, der die gedankliche Neuausrichtung fordert, die Loslösung von darwinistischen Dogmen, eine sehr knappe Darstellung. Die besten in deutsch erhältlichen Bücher über EvoDevo und die neuen Denkrichtungen in der Evolutionsforschung sind: Kirschner/Gerhart 2005, *Die Lösung von Darwins Dilemma* und S. B. Carroll 2008, *EvoDevo – Das neue Bild der Evolution*. J. Dupré wirft in *Darwins Vermächtnis* (2009) einen kritischen Blick auf die neodarwinistische Sicht. Ein schönes Buch in einem philosophischen Kontext hat A. Weber 2008 veröffentlicht. Es heißt: *Alles fühlt – Mensch, Natur und die Revolution der Lebenswissenschaften*. Promovierter Biologe und Philosoph stellt er in klar verständlicher Sprache das neue Denken in der Biologie dar, EvoDevo und andere Strömungen. B. Kegel gibt in seinem 2009 erschienen Buch *Epigenetik* einen Überblick über die epigenetische Forschung und mögliche Implikation auf die Evolutionstheorie. Er befasst sich hauptsächlich mit der in den Medien gern vorgestellten und eher für die Medizin relevanten Epigenetik (enzymatische Methylierung u. a.) und nicht mit den in diesem Buch vorgestellten epigenetischen, evolutionären Entwicklungsprozessen. Ein modernes Kompendium der Evolution ist: Sarasin/Sommer (Hg.) 2010, *Evolution. Ein interdisziplinäres Handbuch*.

D Der Schlüssel

Kurzgefasst – Die *Erweiterte Synthese* in der Evolutionstheorie

- Nach Darwin ist die natürliche Selektion der Motor für Evolution. Sie wählt aus geringfügigen Variationen bei der Vererbung die für die Reproduktion fittesten Individuen einer Population aus (*Survival of the Fittest*). Die Population passt sich an.
- Aus Sicht von EvoDevo erzeugt die embryonale Entwicklung selbstregulierend spontane Variationen (*arrival oft he fittest*). Die Selektion wirkt auf diese Variationsformen und wählt die fittesten Individuen unter ihnen aus. Die Population passt sich an.

Die *Erweiterte Synthese* in der Evolutionstheorie in 4 Punkten

- Darwin hat recht. Evolution existiert.
- Evolution funktioniert vielfach nach dem Schema Vererbung – Variation – natürliche Selektion – Adaptation. Darwin und der Neodarwinismus (Synthetische Theorie) können den Wandel von Organismen erklären, etwa Änderungen von Farbgebung, Größe, Verhaltensweisen etc., weniger aber das Entstehen organismischer Form und Komplexität und damit nicht eigentlich kausal *die Entstehung der Arten*.
- Organismische Form und komplexe Strukturen entstehen *nicht* allein darwinistisch, sondern durch systemimmanente, spontane Umbauten während des Embryonalprozesses, getriggert überwiegend durch Umwelteinwirkungen. EvoDevo erklärt Evolution mit bisher nicht bekannten kausal-mechanistischen Änderungen in der Entwicklung, während die Synthetische Theorie eher beschreibende statistisch-korrelative Aussagen macht.
- Wichtige Systemwechsel in der Geschichte des Lebens waren nicht darwinistisch, u. a. die Entstehung von Metazoen. Möglicherweise sind in der präkambrischen Phase auch die heutigen Körperbaupläne nicht darwinistisch entstanden, sondern erst deren spätere Abänderungen.

Die *Erweiterte Synthese* in der Evolutionstheorie in 30 Punkten

1. Darwin hat recht. Evolution existiert und ist in unzähligen empirischen Beispielen nachgewiesen. Evolution ist ein wissenschaftlich unbestrittener Fakt. Dieser ist belegt durch:
   a) die Einheitlichkeit der Fossilreihen in der geologischen Schichtenfolge,
   b) die Homologien von Körperbauplänen und
   c) den nahezu identischen genetischen Code aller Lebewesen.
2. Evolution funktioniert vielfach gemäß Darwin und der Synthetischen Theorie nach dem Schema Vererbung – Variation (*descent with modification*) – natürliche Selektion – Adaptation. Dabei kommt es zu einem ständigen Selektions-

26 Synthese und Erweiterte Synthese

druck, weil mehr Nachkommen geboren werden als überlebensfähig sind, und dadurch zu einer ständigen Auswahl. Nur die Individuen, die am besten an ihre Umwelt angepasst sind, überleben statistisch und geben ihre Gene an die Nachkommen weiter (*Survival of the Fittest*). Adaptation der Population an die veränderten Umweltbedingungen ist das Produkt der Selektionswirkung.

3. Selektion wirkt aus heutiger Sicht auf verschiedenen Ebenen wie Gen, Chromosom, Organ, Individuum, Gruppe (*Multilevel Selection Theory*, D. S. Wilson). Die Isolation von Individuen einer Population ist ein wichtiger Vorgang für die eigentliche Artbildung (Speziation, Mayr).
4. Der Adaptionismus wird übertrieben gesehen, wenn jede phänotypische Variation als Ergebnis von Selektionswirkungen interpretiert wird, also die Lebewesen in jeglicher Hinsicht auf ihre jeweilige Umwelt als angepasst gesehen werden (Lewontin/Gould). Lebewesen sind das, was sie sind, bereits als Folge unzähliger früherer Anpassungen, deren Bedingungen gar nicht mehr gegeben sein müssen. Über Umfang, Grenzen und Erklärungswert der Adaptation wird heute differenziert diskutiert.
5. Das Vorhandensein lang anhaltender Stabilität von Arten (*Stasis*) mit kurzen Unterbrechungen bedeutet ebenfalls, dass Selektion nicht immer wirkt (*Theorie des unterbrochenen Gleichgewichts*, Eldredge/Gould). Auch aus populationsgenetischer Sicht wird die Bedeutung der Selektion heute relativiert, ohne dies aber weiter empirisch zu hinterfragen (Lynch).
6. Sowohl Evolution als auch die Abstammung von einer oder wenigen Urformen sind in der 2. Hälfte des 20. Jahrhunderts durch die Molekularbiologie bestätigt worden. So die Entdeckung der DNA (Watson/Cricks), die Entschlüsselung des genetischen Codes (Matthaei) und die Entdeckung konservierter Hoxgencluster, die für das Grundgerüst der Körperbaupläne zuständig und selbst bei entfernten Arten homolog sind.
7. Darwin und der Neodarwinismus (Synthese) können gut den Wandel von Organismen erklären, etwa Änderungen von Farbgebung, Größe, Verhaltensweisen etc., weniger aber das Entstehen von organismischer Form und Komplexität und damit nicht eigentlich kausal *die Entstehung der Arten*.
8. Synthese wird als Begriff erstmals 1942 von J. Huxley verwendet. Sie hat als Theorie einen hohen mathematischen Abstraktionsgrad auf Grundlage der Populationsstatistik. Gene, Genome, DNA sind zur Zeit der Gründung der Synthese nicht oder nicht im Detail bekannt und werden nur als abstrakte Entitäten in Gleichungen verwendet (Fisher, Haldane, Wright). Die Aussagen der Synthese sind statistisch korrelativ, weniger kausal erklärend.
9. Die Synthese bedient sich im Vergleich zu Darwin restriktiver Einschränkungen, die als überholt gelten können, wenn sie allgemeingültig formuliert sind:
    a) die Annahmen des Gradualismus (kleinste Änderungen, die sich zu größeren summieren),
    b) die Annahme der nicht vererbbaren Beeinflussbarkeit der Geschlechtszellen durch die Umwelt (*Weismann-Barriere*) und

c) die Annahme einer Genotyp-Phänotyp-Beziehung, wonach Gene und phänotypische Merkmale jeweils in einem festen proportionalen Verhältnis zueinander stehen und der Genotyp den Phänotyp definiert.
10. Gemäß Neodarwinismus ist Evolution definiert als Veränderung von Genverteilungen in Populationen erwachsener Individuen[3]. Das bedarf der Ergänzung um die Entwicklung, da es nicht erklärt, *wie* Variation entsteht. Die embryonale Entwicklung wurde von der Synthese als nicht relevant für die Evolution gesehen und steht jetzt im Mittelpunkt der kausalen Evolutionsforschung (*Arrival of the Fittest*).
11. Morphologische Form und komplexe Strukturen (Körperbaupläne) entstehen nicht oder nicht primär durch natürliche Selektion als extern bestimmter Faktor sondern durch systemimmanente, spontane, sich selbst regulierende Umbauten des Organismus während des embryonalen Wachstums (Kirschner/Gerhart, Müller, Carroll, West-Eberhard u.a.). Neue, anhaltende Umwelteinflüsse (Nahrung, Temperatur etc.) können bleibende Veränderungen der genetisch/zellularen/gewebespezifischen Entwicklungsprozesse bewirken.
12. EvoDevo erklärt Evolution mit früher nicht bekannten kausal-mechanistischen Änderungen des Gesamtsystems Entwicklung (bestehend aus ihren teilautonomen Subsystemen Genotyp, Zellen, Zellverbänden) und hauptsächlich (aber nicht nur) der Mitwirkung von Umwelteinflüssen. Dies meint nicht nur Änderungen in der Expression der Masterkontrollgene (Schaltergene, Toolkit) (Arthur, Carroll), sondern auch Änderungen des komplexen Zusammenspiels aller genannten Entwicklungskomponenten untereinander sowie mit der Umwelt (Kirschner/Gerhart, Müller, West-Eberhard).
13. Körperbaupläne sind nicht im Detail im Genom beschrieben und bedürfen zur Ausführung in der Entwicklung der Informationen und Mechanismen in den Zellen sowie des Signalaustauschs der Zellen untereinander und mit der Umwelt. Das bedeutet hohe Kooperation der Teile *(Theorie adaptiver Zellprozesse*, Kirschner/Gerhart). Der Phänotyp ist mehr als der bloße Programmablauf des Genotyps.
14. Mögliche Spontaneität größerer Entwicklungsumbauten wird erklärt durch die Reaktionsformen der Entwicklung. Das gesamte System kann auf Störgrößen nicht-linear reagieren. Umweltstressoren mobilisieren u.a. in der Folge die Selbstorganisationsfähigkeit des gesamten Systems. Für nichtlineare Reaktion des System sind Schwellenwerteffekte verantwortlich. Kleine Störungen des Systems können dabei eine große morphologische Antwort des ganzen Systems (Entwicklung) initiieren. Solche Phasenübergänge sind aus der Physik und der Systemtheorie bekannt, etwa der Übergang von flüssig zu fest bei Wasser.
15. Modulariät ist dabei eines der wichtigsten Gestaltungsprinzipien von Körperbauplänen während der Entwicklung. Kombinationen von Schaltergenexpressionen sind modular, das heißt, sie treten in bestimmten Kombinatio-

---
3 Siehe West-Eberhard 2003, S. 7 mit Bezug auf Buss 1987.

26 Synthese und Erweiterte Synthese

nen wiederholt auf. Ebenso Zellgruppen, Gewebe, Organe, Körpersegmente. Änderungen solcher Module sind in der Entwicklung möglich, ohne dass sie Änderungen des gesamten Organismus erzwingen. Durch die Modulstrukturen wird also verhindert, dass embryonale Änderungen für den Organismus tödlich (letal) sind (Gilbert).
16. Phänotypisch induzierte Variation wird in die Anatomie integriert. Dazu tragen die autonomen Zellprozesse bei (Kirschner/Gerhart). Eine genetische Assimilation erfolgt dann erst im Nachhinein. (Waddington, Müller, West-Eberhard). Dazu sind anhaltende Umwelteinflüsse auf die Population notwendig.
17. Epigenetische Vererbung ist möglich in Form von DNA-Methylierung, u. ä. ohne Änderung der Molekularstruktur des Genoms (Jablonska, Whitelaw). Für EvoDevo und die Evolution organismischer Form sind diese epigenetischen Vererbungsmuster untergeordnet. Wichtiger ist hier die Vererbung evolvierter Prozesse in der Entwicklung und das Potenzial zur Selbstorganisation.
18. Die Bedeutung des Zufalls wird von EvoDevo-Seite heute als überbewertet betrachtet. Der Zufall wird mehr und mehr ersetzt durch erklärbare genetisch/epigenetische Selbstregulationsmechanismen des sich entwickelnden Organismus (Müller). Entwicklung ist oft kanalisiert und kann Mutationen abpuffern (Waddington).
19. Die Selektion leistet nach wie vor ihren Beitrag (*Survival of the Fittest*). Ihr Erklärungswert für das Entstehen organismischer Form wird aber hinterfragt und dem Erklärungswert von „Konstruktion" gegenüber gestellt (*Arrival of the Fittest*). Selektion wird dabei mehr zu einer Rahmenbedingung.
20. Das genzentristische, reduktionistische Denken (Dawkins) wird überwunden. Gene sind nicht der alleinige und auch nicht der Hauptadressat der natürlichen Selektion. Es gibt keine eindeutig determinierte Beziehung zwischen Genotyp und Phänotyp.
21. Arten wirken auf die Umwelt und diese wirkt auf die Arten und ihre Evolution (*Theorie der Nischenkonstruktion*, Odling-Smee). Die Wechselwirkung von Entwicklung, Evolution und Umwelt ist keine Ausnahme, sondern die Regel.
22. Auch in der embryonalen Entwicklung verläuft Nischenkonstruktion, wenn sich einzelne Entwicklungsschritte am Status benachbarter Entwicklungsschritte orientieren, wie das etwa bei der Entwicklung des Auges notwendig ist.
23. Die Evolution von Kultur ist ein weiteres Beispiel für Nischenkonstruktion. Kultur kann als adaptiv gesehen werden. Als solche wirkt sie auf die Fitness des Menschen. Auf diesem Weg beeinflusst menschliches Handeln seine eigene Evolution (Richerson/Boyd).
24. Die Einheit der Selektion ist nicht beschränkt auf den individuellen Organismus. Ebenen darunter (Gen, Organ etc.) können ebenso selektiert werden wie Ebenen darüber (Gruppen). Dabei ist kein altruistisches Verhalten von Gruppenmitgliedern erforderlich (D. S. Wilson).
25. Wichtige Systemwechsel in der Geschichte des Lebens wurden nicht darwinistisch, also ohne die Regie der natürlichen Selektion, vollzogen, so die

Entstehung eukaryotischer Zellen durch die Vereinigung kompletter Genome in Zellen (horizontaler Gentransfer, *Endosymbiose, Margulis*) und die Entstehung von Metazoen (*Theorie der Dynamic Patterning Modules*, Newman). Letztere entstanden durch Herausbildung physikalischer Eigenschaften von Zellverbänden, wie z. B. Adhäsion, Diffusion, Oszillation zwischen Zellen und Zellgruppen. Das ist etwa vergleichbar der Flüssigkeitseigenschaft von Wasser, die in einem einzigen H_2O-Molekül nicht vorhanden ist, sondern erst ab einer gewissen Größenskala emergent erscheint. Die hier wirkende Physik ist Grundvoraussetzung zum Entstehen multizellularen Lebens.

26. Möglicherweise sind in der präkambrischen Phase auch die heutigen Körperbaupläne nicht darwinistisch primär durch Selektion entstanden, sondern erst deren spätere Abänderungen, die zu den fossilen und heute lebenden Arten geführt haben (Newman).
27. Evolution ist in der Geschichte des Lebens kein uniformer Prozess und kann demnach auch nicht umfassend durch eine einheitliche, uniforme Theorie erklärt werden. Für die Evolution der Tiere, nach dem Auftreten der ersten Metazoen und hier besonders für die Amnioten, wird aber von EvoDevo und der *Erweiterten Synthese* durchaus eine einheitliche Theorie angestrebt.
28. Die Evolution geschieht in einer komplexen Realität mit interdependenten Prozessen mit vielen verschiedenen Ursache-Wirkungszusammenhängen, rekursiven Strukturen und Zirkelkausalitäten. Mechanismen in der evolutionären Entwicklung sind vorhanden und wichtig zur Erklärung des *Wie* in der Evolution. Evolution wird jedoch auch durch Unsicherheiten, Mikro- und Makrodynamik, Selbstregulierung, Plastizität, Robustheit und Instabilität sowie der Schwierigkeit von Vorhersagen und emergentem Verhalten auf verschiedenen Organisationsebenen charakterisiert.
29. Die moderne, erweiterte Evolutionstheorie deckt ein breites Realitätsspektrum ab. Sie ist eine komplexe Theorie und beschreibt komplexe Realität eher konnotativ (umschreibend), reicht aber bis in den Bereich nomologischer Realität mit denotativen (präzisen) Aussagen (mendelsche Regeln) auf statistischer Ebene heran. EvoDevo liefert kausal-mechanistische Erklärungen im Gegensatz zur Synthese, die eher statistisch-korrelative Aussagen macht.
30. Die Evolutionstheorie ist heute pluralistisch und offen. Sie muss ihren Untersuchungsgegenstand konstruieren, da er nicht eindeutig und unveränderlich vorgegeben ist. Er entsteht so in unterschiedlichen, sich ergänzenden Sichten. Der Theorierahmen für diese Sichtweisen wird stets neu geschaffen und beschrieben und ebenso die Position der Evolutionstheorie zwischen den beiden Extremen nomologischer und komplexer Realität.

Gegenüberstellung Synthese — Erweiterte Synthese

Positionen der Synthetischen Evolutionstheorie	Positionen der Erweiterten Synthese in der Evolutionstheorie (ergänzt um einige weitere moderne Standpunkte)
	Allgemein
1. Das Vorhandensein von Evolution ist ein Fakt (Descendenz mit Modifikation).	Bestätigt; Es gibt eine überwältigende Fülle von Hinweisen auf vorhandene Evolution auf der Erde. Das Fossilbild spricht eine klare Sprache, dass und in welchen Verläufen das Leben auf der Erde evolviert. Evolution ist heute in verschiedenen Aspekten der genetischen und epigenetischen Mutation sowie der phänotypischen Variation beobachtbar. Auch natürliche Selektion ist empirisch prüfbar, ebenso Evo-Devo-Mechanismen u. a. bei Insekten und Gliederfüßlern und Wirbeltieren.
2. Abstammung des Lebens von gemeinsamen Vorfahren und von einer oder wenigen Urformen (Abstammungslehre).	Bestätigt durch: • den weitestgehend identischen genetischen Code • molekular-genetische Abstammung mit teilweise genetischen Identitäten über mehrere hundert Millionen Jahre. • Unzählige physiologische Belege für verwandte, homologe Strukturen, z.B. Vorderbeine Säugetiere • Zeugnisse der Fossilfunde: Sie stimmen in ihren Abstammungsmustern durchgängig mit Verwandtschaftsmustern überein, die der physiologische Vergleich nahelegt. Darwin erwähnt die Vermutung, das Leben sei vielleicht in einem Tümpel entstanden nur in Briefen, aber die Konsequenz der Idee für das Verständnis des Lebens ist epochal.
3. Komplexe Formens stammen von einfachen Formen ab.	Tausendfach im Fossilbild bestätigt.

Gegenüberstellung

4. Die Evolutionstheorie ist eine gute Erklärung der biologischen Vielfalt.	Hier sind in der darwinistischen Theorie Fragen offen. Erst nach der Synthese beginnt man verstärkt die Diversität zu erfragen. EvoDevo kann mit der Hinzunahme von Umwelteinflüssen, auf die die Entwicklung selbstregulierend und vielfach nicht-linear antwortet, neue Antworten liefern.
5. Die Evolutionstheorie kann erklären, *warum* Evolution vorhanden ist.	Das wird bestritten. Darwin beruft sich auf Fitnessmaximierung. Das stellt sich aber für manche Biologen heute je nach Auslegung als tautologisch oder zumindest wenig aussagefähig dar. Das Streben nach Fitnesserhöhung wird nämlich stets als vorhanden vorausgesetzt, gleichzeitig wird Variation-Selektion mit Fitness begründet (Dupré 2009, S. 44). Wird „warum" mit Selektion beantwortet, erwidert EvoDevo, dass die Selektion nicht kausale Ursachen der Formentstehung ist. EvoDevo erklärt das Vorhandensein von Evolution mit der Selbstregulation des Entwicklungssystems und seiner autonomen, nicht-linearen Reaktionsfähigkeit auf Störgrößen. Wird weiter nach „warum Evolution" gefragt, verlässt man den wissenschaftlichen Rahmen und fragt nach metaphysischen Gründen.
6. Die Evolutionstheorie beschreibt ein Naturgesetz.	Darwin hat angestrebt, ein schlüssiges Gebäude für das Vorhandensein und die Funktionsweise von Evolution zu liefern, ähnlich physikalischen Naturgesetzen. Das kann die Evolutionstheorie jedoch nicht leisten. Der Gegenstand ist zu heterogen, d.h. es gibt viele Abweichungen und Ausnahmen von einem einzigen, monistischen Prinzip wie etwa Variation-Selektion-Adaptation. EvoDevo kann kausal-mechanistische Ursachen für Evolution nennen, kann diese aber nicht generalisieren. Sie sind muster-spezifisch.
7. Weil die Evolutionstheorie wichtige Fragen nicht beantworten kann, ist sie als Theorie unbrauchbar.	Die Evolutionstheorie seit der Synthese ist ein komplexes Hypothesengeflecht mit unterschiedlichem Wahrheitsgehalt. Es liegt in der Natur jeder empirischen Wissenschaft, dass Fragen offen sind und kontrovers behandelt werden. Dass Aussagen der Synthetischen Evolutionstheorie falsifiziert werden können, etwa Fälle nicht vorhandener Anpassung, ist nicht relevant dafür, die Theorie als Ganzes in Frage zu stellen.

8. Die Evolutionstheorie kann für den gesamten Verlauf der Geschichte des Lebens uniforme Evolutionsursachen (Mutation-Selektion-Adaptation) angeben.	Das wird heute bestritten. Laut Newman ist der Übergang zum Kambrium und das Entstehen der Metazoen anders zu erklären wie die daraufhin folgende Evolution/Abwandlung vorhandener Baupläne. Ferner wird das Entstehen von Eukaryoten anders erklärt (Endosymbiose). EvoDevo verwendet schließlich wieder andere Mechanismen, solche der Selbstregulation.

Kampf um's Dasein / Fitnessoptimierung

9. Alle Lebewesen streben nach einer Maximierung der Nachkommen. Sie setzen so viele Nachkommen in die Welt, dass auf Grund des begrenzten Nahrungsangebots und Lebensraums nicht alle überleben können.	Das ist die Übertragung der Theorie von Malthus aus der Ökonomie auf die Biologie. Nur teilweise bestätigt. In Russland hat man die Gültigkeit des malthusschen Gesetzes z.B. abgelehnt. *Malthus´ Argumentation war ihrer Erfahrung fremd, weil sich die spärliche Bevölkerung in den gewaltigen russischen Landmassen ganz einfach verlor.* Auch bemerkten russische Naturforscher oft, *dass Darwin einfach die Wahrheit von Malthus´* Annahmen vorausgesetzt *und es versäumt hatte, für sie dieselben vielfältigen Belege beizubringen, wie er dies für andere Argumente in seinem Buch getan habe* (Daniel B. Todes, in Engels 2005, S. 203ff.). Bei Begrenzung des Nahrungsangebots erfolgt auch Abwanderung statt Aussterben (Eldredge).
10. Kampf ums Dasein erzwingt immer egoistisches Verhalten und Konkurrenz	Erweitert: Altruismus existiert auch, hauptsächlich in Superorganismen bei Insektenstaaten, aber auch unter Säugetieren. Theorie der gegenseitigen Hilfe: Organismen vereinen ihre Kräfte, um diesen Kampf (struggle for existence) effektiver zu führen und eine solche gegenseitige Hilfe werde durch die Selektion begünstigt (Daniel P. Todes in Engels 2005, S. 216). Also Kooperation neben Konkurrenz.

Gegenüberstellung

Mutation / Variation

11. Zufällige Mutation existiert.	Bestätigt. Heute weiß man: In einem bestimmten Mäuse-Gen kommt es etwas bei einem von 500 000 Individuen zu einer Mutation (Carroll 2008, S. 61). Zufälligkeit ist aber nicht mathematisch-stochastisch. Mutation-Selektion kann nicht die Konstruktion oganismischer Struktur erklären. EvoDevo betont die Selbstregulierungsfähigkeiten des Entwicklungssystems und seine nicht-lineare Reaktion auf Einflüsse. Diese Reaktionen sind nicht zufällig. EvoDevo drängt den Einfluss des Zufalls zugunsten kausal-mechanistischer Ursachen zurück.
12. Mutation ist zufallsbedingt.	Es gibt zufallsbedingt Mutation (nicht im mathematisch-stochastischen Sinn). Es gibt aber auch Strategien der Stabilisierung des Genoms. Der Organismus (Entwicklung) ist kreativ. Die Zellen steuern auch die Gene. Der Organismus ist fähig zu nicht-linearer Selbstorganisation und deren Wandel. EvoDevo relativiert Zufallseinflüsse stark.
13. Mutation führt immer zu Selektion des Phänotyps und daraufhin zu Adaptation der Population.	Erweitert: Entwicklungsänderungen können den Phänotyp auch ohne die Hilfe der Selektion variieren. Die Selektion verliert dadurch an Gewicht. Die EvoDevo-Theorie des Phänotyps (West-Eberhard) sieht genetische Mutation nicht phänotypischer Veränderung vorausgehen sondern ihr folgen.

Natürliche Selektion – Adaptation

14. Natürliche Selektion existiert.	Die große Bedeutung der Selektion und ihres Produkts, der Adaptation auf Populationsebene, wird von der überwiegenden Zahl der Biologen anerkannt. Aber zum einen liegt nicht immer Selektionsdruck vor. Neutrale Mutation wird z. B. nicht selektiert. Evolution kommt in kleinen Populationen gemäß der Synthese auch durch zufällige Drift vor. Vor allem wird der Organismus als aktiv kooperierendes System mit epigenetischen Ebenen gesehen. EvoDevo sieht bei Fragen zum Entstehen organismischer Form die Selektion eher als Randbedingung und betont stärker die autonomen Organisationspotenziale des Organismus beim Entstehen von Form und Komplexität.

Gegenüberstellung

15. Natürliche Selektion ist der wichtigste Antriebsfaktor in der Evolution.	Die Bedeutung der natürlichen Selektion wird bestätigt aber auch hinterfragt, so u. a. von Gould relativiert, wenn Selektion kombiniert mit zufälliger Mutation der primäre Gestaltungsfaktor sein soll beim Entstehen organismischer Form. Die bloße Folge von Variation, natürlicher Selektion und Anpassung zur Erklärung des Entstehens komplexer Form wird von Evo-Devo angezweifelt. EvoDevo fragt: Wie hoch ist der Erklärungsgehalt von natürlicher Selektion und wie hoch der von Konstruktion? Für EvoDevo wird die Selektion zu einer Rahmenbedingung. Sie selektiert das, was die Entwicklung ihr vorgibt. Eldredge/Gould haben verdeutlicht, dass sehr lange Stasis-Phasen vieler Arten ohne Evolution verlaufen. Das bedeutet, dass Selektion auch bei großen klimatischen Veränderungen (z. B. Eiszeit) unter Umständen nur wenig Wirkung zeigt. Auch in der Populationsgenetik wird von Lynch die Bedeutung der Selektion und Adaptation stark relativiert (Lynch 2007). Vorteilhafte Mutationen können sich nach Lynch auch in große Populationen ohne die Selektion durchsetzen.

Abb. 26.1 Bärtierchen – eine evolutionäre „Überanpassung"?
Ein eigener Tierstamm mit mindestens 930 Arten (2005), mit bis zu 1,5 mm Körperlänge keine Mikroorganismen. Die adaptiven Eigenschaften sind gleich in mehrerer Hinsicht extrem: Ihr Lebensraum reicht von unter 4000 Meter Meerestiefe bis 6000 Meter im Himalaja. Bärtierchen können alle Stoffwechselvorgänge für mehrere Jahre aussetzen (Kryptobiose) und überleben nahe dem absoluten Nullpunkt ebenso wie bei 96° Celsius oder im Weltraum. Bei Wasserverfügbarkeit sind die Tiere innerhalb von fünf Minuten stoffwechselfähig und können sich wieder fortpflanzen. Die adaptiven Fähigkeiten werden in der Natur nie benötigt und sind daher mit natürlicher Selektion nicht ohne weiteres erklärbar.

16. Arten sind an die Umwelt angepasst.	Wird bestätigt, wenn Anpassung darwinistisch so verstanden wird, dass Mutation stets vorhanden ist bevor eine Änderung in der Umwelt auf eine Population wirkt und selektiert wird und nicht umgekehrt. Dies wurde im Luria-Delbrück-Experiment 1943 erstmals bewiesen. EvoDevo ist aber überzeugt, dass Adaptation überschätzt wird und Arten Veränderungen durchlaufen, die nicht zwingend Adaptationen im obigen Sinn darstellen. Gould und Lewontin weisen schon 1979 darauf hin, dass nicht einzelne Merkmale der Selektion unterliegen und auf diese Weise jedes für sich optimal angepasst wird sondern der Organismus immer eine integrierte Einheit darstellt, die als Ganzes der Selektion unterliegt. Vor allem EvoDevo sieht die Evolution nicht als einen primär durch die natürliche Selektion gerichteten Prozess und lässt spontane Variation zu wie auch Evolution in kürzeren Zeitabschnitten. Je größer saltationistische Veränderungsschritte sind, desto geringer wird der Einfluss der Selektion bzw. der Adaptation als gestaltender Faktor gesehen. Die Multilevel Selektionstheorie begründet, dass Selektion auf verschiedenen Ebenen stattfindet, sowohl „oberhalb" des Organismus (Gruppe) als auch „unterhalb" (Gene). Ferner verändern Arten auch ihre Umwelt, was wiederum Einfluss hat auf die Evolution eben dieser Arten (Nischenkonstruktion).
17. Kampf ums Dasein erzeugt anhaltenden Selektionsdruck unter den Individuen.	Relativiert. Neutrale Mutationen bleiben ohne Anpassung. Viele Lebensarten sind keinem oder nur geringem Selektionsdruck ausgesetzt. Statt Kampf entsteht auch Kooperation, Altruismus und Stasis. Für EvoDevo ist Selektionsdruck nicht *die* Ursache für mechanistische Veränderungen in der Entwicklung. Auch für Lynch ist das nicht erforderlich.

18. Die Einheit der Selektion ist das Individuum.	Nicht für Superorganismen, bei denen der Staat die Selektionsebene ist. Solche Gruppenselektion unterliegt in den letzten Jahrzehnten allerdings heftiger Diskussion, wird aber in Form der Multilevel Selection Theory wieder stärker anerkannt. Die Genetik untersucht Selektion auf Genomebene. Dass das Gen die alleinige Einheit der Selektion ist, diese lange aufrecht erhaltene reduktionistische These Dawkins' ist heute überholt. Moderne Forschung (D. S. Wilson) spricht von Multilevel Selection, also der simultanen Selektion auf verschiedenen biologischen Organisationsebenen. Das bedeutet auch die Existenz von Gruppenselektion (selection between groups), auch beim Mensch. Ferner unterliegen Teile des Organismus der Selektion.
19. Evolution entsteht im Zusammenspiel aus zufälliger Variation, natürlicher Selektion und Adaptation in der Population.	Relativiert als die einzig mögliche Antwort, was Darwin selbst gar nicht so sah. Es gibt aktive Gestaltungsfaktoren im Organismus (EvoDevo). In der Makroevolution wird das Selektions-Adaptationsprinzip zunehmend als unzureichend gesehen, komplexe Strukturen hervorzubringen.
20. Die Evolutionstheorie kann das Vorhandensein und den Zweck der Merkmale eines Organismus durch die natürliche Selektion erklären.	Nach Dupré ist Zweckbegründung sehr fraglich. Mann kann vielleicht für Organe wie das Auge eine offensichtliche Funktion ableiten. Bei vielen Merkmalen eines Organismus ist es jedoch äußerst schwierig, ihren evolutionären Zweck losgelöst vom Gesamtorganismus zu deuten. Der Grund liegt in der Verknüpfung der Merkmale und ihrer wechselseitigen Beziehung. Wenn sich ein Merkmal ändert, ändern sich auch andere (Dupré 2009, S. 47). Außerdem sind vielfach Ursachen für das Vorhandensein von Merkmalen nicht mehr gegeben. Nach Dupré gilt das z.B. auch für die vermeintlich leicht zu deutende Funktion des Giraffenhalses und für die des Pfauenschwanzes. Beides kann für sich allein gesehen nicht mit Selektion begründet werden (S. 48).

Gegenüberstellung

Gradualismus

21. Konzept des Gradualismus, also die Evolution in kleinen, über lange Zeiträume kontinuierlichen Schritten.

Das ist Darwins eigene Sicht und die der Populationsgenetik. Das wird heute auch anders gesehen. Es gibt Mutationsschübe (kambrische Explosion u. a.) und Systemübergänge mit gravierenden Veränderungen. Ebenso existiert Stasis. Diese Faktoren sind zufällig. Die Synthese kann das nicht erklären und sieht graduelle Verläufe.
Es gibt auch Evolution auf Zellebene. Die *Endosymbiose* ist die Verschmelzung von Zellen mittels horizontalem DNA-/Gentransfer. Dabei bleibt der Eindringling mit seiner DNA zunächst in der Wirtszelle bestehen, dann übernimmt die Wirtszelle die DNA der eingedrungenen Zelle als Ganzes und steuert die Vererbung des neuen Gesamtorganismus.
Endosymbiose hat zum Entstehen der Pflanzen, Tiere und Pilze geführt, ist ein Schlüsselereignis der Evolution und hat nichts mit darwinistischer Mutation zu tun, die sich immer auf DNA-Ebene abspielt (Kutschera 2009, S. 231ff.).
Newman führt auch für die Entstehung der Metazoen primär nicht-genetische, nicht graduelle Evolution an (Theorie der DPMs).
Ferner gibt es Stasisphasen von vielen Millionen Jahren, in denen keine Mutation oder Selektion greift (Theorie des Punctuated Equilibrium. Makroevolution, verstanden als das Entstehen komplexer Formen, kann durch langfristig aufeinanderfolgende graduelle Prozesse nicht ausreichend nachvollzogen werden.
EvoDevo sieht in Änderungen von Entwicklungsprozessen auch größere, diskrete Evolutionsschritte. So können etwa »kleine« Störgrößen zu nicht-linearen phänotypischen Konsequenzen führen.

Gegenüberstellung

22. Phänotypische Diskontinuitäten gibt es nicht in der Evolution. Sie sind, wenn vorhanden, nicht vererbbar. Die natürliche Selektion verlangt nach Darwin graduelle Veränderungen

Der Streit hierüber ist alt. Schon William Bateson war Ende des 19. Jahrhunderts ein Verfechter diskontinuierlicher Variation und hat dafür hunderte von empirischen Beispielen angeführt (Anomalien). Als Argument für seine Theorie galten ihm Mendels Vererbungsregeln, die er 1900 wieder entdeckt hat. Mendel ist gerade von diskontinuierlichen, vererbbaren Variationen ausgegangen (Farben und Oberflächen von Erbsen).
Auch Gould tritt für die Möglichkeit diskontinuierlicher Veränderungen ein, eine Sicht, die mit seiner Theorie des unterbrochenen Gleichgewichts gut harmoniert und das Fehlen von Missing Links erklärt (Gould 1989, S. 195ff.). Nach Gould verlangt die natürliche Selektion nicht-graduelle Veränderungen.
EvoDevo geht nicht mehr allein von genetischen Veränderungen aus. Vielmehr werden zusammenhängende epigenetische Reaktionsmuster in der Entwicklung als Ursache der Evolution betrachtet. EvoDevo zeigt, wie durch Schwellenwerteffekte nicht-lineare Variation des phänotypischen Outputs gefördert werden kann (Müller).
Wenn große Variationen unmittelbar eine neue Form oder Species hervorbringen könnten, dann würde Darwins Selektion im Vergleich zu Neuheiten in der Entwicklung als relativ unbedeutend herabgestuft, um die Form des Organismus und den evolutionären Weg der Evolution zu beschreiben.
So wurde die Gradualismus-Debatte schnell und unversehens zu einem Schlagabtausch zwischen Selektionisten und Entwicklungsbiologen (WE 2003, S. 11).

Gegenüberstellung

Fortschritt und Komplexität

23. Fortschritt in der Evolution existiert.	Unterschiedliche Sichten. Für J. Huxley oder Conway Morris kann durchaus ein Fortschritt erkannt werden, wenn er nicht teleologisch, also nicht als ein im vor hinein definiertes Ziel gesehen wird, etwa als erhöhte Kontrolle über Unabhängigkeit von der Umwelt. Für Gould gibt es weder Trends noch systemimmanenten Fortschritt in der Evolution (Gould). Im Zug von Selektionsdruck kann es aber bei bestimmten Eigenschaften zu fortlaufenden Verbesserungen kommen wie Flugfähigkeit, Schwimmfähigkeit, Schnelligkeit, Tarnung u. v. a. Kontingenz, verhindert aber einen makroevolutionären Trend, was die Konvergenzlehre (Conway Morris) wiederum leugnet. EvoDevo beschreibt, dass das Entwicklungsrepertoire auf evolutionärem Weg zu dem hoch komplexen heutigen System geworden ist, bestehend aus Selbstregulierungsmechanismen, Autonomie der Teile (Genom, Zellen, Gewebe), der Reaktionsfähigkeit auf Umwelteinflüsse und deren Umwandlung in nicht-lineare phänotypische Variation oder Innovation. Es existiert kein Ziel in der Evolution, etwa maximale Fortpflanzung. Diese ergibt sich im Nachhinein durch die Selektion, nicht als ein gerichtetes Daraufhinwirken. Die Evolution ist zukunftsblind drückt es Josef H. Reichholf aus (Sentker/Wigger 2008, S. 294).
24. Das Leben auf der Erde entwickelt sich zu immer komplexeren Systemen.	Stimmt für manche Richtungen in Evolutionslinien, nicht für alles Leben. Archaebakterien gibt es seit 3,5 Milliarden Jahren. Sie sind ebenfalls in diesem Zeitraum evoluiert, aber Archaebakterien geblieben.
25. Komplexität ist durch Mutations- und Selektions-Mechanismus erklärbar.	EvoDevo sieht inhärente Mechanismen des Organismus als Erklärung für das Entstehen von Komplexität. Danach ist der Organismus ein selbstregulierendes System, bestehend aus Genom, Zellen, Zellverbänden, der Umwelt und dem interdependenten Informationsaustausch. Erst durch diese Sicht wird der Komplexität des Evolutionsgeschehens Rechnung getragen.

Gegenüberstellung

EvoDevo

26. Es gibt keine aktiv gestaltende Ordnung in der Biologie und keine Gerichtetheit (bias).	EvoDevo sieht die Fähigkeit des Organismus zur Selbstorganisation und nicht-linearem Wandel. Mechanismen können heute für bestimmte Organismen empirisch beschrieben werden. Gerichtetheit wird aber besser als Kanalisierung in physikalisch vorgegebenen Bahnen gesehen.
27. Merkmale von Organismen können sich nur dann vererben, wenn sie in den Genen codiert sind.	Diese auch als neodarwinistisches Dogma bezeichnet These kann als widerlegt gelten. Dupré und andere bezeichnen sie als ein Haupthindernis für den theoretischen Fortschritt auf dem Gebiet der Evolutionstheorie und der Biologie. Extragenetische Vererbung existiert (Dupré 2009, S. 89). EvoDevo geht von (umweltinduzierter) phänotypischer Evolution aus mit erst nachträglicher genetischer Akkommodierung (West-Eberhard u. a.). Darüber hinaus ist der Mensch fähig zu kultureller Evolution. Jablonka/Lamb unterscheiden vier Vererbungsebenen: 1. Genom, 2. Epigenom. 3. Symbole (Schrift etc.), 4. Kultur Zu EvoDevo siehe auch: 5., 6., 8., 11., 12., 13., 15., 16., 19., 21., 23., 28.–32.

Umwelt

28. Umweltstressoren (z. B. Klimaänderung) können nicht auf das Genom so einwirken, dass es durch Variation und Selektion zu anhaltender Vererbung führt.	Epigenetische Mechanismen, darunter Zellprozesse und Umweltfaktoren über die Zellen, wirken auf das Genom. Die Zellen steuern die Gene, nicht nur umgekehrt (Kirschner/Gerhart). Laut EvoDevo variiert die Entwicklung, das heißt das System aus Zellen, Zellgeweben, Reaktionsmustern und Umwelteinflüssen. Dadurch kommt es zu phänotypischer Variation. Diese kann später stabilisiert werden (genetische Assimilation). *Die Rolle der Umweltsensibilität im Entwicklungsprozess muss stabil in die Evolution eingebaut werden als ein Faktor, der in seiner vollen Bedeutung erkannt ist und darf nicht heruntergespielt oder umgangen werden aus Furcht vor einem lamarckistischen Unterton* (WE 2003, S. 29).

Gegenüberstellung

29. Qualitativ Neues in der Evolution wie Vogelfedern etc. ist mit Mutation und Selektion vollständig erklärbar.	Die Synthese kann die Entstehung von Neuem nicht befriedigend erklären. Sie behandelt das Thema gar nicht sondern nur Veränderungen von Bestehendem. EvoDevo greift das auf und kann Prozesse beschreiben, wie Neuheiten entstehen. Diese Mechanismen sind nicht streng adaptiv im Sinne der Synthese sondern beruhen auf Selbstregulation, auf der nicht-linearen phänotypischen Reaktion auf Außeneinflüsse sowie auf der Autonomie der Zellprozesse.

Genotyp- Phänotyp-Beziehung

30. Das Genom enthält das vollständige Programm zur Erzeugung des Phänotyps.	Zur Erzeugung des Phänotyps ist der komplette genetisch/epigenetische Entwicklungsapparat erforderlich (Abb. 12.7). Der Genotyp ist keine Blaupause für den Phänotyp. Informationen zur Erzeugung des Phänotyps liegen nicht nur in den Genen, sondern auch in den Zellen und Zellbeziehungen sowie in deren Kommunikation und Reaktion auf die Umwelt. Epigenetik inkl. Umwelt bestimmen Vererbung, Entwicklung und Evolution mit. Ein großes Gewicht in der Forschung liegt darauf zu ergründen, welche emergente Flexibilität in der Entwicklung (und nicht nur in den Genen) für den evolutionären Wandel liegt (Müller).
31. Genotypische Mutation führt zu phänotypischer Variation.	Relativiert. EvoDevo sieht das gesamte interagierende System Genom – Entwicklung – Umwelt.
32. Genom und Phänotyp stehen in einem festen Verhältnis.	Diese neodarwinistische Hypothese ist überholt. Sie gilt als eine der größten Irrtümer der Synthese. Man weiß heute sowohl, dass Gene immer in Kombinationen daran beteiligt sind, Eiweißmoleküle herzustellen und auch dass gleiche Eiweißmoleküle alternativ hergestellt werden können. So entsprechen einem spezifischen Genom viele Phänotype. Wesentlicher ist aus EvoDevo-Sicht, dass das Genom nur in Interaktion mit Entwicklung und Umwelt den Phänotyp erzeugen kann.

* * *

Glossar

> *Wie alles sich zum Ganzen webt,*
> *Eins in dem andern wirkt und lebt!*
> *Goethe, Faust I*

Adaptation, Anpassung
Adaptation ist das Ergebnis der Selektion auf Populationsebene. Eigenheiten in Körperbau und Verhalten werden als evolutionäre Reaktion einer Population auf spezielle Umweltfaktoren gedeutet. A. trägt zu höherer ↑Fitness der Population bei. A. verliert mit den Mechanismen, die EvoDevo erforscht, an Einfluss für die Evolution. Die Debatte über Gewichtung und Wirksamkeit der A. existiert seit Darwin. Sie wird heute differenziert geführt.

Adaptive Landschaft
dreidimensionales Funktionsdiagramm von S. Wright, das die Ausprägung zweier Allelkombinationen auf die Fitness zeigt. Dabei lassen sich Fitnessoptima und Fitnesstäler erkennen. Der Übergang von einem Gipfel zum anderen ist nicht möglich. Später hat Waddington die a. L. auch epigenetisch dargestellt.

Adaptives Zellverhalten
(Kirschner/Gerhart) Bezieht sich auf die Tatsache, dass die ↑Kernprozesse von Zellen auf die lokale Umgebung und auf Zell-Zell-Signalgebung reagieren, um ihre Ausgangsgröße den Verhältnissen anzupassen.

Allel
bestimmte Ausprägungsform eines Gens. Entgegen früherer Auffassung entspricht ein A. nicht 1 : 1 einer phänotypischen Merkmalsausprägung. Das gilt auch für die Augenfarbe, die immer wieder als Referenz für ein bestimmtes A. herangezogen wird. So sind an der Pigmentbildung der Iris mehrere Gene beteiligt.

Altenberg-16
Gruppe von 16 Evolutionsbiologen unterschiedlicher Fachrichtungen, die sich auf Initiative von M. Pigliucci und G. Müller 2008 im niederösterreichischen Altenberg, dem Sitz der Konrad Lorenz Instituts für Evolution und kognitive Forschung (KLI), treffen und dort die Grundpfeiler der *Extended Synthesis* verabschieden. Ihre Thesen veröffentlichen sie 2010 in dem Buch Pigliucci/Müller: *Evolution – The Extended Synthesis*. Die Bezeichnung *Altenberg-16* stammt von der US-Journalistin Suzan Mazur.

Altruismus
Verhaltensweise, die einem Individuum mehr Kosten als Nutzen einbringt zugunsten eines anderen Individuums. Sowohl beim Menschen als auch bei Tieren

werden altruistische Verhaltensweisen nachgewiesen. Eine 2009 publizierte Studie schreibt A. sogar Pflanzen zu. A. ist nicht zwingend willentlich, moralisch, idealistisch oder normativ begründet, sondern kann auch Bestandteil angeborenen Verhaltens eines Individuums sein. Das Konzept der Gesamtfitness (Hamilton) benötigt keinen Altruismus.

Aminosäuren
Bausteine der Proteine der Lebewesen. Der genetische Code codiert 20 A.

Anpassung ↑ Adaptation

Apoptose
Form des programmierten Zelltods.

Art, Species
die Grundeinheit der biologischen Systematik. Eine allgemeine Definition der Art oder Spezies, die die theoretischen und praktischen Anforderungen aller biologischen Teildisziplinen gleichermaßen erfüllt, ist bislang nicht gelungen. Vielmehr existieren in der Biologie verschiedene Artkonzepte, die zu sich überschneidenden, aber nicht zu identischen Klassifikationen führen.

Artbildung, allopatrische od. allopatrische Speziation
durch E. Mayr eingeführter Prozess der Isolation von Arten, die zur Bildung neuer Arten führt.

Arthropoden, Gliederfüßler
Stamm des Tierreichs. Zu ihnen gehören so unterschiedliche Tiere wie Insekten, Tausendfüßler, Krebstiere, Spinnen, Skorpione und die ausgestorbenen Trilobiten. Gliederfüßler sind ein sehr erfolgreicher Stamm. Rund 80 Prozent aller bekannten rezenten Tierarten sind Gliederfüßer, die meisten davon Insekten.

Assimilation, genetische bzw. genetische Akkommodation od. Integration
die Fixierung einer zuvor erfolgten epigenetischen Änderung im ↑ Genom (Waddington). Unter Umständen ist sie bereits präadaptiv vorhanden und kommt durch die epigenetische Änderungen erst zum Vorschein (↑ Präadaptation).

Atavismus
das Wiederauftreten überholter anatomischer Merkmale, z. B. Mehrzehigkeit beim Pferd.

Attraktor
Begriff der ↑ Komplexitätstheorie. Eine konstante Größe oder eine asymptotische Annäherung einer Größe oder einer Menge von Größen, die diesen Annäherungsbereich im Zeitverlauf nicht mehr verlassen.

Glossar

Baldwin-Effekt
das Übergehen eines Merkmals (speziell einer Verhaltensweise) in das genetische Material einer Spezies. Der Name geht zurück auf den US-amerikanischen Philosophen und Psychologen J. M. Baldwin, der 1896 einen entsprechenden Artikel in der Zeitschrift *American Naturalist* veröffentlichte. ↑Weismann-Barriere und Synthese.

Basenpaar
zwei Basen in der ↑DNA oder ↑RNA, die zueinander komplementär sind. Die Anzahl der Basenpaare eines ↑Gens stellt ein wichtiges Maß der Information dar, die im Gen gespeichert ist. Die DNA kennt die vier Basen Adenin, Cytosin, Guanin und Tymin, meist kurz A, C, G und T genannt. Dabei treten stets A und T sowie C und G als ein Paar auf.

Baukasten, genetischer auch Toolkit
Set genetischer und epigenetischer Entwicklungswerkzeuge. ↑Homöobox, ↑Hoxgen. ↑Transskriptionsfaktor.

Bauplan
der Prozess der evolutionär entstandenen genetischen/epigenetischen Abfolge zur Ausführung aller ↑Genexpressionen sowie epigenetischen Prozesse (Zelle, Zellkommunikation, Selbstorganisation) während der Entwicklung. Es gibt keinen genetisch oder epigenetisch determinierten Bauplan für den Phänotyp. Die Entwicklung schafft sich die Form des Embryos erst Schritt für Schritt im Zusammenspiel mit Genom und Umwelt. Der deutsche Begriff blieb mangels eines besseren Ausdrucks bis heute bestehen. Er wird auch im englischen verwendet.

BDTNP Berkeley Drosophila Transcription Network Project
Projekt, bei dem ein vollständiger Atlas der Genexpressionen der Entwicklung der Taufliege Drosophila erstellt wird.

Burgess-Fauna, Burgess-Schiefer
eine der weltweit bedeutendsten Fossillagerstätten, benannt nach dem Burgess-Pass in den kanadischen Rocky Mountains.

Byproduct
Nebenprodukt, das bei der ↑Genexpression in der ↑Entwicklung entsteht.

Chaos, chaotisches System
ein dynamisches System, das auf kleinste Änderungen seiner Initialbedingungen sensitiv reagiert. Chaotische Systeme sind charakterisiert durch Zufälligkeit (eben wegen der nicht exakten Bestimmbarkeit kritischer Ausgangsparameter) und Nichtvorhersehbarkeit.

Chaperon
Proteine, die anderen Proteinen helfen, sich korrekt zu falten.

Chordatiere, Chordaten
Stamm des Tierreichs. Gemeinsame Merkmale der Chordaten sind ein stabförmiger Stützapparat im Rücken und der oberhalb der Chorda liegende Nervenstrang. Es gibt etwa 60 000 Arten, von denen mehr als die Hälfte im Wasser leben.

Chromatin
Material, aus dem die ↑ Chromosomen bestehen.

Chromosom
Strukturen, die ↑ Gene und damit die Erbinformationen enthalten. Sie bestehen aus ↑ DNA, die mit vielen ↑ Proteinen verpackt ist (Chromatin). Chromosomen kommen in den ↑ Zellkernen der ↑ Zellen von ↑ Eukaryoten vor, zu denen alle Tiere, Pflanzen und Pilze gehören.

Constraints, engl. Beschränkung, Hemmnis
epigenetische Mechanismen, die verhindern, dass während der Entwicklung unerwünschte Abweichungen vom Bauplan entstehen. Auf Evolution bezogen bezeichnen C. den Verlauf der Evolution in bestimmten, durch Physik, Morphologie oder Phylogenese vorgegebenen Schranken. ↑ Kanalisierung.

Cooperative Breeding
ein soziales System, in dem Individuen helfen, für Junge zu sorgen, die nicht ihre eigenen sind. Sie sind tun das mit Verzicht auf eigene Reproduktion.

Cytoplasma ↑ Zytoplasma

Deduktion, deduktive Methode oder deduktiver Schluss
eine Art der Schlussfolgerung vom Allgemeinen auf das Besondere. Mit Hilfe der D. werden spezielle Einzelerkenntnisse aus allgemeinen Theorien gewonnen. Sie bezeichnet das Verfahren, aus gegebenen Prämissen auf rein logischem Wege die mit Notwendigkeit folgenden Schlüsse abzuleiten. Deduktion und ↑ Induktion sind neben der ↑ Empirie die beiden zentralen Pfeiler in der klassischen Wissenschaftstheorie.

Demaskierung
Das Aufdecken alternativer Entwicklungspfade, die der Selektion verborgen sind, so lange sie von keiner genetischen oder Umweltveränderung aufgedeckt werden.

denotativ
eine Bezeichnung, die eine Sache im Kern betrifft. Denotationen sind bekannt und daher nicht subjektiv variierbar bzw. interpretierbar. Denotative Theorien

sind daher eindeutig und exklusiv. Beispiel: „Newtonsches Gravitationsgesetz", „Elektromagnetismus".

Desoxyribonukleinsäure, DNS ↑ DNA

Determinismus
Annahme, dass strikte, nicht-probabilistische Naturgesetze über sämtliche natürlichen Prozesse regieren. Ein System heißt deterministisch, wenn jeder Zustand durch sein Entwicklungsgesetz eindeutig bestimmt ist. In der Evolutionstheorie (Synthese) wird die Beziehung zwischen Genotyp und Phänotyp ursprünglich deterministisch gesehen.

Development reaction norm
eine Bandbreite, innerhalb der sich Entwicklung und damit Plastizität vollziehen kann.

Development reprogramming
Von W. Arthur verwendeter Begriff. Meint die Änderung der ↑ Bauplanausführung während der ↑ Entwicklung. Dabei gibt es verschiedene Formen wie z.B. zeitliche/örtliche/typologische Verschiebungen. Begriff ist missverständlich, da impliziert werden kann, dass von einem vorhandenen „Programm" ausgegangen wird, das es aber nicht gibt.

diploid
in der Genetik das Vorhandensein zweier vollständiger Chromosomensätze als so genannter doppelter Chromosomensatz (↑ haploid).

Diversität (Biodiversität)
Maß für die Vielfalt der Lebewesen, aber auch für die der genetischen Information und der in Lebewesen gebildeten Proteine.

DNA Desoxyribonukleinsäure; A steht für engl. acid
ein in allen Lebewesen vorkommendes Biomolekül und die Trägerin der Erbinformation im Zellkern. Sie enthält unter anderem die ↑ Gene, die für Ribonukleinsäuren (↑ RNA) und ↑ Proteine codieren, die für die biologische ↑ Entwicklung eines Organismus und den Stoffwechsel in der ↑ Zelle notwendig sind.

DNA-Replikation
Verdopplung der genetischen Information durch Auftrennung des DNA-Doppelstrangs und Synthetisierung der jeweils komplementären Stränge. Ergebnis ist ein identisches neues DNA-Molekül. DNA-R. Geschieht vor der ↑ Zellteilung (Mitose).

Dogma, neodarwinistisches
Behauptung der ↑ Synthese (nicht Darwins), dass äußere Einwirkungen das ↑ Genom nicht vererbbar verändern können. Geht auf A. Weismann zurück ↑ unter dem Begriff Weismann-Barriere. Heute relativiert. Auch ↑ Gradualismus wird als n. D. bezeichnet.

Drift, genetische ↑ Gendrift

E. coli, Eschericia coli
Darmbakterium

Embryo
ein Lebewesen in der frühen Form der Entwicklung. Bei Tieren wird der sich aus einer befruchteten Eizelle (↑ Zygote) neu entwickelnde Organismus als E. bezeichnet, solange er sich noch im Muttertier oder in einer Eihülle oder Eischale befindet. Nach Ausbildung der inneren Organe wird der Embryo als Fetus (Fötus) bezeichnet.

Embryonalentwicklung ↑ Entwicklung

Emergenz
spontane Herausbildung von Eigenschaften oder Strukturen auf der Makroebene eines Systems auf der Grundlage des Zusammenspiels seiner Elemente auf der Mikroebene. Dabei lassen sich die emergenten Eigenschaften des Systems nicht auf Eigenschaften der Elemente der Mikroebene zurückführen, die diese isoliert aufweisen. Emergente Eigenschaften kennen viele Wissenschaften, auch die Physik, so sind z. B. Temperatur und Materialhärte durch Eigenschaften einzelner Atome oder Moleküle nicht erklärbar. (↑ Reduktionismus). Auch das menschliche Bewusstsein ist nicht auf der Ebene einzelner Neuronen vorhanden. E. ist eine charakteristische Eigenschaft komplexer Systeme.

Empirie
Sammlung von Informationen, die auf gezielten Beobachtungen beruhen. Der Begriff Empirie wird auch im Zusammenhang mit den Ergebnissen solcher Beobachtungen, nämlich den empirischen Daten, verwendet. Neben Empirie sind ↑ Deduktion und ↑ Induktion zwei zentrale Pfeiler in der Wissenschaftstheorie.

Empirismus
eine erkenntnistheoretische Richtung in der Philosophie, die alle Erkenntnisse aus der Sinnerfahrung, der Beobachtung oder dem Experiment ableitet. Nur auf diesen Wegen erlangtes Wissen wird als wissenschaftliches Wissen bezeichnet.

Endosymbiose, horizontaler Gentransfer
Form der Symbiose bei der der Symbiont im Inneren seines Wirtsorganimus lebt. Die Theorie sagt vereinfacht, dass im Laufe der Entwicklung des Lebens die Zelle eines einzelligen Lebewesens durch die Zelle eines anderen einzelligen Lebewesens „geschluckt" und dadurch zu einem Bestandteil der Zelle eines so entstandenen höheren Lebewesens wurde. E. ist eine Möglichkeit zur Entstehung komplexerer Lebensformen in der Evolution. Die Theorie wurde ausgearbeitet von Lynn Margulis.

Entwicklung, Ontogenese
Nach Haeckel das Entstehen des *einzelnen* Lebewesens von der befruchteten Eizelle zum erwachsenen Lebewesen. Nach moderner Anschauung ist E. ein Prozess der ↑Selbstorganisation von ↑Zellen auf der Grundlage genetischer (DNA) und struktureller Matrizen, den physiko-chemischen Eigenschaften von Zellen und Geweben sowie von Faktoren der Umwelt (Müller). Die E. ist Hauptgegenstand von EvoDevo. Das Verständnis ihrer Prozesse und Mechanismen schafft Grundlagen für das Erkennen evolutionärer Veränderung.

Entwicklungsplastizität
die Fähigkeit eines mit nur einem Genotyp assoziierten Phänotyps, während der Entwicklung mehr als eine kontinuierlich oder nicht kontinuierlich variable Form der Morphologie, Physiologie und des Verhaltens in verschiedenen Umweltsituationen hervorzubringen.
Das Konzept der phänotypischen Plastizität beschreibt das Maß, in dem der ↑Phänotyp eines Organismus durch seinen ↑Genotyp vorherbestimmt ist. Ein hoher Wert der EP bedeutet: Umwelteinflüsse haben einen starken Einfluss auf den sich individuell entwickelnden Phänotyp. Bei geringer EP kann der Phänotyp aus dem Genotyp zuverlässig vorhergesagt werden, unabhängig von besonderen Umweltverhältnissen während der ↑Entwicklung.

Entwicklungstyp
Begriff der Entwicklungsbiologie und von EvoDevo. Bezeichnet Arten mit identischen Entwicklungssystemen. E.en sind oberhalb von Species angesiedelt und nicht zwingend mit Klassen der Systematik in der Biologie identisch.

Enzyme
↑Proteine, die biochemische Reaktionen katalysieren. E. haben wichtige Funktionen im Stoffwechsel von Organismen: Sie steuern den überwiegenden Teil biochemischer Reaktionen von der Verdauung bis hin zum Kopieren (mittels DNA-Polymerase) und ↑Transkribieren (mittels RNA-Polymerase) der Erbinformationen.

Epigenetik
Spezialgebiet der Biologie. Sie befasst sich mit Zelleigenschaften, die auf Tochterzellen vererbt werden und nicht in der DNA-Sequenz (dem ↑Genotyp) festge-

legt sind. Man spricht auch von epigenetischer Veränderung bzw. Prägung. Die DNA-Sequenz wird dabei nicht verändert. Für die Evolutionstheorie ist zu unterscheiden: 1. E., die sich mit unmittelbar vererbbarem, nicht genetischem Material befasst (↑Methylierung) und 2. E.-Prozesse (Epigenese), die zu abweichenden Ausführungen des Bauplans bei der Entwicklung führen (↑EvoDevo). Die Bauplanausführungen werden dabei durch Schwellenwerteffekte, nicht-lineare Reaktion und Selbstorganisation charakterisiert. Diese Regulierungen werden nicht durch Gene im Detail gesteuert.

Epigenetische Marker
chemische Anhängsel, die entlang des Doppel-Helix-Strangs oder auf dem „Verpackungsmaterial" der ↑DNA verteilt sind. Sie wirken u. a. als Schalter, die ↑Gene an- und ausknipsen.

Epigenom
das aus dem Genom und sämtlichen vererbbaren genetischen und epigenetischen Prozessen bestehende Erbgut.

Erleichterte Variation
Von Kirschner/Gerhart benannte Theorie, die erklärt, wie aus einer kleinen Zahl zufälliger Veränderungen im Genotyp komplexe phänotypische Veränderung entstehen kann. Konservierte ↑Kernprozesse in den Zellen erleichtern die Variation, weil sie die Menge an genetischer Veränderung verringern, die erforderlich ist, phänotypisch Neues zu erzeugen, und zwar prinzipiell durch ihren Wiedergebrauch in neuen Kombinationen und in anderen Bereichen ihres adaptiven Leistungsspektrums.

ES ↑ *Extended Synthesis*

Eukaryot, auch Eukaryont
Lebewesen mit ↑Zellkern und ↑Zellmembran. Zusätzlich haben E. mehrere ↑Chromosomen, was sie von ↑Prokaryoten unterscheidet.

Eusozialität
Bezeichnung für das Verhalten der Staatenbildung im Tierreich. Sie ist besonders auffällig bei Insekten, u. a. Ameisen, Wespen, Honigbienen, Termiten, kommt aber auch bei Säugetieren vor. Die einzigen eusozialen Säugetiere sind die Nacktmulle. Für echte E. müssen vier Bedingungen erfüllt sein:
- kooperative Brutpflege durch mehrere Tiere
- gemeinsame Nahrungsbeschaffung und auch -verteilung
- Teilung des Verbandes in fruchtbare und unfruchtbare Tiere
- Zusammenleben mehrerer Generationen.

EvoDevo, Evolutionary Developmental Biology, Evolutionäre Entwicklungsbiologie
Wissenschaftsrichtung, die den Entwicklungsprozess analysiert. Adressiert wird die Herkunft und Evolution embryonaler Entwicklung; Änderungen der Entwicklung und von Entwicklungsprozessen zur Herstellung von innovativen Eigenschaften, z. B. zur Evolution von Federn; die Rolle von Entwicklungsplastizität in der Evolution; die Art, wie Ökologie die Entwicklung und evolutionären Wandel beeinflussen; sowie die Grundlage der Entwicklung für ↑ Homoplasie und ↑ Homologie. Ziel von EvoDevo ist es, Variation nicht durch Genmutation allein zu erklären, sondern durch Veränderungen im Entwicklungsverlauf. Diese können zeitlich (↑ Heterochronie), örtlich (↑ Heterotopie) oder in der Intention (↑ Heterotypie) variieren oder Kombinationen aus diesen sein. Die Prozesse können von der Außenwelt in ihrer Wirkungsweise beeinflusst werden. EvoDevo lässt im Gegensatz zur Synthese eher spontane, nichtlineare selbstorganisierende Veränderung zu und kann Wandel in kürzeren Zeitabschnitten erklären.

Evolution
Veränderung der vererbbaren Merkmale einer Population von Lebewesen von Generation zu Generation durch Mechanismen wie die Mutation und natürliche Selektion (Darwin), aber auch durch Gestalt bildende immanente Mechanismen, die im Organismus während der Entwicklung auftreten und die von der Umwelt beeinflusst werden können (↑ EvoDevo).

Evolutionary Development Biology ↑ EvoDevo

Evolutionsfaktor
Prozesse, durch die der ↑ Genpool verändert wird. Nach der Synthetischen Evolutionstheorie sind diese Prozesse Ursache aller evolutiven Veränderungen. Die wesentlichen neodarwinistischen E. sind ↑ Rekombination, ↑ Mutation, ↑ Selektion und ↑ Gendrift. EvoDevo sieht E.en in Mechanismen für Entwicklungsänderungen. Auch ↑ Nischenkonstruktion ist ein E.

EvolVienna
2009 ins Leben gerufene Kommunikationsplattform von Universitäts- und disziplin-übergreifenden Evolutionsforschern zur offenen Diskussion evolutionärer Themen: http://www.univie.ac.at/evolvienna/

Exon (von engl. expressed region)
ist der Teil eines ↑ eukaryotischen ↑ Gens, der nach dem ↑ Splicing erhalten bleibt und im Zuge der Protein-Biosynthese in ein ↑ Protein translatiert werden kann. Demgegenüber stehen die ↑ Introns, die beim ↑ Spleißen herausgeschnitten und abgebaut werden. Die Gesamtheit der Exons eines Gens enthält also die genetische Information, die in ↑ Proteinen synthetisiert werden.

Glossar

Exploratives Verhalten
Adaptives Verhalten gewisser zellulärer und entwicklungsphysiologischer ↑ Kernprozesse, durch das sich eine große, wenn nicht unbegrenzte Zahl an spezifischen Anfangszuständen erzeugen lässt (Bsp. Nervenbahnen, Blutadernsystem).

Exprimierung ↑ Genexpression

Extended Synthesis
Bezeichnung für die *Erweiterte Synthese in der Evolutionstheorie*, basierend auf EvoDevo-Forschungen, aber auch auf neuen Erkenntnissen aus anderen Disziplinen.

Falsifizierung, Widerlegung
der Nachweis der Ungültigkeit einer Aussage, Methode, These, Hypothese oder Theorie. Eine F. besteht aus dem Nachweis immanenter Widersprüche oder der Unvereinbarkeit mit als wahr erkannten Aussagen oder aus der Aufdeckung eines Irrtums. Methodisch ersetzt man die widersprüchlichen Aussagen, mit einer korrigierten These. Dabei können entweder Ausgangsannahmen oder die These selbst abgeändert werden.

Fitness
im engeren Sinne bezeichnet F. die Anzahl der fortpflanzungsfähigen Nachkommen zu einem bestimmten Zeitpunkt im Leben des Individuums.

-landschaft ↑ adaptive Landschaft

-maximierung, -optimierung
↑ Adaptation und Wandel eines Individuums oder einer Art, um sich an geänderte Rahmenbedingungen anpassen zu können. F. ist die inhärente Überlebensstrategie der Arten.

Gen
ein Abschnitt auf der ↑ DNA, der die vererbbare Grundinformationen zur Herstellung von Aminosäuren enthält, aus denen die Proteine bestehen. Der Genbegriff ist aus unterschiedlichen Aspekten problematisch geworden, u. a. sind auch epigenetische Prozesse vererbbar. Ein einzelnes Gen kann nicht (mehr) gleichgesetzt werden mit einem diskreten phänotypischen Merkmal.

Gendrift ↑
zufällige Veränderung der ↑ Genfrequenz innerhalb des ↑ Genpools einer ↑ Population. Gendrift ist ein ↑ Evolutionsfaktor.

Glossar

Genetik
Vererbungslehre; ein Teilgebiet der Biologie. G. beschäftigt sich mit dem Aufbau und der Funktion von Erbanlagen (↑ Genen) sowie mit deren Weitergabe an die nächste Generation (Vererbung).

Genetischer Code
eine Regel, nach der in ↑ Nukleinsäuren befindliche Dreiergruppen aufeinanderfolgender ↑ Nukleobasen – Tripletts oder Codons genannt – in Aminosäuren übersetzt werden. Der genetische Code ist für fast alles Leben auf der Erde identisch mit allenfalls geringen Abweichungen. Er ist ein fundamentaler Beleg für das Vorhandensein von Evolution und die Abstammung allen Lebens von einer Urform.

Genexpression Exprimierung, Proteinsynthese
die Biosynthese von ↑ RNA und ↑ Proteinen aus den genetischen Informationen. Als Genexpression wird der gesamte Prozess des Umsetzens der im Gen enthaltenen Information in das entsprechende ↑ Genprodukt bezeichnet. Dieser Prozess erfolgt in mehreren Schritten. An jedem dieser Schritte können regulatorische Faktoren einwirken und den Prozess steuern.

Genfluss
der Austausch von Genen einer Population mit einer anderen Population, zum Beispiel der G. zwischen einer Population vom Festland zu der auf einer Insel.

Genfrequenz
Begriff der ↑ Populationsgenetik, die relative Häufigkeit der Kopien eines ↑ Allels in einer ↑ Population. Die G. beschreibt die genetische Vielfalt einer Population.

Genmutation
eine erbliche Veränderung eines Gens, die nur das jeweilige Gen selbst betrifft.

Genom
Erbgut eines Lebewesens. Klassisch die Gesamtheit der vererbbaren Informationen einer ↑ Zelle, die als ↑ DNA vorliegt. EvoDevo sieht auch epigenetische Vererbung.

Genomsequenzierung
die Bestimmung der ↑ DNA-Sequenz, d.h. der ↑ Nukleotid-Abfolge in einem DNA-Molekül. G. hat die biologischen Wissenschaften revolutioniert und die Ära der Genomforschung (↑ Genomik) eingeleitet.

Genotyp
die Gesamtheit der ↑ Gene eines Individuums, den es im ↑ Zellkern jeder Körperzelle in sich trägt. Der Begriff G. wurde 1909 von dem dänischen Genetiker W. Johannsen geprägt.

Genotyp-Phänotyp-Beziehung
die Beziehung zwischen dem genetischen Programm und ihren Produkten. Entgegen früherer Auffassung besteht zwischen Genom und Phänotyp kein determiniertes Verhältnis. Es sind also nicht einzelne ↑ Gene für jeweils ein morphologisches Kennzeichen oder Verhaltensmerkmal zuständig, sondern stets Kombinationen vieler Gene. Wird die epigenetische Ebene mit berücksichtigt, wird das Verhältnis noch komplexer.

Genpool
Begriff der ↑ Populationsgenetik. Bezeichnet die Gesamtheit aller Genvariationen (↑ Allele) einer ↑ Population. Die ↑ Population hat alle diese Allele zur Verfügung, um sich an ihre Umwelt optimal anzupassen.

Genprodukte
die Produkte, die das Resultat der ↑ Expression eines ↑ Gens sind. Dazu zählen ↑ RNAs, ↑ Transkriptionsfaktoren, Signalmoleküle, Morphogene und allgemein alle ↑ Proteine.

Genregulation
die Steuerung der Aktivität von ↑ Genen, genauer gesagt die Steuerung der ↑ Genexpression. Sie legt fest, wann, in welcher Konzentration und wie lange das von dem ↑ Gen codierte ↑ Protein in der ↑ Zelle vorliegen soll.

Gentechnik
Methoden und Verfahren, welche auf den Kenntnissen der Molekularbiologie und ↑ Genetik aufbauen und gezielte Eingriffe in das Erbgut (↑ Genom) und damit in die biochemischen Steuerungsvorgänge von Lebewesen ermöglichen.

Gentransfer, horizontaler
direkte Übertragung von Genen zwischen Organismen. H.G. erschwert die Stammbaumanalyse, da er zunächst getrennte Äste eines Stammbaums miteinander verbindet.

Genzentrismus
die tendenzielle ↑ Reduktion u. a. in der Evolutionstheorie, das ↑ Genom als letzte Ursache für Erklärungen zu sehen. Epigenetische Prozesse und exogene Einwirkungen auf diese werden nicht betrachtet oder für die Vererbung als irrelevant erklärt.

Geostratigrafie
in den Geowissenschaften die wichtigste Methode zur Korrelation und relativer Datierung von Sedimentgesteinen

Gesamtfitness
Konzept von W. D. Hamilton. Bezeichnet den genetische Erfolg eines Lebewesens. G. wird gemessen an der Anzahl der eigenen ↑ Gene, die an die nachfolgende Generation weitergegeben wird. Sie setzt sich zusammen aus der direkten Fitness, der Anzahl der Gene, die durch eigene Nachkommen weitergegeben wird, und der indirekten Fitness, der Anzahl der eigenen Gene, die über Verwandte an die nächste Generation weitergegeben wird. Ein Individuum, das die Fortpflanzungschancen eines nahen Verwandten erhöht, bewirkt so eine Erhöhung seiner eigenen G. ↑ Hamilton-Regel, ↑ Kin selection.

Gliederfüßler ↑ Arthropoden

Gradualismus
bedeutet, dass die Evolution der Lebewesen durch eine stetige Anhäufung von geringen Modifikationen ohne Stillstand (↑ Stasis) über eine Zeitspanne von vielen Generationen hinweg entsteht. Evolutionärer Wandel geschieht in kleinen Schritten. Evolution in großen Schritten kann es nach dieser Sicht nicht geben.

Gruppenselektion
evolutionstheoretisches Konzept, das auf Darwin zurückgeht und 1962 vom britischen Zoologen V. C. Wynne-Edwards ausgearbeitet wird. Schon früh gibt es ernsthafte Zweifel daran, dass Gruppenselektion einen entscheidenden Mechanismus der Evolution darstellt. In jüngerer Zeit haben sich einige Evolutionsbiologen für eine Neuentdeckung der ↑ Gruppenselektion stark gemacht, allerdings weniger als fundamentaler Mechanismus, sondern eher als emergente Konsequenz der Individualselektion oder als ↑ Multilevel-Selektion. Führender Vertreter ist der US-Evolutionstheoretiker David Sloan Wilson.

Hamilton-Regel
Da Verwandte zum Teil dieselben ↑ Gene besitzen wie das Individuum, fördert dieses durch Helferverhalten die Weitergabe des eigenen Erbguts (↑ Kin selection). Dieses Verhalten ist nur dann erfolgreich und breitet sich nur dann aus, wenn der Nutzen für denjenigen, der das Verhalten zeigt, größer ist als die Kosten, die er dafür investieren muss, nämlich der Verzicht auf eigene Nachkommen.

haploid
↑ Zellen, die in ihrem ↑ Zellkern von allen Chromosomentypen nur jeweils ein Exemplar enthalten. Typischerweise sind die Chromosomensätze der Eizellen und Spermien haploid. Ihre h. Chromosomensätze verschmelzen bei der Befruchtung zum doppelten Chromosomensatz einer ↑ diploiden ↑ Zelle, der ↑ Zygote.

Hardy-Weinberg-Gleichgewicht
Begriff der ↑ Populationsgenetik. Zur Berechnung dieses mathematischen Modells geht man von einer in der Realität nicht vorzufindenden idealen ↑ Population aus,

in der sich weder die Häufigkeiten der ↑ Allele noch die Häufigkeiten der ↑ Genotypen verändern, da diese sich im modellierten Gleichgewicht befinden. Dies bedeutet, dass in einer idealen ↑ Population keine Evolution stattfindet, da keine ↑ Evolutionsfaktoren greifen und die den hier konstanten ↑ Genpool verändern.

Heterochronie
Änderung des zeitlichen Verlaufs der Individualentwicklung die bewirkt, dass sich der Beginn oder das Ende eines Entwicklungsvorgangs – beispielsweise der Gebissausprägung – verschiebt oder die Geschwindigkeit eines solchen Vorgangs ändert.

Heterotopie
Änderung des Orts der ↑ Genexpression bei der Entwicklung

Heterotypie
Änderung des hergestellten Genprodukts (↑ Protein)

Histone
↑ Proteine, die im ↑ Zellkern von ↑ Eukaryoten vorkommen. Sie sind als Bestandteil des ↑ Chromatins für die Verpackung, das Aufspulen der ↑ DNA.

Homöobox
ein mit etwa 180 Basenpaaren relativ kurzer DNA-Abschnitt, der bei verschiedenen Tiergruppen weitgehend gleich ist; charakteristische Sequenz homöotischer ↑ Gene, die für die Homöodomäne codiert. Die Homöodomäne ist ein ein Proteinteil, der an ↑ DNA eines anderen Gens binden kann. Gene, die eine H. enthalten und in Clustern angeordnet vorliegen, werden bei Wirbeltieren wie den Menschen ↑ Hoxgene, bei Gliedertieren wie den Insekten homöotische Gene genannt. Sie bilden die Hoxgen-Familie.

homöotische Transformation
Umwandlung einer Struktur in eine Struktur, die anderswo am rechten Platz wäre; z.B. Umwandlung einer Antenne in ein Bein bei einem Insekt. Die Transformation kann Folge einer Hoxgen-Mutation, aber auch eines experimentellen Eingriffs (z.B. Behandlung mit Chemikalien) sein.

Homologie
In der Biologie strukturelle Ähnlichkeiten, die vermutlich auf eine gemeinsame Abstammung zurückgehen, zum Beispiel der Flügel eines Vogels und die Vorderextremität eines Säugetiers. ↑ Konvergenz. H. ist damit die grundsätzlichen Übereinstimmungen von Organen, Organsystemen, Körperstrukturen, physiologischen Prozessen oder Verhaltensweisen aufgrund eines gemeinsamen evolutionären Ursprungs bei unterschiedlichen systematischen ↑ Taxa. Homologe phänotypische Merkmale müssen keine homologen Entwicklungskonstruktionen haben.

Homologie-Analogie-Paradox
Scheinbares Problem, dass entfernt verwandte Arten in der Entwicklung das gleiche molekulargenetische Toolkit verwenden. S. Newman gibt eine Antwort darauf mit der Theorie der DPMs.

Homoplasie
Merkmal, das bei mehreren unterschiedlichen ↑ Taxa unabhängig voneinander entstanden ist (↑ Konvergenz). Der Begriff wird vor allem in der Molekularbiologie beim Vergleich von ↑ Gensequenzen verwendet, bei morphologischen Merkmalen wird dagegen häufig einfach von konvergenten Merkmalen gesprochen. ↑ Homologie.

Horizontaler Gentransfer ↑ Endosymbiose

Hoxgen
Sonderform von homöotischen ↑ Genen. Diese sind regulative Gene, deren ↑ Genprodukte, die Aktivität anderer, funktionell zusammenhängender Gene im Verlauf der Individualentwicklung steuern. Charakteristischer Bestandteil eines H.s ist die ↑ Homöobox Die Aufgaben der H.e sind für die Individualentwicklung so bedeutend, dass Mutationen in diesem Bereich zumeist zu schwersten Missbildungen führen oder tödlich sind (↑ homöotische Transformation). Dies lässt die Folgerung zu, dass die H. während der Evolution vieler Tiergruppen in hohem Maße bewahrt worden sind, weil sie als regulative Gene von grundlegender Bedeutung sind. Außerdem sind sie ein wichtiger Beleg dafür, dass sich Gliederfüßler (Insekten u. a.) sowie Wirbeltiere aus einer gemeinsamen Stammgruppe entwickelten.

idiographisch
Forschungsrichtung, bei der das Ziel wissenschaftlicher Arbeit die umfassende Analyse konkreter, also zeitlich und räumlich einzigartiger Gegenstände ist. Ihr Hauptanwendungsbereich sind die Geisteswissenschaften (↑ nomothetisch).

Induktion, induktive Methode
der abstrahierende Schluss aus beobachteten Phänomenen auf eine allgemeinere Erkenntnis, etwa einen allgemeinen Begriff oder ein Naturgesetz. Induktion und ↑ Deduktion sind, neben der ↑ Empirie zentrale Pfeiler in der Wissenschaftstheorie.

Inklusive Synthese (Inclusive Synthesis)
Begriff von W. Arthur, mit dem er die von ihm gesehene Erweiterung der Synthetischen Evolutionstheorie bezeichnet.

Innovation
Konstruktionselement in einem Bauplan, das keine homologe Entsprechung weder in der Vorgängerart noch im selben Organismus besitzt.

Glossar

Intron (Intervening regions)
nicht codierende Abschnitte der DNA innerhalb eines ↑ Gens, die herausgeschnitten (gespliced) und nicht in ↑ Proteine übersetzt werden. Die Aufteilung des ↑ Gens in Introns und ↑ Exons gehören zu den Hauptcharakteristika von ↑ eukaryotischen ↑ Zellen.

Kambrium
Periode im erdgeschichtlichen chronostratigrafischen System. Entspricht etwa dem Zeitraum vor etwa 542 bis 488,3 Millionen Jahren. Im K. entstehen die heute bekannten ca. 30 Baupläne in der Tierwelt.

Kanalisierung
von Waddington 1942 eingeführter Begriff. Meint, dass die Entwicklung auf bestimmte Veränderungen durch externe Stimuli oder genetische Mutation so reagiert, dass der phänotypische Output unverändert beibehalten bleibt. Die Entwicklung readjustiert sich auf die „Störung". Mutationen werden abgepuffert, ohne dass sie eine phänotypische Konsequenz haben.

Kaste
eine klar abgrenzbare Gruppe von Individuen innerhalb eines Tierstaates. Innerhalb eines sozialen Verbandes ist die K. eine funktionell oder auch morphologisch spezialisierte Form einer staatenbildenden Tierart.

Katalysator
beschleunigt chemische Reaktionen. ↑ Enyzme sind K.en

Kausal-mechanistischer Erklärungsanspruch
Bestreben von EvoDevo, Evolution nicht durch populationsstatistische Korrelationen sondern durch Mechanismen der Selbstorganisation in der Entwicklung ursächlich zu erklären.

Kernprozesse, konservierte
(Kirschner/Gerhart). Zellprozesse, die Anatomie, Physiologie und Verhalten des Organismus im Verlauf der Entwicklung schaffen und den Phänotyp des Organismus beinhalten, Die verschiedenen Merkmale des Phänotyps werden durch unterschiedliche Kombinationen der K. generiert. Einige K. sind seit vielen hundert Mio. Jahren unverändert geblieben.

Kin selection, Verwandten-Selektion
Erweiterung des Begriffs der natürlichen ↑ Selektion. Im Rahmen der ↑ Gesamtfitness-Theorie erklärt sie die Vererbung von kooperativem Verhalten. Wenn Tiere Verwandten dabei helfen, ihre Jungen aufzuziehen, fördert dies die Weitergabe ihres „eigenen" Erbgutes. Das Ausmaß an »altruistischem« Verhalten richtet sich nach dem Grad der Verwandtschaft. Je enger Tiere miteinander verwandt sind,

desto höher ist die Wahrscheinlichkeit, durch Verwandtenhilfe „eigene" Gene in die nächste Generation weiterzugeben und desto häufiger ist das Verhalten anzutreffen. Die Theorie der Verwandtschaftsselektion wird von J. Maynard Smith 1964 und William D. Hamilton entwickelt. (↑ Hamilton-Regel, ↑ Gesamtfitness).

Koevolution
Parallele stammesgeschichtliche Evolution zweier oder mehr Merkmale oder Arten in Abhängigkeit voneinander, z. B. Koevolution des Gehirns und des Genoms, bestimmter Pflanzen und Insekten, männlicher und weiblicher Geschlechtsmerkmale etc.

Kompartiment
Region des Embryos, in der ein oder mehrere Selektorgene ausschließlich exprimiert werden und ein oder wenige Signalproteine produziert werden. Dadurch erfolgt die Zellspezialisierung innerhalb des betreffenden K.s. Embryonen können nach Kompartimentsarten analysiert werden.

Komplexität
die Eigenschaft eines Systems, dass sein Gesamtverhalten nicht beschrieben werden kann durch vollständige Information über seine Einzelkomponenten und deren Wechselwirkungen. K. Systeme lassen keine exakten Vorhersagen zu und können nicht komplett beherrscht/kontrolliert werden. Sie zeichnen sich ferner aus durch Eigenschaften wie Multikausalität, Eigendynamik, Selbstregulierung, Robustheit oder Instabilität, Unsicherheit, Nicht-Linearität, Rückkopplungen, Makrodetermination etc. Dynamische Systeme in der Physik sind durch weitere konkrete Eigenschaften beschrieben, auf die in dieser Arbeit nicht eingegangen wird. ↑ Entwicklung und Evolution sind in diesem Sinne k. Systeme. Sie können trotz der fehlenden Prognosefähigkeit und der unvollständigen Beherrschbarkeit in vieler Hinsicht mit Methoden der ↑ Komplexitätstheorie analysiert und gezielt manipuliert werden.

Komplexitätstheorie
Teilgebiet der theoretischen Informatik. Befasst sich mit der Komplexität von formal behandelbaren Problemen mit verschiedenen mathematisch definierten Algorithmen und Modellen. Dazu gehören u. a. Chaostheorie, Turing-Systeme, die Prinzipien der Selbstorganisation in zellulären Automaten, genetische Algorithmen, evolvierende Systeme, die Evolution der Kooperation, Netzwerksysteme.

konnotativ
Konnotationen sind Nebenbedeutungen, die sich um eine Denotation (↑ denotativ) gruppieren und mit ihr zusammen die Gesamtbedeutung von Begriffen oder Theorien ausmachen. K. Theorien stellen Verbindungen zwischen verschiedenen veränderlichen Möglichkeiten und Wirklichkeiten her. Sie variieren und sind ver-

wendungsabhängig (SR 2005, S. 258). Bsp. für k. Begriffe: „Komplexität", „Modul", „Zellstoffwechsel".

Kontingenz,
Ereignisse in der Evolution z.B. Meteoriteneinschlag und Massenaussterben von Arten. K. bezeichnet das, was weder notwendig noch unmöglich ist und was so oder auch anders sein kann bzw. was sein kann oder auch nicht sein könnte. Zufällige Ereignisse sind eine Teilmöglichkeit von K.

Kontingenztheorie
Die K. (Gould) besagt, dass die Entwicklung des Lebens primär durch Kontingenz (Erdbeben, Meteoriteneinschläge, Klimawechsel etc.) geprägt ist und deswegen nicht wiederholt werden könnte. ↑ Konvergenztheorie.

Konvergenz
die Entwicklung von ähnlichen Merkmalen bei nicht miteinander verwandten Arten, die im Laufe der Evolution durch Anpassung an eine ähnliche Funktion und ähnliche Umweltbedingungen ausgebildet wurden. Daraus folgt, dass sich bei verschiedenen Lebewesen beobachtete Formen direkt auf ihre Funktion für den Organismus zurückführen lassen und nicht unbedingt einen Rückschluss auf nahe Verwandtschaft zwischen zwei Arten liefern. Merkmale, die aufgrund von K. entstehen, werden als konvergente Merkmale oder ↑ Homoplasien bezeichnet.

Konvergenztheorie
Nach der K. (Conway Morris) werden in der Evolution nicht homologe Merkmale als verbreitet gesehen. Die Konsequenz ist, dass umfangreiche Adaptation vorliegt. Die Evolution organismischer Form unterliegt stark externen Constraints und nur schwach Entwicklungsconstraints. K. wird dann durch Adaptation erzeugt. ↑ Homologie und Vererbung sind eher zweitrangig. Bsp.: Vogel-, Fledermaus-, Insektenflügel.

Kopierfehler
ein bei der Verdopplung der ↑ DNA (Replikation) im Zuge der ↑ Zellteilung auftretender Fehler. Er entsteht z.B., wenn bei der Anlagerung der komplementären Basen (Nukleotide) an einem aufgetrennten ↑ DNA-Einzelstrang (RNA) eine falsche, also nicht komplementäre, Base angelagert wird. Im Ergebnis entsteht eine mit dem ursprünglichen DNA-Doppelstrang nicht identische Basensequenz des neu gebildeten DNA Doppelstrangs. Die Kopiergenauigkeit liegt bei etwa einem Fehler pro 1 Milliarde Bausteinverbindungen. Das entspricht nach Korrekturen etwa einem Tippfehler auf ca. 500 000 Maschinen geschriebene Seiten. Ein K. kann schwere Schäden in den Tochterzellen zur Folge haben. Die Zelle verfügt über vielfache Mechanismen zur Reparatur von Kopierfehlern.

Kultur
Information, die das Verhalten von Individuen beeinflussen kann, das diese von anderen Mitgliedern ihrer Art erwerben, und zwar durch Schulung, Imitation und andere Formen sozialer Übertragungen (Richerson/Boyd 2005, S. 5).

Lactase
Enzym, das ↑ Lactose (Milchzucker) in seine Bestandteile Galactose (Schleimzucker) und Glucose (Traubenzucker) spaltet. Ohne diese chemische Reaktion kann der Milchzucker nicht verdaut und verwertet werden. Beim Menschen wird das Enzym normalerweise im Säuglingsalter im Dünndarm produziert, in Europa bei den meisten Menschen auch noch im Erwachsenenalter.

Lactose
Milchzucker

Lactoseintoleranz
Milchzuckerunverträglichkeit; bei L. wird der mit der Nahrung aufgenommene Milchzucker (Lactose) als Folge von fehlender oder verminderter Produktion des Verdauungsenzyms ↑ Lactase nicht verdaut. Für den größten Teil der Weltbevölkerung ist das der Normalfall. Populationen auf der nördlichen Hemisphäre verfügen auf Grund einer Mutation über eine hohe Lactosepersistenz.

Lamarckismus
auf den französischen Biologen Jean Baptiste de Lamarque zurückgehende Vorstellung, dass angelernte/erworbene Eigenschaften eines Individuums vererbbar sind. Die Theorie wird fast immer simplifiziert mit dem Beispiel des langen Giraffenhalses, der auf das Strecken des Halses zurückgeführt wird. L. lebt heute in abgewandelter Form wieder auf.

Lebendes Fossil
Art, die man für ausgestorben hielt, z. B. Quastenflosser.

Makroevolution
Klassisch: Evolutionsvorgang, der über Artgrenzen hinaus stattfindet. ↑ Mikroevolution, die für Veränderungen innerhalb einer Art verantwortlich gemacht wird. Bei EvoDevo wird im Zuge des Entstehens größerer spontaner Variationen auch innerartlich von M. gesprochen.

Malthus'sches Gesetz
Überzeugung des britischen Nationalökonomen T. R. Malthus (1766–1834), dass die Bevölkerungszahl exponentiell steigt, die Nahrungsmittelproduktion in derselben Zeit aber nur linear. Wird von Darwin übernommen.

Glossar

Meiose (Reduktionsteilung)
besondere Form der Zellkernteilung, bei der im Unterschied zur gewöhnlichen Kernteilung (Mitose) die Zahl der Chromatiden halbiert wird. Damit einher geht gewöhnlich eine ↑ Rekombination also eine neue Zusammenstellung der elterlichen ↑ Chromosomen (Chromosomenstückaustausch).

Messenger-RNA, Boten-RNA
Nach dem ↑ Spicing fertiggestelltes Abschrift der ↑ DNA, die als Vorlage zur Proteinerzeugung aus dem Zellkern in das Ribosom befördert wird.

Metazoen
vielzellige Tiere

Methylierung, enzymatische, DNA-Methylierung
eine chemische Abänderung an Grundbausteinen der Erbsubstanz einer ↑ Zelle, nicht der DNA selbst. Sie ist keine genetische Mutation. M. kommt in sehr vielen verschiedenen (möglicherweise in allen) Lebewesen vor und hat verschiedene biologische Funktionen. Die Australierin E. Whitelaw konnte zeigen, wie e. M. und damit erstmals nicht-genetisches Material vererbt werden kann.

Mikroevolution
Veränderung von Lebewesen, welche sowohl innerhalb einer biologischen Art (damit auch innerhalb von Unterarten) als auch innerhalb eines relativ kurzen Zeitraumes stattfindet. Dabei handelt es sich meist um kleinere Veränderungen durch ↑ Mutationen, ↑ Rekombinationen und Selektionsprozesse, die lediglich zu einer unscheinbar veränderten ↑ Morphologie oder Physiologie von Organismen führen.

Mimese
Tarnung, bei der Lebewesen das Aussehen anderer Lebewesen annehmen, z. B. Fische die Form und Farbe von Pflanzen.

Miozän
chronostratigrafischer Abschnitt in der Erdgeschichte. Das M. beginnt vor etwa 23,03 Millionen Jahren und endet vor etwa 5,332 Millionen Jahren.

Missing Link, fehlendes Glied
Fossil, das den Übergang einer Art oder Gattung zu einer anderen erklären soll und oft nicht vorhanden ist. Berühmt gewordene, jedoch auch kritisch gesehene Beispiele sind: Archäopterix (Übergang Echse – Vogel) oder ↑ Tiktaalik (Übergang Fisch – Echse).

Modern Synthesis ↑ Synthese

Modul (Biologie)
Subnetz bzw. Prozess mit hoher entwicklungsseitiger bzw. funktionaler Integration jedoch relativ unabhängiger Entwicklung und Funktion bezogen auf andere Subnetze des Organismus (Schlosser).

Morphologie
Teilbereich der Biologie: die Lehre von der Struktur und Form der Organismen. M. hat sich zunächst nur auf makroskopisch sichtbare Merkmale wie Organe oder Gewebe bezogen. Mit der Verbesserung optischer Instrumente und verschiedener Anfärbungsmethoden können heute Untersuchungen bis auf die zellulare und subzelluläre Ebene ausgedehnt werden.

Mosaikevolution
Entwicklungsgeschichtlicher Wandel innerhalb eines Taxons, der sich bei verschiedenen Strukturen, Organen und anderen Komponenten des Phänotyps mit unterschiedlicher Geschwindigkeit vollzieht, so dass ein Mosaik von ursprünglichen und abgeleiteten Merkmalen resultiert. Bsp. Auge.

mRNA ↑ Messenger-RNA

Multilevel Selektionstheorie
ein auf D. S. Wilson und E. Sober zurückgehende Theorie (1994), die von der schon zuvor bekannten Idee der ↑Gruppenselektion ausgeht. Es wird untersucht, ob Gruppen in vergleichbarer Weise wie Individuen funktionale Organisation zeigen, und daher Vehikel für die Selektion sein können. So können Gruppen, die besser kooperieren, durch ihre bessere Reproduktion andere verdrängen, die nicht so gut kooperieren. Wilson vergleicht die einzelnen Wettbewerbs- und Evolutionsebenen mit russischen Matryoshka-Puppen, die ineinander verschachtelt sind. Das unterste Level sind die Gene, das zweitunterste die Zellen, dann der Organismus und als oberste Ebene die Gruppen. Die verschiedenen Ebenen funktionieren kohäsiv zur Erreichung maximaler Fitness. Wenn Selektion auf Gruppenebene, also der Wettbewerb zwischen Gruppen, etwas aussagen will, muss sie die individuelle Ebene, also den Wettbewerb zwischen Individuen in einer Gruppe übertreffen, damit sich ein gruppenspezifisches Vorteilsmerkmal ausbreiten kann. Die M.S. kommt ohne Altruismus früherer Theorien aus.

Mutation
dauerhafte Veränderung des Erbguts. Sie betrifft zunächst nur das Erbgut einer ↑Zelle, wird aber von dieser an alle Tochterzellen weitergegeben. Man unterscheidet Gen-M., Chromosomen-M. und Genom-M. EvoDevo konzentriert sich neben genetischer Mutation auf die M. der epigenetischen Veränderungen des Entwicklungsprozesses.

Mutationsrate
Bei höheren Organismen ist die M. der relative Anteil der Gene, die innerhalb einer Generation durch Mutanten ersetzt wurden. Die M. hängt vom Genotyp der Lebewesen und von weiteren inneren sowie äußeren Faktoren ab.

Natürliche Selektion ↑ Selektion

Neodarwinismus
Ursprünglich eine Bezeichnung von Wissenschaftlern um August Weismann zu Beginn des 20. Jahrhunderts, die Darwin wieder aufgegriffen haben. Heute wird N. verwendet für die ↑ Synthetische Evolutionstheorie, entstanden in den 1930er und 1940er Jahren. ↑ Synthese.

Neuralleiste
Die Ausbildung der Neuralleiste ist ein Zwischenschritt in der Bildung des Neuralrohrs als Anlage des späteren Zentralnervensystems beim Embryo und kommt nur bei Chordaten vor, zu denen hauptsächlich die Wirbeltiere gehören.

Nischenkonstruktion (engl. niche construction)
ein von Odling-Smee 1988 aufgegriffenes und ausgebautes Konzept. Beschreibt die Fähigkeit von Organismen, Komponenten ihrer Umwelt, etwa Nester, Bauten, Höhlen, Nährstoffe zu konstruieren, zu modifizieren und zu selektieren. N. wird zunehmend in der Evolutionstheorie als eigenständiger Adaptationsmechanismus gesehen, der den Selektionsdruck, dem Arten ausgesetzt sind, mitbestimmt. N. sieht eine komplementäre, wechselseitige Beziehung zwischen Organismus und Umwelt.

Nomologie, nomologisch
bezeichnet einen Ansatz, der Erklärungen vorrangig in zuvor erkannten Gesetzmäßigkeiten sucht im Gegensatz zu Ansätzen, die den Einzelfall untersuchen und zu interpretieren versuchen (↑ idiografisch).

nomothetisch
Eine Forschungsrichtung ist n., bei der das Ziel wissenschaftlicher Arbeit die Erarbeitung allgemeingültiger Gesetze ist. Ihre Methoden sind experimentell, oft reduktionistisch, die erhobenen Daten quantitativ. Nomothetische Theorien abstrahieren von den Phänomenen. Diese Denkweise ist typisch für die Naturwissenschaften.

Nukleinsäure
aus einzelnen Bausteinen (Nukleotiden oder Basen) und Stützmaterial aufgebautes Makromolekül. Ihr bekanntester Vertreter ist die ↑ DNA, der Speicher der Erbinformation. Neben ihrer Aufgabe als Informationsspeicher für die Vererbung

können N. auch als Signalüberträger dienen oder biochemische Reaktionen katalysieren (↑RNA, ↑mRNA).

Ökologie
Teildisziplin der Biologie, durch Ernst Haeckel im 19. Jh. eingeführt. Er versteht darunter „die gesamte Wissenschaft von den Beziehungen des Organismus zur umgebenden Außenwelt". Bezogen auf Evolution befasst sich Ö. mit den Wechselbeziehungen, die die Verbreitung und das Vorkommen der Organismen bestimmen. Eine konkrete Fragestellung der Ö. ist z. B.: Wie hoch ist der geschätzte anfängliche Energieaufwand einer Variation im Vergleich zu ihrem Nutzen (z. B. verbesserte Nahrungszufuhr für Gehirnwachstum)? EvoDevo weitet die Sicht auf ökologische Faktoren aus, da sie für evolutionäre Änderungen mitbestimmend sind.

Ontogenese ↑ Entwicklung

Organisatorregion
Eine Region im frühen Embryo, die verantwortlich dafür ist, andere Zellen umzupolen und ihnen andere Aufgaben „zuzuweisen". Werden Zellen der Organisatorregion aus Keimzellen des frühen Embryos an eine andere Stelle eines zweiten Embryos transplantiert, entwickelt sich bei diesem eine zweite Körperachse, induziert durch die Organisatorzellen.

Organismus
Biologische Einheit mit hoher Kooperation und sehr wenig Konflikt (Queller/Strassmann 2009).

Paradigma
in der Theorie von T. Kuhn verwendeter Begriff für *konkrete Problemlösungen, die die Fachwelt akzeptiert hat.*

Paradigmenwechsel
Vom Wissenschaftstheoretiker T. Kuhn verwendeter Begriff zur Darstellung des Prozesses einer grundlegenden Veränderung einer Wissenschaft, z. B. Übergang vom helio- zum geozentrischen Weltbild. Ob ↑ *Erweiterte Synthese* und ↑ EvoDevo einen P. in der Evolutionstheorie darstellen, ist offen.

Parallelität
Eine Homoplasie ist genau dann parallel, wenn eine Entwicklungshomologie die nächste Ursache einer phänotapischen Ähnlichkeit ist (Powell 2008, S. 50).↑ Konvergenz. P., so verstanden, ermöglicht, augenscheinliche Konvergenzen als nicht vorhanden zu erkennen, da etwaige homologe Entwicklungspfade berücksichtigt werden.

Phänotyp
die Summe aller Merkmale eines Individuums. Er bezieht sich nicht nur auf morphologische, sondern auch auf physiologische und psychologische Eigenschaften. Der P. ist nicht durch den Genotyp eindeutig determiniert.

Phänotypische Integration
ein jüngst zum Forschungsschwerpunkt avancierter Ansatz, der die Integration unterschiedlicher plastischer Merkmale innerhalb eines Organismus in Bezug auf multiple ↑ Stressoren erklärt.

Phasenwechsel/-übergang
abrupter Zustandswechsel in ein einem dynamischen System. Beispiel Wasser – Eis.

Phylogenese (Phylogenie)
bezeichnet sowohl die stammesgeschichtliche Entwicklung der Gesamtheit aller Lebewesen als auch bestimmter Verwandtschaftsgruppen auf allen Ebenen der biologischen Systematik. Der Begriff wird auch verwendet, um die Evolution einzelner Merkmale im Verlauf der Entwicklungsgeschichte zu charakterisieren. Der ↑ Gegenpol zur P. ist die ↑ Ontogenese, die Entwicklung des einzelnen Individuums einer Art.

Plastizität, phänotypische, ↑ Entwicklungsplastizität

Pleiotropie
Begriff der ↑ Genetik. Darunter versteht man die Veränderung mehrerer phänotypischer Merkmale, die durch ein einzelnes ↑ Gen hervorgerufen wird. ↑ Polygenie.

Pleistozän
Erdgeschichtliche Epoche. Reicht von ca. 2,588 Mio Jahre bis 10 000 Jahre v. Chr. Umfasst Wärme- und Kälteperioden, die bekannten letzten Eiszeiten. Dem P. folgt das ↑ Holozän.

Polydaktylie
autosomaldominant vererbbare Mehrfingrigkeit. Kommt bei Säugetieren häufig und in vielen Formen vor, bei Katzen sogar als Polyphänie mit bis zu acht zusätzlichen Zehen bei einem Mutanden.

Polygenie
die Beteiligung mehrerer ↑ Gene an der Ausbildung eines ↑ phänotypischen Merkmals. Geschieht auch unter Berücksichtigung von Umwelteinflüssen. Ein Beispiel dafür ist die Körpergröße, die durch mehrere Gene sowie durch Umwelteinflüsse bestimmt ist. ↑ Pleiotropie.

Polymorphismus
Begriff zur Beschreibung von unterschiedlichen Phänotypen. Beispiele: Gibt es innerhalb einer Art unterschiedliche Erscheinungsvorkommen, so spricht man von einem Phänotyp-P. Viele Arten weisen zumindest einen Geschlechts-Dimorphismus auf, da sich Männchen und Weibchen voneinander unterscheiden. Eine weitere Form von P. ist der soziale oder Kasten-P., wie er z. B. bei Ameisen zu beobachten ist. Ein zeitlicher oder Saison-P. liegt vor, wenn die zu unterschiedlichen Zeiten im Jahr auftretenden Generationen einer ↑ Population unterschiedliche Morphen ausbilden, wie dies zum Beispiel bei manchen Schmetterlingen vorkommt. In der Biochemie bezeichnet P. das Auftreten unterschiedlicher Versionen eines Proteins. In der Molekularbiologie steht Single Nucletid Polymorphism für Punktmutation.

Polyphänie, Polyphänismus
Ein Merkmal, für das verschiedene diskrete ↑ Phänotypen aus einem einzigen ↑ Genotyp entstehen können. Beispiel: Präaxiale Polydaktylie der Katze. ↔ Bei Polymorphie besitzt ein Merkmal unterschiedliche Genotypen.

Population
eine Gruppe von Individuen der gleichen Art, die aufgrund ihrer Entstehungsprozesse miteinander verbunden sind, eine Fortpflanzungsgemeinschaft bilden und zur gleichen Zeit in einem einheitlichen Areal zu finden sind.

Populationsgenetik
die Erforschung der Verteilung von ↑ Gensequenzen unter dem Einfluss von vier ↑ Evolutionsfaktoren: ↑ Selektion, ↑ Gendrift, ↑ Mutation/↑ sexueller Rekombination sowie Migration/Isolation. Sie ist die Theorie, die Anpassung bei der ↑ Artbildung beschreibt. Die P. war dominierender Bestandteil der ↑ Synthese. Sie untersucht quantitativ die Gesetzmäßigkeiten, die Evolutionsprozessen zugrunde liegen. Die Theorie der Evolution muss mit den Erkenntnissen der P. in Einklang stehen.

Positivismus
eine Richtung in der Philosophie, die fordert, Erkenntnis auf die Interpretation „positiver Befunde" zu beschränken. Das Wort „positiv" wird dabei gebraucht, wenn eine Untersuchung unter vorab definierten Bedingungen einen Nachweis erbringt. Der Positivismus geht in der Namensgebung und Konzeptionalisierung auf Auguste le Compte (1798–1857) zurück.

Präadaptation, Prädisposition
das Vorhandensein von Merkmalen durch ↑ Mutation, die bei einer Veränderung der Umweltbedingungen zum Vorschein kommen (demaskiert werden) und sich dann als Selektionsvorteil erweisen können. Sie stellen vereinfacht ausgedrückt eine evolutionäre Anpassung vor Eintritt des ↑ Selektionsdrucks dar.

Glossar

Probabilismus
Annahme, dass wissenschaftliche Erkenntnisse nur mit Wahrscheinlichkeitsgehalt und nicht mit Sicherheit gemacht werden können (↑ Determinismus).

Prokaryot, Prokaryont
zellulare Lebewesen, die keinen ↑ Zellkern besitzen (↑ Eukaryot).

Proteine, Eiweiße
sind aus ↑ Aminosäuren aufgebaute Makromoleküle. P. gehören zu den Grundbausteinen aller ↑ Zellen und Lebewesen. Die meisten Proteine bestehen aus 100 bis 800 Aminosäuren, manche sind wesentlich größer. Im menschlichen Organismus gibt es viele hunderttausend P. Welches Protein eine Zelle jeweils bilden soll, wird auf komplizierte Weise unter anderem von Genen, Transkriptionsfaktoren, Hormonen und Enzymen bestimmt. Proteine haben dreidimensionale Form.

Proteinsynthese ↑ Genexpression

Punctuated equilibrium ↑ Unterbrochenes Gleichgewicht

Punktmutation (engl. Single Nucleotid Polymorphism)
eine ↑ Genmutation, bei der durch die Veränderung nur eine einzelne ↑ Nukleinbase betroffen ist. Sie ist damit ein Spezialfall der ↑ Genmutation.

Punktualismus ↑ Unterbrochenes Gleichgewicht

Quantenevolution
vom US-Paläontologen G. G. Simpson eingeführter Begriff. Bezeichnet die relativ plötzliche Entstehung neuer Arten. Damit werden evolutionäre Kräfte konzeptionalisiert, die für bislang unerklärliche Sprünge in den Fossilaufzeichnungen verantwortlich waren. Die Annahme, dass Diskontinuitäten „Löcher" darstellen, die durch zukünftige Fossilfunde zu füllen seien, würde damit hinfällig. Q. wird zum Vorreiter der Jahre später von Eldredge und Gould entwickelten Theorie des ↑ unterbrochenen Gleichgewichts.

Radiation, adaptive
die Auffächerung einer wenig spezialisierten Art durch Herausbildung spezifischer Anpassungen an die vorhandenen Umweltverhältnisse in viele stärker spezialisierte Arten. Damit verbunden ist die Ausnutzung unterschiedlicher, vorher nicht besetzter ökologischer Nischen. Beispiele: Darwinfinken, Buntbarsche, Säugetiere, Blütenpflanzen.

Reaction norm ↑ development reaction norm

Reaktions-Diffussionssystem ↑ Turing-System

Reduktionismus
Vorstellung, man könne die höheren Integrationsebenen eines komplexen Systems auf Grund der Kenntnis seiner kleinsten physikalischen Bestandteile in vollem Umfang erklären, also z.B. die Erklärung von Evolution durch Mutation, natürliche Selektion und Adaptation oder die Erklärung der Volkswirtschaft durch die Erklärung des wirtschaftlichen Verhaltens der Individuen im Wirtschaftssystem. Reduktionistische Sichten sind i. d. R. auch deterministische Sichten (↑ Determinismus). R. steht wissenschaftsphilosophisch seit langem unter starker Kritik, er sei unzureichend in der Erklärung komplexer Zusammenhänge. Außerdem verzerre und manipuliere er die Realität.

Rekombination
-homologe und nicht homologe
die Umorganisation innerhalb von ↑ DNA-Molekülen als ein natürlicher Vorgang. Er ist die Grundlage für das Entstehen genetischer Variabilität und ein wesentlicher Faktor der Evolution. Es sind verschiedene Vorgänge bekannt, die zu einer genetischen R. führen:
- bei einer h. R. sind gleiche oder nahezu gleichartige DNA-Abschnitte eines Chromosomenpaares beteiligt, die untereinander Teile austauschen
- bei nicht h. R. werden „fremde" DNA-Bruchstücke eingefügt. Dies geschieht etwa durch „springende Gene" (↑ Transposons).

Die Gentechnik verwendet gezielt R.

-sexuelle
Umordnung der ↑ Gene während der ↑ Meiose; Chromosomen-Stückaustausch jeweils eines ↑ DNA-Teilstranges von jedem Elternteil, aus denen neu zusammengesetzte DNA-Stränge entstehen.

Retikulate Evolution (vernetzte Evolution)
Der Übergang zweier Arten in eine neue durch Mechanismen, z. B. ↑ Endoymbiose, Hybridisierung u. a. Die Verwandtschaftsverhältnisse zwischen den so entstandenen Arten oder höheren Taxa lassen sich daher nicht als einfacher, sich stets verzweigender Stammbaum (Cladogramm) darstellen, sondern eher als Netz.

Reziprozität
Begriff aus der Soziologie. Meint das Prinzip der Gegenseitigkeit. Einfachste Regel ist das *Tit for Tat* auf deutsch *wie du mir, so ich dir*. In der Spieltheorie bezeichnet *Tit for Tat* die Strategie eines Spielers, der in einem mehrperiodigen Spiel im ersten Zug kooperiert und danach genauso handelt wie sein Gegenspieler in der jeweiligen Vorperiode. Hat letzterer zuvor kooperiert, so kooperiert auch der *Tit-*

for-Tat-Spieler. Hat der Gegenspieler in der Vorrunde hingegen defektiert, so antwortet der *Tit-for-Tat*-Spieler zur Vergeltung ebenfalls mit Defektion. Reziprozität fließt über die Spieltheorie auch in die Evolutionstheorie ein, wenn es um Kooperationen geht.

Ribonucleinsäure ↑ RNA

RNA, Ribonucleinsäure
eine Molekül-Kette aus vielen Basen (Nukleotiden). Eine wesentliche Funktion der RNA in der ↑ Zelle ist die Umsetzung von genetischer Information in ↑ Proteine (Proteinsynthese).

Rote-Königin-Hypothese
Theorie, dass Arten, gleich wie lange schon oder wie erfolgreich sie adaptiert sind, doch immer nur für das jeweils aktuelle Umweltszenario gerüstet sind.

Saltationismus
die Überzeugung, dass ↑ Mutationen bzw. Evolution nicht in graduellen kleinen Schritten, sondern in größeren Schritten abläuft. Berühmter früher Vertreter ist der Brite W. Bateson. EvoDevo lässt S. zu, spricht aber von nicht-linearen Effekten.

Schalter, genetische
↑ Enzyme (↑ Transkriptionsfaktoren), die die Genaktivität steuern. Da diese Enzyme aktiv oder nicht aktiv sein können und meist von wieder anderen Enzymen aktiviert werden, spricht man auch von digitalen S. Alle Gene benötigen Enzyme, um aktiv werden zu können, also um für Proteine zu codieren. Für die Evolution sind diejnigen g. S. bzw. S-Kombinationen und deren Veränderungen relevant, die während der Entwicklung verwendet werden.

Schwänzeltanz
Die Tanzsprache ist eine Kommunikationsform der Honigbienen. Durch das Tanzen werden mehrere Arten von Information über Futterquellen (Trachtquellen) vermittelt. Erstens wird die Anwesenheit einer ergiebigen Nahrungsquelle angekündigt, zweitens wird der Geruch der Nahrungsquelle vermittelt (Bienen haben einen sehr empfindlichen Geruchssinn) und drittens wird die Lokalität der Nahrungsquelle übermittelt. Der S. heißt so, weil die Bienen dabei ihren Hinterleib rhythmisch hin- und herbewegen, also schwänzeln. Fragen zur Eindeutigkeit und Aussagekraft des Schwänzeltanzes sind immer noch Gegenstand von Untersuchungen.

Schwarmintelligenz, kollektive Intelligenz
emergentes Phänomen. Kommunikation und spezifische Handlungen von Individuen können intellligente Verhaltensweisen des betreffenden ↑ Superorganismus,

Glossar

d. h. der sozialen Gemeinschaft, hervorrufen. Klassisches Beispiel sind der Ameisen- und Bienenstaat. Einzelne Ameisen haben ein sehr begrenztes Verhaltens- und Reaktionsrepertoire. Im selbstorganisierenden Zusammenspiel ergeben sich jedoch immer wieder Verhaltensmuster, die „intelligent" genannt werden können. Die Individuen staatenbildender Insekten agieren mit eingeschränkter Unabhängigkeit, sind in der Erfüllung ihrer Aufgaben jedoch sehr zielgerichtet. Die Gesamtheit solcher Insektengesellschaften ist überaus leistungsfähig, was Forscher auf eine hochgradig entwickelte Form der Selbstorganisation zurückführen. Zur Kommunikation untereinander nutzen Ameisen beispielsweise Pheromone, Bienen den ↑ Schwänzeltanz. Ohne zentralisierte Form der Oberaufsicht ist das Ganze mehr als die Summe der Teile.

Schwellenwert, (engl. threshold)
Niveau z.B. eines ↑ Enzyms, ab dem sich ein Zielprodukt (↑ Protein) nicht mehr linear verhält und einen ↑ Phasenwechsel vollzieht. Entwicklungsprozesse unterliegen S.-Mechanismen.

Selbstorganisation
ein Prozess, bei dem die interne Organisation eines Systems zunimmt, ohne von äußeren Quellen instruiert oder gelenkt zu werden.

Selektion
– natürliche
zentraler Begriff in Darwins Theorie und der Synthese, wonach ↑ Variation bei der Vererbung im Hinblick auf den ↑ Fitnessbeitrag des Individuums bevorzugt werden oder nicht. S. erzeugt ↑ Adaptation in der Population.

– sexuelle
Unterform der natürlichen ↑ Selektion. Dabei wählt oder verstößt ein Geschlechtspartner sein Pendant in Abhängigkeit bestimmter Aussehens- oder Verhaltensmerkmale.

Selektionsdruck
die Einwirkung („Druck") eines ↑ Selektionsfaktors auf eine ↑ Population von Lebewesen. Die Synthetische Evolutionstheorie geht von der Annahme aus, dass Populationen ständigem S. unterliegen.

Selektionsebene (engl. unit of selection)
biologische Einheit innerhalb einer Hierarchie biologischer Organisationen (z.B. Gene, Zellen, Individuen, Gruppen), die das Objekt der Selektion ist. Im 20. Jh. gibt es eine lang anhaltende Diskussion über das Ausmaß, in dem die Evolution durch Selektionsdruck auf diesen verschiedenen Ebenen bestimmt wird. Dieser Streit ist eine Auseinandersetzung darüber, welche die Ebenen der Selektion sind bzw. welche relative Bedeutung die einzelnen Ebenen haben.

Glossar

Selektionsfaktor
ein Umweltfaktor, der einen Einfluss auf die ↑ Fitness eines Individuums hat. Ein S. bestimmt mit, welchen Weg die ↑ Evolution einer Art nimmt. Beispiel: Auf Inseln mit ständigen starken Stürmen wie den Kerguelen entwickeln sich hauptsächlich flügellose Fliegen – sie werden weniger leicht weggeweht. Der ständige Sturm ist hier ein entscheidender, abiotischer S. In Wüsten sind dagegen Hitze und Wasserknappheit zwei wichtige S.en, in polaren Regionen Kälte und die weiße Farbe des Bodens.

Selektionstheorie
Evolutionstheorie von Charles Darwin und Alfred Russel Wallace

Selektives Lernen
Begriff der US-Wissenschaftler Richerson und Boyd. Bezeichnet die Fähigkeit des Menschen, zwischen Imitation und individuellem Lernen zu wählen, je nachdem was vorteilhafter ist. Dadurch wird die durchschnittliche Fitness einer Population erhöht, das kulturelle Verhalten wird Gegenstand der Selektion und damit adaptiv.

Set aside Zellen
undifferenzierte ↑ Zellen, die nicht vorbestimmtes Zellteilungspotenzial enthalten.

Somit
Wirbelsegment im Embryo von Wirbeltieren. Somiten liegen seitlich in zwei Strängen rechts und links der axialen Struktur. Aus Somiten gehen u. a. im Verlauf der Entwicklung die Wirbel und die umgebende Muskulatur hervor.

Species ↑ Art

Speziation ↑ Artbildung

Spleißen ↑ Splicing

Splicing (engl. splice: verbinden, zusammenkleben)
wichtiger Schritt der Weiterverarbeitung der ↑ RNA, der im ↑ Zellkern von ↑ Eukaryoten stattfindet. Durch Splicing werden verschiedene ↑ Exons aus der RNA herausgeschnitten und im Fall von alternativen S. sogar verschiedene Proteine aus demselben Ausgangsmaterial erzeugt.

Stasis
Stillstand in der Evolution einer bestimmten Art über eine große Zeitphase.

Glossar

Stratigrafie ↑ Geostratigrafie

Stressor
inneres und äußeres Reiz-Ereignis, das eine ↑ adaptive Reaktion erfordert. Die Entwicklung reagiert auf genetische oder Umweltstressoren, die evolutionäre Änderungen initiieren können.

Superorganismus
eine lebendige Gemeinschaft von mehreren, meist sehr vielen eigenständigen Organismen, die gemeinsam Fähigkeiten oder Eigenschaften entwickeln, die über die Fähigkeiten der Individuen der Gemeinschaft hinausgehen (↑ Emergenz). Das klassische Beispiel für einen „Superorganismus" ist der Ameisenstaat: Jede Ameise ist theoretisch einzeln überlebensfähig, denn sie verfügt über alle Organe, die eigenständige Insekten zum Überleben benötigen. Tatsächlich sind Ameisen spezialisiert, sodass sie nur in der Gemeinschaft langfristig überleben können.

Survival of the Fittest
das Überleben der am besten angepassten Individuen in Darwins Theorie. Der Ausdruck stammt von dem britischen Philosophen H. Spencer. Darwin hat ihn in einer späteren Ausgabe der *Entstehung der Arten* übernommen. Gilt heute nicht mehr als zwingend für Evolution.

Symmetriebruch
die Verletzung einer Symmetrie, speziell der Übergang von einer Phase eines Zustands höherer in eine Phase oder einen Zustand geringerer Symmetrie.

Synthese, Synthesis, Modern Synthesis, Synthetische Evolutionstheorie, Neodarwinismus,
die in den 30er und 40er Jahren des 20. Jahrhunderts zustande gekommene Vereinheitlichung der Evolutionssichten verschiedener biologischer Disziplinen, basierend auf der Theorie Darwins und der mendelschen Vererbungslehre, der in Entstehung befindlichen Genetik, Zoologie, Paläontologie, Botanik sowie als hauptsächlichem formalem Apparat der neu hinzugekommenen ↑ Populationsgenetik.

Synthetische Biologie
ein Fachgebiet im Grenzbereich von Molekularbiologie, organischer Chemie, Ingenieurwissenschaften, Nanobiotechnologie und Informationstechnik. Sie kann als die neueste Entwicklung der modernen Biologie betrachtet werden. Im Fachgebiet Synthetische Biologie arbeiten Biologen, Chemiker und Ingenieure zusammen, um biologische Systeme zu erzeugen, die in der Natur nicht vorkommen. Der Biologe wird so zum Designer von einzelnen Molekülen, Zellen und Organismen, mit dem Ziel, biologische Systeme mit neuen Eigenschaften zu erzeugen.

Synthetische Evolutionstheorie ↑ Synthese

Taxon, Pl. Taxa
eine als systematische Einheit erkannte Gruppe von Lebewesen. Meist drückt sich diese Systematik auch durch einen eigenen Namen für diese Gruppe aus, z. B. Wirbellose, Einzeller etc.

Threshold ↑ Schwellenwert

Tiktaalik
vom US-Paläontologen N. Shubin 2004 entdecktes ↑ Missing Link von Fisch zu Echse mit Eigenschaften von Noch-Fisch und Schon-Echse. Das Tier lebte im Devon vor ca. 375 Mio. J. im heutigen Neufundland und war ein Flachwasserbewohner.

Tinkering
vom französischen Nobelpreisträger F. Jakob 1977 eingeführter Begriff für evolutionäre Prozesse, die sich als *bastelnd*, ausprobierend, betrachten lassen.

Toolkit, genetischer ↑ Baukasten

Transkription
das Umschreiben eines ↑ Gens von ↑ DNA in ↑ RNA

Transkriptionsfaktor, auch Genregelulator
↑ Gen, das die ↑ Genexpression steuert.

Translation
die Übersetzung der genetischen Information aus einer Nukleotidsequenz (RNA) in ein Protein.

Transposon, springendes Gen
die Eigenschaft von ↑ Genen, von einem bestimmten Locus in der ↑ DNA an einen anderen Locus zu gelangen. Zuerst ausführlich beschrieben in den 60er Jahren durch die US-Nobelpreisträgerin B. McClintock.

Turing-System
ein von A. Turing 1952 beschriebenes selbstorganisierendes System aus partiellen Differenzialgleichungen. Es ist in der Lage, aus diffundierenden Stoffen, die am Beginn keine Organisation des Systems zeigen, Strukturen zu bilden. Diese sind nicht im Detail im System vorgegeben.

Uniformitarismus
Die Vorstellung, dass die Evolutionstheorie das evolutionäre Geschehen von Beginn des Lebens an mit einheitlichen Mechanismen/Evolutionsfaktoren erklärt.

Unterbrochenes Gleichgewicht
von den amerikanischen Paläontologen N. Eldridge und S. J. Gould erstmals 1972 vorgestellte Theorie, die ausgehend von E. Mayrs Theorie der allopatrischen Artbildung eine Erklärung von diskontinuierlichen Änderungsraten und Sprüngen in Fossilreihen liefert, zwischen denen lang anhaltende Gleichgewichtsphasen herrschen.

Vererbung
die direkte Übertragung der Eigenschaften von Lebewesen auf ihre Nachkommen, genetisch (Mendel) oder epigenetisch (Kirschner/Gerhart u. a.). Daneben existiert auch horizontale V. durch Lernen, allgemeiner als kulturelle V. bezeichnet (Richerson/Boyd) sowie V. von Symbolen (Jablonka/Lamb).

Vernetzte Evolution, ↑ retikulate E.

Verwandtschaftsselektion ↑ Kin selection

Weismann-Barriere
Erkenntnis A. Weismanns, dass es bei einem Individuum keinen Weg gibt, dass Eigenschaften von einer Körperzelle in eine Geschlechtszelle gelangen können. Bei Betrachtung epigenetischer Entwicklungsprozesse ist die W-B heute nicht mehr gültig.

Wissenschaftstheorie
Teilgebiet der Philosophie das sich mit den Voraussetzungen, Methoden und Zielen von Wissenschaft und ihrer Form der Erkenntnisgewinnung beschäftigt.

Zelle
die elementare Einheit aller Lebewesen. Es gibt Einzeller, die aus einer einzigen Zelle bestehen, und Vielzeller, bei denen mehrere Zellen arbeitsteilig zu einer funktionellen Einheit verbunden sind. Der menschliche Körper besteht aus rund 220 verschiedenen Zell- und Gewebetypen und besitzt ca. 100 Billionen Zellen. Dabei haben die Zellen ihre Selbstständigkeit durch Arbeitsteilung (Spezialisierung) aufgegeben und sind einzeln überwiegend nicht lebensfähig. Die Größe von Zellen variiert stark. Im Durchschnitt haben sie einen Durchmesser zwischen 1 und 30 Mikrometer.
Jede Zelle stellt ein strukturell abgrenzbares, eigenständiges und selbst erhaltendes System dar. Sie ist in der Lage, Nährstoffe aufzunehmen, diese in Energie umzuwandeln, verschiedene Funktionen zu übernehmen und vor allem sich zu reproduzieren. Die Zelle enthält die Informationen für all diese Funktionen bzw. Aktivitäten. Alle Zellen haben an sich grundlegende Fähigkeiten, die als Merkma-

Glossar

le des Lebens bezeichnet werden. Die wichtigsten sind Vermehrung durch Zellteilung (Mitose und Meiose) und Stoffwechsel.

Zellkern
im ↑Zytoplasma gelegenes, meist rundlich geformtes Organell der ↑eukaryotischen ↑Zelle, das das Erbgut enthält.

Zellmembran
semipermeable Biomembran, die die lebende ↑Zelle umgibt und ihr inneres Milieu ermöglicht und aufrecht erhält; die Z. erlaubt der Zelle die Kommunikation mit ihrem zellularen Umfeld.

Zellteilung (Mitose)
Vorgang der Teilung einer eukaryotischen ↑Zelle. Die DNA und alle anderen Bestandteile der Mutterzelle werden auf die Tochterzellen aufgeteilt, indem zwischen ihnen ↑Zellmembran eingezogen oder ausgebildet werden. Dabei entstehen meistens zwei, manchmal auch mehr Tochterzellen.

Zellulare Automaten
dienen der Modellierung räumlich diskreter dynamischer Systeme wobei die Entwicklung einzelner Zellen zum Zeitpunkt $t+1$ primär von den Zellzuständen in einer vorgegebenen Nachbarschaft und vom eigenen Zustand zum Zeitpunkt t abhängt. Z. A. besitzen keine zentrale Rechenvorschrift oder zentralen Speicher. Informationen sind nur in den Zellen vorhanden.

Zuchtwahl, natürliche, ↑Selektion

Zygote
↑diploide ↑Zelle, die durch Verschmelzung zweier ↑haploider Geschlechtszellen (Gameten) entsteht – meistens aus einer Eizelle (weiblich) und einem Spermium (männlich).

Zytoplasma
bei ↑Eukaryoten der die ↑Zelle ausfüllende Inhalt (ohne Zellkern). Es ist von der ↑Zellmembran eingeschlossen. Dadurch können die Zellen unabhängig voneinander vielfältige Stoffwechselfunktionen durchführen.

Literatur- und Quellenverzeichnis

Zu den Übersetzungen im Text: Alle Übersetzungen aus dem Englischen sind vom Verfasser, sofern die Quelle im Verzeichnis hier nicht mit deutschem Titel angegeben ist.

Bei Zitaten im Text verwendete Abkürzungen für Autoren:
CRG   Callebaut / Rasskin-Gutmann
MF   Minelli/Fusco
MWR   Müller-Wille/Rheinberger
PM   Pigliucci/Müller
SR   Schülein/Reitze
WE   West-Eberhard

Literatur

Amundson, Ron (2005) The Changing Role of the Embryo in Evolutionary Thought. The Routs of EvoDevo. Cambridge University Press
Arthur, Wallace (2004) Biased Embryos and Evolution. Cambridge University Press
Bauer, Joachim (2007) Das Gedächtnis unseres Körpers – Wie Beziehungen unsere Gene steuern. Piper
— (2008) Das kooperative Gen – Abschied vom Darwinismus. Hoffmann & Campe
Beurton, Peter (2001a) Sewall Wright. In: Jahn & Schmitt (Hg.): Darwin & Co. Eine Geschichte der Biologie in Porträts. C. H. Beck
— (2001b) Theodosius Dobzhansky. In: Jahn & Schmitt (Hg.): Darwin & Co. Eine Geschichte der Biologie in Porträts. C. H. Beck
Brownie, Janet (2007) Charles Darwin – die Entstehung der Arten. DTV
Bryson, Bill (2003) Eine kurze Geschichte von fast allem. Goldmann
Burda, Hynek (2005) Allgemeine Zoologie. UTB basics
Callebaut, Werner (2010) The Dialectics of Dis/Unity in the Evolutionary Synthesis and its Extensions in Pigliucci/Müller 2010
Callebaut, Werner u. Rasskin-Gutman, Diego (Hg.) (2005) Modularity. Understanding the Development and Evolution of Natural Complex Systems, MIT-Press
Campbell, Neil A. u. Reece, Jane B. (2006) Biologie. Pearson Education 6. Ausg.
Carrier, Martin (2008) Wissenschaftstheorie – zur Einführung. 2. überarb. Aufl. Junius
Carroll, Sean B. (o. Jg. ersch. 2008) EvoDevo – Das neue Bild der Evolution. Berlin.(Orig.: Endles Forms Most Beautiful, USA 2006) (im Text zit. als 2008a)
— (2008) Die Darwin DNA – Wie die neueste Forschung die Evolutionstheorie bestätigt. S. Fischer. (Orig.: The Making of the Fittest, USA 2006)
Chalmers, Alan F. (1999) Wege der Wissenschaft – Einführung in die Wissenschaftstheorie 6. verbess. Auflage Springer 2006 n. d. 3. engl. Aufl. 1999.

Quellenverzeichnis

Conway Morris, Simon (2003) Die Konvergenz des Lebens. In Fischer, Ernst Peter & Wiegandt, Klaus: Evolution. Geschichte und Zukunft des Lebens. Fischer TB
— (2008) Jenseits des Zufalls. Wir Menschen im einsamen Universum. Berlin University Press

Darwin, Charles (1872) Die Entstehung der Arten. Nikol 2008 nach d. 6. Ausg. Übers. J. Víktor Carus
— (2009) Zur Evolution der Arten und zur Entwicklung der Erde. Kommentar von Uwe Hoßfeld und Lennart Olsson
— (2008) Das Lesebuch. Julia Voss (Hg.) S. Fischer
— (1886) Charles Darwin's Gesammelte Werke. Vierter Band. Zweite Auflage. Übers. J. V. Carus. Stuttgart
— (1871) Die Abstammung des Menschen.Fischer TB 2009. Nach der Übersetzung von H. Schmidt 1908 u. der Orig.ausg. in Englisch v. 1871
Dawkins, Richard (2008) Geschichten vom Ursprung des Lebens – Eine Zeitreise auf Darwins Spuren. Ulstein
— (1996) Gipfel des Unwahrscheinlichen – Wunder der Evolution. Rowohlt 1999. Orig.: Climbing Mount improbable. London
Dembski, William u. Ruse, Michael (Hg.) (2004) Debating Design – from Darwin to DNA. Cambridge University Press
de Padova, Thomas (2009) Das Weltgeheimnis – Kepler, Galilei und die Vermessung des Himmels. Piper
Dupré, John (2009) Darwins Vermächtnis. Suhrkamp Taschenbuch Wissenschaft 1904

Edelmann, Gerald M. (2004) Das Licht des Geistes – Wie Bewusstsein entsteht. Rowohlt. Orig.: Wider than the sky. The phenomenal gift of consciousness. New Heaven
Eibl, Karl (2009) Kultur als Zwischenwelt. Eine evolutionsbiologische Perspektive. Edition unseld. Suhrkamp
Engels, Eve-Marie (Hg.) (2009) Charles Darwin und seine Wirkung. Suhrkamp Taschenbuch Wissenschaft 1903

Fischer, Ernst Peter u. Wiegandt, Klaus (Hg.) (2003) Evolution – Geschichte und Zukunft des Lebens. Fischer TB

Gilbert, Scott F. (2003) The Reactive Genome in Müller/Newman (2003)
Gilbert, Scott F. u. Epel, David (2009) Ecological Development Biology. Inegrating Epigenetics, Medicine and Evolution. Sinauer Ass. USA
Glaubrecht, Matthias; Kinitz, Annette; Moldrzyk, Uwe (Hg.) (2007) Als das Leben laufen lernte – Evolution in Aktion. Prestel
Gould, Stephen Jay (1999) Illusion Fortschritt – Die vielfältigen Wege der Evolution. Fischer TB. Orig.: Full House – The Spread of Excellence from Plato to Darwin. New York 1996
— (1999) Zufall Mensch. Das Wunder des Lebens als Spiel der Natur. Hanser Verlag
— (1980/1989) Der Daumen des Panda – Betrachtungen zur Naturgeschichte. Suhrkamp Taschenbuch Wissenschaft
Grolle, Johann (Hg.) (2005) Evolution – Wege des Lebens. Deutsche Verlagsanstalt

Haeseler, Arndt u. Liebers, Dorit (2005) Molekulare Evolution, Fischer TB

Quellenverzeichnis

Huxley, Julian (2010 n. d. 2. Aufl. d. Orig.ausg.) Evolution – The Modern Synthesis. The Definitive Edition. MIT Press. m. einem Vorw. v. M. Pigliucci u. G. B. Müller

Jablonka, Eva u. Lamb, Marion J. (2005) Evolution in four Dimensions. Genetic, Epigenetic, Behavioral and Symbolic Variation in the History of Life. MIT Press.
Jahn, Ilse u. Schmitt, Michael (Hg.) (2001) Darwin & Co. Eine Geschichte der Biologie in Porträts. C. H. Beck
Jenner, Ronald A. (2008) EvoDevo's Identity – From Modell Organisms to Developmental Types in Minelli/Fusco 2008
Junker, Thomas (2001) George Gaylord Simpson. In: Jahn & Schmitt (Hg.): Darwin & Co. Eine Geschichte der Biologie in Porträts. C. H. Beck
— (2003) Die zweite Darwinsche Revolution – Geschichte des Synthetischen Darwinismus in Deutschland 1924–1950. Marburg
— (2006) Die Evolution des Menschen. C. H. Beck
— (2009) Der Darwin Code – Die Evolution erklärt unser Leben. C. H. Beck

Kegel, Bernhard (2009) Epigenetik – Wie Erfahrungen vererbt werden. Dumont
Kirschner, Mark C. u. Gerhart, John C. (2007) Die Lösung von Darwins Dilemma – Wie Evolution komplexes Leben schafft. Rowohlt. Orig.: The Plausibility of Life (2005)
Krukonis, Greg (2008) Evolution for Dummies, Wiley Publ., Hoboken NJ
Kuhn, Thomas S. (1969) Die Struktur wissenschaftlicher Revolutionen. Frankfurt 2. rev. Aufl. 1976 n. d. 2. rev. engl. Aufl. 1969
Kutschera, Ulrich (2009) Tatsache Evolution – Was Darwin nicht wissen konnte. DTV

Laland, Kevin N.; Odling-Smee, John; Gilbert, Scott F, (2008) EvoDevo and niche construction: building bridges. Exp.Zool. (Mol. Dev.Evol) 310B549–566
Lange, Axel (vorauss. 2013) EvoDevo-Mechanismen am Beispiel präaxialer Polydaktylie der Katze (Diss. Univ. Wien)
Laughlin, Robert B. (2007) Abschied von der Weltformel. Die Neuerfindung der Physik. Piper. Orig.:USA 2005
Lorenz, Konrad (1988) Die Rückseite des Spiegel (Ersterscheinung 1973) und der Abbau des Menschlichen (Ersterscheinung 1983). Zit. aus Doppelband Piper 1988
Love, Alan C. (2010) Rethinking the Structure of Evolutionary Theory for an Extended Synthesis in Pigliucci/Müller (2010)
Lynch, Michael (2007) The Origins of Genome Architecture. Sunderland Mass.

Mainzer, Klaus (2008) Komplexität. UTB
Maynard Smith, John u. Szathmáry, Eörs (1995) The Major Transitions in Evolution. Oxford University Press
Mayr, Ernst (2005) Das ist Evolution. Goldmann. Orig.: What Evolution is. New York 2001
Mazur, Suzan (2009) The Altenberg 16. An Exposé of the Evolution Industry Berkeley, California
Meyer, Axel (2005) Kann man zusehen, wie Arten entstehen? In: Johann Grolle (Hg.) Evolution – Wege des Lebens. Deutsche Verlagsanstalt
Minelli, Alessandro u. Fusco, Giuseppe (Hg.) (2008) Evolving Pathways – Key Themes in Evolutionary Developmental Biology. Cambridge University Press
Mitchell, Melanie (2009) Complexity. A guided tour. Oxford University Press

Mitchell, Sandra (2008) Komplexitäten – Warum wir erst anfangen, die Welt zu verstehen. Edition Unseld. Surhkamp
Morin, Edgar (2008) Mon Chemin. Entretiens avec Djénane Tager. Librairie Arthème Fayard.
— (2010) Die Methode: Die Natur der Natur. Verlag Turia – Kant
Müller, Gerd B. (2008) Evodevo as a discipline in Minelli/Fusco (2008)
— (2010) Epigenetic Innovation. In Pigliucci/Müller (2010)
— (2011) Evolutionary Theory Today – Three Myths Rejected. Unveröffentlicht.
Müller, Gerd B. u. Newman, Stuart A. (2003) Origination of Organismal Form – Beyond the Gene in Development and Evolutionary Biology. MIT-Press
— (2005) The Innovation EvoDevo Agenda in Journal of Experimental Zoology 304B: 487–503
Müller-Wille, Staffan u. Rheinberger, Hans-Jörg (2009) Das Gen im Zeitalter der Postgenomik. Eine wissenschaftstheoretische Bestandsaufnahme. Suhrkamp. Edition Unseld

Nanjundiah, Vidyanand (2003) Phaenotypic Plasticity and Evolution by Genetic Assimilation. In: Müller/Newman (2003) 245–263
Newman, Stuart A. (2010) Dynamical Patterning Modules. In Pigliucci/Müller (2010)
Nowotny, Helga u. Testa, Giuseppe (2009) Die gläsernen Gene. Die Erfindung des Individuums im molekularen Zeitalter. Edition Unseld. Suhrkamp
Nüsslein-Vollhard, Christiane (2004) Das Werden des Lebens – Wie Gene die Entwicklung steuern. München

Odling-Smee, John (2010) Niche inheritance. In Pigliucci/Müller (2010)

Palmer, Douglas (2011) Die Evolution des Menschen. Woher wir kommen, wohin wir gehen. National Geographics
Pigliucci, Massimo (2008) What, if anything, is an Evolutionary Novelty? in Philosophy of Science 75 (Dec. 2008) 887–898
Pigliucci, Massimo u. Müller, Gerd B.(Hg.) (2010) Evolution – The Extended Synthesis. MIT Press
Popper, Karl (2003) Das Elend des Historizismus. Mohr Siebeck 7. durchges. u. erg. Ausg.
— (2000) Karl Popper Lesebuch. J.C.B. Mohr
— (1977) Die natürliche Selektion und ihr wissenschaftlicher Status. Schrift in Popper 2000
Powell, Russel (2008) Reading the Book of Life: Contingency and Convergence in Macroevolution (Diss. Duke Univ.)
Pulte, Helmut (2009) Darwin und die exakten Wissenschaften. Eine vergleichende wissenschaftstheoretische Untersuchung zur Physik mit einem Ausblick auf die Mathematik. In: Engels (2009)

Reichholf, Josef H. (2010) Warum die Menschen sesshaft wurden – Das größte Rätsel in unserer Geschichte. Frankfurt a.M.
Rheinberger, Hans-Jörg (2007) Historische Epistemologie. Junius
Richerson, J. R. u. Boyd, R. (2005) Not by Genes Alone: How culture Transformed Human Evolution. University of Chicago Press
Riedl, Rupert (2004) Meine Sicht der Welt. Seifert Wien.
— (2006) Der Verlust der Morphologie. Seifert Verlag Wien.

Quellenverzeichnis

Sarasin, Philipp u. Sommer, Marianne (Hg.) (2010) Evolution. ein interdisziplinäres Handbuch. Metzler
Schrenk, Friedemann u. Müller, Stephanie (2009) Urzeit. Die 101 wichtigsten Fragen. Beck'sche Reihe
Schülein, Johann August u. Reitze, Simon (2005) Wissenschaftstheorie für Einsteiger. UTB
Schummer, Joachim (2011) Das Gotteshandwerk. Die künstliche Herstellung von Leben im Labor. Suhrkamp. Edition unseld
Schuster, Gerd (Aut.); Smits, Willie (Aut.); Ullal, Jay (Fot.) (2007) Die Denker des Dschungels: Der Orangutan-Report. Bilder. Fakten. Hintergründe. Tandem Verlag
Sentker, Andreas u. Wigger, Franz (Hg.) (2008) Triebkraft Evolution – Vielfalt, Wandel, Menschwerdung. Die Zeit. Wissen Edition. Heidelberg
Shubin, Neil (2008) Der Fisch in uns – Eine Reise durch die 3,5 Milliarden alte Geschichte unseres Körpers. S. Fischer. Orig.: Your Inner Fish. New York
Solé, Ricard u. Goodwin Brian (2000) Signs of Life - How Complexity pervades Biology. Basic Books
Steyer, Brigitte (2001) Karl von Frisch. In: Jahn & Schmitt (Hg.): Darwin & Co. Eine Geschichte der Biologie in Porträts. C. H. Beck

Thoms, Sven P. (2005) Ursprung des Lebens. Fischer kompakt
Todes, Daniel P. (2009) Darwins malthusische Metapher und russische Evolutionsvorstellungen in Engels (2009)

Voss, Julia (Hg.) (2008) Charles Darwin – Das Lesebuch. S. Fischer

Weber, Andreas (2008) Alles fühlt. Mensch, Natur und die Revolution der Lebenswissenschaften. Berliner Taschenbuch Verlag
Werner-Felmayer, Gabriele (2007) Die Vorsicht der Schildkröten – Über Charles Darwin, den heimlichen Krieg der Natur und die zukünftigen Bewohner von Santa Rosalina. University Press Berlin
West-Eberhard, Mary Jane (2003) Development Plastizity and Evolution. Oxford University Press
Wieser, Wolfgang (1998) Die Erfindung der Individualität oder die zwei Gesichter der Evolution. Spektrum Verlag
— (2007) Gehirn und Genom – Ein neues Drehbuch für die Evolution. C.H. Beck
Wilson, David Sloan (2007) Evolution for Everyone: How Darwin's Theory Can Change the Way We Think About Our Lives. New York: Delacorte Press.
Wuketits, Franz M. (2005) Evolution. Die Entwicklung des Lebens. C. H. Beck 2. aktual. Auflage

Zimmer, Carl (1998) At the Water's Edge – Fish with Fingers, Whales with Legs, and How Life Came Ashore but then Went Back to Sea. New York
— (2008) Microcosm – E. coli and the new Science of life. NY
Zrzavý, Jan; Storch, David; Mihulka Stanislav; Burda, Hynek; Begall, Sabine (2009) Evolution – Ein Lese-Lehrbuch. Spektrum

Fachzeitschriften

Gehirn & Geist Dossier Darwins Erbe – Evolution und Genetik des menschlichen Geistes. Ausg. Nr. 1/2009
GEO Künstliches Leben – die Gottes-Maschine. Aug. 2009
National Geographic Deutschland Peter Miller: Schwarmintelligenz, Ausg. Dez. 2007
— Was Darwin nicht wusste. Matt Ridley: Darwins Erben. Ausg. Febr. 2009
Natur und Kosmos Darwin ist tot – Die neue Sicht auf die Evolution. Ausg. 02-2009
Science
    — Chakravasti, Aravinda u. Kapoor, Ashish Mendelian Puzzles Ausg. 02-24-2012
Spektrum d. Wissenschaft
    — Ricardo, Alonso u. Szostak, Jack. W. Der Ursprung des Lebens Ausg. 03/2010
    — Meinhardt, Hans: Die Simulation der Embryonalentwicklung Ausg. 03/2010
    — Evolution des Menschen – alle Stammbäume sind Schall und Rauch. Interview mit Friedemann Schrenk, Ausg. 09/2010
    — Wilson, David S. u. Wilson, Edward O.: Evolution – Gruppe oder Individuum Ausg. 01/2009

Internet

Artificial Selection in the Lab Über den Versuch John Endlers mit Guppies

Bauer, Joachim Interview in Welt-Online: Darwin erklärt das Entstehen des Menschen nicht!
Bauer, Joachim Interview in FOCUS-Online am 27.12.2008 Die Evolution verfolgt eine Standbein-Spielbein-Strategie
BDTNP Berkeley Drosophila Transcripton Network Project
Berger, Lee (2006) Breef Communication: Predatory Bird Damage to the Taung Type-Skull of *Australopithecus africanus* Dart 1925. American Journal of Physical Anthropology 131: 166–168 (2006)
Braendle, Christian u. Glatt, Thomas (2006) A role for genetic accomodation in evolution
Broyles, Robyn Conder (1997) Punctuated Equilibrium
Burger, J.; Kirchner, M.; Bramanti, B.; Haak, W.; Thomas, M. G. Absence of the lactase-persistence-associated allele in early Neolithic Europeans

Carroll, Sean B. (Juli 2005) Evolution at two Levels: On Genes and Form
Christ's College Homepage (2009) → Alumni → Distinguished Members → Waddington
Conway Morris (2004) Aliens wie du und ich. Die ZEIT 19.8.2004
Curtis, Sheila L. & King, Lucinda (2007) Observations of Feline Polydactyly

Darwin-online. Das Gesamtwerk. http://www.darwin-online.org.uk/
Davey, M. G. Tickle, C. (2007) The chicken as a model for embryonic development

Quellenverzeichnis

Day, Rachel, L., Laland Kevin N., Odling-Smee, John (2003) Rethinking Adaptation – the niche-construction perspective

Ehrlich, Paul (2010) Does Human Culture Evolve via Natural Selection, as our Genes do? Seed maganzine Jan. 2010 http://seedmagazine.com/content/article/cultural_evolution/

Eldredge, Niles (2000) Species, Speciation and the Environment

— (2005) The Dynamics of Evolutionary Stasis

Eldredge, Niles u. Gould Stephen, J. Gradualism in Schopf, Thomas J.M. (ed.) Models in Palaeobiology p. 82–115(1972) Punctuated equilibria: An alternative to phyletic gradualism

Epigenetik und Systembiologie Verknüpfung von Vererbung, Entwicklung und Evolution. Zur Diskussion im Darwin-Jahr 2009

Evolution Thoughts – Darwin, Evolution and Popper (Oktober 2005)

FAZ.NET Beiträge zum Darwin-Jahr:

FAZ.NET Epigenetik - DNA ist nicht alles.

FAZ.NET EvoDevo-Forschung: danken wir den Fischen mit fünf Fingern. Von Axel Meyer 7. Februar 2009

FOCUS-Online Das Leben prägt das Genom. Forscher entdecken, wie sich Umwelteinflüsse bleibend in unserem Erbgut niederschlagen und hoffen auf neue Therapien.

Genomesize.com

Gingerich, Philip (2006) Fossiles and the origin of Whales Interview

Goerz, Michael (2006) Falsifikationismus als Notwendigkeit

Gould, Steven J. u. Lewontin, Richard (1979) The spandrels of San Marco and the Panglossian paradigm: a critique of the adaptionist programme. Proceedings of the Royal Society of London, B. 205 (1979) 581–598

Haeckel, Ernst (1866) Generelle Morphologie der Organismen

— (1874) Anthropogenie

Hölldobler, Bert Multilevel selection and The Evolution of Eusociality (Vortrag 23.10.07)

Hölldobler, Bert u. Wilson, E. O. (2005) Eusociality: Origin and consequences

Holder, Mark u. Lewis, Paul. O. (2003) Phylogenetic Estimation. Traditional and Bayesian Approaches

Hunt, Gene (2007) The relative importance of directional change, random walks, and stasis in the evolution of fossil lineages

Jörres, Rudolf, A. (2008) Anmerkungen zum Buch von Joachim Bauer. Das kooperative Gen. Abschied vom Darwinismus

Junker, Thomas EvoDevo als Schlüssel für Makroevolution (9.5.2008) www.genesisnet.info. Biologie → Molekulare Mechanismen → EvoDevo

Kasuya, Eiiti Factors governing the evolution of eusociality through kin selection (Nagoya 1982)

Lange, Axel (2010) u.a. Conrad Hal Waddington (Wikipedia)

— (2010) u.a. Evolutionäre Entwicklungsbiologie (Wikipedia)

— (2010) u.a. Genetische Assimilation (Wikipedia)

— (2010) u.a. Innovation (Entwicklung) (Wikipedia)

— (2010) u.a. Kanalisierung (Wikipedia)
— (2010) u.a. Multilevel Selection (Wikipedia)
— (2010) u.a. Nischenkonstruktion (Wikipedia)
Latussek, Rolf H. (2008) Wie Schildkröten zu ihrem Panzer kamen. WELT online 26.11.2008
Lewens, Tim Cultural Evolution (2007) Stanford Encyclopedia of Philosophy
Luskin, Casey (2004) Punctuated Equlibrium and Patterns from the Fossil Record
Lynch, Michael (o.J.) The frailty of adaptive hypotheses for the origins of organismal complexity

Matzke, Nick J. (2003) Evolution in (Brownian) space: A model for the origin of the bacterial flagellum
Maynard Smith, John (1999) In conversation with John Maynard Smith FRS. The Evolutionist, Febr. 1999
Meinhardt, Hans (2006) Theoretical aspects of pattern formation and neuronal development
Meinhardt, Hans (2007) Midline formation in insects: An inhibitory influence from a dorsal organizer leads to a ventral localization of the midline
Menzel, Randolf (2009) Und sie tanzen doch. Interview SZ 10.12.2009
Metcher, Brian D. (2009) MicroCT for comparative morphology: simple staining methods allow high-contrast 3D imaging of diverse non-mineralized animal tissues
Meyer, Axel Das missverstandene Buch, abgedruckt in DIE ZEIT 19.7.2007
Müller, Gerd B. (2009) Entwicklung: „Biologie befasst sich nicht mit Gott". Die Presse.
— (2007) Evo-Devo: extending the evolutionary synthesis. Nature Review Genetics
Myers, PZ (2006) Modules and the promise of the evo-devo research program
— (2006-2) Evolution of a Polyphenism

Neffe, Jürgen Danke, Darwin! Abgedruckt in DIE ZEIT 31.12.2008
Neukamm, Martin: Evolution: Kein Zufall!! – Über die Argumentation mit der Wahrscheinlichkeit
Newman, Stuart A.; Forgacs, Gabor; Müller Gerd B. (2006) Before programs: The physical origination of multicellular forms
Newman, Stuart A.; Bhat Ramray; Mezentseva, Nadeija V. (2009) Cell state switching factors and dynamical patterning modules: complementary mediators of plasticity in development and evolution, J Biosci. 34(4):553-72.
Niche Construction www.nicheconstruction.com
Nijhout, Frederic (2007) Genetic basis of adaptive evolution of a polyphenism by genetic accomodation
— (2006) Researchers evolve a komplex genetic trait in the labratory
NZ Neue Zürcher Zeitung Die Darwinfinken – Evolution im Zeitraffer. Erkenntnisse eines britischen Ehepaars aus mehr als 30 Jahren Forschung auf den Galapagos-Inseln. Artikel vom 12.07.2006
— (2008) Scharfe Blicke auf die Evolution. Artikel vom 28.12.2008

Pigliucci, Massimo (2008) What, if anything, is an evolutionary Novelty? Philosophy of Science, 75 (December 2008) pp. 887–898.
— (2008b) Evolutionary Theory. The View from Altenberg
— (2008c) The Proper Role of Population Genetics in Modern Evolutionary Theory

Quellenverzeichnis

Popper, Karl (1978) Karl Popper on the scientific status of Darwin's theory of evolution From "Natural Selection and the Emergence of Mind", Dialectica, vol. 32, no. 3–4, 1978, pp. 339–355

Queller, David (1997) Cooperators since Life Began. The Quarterly Review of Biology. Vol. 72, June 1997

Queller, David u. Strassmann, Joan E. (2009) Beyond society: the evolution of organismality. Philosophical Transactions of the Royal Society 364:3143-3155

Schuette, Wade (2007) über: **Wilson/Wilson** (2007) survival of the selfless

Shavit, Alexander; Millstein Roberta L. (2008) Group Selection Is Dead! Long Live Group Selection? Bio Science Juli/August 2008, published by American Institute of Biological Sciences

Tomancak, Pavel et al. (2007) (Max-Planck-Ges.) Patterns of gene expression in animal development. Kurzfassung des Artikels: Global analysis of patterns of gene expression during Drosophila embryogenesis Genome Biol., Vol. 8, no. 7, pp. 145.1–145.34, 2007

Trut, Lyudmila N. (1999) Early Canid Domestication: The Farm-Fox Experiment American Scientist Vol. 87

UC Berkeley News (21.7. 2007): Savanna habitat drives birds to cooperative breeding

Uncommon Descent (2007) Artikel: Michael Lynch: Darwinism is a caricature of evolution biology (enthält auch die Kritik Pigliuccis an Lynchs Buch)

Waddington, Conrad, Hal (1953) Genetic Assimilation of an Acquired Character. Evolution Vol. 7 No. 2 pp. 118–126

— (1942) Canalization of Development and the Heritanze of Acquired Characters Nature 3811

West-Eberhard, Mary Jane (2009) Darwinism in the twenty-first century.

Wilson, David S. u. Sober, Elliot (1994) Reontroducing group selection to the human behavioral sciences. Behavioral and Brain sciences 17, 585–654

Wilson, David S. et al. (2007) Multilevel Selection Theory and Major Evolutionary Transitions : Implications for Psychological Science

Wilson, David S. u. Wilson, Edward O. (2007) Survival of the selfless

Wuketits, Franz (1995) Evolution und Fortschritt- Mythen, Illusionen, gefährliche Hoffnungen aus: Aufklärung und Kritik 2/1995 (S. 39ff.)

Young, Emma (2008) Rewriting Darwin: The new non-genetic inheritance. Juli 2008. New Scientist magazine

Quellenverzeichnis

Internet-Portale und ausgewählte Seiten

Arbeitskreis der Evolutionsbiologie im Verbund Biologie, Biowissenschaften, Biomedizin in Deutschland. Initiiert von Ulrich Kutscher unter: http://www.evolutionsbiologen.de/

Darwin-online.org Das Gesamtwerk Charles Darwins online mit Volltextrecherche auf sämtliche Texte.

European Society for Evolutionary Biology. Die Seite ist aufklärend zum Thema Evolution und stellt sich der Intelligent-Design Debatte. http://www.genesisnet.info/

Everything you wanted to know about evolution by New Scientist. http://www.newscientist.com/topic/evolution

Evolution Resources From the national Academics. http://nationalacademies.org/evolution/

Evolutionary Development Biology (EvoDevo) http://en.wikipedia.org/wiki/Evodevo

EvolVienna Neues Universitäts- und fachübergreifendes Kommunikations-Portal für Evolutionswissenschaftler und -Interessierte www.univie.ac.at/evolvienna

genesisnet (kreationistischer Hintergrund) http://www.oeaw.ac.at/klivv/evolution/

Synthetic Theory of Evolution – An Introduction to Modern Evolutionary Concepts and Theories http://anthro.palomar.edu/synthetic/

Understanding Evolution from University of California http://evolution.berkeley.edu/

Videos im Internet

Sean B. Carroll: From Butterflies to Humnas; http://www.youtube.com/watch?v=Si7kPRuo-BU&feature=related

Evolution Internetseite von Mark Ridley, Oxford. Unter dem Tag *classic texts* hält diese Seite 20 in der Geschichte der Evolutionstheorie herausragende Texte als PDF vor, u. a. von Darwin, Dobzhansky, Fisher, Gould, Haldaine, Mayr, Kimura, Wright. Unter *videos* findet man hoch interessante, kurze Vorträge zu Schlüsselthemen der Evolution von Wissenschaftlern wie Kirschner, Hamilton, Dawkins, Lewontin Maynard Smith u. a.; http:// www.blackwellpublishing.com/ridley/

Evolution: Aufwändiger Dokumentarfilm Folge 1-6 mit Beiträgen von Neil Shubin, Jennifer Clack, Phil Gingerich, Mike Levine, Simon Conway Morris, Walter Gehring, Liza Shapiro, Sean Carroll, Matthew Scott; http://www.youtube.com/watch?v=CQUP03vL5Gk

Evolution der Vogelfeder; http://www.youtube.com/watch?v=oTl2yBQx4C0&feature=related

Walter Gehring über Funktion der Hoxgene bei der Fruchtfliege mit eindrucksvollen Mutanten, http://www.youtube.com/watch?v=CwqtMck2xvo&feature=related

Konrad Lorenz und Karl Popper: Nichts ist schon dagewesen. Diskussion über Evolution. Altenberg 1983 (Stichworte: Anpassung, Höherentwicklung, Mensch schafft sich seine eigene Umwelt, ökologische Nischen, Falsifizierung, Induktion, http://video.google.com.au/videoplay?docid=3516772316650379357&hl=en#-docid=-2411159535274060855

Ernst Mayr im Interview 2000 über die Leistungen der Synthese und im zweiten Teil über die Bedeutung der Entwicklungsbiologie für die Evolutionstheorie sowie über Komplexität und Emergenz: http://www.youtube.com/watch?v=In-FR-euCL8

Suzan Mazur interviewt Stuart Newman:
http://www.youtube.com/watch?v= a3O2Founays

Gerd B. Müller: http://www.youtube.com/watch?v=jmpDwiyJ2RY

The Origin of Life – Abiogenesis – Interview with Jack Szostak (Nobelpreis Medizin 2009): http://www.youtube.com/watch?v=3OwSARYTK7

Planet Wissen – Evolution des Menschen mit Friedemann Schrenk; http://www.youtube.com/watch?v=dPzCaqArVgo

Bildverzeichnis

Umschlagfoto Vorderseite: Lemonia Lange
Umschlagfoto Rückseite: Takashi Miura, Univ. Kyoto mit freundlicher Genehmigung
Schmetterlinge (Ausn. Abb. 10.2): Olivia Lange
S. 13 Würfelqualle, A. Lange

Kap. 1
Abb. 1.1 Gottesanbeterin: A. Lange
Abb. 1.2 Darwins Theorie der natürlichen Selektion: A. Lange nach E. Mayr aus Fischer/Wiegandt 2003, 24f, ergänzt durch die 6. Beob. v. V.
Abb. 1.3 Darwins Wohnhaus: A. Lange

Quellenverzeichnis

Kap. 2
Abb. 2.1 Auge: http://view.stern.de/de/picture/Blau-Digi-Art-Auge-Imgp7920-Grau-Makrofotografie-798150.html

Kap. 3
Abb. 3.1 Perfekte Tarnung: http://fotocommunity.de
Abb.3.2 u. 3.3 Endlers Selektionsversuch: http://evolution.berkeley.edu/evosite/evo101/IVB1bInthelab.shtml
Abb. 3.4 Wirkung der Selektion in der Zeit: http://www.blackwellpublishing.com/ridley/tutorials/
Abb. 3.5 Erdzeitalter: http://www.google.com/imgres?q=erdzeitalter&hl=de&biw=1280&bih=632&tbs=isz:m&tbm=isch&tbnid=nd8RifNr1TerCM:&imgrefurl=http://www.gutefrage.net/frage/die-gesuchte-zeit&docid=5zNxk7cfeOZYWM&w=722&h=1056&ei=Gq99TpaWEujj4QTLhvTpDg&zoom=1
Abb. 3.6 Gendrift: http://www.kminat/htmldocs/charts/bottleneck.html
Abb. 3.7 Gepard: A. Lange

Kap. 4
Abb. 4.1 Gradualismus vs. Punktualismus: http://www.ideacenter.org/contentmgr/showdetails.php/id/1139
Abb. 4.2 Salamander: http://techfreep.com/human-regeneration-modeled-after-salamanders.htm
Abb. 4.3 Empirische Untersuchung: http://www.paleosoc.org/hunt_Short_Course.pdf

Kap. 6
Abb. 6.2 Entwicklungslinie des Pferdes: http://www.scheffel.og.bw.schule.de/faecher/science/biologie/evolution/93pferde/pferde4.jpg
Abb. 6.3 Retikulate Evolution: http://guusroeselers.blogspot.com/2010/08/tree-time.html
Conway-Morris: http://www.amdg.ie/2008/02/
Abb. 6.4 Moderner phylogen. Stammbaum: http://www.rationalrevolution.net/images/phylo.gif
Abb. 6.5 Pinguin: A. Lange
Abb. 6.6 Elefant: A. Lange

Kap. 7
M. Lynch: http://www.bio.indiana.edu/faculty/directory/profile.php?person=milynch
Abb. 7.1 Abnahme der Genzahl: http://www.nature.com/nrg/journal/v6/n9/full/nrg1674.html
Abb. 7.2 Anteil nicht codierender DNA: http://scienceblogs.com/evolgen/2007/09/genome_size_dap.jpg
Abb. 7.3 Langfr. Durchsetzungswahrscheinlichkeit: Lynch, Michael (2007) The frailty of adaptive hypothesis for the origins of organismal complexity

Kap. 8
J. Bauer: http://www.welt.de/multimedia/archive/00722/professorbauer_DW_W_722650a.jpg

Quellenverzeichnis

Kap. 9
Abb. 9.1 http://plosbiology.org/article/info: doi/10.1371/journal.pbio.0050113
Abb. 9.3 Proteinfaltung: http://www.ks.uiuc.edu/~arajan/protein_folding.jpg
Abb. 9.4 Belyaev: http://www.10secondestigre.com/?m=200904; E. Jablonka: http://he.wikipedia.org/wiki/%D7%A7%D7%95%D7%91%D7%A5:Eva_Jablonka.jpg
Abb. 9.5 Belyaev Experiment: A. Lange
Abb. 9.6 Transposons: http://www.chrisdellavedova.com/2008/01/29/science-tuesday-one-cells-junk-is-another-cells-treasure/
Abb. 9.8 Agouti-Mäuse: http://mousemutant.jax.org/images/ru2l%20w%7B2f%7D%20text%20for%20web.jpg

Kap. 10
G.B. Müller: privat, mit freundlicher Genehmigung
W. Gehring: http://idw-online.de/pages/de/news350159
Abb. 10.2 Schmetterlinge: http://heliconius.zoo.cam.ac.uk/joron/artworkformedia/pages/Heliconius%20butterflies%20Plate%2001.htm

Kap. 12
M. Kirschner: http://news.harvard.edu/gazette/story/2009/07/universityprofessors/
Abb. 12.2 Grünalge: http://www.wwa-in.bayern.de/_zentral/pic/folgeseiten/fluesse_und_seen/videos/gruenalgen_4_gr.jpg
Abb. 12.3 Schildkröten: A. Lange
Abb. 12.6 Sechs-Finger-Hand: http://www.catsandbeer.com/science/the-promise-of-stem-cells
Abb. 12.7 Nijhout
Abb. 12.8 A. Lange, Wikipedia: EvoDevo; http://de.wikipedia.org/wiki/EvoDevo

Kap. 13
W. Arthur: http://us.macmillan.com/creaturesofaccident/WallaceArthur
Abb. 13.1 Homologien: http://rationalrevolution.net/articles/understanding_evolution.htm
Abb. 13.2 Embryo: http://salvationarmy.org.nz/uploads/image/Discussion%20Documents/GameteEmbryo.jpg
Abb. 13.4 Homöotische Transformation: http://www.hoxfulmonsters.com/2008/10/homeotic-transformation-and-digit-evolution-in-birds/

Kap. 14
S.B. Carroll: http://www.clemson.edu/newsroom/articles/2008/february/sean_carroll.php
Abb. 14.2 Science 02-24-2012. Mit freundlicher Genehmigung

Kap. 15
M.J. West-Eberhard: http://www.ewolucja.org/d3/d38-2a.html

Kap. 16
Abb. 16.1 Die *Altenberg-16*: Bill Lorenz

Quellenverzeichnis

Kap. 17
Abb. 17.1 Hydra-Embryo: http://www.biologie.uni-hamburg.de/b-online/e28_1/pattern4.htm
Abb. 17.2 Mittelleistenbildung: http://farm3.static.flickr.com/2376/2617101250_005839c585.jpg
Abb. 17.3 Verzweigte Strukturen: http://www.eb.tuebingen.mpg.de/departments/former-departments/h-meinhardt/web_org/insec-ml.html
Abb. 17.4 A. Lange, Wikipedia: EvoDevo; http://de.wikipedia.org/wiki/EvoDevo
Abb. 17.5 Genregulation beim Seestern: http://scienceblogs.com/pharyngula/2006/06/modules_and_the_promise_of_the.php
Abb. 17.6 Genexpressionsmuster: Tomancak 2007, mit freundlicher Genehmigung von Pavel Tomancak
Abb. 17.7 Signalübertragung in der Flügelknospe: http://www.nature.com/nature/journal/v423/n6937/fig_tab/nature01655_F3.html
Abb. 17.8 Virtuelle Embryos: http://www.mpi-cbg.de/research/research-groups/paveltomancak.html

Kap. 18
J. Monod: http://nndb.com
David S. Wilson: http://scienceblogs.com/evolution/about.php
Edward O. Wilson: http://www.tags-search.com/e-o-wilson/tag.html
Abb. 18.1 Fitnesslandschaft: http://evolution-textbook.org/content/free/figures/ch17.html

Kap. 20
P. J. Richerson: http://www.esaforum.de/photos/esf03/esf03_pix.html
Abb. 20.1 Gorilla: http://primatology.net/2008/04/29/orangutan-photographed-using-tool-as-spear-to-fish/
Abb. 20.2 Laubenvogel: http://1.bp.blogspot.com/_pkUFRs9vaXA/TDrObw2Jo2I/AAAAAAAAyjA/lLeIfcXsXv8/s1600/Image+1.png
Abb. 20.3 Yanomani Indianer: http://www.nigeldickinson.com/gallery/yanomani-deforestation/01_Yanomami_Deforestation
Abb. 20.7 Kulturelle Evolution und technischer Fortschritt: http://www.jpl.nasa.gov/missions/missiondetails.cfm?mission=Cassini
Abb. 20.9 Umweltschäden: http://www.plastic-sea.com/img/plastikmuell.jpg

Kap 22
S. A. Newman: http://organprint.missouri.edu/www/team.php
Abb. 22.2 Chromatin: http://www,epitron.eu/img/chromatin.jpg
Abb. 22.3 Adhäsion: S. Mazur.
Abb. 22.4 Nervenzellen: http://www.markus-hofmann.de
Abb .22.6 MIT-Press mit freundlicher Genehmigung.

Kap 23
Love: Foto A. Lange
D.S. Wilson u. W. Callebaut: Foto Bill Lorenz
Abb. 23.2 MIT-Press mit freundlicher Genehmigung.
Abb. 23.3 MIT-Press mit freundlicher Genehmigung.

Quellenverzeichnis

Kap. 24
R. Dawkins: http://scrapetv.com/News/News%20Pages/usa/images-3/richard-dawkins.jpg

Kap. 25
Abb. 25.2 Zwergchamäleon: http://www.viceland.com/viceblog/67846253/brookesia2.jpg

Kap. 26
Abb. 26.1 Bärtierchen: http://idw-online.de

Boxen

Box 1 Charles Darwin, mit freundlicher Genehmigung von: memo – Wissen entdecken: Evolution, Bd. 50, München: Dorling Kindersley Verlag, 2011
Box 2 Kind von Taung: http://www.wellermanns.de/Gerhard/Diverse_Seiten/Bio/evolution_zusatz.htm
Box 2 Homo floresiensis (Nachbildung): http://www.boneclones.com/bh-033.htm, mit freundlicher Genehmigung
Box 3 http://de.wikipedia.org/wiki/Datei:Laktoseintoleranz-1.svg
Box 4 http://www.mhplus-krankenkasse.de/laktose-intoleranz.html
Box 5 Kambrische Explosion: http://paleoaeolos.deviantart.com/art/The-life-on-Burgess-Shale-13177422; Nectoris pteryx: http://derstandard.at/1271377499175/Zoologisches-Raetsel-aus-dem-Kambrium-geloest
Box 6 Homologe Hoxgene: http://www.biomedsearch.com/nih/HOX-genes-seductive-science-mysterious/16457401.html
Box 8 http://teddymaedel.pichlergraf.ch/xwiki/bin/download/Content/Giraffen/giraffe.jpg
Box 9 Fehlendes Bindeglied entdeckt:
oben: http://www.welt.de/wissenschaft/evolution/article2960778/Wie-das-Leben-aus-dem-Wasser-kam.html
unten: http:/John Weinstein; / http://newswise.com/articles/neil-shubin-elected-to-national-academy-of-sciences-honored-for-teaching)
Box 10 http://aet.um.edu.ny/images/aet/roadmap/biotechnology.png

Es konnten nicht alle Rechteinhaber von Abbildungen ermittelt werden. Sollte dem Verlag gegenüber der Nachweis der Rechtsurheberschaft erbracht werden, wird der branchenübliche Honorarsatz erstattet.

Autorkontakt (Stand: April 2012): axel-lange@web.de

Register

A

Aché-Indianer 264
Adaptation 39, 45, 49, 61, 67, 82, 87, 90, 92, 96, 107, 339, 112, 126, 135, 171 f., 195, 239, 250, 258, 263, 265, 267, 271 f., 279, 338 f., 346 ff., 355 f., 364, 372
Adaptationsfähigkeit 126
Adaptierungsmängel 273
Adaptionist 89
Adaptionistisches Paradox 270, 272
Adaptive Landschaft 29 f., 238, 355, 364
Adaptives Zellverhalten 156, 223
Adhäsion 292, 295 f.
Adrenalinspiegel 122
Agouti-Mäuse 131 f.
Akkommodation, genetische 172 f., 175, 356
Aktivatorgen 221
Aktivator-Inhibitor-Gleichungen 249
Aktivator-Inhibitor-Modell 220, 225
Algen 278
Allel 51, 101, 103, 355
Allelfixationen 59
Allopatrische Artbildung 59
Altenberg 213
Altenberg-16 12, 112, 118, 129, 135, 151, 179, 195, 198, 212 ff., 241, 278, 290, 301, 337, 321, 330, 336, 355
Alternatives Splicing 126, 156, 384
Alter von Arten 303
Altruismus 71 f., 74 f., 77, 241 f., 250, 285 f., 345, 348, 355, 375
Ameisen 69 f., 77, 89, 148 f., 242, 249, 362, 379, 383
Aminosäuren 120, 189, 356, 364 f., 380
Aminosäuresequenzen 127
Amundson, Ron 32, 114, 130, 136, 148, 182
Anpassung, evolutionäre 15, 26, 41, 43, 45, 53, 89, 95, 98, 134, 142, 172, 238 f., 252, 261, 263, 270, 272 f., 275, 332, 344, 348, 355 f., 372, 379 f.
Anpassungsmechanismen 75
Anthropoden 176
Apoptose 296
Arbeitsteilung 286
Archaebakterien 85, 352
Archäopterix 375
Arrival of the fittest 135, 340 f.
Artbildung 41, 58 f., 61, 133, 339, 356, 379, 384, 387
Artenreichtum 99
Arthropoden 356, 367
Arthur, Wallace 69, 111, 129, 149, 179 ff., 193, 223, 325 f., 340, 359, 369
Assimilation 116 f., 119 f., 149, 173 f., 210, 341, 356
Atavismus 207, 356
Attraktor 356
Attraktoren 225
Auge 35 f., 88, 151, 237, 240, 256, 332, 349, 375
Augenfarbe der Taufliege 199
Augenhintergrund 220
Außentemperatur 176
Aussterben von Arten 52 f., 82, 238, 345
Australopithecus africanus 24
Autoimmunerkrankungen 92, 285
Autokatalytisches System 286
Axone 157

B

Babyschildkröten 275
Baldwin-Effekt 357
Barsche im Viktoriasee 45
Bärtierchen 347
Barton, Nicholas 126, 301
Basenpaare 63, 101, 357
Bateson, William 33, 196 f., 205, 351, 382
Bauer, Joachim 45, 49, 54 f., 108 ff., 112 f., 126, 162, 179, 337
Baukasten, genetischer 267, 294 f., 295
Bauplan 36, 55, 62, 87, 109, 128, 134 f., 141, 149, 151 f., 156, 164, 176, 193, 200, 206, 220, 222, 289 f., 295, 345, 357, 370

Sach- und Personenindex

Bauplanänderungen 229
Bauplanhierarchie 207
BDTNP = Barkeley Drosophila Transcription Network Project 230, 232 f.
Beatty, John 212, 214, 234
Beckenknochenumbau 162
Beethoven, Ludwig van 256
Belyaev, Dmitry 120 ff.
Beobachtungslevel 223
Beringstraße 59
Bertalanffy, Ludwig von 322
Beseitigung 207
Betazellen 92
Bhat, Ramray 295, 297, 299
Biber 279
Bienen 70, 227, 244 ff., 382 f.
Bienenkönigin 70
Bienenschwarm 245, 247
Blattschneiderameisen 89
Blauwale 254
Blinder Uhrmacher 112 f.
Blutbahnen 128
Blutgefäße 222
Blutzucker 158
Bmp4 Protein 160
BMP-5 Gen 188
Boolsche Funktionen 190
Broom, Robert 24
Bryson, Bill 62
Buddha 25
Building blocks 200
Burger, Joachim 42
Burgess-Schiefer 62, 87 f., 357
Byproduct 143, 163, 357

C

Calcium 210
Callebaut, Werner 32, 96, 212, 214, 303 ff., 311, 317, 325
Campbell, Neil 93
Carroll, Sean B. 43, 45, 82, 85, 109, 111, 129, 139 f., 187 ff., 212, 215, 223, 239, 292, 294, 337, 340, 346
Carus, Victor J. 21
Cassini-Raumsonde 269
Chambers, Robert 22

Chaos 123, 218, 234, 312, 357
Chaosentwicklung 322
Chaosforschung 227
Chaotisches System 357
Chaperon 119, 358
Chordatiere 88, 358
Chromatin 131, 286, 288, 358
Chromatinmarker 160, 286
Chromosomen 132, 200, 282, 284, 339, 358
Chromosomen-Stückaustausch 29
Clones, asexuelle 282
Compte, Auguste le 318
Computermodell 220
Condor 53
Constraints 54 f., 87, 116, 141 f., 174, 204, 336, 358, 372
Conway Morris, Simon 88 ff., 236, 352, 372
Cooperative Breeding 72, 74, 358
Crick, Francis 31, 179, 309
Cultural Evolution 253
Cultural Evolutionists 253

D

Dancing with ghosts 95, 275
Dark Knight 243
Darwin, Charles R.
  Altruismus 71
  Auge 35
  Brief an A. Gray 17
  Darwinanhänger 236
  Entstehung der Arten 16, 49
  Gebrauch d. Organe 118
  Gradualismus 57, 61, 64
  Konzept der Evolution 23, 335
  Mayr 31
  Mendel 33
  Natürliche Selektion 21, 38, 197
  Problem der Form 136
  Selektionsobjekt 69
  Sexuelle Selektion 39
  Skala des Lebens 79 f.
  Survival of the fittest 41
  Theorie nach 150 Jahren 11, 337
  Variation 20, 42
  Vererbung 21, 33, 269
  West-Eberhard 208

Darwin-Finkenarten 41, 59, 160
Dawkins, Richard 24, 55, 64, 69, 73, 99,
    107, 236 ff., 241, 250 f., 253, 336, 341
  Ansehen 239
  Auge 236
  Blinder Uhrmacher 112
  Darwinanhänger 236
  Das egoistische Gen 241, 308
  Egoistisches Gen 336
  Gen als Selektionseinheit 69, 241, 251,
    309, 328
  Gipfel des Unwahrscheinlichen 239
  Menschwerdung 24
  Mitglied der Royal Society 308
  Natürliche Selektion 99
  Punctuated Equilibrium 64
  Reduktionist 243, 251
  Stasis 58, 65
  Transposons 126
  Vererbung 276
Deduktion 358, 360, 369
Delbrück, Max 27, 348
Delfinflosse 185
Demaskierung 120, 359, 379
Denotativ 316 f., 319 f., 327, 342, 358
Descartes, René . 253 f.
Descent with modification 338
Designgedanke 177
Deskriptiv-statistische Erklärung 11, 148
Determiniert, genetisch 71, 130, 204, 309,
    378
Determiniertheit 88
Determinierung, geschlechtliche 144
Determinismus 327, 359, 380 f.
Development reaction norm 359, 381
Development reprogramming 180, 182, 359
Diabetes Typ I 92 f., 285
Diabetes 131, 276, 285
Dichotomie-Problematik 148
Diffusion 291, 295, 295
Digitalkamera 96
Diploid 28, 101, 359, 367
Diskontinuitäten in der Evolution 24 f., 58,
    61, 63 f., 351, 380
Diversität, genetische 63, 344, 359
DNA 11, 28, 31, 37, 41, 54, 63, 71, 100,
    102, 114, 309, 127 ff., 131, 145, 151,
    154, 159 f., 187 f., 190, 193, 200, 310,
    339, 341, 350, 357, 359 ff., 364 f., 368,
    370, 372, 125, 373 f., 377, 381
DNA-Replikation 54, 359, 372
Dobzhansky, Theodosius 30, 66, 179
Dogma, neodarwinistisches 28 f., 37, 108,
    353, 360
Dolly's Law 207
Domestikation 23, 122
Domestizierung 121 f.
Doolittle, W. Ford 86
Down-House 20
DPM 289, 291 f., 294 ff., 296, 296
Drosophila 127, 199, 230 f., 357
Dülmener Pferd 53
Duplizierung 206 f.
Dupré, John 18, 25, 131, 182, 308 f., 331 f.,
    337, 344, 349, 353
Duwe, Christian 235
Dynamic Patterning Modules. Siehe: DPM

E

E. coli 26, 34
Ehrlich, Paul 253, 255, 276
Eibl, Karl 254, 260, 265 ff., 275
Einheit der Selektion 69, 202, 341, 349
Einheiten der Evolution 316
Einzeller 274, 292, 386 f.
Eiszeiten 59
Eiweißmoleküle 205, 354
Eiweißstrukturen 131
Eizelle 116, 128, 139, 360 f., 388
Eldredge, Niles 25, 57 ff., 64 ff., 67, 339,
    345, 347
Elefant 17
Elefanten 45, 80, 94
Elektromagnetismus 317
Eleutherodactylus (Frosch) 184
Ellipsenbahnen 331
Embryo 286
  Amundson 32
  Arthur, Wallace 179
  Bauplan 142
  chimärisch 232
  Entwicklungsquerschnitte 231
  EvoDevo 113
  Formfindung 133, 357

Sach- und Personenindex

Genaktivitäten im 137
Gestaltungsprozess im 11
Hühnchen 230, 292
Karte mit mittl. Maßstab 128
Kompartimentbildung 157
Last in first out 170
Maus 230
Reziproke Entwicklungsschritte im 281
Roux, Wilhelm 136
Stressfaktoren 232
Taufliege 142, 187
Virtueller 232
Waddington 116
Embryonale Entwicklung
   Antwort auf Störungen 169
   Bedeutung 12
   Black box 136
   Entstehen der 289
   Genetische Schalter 189
   Ignorierung durch Synthese 298, 340
   Komplexes System 321
   microCT 229
   Nischenkonstruktion 341
   Spontane Variation 338
   Strukturbildung 218
Embryonalmodelle 232
Emergent 354, 360, 367, 382
Emergenz 154, 220, 223 f., 233, 249, 290 f., 296, 313, 342
Emergenzdebatte 291
Empirie 358, 360, 369
Empirische Forschung 147
Empirismus 318 f., 360
Endler, John 39, 41
Endokrines System 123
Endosymbiose 342, 345, 350, 361, 369
Entropie 225
Entscheidungsprozesse 262 ff.
Entschlüsselung des Genoms 308
Entstehen des Lebens 139, 235, 292
Entstehung der Arten 16 f., 19, 21, 33 f., 36, 39, 41, 62, 64, 75, 79, 203, 335, 338 f., 385
Entwicklung
   Alternative Pfade 114, 117
   Änderungen im Bauplan 141
   Auge 236, 341
   Bedeutung für die Evolution 133
   Chaos 123

Entstehen v. Variation 111
Entstehung der Körperbaupläne 143
Epigenetik 175, 233
Epigenetische Prozesse 143
Evolution der 139
Fliege 230
Formentstehung 144, 229
Gehirn 78, 255
Hsp90 119
Ignorierung 320
Individuum als Selektionseinheit 139
Innovation 167, 172
Integrationsfähigkeit 170
Interaktion mit Umwelt und Evolution. 144
Interdependenz mit Evolution 321
Kanalisierung 116
Kompartimentbildung 159
Konstruktionsänderungen 110
Kooperation d. Teile 340
Leben 87, 89 f., 361, 372
Maus 281
Modularität 140, 317, 341
Pfade 119
Plastizität 297
Schnittstelle zu Evolution 141
Selbstorganisation 177
Spontane Veränderungen 154
Temperaturunterschied 90
Umwelteinflüsse 133, 144, 154, 160, 321, 340
Verhaltensgenetik 120
Waddington 114
Wirkung auf Evolution 141
Zelldifferenzierung 159 f.
Entwicklung des Lebens 12, 290, 294
Entwicklung, evolutionäre 131 f., 146, 177, 194, 205, 263
Entwicklungsbiologie 107, 166, 189, 202, 218, 303, 361, 363
Entwicklungsconstraints 87, 137
Entwicklungsgene 133, 137, 145, 212
Entwicklungsgenetik 137, 186, 193, 336
Entwicklungspfade 90, 96, 114 ff., 119, 123 ff., 129, 142, 160, 169, 207, 323, 359, 378
Entwicklungsphase 176, 180, 184, 188
Entwicklungsplastizität 144, 210, 361, 363, 378

408

Sach- und Personenindex

Entwicklungsprozess 114, 117, 127, 135 f., 140, 142, 175, 177, 180, 186, 188, 193, 196, 198 f., 202, 205, 214, 230 ff., 292, 336, 340, 353, 363, 383, 387
Entwicklungspuffer. Siehe: Constraints
Entwicklungsrepertoire 129, 139, 352
Entwicklungssystem 115, 138, 141, 143, 147, 174, 178, 183, 321, 344, 346
Entwicklungstypen 148, 361
Entwicklungsverlauf 115 ff., 147, 199, 363
Entwicklung zu Komplexität 89
Enzymatische Methylierung 131, 374
Enzyme 151, 228, 361, 125, 380, 382
Epigenese 131, 151
Epigenesis 328
Epigenetik 114, 116, 127 f., 131 f., 173, 193, 306, 337, 354, 361
Epigenetische Landschaft 115 f.
Epigenetische Landschaften Waddingtons 179
Epigenetische Marker 131, 362
Epigenetische Mechanismen 143, 353
Epigenetische Prozesse 127, 129, 366
Epigenom 146, 177, 328, 353, 362
Erbfaktoren, mendelsche 29
Erdhörnchen 74
Erdmännchen 72, 80
Erdwürmer 279
Erleichterte Variation 362
Erweiterte Synthese 306, 320, 323 f., 327, 335, 337 f., 377
Erweiterte Synthese in der Evolutionstheorie 7, 11, 147, 160, 178, 198, 212, 338, 320, 323, 337 f., 343
Eukaryoten 99 f., 110, 164, 282, 286, 358, 368, 384, 388
Eusoziale Systeme 75
Eusozialität 362
EvoDevo 163, 321, 336 ff., 340 ff., 355, 361 ff., 370, 373, 376 f., 382
   Arthur 179
   Bedeutung für die Evolutionstheorie 337
   Carroll 187
   Darwin 209
   Diskontinuitäten in der Entwicklung 25
   Eco-EvoDevo 151
   Entstehen von Variation 154, 239
   Epigenetik 131

   Erwartungen an 148
   Erweiterung der Evolutionstheorie 171
   Erweiterte Synthese 105, 112, 195, 326
   Evolutionsfaktoren 12, 134, 216
   Finkenschnabel 41
   Formentstehung 134, 144, 148, 175, 239
   Forscher 110, 212
   Forschungsdisziplin 133, 135, 137, 147, 320
   Fragestellungen 141
   Gould 205
   Gradualismus 196
   Hoxgene 212
   Inklusive Synthese 186
   Kausal-mechanistische Erklärung 110, 134, 305, 338, 340
   Kernthemen 135, 178
   Komplexität 138, 321
   Konstruktion der Form 113
   Last in first out 170
   Makroevolution 191
   Mechanismen 103, 148, 321, 330, 343
   Modellierung 135
   Nischenkonstruktion 278
   Plastizität 144, 193
   Schalterkombinationen 191
   Schildkrötenpanzer 165
   Schmetterlingsflügel 140
   Selektion 163
   Synthese mit Populationsgenetik 232
   Umwelteinflüsse 197, 210
   Waddington 114
   West-Eberhard 146
   Zufall 341
EvoDevo-Disziplin 306
EvoDevo-Forschung 135, 147, 171, 182, 197, 200, 232, 323, 325
EvoDevo-Mechanismen 148 f.
Evolutionäre Entwicklung 129, 132, 146, 178, 278, 316, 342
Evolutionary Development Biology 363
Evolutionsbiologie 135
Evolutionsfaktor 30, 50 f., 97, 99, 103, 110, 134, 216, 280 f., 304, 320, 330, 363 f., 368, 379, 387
Evolutionsforscher 115, 165, 179, 187, 208, 223, 242, 268, 274
Evolutionsgeschwindigkeiten 56

409

Evolutionslehre 183
Evolutionspfade 58, 210, 222
Evolutionsrate 56
Evolutionsverlauf 34, 92, 223
EvolVienna 363
Evolvierbarkeit 103, 107, 126, 141, 204, 215, 217
Exons 127, 363, 370, 384
Explorative Prozesse 157 f.
Exploratives Verhalten 364
Exprimierung 364 f.
Extended Synthesis 11, 110, 150, 215, 281, 290, 304, 306, 320, 323, 327, 337, 342, 355, 362

F

Falsche Landkartenschildkröte 165
Falsifizierbarkeit 318
Feedback-Interaktionen 323
Fehlanpassungen 259, 266, 270, 272 f.
Fetzenfisch 38
Filter der Selektion 49
Fisch 24, 26, 177, 203, 255, 375, 386
Fisher, Ronald A. 29 f., 53, 71, 74, 98, 209, 304, 339
Fitness 16, 23, 45, 69, 71 f., 74 ff., 87, 94, 99, 238, 242, 244, 246, 250, 256 ff., 260 f., 263, 266, 273, 332, 341, 344, 355, 364, 367, 375, 384
Fitnesserhöhung 244, 344
Fitnessgebirge 181
Fitnesslandschaft 181, 238
Fitnessmaximierung 92, 243 f., 344
Fitnessoptimierung 70 f., 92, 298, 345
Fitnessoptimum 181, 238, 355
Fitnesstal 238
Fitnessunterschied 243
Fitnessvorteil 43, 206
Flaschenhalseffekt 51
Fledermaus 180
Fliegeneier 119
Fliegenflügel 176 f.
Flossen 26, 87 f.
Flügelschlag des Schmetterlings 227
Flugfähigkeit 163
Flugzeug 20, 104

Flusskrebs 187, 191
Formentstehung 36
Fortpflanzungserfolg 236
Fortschritt in der Evolution 79 ff., 85 f., 88, 95 ff., 122, 230, 255, 268 f., 326, 352 f.
Fortschrittsglaube 81
Foundereffekt 51
FOXP2 Gen 189 f., 228
Frankfurter Schule 310
Frisch, Karl von 245 f.
Froschlaich 291
Fruchtbarkeitsdauer b. Silberfuchs 122
Fruchtbarkeitszyklus 123
Fruchtvampir 332
Funktionswechsel 176
Futuyama, Douglas 301, 305

G

Galapagos-Inseln 41, 59, 160
Galapagos-Schildkrötenart 53
Galilei, Galileo 308, 325
Gavrilets, Sergey 212, 214
Geburtenzahl, Rückgang der 36
Gecko 286
Gehirn 95, 190, 227, 229, 244, 248, 254, 271, 274 ff., 294
Gehring, Walter 138
Gendefekte im Alter 94
Gendrift 30, 32, 50 f., 63, 98 f., 101, 103, 360, 363 f., 379
Genduplizierung 139
Genealogische Skala 79
Genetik 26, 28, 30, 33, 116, 124, 137, 197, 214, 234, 288, 296, 303 f., 349, 359, 365 f.
Genetiker 28 ff., 111, 119, 121, 179, 187, 192, 365
Genetische Drift 29, 32, 50 f., 53, 97, 100, 102 f., 134, 180, 216, 346
Genetischer Code 31, 282, 365
Genexpression 114, 137, 143, 182, 188, 214, 230, 233, 289, 357, 364 ff., 368, 380
Genexpressionsatlas 230
Genexpressionsmechanismus 138
Genexpressionsmuster 189, 199, 228, 230 ff.
Genfluss 32, 59, 365

Sach- und Personenindex

Genfrequenz 44, 51, 53, 210, 279, 302, 304, 364 f.
Genkombinationen 115 ff., 173, 190, 238
Gen-Kultur-Koevolution 278
Genmutation 42, 167, 206, 363, 365, 380
Genom
 Alternative Allele 101
 Anteil Gene b. Mensch 100
 Anteil nicht codierender DNA 102
 A posteriori Fixierung 172, 195
 Arthur u. Carroll 112
 Carroll 193
 Codierung des Nervensystems 157
 Drosophila 231
 Epigenetik 114
 Epigenetische Vererbung 129
 Fehlende Detailcodierung 220
 Fixierung 117
 Genetischer Werkzeugkasten 187
 Informationsgeber 197
 Kanalisierung 190
 Karte m. mittlerem Maßstab 128
 Konservierte Abschnitte 109
 Kontrolle der Entwicklung 204
 Kooperation mit Gehirn 274
 Körperbauprogramm 188, 340
 Organisiertes System 128
 Phänotypbeziehung 146, 194
 Präadaptation 142
 Programm für den Phänotyp 36, 133
 Pufferung 117, 190
 Quelle für Variation 133
 Redundanz 125
 Salamander 63
 Schimpanse u. Mensch 157
 Transposons 101, 126
 Überschätzte Bedeutung 154
 Umwelteinflüsse 107, 129, 177, 196, 210, 262
 Verzweigte Strukturen 158
 Zufallsänderungen 113
Genomgröße 100 f.
Genomsequenzierung 308, 365
Genomvergleich 100
Geno-Phänotyp-Beziehung 36 f., 130 f., 133, 135 f., 140, 146 f., 151, 177, 194 ff., 228 f., 298, 340, 339 f.

Genotyp 36, 340, 116 f., 119, 129 f., 133, 135 f., 139 f., 142, 144, 147, 151, 174, 176 f., 195 f., 211, 229, 296, 298, 328, 339 ff., 354, 359, 361 f., 365 f.
Genozentrischer Fehlschluss 308
Genpool 32, 51, 59, 98, 280, 363, 366, 368
Genprodukt 190, 229 f., 289, 295, 299, 366
Genregulation 114, 140, 237, 366
Genregulationsänderungen 162, 167
Genregulierung 149, 151, 190, 216, 228
Genrepertoire 127
Genschalter 113, 188 f., 193
Gensequenzvergleich 310
Gentechnik 276, 366, 381
Gentransfer 342, 350, 361, 366, 369
Genverteilung 50, 52 f.
Genzentrismus 7, 114, 215 f., 253
Geostratigrafie 366, 385
Geozentrisches Weltbild 199
Gepard 52
Gerhart, John 35, 109, 129, 151 f., 154, 156 ff., 162, 168, 176, 179, 185 f., 191, 193, 202, 204, 212, 223, 294, 337, 340 f., 353, 355, 362, 370, 387
Gerichtete Evolution 67
Gerichtetheit 99, 181, 184, 246
Gesamtfitness 96, 261, 367, 371
Geschichtswissenschaften 255, 318
Geschlechtszelle 339, 387 f.
Gewebe 52, 341, 120, 139 f., 191, 199, 220, 222, 228 ff., 292, 297, 340, 352
Geweihe 160
Gierer, Alfred 218 ff., 249
Gilbert, Scott F. 119 f., 129, 144, 146, 149, 173, 180, 184 f., 233, 281, 309, 341
Gingerich, Philip 64
Giraffe 160
Glaubrecht, Matthias 274, 335
Gleichgewicht 54 ff., 60 f., 65, 77, 151, 312, 322, 368, 380, 387
Gleichgewichtszustand 60
Gliederfüßler 148 f., 191, 343, 356, 367, 369
Gliedertiere 81, 368
Gliedmaßenknospe 170, 202
Glucagon 158
Goethe, Johann Wolfgang von 256, 355
Golfstrom 169

Sach- und Personenindex

Goodwin, Brian 77, 82, 152, 190, 224 f., 233, 249, 292, 322 f.
Gould, Stephen J. 16, 25, 55, 57 ff., 63 ff., 67, 83 f., 86 ff., 91, 95 f., 142, 149, 176, 205, 232, 234
    Adaptionismus 55, 96, 332, 339
    Bedeutung als Evolutionsforscher 55
    Beitrag der Selektion 49
    Conway Morris 88
    Daumen des Pandabären 205
    Einheiten der Evolution 232
    Evolution des Pferdes 83
    Fortschritt in der Evolution 83
    Gradualismus 61
    Kontingenztheorie 87, 224, 236
    Kritik durch Dawkins 65
    Unterbrochenes Gleichgewicht 57, 339
    Vererbung 234
    Zufällige Mutation 236
    Zwecke in der Evolution 176, 332
Gradualismus 16, 61, 64, 108 f., 196 f., 208 f., 215, 298, 321, 339, 350 f., 360, 367
Grand Canyon. Entstehen des 59
Grant, Peter u. Rosemary 41
Gray, Asa 17
Grünalge (Pediastrum boryanum) 164, 285
Gründerpopulationen 51, 66
Gruppenselektion 69, 71, 240 ff., 249 ff., 349, 367, 375
Gruppenverhalten 244 ff.
Guppies 39 f.

H

H_2O 342
Habermas, Jürgen 307
Habitat Tracking 65
Hacking, Ian 325 f.
Haeckel, Ernst 80 f., 361, 377
Haldane, John B. S. 44, 98, 304, 339
Hals der Giraffe 332
Hamilton-Regel 72 f., 367, 371
Hamilton, William D. 69, 71 f., 74 ff., 241 f., 244, 250 f., 273, 285, 310, 336, 367, 371
Hämoglobin 211

Hand 23 f., 66, 122, 125, 170, 190, 199 f., 205, 208, 219, 235, 248, 251, 261, 271, 276, 278, 299
haploid 28, 367, 388
Hardy-Weinberg-Gleichgewicht 59, 367
Hautflügler 71
Heat-Shock-Protein 119
Hefebakterium
Heliozentrisches Weltbild 199
Hemingway, Ernest 170
Heterochronie 137, 182, 184 f., 207, 363, 368
Heterometrie 182, 185
Heterotopie 182, 185, 363, 368
Heterotypie 182, 363, 368
Histone 368
Hitzeschock 119 f., 172 f.
Höherentwicklung 31, 81, 85
Höhlenfisch 148
Hölldobler, Bert 75, 248 f., 252
Homo erectus 25
Homologie 165, 191, 363, 368 f., 372
Homologie-Analogie-Paradox 369
Homöobox 137, 357, 368 f.
Homöotische Transformation 184
Homoplasie 369, 377
Homo sapiens 86
Horizontaler Gentransfer. Siehe: Gentransfer
Hormonsystem 121, 124
Hörner 160
Hoxgen 35, 137 f., 143, 145, 156, 166, 187 ff., 212, 368
Hsp90-Protein 119 f., 174
Hühnchenembryo 166, 224 f., 229, 292, 297
Hunt, Gene 66
Huxley, Aldous 29
Huxley, Julian 29, 77, 81 ff., 85, 254, 332, 339, 352
Huxley, Thomas H. 29
Hydra-Embryo 219

I

Idiografisch 148
Immunsystem 92

Imprinting 286, 382
Inclusive Synthesis s. Inklusive Synthese
Individualselektion 76, 241, 246, 250, 367
Individuen, solitäre 282
Induktion 116, 358 ff., 369, 295
Induktionsfaktor 210
Information in der Evolution 283 f.
inheritance, ecological 280
inheritance, genetic 280
Inhibitorgen 221
Inklusive Fitness 74
Inklusive Synthese 179, 186, 369
Innovation 54, 136, 164, 167 ff., 172, 174, 189, 216, 256, 298, 352, 370
Insekten 69, 77, 85 f., 118, 137, 140, 175, 187, 191, 193, 207, 239, 246, 248 f., 252, 274, 343, 356, 362, 368 f., 371, 383
Insektenembryo 159, 220
Insektenstaaten 74, 76 f., 279, 345
Inselverzwergung 25
Insulin 92, 158
Integriertes Entwicklungssystem 178, 205
Intelligenz 82, 87, 89, 246, 248, 258, 270 f., 382
Intron 127, 363, 370
Introregression 41
Inzucht 124
Isolation 30, 32, 34, 59 f., 290, 312, 329, 339, 356, 379
Isolationsbevölkerung 59

J

Jablonka, Eva 107, 110, 117, 120, 124 ff., 131, 142, 154, 160, 212, 214, 256, 276, 284, 286 ff., 353, 387
Jablonski, David 212, 214
Jacob, Francois 164
Jenner, Ronald A. 134, 148 f.
Johannsen, Wilhelm 33
Jungferngeburt 286
Junker, Thomas 57, 92, 147, 167, 254, 270 f., 273

K

Kambrische Explosion 54 f., 62, 66, 87, 189, 299, 350
Kambrium 60, 62, 88, 210, 224, 299, 345, 370
Kanalisierung 116 f., 119 f., 122, 141, 169, 184, 190, 204, 353, 358, 370
Kanalisierungsfaktor 120
Kant, Immanuel 305
Kaste 75, 370
Kasten, nicht reproduktionsfähige 282
Katalysator 370
Katze 24, 170, 191
Kauffman, Stuart 190 f., 225
Kaulquappen 146, 184
Kausal-mechanistische Erklärung 138, 239, 321, 370
Kegel, Bernhard 126 f., 131, 216, 335, 337
Keimzelle 28 f., 108, 232, 288, 377
Kepler, Johannes 325, 331
Kernprozesse in Zellen 154, 156 ff., 162, 355, 362, 364, 370
Kind von Taung 24
Kin selection 71, 73, 252, 367, 371, 387
Kirschner, Marc 35, 109 f., 129, 151 f., 154, 156 ff., 162, 168, 176, 179, 185 f., 191 ff., 202, 204, 212, 214, 223, 294, 337, 340 f., 353, 355, 362, 370, 387
Klimaänderung 55, 67, 353
Klimaforschung 228
Klimakatastrophe 76
Knochenzellen 291
Knockout Gen 125
Knockout-Mutanten 232
Koevolution 92, 371
Komodowaran 286
Kompartiment 156, 159 f., 371
Kompartimentbildung 157, 159
Kompartimentierung 159, 223 f.
Kompartimentkarten 160
Komplexität 11 f., 36, 43, 49, 78, 83 ff., 89, 99 ff., 103, 108, 113, 152, 190 f., 198 ff., 207, 217 f., 222, 225, 227 f., 271, 276, 292, 306, 311 ff., 316, 318, 321, 326 ff., 330 f., 338 f., 346, 352, 371
Komplexität in der Biologie 110, 190
Komplexität in der Evolution 283
Komplexitätsforschung 222 f., 313, 322 f.

Komplexitätsgrade 322
Komplexitätstheorie 77, 147, 218, 223 f.,
    226, 233, 249, 321 f., 356, 371
Komplexitätszunahme in der Evolution 85,
    96
Konflikte in der Evolution 284
Konnotativ 317, 327, 372
Konstruktionsänderung 208
Kontingenz 87 f., 90, 236, 336, 352, 372
Kontingenzereignisse 224
Kontingenztheorie 87, 224, 372
Kontinuität in der Evolution 64
Kontrollfähigkeit 223
Konvergenz 87, 89 f., 336, 368 f., 372, 378
Konvergenztheorie 90, 372
Kooperation 69 f., 75 ff., 112, 137, 159, 199,
    248, 263, 273 f., 284 f., 340, 345, 348,
    371
Kopernikus, Nikolaus 252, 289
Kopfentwicklung 109
Kopierfehler 58, 372 f.
Kosten 285
Kreativität 265
Krebs 285
Krebstherapie 276
Kritischer Rationalismus 318 f.
Krukonis, Greg 35, 45, 51, 71 f., 76
Kryptobiose 347
Kuhn, Thomas 216 f., 289, 377
Kultur 107, 112, 147, 252 f., 255 f., 258,
    260 ff., 265 ff., 274 ff., 278, 281, 301,
    341, 253, 297
Kulturelle Entwicklung 255
Kulturelle Evolution 214, 253, 255 ff., 265,
    270, 273
Kulturfähigkeit 240
Kumulative Selektion 75
Kutschera, Ulrich 108, 234, 350
Kybernetik 312

L

Lactase 42, 279, 373
Lactose 373
Lactosegen 206
Lactoseintoleranz 42, 373
Lactosetoleranz 279

Lactoseverträglichkeit 42, 206
Lamarckismus 373
Lamarckistische Mechanismen 128
Lamarck, Jean-Baptiste 26, 118, 131, 160
Lamb, Marion 107, 117, 120, 124 ff., 131,
    142, 154, 160, 256, 276, 284, 286 ff.,
    353, 387
Landschaften, epigenetische 179
Landwirtschaft 89
Laterale Hemmung 291
Laubenvogel 256
Lebendes Fossil 373
Leben, Eigenschaften von 282
Lenton, Tim 288
Leuchtmechanismus beim Glühwürm-
    chen 164
Lewontin, Richard 26, 49, 95 f., 142, 215 f.,
    278, 332, 336, 348
    Adaptionismus 339
Linnean Society 17
Linné, Carl von 25, 254
Linsenauge 35, 89, 236, 239
London School of Economics 69
Lorenz, Konrad 78, 85, 135, 152, 176, 213,
    237, 240, 245, 254, 273 ff., 278, 305, 320
Love, Alan C. 212, 214, 301 ff., 311, 330
Luhmann, Niklas 322
Lunge 82, 87
Luria, Salvador 26 f., 348
Lyell, Charles 17. 22
Lymphgefäße 222
Lynch, Michael 42, 59, 98 ff., 103 ff., 134,
    216 f., 240, 310, 339, 347 f.

M

Maine Coon Katze 170
Mainzer, Klaus 138, 222, 226 f., 323, 327
Makroevolution 31, 90, 133, 149, 191,
    197 f., 213, 224, 306, 349 f., 373
Makromutationen 56
Maladaptation 258. Siehe: Fehlanpassung
Malthus, Thomas 16, 345, 374
Malthus'sches Gesetz 345
Margulis, Lynn 342, 361
Matryoshka-Puppen 250
Matthaei, Heinrich 31, 339

Sach- und Personenindex

Maus 16, 149, 189, 222, 230, 281
Maximum-Likelihood-Methode 67
Max-Planck-Gesellschaft 230
Max-Planck-Institut 218
Maynard Smith, John 65, 110, 202, 274, 282 ff., 301
Mayr, Ernst 18, 21, 24, 30 f., 58 f., 64, 66, 74, 92, 94, 97
   Bedeutung als Evolutionsforscher 30
   Definition Genotyp und Phänotyp 36
   Definition von Innovation 142
   Evolution des Auges 35
   Fortschritt in der Evolution 96
   Gene als Hardware 128
   Genzentrismus 216
   Isolation 32
   Neodarwinistisches Dogma 107 f.
   Perfektion in der Evolution 92
   Speziation 59, 339
   Transposons 126
   Verteidigung Darwins 326
   Verwendung des Selektionsbegriffs 23
   Zell-Genomorchester 130
Mazur, Susan 215, 291 f., 295, 298 f., 295
McClintock, Barbara 55, 126, 386
Megastädte 273, 284
Mehrzeller 274
Meinhardt, Hans 218 ff., 222, 226 f., 249
Meiose 196, 374, 388
Meme 253
Mendel, Gregor 23, 28, 31, 33, 137, 152, 179, 299, 351, 387
mendelsche Regeln 33, 320, 342
Mensch von Flores 25
Menzel, Randolf 247
Merkmalsausprägung 339, 355
Merkmalsebene 49, 95
Messenger-RNA , 374, 230
Metamorphose 146, 184, 316
Metazoen 112, 164, 214, 288, 290, 292, 299, 338, 342, 345, 350, 374
Meteoriteneinschlag 87 f., 372
Methylierung. Siehe: Enzymatische Methylierung
Metscher, Brian 230
Meyer, Axel 26, 45
microCT-Verfahren 230
Mikroevolution 31, 133, 191, 318, 373 f.

Mimese 374
Miozän 374, 84
Missing Link 57 f., 85, 203, 351, 374
Mitchell, Melanie 200, 318
Mitchell, Sandra 138, 207, 291, 306 ff., 313, 321 ff., 327 f.
Mitochondrien-DNA 52
Modul 96, 140, 145, 164, 199 f., 202, 204, 222, 296 f., 341, 316 ff., 330, 340
Modularität 103, 139 f., 147, 149, 202, 316 f.
Molekül 317, 342, 359, 382
Molekularbiologie 152, 166, 306, 311, 339, 366, 369, 385
Monod, Jacques 175, 235, 237
Morgan, Thomas Hunt 29
Morin, Edgar 217, 226, 307 f., 311 f., 318, 326, 328 f.
Morphogenetische Felder 295
Morphologie 25, 80 f., 125, 144, 195, 199, 230, 303, 317, 358, 361, 374 f.
Mosaikevolution 375
Muir, William 244
Müller, Gerd B. 33, 49, 129, 134 ff., 138 f., 144, 147, 150, 163 ff., 167 ff., 170, 174, 177 f., 182, 185 f., 191, 193, 195, 212 ff., 222 f., 233, 236, 289, 305 f., 310, 317, 321, 323 f., 327, 340
   Altenberg-16 213
   Backenzähne der Maus 221
   Constraints 174
   Einschränkung der Selektion 49
   Entstehen von Entwicklung 139
   Entwicklungsrepertoire 129, 139
   Epigenetische Evolutionstheorie 132
   Erweiterte Synthese 110, 149, 215
   EvoDevo 135, 146, 148, 216, 232, 321
   Evolutionstheorie 323
   Formentstehung 134, 144
   Genetische Assimilation 174
   Innovation 163, 191
   Kausal-mechanistische Erklärung 110, 134, 138, 149, 320
   Komplexität 321
   Leiter d. Departments Theoretische Biologie 135
   Mechanismen der Evolution 138
   Novelty Typ-1 164
   Novelty Typ-2 164

Sach- und Personenindex

Phänotypische Integration   143
Schwellenwerteffekte   323
Synthese   195
Synthese mit Populationsgenetik   232
Threshold-Mechanismen   169 f.
Müller-Wille, Staffan   33, 310
Multilevel-Selektion   330, 367
Multilevel Selektionstheorie   76, 348, 375
Multilevel-Selektionstheorie   112, 241, 243, 250 ff.
Mundöffnung mit Tentakeln   220
Münzwurf   50
Muscheln   67
Muskelzellen   291
Mutation
   Adaptive Prozesse   63
   als Quelle von Variation   99
   Auf dem Gipfel der adaptiven Landschaft   96
   Aus heutiger Sicht   154
   Bekämpfung schädlicher   276
   Beseitigung durch Selektion   109
   Definition   154
   Demaskierung   120
   Durchsetzung der gewünschten   101, 103
   Evolutionsfaktor   134
   Fehlende   109
   Fixieren den Phänotyp   174
   Gleicher Output von   190
   Gleiches Phänotypmerkmal trotz verschiedener   114
   Großer Genpool   59
   Hämoglobin   211
   Kanalisierung   116
   Konservierte Gene   156
   Lactosetoleranz   279
   Mutation-Selektionsmechanismus   123, 168, 198
   Mutation-Selektionsprozess   239
   Nachteilige   43
   Neutrale   45, 91
   Nicht adaptiver Faktor   101
   Nicht zufällige   125, 234
   Nützliche   26
   Polygenie   124
   Pufferung   116 f., 190
   Rolle der Sexualität   54
   Schädliche   44
   Selektionsneutral   45
   Unerwünschte   59
   Unterdrückung ungewollter   49
   Veränderungen im Genpool   98
   Zufällige   107, 135, 152, 234, 239
   Zufallsgenerator   236
   Zufallsprozess   239
Mutationsformen   124
Mutationsrate   32, 34, 63, 66, 99 ff., 224, 376
Mutationsrichtung   103
Mutation von Hoxgenen   145
Myers, Paul Z.   171 ff.

N

Nahezu-Zerlegbarkeit   200
Nahrungsangebot   41, 75, 160, 165, 173 f.
Nahrungszufuhr   166 f., 377
Nanjundiah, Vidyanand   173 f.
Natura non facit saltum   18
Nautilus   35, 239
Neandertaler   86
Nectocaris pteryx   62
Neodarwinismus   12, 15, 63, 98, 112, 128, 135 f., 144, 179 f., 183, 186, 195, 233, 278, 336, 338 ff., 376, 385
Neodarwinisten   11, 32, 71, 130, 133, 196
Nervensystem   121, 123, 128, 247
Nervensystem, Evolution des   288
Nervenzellen   157
Netzhaut   35
Neuaufspaltung von Allelen   53
Neumann, John von   226
Neuralleiste   123, 160, 376
Neuralleistenregion   160
Neuralleistenzellen   160
Neuronale Information   288
Neuronales System   123, 125
Newman, Stuart A.   112, 342, 144, 164, 167, 174, 212, 214, 288 ff., 294 ff., 296 f.
Newtonsches Fallgesetz   318
Nichtlineare Dynamik   227
Nierenstibuli   222
Nijhout, Fred   119, 172
Nischenkonstruktion   12, 266, 278 ff., 288, 318, 320, 330, 341, 348, 363, 376

Nobelpreis 27, 29, 126, 245
Nomologie 376
Nomologische Realität 320, 342
nomothetisch 376
Nomothetische Forschungsergebnisse 148
Notch-Signalweg 294
Novelty Typ-2 164
Nowak, Martin 76, 336
Nowosibirsk 122
Nukleinsäure 377
Nüsslein-Vollhard, Christine 189

O

Odling-Smee, John 112, 147, 212, 214, 278 ff., 341, 376
Ökologie 213 ff., 303, 328, 363, 377
Ökologisches Artenkonzept 82
Ontogenese 136, 331, 361, 377 f.
Orangutan 255
Ordnung in Systemen 21, 49, 54, 70, 80, 89, 202, 218, 225, 254, 311 f., 322, 353
Organisationsebene 77, 103 f., 202, 251, 310, 316 f., 324, 349
Organisatorregion 220, 229, 377
Oszillation 292, 295
Otter 125

P

Pääbo, Svante 86
Padova, Thomas de 325
Pandabär 205
Pankreas 92
Paradigma 147, 217, 312, 325 f., 328, 330, 377
Paradigmatische Wissenschaft der Vereinfachung 307
Paradigmenwechsel 12, 199, 213, 215, 310, 312, 377
Paradigmenwechsel in der Evolutionstheorie 289, 321, 326
Parallelität 90, 377
Parthenogenese (s. Jungferngeburt) 286
Partitur 130
Pavian 168

Pax6 Gen 138
Periodische Muster 227
Pfauenschwanz 332
Pferd, Evolution 83 f.
Phänotyp 108, 112, 117, 119, 129 f., 133, 144, 151, 154, 158, 162 f., 169, 173, 175, 177, 188 f., 196, 199, 204, 206, 208, 238, 357, 359, 361, 365 f., 370 f.
  Beibehaltung durch gerichtete Entwicklung 119
  Definition 36
  Entwicklung 167
  Fähigkeit zu spontaner Veränderung 169
  Form nicht vorgegeben 133
  Gestaltungsspielraum 206
  Gleiche Gene führen zu unterschiedlichen 118
  Historie der Struktur 204
  Konstruktionsänderung 208
  Kreation von Genotyp und Umwelt 211
  Lockere Verbindung mit Genotyp 139
  Mehrere Entwicklungspfade 114
  Programm für den 133
  Schmetterling 144
  Sicht der Synthese 177
  Spektrum 173
  Theorie 177
  Theorie des 119, 146, 196, 199
  Umwelteinwirkung 144
  Unterschiedliche Gene führen zum selben 118
  Unveränderter 154
  Variation 158, 175
  Variation des 162
  Vielfalt 129
Phänotypische Integration 143, 168, 378
Phasenwechsel 224, 322 f., 378, 383
Philosophie 94, 147, 160, 214, 329, 360, 379, 387
Photosynthese 288
Phylogenese 358, 378
Physiologie 36, 121, 125, 144, 160, 207, 303, 361, 370, 374
Pigliucci, Massimo 7, 103 f., 110, 149, 163 f., 166, 174, 191 f., 195, 212 ff., 232, 306, 355
Pinguine 91, 93, 272
Pitx1 Transkriptionsfaktor 162

Planck, Max 216, 335
Planetenbahnen 331
Plankton-Organismen 67
Plastizität 130, 141, 144, 146 f., 149, 171, 173, 177, 186, 193, 195 f., 209 f., 214, 289, 297, 342, 359, 361
Plato 25
Pleiotropie 124, 378 f.
Pleistozän 272, 378
Plesi, Mrs. = Australopithecus 24
Pluralismus 306, 321, 325 f.
Polio-Erkrankung 168
Polydaktylie 149, 157, 170, 191, 378
Polydaktylie, präaxiale 191
Polygenie 124 f., 378 f.
Polymerase 361
Polymorphismus 146, 379
Polyphänie 378
Polyphänismus 149, 172
Popper, Karl 25, 195, 199, 305, 309 f., 318
Populationen, sexuelle 282
Populationsgenetik 28 ff., 32, 50, 91, 98, 100, 103 ff., 148, 214, 216, 232 f., 304 f., 347, 350, 365 ff., 379, 385
Populationsgenetiker 28, 98, 100, 103 f., 179, 216, 240, 301
Populationsgröße 32, 59, 65, 99 ff.
Populationsstatistik 339
Positivismus 318, 379
Potenzgesetze 224
Powell, Russell 87, 90, 377
Präadaptation 356, 379
Präadaptiv 142, 175, 356
Präkambrium 299
Präriehunde 74
Primaten-Gesellschaften 282
Probabilismus 380
Prokaryoten 54, 60, 99, 110, 282, 362
Protein 119 f., 127, 142, 160, 174, 189, 363, 366, 380, 383
Proteine 31, 108, 119 f., 126, 156, 162, 180, 182, 188, 193, 356, 358 f., 361, 364, 366, 368, 370, 380, 382, 384
Proteinsynthese 101, 156, 292, 365, 380
Protisten 282, 288
Psychologie 318
Pufferung, genetische 116 f., 119
Punctuated Equilibrium 60, 64, 380

Punktmutation 380
Punkt-Mutationsfehler 145
Punktualismus 61, 63 ff., 380
Purugganan, Michael 212, 214
Pyramiden 268 f.

Q

Quantenevolution 56, 380
Quastenflosser 373
Queller, David C. 126, 273, 284 f.

R

Rabe 254
Radiation, adaptive 59, 82 f., 87, 299, 380
Ratten 125
Reduktionismus 11, 77, 243, 307 f., 310 f., 319, 323, 360, 381
reduktionistisch 154, 309, 311 f., 331 f., 341, 349, 376
Reduktionistisches Denken 328
Reduzierungsmethode 33
Regulationsvielfalt von Kernprozessen 157
Regulatorgen 147, 173
Reichholf, Josef H. 143, 163, 182, 255 f., 352
Reitze, Simon 306, 313, 316 f., 319, 326, 328
Rekombination 32, 54, 97, 99 ff., 103, 126, 134, 156, 173, 196, 210, 216, 363, 374, 379, 381
Rekombinationsfähigkeit des Genoms 126
Rensch, Bernhard 31, 81
Replikator 251
Replizierende Moleküle 282, 284
Reproduktion 29, 71, 75, 77, 173, 182, 338, 358, 375
Reproduktionsmaximum 244
Reprogramming. Siehe: Development R.
Retikulate Evolution 381
Reziprozität 76, 381 f.
Rheinberger, Hans-Jörg 33, 310, 325 f.
Ribonucleinsäure 382
Richerson, P. J. 112, 253, 256 ff., 272, 274 ff., 281, 259, 253, 259, 262
Ridley Mark 26, 44, 190, 251, 301

Sach- und Personenindex

Riedl, Rupert 108, 273f., 281, 308, 311, 330f.
RNA 156, 357, 359, 361, 365, 374, 377, 382, 384, 386
Robustheit 191, 217, 292, 342, 371
Rote-Königin-Hypothese 82, 382
Roux, Wilhelm 136f.
Rubenstein, Dustin 74f.
Rückkehr, evolutionäre 207
Ruse, Michael 304
Rüssel 160

S

Salamander 63
Saltation 56, 292
Saltationismus 61, 299, 382
Sauerstoff 211, 278, 318
Savanne 74, 253
Schalter, genetische 175, 187ff., 192f., 204, 276, 362, 382
Schalterkombinationen, genetische 129, 188ff., 193
Schildkröteneier 144
Schildkrötenpanzer 104, 142, 164, 166
Schimpanse 126
Schlosser, Gerhard 184, 202, 316f., 375
Schlüsselanpassungen 274
Schlüsselinnovationen 89
Schmalhausen, Ivan I. 114
Schmetterlinge 143, 148
Schmetterlingsarten 144
Schmetterlingseffekt 223, 227
Schmetterlingsflügel 140, 147
Schnabelbildung 160
Schnabelform 160, 224
Schnecken 67, 239
Schrenk, Friedemann 85
Schülein, Johann A. 306, 313, 316f., 319, 326, 328
Schwache regulatorische Kopplungen 157
Schwänzeltanz 245, 247, 382f.
Schwarmintelligenz 245f., 382
Schwarmverhalten 249
Schwellenwert 222, 233, 248, 383
Schwellenwerteffekte 160, 169, 205, 220, 226, 229, 233, 239, 323, 340

Schwellenwertmechanismus 171
Seeigel 149
Seeley, Thomas 245ff.
Seestern 149, 226
Segmentierung 149, 228, 291, 295
Seidenlaubenvogel 257
Selbstähnlichkeiten 222
Selbstorganisation 110, 147, 169, 171, 175, 177, 194, 225, 233, 291, 298
Selbstorganisation des Organismus 11, 54, 147, 171, 175, 177, 233, 291, 305, 323, 336, 346, 353, 371, 383
Selbstorganisationsfähigkeit 115, 191
Selbstregulationsmechanismus 341
Selbstregulierung 342
Selektion
  Auf Zahmheit 120f.
  Bedeutungsschwund 197f., 208
  between-groupselection 249
  Darwin 15, 21, 38, 152, 179, 209
  Dauer für 95
  Dawkins 237
  Elimination unvorteilhafter Individuen 41
  Empirische Belege 34, 39, 41
  Erklärung 38
  Erklärungswert 36, 341
  EvoDevo 136
  Gerichteter Faktor 99
  Hauptfaktor der Evolution 16
  Individuum als Objekt der 69
  Innovation 49
  Kann nichts erzeugen 134
  Kein Angriffspunkt 165
  Keine Erzeugung von Fortschritt 82
  Kein Einfluss der 103
  Keine selektive Kraft in der Natur 23
  Kein innovatives Potenzial 49
  Keulenfunktion 298
  Kritik am Adaptionismus 49
  Makroevolutionäre Prozesse? 213
  Motor der Evolution 338
  Multilevel 318
  Nicht zufallsbedingt 50
  Objekt der 240f., 246
  Organisierendes Prinzip 213
  Relative Stellung 213
  Relativierung 339

Sach- und Personenindex

Rolle 330
Skepsis 21, 134, 152, 237
Theorie der natürlichen 19
Treibstoff der Evolution 98
Unabhängiger Entwicklungspfade 96
Verschiedene Ebenen 339
Verschiedene Selektionsebenen 76
Was sie nicht kann 26, 43 f., 124, 239
Wirkung in der Zeit 43 f.
within-group 249
Zweifel an der Wirkung 119
Selektions-Adaptationsreglement 87
Selektionsbedingungen 26
Selektionsdruck 43, 45, 57, 65, 76, 85, 92, 108, 121, 265, 271, 339, 346, 348, 352, 376, 383
Selektionsebene 241, 250, 349, 383
Selektionseinheit Siehe: Einheit der Selektion
Selektionsfaktor 32, 43, 49, 101 ff., 384
Selektionskoeffizient 44
Selektionsprozess 251
Selektionsquotient 43
Selektionsrate 101
Selektionstheorie 42, 58, 61, 113, 134, 179, 183, 252, 384
Selektives Lernen 261, 266 f., 269
Sentker, Andreas 21, 23, 65, 68, 83, 85, 163, 182, 235, 326, 352
Serotoninspiegel 122
Set aside Zellen 149
Sexualität 53, 110, 274, 283, 285 f.
Sexualität, Evolution der 110, 283
Sexueller Über-Kreuz-Transfer 207
Sexuelle Selektion 39, 99
Signalübertragung 229, 294
Signalwege zwischen Zellen 158
Simon, Herbert A. 96, 200, 202
Simpson, George G. 56 f., 81, 91, 380
Skelett 42, 87, 142, 149, 157, 163, 165, 170, 208, 297
Skinks 170
Smithonian Tropical Research Institute 146
Sober, E. 240, 242, 250 f., 375
Solé, Ricard 77, 82, 152, 190, 224 f., 233, 249, 292, 322 f.
Soma 288
Somiten 225, 384

Sonic Hedgehog 191, 206
Soziale Intelligenz 76
Soziale Superorganismen 274
Soziale Systeme 228
Soziobiologie 242, 265, 252
Speemann, Hans 220
Spencer, Herbert A. 41, 385
Speziation 58, 60 f., 64 ff., 339, 356, 384
Spieltheorie 76, 285, 381
Spleißen 127, 363, 384
Sprache 76, 82, 122, 151, 187, 221 f., 240, 253 ff., 260, 276, 282 f., 286, 301, 307, 323, 337, 343
Evolution der 288
Springende Gene 126, 381
Stabilität des Genoms 54
Stammbaum des Lebens 80, 83, 91
Stare 74
Starenarten 74
Stasis 58, 60 f., 63 ff., 67, 339, 347 f., 350, 367, 384
Stebbins, George L. 31
Stichling 149
Stigmergie 249
Störche, Rückgang der 36
Strassmann, Joan E. 126, 273, 284 f.
Streifenbildung 220 f.
Stress 34, 121 ff., 173
Strukturbildung 218 ff., 295
Stufenleiter 81
Stufenleiter des Lebens 80
Sudden appearance 58
Superorganismus 244 ff., 248, 252, 284, 382
Survival of the Fittest 41, 75, 135, 338 f., 341, 385
Symbole 276, 353, 387
Symmetriebruch 385
Synthese, Erweiterte 110, 114, 147, 149, 160, 178, 186, 198, 212, 217, 252, 262, 268
Synthetische Biologie 385
Synthetische Evolutionstheorie 303 f.
Synthetische Theorie 336, 338
Systemforschung 323
Systemtheorie 147, 151, 307, 313, 322 f., 340
Systemübergang 112, 214, 274, 282 f., 285, 288, 290
Szathmáry, Eörs 110, 212, 214, 274, 282 f., 285 ff.

Sach- und Personenindex

T

Tabakschwärmer-Raupe 147
Taufliege 142, 199, 357
Taxon 375
Taxonomische Einheit 56, 77
Temperaturanstieg 43
Temperaturschwankungen 87
Tempo der Evolution 18, 57
Termiten 249, 362
Testa, Giuseppe 127, 330
Theoretische Forschung 147
Theorie der gemeinsamen Abstammung 16
Theorie der phänotypischen Variation 152
Theorie der Selektion 152
Theorie der Vererbung 152
Threshold-effects. Siehe: Schwellenwerteffekte
Thyroid-Hormon 184
Tiktaalik, Fossil 198, 203 f., 375, 386
Tinbergen, Nikolaas 245
Tinkering 164, 386
Tit-for-tat 76
Toba Vulkan 52
Tomancak, Pavel 228, 230 f.
Tomasello, Michael 258
Toolkit, genetisches 294, 340, 357, 369, 386
Transkriptionsfaktoren 189, 205, 292, 295, 382
Transposons 100 f., 125, 381
Trias-Kreide-Grenze 88
Trut, Lyudmila 121 ff.
Turing, Alan 218, 249
Turing-System 218, 225, 249, 371, 386
Tzeltal-Indianer 25

U

Überlebenswahrscheinlichkeit 38
Ullal, Jay 255
Umweltbedingungen 15, 23, 26, 41, 94 f., 133, 141, 174, 177, 196, 263, 265, 278 f., 289, 338 f., 372
Umwelteinflüsse 107, 116, 119, 144, 178, 186, 204, 206, 210, 271, 340 f., 344, 352 f., 361, 379
Umweltfaktoren 115, 117, 121, 123 ff., 128, 160, 167, 174, 204, 233, 353, 355, 384
Umweltschäden 272
Umweltstressor 108, 115, 122, 160, 340, 353, 385
Uniformitarismus 299, 387
Universität Wien 49, 126, 135
Unordnung in Systemen 225 f., 312, 322
Unterbrochenes Gleichgewicht 60 f., 65, 380, 387
Unverknüpfte Replikatoren 282
Unvollständigkeit der geologischen Daten 18
Unwahrscheinlichkeitsgebirge 239
Urknall 88, 235
Urzelle 235
Use it or lose it 49, 207

V

Valen, Leigh van 82
van Veelen, Matthijs 252
Variation
    Anpassung 23
    Chromatinstruktur 131
    Darwin 21, 38, 154
    Demaskierung 142
    Designaspekte 208
    durch Konstruktionsänderung in der Entwicklung 110
    durch Mutation bestimmte 196
    Entstehen von 49, 105, 110 f., 154, 179, 223
    Erleichterte 157, 162
    Erleichterung durch Module 202
    Fixierung 174
    Gegebene Größe 154
    Genom als Quelle von 180
    Gerichtete 135
    Graduelle 195, 328
    Häufigkeit 98, 163, 172
    Heterochronie 184
    Immer als Gegenstand von Selektion 49
    Innovation 164
    Integrierte phänotypische 194
    Kein Zufall 154

Sach- und Personenindex

Kleinste 16, 20
Makroevolutionäre 197
Maskierung 120
Mechanismus 184
Mutation als Quelle von 99
Nicht begründet 49
Pufferung 120, 169
Quelle von 133
Reduzierung auf das Genom 309
Role d. Entwicklung 141
Selektionsneutral 45, 91, 97
Silberfuchs 122
Spontane 338
Statistische Korrelation 36
Temperaturanstieg 43
Theorie der erleichterten 151
Umweltinduzierte 119
Unabhängig von Selektionsbedingungen 27
Unbestimmtheit des phänotypischen Resultats 175
Vorteilhafte 44, 59
Zufall 234
Zufallsbedingte 50
Variation, gradualistische 110
Variationspuffer 172
Variation under domestication 23
Variation under nature 23
Vehikel 248, 251
Venter, Craig , 277
Veränderung der Umwelt 23
Vererbung 11, 17, 21, 23, 26, 28, 32 ff., 44 f., 58, 108, 112, 114, 118, 127 ff., 131, 149, 152, 160, 162, 213 f., 234, 236, 239, 258, 264, 269 f., 280 f., 296, 338, 337 f., 341, 350, 353 f., 365 f., 371 f., 383
Vererbung, epigenetische 288
Vererbung, mendelsche 286
Verhalten 36, 71, 74 f., 107, 123 f., 143, 157, 159, 172, 194, 207, 223 f., 227, 242 ff., 246, 248 f., 256, 258, 260 f., 265 ff., 269 f., 272 f., 275, 280, 302 f., 307, 341 f., 345, 355, 362, 364, 367, 370 f., 373
Verhaltensänderungen 121 f.
Verhaltensselektion 122
Vernetzte Evolution. Siehe: retikulate E.
Verwandtschaftsselektion 69, 71, 74, 242, 371, 387
Verzweigte Strukturen 222
Viehhaltung 279 f.
Vielzeller 164, 387
Viktoriasee 45
Virtuelle Embryonen 218
Vögel 115, 162 f., 180, 184, 191
Vogelfeder 104, 136, 143, 163
Vogel Strauß 115 f., 118
Voraussagefähigkeit 223, 225

W

Wachstumsfaktor-Protein 160
Waddington, Conrad Hal 83, 114 ff., 124, 129 f., 173 f., 177, 184, 186, 190 f., 194, 223, 229, 323, 341, 355 f., 370
Wagenhebereffekt 260
Wagner, Günter 140, 184, 212, 214, 317
Wal 80, 180
Walcott, Charles D. 62
Wallace, Alfred R. 17, 22, 41, 384
Ward, Peter D. 65, 68
Warmblütigkeit 82
Wassereis 317
Watson, Andrew 179, 288
Watson, James 31, 179, 309, 339
Weber, Andreas 94, 128, 159, 177, 279, 307, 331, 337
Weismann-Barriere 28, 278, 339, 357, 360, 387
Wells, Herbert G. 24
Werkzeuge, Verwendung von 89, 139, 176, 254, 256, 323
Werner-Felmayer, Gabriele 28, 81, 83, 97, 129, 309 f., 328
West-Eberhard, Mary Jane 63, 112, 140, 146, 167 f., 174 f., 177, 185 f., 191, 193, 195 f., 198 f., 202, 207 ff., 212, 215, 223, 336, 340 f.
21. Jahrhundert 336
Änderung der Genfrequenz 210
Darwin 198, 208
Duplikation 206
Erweiterte Synthese 198

Sach- und Personenindex

Fehlende Theorie des Phänotyps 199
Gene codieren nicht für Strukturen 196
Gene führen nicht, sie folgen 195
Genom kontrolliert nicht Entwicklung 204
Gradualismus 209
Heterochronie 207
Phänotypische Neuheiten 208
Selbstorganisation des Organismus 177
Smithonian Tropical Research Institute 146
Umbau von Entwicklungsprozessen 205
Umwelteinflüsse 204, 210
Umweltinduzierte Variation 119
Umweltsensibilität der Entwicklung 197
Unimodales Adaptationskonzept 196
Wiederholbarkeit in der Evolution 88, 90
Wieser, Wolfgang 54, 69 ff., 77, 81, 85, 110, 128 ff., 136, 159, 191, 237, 275
Williams, George 241 ff., 250
Wilson, David S. 95, 112, 212, 214, 240 ff., 248, 250 ff., 275, 285, 339, 341, 349, 367
Wilson, Edward O. 242, 248 f., 252, 275
Wirbellose 60
Wirbeltierart 223
Wirbeltiere 41, 77, 81, 85, 144, 148, 185, 220, 292, 343, 368 f., 376, 384
Wirbeltierextremitäten 180
Wisent 53
Wissenschaftstheorie 214, 312, 318 f., 358, 360, 369, 387
within-groupselection 249
Wolf 121, 124
Wrangham, Richard 271
Wray, Greg 149, 212, 214
Wright, Sewall 29 f., 71, 74, 98, 238, 304, 339, 355
Wuketits, Franz 16, 81, 85, 96
Wüstenfroschart 146
Wynne-Edwards, Vero C. 240 ff., 250, 367

Y

Yankees 262
Young, Emma 70, 113

Z

Zahmheit 120 f., 123, 125
Zeitreise 24
Zelldifferenzierung 160, 194, 219, 224, 282, 286
Zellen
    Adhäsion 291
    Aktivator- und Inhibitorfunktion 218
    Autonomie 159, 194
    Befruchtete 229
    Carroll 193
    DNA braucht die 193
    Durchgängige Zellmembran 156
    Eingebaute Uhr 292
    Embryonale Entwicklung 128
    Entstehen der ersten 235
    Eukaryotische 85, 169, 342
    Größe 230
    Hierarchie 200
    Insulin produzierende 92
    Interaktionen 200
    Kernprozesse in 154, 156
    kommandieren Gene 54
    Kommunikation 158, 292
    Komplexität 222, 248
    Konservierte Prozesse 162
    Konstantes Stoffwechselniveau 225
    Kooperation 127
    Kooperation mit Genen 76
    Mendel 33
    Module 140, 200
    Physik 299
    Prokaryotische 85
    Reaktionsspektrum 157
    Schwache regulatorische Kopplung 158
    Selbstregulierendes System 113, 137, 191
    Selektionseinheit 139
    Signalaustausch 205
    Teil des Entwicklungsrepertoires 129
    Tür in den Gen-Raum 129
    Wechselwirkungen 157
    Zelldifferenzierung 160, 223
    Zellen als Mittler für der Evolution 12
    Zellteilung 199
    Zellulärer Automat 227

Zusammenschluss von 164
Zusammenspiel mit Genen 132
Zellentstehung 108
Zellgedächtnis 288
Zellkern 29, 151, 154, 359, 362, 365, 367 f., 374, 380, 384, 388
Zellkommunikationsformen 159
Zellmechanismus 141
Zellmembran 156, 362, 388
Zellprozesse 128, 156, 179, 340 f., 353 f.
Zellsignalstoffe 158
Zellteilung 222, 359, 372, 388
Zelltod 288
Zelltypen 223, 295
Zellulare Automaten 226, 388
Zellverband 160, 171, 291, 340, 342

Zentraleinheit 227
Ziege 168
Zimmer, Karl 27, 34
Zrzavý, Jan 124, 240, 250
Züchtung 23, 170, 208
Zuchtwahl 21, 23, 35 f., 69, 241, 388
Zucker 89, 95, 158, 275
Zufall 11, 23, 55, 86 ff., 109, 112 f., 154, 167, 234 ff., 239, 246, 336, 341
Zufallsmutation 204
Zufallsprodukt 234 f.
Zweck in der Natur 332
Zweibeinige Ziege 168
Zweibeinigkeit 87
Zygote 116, 360, 367, 388
Zytoplasma 127 f., 230, 358, 388